L'AGRICULTURE FRANÇAISE

PRINCIPES D'AGRICULTURE

APPLIQUÉS

AUX DIVERSES PARTIES DE LA FRANCE

PAR

M. LOUIS GOSSIN

CULTIVATEUR, PROFESSEUR D'AGRICULTURE A L'INSTITUT NORMAL AGRICOLE DE BEAUVAIS
MEMBRE DU JURY DE L'EXPOSITION UNIVERSELLE AGRICOLE DE 1856

OUVRAGE ORNÉ D'UNE CARTE AGRICOLE DE LA FRANCE

DE 225 PLANCHES

DESSINÉES PAR MM. ISIDORE BONHEUR, ROUYER, MILHAU

MLLE ROSA BONHEUR

ET GRAVÉES PAR MM. ADRIEN LAVIEILLE ET LEBLANC

PARIS

LIBRAIRIE SCIENTIFIQUE, INDUSTRIELLE ET AGRICOLE

LACROIX ET BAUDRY

Réunion des anciennes maisons L. Mathias et du Comptoir des Imprimeurs

QUAI MALAQUAIS, 15

PRINCIPES

D'AGRICULTURE

PARIS. — IMPRIMERIE DE J. CLAYE, RUE SAINT-BENOIT, 7.

PRÉFACE

> Le fruit de l'agriculture étant commun et salutaire à toutes sortes de personnes, aussi de tous hommes cette belle science doit estre entendue.
>
> OLIVIER DE SERRES.

En agriculture, la théorie se lie à la pratique d'une manière tellement intime, que je crois devoir à mes lecteurs une sorte de compte rendu de mes antécédents pratiques agricoles, et des motifs qui m'ont amené à composer cet ouvrage.

Fonctionnaire et veuf avec deux enfants, mon père habitait en Lorraine, non loin de Roville, lorsqu'une célèbre école d'agriculture fut fondée dans cette localité. De ce qu'il vit et entendit alors, mon père conjectura que la profession agricole reprendrait bientôt le rang distingué qu'elle n'aurait jamais dû perdre, et il y destina mon frère aîné. Tous deux devaient se retirer ensemble à la campagne, tandis que j'embrasserais la carrière de la magistrature. Mais l'éloge que, dès le plus bas âge, j'avais entendu faire de la vie champêtre, ne me permettait pas d'admettre cette seconde partie des projets paternels. Je voulais à toute force être cultivateur. Après m'avoir longtemps résisté, mon père finit par céder et, en 1833, il nous plaça, mon frère et moi, à l'institut de Grignon, afin de nous initier à la science agronomique. Cette même année, nous fîmes notre installation à la Tour-Audry, propriété patrimoniale de cent hectares située dans les Ardennes, et tellement dégradée alors, que le fermier, qui payait un loyer de 1000 francs, demandait une diminution. Pour réussir, il fallait de notre part le travail le plus énergique. Pendant huit ans, mon frère et moi, nous prîmes aux ouvrages manuels de la culture la même part que nos serviteurs. Les projets étaient discutés en commun, et alternativement l'un de nous était chargé de la surveillance, tandis que l'autre labourait, semait, chargeait les gerbes, etc... Mon père s'était réservé la direction du ménage, du jardin et de la basse-cour.

D'honorables encouragements nous soutinrent dans cette dure période. La Société centrale d'agriculture m'accorda, pour mes premières compositions agricoles, deux prix de 1000 francs, deux médailles et le titre de membre correspondant. La Société d'agriculture des Ardennes décerna de son côté une haute prime de 1000 francs à la Tour-Audry, comme à l'exploitation la mieux dirigée du département; j'avais alors 22 ans.

Huit ans après, diverses circonstances me déterminèrent à quitter le domaine paternel, où ma présence avait cessé d'être nécessaire; car, plus habile que jamais, mon frère suffisait seul à la direction.

Rentrant alors en moi-même, je remarquai que mon goût pour la vie des champs venait de ce que mon père m'avait parlé d'agriculture dès mon enfance, et je me dis que si, dans l'instruction publique, on faisait de même, beaucoup de vocations semblables à la mienne se produiraient. Il me semblait d'ailleurs que tout homme instruit, quelle que soit sa position, doit posséder certaines notions agricoles. N'est-ce pas l'agriculture qui nous fait vivre, et tous les intérêts sociaux ne se rattachent-ils pas à ceux du sol? D'où je concluais que l'instruction publique présente sous ce rapport une déplorable lacune. Je m'expliquais ainsi l'éloignement de la plupart des personnes aisées pour les occupations rurales, l'empressement des fils de cultivateurs à quitter la profession paternelle, la tendance des capitaux à se jeter vers le commerce et l'industrie, plutôt que vers les améliorations rurales, enfin la profonde ignorance que l'on remarque dans le monde sur les questions d'agriculture les plus importantes et les plus simples.

M. Édouard de Tocqueville, l'un des fondateurs du Congrès central d'agriculture, avait conçu exactement les mêmes idées que moi sur la nécessité d'un enseignement classique agricole, de sorte que nous étant rencontrés, en 1847, au congrès des agriculteurs du Nord qu'il présidait à Mézières, nous concertâmes les moyens de faire passer nos vues à l'état pratique. D'abord, il fallait prouver qu'on peut intéresser à l'agriculture les jeunes gens des colléges, des séminaires, des écoles normales et des écoles primaires supérieures. M. de Tocqueville me proposa de faire moi-même cet essai à Compiègne, où il dirigeait une société agricole; j'acceptai. Bientôt, sur les instances réitérées de MM. Alexis de Tocqueville, de Lespée, et grâce au concours actif de M. Monny de Mornay, M. Cunin-Gridaine, alors ministre de l'agriculture, consentit à l'exécution de la tentative, et une position officielle de professeur d'agriculture me fut accordée.

J'eus la satisfaction de voir que mes leçons plaisaient aux jeunes gens du collége et des autres pensions de Compiègne. Alors, pour compléter l'expérience, j'organisai l'enseignement agricole, tel qu'il existe aujourd'hui dans l'Oise, en ouvrant deux autres cours, l'un près du petit séminaire de Noyon, l'autre à l'école normale d'instituteurs primaires dirigée à Beauvais par les frères des écoles chrétiennes. Au milieu des fatigues de ce triple professorat, je fus soutenu par d'honorables sympathies. Dès 1849, M. Randouin-Berthier, préfet de l'Oise, se déclara le protecteur de mes cours. Le conseil général, monseigneur Gignoux, évêque de Beauvais, les prirent aussi sous leur patronage. En 1849, sur la proposition d'un savant illustre, M. Dumas, le Congrès central d'agriculture émit le vœu *que l'enseignement agricole fût introduit dans l'instruction publique à tous les degrés.* En 1850, le Congrès renouvela ce vœu conformément aux conclusions que je fus chargé de soutenir, comme rapporteur de la Commission d'enseignement agricole. A plusieurs reprises, on me proposa d'ouvrir sur divers points de la France des cours classiques d'agriculture, soit par moi-même, soit au moyen d'élèves que j'aurais formés. Bientôt après, l'Empereur encouragea la propagation de l'enseignement agricole dans les écoles normales d'instituteurs primaires et dans les écoles rurales. Ces diverses circonstances nous firent penser, à M. de Tocqueville et à moi, que le moment était arrivé de chercher à généraliser l'œuvre fondée dans l'Oise. Pour y parvenir, il fallait : 1° former des professeurs capables d'ouvrir des cours classiques d'agriculture près des lycées, des écoles normales et autres établissements d'instruction publique ; 2° composer un livre qui servît de base à cet enseignement.

L'établissement dans lequel je faisais mon cours à Beauvais était dirigé par un de ces hommes qui, à force de persévérance et d'énergie, savent renverser tous les obstacles. Le frère Mènée, de qui je veux parler, ne fut pas effrayé de la tâche immense dont il allait se charger, en attachant à sa maison, déjà très-vaste, un institut normal agricole. M. le préfet de l'Oise, qui connaissait la haute capacité du frère, adopta cette idée et la recommanda chaleureusement à M. Magne, alors ministre de l'agriculture. Celui-ci l'accueillit à son tour de la manière la plus bienveillante, autorisa en 1855 les frères de Beauvais à ouvrir l'institut projeté, et leur accorda à cet effet une subvention. Le frère Philippe, supérieur général des frères des écoles chrétiennes, voulut bien consentir à cette création; Monseigneur l'évêque, MM. de Corberon, Lemaire, de Plancy, députés de l'Oise, et MM. les présidents des Sociétés d'agriculture du département la prirent sous leur patronage.

Les progrès rapides de l'institut, qui compte au commencement de sa troisième année dix-sept élèves se destinant, les uns au professorat, les autres à la carrière pratique de l'agriculture ; les résultats obtenus dans la ferme attachée à l'établissement, résultats constatés par le conseil général de l'Oise dans sa dernière session ; plusieurs prix remportés en 1855, 1856 et 1857 aux concours universels et régionaux; tous ces faits réunis prouvent que la pépinière des professeurs classiques d'agriculture est solidement établie.

Le livre que je publie aujourd'hui, l'*Agriculture française*, est la seconde partie de l'œuvre. Il s'applique à la France entière et renferme les principes qui me paraissent devoir entrer dans l'enseignement classique agricole. Désirant qu'il fût à la portée de tout le monde, j'ai laissé de côté les formules scientifiques. Afin que la lecture en fût plus attrayante, et aussi pour rendre certains faits plus saisissables, je n'ai reculé devant aucun sacrifice pour l'orner de gravures nombreuses et exactes. L'ouvrage est divisé en deux parties : dans la première l'agriculture est étudiée aux points de vue moral, social, religieux ; dans la seconde, au point de vue pratique. On trouvera une carte agricole, une table alphabétique des lieux qui y sont désignés, et les diverses indications géographiques qui doivent compléter un livre spécialement écrit pour la France.

Je n'ai pas traité de l'arboriculture, des volailles, des abeilles, des vers à soie, des poissons. Ces points sont réservés pour un volume qui paraîtra plus tard, si mes concitoyens accordent à ce premier ouvrage leurs sympathies bienveillantes.

Je dois la dédicace de l'*Agriculture française* à M. Édouard de Tocqueville, dont le dévouement m'a mis à même de poursuivre avec fruit l'œuvre de l'enseignement classique agricole. Sans son appui, sans ses conseils, il m'était impossible d'en supporter le fardeau. Qu'il accepte cet hommage que je suis si heureux de lui offrir, et qu'il me permette d'exprimer à la fois ma gratitude à mon frère, l'ancien compagnon de mes travaux pratiques ; aux professeurs de Grignon, qui m'ont initié à la science agricole ; au patriarche de l'agriculture française, M. de Gasparin, dont les paroles bienveillantes ont encouragé mes premiers essais ; à M. Randouin Berthier, préfet de l'Oise, dont le concours en faveur de notre œuvre a été tel qu'aujourd'hui cette œuvre est la sienne ; aux ministres de l'Empereur, MM. Magne et Rouher, qui successivement l'ont adoptée et subventionnée;

à MM. Heurtier et Monny de Mornay, qui ont contribué de tout leur pouvoir à nous faire obtenir cette haute protection; à monseigneur Gignoux, évêque de Beauvais, qui nous a accordé son patronage avec une bienveillance toute paternelle; au frère Ménée, qui supporte la plus forte charge de l'entreprise; à MM. les députés et conseillers généraux du département, dont les sympathies nous ont donné la force de vaincre les difficultés du début; à MM. Lepère[1], Delacour[2], Pihan-Delaforest[3], Vente, Auger[4], Duporc[5] et Dubos[6], qui ont bien voulu s'adjoindre au frère Ménée et à moi pour fonder les cours et organiser les études; à MM. Caubet et autres premiers élèves de l'institut, dont l'esprit laborieux, moral, chrétien est aujourd'hui la base la plus solide de tout l'édifice.

Je dois encore de sincères remerciements à ceux qui m'ont secondé pour la composition de ce livre; à MM. Isidore Bonheur et Rouyer, pour leurs dessins exécutés d'après nature avec autant de soin que de talent; à Mlle Rosa Bonheur, qui a daigné coopérer elle-même à ce travail; au frère Milhau, qui, dans la partie entomologique, m'a aidé de ses lumières et a dessiné les insectes avec le talent de l'artiste et la précision du savant; aux graveurs MM. Lavieille et Leblanc, dont le burin, bien connu, n'a pas été moins habile que le crayon de ceux dont il fallait reproduire les œuvres; à M. l'abbé Carpentier, dont la critique éclairée m'a été d'un grand secours; à l'un des élèves de l'institut agricole, M. Houpin, qui m'a aidé dans mes études géographiques; à M. Vilmorin, qui, avec une obligeance inépuisable, a mis à ma disposition ses collections et ses jardins; à M. Claye, dont les presses ne sont pas restées, dans la partie typographique de l'œuvre, au-dessous d'une célébrité justement acquise.

Enfin, je dois, par-dessus tout, remercier humblement la divine Providence, qui m'a conservé la santé au milieu des fatigues d'une telle entreprise, et qui a suppléé à ma faiblesse personnelle, en m'adjoignant des collaborateurs aussi consciencieux et aussi capables.

1. Ingénieur en chef des ponts et chaussées. — 2. Juge au tribunal de première instance. — 3. Procureur impérial. — 4. Substituts du procureur impérial. — 5. Professeur au grand séminaire. — 6. Vétérinaire de l'arrondissement.

TABLE DES MATIÈRES

PREMIÈRE PARTIE

DEUXIÈME PARTIE

SECTION Ire.

SECTION II

SECTION III.

SECTION IV

SECTION V

L'AGRICULTURE FRANÇAISE

PREMIÈRE PARTIE

L'AGRICULTURE CONSIDÉRÉE AU POINT DE VUE MORAL SOCIAL ET RELIGIEUX

CHAPITRE Ier

L'AGRICULTURE ET LA FAMILLE

Aimes-tu tes enfants, soigne tes terres.

JACQUES BUJAULT.

Les détails multipliés d'un faire-valoir agricole se divisent en deux parties : l'une comprend les travaux des champs et les affaires extérieures; l'autre se compose des soins du ménage, de la basse-cour et des étables. Celle-ci n'est guère moins importante que la première; car il ne suffit pas de récolter, il faut encore vivre avec ordre et tirer bon parti de tout. Une seule personne ne peut exercer à la fois ces deux directions, dont l'une oblige à être presque toujours dehors, tandis que l'autre attache au logis. De plus elles exigent des aptitudes différentes.

Cette différence n'est autre que celle qu'on remarque entre les qualités naturelles de l'homme et celles de la femme. L'homme d'un tempérament robuste supporte sans peine le froid, le chaud, la fatigue. Il se déplace avec plaisir; les soins extérieurs lui appartiennent. La femme est attachée à la maison par la délicatesse de sa constitution, par sa timidité et par cet amour particulier qui fixe au nid la mère de l'oiseau; l'intérieur est son domaine.

Cette double spécialité dans la direction de tout établissement agricole, se trouve ainsi marquée par la Providence. Mais pour qu'elle soit efficace dans son action, il faut qu'unis par le mariage, l'homme et la femme aient les mêmes intérêts, la même volonté, le même esprit, le même avenir. La vie de famille est donc indispensable à l'exercice de l'agriculture.

La femme, dit Olivier de Serres, *est l'âme de l'agriculture. Qui trouvera la femme forte? Sa valeur est bien au-dessus de celle des perles*, s'écrie Salomon. Puis il décrit la femme adonnée à tous les soins du ménage agricole. *Celui qui l'a trouvée*, dit-il ailleurs, *possède le vrai trésor; il le puise dans la bienveillance de Dieu.*

La nécessité du mariage, pour la pratique de l'agriculture, est dans l'esprit de l'habitant des campagnes une condition de rigueur absolue. Un jeune homme n'entreprend de faire valoir que s'il est marié. Un cultivateur qui devient veuf quitte la culture, ou contracte le plus tôt possible une seconde union.

En même temps qu'elle nécessite le mariage, l'agriculture favorise l'exercice des vertus qui font le bonheur de la famille. C'est aux champs que la foi conjugale est le mieux observée. Beaucoup plus sévère qu'on ne l'est à la ville vis-à-vis des personnes mariées, on aurait du mépris pour celles qui, après la bénédiction nuptiale, rechercheraient encore les danses et autres réunions de jeunes gens; chacun sait qu'il n'est pas de désordre contraire aux bonnes mœurs, qui ne soit beaucoup plus fréquent à la ville qu'à la campagne.

Dans la plupart des professions autres que l'agriculture, les enfants ne compensent d'abord par aucun service près des parents, leurs frais d'éducation et d'entretien. La famille constitue dans ces conditions une charge à laquelle on se soustrait trop souvent, en oubliant le principal objet de l'union conjugale, qui est la multiplication de l'espèce humaine. De la sorte, on peut avoir un ou deux héritiers; mais on n'a pas de famille. La véritable famille, n'est-ce pas celle dont les membres nombreux, d'âge, de sexe et de caractères différents, forment chaque jour une société joyeuse? N'est-ce pas là seulement qu'on trouve chez les parents absence de faiblesse, dévouement, bon exemple; chez les enfants amour du travail, gaieté, reconnaissance des soins qui leur sont donnés?

Cette famille que Dieu bénit est le trésor du cultivateur. Aussi *sa femme*, pour me servir des paroles de David, *est comme la vigne féconde attachée aux murs de sa maison; ses enfants sont autour de sa table, pareils aux nombreux rejetons de l'olivier*. Le matin, dès que le chant du coq se fait entendre, chacun se met au travail. L'un fait mouvoir la herse, un autre la charrue; un troisième répand la semence. Celle-ci soigne le jardin; celle-là les étables. L'enfant lui-même, muni d'un copieux déjeuner, s'achemine vers le pâturage pour y surveiller le bétail.

Tous les membres de cette communauté sont unis entre eux par une constante réciprocité de services. Loin des champs, ils se croiraient appauvris par le nombre. Mais à la ferme, ils sentent que le nombre multiplie leurs forces et les enrichit; sentiment qui tend à maintenir parmi ces frères une union plus rare ailleurs.

Quant à l'obéissance filiale, la nécessité l'affermit, attendu que sans elle il n'y aurait que désordre et misère pour tous.

Enfin le courage que l'esprit de famille donne au père et à la mère, a quelque chose d'héroïque, de surnaturel. Hier chacun au village enviait le bonheur du fils de Pierre qui épousait la fille de Thomas. Demain nos jeunes époux entreprendront un faire-valoir que leurs parents ont déjà préparé. Le train est peut-être fort pour leurs moyens. Mais l'esprit de famille les aidera à vaincre les difficultés. Les enfants naissent; avec eux l'énergie des parents redouble. Un travail surhumain est accompli. Cependant la famille croît, se multiplie et devient à son tour un élément de prospérité.

En résumé l'agriculture s'appuie d'abord sur la vie de famille, et par suite elle conduit naturellement à des vertus que loin des champs on n'exerce pas sans efforts. Aussi n'y a-t-il pas de mots plus justement synonymes que ceux de *cultivateur* et de *père de famille*.

CHAPITRE II

L'AGRICULTURE ET LA PROPRIÉTÉ

> L'expérience fait voir que ce qui est non-seulement en commun, mais encore sans propriété légitime et incommutable, est négligé et à l'abandon.
>
> BOSSUET.

Si nous abandonnions nos enfants, que deviendraient-ils? Leur mère elle-même ne réclame-t-elle pas notre appui?

C'est pour faire contre-poids à la faiblesse de la femme et des enfants, que Dieu nous a mis au fond de l'âme ce sentiment par suite duquel leurs besoins nous deviennent personnels; car à moins d'une dépravation qui fait horreur, tant elle est contre nature, ils nous affectent autant que les nôtres, plus que les nôtres. Nous travaillons donc avec plus d'ardeur peut-être pour notre famille que pour nous-mêmes. La famille suit cet exemple du chef; c'est ainsi que tous travaillent en commun, vivent en commun.

Voilà la communauté naturelle. Elle est, comme nous l'avons vu au chapitre précédent, le fondement de l'agriculture.

Infiniment variée par le nombre, l'âge et la force de ceux dont elle se compose, cette communauté produit entre les hommes une évidente inégalité de besoins et de travail.

En admettant même que toutes les familles fussent égales, il n'y aurait pas encore entre elles possibilité d'un travail de même valeur, tant les hommes diffèrent entre eux de forces, de facultés, d'aptitudes.

Quant au fruit du travail, à part quelques cas fortuits, il est proportionnel au travail lui-même. L'un travaille beaucoup, il gagne beaucoup; l'autre travaille peu, son profit est faible. Dès lors par un sentiment invincible, nous voulons travailler personnellement, recueillir personnellement le fruit de nos peines, subvenir personnellement à nos besoins. Hors de la famille, hors de l'association religieuse qui, se fondant sur un austère célibat et sur une mortification de tous les instants, constitue une famille exceptionnelle, nous repoussons le travail commun, le profit commun. Le fort ne peut consentir à travailler en commun avec le faible, l'intelligent avec l'idiot, le père de famille avec le célibataire.

Une union parfaite, sans aucun sentiment d'envie, serait la première condition nécessaire au soutien d'une communauté générale parmi les hommes. Cette union ne pourrait résulter elle-même que d'une participation égale de tous à la production et à la consommation communes.

Cette égalité suppose égalité de travail, égalité de besoins.

Voulons-nous établir égalité de travail parmi les hommes? ne pouvant obliger le faible à en faire autant que le fort, c'est le fort qui ne fera pas plus que le faible. Voilà donc le travail réduit à sa moindre expression. Quant à l'égalité des besoins, il faut pour y arriver, supprimer la famille; car c'est elle qui produit dans nos besoins les plus grandes différences. Les enfants de chacun deviennent ceux de tous et sont élevés en commun. Mais pour que, dans cette éducation commune, une égalité nécessaire existe, comme en tout le reste, sans aucune préférence résultant du sentiment de la paternité, il faut éteindre ce sentiment jusque dans son principe par une disposition qui ne permette pas au père de reconnaître ses propres enfants. Voilà les liens sacrés du mariage anéantis.

Extinction de travail, extinction de vertu, telles sont ainsi les conséquences rigoureuses du principe de la communauté.

Ces théories flattent les passions de l'homme paresseux et immoral; ce qui explique le sang répandu à certaines époques malheureuses et trop récemment encore, pour les faire prévaloir. Du reste le désir réel d'une communauté autre que la famille, est absolument étranger à notre cœur, tandis que le sentiment opposé, l'esprit de propriété, se révèle en nous dès le bas âge.

Avec quelle ardeur s'exercent nos petits bras dans ce carré de jardin qui nous est concédé par un père intelligent! Ailleurs le travail serait fastidieux; sur ce carré que l'idée de la propriété nous rend cher, nous ne sentons pas la fatigue; et quelle joie, si nos soins aboutissent à la production d'une fleur, d'un légume, d'un fruit!

A tout âge nous aimons de même le produit de nos peines; nous l'aimons d'avance, comme la mère chérit l'enfant qu'au prix de bien des souffrances elle prépare à la vie. Ainsi le travail agricole, cette nécessité pénible que Dieu a imposée au genre humain, devient, par un merveilleux adoucissement de la Providence, un plaisir, un bienfait. En effet ce labeur fort dur en apparence n'est-il pas celui que le sentiment de la propriété stimule le plus et récompense le mieux? Le cultivateur affectionne d'un amour de père l'arbre qu'il plante, le blé qu'il sème, l'animal qu'il nourrit. Il attribue au champ où ses sueurs se répandent une vertu particulière. Il trouve une saveur plus douce au fruit de son verger, au pain de sa recolte, au raisin de sa vendange. Comme un charme magique, ces jouissances le fixent au sol le plus infertile. Plus il éprouve de fatigue et de peine, plus il semble s'y attacher. Par suite de cette affection, le succès d'un premier travail encourage à de nouveaux efforts. Bientôt les marais sont désséchés; les bruyères disparaissent; les pentes abruptes sont disposées en terrasses; l'eau de la cascade féconde les coteaux voisins. Suivant l'expression de Virgile, *un travail opiniâtre surmonte tout*, et l'agriculture prospère où l'on n'aurait jamais cru qu'elle pût s'établir.

Le sentiment de la propriété est donc, comme le dit Hésiode, *dans les racines du monde*. Il est inhérent à la nature humaine; son action est aussi nécessaire à l'agriculture que l'huile à une lampe allumée.

CHAPITRE III

L'AGRICULTURE ET LE RESPECT DE LA PROPRIÉTÉ

Tu ne voleras point.

Décalogue.

Pour que le sentiment de la propriété puisse avoir la plénitude de ses conséquences, il faut au cultivateur la certitude de conserver le fruit de ses peines; certitude qu'il ne peut avoir si ses voisins cherchent sans cesse à le dépouiller. Qu'y a-t-il en effet de plus exposé au pillage ou à la dévastation que des troupeaux et des récoltes? Quel lieu de plus faible défense que le toit de chaume et que la cour de ferme?

Le respect de la propriété, ce devoir sacré dont nous portons le sentiment au fond de la conscience, est donc une condition particulièrement nécessaire à l'agriculture. Un intérêt direct qu'on ne retrouve au même dégré dans aucune profession, prédispose les cultivateurs à y rester fidèles; et certes nul d'entre eux n'aurait jamais eu l'idée d'attaquer ce principe tutélaire.

Puisque d'autres ont eu cette pensée, qu'il s'est

même formé des sectes prêtes à soutenir leurs nouvelles doctrines les armes à la main, il est pour l'agriculture d'un intérêt capital que les caractères invariables de la propriété soient clairement définis.

Le premier de ces caractères est l'*inégalité*.

Nos facultés et notre travail différant d'individu à individu, la propriété, fruit du travail, est inégale entre nous dès son origine. Chercher à la niveler, ce serait tendre à l'anéantir.

Le second caractère de la propriété, *le libre usage*, exprime la possibilité que tous doivent avoir d'user de ce qu'ils possèdent, pourvu qu'ils ne nuisent pas à leurs semblables. La propriété n'a de valeur en effet que par l'utilité qu'on en tire. L'utilité résulte elle-même de l'usage. Cet usage est donc libre en principe. Il n'a d'autre limite que le respect dû par chacun de nous à la propriété des autres.

C'est par suite de cette liberté que se font les locations et les prêts de toute espèce.

N'y a-t-il pas réciprocité de service entre le possesseur d'une somme d'argent et celui qui la lui emprunte pour des opérations de commerce, d'agriculture ou d'industrie? Ce dernier rend service à l'autre, puisqu'il lui paie une rente annuelle de 5 fr., par exemple, pour 100 fr. prêtés. Le capitaliste de son côté est utile à son débiteur, à cause du développement que les fonds prêtés lui permettent de donner à ses entreprises. Même secours mutuel entre le propriétaire et son fermier.

Est-il nécessaire d'ajouter que le prêt n'est réellement légitime qu'autant qu'il y a service réel rendu à l'emprunteur? Il ne faut donc pas qu'abusant de la pression que telle ou telle circonstance aurait produite, on exige pour le prêt ou la location une redevance égale ou supérieure au profit à retirer de l'usage de l'objet prêté ou loué. Le prêt qui dans ce cas se nomme usuraire, devient le moyen le plus perfide de dépouiller les autres du fruit de leurs peines.

L'échange est une autre manière d'employer la propriété pour notre avantage réciproque. Il faudrait, sans échange, que chaque laboureur, nouveau Robinson, se fît chaussures, habits, instruments, maison, etc. On aperçoit au premier coup d'œil les mille inconvénients d'un pareil état de choses. Aussi l'échange est si naturel qu'il s'établit de lui-même pour les objets matériels, comme pour les pensées et les paroles, dès qu'il y a contact entre plusieurs individus.

L'association est un troisième mode d'employer la propriété en vue de l'avantage réciproque de nos semblables et de nous-mêmes. Combien de fois, réunissant nos moyens à ceux de quelques voisins, parvenons-nous à des résultats que sans ce secours mutuel nous n'aurions pu obtenir! faut-il indiquer, au sujet de l'agriculture, les associations d'assurance, celles de crédit agricole, celles des fromageries où le lait d'une multitude de vaches est converti en fromages à frais communs?

Du reste, à part quelques cas d'association nécessaires pour la conduite des eaux, pour l'établissement des chemins, pour la protection des propriétés et des personnes, associations spéciales sur lesquelles nous reviendrons bientôt, il ne doit pas y avoir de contrainte dans l'association des propriétés, comme il ne doit pas y en avoir non plus pour l'échange et le prêt. Autrement la propriété perdrait sa liberté d'usage, et serait violée dans son caractère le plus évident.

Le bien exclusif des autres est un dernier but pour lequel nous sommes libres d'employer la propriété. Elle devient ainsi l'instrument de la plus belle vertu, la charité.

En résumé, notre propre avantage, un avantage réciproque, l'avantage seul de nos semblables; tels sont les trois points auxquels se rapporte le *libre usage* de la propriété.

Le troisième caractère de la propriété est l'*hérédité*.

L'hérédité est une loi générale de l'univers. Le chêne donne au chêne sa force, son port élevé et ses vastes rameaux. La violette transmet à la violette son humble feuillage et son doux parfum. La fourmi se montre comme sa mère laborieuse et prévoyante. Le cheval du désert, ainsi qu'au temps de Job, creuse la terre de son pied, dévore l'espace et meurt en mettant son maître à l'abri du danger. Toutes les espèces, toutes leurs variétés, tant dans le règne animal que dans le règne végétal, transmettent à leurs générations, avec le principe de la vie, cet autre principe qui leur est propre, c'est-à-dire le germe de leur caractère, de leurs qualités, de leurs défauts.

L'homme ne peut faire exception à cette loi universelle. Aussi l'enfant qui vient au monde, apporte en naissant le principe de la constitution morale et physique de ses parents. Sans doute, l'éducation peut modifier ces premières tendances, au point de les effacer plus ou moins; mais la transmission héréditaire n'en a pas moins eu lieu. Ne sommes-nous pas en effet formés de la substance de nos pères? N'est-ce pas leur sang qui coule dans nos veines ; et ne se sont-ils pas réellement perpétués en nous, comme nous nous survivons à nous-mêmes dans nos enfants? Cette vérité est à un si haut point dans le sentiment universel, que de tout temps la gloire est restée attachée au fils du héros. Par suite de cette même loi, la souillure originelle d'Adam et d'Ève a atteint toute leur postérité.

Si le père transmet à son fils ce qu'il a de plus intime, à plus forte raison doit-il lui transmettre sa propriété. Celle-ci ne peut faire exception à la loi générale de l'hérédité.

J'admets toutefois pour un instant qu'on parvienne à l'anéantir. Dès lors l'égoïsme fait invasion. Comme l'ordre et l'économie de notre part ne peuvent profiter à nos enfants, il n'y a plus d'épargne; de cette épargne qui, comme une pompe aspirante, accroît incessamment la richesse des nations. Nous devenons tous semblables au malheureux qui oubliant dans la débauche une famille infortunée, ne lui laisse pour héritage que le vice et la misère.

Au contraire, l'hérédité fortifie merveilleusement l'esprit de famille. Si, comme nous l'avons déjà fait observer, les enfants du cultivateur travaillent avec tant d'ardeur dès le bas âge à féconder le champ paternel, n'est-ce pas à cause de la certitude où ils sont qu'ils fécondent ainsi leur propre champ? Quant au père, son grand âge a pu l'appesantir, mais non l'arrêter. Cependant il a plus qu'il ne lui faut pour les besoins de ses derniers jours. Pourquoi n'accepte-t-il pour lit de repos que celui où l'on ne se réveille plus? C'est que l'hérédité assure à ses enfants dans lesquels ils se survit, le fruit de ses peines.

Inégalité, liberté d'usage, hérédité, tels sont les trois caractères sacrés de la propriété. Toute attaque à l'un ou à l'autre est une attaque à la propriété tout entière, et par conséquent à l'agriculture dont la propriété et la famille sont les premières bases.

CHAPITRE IV

L'AGRICULTURE ET LA PROPRIÉTÉ FONCIÈRE

> Maudit soit celui qui déplace la borne du champ voisin.
>
> *Deutéronome.*

Pressé par la faim, l'homme a accepté la dure nécessité des soins agricoles. Il est à l'œuvre. Les broussailles sont détruites, les pierres enlevées, le sol nivelé, assaini, irrigué. Enfin, au prix de bien des fatigues il a amené une portion de forêt ou de lande à l'état de terre labourable et productive. Mais ce champ qu'il vient d'ensemencer, en jouira-t-il l'an prochain? Un autre ne pourra-t-il le prendre pour le cultiver à son tour? Le bon sens va résoudre cette question.

En agriculture tout se suit et s'enchaîne. Les travaux d'une année s'unissent à ceux de l'année suivante. Une amélioration en prépare une seconde. Les engrais qu'on donne à la terre servent ordinairement à plus d'une récolte. Les effets d'un marnage durent parfois jusqu'à trente années. Ceux du drainage se font sentir pendant plus d'un siècle. La fécondité est presque toujours le résultat d'un travail long et persévérant.

Mais personne n'humecte la terre de ses sueurs, pour en faire ce puissant instrument de production, s'il n'est sûr d'en conserver l'usage. Cette certitude ne peut d'autre part naître et se maintenir, si le sol ne constitue, comme la charrue qui le sillonne, une propriété inattaquable. Sans cette condition il ne peut donc y avoir d'agriculture. Il n'y a pas non plus d'existence politique possible; car si un homme, après avoir construit une maison ou ensemencé un champ, n'a pu dire : *cela est à moi*, une nation n'a pu dire non plus d'une contrée toute entière : *ce pays est le mien.* Dès lors les Cafres, les Hottentots, ont des droits sur la France, de même que les autres peuples du globe, et réciproquement; ainsi le dogme de la communauté dans la possession de la terre mène droit à l'absurde.

Le principe opposé, celui de la propriété foncière, se perd dans la nuit des temps, fondé qu'il fut du consentement unanime des premiers hommes. Ne voit-on pas dans la Genèse les fils de Noé se partager la terre, de telle sorte que l'un reste en Asie, tandis qu'un autre se dirige à l'occident et le troisième vers le sud? Plus tard Dieu prescrit à Abraham de se rendre de la Chaldée, sa patrie, dans la terre de Chanaan, dont ensuite il lui assure la possession à trois ou quatre reprises différentes. Ainsi le patriarche devient propriétaire du sol par ordre de Dieu même. En attendant l'accomplissement de cette promesse, Abraham achète d'Éphron, dans la vallée de Mambré, un champ où se trouvait une grotte dont il se sert pour inhumer Sarah; le voilà devenu propriétaire par voie d'acquisition. Plus tard, par ordre de Dieu, le principe de la propriété foncière est consacré de nouveau pour Israël, au moyen d'un partage qui précède la conquête de cette terre promise à Abraham. Une malédiction terrible est prononcée dès le désert contre quiconque osera toucher aux bornes des héritages.

Tandis que du principe de la propriété foncière naissait la civilisation d'une partie du monde, le nord de l'Europe et de l'Asie restait sauvage par l'absence de ce fondement indispensable.

« Les terres en Germanie, dit Tacite, sont cultivées tour à tour par chaque habitant. »

« Nul effort, ajoute l'auteur, pour utiliser l'étendue « et la fertilité des terres. On ne voit ni plantations « d'arbres à fruit, ni jardins arrosés, ni prairies « closes. Point d'autres cultures que celles des cé- « réales. Aussi les Germains n'ont que trois saisons, « l'hiver, le printemps et l'été. Le nom et les trésors « de l'automne leur sont inconnus. »

Ces peuples que la propriété n'attachait pas au sol, le quittaient sans peine; d'où résultait parmi eux un déplacement continuel. Ils envahirent l'empire romain où la propriété foncière était bien assise. Ils en comprirent sur-le-champ les avantages et la conservèrent en s'emparant d'une grande partie des terres. Peu à peu le principe de la propriété foncière s'étendit de l'ancien monde romain dans les pays originaires de ces conquérants; l'agriculture et la civilisation du midi gagnèrent alors le centre et le nord de l'Europe. C'est ainsi que les peuples qui se la partagent aujourd'hui prirent racine.

Un des faits les plus saillants de cette époque de transition, c'est l'établissement sur notre sol des pirates normands qui, remontant le cours des fleuves, portaient au loin la dévastation. La province qu'ils avaient le plus ravagée leur étant accordée, Rollon leur chef fait partager entre eux toutes les terres. Aussitôt ces hommes de sang renoncent au pillage pour s'adonner à l'agriculture. Depuis lors la Normandie n'a cessé d'être une de nos plus riches provinces.

Une partie de l'Europe porte encore la trace d'anciens usages contraires à la stabilité de la propriété foncière. C'est ainsi qu'il existe en France, sous le nom de *biens communaux*, d'immenses terrains que l'esprit de propriété n'a jamais fécondés. Ces terrains qui appartiennent à plusieurs ne sont en réalité à personne; chacun donc y est avare de son temps et de sa fatigue. Les eaux stagnantes, les joncs, les bruyères qu'on y remarque, prouvent jusqu'à l'évidence que la communauté dans la possession de la terre est incompatible avec un travail productif. Concluons que la terre dans son état de nature, avant même que l'agriculture ne l'ait fécondée, doit être déjà partagée, être déjà considérée comme propriété. C'est d'après ce principe que les gouvernements, lorsqu'ils établissent des colonies, font aux colons des concessions de terrains inoccupés et leur en assurent la possession. Cette propriété première d'un sol vierge s'augmente bientôt de toute la valeur des améliorations dues au travail agricole et n'en devient que plus inviolable.

Le respect de la propriété foncière dans ses caractères d'*inégalité*, d'*hérédité*, *de libre usage*, nécessite quelques explications qui feront le sujet des chapitres suivants.

CHAPITRE V

INÉGALITÉ DE LA PROPRIÉTÉ FONCIÈRE

> Il y aura toujours des pauvres parmi vous.
>
> *Évangile.*

Nous avons vu au chapitre précédent qu'il est de rigueur que le sol affecté à l'agriculture constitue une propriété durable. Une vérité tout aussi évidente, c'est que cette propriété ne doit pas appartenir exclusivement à quelques hommes, mais que tous ont un droit naturel à la posséder.

Ce droit est sauvegardé, autant que possible, lorsqu'il y a liberté complète d'échanger, de vendre et d'acheter la propriété foncière. Par suite de cette liberté dont la France jouit maintenant, la terre est à la disposition de tous; car il y a constamment et partout des champs à vendre; et comme la faculté d'acquérir est sans cesse mise à profit par les habitants des campagnes, la plupart sont aujourd'hui propriétaires.

Cette grande division de la propriété foncière est on ne peut plus conforme aux intérêts de la société; car, comme rien n'est plus exposé que la terre à la dévastation, il n'est pas de propriété qui porte davantage à soutenir l'ordre social. La société a donc d'autant plus de défenseurs naturels, que les propriétaires fonciers sont en plus grand nombre.

Qu'y a-t-il en même temps de plus favorable à l'agriculture? Le petit propriétaire cultive ordinairement lui-même son modique avoir dont la location ne produirait pas un revenu suffisant pour son entretien et celui de sa famille. Travaillée de la sorte en détail par le bras infatigable du maître et de ses enfants, la terre parvient à la plus étonnante fécondité. Elle occupe et nourrit un peuple fort, laborieux, fidèle à cette prescription de Dieu : *Tu mangeras ton pain à la sueur de ton front.*

Les Romains posèrent les fondements de leur grandeur en fixant pour la propriété foncière un maximum qu'il était défendu de dépasser. Ce maximum était d'abord de deux arpents. Il fut ensuite de trois; il n'était encore que de sept arpents lors des premières guerres puniques. Ainsi les hommes qui, par les premiers coups portés à Carthage, commençaient à établir un empire sans rival, ces généraux célèbres, étaient de simples cultivateurs de sept arpents. La loi *Licinienne* éleva à cinq cents arpents le maximum de la propriété foncière; mais bientôt l'étendue des conquêtes fit tomber en désuétude cette même loi, et la propriété foncière n'eut plus de limites. Rome perdit bientôt son agriculture. Elle perdit à la fois sa liberté; et sa décadence commença.

Passant à l'Europe moderne, nous voyons au contraire le sol concentré presque partout, jusqu'à nos jours, entre les mains d'un petit nombre de possesseurs par des lois d'esprit opposé. Rappelons ce que nous avons eu déjà occasion d'établir, que les conquérants du monde romain s'emparèrent d'une grande partie de la propriété foncière; le même fait s'accomplit dans toute l'Europe. La propriété foncière s'organisa au profit des plus forts, qui la faisaient cultiver par les plus faibles.

Ainsi se créa partout l'aristocratie féodale; chacun prit le nom de son domaine. L'agriculture et la société sortirent du chaos. Cet état de choses, réellement sauveur dans le principe, n'aurait dû être que transitoire. Mais par une tendance naturelle, l'aristocratie voulut se perpétuer et transmettre sa puissance à ses descendants. De là ces lois qui maintenaient et maintiennent encore, dans d'immenses contrées, la terre en la possession exclusive de quelques familles, que dis-je? de quelques individus; car le droit d'aînesse que ces lois établissent, pour prévenir à la mort du père la division du domaine aristocratique, prive de l'héritage paternel tous les enfants d'une même famille à l'exception d'un seul.

Ces lois sont en opposition évidente avec le principe, que l'agriculture est la profession par excellence du genre humain; que la terre qui sert à l'exercer a été créée par Dieu, non pour quelques-uns seulement, mais pour le plus grand nombre possible.

Dans la situation aristocratique de la propriété foncière, non-seulement ce principe est méconnu; mais encore c'est justement à ceux qui ne cultivent pas la terre que la terre appartient. Il est notoire en effet que le propriétaire de grands domaines ne peut presque jamais les cultiver par lui-même.

Mais livré à des fermiers, à des métayers, à des serviteurs, à des serfs, le sol peut-il arriver à cette puissance de production que lui donne l'incessante activité du cultivateur propriétaire? Non sans doute!

La culture des domaines aristocratiques se ressent du reste au plus haut point de l'absence, ou de la présence des maîtres. Lorsqu'un propriétaire opulent habite ses terres, il ne peut rester étranger à la culture qu'il a sous les yeux. Intérêt et plaisir le portent à y concourir lui-même par différents travaux, assainissements, plantations, etc.; mais il contribue surtout au progrès par les conditions équitables qu'il accorde à ses fermiers; car il voit clairement que sa propre richesse tient à leur aisance. Est-il au contraire fixé loin de ses terres; il n'en connaît ni l'état, ni les besoins; n'apercevant en elles qu'une source de revenus, il dépense en leur faveur le moins possible et en exige sans discernement la rente la plus élevée. Le mal devient plus grand encore s'il les administre par des tiers, spéculateurs presque toujours avides, qui cherchent leur profit sans s'inquiéter de la misère du cultivateur ni de celle du domaine.

C'est ainsi que l'Irlande a été réduite à l'état le plus déplorable par l'absence des propriétaires anglais, qui traitaient encore cette île, il y a peu d'années, en pays conquis.

La noblesse anglaise préfère cependant à toute autre la vie de château; mais ce sont ses domaines d'Angleterre qu'elle habite. On sait combien elle en fait prospérer l'agriculture. Nos voisins reconnaissent toutefois qu'une plus grande division de la propriété serait préférable à l'état actuel; et leur opinion est fondée sur l'étonnante richesse de celles des Iles Britanniques, telles que Jersey, Aurigny, etc., où par exception les terres ne formant aucun domaine aristocratique, peuvent être librement vendues et divisées.

Passant à la France, nous voyons, sous les quatre derniers règnes de l'ancienne monarchie, les nobles quitter leurs terres pour se presser à la cour. En même temps l'agriculture s'appauvrit; bientôt la fermentation révolutionnaire se fait sentir dans les campagnes. Au milieu de ce vaste embrasement, les populations agricoles de Bretagne restent attachées à l'ancien état de choses. Elles défendent le manoir féodal que les paysans brûlent et saccagent sur d'autres points du royaume. C'est que fidèles à l'ancienne simplicité, les nobles Bretons étaient restés dans leurs terres, et que la Bretagne se trouvait, à l'époque de la révolution, dans une situation agricole et morale exceptionnelle.

La sagesse des propriétaires atténue donc beaucoup les mauvais effets de la division du sol en domaines aristocratiques.

Cette possession exclusive de la terre par quelques-uns n'est pas moins en principe, comme nous l'avons établi, contraire aux véritables intérêts de l'agriculture; elle constitue une *inégalité artificielle*. Quant à l'*inégalité naturelle*, elle résulte des effets purs et simples de l'hérédité, joints à ceux de la liberté des achats et des ventes. Elle tend d'elle-même à s'affaiblir par une grande division de la propriété foncière, division qui fait un des plus solides fondements de l'ordre social.

CHAPITRE VI

HÉRÉDITÉ DE LA PROPRIÉTÉ FONCIÈRE

> Naboth dit à Achab : Dieu me garde de vous donner l'héritage de mes pères.
>
> *Rois.*

Si l'hérédité de toute propriété est inviolable, celle de la propriété foncière est particulièrement sacrée.

Un des plus nobles sentiments de l'homme, c'est l'attachement à la mémoire de ses pères et à tout ce qui peut perpétuer le souvenir du bien qu'ils ont fait. Or quel objet plus propre à conserver la trace de leurs travaux utiles que le sol où ils ont vécu, puisqu'au lieu de le parcourir en peuplades errantes, ils en ont fait des champs, des vignes, des prairies, des jardins! Un arbre, un fossé, la disposition d'un coin de terre, sa fécondité, tout dans l'héritage foncier devient un souvenir de famille qui parle au cœur.

Le cultivateur préfère donc le champ de ses pères à celui qu'il achète; tel se croirait coupable d'impiété s'il le vendait.

Cette tendresse religieuse double son énergie, lorsqu'il faut le défendre contre l'ennemi. Ainsi l'amour de la patrie, source de tant de vertus, existe au plus haut degré dans les populations agricoles qui se perpétuent sur l'héritage de leurs aïeux. C'est parmi elles, comme on l'a dit jadis, que naissent les plus braves soldats. *Strenuissimi milites gignuntur*. (Cic.)

Une véritable atteinte à l'hérédité de la propriété foncière résulte du droit d'aînesse qui prive du sol paternel tous les enfants excepté un seul. Le désir de perpétuer après soi, sans affaiblissement, ce qu'on a de richesse ou de pouvoir, prédispose à l'établissement de ce droit. Bien qu'il soit maintenant aboli en France, il est resté dans les mœurs de nos provinces méridionales, où souvent encore le cultivateur ne peut se faire à l'idée que ses champs seront divisés après lui. Si alors sa famille a pu pénétrer son arrière-pensée et deviner son projet de faire un aîné, comme on dit vulgairement, quel motif de désunion parmi les enfants, quel affaiblissement de travail, quelle cause de souffrance dans le faire-valoir!

CHAPITRE VII

LIBERTÉ D'USAGE DE LA PROPRIÉTÉ FONCIÈRE

> Les terres ne sont point cultivées en raison de leur fertilité, mais en raison de leur liberté.
>
> MONTESQUIEU, *Esprit des Lois.*

On ne tire parti d'un instrument que si on peut s'en servir en toute liberté. De même le premier, le plus essentiel des agents de l'agriculture, la propriété foncière, ne nous donne une juste récompense de nos travaux qu'autant que nous pouvons la cultiver librement, appropriant toute opération à la nature du sol, aux besoins du pays, aux exigences du climat et de la saison.

Voilà, pour l'usage de la propriété foncière, la liberté principale; elle tient d'abord à la liberté des eaux.

L'eau a une influence capitale sur la végétation, et par conséquent sur la production agricole qu'elle arrête, compromet ou favorise, suivant une foule de circonstances. On n'use donc librement de la propriété foncière que si l'on a la plus grande liberté possible de faire écouler les eaux surabondantes et d'amener les eaux utiles, c'est-à-dire d'assainir et d'irriguer, sauf les impossibilités qui résultent de la disposition naturelle des lieux.

La liberté d'usage de la propriété foncière comprend nécessairement aussi la liberté de pâturage. En effet, le pâturage qui procure le moyen le plus simple d'entretenir le bétail, constitue l'une des principales richesses du sol, et l'on n'a pas le libre usage de la terre, si ne pouvant aménager ce produit comme on l'entend, on est contraint de se soumettre à la pâture commune ou vaine pâture.

Enfin il est de toute évidence que la liberté d'usage de la propriété foncière est incomplète, si chacun ne peut en tout temps aborder sa terre. Lorsque la propriété est divisée, il faut donc que les champs soient en ordre, comme le sont les maisons d'une ville, et que tous aboutissent sur des chemins possédés en commun. Autrement les propriétaires de terres morcelées se gênent singulièrement les uns les autres. Souvent ils sont forcés, contrairement à leurs intérêts, de soumettre leurs héritages à un système de culture uniforme et au pâturage commun. C'est pour rendre en pareil cas une entière liberté d'usage à la propriété foncière, qu'en plusieurs pays, la loi ordonne aux propriétaires de champs mélangés d'en faire une nouvelle division, de sorte que toutes les parcelles puissent aboutir sur des chemins.

Toute disposition qui porte atteinte à ces libertés est contraire au droit naturel et funeste à l'agriculture. En revanche, les lois les plus parfaites sont toujours celles qui les respectent le mieux.

A la liberté d'usage de la propriété foncière tient encore la liberté de la vendre, de l'acheter, de l'échanger; enfin la liberté que tous doivent avoir de prêter la terre, c'est-à-dire de la donner à ferme, convention importante sur laquelle nous reviendrons bientôt.

CHAPITRE VIII

L'AGRICULTURE ET LA SOCIÉTÉ

La perversité humaine troublerait souvent l'ensemble des conditions nécessaires au paisible exercice de l'agriculture, s'il n'existait une force permanente destinée à les défendre.

Pour l'organisation de cette force tutélaire, il faut que les hommes vivent près les uns des autres dans ce qu'on nomme l'état social. Chaque groupe forme un peuple qui confie à quelques-uns le soin de la défense commune, sous la protection de laquelle l'art agricole puisse s'exercer. Hors de ces conditions, c'est-à-dire si les hommes vivent isolés, sans liens qui les unissent, ils sont par ce fait privés d'une assistance réciproque; et réduits à leurs forces personnelles pour se défendre, ils ne peuvent se livrer à l'agriculture dont les travaux exigent la sécurité la plus constante.

S'il ne peut y avoir d'agriculture sans vie sociale, il ne peut y avoir non plus de société sans agriculture; car pour peu que les hommes se multiplient dans un même lieu, la pêche, la chasse et les productions spontanées du sol ne suffisent plus à leurs besoins. Il faut absolument que la terre soit défrichée, labourée, ensemencée; il faut que le blé prenne la place de l'épine et de la ronce.

Agriculture et société sont inséparables.

CHAPITRE IX

ASSOCIATION NÉCESSAIRE DANS TOUTE SOCIÉTÉ POUR ASSURER A LA PROPRIÉTÉ FONCIÈRE LA LIBERTÉ D'ACCÈS ET CELLE DES EAUX.

> En Prusse, s'il y a lieu à réunion de parcelles pour une meilleure exploitation, elle peut être ordonnée d'office ou réglée de gré à gré. Pour l'exécution de toutes les mesures concernant la propriété foncière, il a été institué dans chaque province une ou deux commissions spéciales provisoires. Leurs travaux ont régularisé la possession de 1,200,000 hectares en 66,623 opérations intéressant 9,996 villages.
>
> ROYER, *Agr. Allem.*

Dans cette agglomération de personnes et de propriétés qui forme l'état social, les parcelles de propriété foncière n'auraient le plus souvent, à cause de leur mélange et de leur position respective, ni liberté d'accès, ni liberté des eaux, si les propriétaires ne s'associaient pour assurer à leurs champs, par des opérations communes, ces deux libertés qui, dans l'étude de la propriété foncière, nous ont paru fondamentales.

Pour donner à leurs terres la liberté d'accès, il faut, comme nous l'avons expliqué déjà, que les propriétaires établissent et entretiennent des chemins communs; il faut aussi qu'ils en viennent dans certains cas à une division nouvelle de leurs héritages. Quant à la liberté des eaux, s'il s'agit de terres humides et de marais à assainir, il est indispensable que tous les propriétaires d'un même bassin s'associent pour donner écoulement aux eaux sur un plan général ; si ce sont au contraire des eaux d'irrigation qu'il faille dériver d'un ruisseau, d'une rivière, d'un fleuve, afin de pouvoir cultiver des terres qui, sans cette condition, seraient brûlées par un soleil ardent, l'association est encore presque toujours nécessaire. Que ferait à lui seul un propriétaire des vallées de la Durance et du Rhône qui chercherait, sans le secours des autres habitants de ces vallées, à répandre sur ses terres l'eau des rivières que nous venons de nommer?

L'association a, dans ce cas, un but particulier, celui d'assurer à la propriété foncière sa condition fondamentale, la liberté d'usage qui tient, comme nous l'avons dit, à la liberté d'accès et à la liberté des eaux. A raison de ce but l'association, au lieu d'être libre comme à l'ordinaire, doit souvent devenir obligatoire. C'est ainsi que d'après nos lois elle est prescrite pour l'assainissement des vallées ; ce qui donne lieu à la création de syndicats spéciaux par les propriétaires intéressés.

La conquête d'une partie de la Hollande sur la mer, celle de plusieurs provinces de la Chine sur des fleuves immenses ; les antiques irrigations du Nil, de l'Euphrate, du Tigre et de beaucoup d'autres fleuves, les magnifiques arrosages de l'Italie moderne prouvent toute la puissance en même temps que la nécessité de l'association, sous l'égide de la force publique, pour la conduite des eaux au profit de l'agriculture.

Mais de ce que l'association est nécessaire et doit être en principe obligatoire pour les chemins et la conduite des eaux, qu'on se garde de conclure qu'elle devrait être également obligatoire pour la mise en valeur des terres et le travail habituel du laboureur.

L'association forcée du travail et des propriétés n'est autre chose que la communauté qui, comme nous l'avons reconnu, est absolument contraire à notre nature. Supposons qu'on imagine sous un autre nom, quelque moyen d'organiser cette association, la propriété ne serait pas moins éteinte dans son caractère principal, la *liberté d'usage*. Or c'est justement cette liberté que l'association forcée rend à la propriété foncière dans le cas que nous venons d'indiquer ; et c'est ce qui justifie l'exception.

CHAPITRE X

L'AGRICULTURE ET L'AUTORITÉ

Rendez à César ce qui est à César.
Évangile.

La société si intimement liée à l'agriculture ne peut subsister sans une autorité qui la gouverne.

Commander aux forces militaires protectrices ; régler les intérêts opposés qui naissent du contact des propriétés et des personnes ; administrer tout ce qui tient aux besoins publics, telles sont, au point de vue de l'agriculture, les principales fonctions de l'autorité dont l'existence est aussi nécessaire à la société que l'est à la marche d'une exploitation la présence du père de famille. Comme l'agriculture est inséparable de l'état social, il s'en suit que l'autorité et l'agriculture sont intimement attachées l'une à l'autre.

Dans l'enfance des nations, elles naissaient ensemble. Ainsi la tradition grecque attribuait aux mêmes hommes divinisés par la gratitude populaire, les premières découvertes agricoles et la première constitution de l'autorité.

« Cérès, dit Pline, a la première donné des lois. « Bacchus a le premier pris le diadème et organisé les « pompes royales. »

Le sceptre n'était dans le principe que le bâton pastoral de l'homme des champs que ses pareils considéraient comme le plus capable de les conduire et de les protéger. Souvent ce bâton reprenait son premier usage. Ulysse, dans l'Odyssée, retrouve Laerte son vieux père, ancien roi d'Ithaque, cultivant à la bêche le pied de ses arbres. Saül, déjà sacré et reconnu roi d'Israël, revenait de sa charrue quand les gémissements du peuple lui apprirent l'invasion des Philistins. Homère et les livres saints rapportent ces faits et d'autres de même genre, sans y attacher plus d'importance que celle qui ressort naturellement du récit.

Si sans autorité, il ne peut y avoir de société ni d'agriculture, la puissance même de l'autorité tient au respect qu'ont pour elle les membres de la société. Sans ce respect tout se dissout, de même que tout est désordre dans une ferme, si serviteurs et enfants n'obéissent pas au père de famille. Le respect vis-à-vis de l'autorité publique est donc un devoir tout aussi sacré que le respect de la propriété. Le mépris de la première conduit à la violation de la seconde, ainsi qu'on le remarque toujours dans les temps de révolutions.

L'agriculture est la sauvegarde de ces principes conservateurs. Car soumis dès le berceau à la puissance paternelle, dans ces communs travaux dont le père est le chef indispensable, les membres de la famille agricole devenus eux-mêmes chefs de famille, ne voient dans la soumission à l'autorité publique, qu'une suite de leurs habitudes domestiques ; ce devoir, ils le remplissent instinctivement et sans effort.

C'est ainsi que le véritable esprit de famille qui, comme nous l'avons vu, prend naissance dans l'agriculture, conduit au véritable esprit social. C'est ainsi que les vertus privées du cultivateur deviennent des vertus publiques.

CHAPITRE XI

L'AGRICULTURE ET LES PROFESSIONS QUI RÉSULTENT NÉCESSAIREMENT DE L'ÉTAT SOCIAL

> C'est dans les villes que se crée le luxe. Le luxe produit la cupidité ; la cupidité fait naître l'audace. De là toute espèce de crimes qui ne peuvent prendre origine dans les habitudes sobres et laborieuses de la vie agricole. — L'agriculture enseigne l'économie, le travail, la justice.
>
> CICÉRON.

Dans l'état social plusieurs professions ne tardent pas à se séparer de l'agriculture; d'abord les fonctions publiques. En effet dès que les affaires du gouvernement se multiplient, il devient impossible de s'en occuper et de vaquer en même temps aux soins d'un faire-valoir.

De plus on aperçoit bientôt que le travail est d'autant plus parfait ; qu'on s'adonne à la fois à moins de choses diverses. On remarque notamment que la confection des étoffes, des vêtements, des chaussures; que la mise en œuvre du fer, de la pierre, du bois, exigent certaines aptitudes particulières qu'on ne peut acquérir dans le travail des champs. Chacun pense dès lors à se livrer à une occupation spéciale, sauf à échanger ensuite les produits de ces arts. C'est ainsi que naissent et se développent les diverses industries.

L'agriculture en reçoit un grand secours, puisque le cultivateur n'est pas détourné du soin des champs par toute espèce de travaux, comme il le serait, s'il lui fallait construire sa maison, forger ses outils, confectionner ses habits, sa chaussure, ses ustensiles de ménage.

Pour peu que la société devienne nombreuse, les échanges se multipliant, feraient perdre un temps précieux, si certaines personnes n'en devenaient les intermédiaires. Celles-ci réunissent à la portée de tous, sur un marché ou dans un magasin, le produit du travail des autres. Ainsi s'établit le commerce non moins favorable à l'agriculture que l'industrie, par les débouchés étendus qu'il ouvre aux produits du sol.

Voilà donc dans l'état social les diverses professions qui naissent et se séparent les unes des autres, pour occuper le genre humain, de concert avec l'agriculture ; mais celle-ci doit rester la profession par excellence.

D'abord elle nourrit non-seulement ceux qu'elle occupe, mais aussi tous les autres hommes. Puis elle fournit aux arts presque toutes les matières premières dont ils s'alimentent. A la rigueur elle pourrait se passer du commerce et de l'industrie ; mais sans elle, industrie et commerce sont impossibles.

L'agriculture est en outre la seule profession dans laquelle il ne puisse y avoir un désastreux encombrement.

Les fonctions publiques sont-elles trop recherchées? il devient nécessaire d'entraver par mille difficultés l'accès des carrières publiques. A de durs examens succèdent de longs noviciats sous le titre de suppléances, d'aspirances, de surnumérariats. Les plus belles années, celles où l'âme, l'esprit et le corps ont le plus de vigueur et seraient propres aux meilleures choses, se consument alors, pour le plus grand nombre, dans un travail d'automate accompagné de désœuvrement et d'intrigue. C'est la guerre qu'on déclare ensuite à la société, parce qu'on veut être juge, fonctionnaire, député, ministre. Enhardi par de tels exemples, chaque travailleur prétend à son tour devenir serviteur de l'État. Pourquoi les fonctions publiques appartiendraient-elles à quelques privilégiés seulement; et pourquoi le pays entier ne formerait-il pas une vaste association agricole, industrielle, commerçante dont chaque citoyen ferait partie? Voilà comment, sous un apparent désir de réformes, on en vient à attaquer la propriété jusque dans son principe, et à ébranler la société par des utopies au fond desquelles il n'y a que misère pour tous.

Quant au commerce, si trop de gens s'y adonnent, ils se nuisent bientôt par une concurrence excessive, et finissent par ne plus pouvoir se soutenir qu'en trompant de diverses manières; ce qui avilit cette belle profession et en éloigne les hommes les plus propres à la rendre honorable par leur probité.

Les professions industrielles se nuisent de même en se multipliant, comme on le remarque partout où il s'établit un trop grand nombre de fabriques et d'ateliers de même genre. Il en résulte encombrement de marchandises, rabais excessif des prix de vente, chômage funeste au maître et à l'ouvrier.

Relativement à l'intérêt général, il existe donc pour ces arts un cercle en dehors duquel ils ne peuvent se perfectionner et s'étendre sans devenir funestes. Cette limite est indiquée par les besoins réels auxquels ils devraient répondre : nécessité de se couvrir, de se chausser, de s'abriter, de faciliter par mille ustensiles et objets divers, les soins du ménage et toute espèce de travail; puis répondant aux nobles instincts d'intelligences créées à l'image de Dieu, nécessité de favoriser les sciences, les lettres et toutes les œuvres du génie; enfin dans un ordre plus général, nécessité d'assurer la grandeur des peuples, ainsi que leurs rapports mutuels. Si l'industrie s'étend et se perfectionne au delà, ce ne peut-être que pour répondre par toutes sortes de superfluités, à des besoins qui ne sont pas dans la nature. Il en résulte un appauvrissement général; car une fois nos besoins réels satisfaits, la plus grande richesse consiste à ne rien désirer, tandis que c'est une grande misère de ressentir, par vanité ou par mollesse, une foule de besoins factices. Ceux-ci ne deviennent que trop vite d'impérieuses nécessités. Le luxe pénètre bientôt de l'appartement du riche dans le réduit de l'ouvrier. La fille qui manque du nécessaire, se couvre du superflu. Sous de brillants dehors une misère secrète dévore les familles; et la société aveuglée prend un tel état pour de la richesse! Elle ne comprend ni son mal, ni ce qui pourrait la guérir, et fière de vains oripeaux, elle méprise de plus en plus la simplicité qui fait en ce monde le plus grand bonheur de l'homme.

Cet excessif développement industriel est particulièrement funeste à la classe d'individus qu'il fait vivre. Que n'a-t-on pas dit sur l'entassement d'ouvriers de tout âge et de tout sexe dans des ateliers à air putride, où l'alternative est de mourir prématurément, ou bien de vivre dans un déplorable état de dégradation? n'est-ce pas dans les grands centres industriels que le vice, le mensonge et l'esprit de révolte, se propagent avec le plus de facilité? Que d'efforts n'a-t-on pas à faire sans cesse pour en adoucir les misères matérielles et morales!

Concluons que pour l'industrie, pour le commerce, pour les fonctions publiques, il est certaines limites qui ne peuvent être franchies sans de grands maux.

L'agriculture, au contraire, peut s'étendre et se perfectionner indéfiniment, non-seulement sans dommage, mais même pour le plus grand bien de tous.

Dans les produits agricoles qui, consistant surtout en substances alimentaires, répondent au besoin le plus continu et le plus pressant, jamais d'encombrement possible, comme dans les étoffes et autres objets manufacturés; car aussi bien que les animaux, l'espèce humaine se multiplie en raison des aliments qu'elle trouve à consommer; et comme on l'a dit avec justesse, *auprès d'un pain naît un homme.*

Les productions du sol répondent à nos besoins, mais sans les compliquer, sans les étendre. Elles constituent donc une véritable richesse; l'agriculture n'a jamais créé excès d'abondance.

Si la terre ne peut trop produire, elle ne saurait non plus occuper trop de bras; car loin de démoraliser ceux qu'elle exerce, elle tend au contraire à les rendre meilleurs. Ses travaux qui s'exécutent en plein air, développent cette constitution saine qui fait les excellents soldats et qui manque à la plupart des gens d'atelier.

Le nombre des habitants qu'un espace restreint, mais parfaitement cultivé, peut occuper et nourrir, est presque incroyable. On en peut juger aujourd'hui par la Lombardie, la Flandre, l'Alsace, le littoral nord de la Bretagne; et sans doute aucune de ces contrées n'est aussi peuplée que l'étaient la campagne de Rome aux beaux jours de la République, l'Égypte au temps de la construction de Thèbes et des pyramides, la terre de Chanaan, lorsque David y trouva 1,800,000 combattants.

Si parvenue à son plus haut point, la production agricole n'augmente plus, et que la population grandisse toujours, les habitants doivent se diviser, comme les abeilles d'une ruche. Un essaim va s'établir dans quelqu'une de ces contrées toujours trop vastes, où la terre est encore en friches. Ces colonies destinées par l'ordre providentiel à propager la civilisation, n'ont d'ailleurs chances de réussite que si les colons sont pour la plupart cultivateurs. Une contrée déserte ne présente en effet que des terres à utiliser. L'homme habitué à la culture s'y applique immédiatement, et en supporte les durs travaux ; mais il n'en est pas de même d'ouvriers industriels que quelque tourmente jette loin de l'atelier sur un sol à défricher. Ceux-là périssent de misère, sans tirer meilleur parti de leurs champs, qu'un cultivateur dans un changement inversé n'utiliserait les outils du graveur ou de l'ébéniste.

En résumé, il est nécessaire que dans l'état social les professions se divisent; mais une grande prééminence doit être accordée à l'agriculture. La société est en péril, si cette prééminence existe du côté de la ville et des professions urbaines.

Cette vérité est de tous les temps; les plus grands peuples de l'antiquité l'avaient saisie.

« Tous les métiers d'artisans sont bas et serviles », dit Cicéron, dans ce passage si remarquable du *De Officiis*, où il compare entre elles pour la noblesse les différentes professions; « mais, ajoute le « philosophe, de toutes les professions où l'on s'en- « richit, nulle n'est meilleure que l'agriculture, nulle « n'est plus douce, nulle n'est plus féconde, nulle « n'est plus digne d'un homme libre. »

« Les arts mécaniques, » disait Socrate à Critobule dans un entretien rapporté par Xénophon, « ont « quelque chose de dégradant; et c'est à bon droit « qu'un gouvernement les méprise de la manière la « plus absolue. Forçant à demeurer assis et à l'ombre, « souvent même à passer la journée près du feu, ces « professions énervent le corps de l'ouvrier et de « celui qui le surveille. Lorsque le corps est efféminé, « l'âme peut-elle avoir beaucoup plus de vigueur? « Aussi dans quelques républiques, surtout dans celles « qui passent pour les plus habiles à la guerre, il n'est « permis à aucun citoyen d'exercer ces professions.

« Quant à nous, Socrate, répond Critobule, quelle « profession nous conseilles-tu?

« Ne rougissons pas, dit Socrate, d'imiter le roi « de Perse. Persuadé que l'agriculture et la guerre « l'emportent pour la noblesse et la nécessité sur « tous les arts, il s'occupe de l'une et de l'autre avec « ardeur. »

La civilisation chrétienne n'admet pas ces anathèmes lancés par les philosophes payens contre des arts nécessaires dont l'extension exagérée est seule dangereuse. Toute profession est noble, lorsqu'on la sanctifie par la vertu; mais comme la vertu est plus facile dans la vie agricole que dans toute autre, c'est par là que Dieu nous excite surtout à l'embrasser, c'est par là qu'il établit sa prééminence.

CHAPITRE XII

LOCATION D'UNE PARTIE DES TERRES, CONSÉQUENCE DE L'ÉTAT SOCIAL; FERMAGE.

> En Angleterre, la sûreté du tenancier est égale à celle du propriétaire.
>
> SCHMIDT.

Lorsque les professions se sont divisées, fonctionnaires, industriels, commerçants, ne peuvent pour la plupart cultiver eux-mêmes leurs terres. Les vieillards, les femmes et les enfants se trouvent dans la même impossibilité; leurs champs resteraient donc en friches s'ils n'étaient loués à d'autres. Ainsi le prêt de la propriété foncière résulte nécessairement de l'état social.

Le champ prêté, c'est-à-dire donné à ferme, n'est généralement pas aussi bien utilisé que celui du cultivateur propriétaire. En effet la fécondité, comme nous le démontrerons de plus en plus, résulte presque toujours d'améliorations longues et persévérantes; mais par suite de l'invincible esprit de propriété, nous ne versons nos sueurs sur le sol, pour l'améliorer, que lorsque ce sol nous appartient. La ferme est même exposée à de fortes détériorations. Quel intérêt le locataire à fin de bail aurait-il à conserver aux terres une fécondité dont il va cesser de jouir?

Au moyen de bonnes conventions, la ferme peut cependant se trouver à peu près dans les mêmes conditions de prospérité que le faire-valoir du propriétaire. Pour atteindre ce but, le fermage doit, comme tout espèce de prêt, porter le caractère moral de service mutuel. Il faut donc : 1° que le cultivateur n'altère pas la ferme; 2° qu'il y ait entre lui et le propriétaire un partage équitable des bénéfices de l'exploitation.

Le champ affermé ressemble à un cheval de louage, auquel on ménage d'autant plus l'avoine et d'autant moins la fatigue, qu'on l'emploie moins de temps.

La terre, comme l'animal, exige soins et nourriture; soins, pour les travaux destinés à l'entretenir saine, meuble et nette; nourriture, pour les engrais qui doivent alimenter les récoltes. Ces soins, ces engrais, nul n'est tenté de les appliquer à un champ qu'un autre cultivera demain. Rien donc n'intéresse plus le fermier au bon entretien de la propriété que la longueur du bail; rien au contraire ne l'en détourne davantage que les locations à courts délais.

« Ainsi j'avance avec certitude, disait Columelle, agriculteur latin qui écrivait sous Néron, qu'une « fréquente location du fonds de terre est chose mau- « vaise. La terre la plus florissante, ajoute le même « auteur, est celle du père de famille qui garde ses « fermiers nés sur le lieu même, les retenant par « un long service dès le berceau, comme s'ils culti- « vaient l'héritage paternel. »

A l'appui de ce principe, nous pouvons citer l'exemple de l'Angleterre où l'usage fréquent des locations continuées de père en fils, a singulièrement atténué les mauvais effets de la division aristocratique du sol et du droit d'aînesse.

On peut du reste, sans engager sa terre pour plusieurs générations, assurer d'une manière presque aussi certaine le bon entretien du sol. N'est-ce pas à la fin du bail que la ferme est en péril de détérioration? Pour s'y soustraire, il ne s'agit donc que de renouveler le bail avant cet instant de crise. Si le bail est de dix-huit ans, par exemple, le fermier doit avoir à peu près le même esprit conservateur que le propriétaire, dans le cours des douze premières années. Car s'il épuisait fortement les terres dans cette période, sa culture deviendrait trop peu productive dans la seconde. Si à la douzième année, on recule de trois ans l'expiration du bail, que nous avons supposé de dix-huit ans, on prolonge de trois années l'intérêt du fermier à bien entretenir les terres qui cependant ne sont plus louées alors que pour neuf ans.

Pour que le bail à long terme ait son effet salutaire, il faut que le cultivateur soit intelligent, actif, patriarcal. Avec une famille paresseuse et routinière, de longs baux tiennent la propriété dans un état perpétuel de misère et de pauvreté. Il faut aussi que la ferme ne puisse être sous-louée; car des sous-locations l'exposeraient à tous les risques de dégradation qui résultent des baux à courts délais. De plus celui qui loue pour sous-louer fait nécessairement cette spéculation en vue d'un bénéfice que la culture doit payer en sus de la rente naturelle due au propriétaire. Or par une alternative malheureuse, ou ce profit est pris sur le gain du cultivateur, ou il résulte de l'épuisement du domaine. C'est ainsi que les sous-locations ont été la plaie de l'Irlande. En France elles contribuent beaucoup à la misère d'une de nos provinces les plus arriérées, le Berry.

Indépendamment d'une ferme dont il est locataire, un cultivateur fait-il valoir des champs qui lui appartiennent; il est tenté d'améliorer ceux-ci avec les engrais qui devraient être portés sur les terres de la ferme. Il importe donc, dans les clauses d'un long bail, d'interdire au fermier l'exploitation des champs qu'il pourrait acquérir. Un cultivateur honnête préfère, de son côté, cette disposition qui met sa probité hors de soupçon, comme hors de péril.

Avec les précautions que nous venons d'indiquer, la longueur du bail suffit pour assurer la bonne tenue du domaine, sans qu'il y ait de conventions particulières sur le système de culture à suivre. Ces clauses sont presque toujours mauvaises; elles gênent le cultivateur, sans l'empêcher d'épuiser la terre, s'il en a la volonté. On peut cependant prévoir et défendre par le bail certains actes de détérioration évidente, tels que vente d'engrais, abattis d'arbres, défrichements de prairies, etc. Il importe aussi d'indiquer exactement l'état dans lequel terres, prés, bâtiments, seront rendus fin de bail, et de préciser l'instant de cette remise. Pour ce moment de crise, il ne peut y avoir trop de réserves en faveur de la propriété.

Il faut enfin que le bail établisse un juste partage de profits entre le propriétaire et le fermier.

Pour saisir les bases morales de ce partage, il faut distinguer la triple source des produits d'une ferme, savoir:

1° Travail du cultivateur et de sa famille;

2° Emploi du matériel d'exploitation;

3° Emploi de la propriété foncière.

Le fermier doit avoir pour lui seul ce qui correspond à son travail, au travail des siens, ainsi qu'à l'emploi du matériel; car nous supposons ici que ce matériel lui appartient. Il doit d'un autre côté partager avec le propriétaire ce qui correspond à l'emploi de la propriété foncière.

Le prix de ferme répond au droit qu'a le propriétaire de prélever sa portion dans ce dernier profit. Supposons que dépassant de justes limites, le fermage absorbe non-seulement la rente entière du sol, mais encore tout ou portion du profit qu'il est juste d'attribuer au cultivateur; la location, loin de lui rendre service, tend à le ruiner. Pour se soustraire à un tel péril, il force les récoltes et épuise les terres. Peut-être parvient-il à se soutenir ainsi jusqu'à la fin du bail; mais il laisse alors la ferme en mauvais état. Le plus souvent le peu de produit le met bientôt dans l'impossibilité de payer. Fin de compte, le propriétaire perd beaucoup plus qu'il n'a gagné par une trop forte élévation de la rente annuelle; car son domaine est très-déprécié.

Il existe deux genres de conventions pour le paiement du fermage. Le fermier s'acquitte en argent sur la vente de ses produits, ou bien en nature avec les produits eux-mêmes. Ce second mode est défectueux; car il rend le prix du bail singulièrement aléatoire. Dans une année abondante, le fermier n'abandonne qu'une faible portion de sa récolte; et encore cette portion a peu de valeur, à cause du vil prix des denrées. Le revenu du propriétaire est très-faible; celui du fermier très-élevé. Au contraire, dans une mauvaise année, le fermier peut être forcé de livrer sa récolte entière et d'acheter pour lui-même pain et semence; cas auquel sa perte est énorme, tandis qu'à raison du haut prix des grains, le propriétaire jouit d'un revenu considérable.

Le paiement se fait-il en argent? Le fermier, dans les années peu abondantes, récolte moins; mais les prix étant plus élevés, il acquitte son fermage avec une moins grande quantité de produits; en même temps ce qui lui reste peut équivaloir pour la valeur, à la masse plus considérable qu'il aurait eue en meilleure année. On voit dès lors que ses profits, aussi bien que le revenu du propriétaire, sont dans l'ensemble aussi réguliers que possible.

Indépendamment de la rente annuelle, une bonne culture produit encore sur les terres un profit général d'amélioration. Incompatible avec les fréquents changements de fermiers, ce profit doit résulter des baux prolongés d'après les principes ci-dessus développés. Il a la même origine que le profit annuel; il provient, 1° du travail du cultivateur, 2° de l'emploi de son matériel d'exploitation, 3° des forces productrices de la propriété foncière.

Le propriétaire dont la ferme s'améliore, ne doit pas chercher à jouir seul de cet accroissement de valeur, exigeant aux prolongations de baux des augmentations qui lui seraient rigoureusement relatives. De telles augmentations dégoûtent les fermiers de tout travail progressif. S'ils présument qu'on est disposé à les exiger, ils cherchent à les prévenir en éloignant la concurrence par tous les moyens possibles. Ils laissent à la ferme un air de malpropreté et de misère, surtout aux lieux qui sont le plus en vue. A les entendre, la fertilité des terres est nulle et chaque année leur fait subir de nouvelles pertes. Le fermier trouve-t-il au contraire dans ses rapports avec le propriétaire, la certitude morale de ne pas être rigoureusement augmenté pour les améliorations de sa culture; son propre intérêt le dispose à ces améliorations, jusqu'à lui faire entretenir le bien qu'il exploite avec presque autant de soin que s'il lui appartenait.

L'expérience confirme sans cesse ce que nous établissons ici de l'influence qu'exerce sur le sort des fermes l'avidité ou la modération des propriétaires. L'aristocratie anglaise est modèle sur ce point pour l'administration de ses domaines d'Angleterre.

« On ne voit nulle part en Europe, excepté en « Angleterre, dit Schmidt, des fermiers bâtir sur la « terre qui leur est louée, et compter que l'honneur « du propriétaire ne lui permettra pas de se prévaloir d'une telle amélioration. »

En France, au contraire, rien n'est plus fréquent que les augmentations exagérées. Un fermier prospère; le bail touche à sa fin; cette prospérité excite l'envie; d'officieux voisins demandent la ferme; pour être plus sûrs de l'obtenir, ils offrent un prix de location supérieur à l'ancien, un prix souvent même tellement élevé, qu'il leur sera impossible de se tirer d'affaire; mais ils comptent sur les bonnes années ou sur l'épuisement des terres. D'ailleurs ils sont aveuglés par l'envie, comme le sont souvent à une vente publique deux cultivateurs qui font monter par leurs enchères un champ au double de sa valeur réelle. Le propriétaire habite la ville; il ne connaît ni ses terres, ni leur force de production. Presque toujours étranger à l'agriculture, il ne sait pas que telle culture améliore, que telle autre appauvrit. Jugeant donc de la valeur locative de sa ferme par les propositions qui lui sont faites, il loue à des conditions qui font du bail un véritable prêt usuraire.

D'autres fois, la propriété est entre les mains d'un cultivateur paresseux et routinier. Une mauvaise culture, une négligence de tous les jours font disparaître la fertilité du sol. Les récoltes sont chétives et le fermier excite plutôt la pitié que l'envie. Personne ne cherche à le déplacer et n'offre de surenchère au prix du bail. C'est ici qu'il faudrait au plus tôt louer la ferme à un autre cultivateur ou du moins faire sortir l'ancien fermier de son apathie par de nouvelles conventions; mais dans son ignorance agricole, le propriétaire n'aperçoit rien et laisse ses héritages dans un état croissant de pauvreté.

On voit que ceux qui louent des terres sans les connaître, sont presqu'aussi dénués de raison qu'un capitaliste qui prêterait son argent sans le compter.

CHAPITRE XIII

MÉTAYAGE

Pauvre agriculteur, pauvre agriculture!

Si la propriété foncière impose des devoirs lorsqu'on la loue à un fermier, ces devoirs deviennent encore plus rigoureux lorsqu'on l'exploite par métayer.

Le métayer est le cultivateur qui loue avec la terre, le matériel du faire-valoir. Le fermier ne loue que la terre, le matériel étant sa propriété, comme on l'a vu dans le chapitre précédent.

Dans le métayage le partage des profits se fait toujours en nature, le propriétaire prélevant une part proportionnelle à la totalité des produits. On comprend sans peine que ce partage des fruits en nature, qui se fait rarement entre le propriétaire et le fermier, ait toujours lieu entre propriétaire et métayer. Le fermier présente dans son mobilier rural un gage de la dette qu'il contracte chaque année par la location. Sûr d'être payé, le propriétaire préfère une redevance fixe aux embarras d'un partage de grains, de bestiaux, etc. Quant au métayer, il ne possède rien sur le bien qu'il fait valoir; rien donc de son côté ne garantirait le paiement d'une dette annuelle. Ainsi le propriétaire n'est certain de toucher sa part de profit qu'en la prélevant en nature, sur les produits du sol et du bétail. Cette part est presque toujours de la moitié.

Le métayage est encore moins favorable que le fermage à la prospérité de l'agriculture. En effet si le fermier a peu de tendance à améliorer un sol qui ne lui appartient pas, du moins est-il intéressé à perfectionner son bétail et ses instruments, puisque ce matériel est à lui. De la part du métayer, terres, bétail, instruments, rien ne tend au progrès; car rien ne lui appartient. Ajoutons que loin d'être progressive, la culture de la métairie devient misérable, lorsque le propriétaire toujours absent ne la surveille en aucune façon. Car le métayer, pour augmenter la masse à partager, cherche, sans s'occuper du lendemain, à forcer la production immédiate; par conséquent il épuise les terres et il appauvrit le bétail.

Des friches immenses, des récoltes chétives, un bétail maigre, une population sans force ni courage, voilà ce qu'on est souvent affligé de découvrir dans les pays à métayage.

Il n'en serait pas de même, si chacun remplissait ses devoirs de propriétaire, comme quelques personnes en trop petit nombre le font déjà. Veiller soi-même à l'entretien du sol et du mobilier rural; approprier l'importance de ce mobilier à celle de l'exploitation; exécuter tous les travaux d'amélioration utiles au domaine; soutenir le métayer par des secours opportuns, le guider par de sages avis, lui rendre toute infidélité impossible par une surveillance exacte; du reste lui accorder une portion plutôt large que trop faible; étendre cette portion loin de la resserrer, en raison de son zèle et de son intelligence; tels sont les principaux points d'une bonne administration.

Dans de telles conditions, le métayage n'est point incompatible avec une agriculture florissante. Malheureusement la tendance des propriétaires à demeurer dans les villes, au lieu d'habiter les campagnes, leur permet rarement la pratique des préceptes que nous venons de tracer; et dès lors les locations à métayage constituent souvent des prêts usuraires dont les suites funestes sont incalculables.

CHAPITRE XIV

USAGE DE LA MONNAIE, CONSÉQUENCE DE L'ÉTAT SOCIAL; CRÉDIT AGRICOLE.

« Misérable argent! à quoi peux-tu me servir? disait Robinson à la vue d'un coffre-fort qui se trouvait dans les débris de son naufrage, tu ne vaux pas la peine que je me baisse pour te ramasser. »

En effet, qu'est-il besoin d'argent dans une île déserte?

Il n'en est pas ainsi dans l'état social où la diversité des professions nécessite à tout instant l'échange des produits sortis des mains des différents genres de travailleurs. Sans argent comment accomplir ces transactions? Il faudrait qu'il se rencontrât deux détenteurs d'objets différents et qu'un besoin simultané les fît tomber d'accord pour en opérer l'échange. Supposons trois, quatre individus qui troquent ainsi leurs marchandises. Quel inextricable labyrinthe! Aussi les hommes réunis en société se sont entendus pour adopter comme intermédiaire des échanges un signe matériel et transmissible qui a reçu le nom de *monnaie*.

L'or et l'argent, qu'une haute valeur intrinsèque rend précieux sous un petit volume, servent à la fois de signe représentatif et de gage; qualité particulière qui les fit choisir pour monnaie presque dès l'origine. On s'en servait déjà au temps d'Abraham, ainsi que l'attestent les livres saints.

La merveilleuse facilité que l'usage des métaux monnayés apporte dans les échanges, favorise beaucoup l'agriculture, puisque assuré de la vente de ses produits, le cultivateur peut tous les approprier à la nature du climat et du sol. Plus tard, sur le marché, grains, bestiaux, vins, huile, etc., se convertiront en argent.

D'un autre côté, rien ne se prête plus facilement que la monnaie; et ce genre de contrat a sur tout autre certains avantages particuliers. Le prêt d'un objet en nature, présente l'inconvénient déjà observé dans les chapitres du métayage et du fermage, que la chose est plus souvent mal entretenue qu'améliorée. Il n'en est pas ainsi des terres ou du mobilier rural qu'un cultivateur achète avec de l'argent emprunté : il les entretient et les améliore avec tout le soin du cultivateur propriétaire. Ainsi employé, l'argent n'est donc plus un simple moyen d'échange; il devient un véritable agent de travail et d'industrie, puisqu'il procure aux personnes intelligentes et laborieuses ce dont elles manquaient pour utiliser leurs facultés.

Pour que cet avantage soit réel, il faut que le prêt constitue la réciprocité de services sans laquelle il cesserait d'être légitime. A cet effet, l'intérêt de l'argent ne doit pas être assez élevé pour absorber tous les profits de l'emprunteur; de plus, ce dernier ne doit pas être forcé de rendre la somme prêtée, avant qu'elle ait reparu entre ses mains par le produit de ses opérations, nécessité qui l'obligerait à en rompre le cours naturel, au risque d'éprouver des pertes.

Malheureusement l'argent est rarement prêté au cultivateur dans ces conditions, et voici pourquoi :

L'industrie et le commerce, qui toujours existent à côté de l'agriculture, en diffèrent beaucoup comme spéculation. Marchant terre à terre par l'économie et le travail, l'agriculture procure un profit à peu près assuré, mais modeste. On y peut trouver l'aisance, rarement une fortune rapide. Quant aux opérations industrielles et commerciales, elles constituent une sorte de loterie où beaucoup perdent, mais où l'on gagne aussi parfois des sommes considérables. Rien n'est plus propre à tenter l'avidité humaine. De plus, le résultat des opérations agricoles se fait généralement attendre plus longtemps que celui des opérations industrielles et commerciales. L'argent que le marchand dépense en objets de commerce, rentre par la vente à une époque plus ou moins rapprochée; celui qu'emploie le fabricant en matières premières et en main-d'œuvre, se réalise généralement de même en peu de temps, par le débit des objets manufacturés. En agriculture, il en est tout autrement. Les avances qu'exige une récolte commencent avant que la plante n'occupe le sol; la plante elle-même met du temps à croître; enfin, les produits sont rarement vendus aussitôt après la récolte; et tout ce qui est consommé par le bétail en grains, pailles, fourrages et racines se trouve encore engagé dans la ferme pour un temps plus ou moins long. Que dire des avances faites à la terre pour plantation, marnage, assainissement, irrigation, clôture; avances qui souvent ne sont remboursées par les récoltes qu'au bout de plusieurs années?

La même avidité qui porte l'homme à préférer un bénéfice plus considérable mais chanceux, à un profit modeste mais assuré, cette avidité, *l'infernale soif de l'or*, le dispose beaucoup à se jeter dans les opérations où le bénéfice se réalise le plus tôt possible. Une tendance naturelle dirige donc les spéculations vers le commerce et l'industrie plutôt que vers l'agriculture.

Il suit de là que le commerce et l'industrie empruntent l'argent à des conditions particulièrement tentantes pour le prêteur, savoir : intérêt élevé et remboursement prochain. Dans un pareil état de choses, le cultivateur veut-il recourir à l'emprunt? il ne trouve d'argent qu'aux mêmes conditions. Alors, loin de lui porter secours, le prêt lui est désastreux. L'agriculture n'emprunte donc que rarement;

par suite les capitaux se jettent avec excès vers le commerce et l'industrie. Sans doute, lorsque déjà l'agriculture est florissante, la prospérité de l'industrie et du commerce devient pour elle la source de nouveaux progrès à cause des débouchés plus nombreux qui s'ouvrent devant les produits du sol; c'est ainsi qu'en Angleterre le commerce et l'industrie réagissent sur l'agriculture de la manière la plus heureuse. Mais si le progrès industriel devance de très-loin le progrès agricole (et c'est ce qui a lieu lorsque les capitaux s'éloignent sans cesse des champs), la société est en péril; car la famine peut la désoler d'un jour à l'autre et jeter à la suite de nouveaux Catilinas tous les travailleurs de l'industrie.

La loi divine avait prévenu ce mal chez les Hébreux, en défendant entre Israélites le prêt de l'argent à intérêt, sans cependant le condamner d'une manière absolue, comme contraire au droit naturel; car elle l'autorisait à l'égard des nations étrangères. Cette disposition éteignait dans son principe l'ardeur exagérée que nous voyons aujourd'hui pour la spéculation industrielle. Elle empêchait aussi qu'il ne s'établît une sorte de profession consistant à vivre sans rien faire, du revenu de ses capitaux. Le travail était, même pour le riche, une nécessité; et l'agriculture restait, par la force des choses, l'industrie dominante.

Malgré les efforts du christianisme, pour faire observer dans les sociétés modernes le précepte éminemment agricole du prêt avec remboursement à volonté de la part de l'emprunteur, le prêt à termes, depuis que nos lois ont cessé de l'interdire, s'est partout organisé en France sur une vaste échelle, au profit du commerce et de l'industrie. Dans ce ce nouvel état de choses tout ce qu'il semble possible de faire, c'est d'organiser en faveur de l'agriculture, puisque les capitaux tendent toujours à s'en écarter, un prêt qui, approprié à la nature de ses opérations, lui porte réellement secours. On peut y parvenir au moyen des institutions de crédit agricole, dont voici le mécanisme le plus ordinaire.

Les notables d'un pays s'associent et s'engagent à prendre comme argent, c'est-à-dire pour signe représentatif des autres valeurs, un papier qu'ils mettent en circulation de la manière qui va être indiquée. Cette association offre au cultivateur le secours du prêt aux conditions suivantes : au lieu d'argent, elle lui donne le papier dont nous venons de parler, exigeant de lui la mise en gage d'une propriété foncière au moins double en valeur de la somme empruntée. Elle exige de plus un intérêt annuel à tant pour cent, intérêt qui doit être payé en monnaie métallique. De cet intérêt, la société ne conserve pour elle que la faible partie nécessaire à couvrir ses frais d'administration; le surplus est divisé en deux parties, dont l'une est remise aux porteurs de ce papier, lequel offre ainsi l'avantage de rapporter quelque chose; circonstance qui le met en faveur et aide à sa circulation. La société conserve l'autre portion et l'accumule chaque année, jusqu'à ce qu'il ait reproduit en espèces métalliques la somme entière prêtée en papier; 2 1/2 pour cent d'intérêt conservés recomposent cette somme en quarante années.

Au fur et à mesure que cette réalisation s'effectue, la société retire de la circulation le papier, et rend en échange de chaque billet la somme d'argent qu'il représente. Lorsque tous les billets sont retirés, la dette qu'avait contractée le cultivateur se trouve éteinte. C'est le simple paiement de l'intérêt annuel qui a produit ce résultat. Le cultivateur n'éprouve aucune gêne pour d'aussi faibles annuités, et reçoit de la sorte un secours vraiment paternel. On crée pour ces opérations une monnaie particulière de papier. Mais cette monnaie a toute la valeur de l'argent; car si le cultivateur paie régulièrement l'intérêt stipulé, l'instant arrive toujours, comme nous venons de l'expliquer, où la société reprend ce papier en échange de la somme équivalente, retrouvée à l'aide de la portion d'intérêt accumulée tous les ans. Si le cultivateur, contre toute probabilité, ne pouvait payer cet intérêt, la société, usant de son droit sur la propriété mise en gage, la ferait vendre et rembourserait le papier avec l'argent qu'elle en retirerait.

Aussi la circulation de ces billets n'a éprouvé nulle entrave dans les contrées d'Allemagne et de Pologne, où le système de crédit agricole dont nous venons de dire un mot s'est établi depuis longtemps, au grand avantage des cultivateurs.

CHAPITRE XV

SERVICE SALARIÉ, CONSÉQUENCE DE L'ÉTAT SOCIAL; DIRECTION AGRICOLE

Si à la vue du maître on redouble d'efforts, si son courage entre au cœur de tous, si chacun travaille à l'envi et veut mériter des éloges, je dis que ce maître a quelque chose de l'âme d'un roi. Voilà, Socrate, à mon avis, le point capital en agriculture. XÉNOPHON, *Écon.*

Dans l'état social le sol, par suite du rapprochement où se trouvent les hommes, est bientôt utilisé partout et devient propriété foncière, jusque dans les parties les moins fertiles. Alors, comme il n'y a plus de terres vacantes, celui qui ne possède que ses bras ne peut vivre qu'en vendant à d'autres l'emploi de son temps. La nécessité de la vie sociale, commandée elle-même par l'agriculture, amène ainsi la nécessité du service salarié suivant une convention libre qui tend à réparer vis-à-vis du pauvre l'effet de ses fautes ou de ses malheurs.

Dans les circonstances ordinaires, non-seulement le serviteur se soutient du fruit de son travail, mais encore il peut réussir, s'il est économe, à jouir à son tour des douceurs de la propriété. Quant au maître, le service salarié lui permet de tirer de ce qu'il possède meilleur parti qu'il ne pourrait le faire sans ce secours. On voit peu d'exploitations agricoles où ce service ne vienne en aide à la famille.

Le serviteur est contraint à un devoir pénible, celui d'obéir; mais il a un avantage évident, qui est de toucher un profit certain, sans aucune des chances de perte auxquelles le maître est exposé. Cette certitude le rend insouciant pour le résultat de ce qu'il est chargé de faire. Aussi le travail salarié exige une direction excellente, sous peine d'être plus désavantageux que profitable.

La direction comprend l'organisation, la surveillance, la rémunération, la réprimande, l'éloge, l'exemple.

Dans l'organisation du travail, le premier point est d'approprier l'homme à l'ouvrage : tous ne sont pas propres à tout. Il faut donc avoir égard à l'âge, au sexe, à l'adresse, à la force, au caractère, à la moralité de ceux dont on dispose, écartant avec d'autant plus de soin qu'ils sont plus empressés à se présenter, les gens tarés pour inconduite, infidélité, ivrognerie. Si nous croyons devoir les occuper par bienfaisance, éloignons-les des autres serviteurs, afin d'éviter la contagion.

On distingue le travail à la tâche du travail au temps. Dans le premier, le salaire est proportionnel à l'ouvrage ; dans le second, il est relatif à la durée du travail.

Le travailleur au temps, c'est-à-dire à la journée, au mois, à l'année, n'a pas d'intérêt à la prompte exécution de l'ouvrage. Atteindre avec le moins de fatigue la fin de son engagement, voilà sa tendance. Quant au serviteur à la tâche, afin de gagner plus en faisant plus d'ouvrage, il se met à l'œuvre avant le jour, et travaille avec ardeur sans perdre un moment; mais il cherche à abréger les détails par des négligences, telles un battage de grains imparfait, une extraction de pommes de terre incomplète, etc. Vis-à-vis de cet ouvrier, le maître n'a besoin de s'occuper que de la bonne confection de l'ouvrage; dans le travail au temps, la surveillance doit porter en outre sur l'emploi de chaque instant du jour.

La direction du travail à la tâche étant ainsi la plus facile, appliquons cette combinaison à tous les ouvrages qui peuvent s'y prêter. C'est ce que désirent d'ailleurs les bons ouvriers, afin de pouvoir tirer dans leur intérêt personnel tout le parti possible de leur adresse et de leur force. Mais une foule de choses se font en agriculture à bâtons rompus. Tel serviteur est occupé à dix genres d'ouvrage dans une seule journée, et son travail se mêle sans régularité avec celui de plusieurs autres. Dans ce cas, l'appréciation d'une tâche étant impossible, le travail au temps devient une nécessité. Les engagements auxquels ce travail donne lieu sont d'autant préférables qu'ils sont plus courts; car les habitudes de négligence naturelles au serviteur augmentent à partir du jour de son entrée à la ferme, et s'enracinent d'autant plus que le service doit se prolonger plus longtemps. N'engageons donc à l'année que les serviteurs dont la présence est constamment indispensable, surtout près des animaux. Quant aux journaliers, renvoyons-les souvent travailler à leur compte, afin de retremper leur activité.

Toute bonne organisation du travail doit en faciliter la surveillance. Évitons dès lors d'entreprendre à la fois plusieurs grands travaux sur des points éloignés les uns des autres, et divisons l'ouvrage de telle sorte que chaque négligence puisse retomber sur son auteur.

Plusieurs ouvriers concourent-ils à un travail commun; on ne peut les perdre de vue un instant. Il faut aussi les assortir autant que possible pour la force et l'activité, l'inévitable effet de la communauté d'ouvrage étant de produire égalité de travail et d'amener le bon ouvrier à ne pas faire plus que le mauvais. Il suffit d'un paresseux parmi de nombreux travailleurs pour amollir l'ardeur de tous.

Un maître adroit fait naître chez son serviteur une idée dont il lui confie ensuite l'exécution, sûr d'obtenir un travail que l'amour-propre rendra plus intelligent, plus actif. Les efforts les plus difficiles s'obtiennent ainsi.

Si le serviteur est mis à un ouvrage trop étendu, la comparaison de ce qu'il vient d'exécuter avec ce qui reste à faire, le jette dans une sorte de lassitude et d'ennui. L'ouvrage est-il trop court; il s'imagine qu'on le croit plus long qu'il ne l'est en effet. Dans chacun de ces cas l'intérêt du maître souffre.

Comme les soldats dont la bravoure tient à la confiance que le général sait inspirer, les serviteurs travaillent d'autant mieux que le maître est plus au-dessus d'eux par l'expérience et l'habileté. « Au « contraire le champ se trouve mal, dit Columelle, « lorsque ce n'est pas le maître qui apprend au ser- « viteur ce qu'il faut faire, mais que c'est le serviteur « qui l'apprend au maître. »

Des ordres clairs et directs; un ton de voix doux ou ferme, suivant le caractère du serviteur; des manières franches et ouvertes, qui entretiennent la gaieté: voilà ce qui distingue un bon commandement.

Dans le travail salarié on obtient plus facilement des efforts soutenus que de la vigilance et de l'attention. La surveillance est donc d'une nécessité toute particulière, pour ce qui exige de l'ordre et du soin. Changements d'ouvrage, déplacements, repas, sont des occasions de pertes de temps sur lesquelles on ne peut non plus être trop attentif.

En agriculture la surveillance qu'il faut exercer est de tous les instants. « Un roi, dit à ce sujet Xéno- « phon, avait acheté un excellent cheval. Voulant « lui donner au plus tôt de l'embonpoint, il de- « manda à un habile connaisseur ce qu'il fallait pour « cela.

« *L'œil du maître*, répondit cet homme.

« Ceci, ajoute Xénophon, s'applique à tout. Avec « l'œil du maître tout s'embellit, tout prospère. »

La réprimande est la suite de la surveillance. Il faut qu'elle soit proportionnée à la faute, directe, ferme sans emportement, et plus ou moins rude suivant le caractère du serviteur. La négligence a-t-elle été secrète, la meilleure réprimande l'est aussi. Mais si la faute a eu lieu devant d'autres serviteurs, que ces derniers soient témoins de la réprimande. Quelque sévère qu'elle soit, ne la rendons jamais injurieuse. Une humiliation trop forte pourrait provoquer de mauvaises réponses qui nous forceraient de congédier le serviteur; car l'insubordination est incompatible avec le service. D'autres défauts incorrigibles et qui nécessitent le renvoi, sont l'infidélité, le libertinage, l'ivrognerie.

Le directeur habile use à propos de l'éloge comme du blâme, prouvant que s'il aperçoit les fautes, il sait également reconnaître le zèle et l'adresse. De temps en temps il rend l'éloge plus agréable par quelque témoignage sensible de satisfaction. Une bouteille de vin, un coup d'eau-de-vie, une gratification, sont parfois d'un merveilleux effet.

Quant au salaire convenu, on ne peut l'acquitter avec trop d'exactitude. « Celui qui fraude son servi- « teur attire sur lui la vengeance de Dieu », dit l'Écriture. Qu'on se garde cependant de payer d'avance. Ce bienfait est promptement oublié, et le travail que ne stimule plus l'attente du gain s'affaiblit.

Le salaire doit être tel que le serviteur, en dehors de son entretien, puisse avec de l'ordre réaliser quelques économies. Si les usages établis sont d'accord avec ce principe, le cultivateur doit ne pas s'en écarter, surtout ne pas céder, pour l'augmentation des gages, aux prétentions qui pourraient s'élever dans certains moments difficiles. Une exigence en amène une autre, et le résultat est de rendre le travail salarié plus coûteux que profitable.

D'après les fausses idées philanthropiques de notre époque, on a prétendu que le serviteur avait droit à une part dans les bénéfices nets de l'exploitation.

Est-ce de bonne foi qu'a pu être émise une pareille idée? Ne faudrait-il pas, pour répartir entre les différents travailleurs d'un faire-valoir la portion de profit qui leur reviendrait, traduire en chiffres la force de l'un, la maladresse de l'autre, le soin de celui-ci, l'intelligence de celui-là, choses qui toutes se refusent aux calculs de l'arithmétique? L'éventualité des pertes n'est-elle pas encore une cause évidente d'impossibilité? L'avoir du cultivateur le met presque toujours à même de supporter une perte passagère, comme celle qui résulterait d'une mauvaise année ou d'une maladie de bestiaux. Mais le serviteur a besoin de gagner chaque année, chaque mois, chaque jour. Il ne peut donc être associé aux pertes. Alors comment admettre qu'il puisse avoir quelque droit à partager le produit net?

Un jeune cultivateur épris cependant de ces idées nouvelles voulut s'attacher son serviteur en lui accordant une part dans les bénéfices nets du faire-valoir. Le premier mois d'engagement, c'est-à-dire janvier, où le service se borne au soin des bestiaux, s'écoula à la satisfaction commune. Mais après les gelées notre jeune maître ordonna au serviteur de terminer une plantation de bois commencée en automne; première difficulté soulevée par le domestique, le bois en question ne devant rien produire pendant dix années. Même objection au sujet d'un charroi de matériaux pour le rétablissement d'une maison de ferme que le propriétaire possédait dans le voisinage; le domestique soutint qu'il ne devait pas concourir à ce travail, qui n'offrait aucun bénéfice net pour l'exploitation. Il n'y eut pas jusqu'à un transport de fumier pour des couches à melons, que notre homme n'attaquât aigrement, sous prétexte qu'il ne mangerait point sa part de melons, et que de plus on détournait de l'exploitation des engrais qui en eussent augmenté le produit. Un autre jour que le propriétaire ordonnait d'ensemencer en graine fourragère une pièce de terre, le domestique s'y opposa, alléguant qu'il valait mieux y mettre des betteraves, dont on aurait grand profit en les vendant à une sucrerie voisine. Enfin les contestations de ce genre devinrent tellement fréquentes, que de guerre las, notre jeune maître se vit forcé de congédier le censeur perpétuel attaché à ses pas. Mais il n'était pas encore au bout de ses peines : il lui fallut paraître en justice pour le dénoûment du détestable traité qui était l'œuvre de sa bienfaisance irréfléchie.

L'étendue du faire-valoir ou bien la nécessité de s'absenter souvent, peut amener le cultivateur à déléguer tout ou portion de son autorité à un serviteur particulier chargé, dans ce cas, de diriger les autres. Une telle mission ne doit être confiée qu'à un homme longtemps éprouvé; car les serviteurs capables de la remplir sont des sujets exceptionnels, d'un mérite peu ordinaire; et c'est justement ce mérite qui, à moins de malheurs particuliers, les fait promptement sortir de leur position inférieure. D'un autre côté, un premier serviteur ne doit être ni trop jeune ni trop âgé : trop jeune, il manque de l'expérience et de la maturité nécessaires pour bien commander; trop âgé, il n'a plus la force ni l'activité convenables. Rien au monde n'est donc plus rare qu'un sujet de cette espèce.

Si néanmoins on a réussi à le découvrir et qu'on l'ait investi de l'autorité, il faut la lui conserver pleine et entière; à cet effet, s'entendre parfaitement avec lui sur chaque opération, ne jamais changer les ordres qu'il a donnés, ni surtout infliger de blâme en présence de ceux qu'il dirige. Chaque observation doit lui être faite en particulier, sans qu'il paraisse y avoir désaccord entre lui et le père de famille.

A tout ce qui vient d'être indiqué, que le cultivateur joigne l'exemple :

Exemple de travail; la paresse du maître ne justifie-t-elle pas celle du serviteur? Le privilége du père de famille est de se lever le premier et de se coucher le dernier.

Exemple d'adresse et d'habileté; peut-on diriger utilement ce que l'on ne sait faire soi-même; et le cultivateur inhabile aux ouvrages manuels ne ressemble-t-il pas à un sergent qui commanderait l'exercice sans savoir tenir son fusil?

Exemple de soins et d'attention; car la négligence du maître se quadruple chez le serviteur.

Exemple de sobriété; en effet, plus le maître dépense pour lui, plus il faut qu'il dépense pour ses serviteurs. Ces frais multipliés dévorent tout profit. « *Le train mange le train,* » dit le proverbe. Pline le jeune ne donnait pas à ses serviteurs affranchis un vin différent du sien. « Cela doit vous coûter cher, lui « fit-on observer un jour. Non, dit-il, car ils ne boivent « pas le même vin que moi. C'est moi qui bois le « même vin qu'eux. » — « Caton, dit Plutarque, après « avoir vaqué dans la ville voisine aux affaires pu- « bliques, revenait dans son champ, où jetant sur ses « épaules une méchante tunique, si c'était l'hiver, « et presque nu l'été, il travaillait avec ses domes- « tiques, puis, assis à table auprès d'eux, mangeait « du même pain et buvait du même vin. »

Exemple de moralité et de bonne conduite. Le libertinage est tout à fait contraire au succès du travail agricole. Il enlève les forces; il détruit l'attention; il obscurcit l'intelligence. Devoir, intérêt, santé, tout est sacrifié. En cela plus qu'en tout le reste, on se règle sur l'exemple du chef. *La terre se trouble*, dit Salomon, *des désordres du cultivateur!*

Les exemples précédents doivent s'appuyer sur

un exemple qui les motive et les comprend tous : l'exemple du service de Dieu.

Le service salarié est, comme nous l'avons établi, une conséquence nécessaire de l'état social, qui lui-même est indispensable au soutien de l'agriculture. Ce service n'en est pas moins une nécessité fâcheuse pour ceux qui sont forcés de l'accepter; ce qui peut seul affaiblir leur peine, la changer même en une douce joie, ce sont les ineffables consolations de l'Évangile. Mais si, lui faisant oublier Dieu par des exemples irreligieux, le cultivateur a la barbarie de lui enlever ces consolations, le serviteur ne peut voir dans sa position qu'un injuste caprice du sort; il devient l'ennemi de son maître, et, en temps de révolution, celui de la société. Insolent, paresseux, dépravé, on s'en plaint comme de la plaie du faire-valoir! Ce mal ne serait pas à déplorer d'une manière aussi générale, si le père de famille, adoptant les principes de l'Évangile comme ceux d'une bonne agriculture, établissait chaque jour par la prière commune la seule égalité possible entre ses serviteurs et lui, s'il les instruisait de leurs devoirs, s'il les soignait dans leurs maladies, s'il prenait intérêt à leurs familles; en un mot, s'il suivait fidèlement le précepte :

« Aimez votre prochain comme vous-même pour « l'amour de Dieu. »

CHAPITRE XVI

MŒURS AGRICOLES

> Elle couvrait d'un surtout grossier sa robe brodée d'or; elle haïssait la pompe et le faste des ornements.
>
> MENG-TSEU, *Philosophie chinoise.*

Arrivé à ce point de notre ouvrage, nous croyons avoir établi clairement que, sans la vie de famille, sans la propriété foncière et mobilière, sans une société bien réglée et sans une autorité revêtue de la force indispensable, il ne peut y avoir d'agriculture. Nous avons vu en outre qu'à ces conditions premières se rattachent d'une manière intime la division des professions, la location d'une partie des terres, l'usage de la monnaie, le service salarié. Mais il ne suffit pas de *pouvoir* exercer l'agriculture, il faut encore, comme l'a dit Columelle, qu'on *veuille* l'exercer et qu'on *sache* l'exercer. Quelles sont les mœurs qui font naître le *vouloir* agricole, et comment se forme-t-on à ces mœurs? Quelle est la nature du *savoir* agricole, et comment peut-on l'acquérir? Tel sera le double objet des développements auxquels nous allons nous livrer.

En principe, notre volonté est indépendante; cependant lorsque, par un acte réitéré de cette liberté, nous avons plusieurs fois exécuté la même chose, nous ressentons une nouvelle tendance à la reproduire. Comme on dit vulgairement, l'habitude crée en nous une seconde nature.

De l'application de cette vérité à l'agriculture, il résulte que le *vouloir* agricole ne sera qu'une vocation stérile, s'il ne se fonde sur des habitudes qui enchaînent le cultivateur à sa terre, comme l'abeille s'attache à sa ruche, le lapin à son terrier, l'hirondelle à son toit. Ces habitudes constituent les mœurs agricoles, dont nous allons rechercher la nature et l'origine.

« Que celui qui achète une ferme, disait Magon, « général carthaginois, vende sa maison de ville, de « peur qu'il ne préfère les pénates urbains aux pé- « nates rustiques; car dans ce cas il ne doit pas se « mêler de culture. »

Quelque velléité qu'on puisse avoir de cultiver, sans renoncer aux commodités de la ville, ce précepte antique n'a rien perdu de sa valeur. Il faut au train rural une surveillance de tous les instants. Comment y suffire si l'on n'est pas invariablement fixé à la campagne, et cela, non-seulement en été, mais encore en hiver? Cette dernière saison n'est-elle pas le temps de plusieurs opérations importantes : battages, ventes, consommations, etc.?

Les habitudes de la vie de campagne entrent donc avant tout dans les mœurs agricoles. La première de ces habitudes est celle de la simplicité.

Le contact perpétuel qui existe entre les habitants des villes surexcite sans cesse leur vanité. Les gens qui ne peuvent se distinguer dans les choses sérieuses aspirent encore à se faire remarquer. Les habits, l'ameublement, la cuisine, jusqu'à la forme d'un chapeau ou la couleur d'une paire de gants, tout devient alors le sujet d'une sorte de lutte dans laquelle chacun s'efforce de briller; d'où résultent une foule de besoins imaginaires qui nous tourmentent et nous tyrannisent à la ville plus que la faim. Telle personne ne se condamne-t-elle pas des mois entiers à l'ordinaire le plus pauvre, pour étaler à un jour donné un grand luxe de table aux yeux de convives qui à l'écart se moquent de l'amphitryon? Chez combien de femmes habitant la ville le désir d'en surpasser d'autres en ameublement et en parure, domine le besoin de boire, de manger, de dormir! Ne va-t-il pas souvent jusqu'à leur faire compromettre santé, fortune, honneur?

A la campagne, aucun de ces besoins de la vanité ne peut être satisfait: nous voyons peu de monde, peu de monde nous voit; et par l'effet de cet isolement, la valeur que dans la vie urbaine l'opinion donne à mille frivolités, disparaît de nos esprits A la ferme pas d'échasses pour se grandir, pas de masque pour se déguiser, pas de fard contre la pâleur; tout est positif, l'apparence et la réalité ne font qu'un. Il en résulte que nos besoins ne peuvent guère dépasser leur simplicité naturelle, et comme la terre fournit en général, d'une manière abondante, on jouit de la véritable aisance, laquelle ne consiste pas à avoir beaucoup d'une manière absolue, mais beaucoup relativement à ses besoins. Le riche est pauvre, si ses besoins surpassent ses revenus. Le pauvre est riche, si son travail lui procure quelque chose en sus des modestes habits dont il se contente et du frugal repas qui lui suffit.

La vie des champs nous enrichit donc, en simplifiant nos besoins. Mais comment apprécierions-nous un tel bienfait si, avant d'habiter au village, nous avons contracté le goût des frivoles nécessités de la ville? Bien loin de nous plaire, la campagne ne nous apparaîtrait plus que comme un théâtre vide de spectateurs, et nous ressentirions pour elle un profond dégoût.

Le roi Gygès fit jadis demander à l'oracle d'Apollon quel était l'homme le plus heureux de l'univers. Le dieu répondit que c'était Aglaüs, connu des dieux et inconnu des hommes. Après de longues recherches, Gygès trouva cet Aglaüs occupé à cultiver avec sa famille le champ paternel, dans un lieu reculé de l'Arcadie.

Aujourd'hui comme alors le principal bonheur de la vie des champs consiste à être *connu des dieux et inconnu des hommes.*

Aux habitudes de simplicité qui font apprécier ce bonheur, il faut joindre, en agriculture, l'habitude de l'occupation. La campagne a ses plaisirs et ses fêtes; mais elle ne présente pas, comme la ville, ces distractions quotidiennes qui jusqu'à un certain point suffisent à remplir le temps de l'homme désœuvré. Celui-ci en trouve dès lors le séjour très-fastidieux; séjour inappréciable en revanche pour l'homme laborieux! Champs, jardins, prairies, plantations, lui présentent mille sujets d'occupations, à travers lesquelles ses années s'écoulent avec une rapidité inconnue ailleurs.

A la ville, le savant prend mille mesures pour se soustraire aux importuns; soins superflus à la campagne, car on n'est visité que par ses amis. Le chant des oiseaux, le son lointain de la cloche matinale, le murmure du ruisseau, le silence de la forêt, tout dans le spectacle harmonieux de la nature donne à l'âme un élan qu'on ne peut sentir ailleurs. Aussi la plupart des poëtes et des écrivains illustres affectionnaient les champs et leur solitude : Virgile, son champ de Mantoue; Horace, sa retraite de Tibur; Cicéron, sa campagne de Tusculum; Pétrarque, la fontaine de Vaucluse; Boileau, son jardin d'Auteuil. Hésiode, Homère, Xénophon, le Tasse, La Fontaine, Delille et tant d'autres, nous prouvent en mille passages combien la campagne leur était chère.

Ce séjour n'est pas moins favorable aux études scientifiques qu'aux travaux littéraires. La nature est le livre sur lequel est toujours fixé l'œil attentif du véritable savant. Que de feuillets restent encore à déchiffrer, et quelle joie lorsqu'on parvient à surprendre le secret de la plante, de l'animal ou de la pierre! C'est avec transport que l'homme des champs trouve une fleur étrangère à son herbier, un insecte inconnu, un fossile nouveau; mais ces jouissances sont encore plus vives si, appliquant ses recherches à la chose la plus utile du monde, l'agriculture, il pénètre dans les secrets des assolements, de l'économie du bétail, de l'action des engrais, de l'influence du climat et des saisons sur les productions de la terre.

En résumé, si la ville est le séjour de la vanité et de la distraction, la campagne est par excellence celui de la simplicité et du travail.

Que celui qui a des habitudes de plaisir reste à la ville. Une force magnétique l'y rappellerait si, par impossible, il cherchait à s'en éloigner.

Ajoutons qu'une bonne conscience prédispose à affectionner la vie rustique et son humble solitude.

Qui sait aimer les champs sait aimer la vertu,

dit Delille. L'homme vicieux recherche au contraire les bruits tumultueux capables de couvrir ce cri intérieur et terrible qui lui reproche le mal. La solitude dans laquelle il se trouve en face de lui-même lui fait horreur.

CHAPITRE XVII

MŒURS AGRICOLES (SUITE)

Quand tu es hors de chez toi, tu ne fais rien, tu dépenses ton argent, et l'ouvrage va mal à la maison. C'est pis que de brûler la chandelle par les deux bouts.

JACQUES BUJAULT.

Malheur à celui qui, se flattant d'unir le commerce à l'agriculture, s'absente à tout propos pour ses trafics; peu satisfait de l'agréable délassement d'une chasse modérée autour de son exploitation, cet autre se laisse entraîner souvent et au loin à la poursuite du gibier : sans aucun doute les cultures en souffriront. Soit surtout maudit l'homme qu'un déplorable esprit de chicane déchaîne contre tous ses voisins : que de temps et d'argent il perd lui-même et fait perdre aux autres !

Avec l'amour du logis il faut que le cultivateur ait l'habitude du travail manuel. C'est ce travail qui lui donne la constitution robuste sans laquelle il ne pourrait supporter le froid, la chaleur, la pluie; c'est au travail qu'il gagne l'appétit et le doux sommeil, éléments du véritable bien-être, de ce bien-être que la médecine et tous les raffinements du luxe ne peuvent procurer.

Tout vient à qui sait attendre, dit le proverbe. Que la patience du bœuf serve d'exemple au cultivateur; car le défaut de constance lui ferait commettre de nombreuses folies. On flotte incertain entre des assolements différents; on se passionne pour des instruments nouveaux qu'on achète à grands frais, et dont on ne sait point tirer parti. Aujourd'hui on a des bœufs et des vaches, demain des chevaux et des moutons. A la fin, mécontent de tout ce dont on a fait l'essai sans la moindre persévérance, on se dégoûte d'un faire-valoir malheureux et on s'éloigne en le maudissant. L'agriculteur sérieux se garde de repousser d'une manière absolue les innovations; au lieu de les appliquer à la légère sur une grande échelle, il les essaie en petit; puis, éclairé par l'expérience, il les rejette ou les adopte en toute sécurité, se préservant ainsi tout à la fois d'un dangereux esprit de changement et du triste aveuglement de la routine.

Patients à attendre le résultat de nos opérations, soyons impatients d'agir lorsque le moment propice est arrivé. En agriculture l'état du sol et du ciel commande tous nos travaux. Si nous n'obéissons pas à la nature aussitôt que l'ordre est donné, bien rarement entendons-nous un autre appel, et les circonstances favorables ne se présentent plus.

Le bon ordre entre essentiellement aussi dans les mœurs agricoles. Ischomaque traitant avec Socrate ce point important, prend pour modèle de l'ordre qui doit exister à la ferme celui qu'il remarquait dans un grand navire carthaginois : « Machines, « cordages, armes, marchandises, objets à l'usage « de chaque matelot, tout est réuni dans l'espace le plus étroit, disait-il; et cependant rien « ne se gêne; tout est facile à surveiller, à trouver, « à détacher.

« Ne serait-ce pas une honte que, lorsqu'on peut « ranger tant d'objets dans aussi peu d'espace, on ne « mît pas d'ordre entre les différentes parties du mo- « bilier rural, au risque de perdre en recherches un « temps précieux? »

D'ailleurs l'ordre ne donne-t-il pas à tout une grâce singulière, et l'œil ne se repose-t-il pas avec plaisir sur une exploitation où chaque chose est à sa place? Rien au contraire n'inspire plus de dégoût qu'une cour de ferme où tout est dispersé çà et là comme au hasard.

Une mesure de la plus haute importance, quoique peu de personnes s'y attachent, c'est l'inscription journalière de tout ce qui a lieu dans l'exploitation : travaux, productions, transport d'engrais, semailles, consommations, ventes, achats. Elle fait apprécier avec une exactitude rigoureuse le résultat des opérations; d'ailleurs c'est un souvenir historique qu'on aimera plus tard à retrouver. Cinq minutes chaque soir y suffisent.

La propreté est la conséquence de l'ordre. Voyez-vous ces plantations bien alignées, ces semailles égales, ces rigoles et ces fossés corrects, ces prairies sans taupinières ni buissons, ces rideaux de verdure le long des chemins et des rivières, ces bouquets épars çà et là pour l'agrément du coup d'œil. L'orme, le sapin, le mélèze sont entremêlés jusque dans la cour avec les hangars et les étables; la vigne décore les murs et les rend productifs; les fumiers sont disposés avec régularité, au lieu d'être jetés comme dans un cloaque; la pierre ou le gazon consolide les abords des bâtiments; les pavés sont nettoyés aux jours de pluie; pas de dégradations aux murs, pas de toiles d'araignées dans les étables; le bétail est luisant de propreté; le jardin présente de gracieux circuits; il abonde en légumes bien sarclés, et l'œil s'arrête délicieusement sur de jolies fleurs; le verger est purgé de mousse, de gui et de bois mort; les clôtures sont régulières et épaisses; à l'intérieur du logis l'attirail du ménage est éblouissant par sa bonne tenue. Voilà la propreté agricole: s'appliquant à des choses utiles, elle augmente le produit de la ferme, loin de devenir dispendieuse comme l'entretien des objets de luxe. Autre résultat plus important encore: cette propreté nous attache à l'agriculture et au séjour de la campagne. Voyez les cottages de Flandre et d'Angleterre, n'ont-ils pas le riant aspect que nous venons de décrire? Aussi l'habitant de ces fermes ornées aime et estime sa profession. Transportez-vous dans les exploitations fangeuses du Berry et de tant d'autres lieux; le cultivateur ne montre pour sa condition qu'un profond dégoût.

Afin d'éviter une décadence si funeste, laissons à la compagne que nous avons choisie toute l'influence que la nature elle-même lui assigne dans le ménage rustique. N'est-il pas dans la destinée de la femme d'embellir la vie de ceux qui l'approchent? Elle désire donc instinctivement qu'autour d'elle tout prenne un extérieur agréable. A la ville, ce désir conduit au luxe, et le luxe corrompt et appauvrit; c'est pourquoi la trop grande influence des femmes y devient pernicieuse. La simplicité, au contraire, entre tellement dans les habitudes de la campagne que la femme ne saurait s'y soustraire. Là son influence reste dans les limites convenables, tout en procurant au train rustique cette propreté qui en fait le charme.

A d'autres égards, combien est précieuse l'action d'une mère de famille sérieusement pénétrée de ses devoirs! Quel secours pour le cultivateur qui a le bonheur de la posséder! Sa surveillance rend le toit qu'elle habite inaccessible au moindre désordre. Par son exemple et ses leçons chacun devient habile et vigilant; elle soigne les serviteurs dans leurs maladies; elle tend la main au pauvre; elle accueille le voyageur. Distraits par mille soins, son mari, ses enfants oublieraient de penser à Dieu; mais elle a décoré sa maison de pieuses images dont la vue entretient les sentiments religieux. Le dimanche elle montre le chemin de l'église. Son enfant ne parle pas encore, qu'agenouillé sur elle il joint déjà ses petites mains, et tournant son regard vers le ciel y fait monter sa pensée d'ange comme un doux parfum.

Pour que la femme du cultivateur soit ce que nous venons de la dépeindre, il est indispensable qu'elle ait dès sa jeunesse subi le joug des mœurs agricoles; autrement elle éprouverait des dégoûts continuels, affecterait l'indifférence pour tout ce qui doit l'intéresser, s'abstiendrait des soins les plus essentiels, chercherait sans cesse à se déplacer et à se distraire. Que peut alors le cultivateur, si ce n'est de quitter au plus tôt un faire-valoir malheureux?

CHAPITRE XVIII

MŒURS AGRICOLES (SUITE)

Que le père de famille soit vendeur et non acheteur.

Cherche ce que l'on peut faire dans la ferme par la pluie. Tant qu'elle ne cesse pas, fais tout nettoyer. Retiens que, si on ne travaille pas, la dépense reste la même.

CATON.

A peu de chose ajoute un peu; fais cela souvent, et ce peu deviendra beaucoup.

HÉSIODE.

C'est par de tels préceptes que les anciens caractérisaient l'esprit d'économie indispensable aux mœurs agricoles. Cette économie doit s'appliquer au brin de paille comme à l'argent, au temps du serviteur comme à celui des animaux. Tout ce qui est dépensé à faux, perdu ou gaspillé diminue d'autant le produit net; et comme les mêmes causes se reproduisent sans cesse, le profit peut disparaître entièrement par une succession de pertes qui, prises chacune à part, semblent insignifiantes.

Que ce précepte si sage n'empêche pas d'appliquer à chaque branche de l'exploitation tout ce dont elle a besoin pour rester ou devenir prospère: la plus fausse épargne est celle qui consiste à nourrir à demi le bétail, à ne pas donner au sol l'engrais et les façons nécessaires, à excéder de travail les animaux, à employer une semence imparfaite. Toutefois il existe encore sur chacun de ces points certaines règles d'économie qu'il faut savoir comprendre et suivre.

« Retiens, dit Caton, qu'il en est du champ comme

« de l'homme; quand il gagnerait beaucoup, s'il dé- « pense trop, il ne reste rien. »

C'est surtout dans les constructions qu'une sage économie jointe à une prudente lenteur est indispensable. En agriculture, nulle passion n'est plus désastreuse que celle de bâtir.

« Il faut d'abord mettre la terre en valeur, dit « Pline, ne bâtir que lorsqu'elle rapporte, ne le faire « même alors qu'avec circonspection. Le mieux sur « ce point, dit-on, c'est de mettre à profit les folies « des autres. »

Bien que l'agriculture ait son économie journalière, qui doit entrer dans les mœurs du père de famille et lui faire éviter tout gaspillage, elle admet cependant certaines habitudes d'une vie très-confortable.

Le cultivateur ne connaît pas, ainsi que nous l'avons établi, les besoins imaginaires du désœuvrement et de la vanité. En revanche, ses besoins naturels sont fort exigeants : l'exercice aiguise en lui l'appétit; la fatigue et les intempéries auxquelles il est exposé lui font rechercher la chaleur d'un bon feu. Que sa table soit donc substantielle; et qu'en rentrant au logis il trouve à son foyer une flamme vive et bienfaisante.

En général les formalités et les visites de pure étiquette sont peu fréquentes à la campagne; on n'en reçoit ses amis qu'avec plus de cordialité. Pour ces réunions il est des occasions préférées, telles que le baptême d'un enfant, la fête patronale, ou quelque autre solennité religieuse. C'est alors que la ménagère déploie tout son savoir: le troupeau, la basse-cour, la laiterie, les garennes lui fournissent, presque sans dépense, les éléments variés d'un festin auquel les convives font largement honneur. On se quitte satisfaits les uns des autres, après avoir resserré dans des entretiens intimes les liens de la parenté et de l'amitié. Ces fêtes procurent aux populations rurales le plus utile délassement; elles sont essentiellement nécessaires au maintien des mœurs agricoles.

Le vêtement du cultivateur doit préserver le mieux possible du froid et des injures de l'air; qu'il soit tel qu'on n'ait pas à craindre de le salir. Sous ce double rapport, la blouse est parfaite. Estimons-la donc; portons-la volontiers, et pour le travail préférons-la à tout autre habit.

Pour circuler autour du logis les sabots sont la meilleure chaussure, parce qu'ils tiennent toujours le pied sec en dépit de la boue et de l'humidité; mais ils fatiguent s'il faut marcher vite ou aller loin; dans ce cas les gros souliers avec semelles de bois sont d'un bon usage.

A la ville où tant de personnes sont embarrassées de l'emploi de leur temps, on a pris l'habitude de se coucher et de se lever tard. Le cultivateur fait tout le contraire : après une journée fatigante il se hâte de prendre du repos, et il est sur pied de bonne heure. Partout, et principalement en agriculture, la matinée est le meilleur temps pour le travail.

Dans les longs jours d'été, qu'un peu de sommeil à midi vienne réparer nos forces. Quant aux heures des repas, combinons-les suivant la saison avec la distribution du service. — En été le principal repas divise la journée en deux parties égales, formant un repos naturel et nécessaire qui se lie au sommeil du midi : le souper termine la journée, et l'on sort de table pour gagner le lit. Le matin on déjeune entre le lever et le dîner; et l'après-midi un repas analogue, le goûter, fait attendre avec patience le souper. — En hiver les deux repas principaux se font, l'un le matin avant le travail, l'autre au retour des champs : ainsi l'on profite autant que possible de journées trop courtes. — En été, quand la chaleur est accablante, travaillons le soir, le matin et la nuit; et qu'une partie du jour soit donnée au sommeil.

Observons toujours fidèlement le repos du dimanche. Non-seulement d'après, les vues de la sagesse divine, ce septième jour doit être consacré au service de Dieu, mais encore il procure aux animaux une journée de relâche non moins indispensable à eux qu'à nous-mêmes. Le bœuf, si docile toute la semaine à se placer sous le joug, bondit de plaisir le matin du dimanche et court au pâturage dès qu'il est délié.

Si le cultivateur, sans motif puissant, comme il en survient quelquefois, mais par trop d'avidité ou par une inquiétude exagérée, viole cette sainte loi, il indispose tout son monde, dont le concours languissant justifie le vieux proverbe : « *Le travail impie appauvrit.* »

CHAPITRE XIX

TENDANCE DE L'HOMME A DÉLAISSER L'AGRICULTURE; ACTION DE PLUSIEURS RELIGIONS PAIENNES CONTRE CETTE TENDANCE

Je m'esmerveille d'un tas de fols laboureurs, que soudain qu'ils ont un peu de bien qu'ils auront gagné avec grand labeur en leur jeunesse, ils auront après honte de faire leurs enfants de leur estat de labourage, ains les feront du premier jour plus grands qu'eux-mêmes, les faisant communément de la practique, et ce que le pauvre homme aura gagné à grand peine, il en dépensera une grande partie à faire son fils monsieur, lequel monsieur aura enfin honte de se trouver en compagnie de son père et sera déplaisant qu'on dira qu'il est fils de laboureur; et si de cas fortuit le bon homme a certains autres enfants, ce sera ce monsieur là qui mangera les autres et aura la meilleure part, sans avoir égard qu'il a beaucoup cousté aux eschcles, pendant que ses autres frères cultivaient la terre avec leur père, et cependant voilà qui cause que la terre est le plus souvent avortée et mal cultivée parce que le malheur est tel qu'un chacun ne demande que vivre de son revenu et faire cultiver la terre par les plus ignorants. Chose malheureuse!

BERNARD PALISSY.

Résumons, d'après ce qui précède, les avantages de la profession agricole. Elle satisfait avec abondance à tous nos besoins réels, et s'oppose à l'invasion de ces besoins factices qui loin des champs appauvrissent souvent l'opulence; elle détourne l'ennui par la variété des occupations; elle amortit les passions par la fatigue corporelle; elle nourrit le sentiment religieux par le spectacle continuel des œuvres de la création.

Dépendant de Dieu et de ses bras plus que des hommes, l'agriculteur jouit de la plus grande liberté possible. Rarement les pertes accidentelles qu'il éprouve compromettent-elles sa fortune; et comme il y reconnaît l'effet direct de causes supérieures avec lesquelles il ne pourrait lutter, elles ne laissent pas dans son âme cette amertume que dans d'autres carrières y déposerait l'injustice des hommes.

A la ferme l'exercice, l'air pur, un travail régulier, rendent la vie plus longue qu'elle n'est partout ailleurs.

Le cultivateur connaît mieux que personne les joies du foyer domestique, et ce qui à la ville semble une charge si lourde, c'est-à-dire la famille nombreuse, assure son bonheur.

A lui aussi plus qu'à tout autre les douceurs de la propriété: jouissant du passé par le souvenir de ses travaux, du présent par la vue des progrès qu'il a obtenus, de l'avenir par l'espérance, tout l'intéresse, tout le charme dans son empire; et comme le dit Olivier de Serres, il en vient à trouver *son logis plus agréable, son pain meilleur et sa femme plus belle que ceux de l'autrui.*

« Les cultivateurs seraient trop heureux, s'écrie « Virgile, s'ils connaissaient l'étendue de leurs biens! »

Oui sans doute, nous serions trop heureux si nous savions apprécier de tels avantages; mais déchus par la faute de notre premier père, nous éprouvons une funeste tendance non-seulement à les méconnaître, mais encore à les répudier avec mépris. Combien d'immenses déserts d'où l'agriculture semble exclue depuis les temps de la création! Combien de pays cultivés ne produisent, faute de soins, qu'une faible partie de ce qu'on pourrait en obtenir!

Dans l'antiquité le vainqueur chargeait des fers de l'esclavage ses ennemis vaincus, pour leur faire cultiver ses champs; d'autres fois il s'établissait sur les terres conquises, et réduisait le paysan à l'état de serf de la glèbe. Ailleurs, ainsi que Tacite le dit des Germains, c'étaient les femmes, les vieillards, les infirmes, qu'on obligeait à labourer la terre. Chez les peuplades sauvages de l'Amérique l'aversion pour l'agriculture est si profonde, qu'ils préfèrent une destruction lente et douloureuse aux travaux dont les Européens leur donnent l'exemple.

Conserver à l'agriculture la juste prééminence due à son indispensable nécessité et à ses bienfaits, tel sera toujours le premier problème social.

Ce problème, la religion contribue à le résoudre; aussi voit-on de grands efforts faits dans ce sens chez les peuples les plus célèbres par leur sagesse. En Égypte les deux principales divinités, Osiris et Isis, étaient adorées sous la figure du bœuf et de la vache, comme ayant enseigné aux hommes le travail de la terre et la culture du blé; presque toutes les autres divinités se rapportaient à cet art sous un point de vue ou sous un autre: ainsi, Hermès avait inventé l'arpentage; le Nil était adoré comme fertilisant les campagnes. Toutes les grandes fêtes religieuses étaient des fêtes agricoles, notamment celle de *Bubaste*, celle de *Saïs*, et surtout celle du Nil, qu'on célébrait à l'instant où les inondations atteignaient le point le plus favorable à une abondante récolte. Au sacre des rois d'Égypte les prêtres leur mettaient sur les épaules le joug du bœuf Apis, afin de leur rappeler la protection due à l'agriculture. Lorsqu'ils remplissaient fidèlement cette obligation sacrée, les prêtres les honoraient après leur mort par des peintures, où nous voyons ces princes bienfaiteurs des campagnes présidant eux-mêmes au labour, aux semailles, aux moissons.

En Éthiopie, mêmes traditions. Les prêtres éthiopiens avaient adopté le soc de la charrue pour insigne de leur dignité.

L'ancienne religion des Perses faisait du travail manuel un devoir, et présentait la culture d'un champ, la plantation d'un arbre, comme les actes les plus agréables à Dieu.

Dans l'Inde où la religion partage les hommes en plusieurs castes, les cultivateurs sont de ceux qu'on honore du titre de régénérés; les lois sacrées de Manou, les préceptes de Brahma, ceux de Bouddha punissent tout attentat contre l'agriculture, et revêtent d'un caractère religieux les actes qui peuvent le plus contribuer à sa prospérité. L'animal du labour, le bœuf, y est consacré comme il le fut en Égypte.

En Chine les livres sacrés rappellent au prince ce qu'il doit aux campagnes et les exemples donnés à cet égard par ses devanciers. A chaque page sont recommandés la simplicité, l'amour du travail, le respect de la propriété, l'humanité envers les animaux de labour, et surtout l'esprit de famille, ce premier fondement moral de l'agriculture. Chinnong, l'inventeur de la charrue, est honoré comme un personnage divin; et son nom signifie *laboureur céleste*. Chez ce peuple dont la civilisation remonte à des temps inconnus de nous, des sacrifices sont adressés aux génies protecteurs de la terre; et la religion préside à la fête solennelle où, chaque année, l'empereur laboure et sème un champ de ses propres mains.

La mythologie grecque est remplie de souvenirs agricoles : Cérès avait porté de Sicile à Athènes la culture du blé, et l'avait enseignée à Triptolème fils du roi Céléus; Triptolème avait trouvé l'art de le battre dans une aire, et l'invention de la charrue lui était due; Minerve apprit aux hommes à cultiver l'olivier et à filer la laine, Mercure à tondre les moutons, Bacchus à planter la vigne; Vulcain forgea la faucille de Cérès, Neptune assainit la Thessalie; Vénus présidait aux jardins, Priape à l'abornement des terres, Apollon aux troupeaux, Aristée, si honoré en Sicile, à la confection des fromages et à l'éducation des abeilles.

La Terre fécondée par le laboureur recevait un culte particulier sous le nom de Vesta, mère des Dieux. Les tours dont la déesse était couronnée, la clef qu'elle tenait à la main, les lions dociles qui traînaient son char, ces divers attributs rappelaient au peuple que l'agriculture est le fondement des villes, qu'elle produit tous les trésors, qu'elle adoucit les mœurs les plus sauvages. Tous les sacrifices commençaient et finissaient par une invocation à Vesta la sainte, l'éternelle, la bienheureuse.

Vesta, suivant Diodore de Sicile, passait pour avoir inventé l'agriculture; Saturne l'avait enseignée aux peuples d'Italie, et Prométhée à ceux du Caucase.

Tenté d'abord par la volupté, Hercule encore enfant, dit Xénophon, suit les conseils de la vertu qui le presse de cultiver la terre avec courage. A seize ans il garde les troupeaux, et les préserve de la dent meurtrière du lion de Némée. Il assainit le marais de Lerne, le défriche, et détruit avec la faux une multitude de mauvaises plantes toujours prêtes à repousser : les tiges nombreuses de ces plantes sont figurées par les cent têtes de l'hydre si célèbre dans la Fable. Hercule tue une multitude d'oiseaux nuisibles qui infestaient les bords du lac Stymphale; il nettoie les étables d'Augias, régularise le cours de l'Achéloüs et livre à la culture un des bras du fleuve : c'est cette corne du monstre qui, toujours suivant la Fable, devient une corne d'abondance. Hercule répare les digues qui protégeaient la campagne de Troie contre les inondations de la mer, représentées à leur tour comme un monstre marin. Lorsque les bestiaux utiles à l'agriculture étaient encore peu répandus, rien n'était plus précieux que ces animaux : ce genre de conquête occupe le héros : il va chercher en Italie les bœufs de Géryon et punit deux voleurs, Cacus et Charybde, qui lui en avaient adroitement soustrait plusieurs; il tire de l'Hespérie des brebis aux riches toisons (*méla*, pommes ou brebis), que les poëtes ont appelées pommes d'or; il prend vivant le sanglier d'Érymanthe; il apprivoise Cerbère, allégorie qui se rapporte peut-être à la domestication du porc et du chien. Et ce taureau de l'île de Crète, dompté avec tant d'efforts, ne peut-on pas y reconnaître un des premiers bœufs attelés à la charrue? C'est ainsi que les honneurs divins rendus aux bienfaiteurs de l'agriculture ennoblissaient en Grèce le travail des champs.

A Rome, où pendant plus de cinq cents ans l'agriculture fut en si grand honneur, toutes les parties du culte se rapportaient à elle.

« Les douze grandes divinités (*duodecini Dei con-* « *sentes*) étaient, dit Varron (Varr., *de Re rust.*), « Jupiter et Tellus, c'est-à-dire l'air et la terre, ces « vastes réservoirs de tout ce qui alimente et sou- « tient les produits de l'agriculture; le soleil et la « lune dont les révolutions nous guident pour les « semailles et les récoltes; Cérès et Bacchus, protec- « teurs des végétaux les plus précieux, le blé et la « vigne; Robigus et Flora qui préservent, Robigus, « de la rouille du froment, Flora, d'une mauvaise « floraison; Minerve, protectrice de l'olivier, et Vé- « nus, déesse des jardins; Lympha et Bonus-Even- « tus, c'est-à-dire l'eau et la réussite; car sans fraî- « cheur les champs sont improductifs, et sans bonne « chance l'agriculture n'est que déception. » Pour le culte de ces douze divinités Romulus avait institué douze prêtres nommés *arvales* (de *arva*, champs). A la mort de l'un d'entre eux, il prit la place vacante et créa le souverain pontificat, qui fut depuis l'une des plus grandes dignités de la République.

A ces douze divinités de premier ordre se joignaient le dieu Terme, protecteur des bornes, consacré par Numa pour rendre inébranlable, en l'appuyant sur la religion, le principe de la propriété foncière; Palès, patronne de Rome et protectrice des bergers; Vertumne et Pomone, les divinités de l'automne et des fruits; Séja et Séjesta, qu'on invoquait, l'une au temps des semailles, et l'autre pendant les moissons; les dieux laboureurs, *Vervactor, Conditor, Convector, Imporcitor, Insitor, Messor, Obarator, Occator, Promitor, Reparator, Sarritor, Subruncinator*, dont les noms se traduisent chacun par un terme se rapportant à un travail agricole. Le flamine de Cérès les invoquait tous dans les sacrifices.

Moins honorés en Italie et en Grèce que dans l'Égypte et dans l'Inde, le bœuf et la vache avaient cependant aussi chez les Latins un caractère sacré; et le sillon que ces animaux traçaient autour d'une ville nouvellement fondée, était un hommage rendu au travail des champs qui doit satisfaire aux besoins toujours renaissants de la cité. Pour cette cérémonie, on mettait sous le même joug un bœuf et une vache, plaçant celle-ci du côté de la ville et celui-là en dehors, pour rappeler la nécessité agricole de la vie de famille et faire bien sentir que les soins intérieurs y sont le partage de la femme, et le travail des champs celui de l'homme.

CHAPITRE XX

RAPPORTS INTIMES QUI EXISTENT ENTRE LA RELIGION VÉRITABLE ET L'AGRICULTURE

Dieu dit à Adam : Parce que tu as écouté la voix de la femme et que tu as mangé du fruit défendu, la terre te sera maudite et tu en tireras ta subsistance avec fatigue tous les jours de ta vie.

Elle ne produira pour toi que ronces et épines. Tu apaiseras ta faim avec l'herbe des champs.

Quant au pain, tu le mangeras à la sueur de ton visage, jusqu'à ce que tu retournes dans la terre dont tu es sorti; car tu es poussière et tu retourneras en poussière.

Puis Dieu chassa l'homme du paradis de plaisir, afin qu'il cultivât la terre *dont il était sorti*.

GENÈSE.

Notre sort dépend tellement de l'agriculture, qu'un des principaux caractères de la vraie religion est de nous porter beaucoup mieux qu'aucune autre à la vie des champs.

En effet la religion chrétienne explique d'abord pourquoi, par exception à l'instinct général de tous les êtres vivants, nous désirons nous soustraire à l'occupation qui nous fait vivre. Cette explication, la voici : dans l'Éden, le soin de la terre était plein de charmes; état primitif et normal qui cesse aussitôt après la désobéissance du premier homme. Alors la culture fatigante d'un sol maudit devient un châtiment infligé en expiation de cette faute.

Mais à l'explication du mal nos livres saints joignent aussitôt le précepte qui doit y porter remède.

Dieu institue lui-même l'agriculture et il prescrit le travail manuel, qui en est inséparable : « Tu mangeras ton pain à la sueur de ton front », dit-il à Adam. Combien de fois, dans le cours des saintes Écritures, ce précepte se trouve confirmé!

« Aime les travaux pénibles, » dit l'Esprit-Saint par la bouche de Salomon, « et l'agriculture créée par le « Très-Haut.

« Je suis passé », ajoute-t-il ailleurs, « auprès du « champ d'un paresseux et de la vigne d'un homme « sans courage ; et voilà que tout était couvert d'é- « pines et d'orties, et la clôture de pierres était dé- « truite. A cette vue rentrant en moi-même, je reçus « cette leçon :

« Dors un peu, sommeille un peu, replie encore « un peu les bras pour te reposer; et la pauvreté « marche comme un voyageur, et la misère s'ap- « proche comme un soldat couvert de son bouclier.

« Lorsque tu te nourriras du travail de tes propres

« mains, s'écrie David, tu seras heureux et bien te « sera.

« Donnez-lui (à la femme forte), dit Salomon, le « fruit du travail de ses mains; et que le mérite de « ses actions soit sa louange. »

Le Verbe lui-même se soumet à la loi du travail des mains. Ses apôtres suivent cet exemple.

« Nous n'avons mangé gratuitement, dit saint Paul, « le pain de personne. Mais c'est par un travail pé- « nible de la nuit et du jour que nous l'avons gagné, « pour n'être à charge à nul de vous. Ce n'est pas « que nous n'eussions pu faire autrement; mais nous « avons voulu nous donner pour exemple, afin que « vous nous imitiez; aussi dans notre séjour parmi « vous nous établissions cette règle : que si quel- « qu'un refuse le travail, la nourriture doit lui être « refusée. »

Soyez doux et humble de cœur, dit l'Évangile; divine parole qui doit merveilleusement nous disposer à aimer la simplicité agricole. L'adage du cultivateur: *Ne pas voir et ne pas être vu,* se trouve à la fois celui du chrétien; et ce qui nous éloigne le plus de l'agriculture, ambition, orgueil, vanité, est ce que l'Évangile condamne avec le plus de force.

Le mariage, base de la vie agricole, est institué dès les premières pages de la Genèse. *L'homme et la femme seront deux dans la même chair.* Cette union est rendue plus sacrée par l'Évangile, qui la déclare indissoluble.

Si nous passons de l'union des époux à celle de la famille entière, condition de prospérité si nécessaire à la maison rustique, nous lisons dans le Décalogue: *Honore ton père et ta mère.* Cham est maudit pour avoir ri de son père; et chez les Israélites, suivant la loi divine, le fils irrespectueux était puni de mort, si son père le demandait.

L'agriculture se fonde sur la propriété non moins que sur la famille:

Tu ne désireras, est-il dit dans le Décalogue, *ni le bœuf, ni l'âne de ton frère, ni rien de ce qui lui appartient.*

Si la terre ne constitue une propriété inattaquable, l'agriculture ne peut s'établir; et une grande division des héritages fonciers est très-favorable à ses progrès.

Or voilà que Dieu ordonne le partage à perpétuité de la terre promise entre toutes les familles israélites; une malédiction terrible est prononcée contre quiconque violera la borne du voisin.

Pas d'agriculture possible sans société.

Quel lien social conçu par la sagesse humaine égalera ces mots de l'Évangile? *Aimez-vous les uns les autres; faites à autrui ce que vous voudriez qui vous fût fait; aimez vos ennemis; faites du bien à ceux qui vous haïssent.*

Pas de société ni d'agriculture possibles, si l'autorité n'est respectée.

Rendez à César ce qui est à César, dit Jésus-Christ, *et à Dieu ce qui est à Dieu.* Fidèles à ce précepte, les apôtres recommandaient aux chrétiens d'obéir aux puissances de la terre, « parce que toute puissance, « dit saint Paul, émane de Dieu. »

L'état social amène nécessairement la diversité des professions, de sorte qu'auprès de l'agriculture s'établissent l'industrie, le commerce, les fonctions publiques. Mais, ainsi que nous l'avons démontré, la prééminence doit appartenir à l'agriculture; sinon la société est ébranlée jusque dans ses fondements.

Quelle religion mieux que la nôtre a consacré ce grand principe? Suivant la loi divine, tous les Israélites étaient attachés à la terre par une portion d'héritage foncier; et comme, suivant cette même loi, le prêt à intérêt n'était permis qu'à l'égard des nations étrangères, le commerce et l'industrie ne pouvaient prendre dans leur propre pays cette extension dangereuse et attrayante qui résulte, comme nous le voyons aujourd'hui en Europe, du prêt et de l'emprunt de capitaux toujours prêts à favoriser, à faire naître même, ces opérations, au préjudice de l'agriculture.

Lorsque, dans l'Écriture sainte, Dieu promet ou accorde des biens temporels, c'est *la rosée du ciel,* c'est *la pluie bienfaisante, l'abondance de l'huile, la prospérité des troupeaux, la graisse du froment.*

Des trois grandes solennités annuelles instituées par l'ancienne loi, deux concernaient l'agriculture. On les célébrait pour remercier le Seigneur des fruits de la terre, l'une à l'époque de la moisson, et l'autre, la fête joyeuse des tabernacles, au moment des dernières récoltes. Aujourd'hui l'Église a de nombreuses prières pour attirer la bénédiction du ciel sur les trésors des champs; elle y ajoute le jeûne des Quatre-Temps aux solstices et aux équinoxes, époques généralement si critiques pour les biens de la terre. L'office de ces jours solennels nous rappelle à chaque page que la prière est le complément indispensable du travail agricole, exposé à devenir stérile si la Providence ne le bénit.

Combien la foi chrétienne dans cette Providence aide à nous faire jouir pleinement du bonheur champêtre! A force de voir les merveilles de la nature, nous y devenons pour l'ordinaire trop insensibles; n'accordant notre admiration qu'au fruit relativement si imparfait de l'industrie humaine. Mais cette indifférence n'existe plus, si, éclairés par la foi, nous apercevons le doigt de Dieu jusque dans les moindres parties de l'univers; alors nous ressentons au sein de la nature une joie ineffable qui, se rapportant à la grandeur du souverain maître, est une image de la félicité du paradis. Plus on la goûte, plus elle pénètre l'âme d'une douceur divine. Loin de troubler les sens, une pareille joie les éclaire; et la juste comparaison qu'on fait des ouvrages des hommes avec ceux de Dieu, attache de plus en plus à la vie des champs.

« Lorsque j'eus aperçu et contemplé toutes ces « choses, disait Palissy, je ne trouvai rien de meilleur « que de s'employer en l'art d'agriculture et de glo« rifier Dieu et de le reconnaître en ses merveilles. »

CHAPITRE XXI

FAITS TIRÉS DE L'HISTOIRE SAINTE A L'APPUI DU CHAPITRE PRÉCÉDENT

Noé, agriculteur, commença à planter la vigne.

Abraham était très-riche en troupeaux, en argent et en or.

Isaac ensemença dans la terre des Philistins, et Dieu le bénit. GENÈSE.

Job avait quatorze mille brebis, six mille chameaux, mille jougs ou paires de bœufs et mille ânes. Livre de JOB.

L'histoire justifie ce que nous venons d'exposer touchant les rapports de la religion véritable avec la profession par excellence. Les premières villes sont bâties par la race impie des descendants de Cham et de Caïn; et les premières découvertes industrielles appartiennent à ces mêmes hommes, tandis que les patriarches, conservateurs de la foi, s'occupent exclusivement de la terre et des troupeaux.

Au milieu d'une grande opulence ces patriarches avaient, suivant la remarque de Fleury, les habitudes simples et laborieuses de la vie des champs. Ils gardaient eux-mêmes leurs troupeaux et vaquaient à toute espèce de soins. Leurs serviteurs les aidaient, mais ne les dispensaient pas du travail.

Si nous passons aux Hébreux, chaque page de leur histoire montre à quel point les mœurs agricoles étaient en honneur chez le peuple de Dieu.

« Entre les Israélites, dit Fleury, je ne vois point « de professions distinguées. Depuis le chef de la « tribu de Juda jusqu'au dernier de Benjamin, tous « étaient laboureurs et pâtres menant eux-mêmes « leurs troupeaux. Le vieillard de Gabaa qui logea le « lévite dont la femme fut violée, revenait le soir de « son travail, quand il l'invita à se retirer chez lui. « Ruth gagna les bonnes grâces de Booz en glanant à « sa moisson. Quand Saül reçut la nouvelle du péril « où était la ville de Jabès en Galaad, il conduisait « une paire de bœufs, tout roi qu'il était. David gar« dait les troupeaux, quand Samuel l'alla chercher « pour le sacrer, et il y retourna encore après avoir « joué de la harpe devant Saül. Depuis qu'il fut roi, « ses enfants faisaient une grande fête à la tonte des « moutons. Élisée fut appelé à la prophétie, lorsqu'il « menait une des douze charrues de son père. L'en« fant qu'il ressuscita était avec son père à la mois« son, quand il tomba malade. Le mari de Judith, « quoique fort riche, gagna en pareille occasion le « mal dont il mourut.

« De la manière dont vivaient les Israélites, le ma« riage n'était pas un embarras pour eux, mais plu« tôt un soulagement suivant son institution. Les « femmes étaient laborieuses comme les hommes et « travaillaient dans les maisons, tandis que leurs ma« ris étaient occupés aux champs.

« Petits, leurs enfants leur coûtaient peu à nourrir « et à vêtir à cause de leurs habitudes frugales; « grands, ils les aidaient au travail et leur épar« gnaient des esclaves et des serviteurs gagés. Aussi « c'était un honneur d'en avoir un grand nombre, et « la stérilité était une honte. »

La loi rendant la liberté aux esclaves à la fin de chaque année sabbatique, les Israélites en avaient fort peu : c'était la famille qui effectuait presque tout le travail de l'exploitation.

Dans ces conditions de culture, la terre devait parvenir à une admirable fertilité et nourrir un peuple innombrable. Cette fertilité dont il ne reste nulle trace aujourd'hui, était célèbre dans l'antiquité. Sans parler des saintes Écritures, elle est attestée par Strabon, Pline, Josèphe. A la fin du dernier siècle quatre mémoires de l'abbé Guénée ont établi le fait d'une manière irrécusable, lorsqu'il fut mis en doute par l'incrédulité. Le dénombrement qui attira sur David la colère de Dieu, constate dix-huit cent mille hommes en état de porter les armes. Josaphat, roi de Juda, dont le royaume avait en étendue le tiers seulement de celui de David, comptait onze cent soixante mille combattants, sans parler des garnisons des places.

Cette population prodigieuse, relativement à la mesure du territoire, ne consommait pas tous les produits du sol, puisqu'on voit par Ézéchiel que les *Israélites exportaient à Tyr de grandes quantités de pur froment.*

Lorsque les Israélites abandonnaient le culte du vrai Dieu, ils s'éloignaient en même temps de l'agriculture. Depuis Moïse jusqu'aux rois, ces fautes eurent peu de durée; aussi n'est-il question alors dans leur histoire d'aucune autre profession que du labourage, du sacerdoce et des fonctions publiques. Dans la seconde période historique, celle des rois, on remarque plus de tendance aux infidélités envers Dieu, et aussi une disposition croissante à s'éloigner des mœurs agricoles. Sous David naissent les professions industrielles; et à sa mort il existait en Judée, dit l'Écriture, un grand nombre d'artisans de toutes sortes, des maçons, des charpentiers, des forgerons, des orfévres. Salomon employa à la construction du Temple trente mille ouvriers israélites; cependant les arts n'étaient pas encore tellement perfectionnés que le puissant monarque ne dût appeler le secours des étrangers. Ce fut Sidon qui lui envoya les artistes les plus habiles.

Sous le règne de ce prince, le commerce extérieur s'étend au loin; les flottes israélites vont par la Mer-Rouge trafiquer dans le mystérieux pays d'Ophyr.

Après la division de la terre sainte en deux royaumes, les professions industrielles se multiplient, et le luxe, incompatible avec les mœurs agricoles, s'infiltre dans cette nation autrefois si simple. La généalogie de la tribu de Juda fait mention d'un lieu appelé la *vallée des artisans.* Alors les prophètes expriment la colère de Dieu : Amos reproche aux riches la mollesse de leurs lits; Isaïe reproche aux filles de Sion leurs parures et leur vanité, menace Jérusalem, et prédit que Dieu lui ôtera les gens savants dans les arts. En effet, un impitoyable ennemi transporte Juda en terre étrangère; et l'Écriture répète plusieurs fois qu'on enleva à Jérusalem les artisans qui faisaient sa gloire.

La période des rois ne fut cependant pas dans toute sa durée contraire à l'agriculture; quelques-uns restèrent toujours fidèles à Dieu : ce sont précisément ceux-là même que l'Écriture signale comme ayant protégé l'art de cultiver la terre. David était de ce nombre. Nous trouvons au Livre des Rois le nom des officiers préposés par lui à la surveillance des champs et des troupeaux.

Il est dit du règne de Salomon que Juda et Israël *habitaient en paix sous leur vigne et sous leur figuier, depuis Dan jusqu'à Bersabée.*

Salomon était pénétré de respect pour l'agriculture, comme le prouve chaque page de ses livres de la Sagesse et des Proverbes; livres qui contiennent d'admirables préceptes en faveur du travail et de la vie agricole.

« Le pieux Osias, dit l'Écriture, construisit des « tours au désert et creusa beaucoup de citernes. Il « avait d'immenses troupeaux dans les lieux ouverts « et dans les plaines, des vignes et de vastes cultures « dans les montagnes et sur le Carmel; car il affec« tionnait la terre. »

Le saint roi Ézéchias établit des magasins de fruits, de froment, de vin, d'huile, et, pour chaque espèce de bétail, des étables où il établit un ordre admirable; il construisit des métairies, et réunit dans ses domaines du grand et du petit bétail, car Dieu l'avait comblé de biens.

Au retour de la captivité, les Israélites reprennent leurs terres et leurs antiques travaux. Depuis cette époque jusqu'à la venue du Messie ils sont fidèles à la loi de Dieu, et l'agriculture redevient chez eux plus florissante que jamais. Pendant trois cents ans, de Néhémie aux Machabées, l'histoire de la nation hébraïque semble nulle, ce qui résulte, comme le remarque judicieusement Fleury, d'une paix profonde et de cette prospérité remarquable décrite dans le Livre des Machabées à propos du gouvernement de Simon :

« Chacun cultivait son champ paisiblement. La « terre de Juda était fertile; et les arbres de la cam« pagne portaient leurs fruits. Les vieillards assis « dans les places consultaient pour le bien du pays. « Les jeunes gens se paraient avec des habits de « guerre. La paix régnait partout; Israël était en « grande joie. Chacun était assis sous sa vigne et « sous son figuier, et personne ne l'inquiétait. »

Sur quelques médailles juives de ces temps reculés on voit des épis de blé et des mesures, signes positifs de la fertilité du pays et de l'honneur dans lequel y était tenu l'agriculture.

Le Sauveur vient au monde, et c'est à l'humble

toit du travailleur qu'il demande un abri; de ses mains divines il façonne des instruments d'agriculture. En effet, une tradition précieuse nous apprend qu'il faisait des charrues et des jougs. « Il ouvre la « bouche pour instruire; *jamais homme n'a parlé* « *comme lui,* et ses plus riantes, ses plus saisis- « santes comparaisons, il les emprunte à la vie cham- « pêtre, montrant ainsi toute l'estime qu'il a pour « elle. Le lis des champs, les moissons de la plaine, « la vigne des coteaux, telles sont les similitudes qu'il « emploie à chaque instant; il va, dans ce langage « figuré, jusqu'à qualifier son père céleste d'agricul- « teur. *Pater meus agricola est* [1]. »

Méconnaissant le Messie, Israël abandonne la vérité religieuse dont il avait été si longtemps dépositaire. Bientôt il s'éloigne aussi de l'agriculture. Désormais c'est à l'industrie, au commerce, aux affaires d'argent qu'il se livre de préférence dans tous les pays. Cependant sa dispersion n'a lieu qu'après une lutte formidable avec le peuple le plus puissant de la terre, tant la vie rustique lui avait donné de vitalité, tant la population que nourrissait la Terre-Sainte était immense.

CHAPITRE XXII

SUITE DES CHAPITRES PRÉCÉDENTS; INFLUENCE DU CHRISTIANISME SUR L'AGRICULTURE MODERNE

Cruce et aratro.
Par la croix et par la charrue.
Devise des missionnaires chrétiens.

Reportons-nous encore à l'époque de l'avénement du Sauveur, et embrassons d'un regard ce vieux monde, alors presque tout entier païen, qui aujourd'hui se trouve partagé entre le christianisme et la religion de Mahomet. L'agriculture, jadis prospère, y était en pleine décadence. On voyait les canaux du Nil à moitié remplis, et parfois la disette affligeait l'Égypte, autrefois si féconde. Les irrigations qui, sous les règnes de Ninus et de Sémiramis, fertilisaient l'Assyrie, n'existaient plus. La Grèce, énervée par de vains amusements, avait perdu cette simplicité naïve que dépeignent si bien les chants d'Homère; ses campagnes se dépeuplaient chaque jour; l'Asie Mineure et la Sicile, qui fut le berceau de Cérès, se trouvaient dans une situation non moins déplorable.

[1] Extrait d'un discours prononcé à Compiègne en 1854, par Mgr Gignoux, évêque de Beauvais.

L'Italie s'était enrichie des dépouilles du monde; mais cette terre des dieux, ce sol que tant de héros avaient fertilisé de leurs sueurs, devenait également stérile et ne pouvait plus subvenir aux besoins de ses habitants. Dans les Gaules, que déchiraient des dissensions intestines, l'agriculture était laissée aux mains de malheureux dont le sort différait peu de celui des esclaves. Au delà du Rhin et du Danube, la Germanie, sauvage encore, ignorait les bienfaits de la charrue.

Tel était l'état agricole du monde lors de la venue de Jésus-Christ.

Quelques siècles après, nous voyons le cimeterre de Mahomet propager la misère dans les pays les plus riches de l'antiquité : la Grèce, l'Asie Mineure, la Mésopotamie, la Perse, l'Égypte, la Numidie, se changent peu à peu en véritables déserts. La croix, au contraire, améliore l'agriculture là où elle était appauvrie, comme en Italie et en Gaule; elle l'établit là où elle était ignorée : la Germanie, les îles Britanniques, la Russie, la Scandinavie, se défrichent; et toujours le travail de la charrue est précédé par l'érection de ce signe révéré.

En Orient, malgré l'oppression la plus violente, la croix reste debout sur quelques points, dans les montagnes du Liban par exemple, et c'est là que le voyageur trouve encore une population exercée à l'agriculture, des principes de vie qui n'existent pas ailleurs.

Ce simple aperçu prouve l'influence du dogme religieux sur l'agriculture des temps modernes. Étudions maintenant les faits principaux qui ont produit cette réhabilitation.

Les travaux agricoles avaient été successivement abandonnés aux esclaves par les peuples divers dont se composait l'empire romain. C'était là une plaie des plus profondes; car si l'esclave connaît l'amertume des sueurs, il est étranger à la consolation que Dieu y attache. La douceur de la propriété lui étant ravie, son travail, quelque bien dirigé qu'il soit, reste languissant; et si la surveillance se ralentit, il devient nul. De plus, l'agriculture se trouvant le partage exclusif d'une classe avilie, le travail de la terre n'en paraît-il pas lui-même comme avili?

L'esclavage, nous le savons tous, ne put résister à ce précepte de l'Évangile : *Aimez-vous les uns les autres;* il disparut donc du monde romain en raison directe des progrès du christianisme. L'affranchissement se fit dans les campagnes comme dans les villes, et l'esclave cultivateur devint, sous le titre de colon, le fermier ou le métayer héréditaire de son ancien maître; libre, du reste, quant à sa personne, et possesseur du fruit de son travail. Des lois impériales réglèrent ce nouvel état de choses, dont le résultat immédiat paraît avoir été considérable sur plusieurs points de l'empire, notamment, comme le remarque Jaubert de Passa, dans les provinces d'Afrique, contrée où le christianisme était alors très-florissant.

Ce commencement de régénération agricole fut arrêté par l'envahissement des Barbares. Ceux-ci conservèrent le colonat; mais par suite de leurs mœurs sauvages, ils le rendirent très-dur, enlevant au colon, devenu *vilain*, la protection que lui accordaient les lois impériales. Le sort des hommes attachés à la terre se retrouva presque aussi rigoureux que celui des anciens esclaves romains. Aussi voyons-nous dans les campagnes, au moyen âge, d'immenses révoltes, les *cotereaux*, les *routiers*, les *pastoureaux*, la *jacquerie*.

Ces soulèvements étaient condamnés par l'Église, au nom de la charité, qui ne cessait pourtant de recommander aux seigneurs et aux princes la douceur et la mansuétude vis-à-vis des serfs. Grâce à son action puissante, ceux-ci commencent bientôt à jouir de la liberté. « C'est, dit M. Guizot, au nom des idées « religieuses, des espérances de l'avenir, de l'égalité « religieuse des hommes, que l'affranchissement est « toujours prononcé. »

Mais il ne suffisait pas, pour réhabiliter l'agriculture, de rendre libre l'homme chargé de labourer la terre; il fallait encore lui prouver par l'exemple que le travail manuel, son occupation journalière, est un devoir dont on n'est réellement exempté dans l'ordre providentiel que si d'autres occupations ou des circonstances exceptionnelles ne permettent pas de le remplir. C'est ce que fit avec un courage héroïque le clergé des premiers siècles, comme on peut s'en assurer par la lecture attentive de tous les Pères.

« La plupart des prêtres et des évêques », dit saint Épiphanes et d'après lui l'abbé Fleury, « joignaient « le travail des mains à la prédication de l'Évangile, « non qu'ils ignorassent le droit qu'ils avaient de re- « cevoir du peuple leur subsistance, mais pour n'être « à charge à personne et pour donner plus abondam- « ment aux pauvres. »

Saint Basile s'excuse près de saint Eusèbe sur son travail et sur celui de ses clercs, de n'avoir pu lui écrire plus longuement.

Grégoire de Tours dit entre autres choses à l'éloge de saint Nicet, évêque de Lyon, « qu'il était coura- « geux au travail, s'appliquant avec ardeur à élever « des églises, à bâtir des maisons, à semer des « champs, à planter des vignes. »

Plusieurs traits racontés par le prélat historien prouvent que cet exemple n'était nullement exceptionnel, et que les anciens évêques de France s'occupaient activement de l'agriculture.

Quant à la vie des anachorètes et des moines, elle fut pendant fort longtemps, à peu d'exceptions près, entièrement partagée entre la prière et le travail manuel agricole.

« Dès les premiers temps de l'Église, dit saint Atha- « nase, les chrétiens les plus fervents fuyaient la con- « tagion des villes, et poussés par l'humilité évan- « gélique, ils se retiraient dans la campagne. » Ainsi commença la vie monastique que régularisèrent, au IIIe siècle, saint Antoine et saint Pacôme.

Le trouble des passions poursuivait incessamment saint Antoine, qui s'était retiré dans les solitudes d'Égypte. Un de ces jours de combat, comme il se plaignait à Dieu du trouble qui l'empêchait de faire son salut, il crut se voir lui-même travaillant d'abord, quittant ensuite la prière pour le travail, puis le travail pour la prière. En même temps il entendit une voix qui lui disait : « Fais ainsi, et tu seras « sauvé. »

Voilà la célèbre vision de saint Antoine. Ses journées ne cessèrent plus d'être une suite constante de prière et de travail, et, d'après le jugement unanime des Pères de l'Église, il devint le plus parfait modèle de la vie chrétienne.

Il s'occupait à faire des nattes de feuilles de palmier et à cultiver le terrain nécessaire à sa subsistance. Recevait-il la visite d'un solitaire, son travail n'en était pas interrompu, et son hôte y prenait part. Un jour, saint Macaire l'étant venu voir, ils se mirent à faire des nattes ensemble; saint Antoine, remarquant l'assiduité de son ami, s'écria : *Combien il y a de vertu dans de telles mains!* et en même temps il les lui baisait. Saint Hilarion arrivait pour embrasser Antoine, lorsqu'il eut la douleur d'apprendre sa mort. Voici, lui dit-on, où il travaillait; et voici où il reposait, quand il était fatigué. Lui-même a planté cette vigne et ces arbrisseaux; lui-même cultivait ce potager; lui-même, à force de sueurs et de travail, a creusé ce réservoir pour arroser son petit jardin. Voilà la bêche qui lui a servi tant d'années à labourer la terre, où il semait du blé pour lui, et des herbes pour ceux qui venaient le visiter.

Au même temps et dans le même pays, saint Pacôme réglait d'une manière plus puissante encore cette vie de labeur et de prière. Il fonda à Tabenne et aux environs, dans la Haute-Thébaïde, plusieurs monastères où ses disciples ne vivaient que du travail des mains. Chacun de ces établissements religieux était divisé en plusieurs sections, dont trois ou quatre réunies formaient une tribu. Les moines du même métier étaient de la même section et allaient ensemble au travail : aux uns revenait le labour des terres, le jardinage ; aux autres, la serrurerie, le charronnage, la foulerie, la vannerie, la tannerie, la confection des nattes. Le saint donnait l'exemple du labeur le plus assidu. La plupart des cultures de son monastère étaient dans une île formée par deux bras du Nil ; Pacôme y passait des journées entières, labourant les champs, curant les canaux d'arrosage, comme l'attestent différents passages de sa vie. Les austérités prescrites par la règle n'étaient pas de nature à affaiblir ces infatigables ouvriers : il n'y avait de jeûne que le mercredi et le vendredi ; les autres jours, les tables étaient servies dès neuf heures du matin. Ceux qui mangeaient le plus, supportaient les travaux les plus rudes.

D'Égypte ce genre de vie exemplaire fut porté en Syrie par saint Hilarion, et bientôt il devint celui des Basile, des Jean Chrysostôme, des Jérôme, des Grégoire de Nazianze.

« Pourrai-je revoir, » dit ce dernier père de l'Église à saint Basile (Épître 9,) « le temps si doux que nous « passions à travailler de nos mains, à porter du « bois, à tailler des pierres, à planter des arbres, à « irriguer notre petit champ ? » Dans une autre lettre, il parle du fumier qu'ils portaient ensemble et du chariot pesant avec lequel ils traînaient de la terre, au point qu'ils en avaient longtemps conservé la marque au cou et aux mains.

Le même saint Grégoire se qualifie de vigneron.

Saint Jean Chrysostôme exerça longtemps ces mêmes travaux.

Bientôt la Syrie fut couverte de monastères.

« Après la prière du matin, qui durait jusqu'après « le lever du soleil, les religieux s'en allaient, dit « saint Chrysostôme, à leur travail, lequel consistait à « labourer, à semer, à irriguer ou à porter de l'eau, « à faire des paniers, des cilices et autres ouvrages « semblables, les plus bas et les plus propres à entre- « tenir l'humilité. Exceptionnellement, quand leur « faiblesse ne leur permettait pas d'autre travail, ils « s'occupaient à copier des livres. »

Ces contrées déchues de leur antique prospérité agricole, reprirent alors une nouvelle vie.

« De tous côtés autour de nous, dit saint Jérôme, « le laboureur, la main sur la charrue, fait entendre « *alleluia;* le moissonneur fatigué se délasse par des « psaumes ; et le vigneron, en piochant la vigne, « chante aussi quelques passages de David. »

Ainsi s'accomplissait la parole du prophète : « Ils « rempliront d'édifices les lieux déserts depuis plu- « sieurs siècles ; la solitude fleurira comme les lis. A « eux la gloire du Liban, à eux la beauté du Carmel « et du Saron. »

Cette régénération des campagnes par l'exemple de la vie monastique pénètre en Occident. Cassien l'introduit en Provence, saint Athanase en Italie, saint Augustin dans l'ancienne Numidie. Bientôt sous une règle célèbre, celle de saint Benoît, nommée par saint Grégoire pape la règle par excellence, les moines deviennent dans l'Europe, aux trois quarts sauvage, les apôtres de l'agriculture et de la religion.

Cette règle prescrivait par jour sept heures de travail manuel ; travail qui, lors de la fondation d'un monastère, consistait presque toujours à défricher une terre inculte. Des hommes pieux voulaient-ils adopter ce genre de vie ; ils se retiraient au milieu des bois, des marais, des montagnes, construisaient eux-mêmes leurs cellules, puis, la hache et la pioche à la main, défrichaient la terre en chantant les louanges de Dieu. Leur nourriture grossière prélevée, ils distribuaient autour d'eux le surplus de leurs produits. Pénétrées d'admiration et d'amour pour de tels hôtes, les peuplades errantes de ces solitudes ne tardaient pas à devenir chrétiennes ; souvent même elles se fixaient à côté du monastère, travaillant sur les terres des religieux ou aux environs. Fulde, Ordoff et tant d'autres villes d'Allemagne, doivent leur origine aux pauvres huttes des disciples de saint Benoît.

Le plus puissant moyen d'encourager l'agriculture consistait à favoriser ces fondations, et à conserver dans les monastères déjà créés la pureté des règles primitives. C'est ce que firent plusieurs de nos rois. Protégé par Clotaire Ier et par Théodebert fils de Thierry, saint Maur, premier disciple de saint Benoît, fonde une abbaye près de la Loire. Ces mêmes princes favorisent saint Colomban pour la création de Luxeuil, qui fut suivie d'une foule d'autres. Le monastère de Corbie est établi par sainte Bathilde que seconde son fils Clotaire III. Charles Martel, Pepin, Charlemagne, Louis le Germanique encouragent de tout leur pouvoir les établissements religieux dans les parties désertes de l'empire. Sous la protection des deux premiers de ces princes, saint Boniface devient l'apôtre de l'Allemagne, le fondateur de Fulde et de plusieurs autres monastères. Archevêque de Mayence, il se retirait fréquemment à la célèbre abbaye que nous venons de nommer, et là, tout en expliquant les saintes Écritures, il donnait aux religieux l'exemple du travail agricole.

Charlemagne va chercher lui-même au mont Cassin la copie textuelle de la règle de saint Benoît; et, afin de la mettre en vigueur parmi tous les religieux de France, il convoque un congrès à Aix-la-Chapelle en 802. Alors saint Benoît d'Aniane entreprend de faire revivre cette règle dans tous les monastères de l'empire; lui-même, quoique supérieur, donne l'exemple du travail le plus assidu. « Il « transcrivait les livres, dit son historien, préparait « les aliments, portait du bois, tenait la charrue et « coupait les blés avec d'autres religieux. »

Nous l'avons dit plus haut, les peuples germains avaient pour le travail des champs un profond mépris. Au VIIe siècle, sous l'action puissante de l'Évangile, nous voyons ces fiers guerriers quitter la lance pour la pioche, remplacer la cotte de mailles par l'habit religieux, et défricher la terre avec ardeur. Saint Cloud, fils de Clodomir, Adalar, Vala et Bernard, petits-fils de Charles Martel, ainsi que plusieurs autres princes, prouvent au peuple que le travail et la simplicité agricole ont plus de prix pour le chrétien que les grandeurs du trône.

Carloman, roi de France et frère aîné de Pepin le Bref, se retira au mont Cassin et montra, dit la chronique de ce monastère, autant de soumission aux ordres de ses chefs spirituels qu'il avait déployé de courage à la tête des armées. Un jour qu'il gardait le troupeau, il fut maltraité et dépouillé dans une lutte contre les voleurs. L'abbé, pour l'éprouver, le reprit comme un homme faible et sans conduite. Carloman ne s'excusa point et avoua qu'il était un pécheur capable de bien des fautes. On lui donna d'autres vêtements, et il continua à faire paître le troupeau. Un jour ramenant ses brebis au monastère, il en vit une qui clochait et ne pouvait suivre les autres; il la prit sur ses épaules, et revint comme on représente le bon Pasteur. L'abbé, admirant l'humilité et la douceur de Carloman, changea son emploi pour le soulager, et lui confia le soin du jardin.

Au mont Cassin une vigne porte encore le nom de Rachis, roi des Lombards, qui la cultivait de ses propres mains.

Sous les successeurs de Charlemagne, les réformes introduites pour conserver aux monastères leur ancien esprit disparaissent; les mœurs des religieux s'amollissent; en même temps la société semble se dissoudre. Une affreuse désolation règne dans les campagnes que ravagent sans cesse les guerres intestines des seigneurs et les invasions des Normands. Les produits du sol ne suffisent plus aux laboureurs, qui se soulèvent en bandes immenses. Tel est l'état de la France au IXe siècle et pendant une grande partie du Xe. Enfin saint Robert, saint Bruno, saint Bernard et plusieurs abbés de Cluny font revivre l'esprit primitif de l'état monastique; les cénobites s'établissent comme autrefois dans les lieux déserts, cultivent les terrains en friche et rendent une vie nouvelle aux campagnes désolées.

Saint Bernard, malgré la délicatesse de sa complexion, se livre avec amour aux ouvrages les plus durs; il coupe du bois dans les forêts, laboure et s'humilie, si la force vient à lui manquer. Les médecins ne pouvaient comprendre qu'il pût résister à tant de fatigues, et disaient que c'était *un agneau à la charrue*. Un jour de moisson, comme il ne savait pas manier la faucille, on l'engage à s'asseoir et à demeurer en repos; fondant en larmes, il demande à Dieu la grâce de mieux faire, et dès ce moment il s'en acquitte plus habilement qu'aucun autre.

« Le travail, rapporte la chronique, ne lui causait « point de distraction; il disait que c'était surtout dans « les champs et dans les bois qu'il avait appris le sens « spirituel de l'Écriture; que ses maîtres avaient été « les hêtres et les chênes. »

Que de services rendus à l'agriculture par les successeurs de saint Bernard! L'Italie leur doit l'exemple de ses merveilleuses irrigations; l'Espagne, la fertilisation des sables du royaume de Valence; la France, une multitude d'assainissements, entre autres l'écoulement des eaux stagnantes qui couvraient la Flandre, cette province aujourd'hui si féconde. Souvent ils échangeaient des fonds améliorés contre d'autres encore incultes mais plus vastes.

Suivant la remarque de l'abbé Fleury, le travail manuel, considéré jadis comme inséparable de la vie monastique, tomba peu à peu en désuétude dans la plupart des communautés. De là un déplorable relâchement qui fut une des principales causes du progrès des hérésies et de l'indifférence religieuse. Cependant, comme Dieu l'avait révélé à saint Pacôme et à saint Antoine, un certain nombre de solitaires ont toujours conservé la pureté primitive de leurs institutions.

Sous Louis XIV, le vénérable Rancé se retire à l'abbaye de la Trappe dépendant de Cîteaux, et y rétablit les anciennes règles, avec plus de rigueur peut-être pour le jeûne et un peu moins de sévérité quant au travail manuel. Depuis lors ces bernardins réformés, sous le nom de trappistes, vivifient par la plus belle agriculture les lieux où ils vont se fixer. A l'époque de 1830, c'est-à-dire après onze ou douze ans d'existence, l'établissement de La Meilleraie, situé près de Nort (Loire-Inférieure), comptait deux cents religieux appliqués à l'exploitation d'une terre considérable et de plusieurs usines. Tout récemment quatre cents hectares ont été défrichés en Algérie par ces nouveaux pères du désert.

Si nous retournons en Orient, nous trouvons encore au Liban l'exemple du travail agricole donné par une multitude de solitaires. « Les couvents au nombre de deux cents, dit Michaut, possèdent tous des « terres. Les moines se chargent des travaux de la « culture; et la même main qui porte l'encensoir « manie aussi la truelle, le pic, la faucille, la charrue, la pioche, et fait toutes les récoltes. La sobriété « est la règle perpétuelle du couvent, en même temps « que le travail est un devoir auquel ne peut se soustraire aucun moine valide. »

« Ces mêmes moines, dit M. de Lamartine, ont « taillé le roc et formé des terrasses sur tous les re- « vers. C'est par de rudes travaux qu'ils ont étendu « la culture de la vigne et du mûrier. »

Aujourd'hui encore, les plus courageux exemples du labeur agricole nous viennent donc de ceux qui aux yeux de l'Église sont les plus parfaits modèles de la vie chrétienne.

Encore quelques mots sur d'autres bienfaits du christianisme.

Après Charlemagne, toute sécurité étant enlevée aux cultivateurs par les guerres intestines des seigneurs, la terre restait inculte; la famine et d'affreuses maladies emportaient les populations. La désolation fut tellement grande, qu'on se croyait à la fin du monde. Les évêques s'assemblent et défendent, sous de sévères peines canoniques, de commettre aucune hostilité depuis le mercredi soir jusqu'au lundi suivant. On fait jurer aux gens de guerre, aux bourgeois et aux paysans, de l'âge de quatorze ans et au-dessus, l'observation de ces trêves, que l'on appelle *trêves de Dieu*.

Cette demi-sécurité ne suffisait pas encore; l'agriculture en exige une pleine et entière. Elle va résulter d'un autre fait chrétien, les *croisades*. A la voix de l'Église, l'Europe longtemps attaquée par l'Asie s'ébranle pour de justes représailles, et précipite sur l'Orient tout ce qu'elle avait d'hommes ardents, avides d'aventures et de périls. Tant que dure la croisade toute hostilité est défendue au nom de Dieu. Des habitudes de paix, de calme et de sécurité s'établissent; l'agriculture renaît, et avec elle tout s'organise et s'affermit. Ces entreprises lointaines une fois terminées, les guerres de château ne sont plus qu'un fait exceptionnel, au lieu de constituer, comme précédemment, l'état ordinaire de l'Europe.

En résumé, l'affranchissement des classes agricoles, l'exemple du travail, le défrichement des terres incultes, la sécurité rendue aux campagnes; voilà les immenses services dont l'agriculture moderne est redevable au christianisme.

Nous pourrions ajouter une longue énumération de bienfaits locaux; renfermé dans certaines bornes, rappelons seulement ici un des plus saillants. Sous le beau ciel de l'Italie, l'arrosage est l'âme de l'agriculture. Par suite du fractionnement de ce pays, au moyen âge, en une infinité de petites souverainetés, comment pouvait-on s'accorder pour établir suivant une même pensée et un plan commun, les grands canaux dont un seul devait souvent traverser plusieurs territoires? Ce fut le clergé, très-influent alors, qui obtint cet accord, unique peut-être dans les annales agricoles. De plus, il encourageait, par des fondations pieuses, ceux qui contribuaient à la construction d'un canal. Il existe encore aujourd'hui, dans beaucoup de paroisses, des services et des prières publiques à la mémoire de ces bienfaiteurs du pays. C'est ainsi que la Lombardie tout entière et une partie de la Toscane sont devenues un vaste jardin arrosé, comparable à l'ancienne Égypte.

Le clergé compte plusieurs auteurs agronomiques

très-distingués, entre autres au VIe siècle, saint Isidore de Séville, père de l'Église; au temps de saint Louis, Vincent de Beauvais, dominicain et précepteur des fils de ce grand roi; sous Louis XIV, le père Vannière, jésuite, surnommé de son temps le Virgile moderne, tant son poëme sur l'agriculture, intitulé *Prædium rusticum*, fit de sensation; à la fin du XVIIIe siècle, l'abbé Rozier, auteur du premier cours d'agriculture en forme de dictionnaire.

Avec quel empressement la pensée d'enseignement classique agricole a-t-elle été saisie par le vénérable évêque de Beauvais, par les principaux membres de son clergé et par les frères des écoles chrétiennes! Ils ont compris que le retour à la foi doit se lier intimement à un retour sincère vers l'agriculture et ses mœurs, qu'un de ces deux progrès ne peut s'accomplir sans l'autre. C'est aussi cette conviction qui nous soutient dans l'œuvre difficile en vue de laquelle ce livre est écrit; œuvre supérieure à nos forces sans doute, mais que Dieu bénira, nous en avons la confiance, parce qu'il s'agit de sa gloire.

CHAPITRE XXIII

PROTECTION DUE PAR LE GOUVERNEMENT A L'AGRICULTURE; EXEMPLES TIRÉS DE L'ANTIQUITÉ.

Rex agro servit.
Le roi est le serviteur du champ.
Proverbes.

Aux vérités religieuses contenues dans les précédents chapitres, ne craignons pas d'ajouter cette vérité politique, la seule incontestable et d'une application peut-être universelle : un gouvernement ne saurait trop encourager, trop honorer le travail de la terre.

Lorsqu'on approfondit l'étude de l'histoire, on découvre que ce principe a été compris par les plus grands princes, par les plus sages législateurs.

Dans les pays chauds, où la sécheresse détruit toute végétation, un arrosage bien dirigé rend la terre inépuisable. Élever l'eau des fleuves et la répandre dans les campagnes, voilà donc, sous un ciel d'airain, le plus sûr moyen de favoriser l'agriculture. Des travaux de géants furent accomplis dans ce but par les fondateurs de ces empires qui en Orient, peu de siècles après le déluge, étaient déjà parvenus à un merveilleux degré de civilisation.

Ninus, au moyen de nombreux barrages, dérive les eaux du Tigre et féconde les terres d'Assyrie. La fondatrice de Babylone, Sémiramis, exécute les mêmes travaux sur l'Euphrate. « J'ai fait couler, disait-elle, « les fleuves où je voulais, et je ne l'ai voulu que là « où ils étaient utiles. J'ai rendu la terre féconde « en l'arrosant de nos fleuves. » Cette inscription, qu'elle avait gravée sur le bronze, se lisait encore du temps d'Alexandre. Parlerons-nous du lac creusé à quelque distance de Babylone par Nitocris, lac destiné à recevoir le trop-plein du fleuve au temps des inondations et à en rendre les eaux à l'agriculture dans les moments de sécheresse? Les princes assyriens avaient établi dans les vallées du Tigre et de l'Euphrate d'autres bassins semblables dont la trace existe encore.

En Égypte plusieurs barrages dans le lit du Nil du côté de l'Éthiopie; tout le pays sillonné de canaux de dérivation; de distance en distance, des digues s'élevant en travers de la vallée, afin d'étendre le plus loin possible les eaux du fleuve au temps de ses bienfaisantes inondations; la contrée présentant alors une suite de lacs de niveau différent qui se déversaient l'un dans l'autre; le fleuve endigué le long de ses bords, dans le Delta, à partir de Memphis; le lac Mœris creusé de main d'homme pour prendre les eaux du fleuve ou pour les répandre sur les campagnes suivant le besoin; ce lac entouré de digues et pouvant faire écouler dans le désert une grande quantité d'eau, si la crue devenait excessive; plusieurs réservoirs analogues, mais d'une moindre étendue, établis sur d'autres points : voilà les travaux d'une immensité fabuleuse que firent en faveur de l'agriculture Ménès, Sésostris, Mœris, plusieurs pharaons. Cette œuvre était consolidée par d'excellentes lois. En Égypte, il n'était permis à personne d'être inutile; chacun inscrivait son nom, sa demeure, sa profession, sur un registre public. Il était également défendu de changer de profession et d'en exercer deux à la fois. Les cultivateurs étaient très-honorés et occupaient un des premiers rangs dans les cérémonies publiques.

Les rois égyptiens étaient tenus de donner l'exemple de cette simplicité qui fait le fondement des mœurs agricoles. La loi leur avait réglé le boire et le manger, et des imprécations furent gravées sur une colonne d'un temple de Thèbes contre le premier roi qui introduisit le luxe.

En Éthiopie, mêmes principes de gouvernement.

« L'usage », dit M. Caillaud, d'après ses études sur ce pays, « prescrivait au roi de cultiver et de « semer un champ au moins une fois durant son « règne, ce qui faisait donner au prince le surnom « vénéré de l'homme des champs. »

L'Inde et la Chine que l'Europe surpasse aujourd'hui à tant d'égards, ces pays si remarquables cependant par une civilisation très-ancienne, doivent principalement leur antique puissance aux ouvrages que les souverains ont établis sur les fleuves en vue de favoriser l'agriculture, travaux plus prodigieux encore que ceux de l'Égypte.

Cette œuvre est entreprise en Chine peu de temps après le déluge, par les premiers empereurs historiques, Yao et Chun aidé de son ministre Yu. Le cours des plus grands fleuves du monde est régularisé; des provinces entières sortent du sein des eaux; d'innombrables canaux portent partout la fécondité et la fraîcheur. La description agricole de la Chine, description qui fut faite alors par qualités de terres et par nature de productions rurales, existe encore et forme le premier chapitre de la deuxième partie du *Chou-King*, livre sacré de Confucius. Depuis cette époque reculée, la nécessité de protéger et d'honorer l'agriculture n'a cessé d'être considérée en Chine comme la vérité politique par excellence. Les princes chinois qui l'ont méconnue ont régné peu de temps, et leurs dynasties ont été renversées; au contraire, les princes protecteurs des campagnes ont tous eu, comme le remarque Confucius, un règne florissant. Leurs noms sont encore bénis par le peuple. Tel de ces princes, destiné à monter sur le trône, vivait d'abord inconnu parmi les gens de la campagne, supportant leurs travaux et leurs privations; puis, devenu roi, il encourageait d'autant plus l'agriculture, qu'il en connaissait mieux les occupations et les besoins.

C'est une ancienne loi de l'empire que le souverain doit, au printemps et à l'automne, s'assurer par lui-même de l'état des campagnes dans les différentes provinces, récompensant ou punissant les gouverneurs selon leur zèle ou leur négligence au sujet de l'agriculture.

« Ces hommes que vous voyez courbés sur la terre « travaillent, sèment et récoltent pour nous », disait à son fils dans une de ces visites Hong-Von, vainqueur des Tartares en 1368 : « comme eux « j'ai été laboureur ; ayez donc pitié du peuple. »

Il est de règle que l'empereur et l'impératrice doivent donner eux-mêmes l'exemple du travail agricole. Aussitôt après son couronnement, l'empereur revêt l'habit du cultivateur, prend la conduite de deux bœufs et laboure une pièce de terre renfermée dans l'enceinte du temple le plus considérable de Pékin. Pendant ce temps, la reine lui prépare, dans un appartement voisin, un dîner qu'elle apporte et mange avec lui. Cette cérémonie, qui se renouvelle chaque année, est une des plus grandes fêtes de ce vaste empire.

En Chine, c'est encore un principe reçu que le prince doit employer une grande partie de ses revenus particuliers pour le bien général de l'agriculture, exécutant des travaux publics utiles aux campagnes, réparant les désastres qui résultent de la crue excessive des fleuves, accordant des encouragements et des secours aux laboureurs. Ceux d'entre ces derniers qui se distinguent le plus peuvent recevoir l'habit et le titre de mandarin de huitième ordre. Suivant les lois anciennes, les cultivateurs qui déployaient le plus de génie pouvaient parvenir aux fonctions d'intendant général des terres et d'intendant général des eaux. L'institution de ces hautes dignités avait pour but de seconder les efforts du souverain en faveur de l'agriculture et de la bonne distribution des arrosages. Confucius exerça très-jeune l'intendance générale des terres; et plusieurs laboureurs se sont élevés jusqu'à l'empire en passant par ces fonctions.

Ainsi protégée, l'agriculture est arrivée en Chine, depuis plusieurs siècles, au plus haut degré de perfection. C'est à peine si l'on peut croire ce que disent nos pieux missionnaires du réseau de canaux et de rigoles d'irrigation dont ce vaste pays est sillonné, de fleuves entièrement détournés de leur cours naturel, de lacs très-étendus creusés pour servir de réservoirs, enfin de la fertilité des campagnes et de la perfection de toutes les cultures.

Des principes et des mœurs analogues existèrent parmi les Perses au temps de leur prospérité. Chez ce peuple, au huitième jour du mois nommé *chorrem-ruz*, les rois mangeaient avec les cultivateurs. De plus, ils donnaient l'exemple du travail manuel. Ainsi il est dit dans l'Écriture, au sujet du fameux festin d'Assuérus, que ce prince le fit préparer dans un jardin qu'il cultivait de ses propres mains. D'après Xénophon, Socrate signalait à ses disciples, comme digne d'admiration, la sollicitude du roi de Perse pour les intérêts de la terre, les inspections agricoles qu'il faisait lui-même, celles qu'il confiait à des officiers sûrs, la manière dont les gouverneurs étaient punis ou récompensés suivant l'état de culture de leurs provinces; enfin le soin avec lequel, sur divers points de l'empire, les plus rares productions de la terre étaient réunies dans de vastes jardins appelés paradis.

L'exemple avait été donné par le grand Cyrus qui, plein de sollicitude pour l'agriculture, même dans ses conquêtes, tenait à ce que les cultivateurs, respectés des soldats, pussent pendant la guerre vaquer librement à leurs travaux. Xénophon rapporte les conventions que Cyrus fit sur ce point avec le roi de Babylone.

La haute intendance des irrigations était, sous le nom de *Mir-ab*, l'une des premières dignités de l'empire persan. Daniel l'exerça durant la captivité de Babylone; et elle s'est perpétuée jusqu'à nos jours dans plusieurs États de l'Asie, notamment en Perse et dans le Jarkand en Tartarie.

Strabon atteste que les anciens rois de Phrygie, de Lydie et de Cappadoce honoraient singulièrement l'agriculture. L'un des plus curieux vestiges de cette protection est le lac Coloé qui fut creusé par Gygès, et dont parle Homère. Il recevait les eaux débordées de l'Hermus et du Pactole, et les rendait aux terres dans les temps de sécheresse.

Déjotare, roi de Bithynie, voulut que Diophanes lui dédiât son livre d'agriculture. Attale, roi de Pergame, en composa lui-même un sur ce sujet.

L'agriculture était honorée au plus haut point par les rois de la Grèce primitive, puisque ces princes, d'après les récits d'Homère, donnaient, eux et leur famille, l'exemple du travail de la terre, du soin des troupeaux et de la simplicité rurale. Cette simplicité s'accordait d'ailleurs parmi eux, comme chez les patriarches, avec une grande opulence.

Plus tard ces principes sont moins observés; aussi les mœurs des Grecs s'éloignent de l'agriculture dans cette partie de leur histoire qui est la mieux connue; d'où résulta bientôt leur décadence.

Cependant la gloire qu'acquit Aristide en faisant revivre les lois de Solon, protectrices de l'agriculture; la prééminence accordée dans toutes les républiques à la profession de cultivateur sur celle d'artisan; la nécessité de cette prééminence proclamée par les plus célèbres philosophes, Socrate, Platon, Aristote, Xénophon; l'exemple assidu du travail agricole donné par de grands hommes, notamment par Philopœmen, le héros de la ligue achéenne; plus de soixante auteurs d'agriculture grecs dont les noms nous sont parvenus, et parmi lesquels se trouve Hiéron, roi de Sicile : voilà bien des preuves que les anciennes traditions, sur l'honneur et la protection que le gouvernement doit à l'agriculture, étaient loin encore d'être éteintes dans cette période où la Grèce a jeté tant d'éclat.

Si nous passons à Rome, la ville éternelle, voici ce que nous apprend Plutarque des encouragements accordés à l'agriculture par son second roi.

« Numa, dit Amyot dans sa traduction, voulant « donner à ses subjects le labourage de la terre, « comme un breuvage qui leur fist aimer la paix, « et désirant les faire adonner à ce métier pour « addoucir leurs mœurs, il départit tout le territoire « en certaines portions qu'il appela *Pagos*, en chacune « desquelles il ordonna des contre-rolleurs et visiteurs « qui allassent partout; et lui-même quelquefois y « alloit en personne, conjecturoit par le labeur, les « mœurs et la nature de chacun; et ceux qu'il con- « noissoit diligents, il les avançoit aux honneurs, il « leur donnoit autorité et crédit; et ceux qu'il trou- « voit lâches et paresseux, en les tensant et les repre- « nant les émendoit. »

« Ancus Marcius, le quatrième roi de Rome, » dit Denys d'Halicarnasse, « ne recommandait rien tant à « ses sujets après le culte des dieux, que le labour « de la terre et le soin des troupeaux. »

L'agriculture étant ainsi honorée à Rome dès le principe, les mœurs rustiques devinrent au plus haut point celles du peuple-roi, et la protection due à l'agriculture fut la base de sa constitution républicaine.

« La distinction et les rangs des citoyens, dit Pline, « se tiraient de l'agriculture. Les tribus les plus ho- « norables étaient les tribus rurales, composées des « citoyens possesseurs de terres. Les tribus urbaines, « dans lesquelles il était infamant d'être transféré, « étaient méprisées. »

Les patriciens (*patres*) étaient, nous apprend Cicéron, les pères de famille cultivateurs; ceux qui formaient le sénat (*senes*) étaient les plus âgés de ces laboureurs. Les affaires publiques se traitaient tous les neuf jours (*nundini*), et le reste du temps était consacré aux travaux de la campagne. Survenait-il des affaires pressées, on faisait convoquer les sénateurs par des messagers appelés *viatores*.

Une mauvaise culture, dit Pline, attirait la réprimande des censeurs, et le plus grand éloge qu'ils crussent pouvoir faire d'un citoyen, c'était de le déclarer bon cultivateur. Les récompenses publiques consistaient en pièces de terre. Pendant longtemps on n'accorda pas au delà de ce que le général ou le consul victorieux pouvait labourer lui-même en un jour; puis on porta jusqu'à sept arpents l'étendue de ces récompenses. Curius Dentatus, vainqueur de Pyrrhus et des Samnites, sept fois triomphateur, refuse un don plus considérable qui lui est offert pour d'immenses services publics. « Celui qui ne sait pas « se contenter de sept arpents, dit-il, est un mauvais « citoyen. » Combien pourrions-nous rappeler ici de traits de magnanimité, de grandeur d'âme, de désintéressement modeste, que l'histoire transmet à la postérité comme autant d'exemples à suivre!

Cincinnatus labourait au Vatican ses quatre arpents de terre. Son corps était nu et couvert de poussière, lorsqu'un viator lui apporte les honneurs de la dictature. « Couvre-toi, lui dit le viator, pour que je « t'annonce l'ordre du peuple romain. » Cincinnatus obéit, reçoit les insignes de la dignité suprême, et dit tristement en s'éloignant de sa charrue : « Mon « champ ne sera donc pas labouré cette année. »

Lorsque Régulus commandait les armées romaines contre les Carthaginois, le sénat résolut de prolonger son consulat, afin qu'il pût terminer la guerre. Le grand citoyen fait remarquer que ses terres souffriront beaucoup de son absence, et demande qu'il lui soit permis de retourner chez lui; le sénat refuse, et décide que le champ du Consul sera cultivé aux frais de l'État.

Les noms patronymiques des plus nobles familles étaient tirés du vocabulaire de l'agriculture, et montraient à la postérité dans quelle partie de cet art avaient excellé les auteurs de ces races illustres. Tels sont Lentulus (*lens*, lentille), Fabius (*faba*, fève), Pison (*pisum*, pois), Cicéron (*cicer*, pois chiche), Bubulcus (bouvier), Porcius (porcher), Caprarius (chévrier). Licinius, auteur de la fameuse loi licinienne, avait été surnommé *Stolo* parce qu'il cultivait ses arbres avec tant de soin, qu'il était impossible de trouver au pied un seul rejeton (*stolo*).

Les monnaies étaient frappées à l'effigie du bétail (*pecus*), d'où est resté aux métaux monnayés le nom de *pecunia*.

Faire pâturer, ou couper la nuit furtivement la récolte d'un champ cultivé, était, suivant la loi des douze tables, un crime puni par le gibet. De même le meurtre d'un bœuf de labour était assimilé à l'homicide. Des jeux publics étaient célébrés en honneur de cet animal utile, et s'appelaient *Bubétiens*.

Avec une telle protection, l'agriculture romaine parvint au plus haut degré de prospérité.

« C'est ainsi, s'écrie Virgile, que la forte Étrurie a « pris croissance; c'est ainsi que Rome est devenue « la reine des cités, embrassant les sept collines dans « son enceinte immense. »

« Mais peu à peu les pères de famille, dit Varron, « abandonnant la charrue, se glissèrent à la ville, « et aimèrent mieux agiter leurs bras au théâtre ou « au cirque que dans les champs et dans les vignes. » Bientôt aussi, les guerres civiles s'allumèrent, la liberté s'éteignit; et la campagne de Rome commença à devenir ce qu'elle est encore de nos jours, un triste et morne désert.

Ce changement frappait tous les esprits sous les premiers empereurs. On croyait à une lassitude du sol, à une inclémence particulière des saisons.

« D'où provenait, s'écrie Pline, l'antique fertilité « de nos champs? C'est que les généraux les culti- « vaient alors de leurs propres mains. La terre était « heureuse de voir la charrue couverte de lauriers, « et conduite par des triomphateurs; ceux-ci ap- « portaient à leurs cultures le même génie qu'au « champ de bataille et dans les camps. C'est ainsi « que le travail manuel de l'homme distingué réussit « mieux à cause de l'intelligence qui le dirige.

« Cette même terre, qui la cultive aujourd'hui? « Des hommes condamnés, chargés de chaînes, au « front marqué d'infamie! Serait-elle devenue sourde, « elle que nous appelons notre mère et qui réclame « nos soins? Non, mais elle reçoit malgré elle et avec « indignation, le travail d'esclaves déshonorés. Et « nous, nous nous étonnons que ce travail ne soit « pas productif comme l'était celui des anciens héros « de la république! »

CHAPITRE XXIV

SUITE DU CHAPITRE PRÉCÉDENT; EXEMPLES TIRÉS DE L'HISTOIRE MODERNE.

> Tout fleurit dans un État où fleurit l'agriculture. SULLY.
>
> Pauvres paysans, pauvre royaume. Pauvre royaume, pauvres paysans.
> (*Mots que Quesnay décida un jour Louis XV à écrire de sa propre main.*)

Dans les temps modernes comme dans l'antiquité, ce sont les gouvernements les plus célèbres par une véritable grandeur qui ont le mieux honoré et encouragé l'agriculture. Il suffisait d'abord de seconder en ce sens la puissante action du christianisme. Nous avons déjà parlé des exemples que donnèrent à cet égard plusieurs princes, notamment Charlemagne le plus illustre de tous. On voit par le capitulaire *de Villis*, que ce grand homme, maître de tout l'Occident, ne dédaignait pas de s'occuper lui-même de la culture de ses domaines.

Saint Louis montrait pour les pauvres laboureurs une grande sollicitude. Il leur distribuait des secours et disait souvent : « Les serfs appartiennent à Jésus-« Christ comme nous; et dans un royaume chrétien « nous ne devons pas oublier qu'ils sont nos frères. »

Sous son règne, il se fit de vastes défrichements, et c'est aussi sous ce glorieux règne qu'a paru le premier traité d'agriculture écrit en France. L'auteur que nous avons eu déjà occasion de nommer, est Vincent de Beauvais, précepteur des enfants du roi et célèbre par sa science.

Louis XII, si chéri du peuple, s'efforçait surtout d'alléger les impôts qui pesaient sur le cultivateur. « Ce bon roi, » disaient les populations rurales accourant de trois et quatre lieues pour le voir, « main-« tient la justice et nous fait vivre en paix. Il a ôté « la pillerie des gens d'armes et gouverne mieux « qu'aucun roi ne fit. Prions Dieu qu'il lui donne « bonne vie et longue. »

Les efforts d'Henri IV pour honorer et encourager l'agriculture étaient de tous les instants. Son ministre Sully le secondait avec ardeur, convaincu, disait-il, *que pâturage et labourage sont les mamelles de la France, les vraies mines et trésors du Pérou.*

Alors la liberté fut donnée au commerce des grains, et cela au grand avantage de l'agriculture, dont les produits trouvèrent les débouchés étendus qui leur avaient manqué jusqu'alors. Les tailles, cet impôt qui pesait presque exclusivement sur les laboureurs, furent fortement diminuées; on encouragea partout les plantations, les défrichements, le dessèchement des marais.

Un Anglais contemporain, Hartlib, parle des récompenses données par le roi pour la culture des prairies artificielles. C'est également à Henri IV que la France doit l'extension de la culture du mûrier, qui enrichit aujourd'hui plusieurs de nos départements du Midi. Il se mit en rapport à ce sujet avec Olivier de Serres, qui planta par son ordre vingt mille pieds de mûriers dans le jardin des Tuileries. C'était dans le livre écrit par cet agronome célèbre, sous le titre *Théâtre d'Agriculture*, que le roi puisait ses connaissances agricoles. « Quatre mois durant, dit « Scaliger, il se le faisait apporter après dîner; il est « fort impatient, et si il lisait une demi-heure. »

Henri IV affectionnait les laboureurs; dès sa jeunesse il prenait plaisir à les visiter et à les entretenir amicalement; ce plaisir, il ne s'en abstint ni dans ses plus rudes traverses, ni dans ses prospérités. A une époque où l'on essaya souvent de l'assassiner, quelqu'un lui parlait du danger d'entrer seul chez des paysans. « Je n'ai jamais entendu dire, « reprit-il, qu'un roi ait été tué dans une chau-« mière. »

Le grand Frédéric, d'après ses propres *Mémoires*, s'occupait lui-même du partage des biens communaux, de leur défrichement, de la mise en ordre des champs morcelés, de l'assainissement du sol. Grâce à ses efforts, deux mille familles purent habiter, près de l'Oder, un terrain qui jusqu'alors se trouvait toujours submergé. Après la guerre de Sept-Ans, les campagnes qui avaient le plus souffert du passage et du séjour des armées sont exemptées de l'impôt; les grains approvisionnés pour les troupes sont distribués aux cultivateurs, afin qu'ils puissent ensemencer les champs dévastés. Les chevaux de l'artillerie sont attelés aux charrues. A ces premiers secours succèdent bientôt de nouveaux bienfaits : deux cents millions sont dépensés en améliorations de tout genre; six cents villages sont établis dans des lieux déserts; d'immenses friches sont rendues à la culture, et la population prussienne s'accroît rapidement d'un tiers, fait merveilleux après tant de guerres et de dévastations.

Les successeurs de Frédéric restent fidèles pour la plupart aux traditions du grand roi. L'un d'eux, pénétré de l'importance de l'enseignement agricole, retient près de lui le célèbre agronome Thaër, originaire du Hanovre et médecin du roi d'Angleterre. Il lui fait présent d'un magnifique domaine, à la condition de fonder en Prusse une école agronomique. Telle a été l'origine du célèbre institut de Mœgelin.

Marie-Thérèse a de même protégé l'agriculture. Elle s'occupait surtout de l'amélioration des troupeaux. Par ses soins, des écoles de bergers ont été créées en Autriche, et les laines de Hongrie ont été singulièrement perfectionnées. Les paysans, touchés de sa tendre sollicitude, disaient aux étrangers en montrant leurs champs : *Voilà les terres de la reine.*

Initié aux véritables intérêts du peuple par les leçons de cette grande princesse, son fils Léopold Ier, qui fut d'abord duc de Toscane, régénéra l'agriculture de ce beau pays. A son avénement, les terres n'étaient cultivées avec succès que sur les points les plus fertiles. Léopold abolit les abus contraires aux progrès, fit d'excellentes lois rurales, honora les cultivateurs, s'occupa lui-même de la multiplication du bétail et de l'amélioration des races. Aussi, sous son règne de vingt-sept années, les champs cultivés doublèrent en étendue, la valeur des terres s'accrut d'un tiers, la population d'un quart, et les revenus de l'État d'un sixième.

L'Allemagne tout entière a suivi, au sujet des encouragements à donner à l'agriculture, l'exemple de l'Autriche et de la Prusse; partout aujourd'hui l'enseignement agricole y est organisé. En Wurtemberg, c'est dans son château d'Hohenheim que le roi a fait établir par le célèbre Schwertz un institut agricole; en outre, il cultive lui-même sept de ses domaines, y fait entretenir avec soin les plus précieuses races d'animaux, et visite presque tous les jours l'une ou l'autre des quatre fermes modèles qui avoisinent le palais de Stuttgard. Dans toute l'Allemagne, des titres honorifiques sont accordés aux cultivateurs distingués. En Prusse et en Wurtemberg, le premier de ces titres est celui de conseiller intime de Sa Majesté, avec qualification d'Excellence et de ministre d'État. Ceux qui le portent travaillent avec le souverain, dont ils sont les conseillers réels. Dans le Wurtemberg, plusieurs sont revêtus de cette haute dignité; l'agronome prussien Pabst l'a reçue de son souverain.

L'Espagne et le Portugal, ces pays qui, après avoir été florissants, sont tombés en décadence et semblent aujourd'hui rentrer dans la voie du progrès, ont eu, à l'époque de leur splendeur ancienne, des souverains amis de l'agriculture. Tels ont été, en Portugal, Denis Ier, honoré du titre de roi-laboureur, et sainte Élisabeth, qui élevait et mariait les filles de cultivateurs pauvres. L'Alsace se souvient qu'elle doit à Charles-Quint l'introduction de la culture de la garance; preuve de la sollicitude qu'inspirait à ce grand prince l'agriculture de sa vaste monarchie. Philippe III anoblissait les personnes d'un certain rang qui quittaient la ville pour embrasser la vie agricole.

Conformément à d'antiques traditions, le roi actuel de Suède présidait lui-même, il y a peu d'années, une assemblée d'agriculteurs. Dans ce pays si avancé dans la bonne voie, malgré l'âpreté de son climat, les laboureurs étaient représentés dès le moyen âge par un ordre particulier, appelé à soutenir leurs intérêts.

Tout ce qui précède a été surpassé en Angleterre. « Voyez, disait Élisabeth aux lords qui affluaient à « sa cour, ces nombreux vaisseaux entassés dans le « port de Londres : ils y sont les flancs vides, les « voiles abattues, sans majesté, sans utilité; suppo« sez que leurs voiles se gonflent pour gagner l'im« mensité des mers, ils deviennent à l'instant grands, « majestueux et superbes. » (Léonce de Lavergne.)

Comprenant ces hautes leçons, l'aristocratie anglaise, au lieu d'affluer à la cour, s'est attachée à la terre. La ville n'est pour le lord anglais qu'une résidence passagère; c'est à la campagne qu'il demeure, c'est là qu'il se plaît, c'est là qu'il donne ses fêtes. Entouré de ses fermiers et vivant surtout des revenus que leurs travaux lui procurent, il s'intéresse à eux, dépense en améliorations utiles une partie de sa fortune, tient à honneur d'avoir son domaine couvert de riches moissons, et s'occupe souvent lui-même des détails pratiques de l'agriculture. Ainsi c'est un duc d'Argyle qui a amélioré en Écosse l'espèce bovine West-Highland; lord Townsend a propagé et perfectionné la culture des turneps. Le duc de Bedford, dont la statue se voit sur un des squares de Londres, a livré à la charrue d'immenses marais. Citerai-je les ducs de Leicester, lord Brougham et tant d'autres, que le pays reconnaissant range parmi ses meilleurs praticiens? Le prince Albert s'honore d'être compté lui-même au nombre des cultivateurs et de participer aux progrès de l'art. Il dirige la ferme du palais de Windsor et plusieurs domaines dans l'île de Wight, améliore le bétail, envoie ses animaux aux concours publics. L'Angleterre lui sait gré d'avoir créé une race des plus précieuses de l'espèce porcine. Dans ses loisirs, la reine Victoria elle-même s'occupe de la basse-cour de son palais; on lui doit aussi divers progrès notables.

Grâce à de tels exemples, quels prodiges n'a pas accomplis l'agriculture anglaise! Peu favorisés pour la production céréale, sous le rapport du climat et du sol, les Anglais avaient longtemps tiré de France une partie des grains nécessaires à leur nourriture; mais dans le cours du XVIIIe siècle la culture fait chez eux de tels progrès, que, à leur tour, ils peuvent vendre à d'autres pays, notamment à la France elle-même, de grandes quantités de blé. Bientôt, par suite de cette prospérité, les habitants du Royaume-Uni deviennent si nombreux, que tous les produits du sol se trouvent absorbés; alors il est posé en principe que, quelle que soit la population, le sol national doit la nourrir; et, pour sauvegarder l'exécution de cette règle, on frappe de droits prohibitifs les importations de denrées alimentaires.

Tel était l'état des choses, lorsqu'en 1845 une sorte de lèpre attaque la pomme de terre, dont il se faisait alors une immense consommation dans les îles Britanniques. L'Irlande meurt de faim; l'Angleterre et l'Écosse sont sur le point d'être décimées par la famine. Pour sauver le pays, sir Robert Peel fait supprimer les droits qui frappaient les grains tirés de l'étranger; aussitôt les produits de l'agriculture subissent une baisse énorme, et les bénéfices du laboureur sont momentanément anéantis.

Loin de se décourager, l'agriculture anglaise redouble d'énergie; elle déclare plus haut que jamais que c'est à elle qu'il appartient de nourrir le pays et qu'elle saura bien y parvenir malgré la concurrence de l'univers entier. Bientôt le drainage transforme d'immenses espaces que l'excès d'humidité rendait infertiles, et il semble qu'une seconde fois l'Angleterre sorte des eaux. La vapeur y est mise au service de la ferme comme force motrice, et elle accomplit une multitude de travaux avec une admirable économie. Une habileté nouvelle préside à la construction de la charrue et de toute espèce d'instruments aratoires; la terre est ameublie et fouillée à des profondeurs inusitées; les champs sont nettoyés et sarclés comme les planches d'un jardin, puis moissonnés avec le secours de ces mêmes chevaux qui y ont traîné la charrue. Plusieurs races de bestiaux déjà merveilleusement améliorées, reçoivent de nouveaux perfectionnements. Les déjections du bétail sont recueillies à l'état liquide et lancées par des pompes dans des tuyaux qui se ramifient sur toutes les parties du domaine. L'engrais, ce sang de la ferme, circule comme le sang dans les veines des animaux. Ainsi s'accomplissent, sous un ciel brumeux, les merveilles de la végétation intertropicale. Une prairie donne jusqu'à six coupes abondantes en une seule année.

Revenant à la France, nous constatons avec douleur que, sous les règnes de Louis XIII, de Louis XIV, de Louis XV, la noblesse française s'est éloignée de ses terres pour se presser à la cour, et que loin de s'opposer à ce mouvement, les trois souverains que nous venons de nommer l'ont favorisé. A l'exemple des sommités du pays, chacun alors a délaissé la campagne, méprisé l'agriculture et pressuré le cultivateur; une décadence générale s'en est suivie, notre belle terre de France a été désolée, et l'abîme des révolutions s'est ouvert.

Bien que, dès 1776, d'heureuses réformes se soient accomplies, ce n'est réellement qu'à partir de l'époque glorieuse du Consulat que l'agriculture française a commencé à renaître. Depuis cet instant jusqu'à nos jours, elle a fait de notables progrès. D'après les savantes recherches de M. de Lavergne, le produit du bétail a doublé, celui des champs a quadruplé.

Aujourd'hui la France compte bon nombre de personnes riches et éclairées qui s'occupent de leurs domaines, à la manière des lords anglais. Quant au souverain actuel, ne lui devons-nous pas cette justice, qu'il honore et favorise l'agriculture avec plus d'intelligence et de sollicitude que ne l'a fait aucun des princes qui se sont succédé depuis Louis XVI? Combien cependant l'agriculture anglaise est encore supérieure à la nôtre! A étendue égale, les produits agricoles des îles Britanniques seraient presque doubles de ceux de notre patrie, si l'on s'en rapporte aux statistiques. Quant aux mœurs envisagées sous le rapport de la vie de campagne et de la profession rurale, elles sont totalement différentes entre les deux pays; en France la ville est le séjour préféré; les professions urbaines sont les plus estimées; les capitaux affluent plutôt de l'agriculture à l'industrie que de l'industrie à l'agriculture.

Le mal est venu d'en haut, c'est d'en haut que le remède doit venir. Nous avons trop de confiance dans la sagesse de nos concitoyens pour ne pas croire que ce remède sera complet, et que, dans un temps rapproché, il se produira en France un retour sérieux et général des classes éclairées vers la vie des champs.

CHAPITRE XXV

SAVOIR AGRICOLE; SAVOIR PRATIQUE, SAVOIR PHILOSOPHIQUE OU THÉORIQUE.

La science de l'agriculture est l'âme de l'expérience.

OLIVIER DE SERRES.

Pour s'occuper efficacement des intérêts de l'agriculture, à plus forte raison pour cultiver avec succès, il ne suffit pas d'une volonté bien assise; il faut posséder des connaissances solides et variées. En d'autres termes, le *savoir agricole* est le complément nécessaire du *vouloir agricole*.

L'habileté aux divers travaux de la ferme constitue le premier degré de ce savoir; partie *primaire* indispensable à tout cultivateur, même à celui qui opère sur une trop grande échelle pour pouvoir habituellement s'occuper d'autre chose que de la direction.

En effet, comme nous l'avons établi au sujet du travail salarié, loin de faire exception à l'axiome *qui ne sait agir ne sait diriger*, l'agriculture exige tout particulièrement, par suite de l'extrême variété de ses travaux, le coup d'œil rapide de l'homme du métier. De plus, en bien des cas, rien ne peut remplacer l'intervention du chef, laquelle s'appliquant à l'instant même du besoin, prévient les négligences et les pertes, comme la pincée d'étoupe introduite dans la carène du navire ferme la voie d'eau qui peu à peu le ferait couler à fond.

Sur la fin d'une moisson, par exemple, au moment où tous les signes d'un prochain orage se manifestent, la chaleur devenant insupportable, le travail devient languissant; eh bien, que les gerbes, enlevées par le bras puissant du maître, volent sur le char; alors chacun se ranime; les voitures, qui arrivent à fond de train, sont chargées avec une merveilleuse promptitude. Surviennent les premières gouttes de pluie; mais déjà le dernier char, orné du bouquet triomphal, rentre dans la grange, au milieu des chants joyeux des moissonneurs.

Ce n'est pas tout. Le cultivateur doit savoir bien vendre et bien acheter, combiner les travaux entre eux, juger rapidement du temps et des distances. Il existe sur ces points, comme pour le travail manuel, une suite d'habitudes que l'exercice et l'expérience peuvent seuls donner. L'habitude n'est-elle pas nécessaire en tout et partout? Un notaire, par exemple, ne doit-il pas joindre aux connaissances théoriques de son état ce savoir d'habitude qu'on nomme la pratique des affaires? De même, sans le savoir d'habitude agricole, en d'autres termes, sans la *pratique agricole*, il ne saurait y avoir de culture judicieusement exécutée dans son ensemble.

C'est sur les champs paternels qu'on se forme le mieux à la pratique. L'enfant y travaille de lui-même avec une certaine satisfaction, en même temps que ses parents, pleins d'une sollicitude toute naturelle, proportionnent sa tâche à ses forces. Par là nous n'entendons pas dire qu'il soit rigoureusement indispensable de recevoir ces premières notions sur une ferme où l'on serait né; nous établissons seulement qu'il importe de se façonner de bonne heure à l'agriculture par un exercice analogue à celui qui occupe les fils de cultivateurs.

L'art agricole se bornerait-il à ce savoir pratique ou d'habitude?

« Je sçay, dit à ce sujet Bernard Palissy, que toute « folie accoustumée est prinse comme par une loy et « vertu; mais à ce ie ne m'arreste, et ne veux aucu- « nement estre imitateur de mes prédécesseurs, sinon « en ce qu'ils auront bien fait selon l'ordonnance de « Dieu. Ie voy de si grands abus et ignorances en « tous les arts, qu'il semble que tout ordre soit la « plus grand part perverti, et qu'un chacun laboure « la terre sans aucune philosophie, et vont toujours « le trost accoustumé, en ensuivant la trace de leurs « prédécesseurs, sans considérer les natures, ny « causes principales de l'agriculture.

« *Demande.* Tu me fais à ce coup plus esbahir « de tes propos, que ie ne fus oncques. Il semble à « t'ouïr parler qu'il est requis quelque philosophie « aux laboureurs, chose que je trouve estrange.

« *Réponse.* Ie te dis qu'il n'est nul art au monde, « auquel soit requis une plus grande philosophie qu'à « l'agriculture, et te dis, que, si l'agriculture est « conduite sans philosophie, que c'est autant que « iournellement violer la terre, et les choses qu'elle « produit, et m'esmerveille que la terre et natures « produites en icelle, ne crient vengeance contre cer- « tains meurtrisseurs, ignorans et ingrats qui iour- « nellement ne font que gaster et dissiper les arbres « et plantes, sans aucune considération. Ie t'ose aussi « bien dire, que si la terre estoit cultivée à son devoir, « qu'un journaut produiroit plus de fruit que non pas « deux, en la sorte qu'elle est cultivée iournellement.

Voilà donc auprès du *savoir pratique*, un *savoir philosophique* qui doit éclairer l'autre et l'empêcher de devenir pure routine. Pour l'acquérir il suffit de porter un regard intelligent sur tout ce qui tient à la terre.

« Celle-ci, dit Xénophon, ne trompe jamais : elle « dit franchement ce qu'elle peut ou ne peut point. »

Faciles pour quiconque sait raisonner, ces observations sont cependant en général au-dessus de la portée de l'homme dont l'intelligence est demeurée inculte; car nous l'avons remarqué tout à l'heure, il est pour l'esprit comme pour le corps, une habitude d'agir, une véritable pratique qu'on n'acquiert qu'à la suite d'un long exercice.

Former par l'instruction l'esprit de l'enfant destiné

à devenir agriculteur, c'est donc le mettre à même de montrer un jour une grande aptitude pour sa profession.

A l'appui de cette vérité combien de faits se révèlent à nous! En Angleterre, le pays par excellence du progrès *cultural*, est-il une classe plus éclairée que la classe agricole? A Rome, si les patriciens exerçaient l'agriculture avec tant d'honneur, n'était-ce pas que dès la jeunesse leur intelligence était merveilleusement exercée par le soin des affaires publiques? En Palestine, cette autre contrée dont nous avons admiré l'antique splendeur rurale, mêmes rapports entre l'agriculture et l'instruction libérale, puisque tous les Israélites, citadins ou paysans, devaient dès l'enfance étudier les Écritures sacrées et les copier au moins une fois. En France, n'est-ce pas sur les points où l'école primaire est le moins suivie que l'agriculture est encore aujourd'hui le plus arriérée? Dans chaque village, les jeunes gens disposés au progrès ne sont-ils pas ceux auxquels le service militaire a ouvert l'esprit? Enfin, à part quelques exceptions, les améliorations rapides ne viennent-elles pas d'hommes qui ont joui du bienfait d'une instruction largement développée? Malheureusement on ne parle pas d'agriculture à la jeunesse dans le cours des études libérales, de sorte que ces études, d'après leur direction actuelle, disposent à toute autre carrière plutôt qu'à celle qu'on dit être la plus libérale. D'où il résulte que, «un chacun,» comme disait Palissy, « tasche à s'agrandir et cherche des « moyens pour sucer la substance de la terre sans « y travailler; et cependant on laisse les pauvres « ignares pour le cultivement de la terre, et ce qu'elle « produit est souvent adultéré. »

Le savoir philosophique agricole n'est pas seulement nécessaire au cultivateur, il devrait être encore répandu dans toutes les classes éclairées. Ainsi que nous l'avons déjà fait remarquer, sans connaissances agricoles, le propriétaire ne peut assurer par une bonne administration la prospérité de ses terres. Dépourvus de ces mêmes notions, le législateur, le juge, l'homme de loi, tous ceux enfin qui s'occupent des affaires publiques, se trouvent au-dessous de leur mandat. En effet, les intérêts du sol ne touchent-ils pas à tous les autres?

De ce que ceux même qui ne sont pas cultivateurs devraient être initiés aux principes de la culture, n'induisons pas que la seule connaissance de ces principes suffise à celui qui veut cultiver. Loin de là, — nous l'avons plusieurs fois reconnu, — la pratique du travail et de la direction est, pour lui, complétement indispensable; et même, les faits ont prouvé que dans le faire-valoir le théoricien sans pratique se trouve inférieur au praticien ignorant de toute philosophie agricole, science sans laquelle cependant il n'est pas possible d'atteindre à la perfection.

Cette philosophie peut du reste être acquise à deux degrés, ainsi que nous l'expliquerons dans le chapitre suivant.

CHAPITRE XXVI

SCIENCE AGRICOLE LOCALE; SCIENCE AGRICOLE GÉNÉRALE.

> L'agriculture est tout à la fois métier, art, science.
>
> THAER.

Les conditions dans lesquelles se trouve le cultivateur, varient suivant une foule de circonstances qui nécessitent une multiplicité non moins grande de calculs et d'opérations. Ainsi, tel agriculteur peut comprendre parfaitement ce qui se rapporte à son exploitation, sans connaître les combinaisons appropriées à d'autres lieux. Voilà le premier degré de la science agricole : nous l'appellerons *philosophie ou science locale de l'agriculture.*

Étudions maintenant l'agriculture dans plusieurs pays; puis, remontant aux causes naturelles, posons des principes généraux qui expliquent un grand nombre de faits connus; voilà notre second degré : *philosophie ou science générale de l'agriculture.*

Cette science générale de l'agriculture appelle à son aide plusieurs autres sciences : la chimie, pour l'étude des principes constituants du sol, des engrais et de l'air; la physique, pour la connaissance des forces sous l'influence desquelles la matière subit ces merveilleuses transformations que le cultivateur dirige à son profit; la mécanique, pour découvrir les meilleurs moyens d'utiliser toute espèce de force; l'hydraulique, pour parvenir à l'art raisonné des assainissements et de l'arrosage; la géologie, pour la recherche des marnes et autres richesses cachées sous le sol; la physiologie végétale et animale, pour comprendre jusqu'à un certain point l'organisation et les besoins des plantes et des animaux utiles; l'entomologie, pour la recherche des moyens à employer contre les insectes nuisibles, ennemis cachés, si redoutables au cultivateur; la médecine vétérinaire, pour parvenir à la guérison du bétail. Enfin, à l'aide de la législation, de l'histoire et de l'économie politique, la science générale agricole étudie les rapports de l'agriculture avec le commerce, l'industrie, les lois et les institutions politiques des peuples.

Du reste, cette science se fonde avant tout sur une observation consciencieuse des faits agricoles. Aussi, loin de mépriser l'instinct pratique du laboureur, approfondit-elle avec scrupule tout procédé qui a pour lui la sanction du temps et de l'expérience, n'admettant rien que n'ait confirmé une longue série d'observations faites sur des cultures d'une certaine étendue. Le creuset du chimiste, le pot du fleuriste ne remplacent jamais pour elle le vaste laboratoire des champs. Ennemie du merveilleux, du transcendant, de l'exclusif, elle repousse toute espèce de préjugés; ceux qu'une théorie présomptueuse a pu faire admettre, comme ceux qui tiennent à la routine.

Dans des circonstances ordinaires, l'agriculture peut atteindre toute perfection par la pratique aidée de la seule philosophie locale; mais cette dernière ne suffit plus si des circonstances inusitées viennent à se produire, et l'on a vu d'excellents cultivateurs de Flandre perdre leur réputation d'habileté dans la Sologne, la Bretagne ou le Berri. La science générale de l'agriculture est une boussole très-propre à prévenir de tels naufrages; elle est donc utile à la pratique. De ce principe incontestable si nous passons à un ordre de considérations plus élevées, la science générale de l'agriculture ne répond-elle pas au besoin d'aliments que l'intelligence, développée par l'instruction libérale, éprouve plus encore dans le calme des champs qu'au milieu du bruit des cités?

En résumé, nous découvrons deux genres de connaissances agricoles : *savoir pratique* et *savoir philosophique ou scientifique*.

Le savoir pratique est de deux sortes: l'une concerne les *travaux manuels*, l'autre la *direction*. Le savoir scientifique est également de deux sortes : *local* et *général*.

Cette division explique plusieurs idées qu'au premier aperçu on jugerait contradictoires.

On en sait toujours assez pour conduire un train de culture, répète souvent le vieux laboureur imbu du savoir pratique. C'est que ce savoir n'est en effet, comme nous l'avons vu, qu'un fruit de l'habitude. On l'acquiert par l'exercice du corps et des sens, et non par l'étude. Il est vrai qu'il s'éclaire ensuite du savoir scientifique; mais c'est là précisément ce que ne veut pas se dire et encore moins s'entendre dire le cultivateur étranger à ce second savoir. L'amour-propre lui persuade que, s'il est ignorant en toute autre chose, il est très-habile dans sa profession; et il ferme les yeux pour ne pas voir.

Xénophon établit, d'après Socrate, que les préceptes d'agriculture sont de la plus grande simplicité, qu'on les découvre soi-même par une observation intelligente; dans sa pensée il ne s'agit que du savoir philosophique local, si facile en effet à acquérir pour tout homme doué d'une certaine dose de sagacité.

Enfin, dans la préface de son livre *de Re rustica*, Columelle déplore que les premiers personnages de la république romaine aient abandonné l'agriculture, si dignement exercée par leurs aïeux, et que le Latium, cette terre de Saturne où les dieux avaient eux-mêmes enseigné l'agriculture, en soit venu à demander sa subsistance à des peuples situés au delà des mers.

« Peut-on s'en étonner, ajoute l'auteur, puis-
« qu'il entre aujourd'hui dans le sentiment public
« que l'agriculture est une occupation vile, et qui
« n'exige nulle instruction? Mais moi, si je l'envisage
« dans son ensemble, si je compte le nombre de
« ses branches, le corps entier me semble tellement
« vaste, les détails m'apparaissent si nombreux, que
« je crains d'arriver à mon dernier jour avant de
« connaître toute la discipline agricole. »

L'agronome latin établit ensuite que l'agriculture touche à toutes les sciences : évidemment il désignait ce que nous venons de nommer *science générale*.

Cette nature variée du savoir agricole tient à ce que l'agriculture, étant la *profession par excellence du genre humain*, doit se trouver à portée de tous, de l'ignorant comme du savant. A l'aide du seul savoir pratique, elle peut être exercée par l'homme le moins éclairé. Dans de telles conditions, la terre est sans doute *adultérée*, comme le disait Palissy; mais enfin l'art le plus nécessaire se soutient et nous fait vivre, lorsque tout autre genre de savoir s'éteint. D'un autre côté, puisque l'homme possède un rayon de l'intelligence divine, l'agriculture devait offrir à cette précieuse faculté tous les moyens possibles de s'étendre et d'agir. Et en effet non-seulement elle exerce, comme science locale, le raisonnement de l'homme éclairé, mais encore elle présente, comme science générale, le plus vaste sujet d'étude. Ainsi chacun peut lui consacrer ses aptitudes innées.

Ce sont les principes de la science générale de l'agriculture dans leur application à la France qui font le sujet de cet ouvrage. Après avoir effleuré les questions morales, sociales et religieuses, il nous reste à étudier le côté pratique.

Ce sujet, qui forme la seconde partie de notre travail, se divise lui-même en cinq sections.

Dans la première, par un coup d'œil sur la marche et sur les besoins de la végétation, sur la nature des terres, enfin sur nos différentes régions climatériques, nous chercherons à déterminer les circonstances naturelles qui influent sur notre agriculture.

Dans la seconde, nous passerons en revue les principales opérations agricoles, travaux de culture, apport de substances fertilisantes, assainissements, irrigations, etc.

Dans la troisième, nous examinerons toutes les plantes cultivées en grand sur le territoire national.

La quatrième aura pour objet l'économie du bétail et la description des races d'animaux qui intéressent le plus l'agriculture française.

La cinquième traitera de l'exploitation dans son ensemble et des divers systèmes agronomiques.

DEUXIÈME PARTIE

L'AGRICULTURE CONSIDÉRÉE AU POINT DE VUE PRATIQUE

PREMIÈRE SECTION

Végétation, Terres, Climats

CHAPITRE PREMIER

GERMINATION, FLORAISON, FRUCTIFICATION, PERFECTIONNEMENT DES ESPÈCES, DÉGÉNÉRESCENCE, DIVERS MOYENS DE MULTIPLIER LES PLANTES.

L'agriculture est, comme le mot l'indique (*agri cultura*), l'art de cultiver les champs en vue d'une abondante production de végétaux utiles. Celui qui veut élever un animal, cherche d'abord à en connaître les mœurs, les besoins, les goûts; de même, ce qu'il faut étudier d'abord dans l'art de l'éducation des plantes, c'est la plante dans son essence même.

Que de merveilles cette étude nous fait découvrir!

La moindre graine renferme le principe du végétal entier; ce principe attend pour sortir de son inertie l'action simultanée de l'humidité, de l'air, et d'un degré de chaleur, variable suivant l'espèce. Sous l'influence de ces trois causes, dont une seule sans les deux autres, ou même deux sans la troisième ne suffiraient pas, la semence se gonfle, s'ouvre, laisse échapper la jeune plante et l'alimente de substances choisies, qui sont pour elle ce que le lait de la mère est pour l'enfant.

Un mouvement en sens contraire divise alors le végétal en deux parties, tige et racine. Celle-ci s'enfonce dans le sol; elle est comme le fondement de la plante; puis, à l'aide d'innombrables suçoirs, elle tire de la terre les substances qui doivent lui servir d'aliment.

Quant à la tige, elle s'élève, s'étend, et se couvre de feuilles. Ces dernières servent à la respiration des plantes, comme les poumons à celle des animaux. La séve monte aux feuilles, subit dans leur tissu, sous l'action de l'air, certains changements, se répand ensuite dans tous les organes, et redescend en partie jusqu'aux racines pour leur nutrition.

Cependant la plante se développe, passe de l'enfance à la jeunesse. La fleur, ce lit nuptial des végétaux, apparaît alors. Au centre, on remarque le *pistil* ou organe femelle qui renferme le rudiment du fruit, embryon prêt à recevoir la fécondation sans laquelle il se dessécherait promptement. Celle-ci a lieu par le contact d'une poussière qui s'échappe de poches, appelées *étamines*, de couleurs et de formes diverses, tenant d'ordinaire à la fleur par des filets déliés.

Tantôt les étamines et le pistil étant réunis dans la même fleur, caractérisent les espèces de plantes appelées *hermaphrodites*, telles que le blé, l'avoine, l'orge, le seigle, les choux, le panais, la carotte, la betterave, le pois, la fève, la lentille, la vesce, la luzerne, le trèfle, le sainfoin, la pomme de terre, le pavot, le tabac, le lin. Tantôt ces deux organes se

Fleur de blé grandeur naturelle.
b b. Étamines.

trouvent sur le même sujet, mais dans des fleurs de

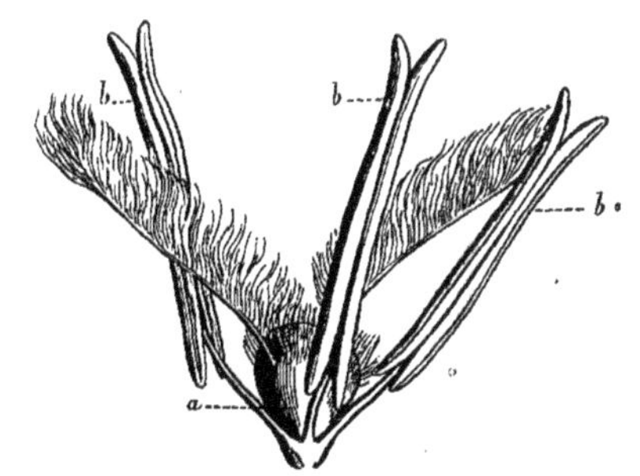

Étamines et pistil du blé vus au microscope.
a, Pistil.
b b b. Étamines.

sexe différent, les fleurs *mâles* contenant la poussière fécondante, les fleurs *femelles* l'embryon du fruit. A ce genre de plantes, qu'on appelle *monoïques*, appartient le maïs, dont la fleur mâle forme panache au sommet de la tige, tandis que la fleur femelle, qui produira la graine, présente près de terre un épi serré. Enfin

Maïs en fleur au sixième de grandeur naturelle.

d'autres espèces, qu'on nomme *dioïques*, telles que

Portion de fleur mâle de maïs, grandeur naturelle.

le chanvre, le houblon, présentent fleur mâle et fleur

Fleur mâle du chanvre.

femelle sur des sujets différents; dans ce cas, le vent et les insectes se chargent de la fécondation, en dispersant au loin les poussières génératrices.

Fleur femelle du chanvre.

L'embryon une fois fécondé, grossit et se perfectionne aux dépens des sucs de la plante qui, dans beaucoup d'espèces, meurt après ce travail, sans pouvoir porter graine plus d'une seule fois. Tels sont le blé et les autres céréales, le pois, la fève, la lentille, le chanvre, le lin, le choux, le navet, la carotte, la betterave, la lupuline, le trèfle incarnat.

D'autres espèces peuvent fleurir et fructifier à plusieurs reprises. De ce nombre, celles-ci n'ont de vivace que la racine; elles perdent et renouvellent leur tige après chaque fructification : tels sont la luzerne, le sainfoin, le trèfle commun; celles-là conservent en vie tiges et racines après chaque fructification : ce sont les arbres et les arbustes, en un mot, les végétaux ligneux.

Toutes les espèces vivaces, qu'elles soient herbacées ou ligneuses, peuvent persister plusieurs années. Quant à la vie des espèces aptes à une seule fructification, elle commence ordinairement à l'automne ou au printemps par la germination de la graine, et finit l'été suivant par la maturité du fruit. Il en est cependant plusieurs qui, nées au printemps, se développent tout l'été, sans monter en tige; ce n'est que l'année suivante qu'elles fleurissent et fructifient après une année entière de végétation préparatoire. Elles se nomment *bisannuelles*, par opposition avec les autres qu'on dit *annuelles* : la carotte, le panais, la betterave sont rangés parmi les premières.

Du reste, les plantes d'une même espèce vivent plus ou moins, suivant diverses circonstances. Coupez plusieurs fois du seigle ou du colza sans leur permettre de fleurir, vous prolongerez leur existence au delà d'une année. Au contraire, un état maladif, la gêne qui résulte d'une plantation serrée, ou d'un semis très-dru, sont autant de causes qui accélèrent la végétation aux dépens de sa durée. C'est ainsi que souvent des plantes bisannuelles deviennent annuelles. On a vu dernièrement ce fait curieux se produire sur une grande échelle dans les champs de betteraves à sucre, par suite de l'invasion d'une maladie particulière. Dans le premier cas, la plante se refuse à mourir avant d'avoir accompli le grand acte de la reproduction; dans le second, elle s'empresse d'y satisfaire par le sentiment de sa faiblesse.

Le blé, l'avoine, le seigle, l'orge, le lin, le colza, la navette, le pois, la vesce, la lentille, la fève, et autres plantes annuelles semées à la fin de l'été ou au commencement de l'automne, suspendent leur végétation pendant l'hiver, la reprennent au printemps et fructifient après avoir passé en terre un peu moins d'un an. Si on les sème au sortir de l'hiver, elles fructifient l'année même, ne vivant ainsi que peu de mois.

La plupart prennent à cet égard des habitudes qu'elles transmettent aux générations subséquentes, et ces habitudes, le cultivateur ne peut en général les contrarier impunément. Ainsi le blé qu'on a semé plusieurs fois de suite à l'automne, forme presque toujours une variété qui végète et fructifie mal, si on la dessaisonne; et le blé qu'on aura plusieurs années de suite semé au printemps, périra souvent par les gelées d'hiver, s'il est confié à la terre dans le cours de la saison d'automne. Il en est de même des autres plantes que nous venons d'énumérer, de sorte qu'elles ont chacune des variétés automnales et des variétés printanières. Ces dernières, suivant l'époque plus ou moins avancée à laquelle on les sème, prennent l'habitude de végéter plus ou moins vite; ce qui forme encore entre elles des variétés plus ou moins hâtives.

Chaque espèce possède des caractères fixes qu'elle transmet par la semence, et tout à la fois elle présente une élasticité de nature qui lui permet de se modifier suivant les circonstances dans lesquelles elle se trouve. Ainsi, placez une plante sauvage en terrain choisi, sarclez-la soigneusement; vous en obtiendrez probablement des racines et des fruits plus charnus, des graines plus grosses, des tiges plus solides, des feuilles plus épaisses, que si elle eût végété sans culture. Elle finira même, après plusieurs générations traitées avec le même soin, par donner des semences qui la feront se reproduire avec les améliorations qu'apporta dans ses organes l'art de la culture. Plus tard nous la verrons se perfectionner davantage encore pour se plier à nos goûts ou à nos caprices: le maigre filet de la carotte des prés deviendra cette racine que nous cueillons dans les jardins potagers; l'âpre poirette des bois s'adoucira pour prendre la délicieuse saveur du doyenné ou de la bergamotte. C'est la civilisation qui s'empare du règne végétal.

Afin d'augmenter nos richesses, joignons aux soins de la culture l'ingénieux moyen du mariage des fleurs. Choisissons à cet effet, pour porter graine, un sujet appartenant à celle des variétés dont nous désirons voir prédominer les caractères dans la variété future; réduisons à un petit nombre les fleurs de ce sujet; entourons ces fleurs de canevas, pour que les mouches ne puissent en approcher et y porter la poussière fécondante d'autres fleurs. Dès que la floraison commence, détruisons les étamines; lorsqu'elle est complète, et que le *style* ou filet qui surmonte l'embryon du fruit laisse suinter par son extrémité supérieure une liqueur visqueuse, portons sur cette extrémité un peu de poussière fécondante prise avec un pinceau sur les étamines de la variété que nous désirons croiser avec la première; poussière qu'on peut recueillir plusieurs jours d'avance, et même conserver pendant un an dans un flacon très-sec couvert d'une feuille d'étain. De la sorte, il s'opère sur le végétal un véritable croisement analogue à celui qui se fait dans nos étables par l'union de deux animaux de race différente.

De tels essais sont à la portée de tous; ils procurent à l'esprit de grandes jouissances, et offrent un immense intérêt, au point de vue de l'utilité générale. Quel service n'ont point rendu ceux qui ont découvert les meilleures variétés de pommes de terre, de vigne, de blé!

Il ne suffit pas de nous être enrichis de belles céréales, de racines charnues, de légumes savoureux, de fruits admirables; il faut encore, à force de persévérance, conserver ces précieuses conquêtes; et, dans ce but, placer chaque variété dans le sol et sous le climat qui lui conviennent, l'entourer de circonstances identiques à celles qui ont aidé à la former, en ayant soin, pendant la fécondation, de l'isoler de celles de ses congénères dont le contact altérerait ses qualités.

Cette dernière condition, sans laquelle on ne récolterait pas de semences entièrement pures, il serait impossible de l'obtenir pour certaines espèces, à cause de l'abondance de poussières séminales qu'elles répandent au loin dans l'atmosphère, si nous n'entourions nos porte-graines en fleur d'un canevas qui empêche tout contact extérieur. Ce moyen n'est même pas toujours praticable. Heureusement la nature, féconde en œuvres magnifiques, a distribué dans presque toutes les parties des végétaux, des embryons propres à les reproduire sans le secours des graines. Ce sont les *yeux* ou *jemmas* qui se trouvent depuis le tubercule souterrain jusque sur le bourgeon terminal du plus grand arbre, présentant une force reproductrice très-vigoureuse dans certains organes particuliers: *tubercules*, *oignons*, *œilletons*, *drageons*, *rejetons*.

On appelle *tubercules* certains renflements charnus des racines ou des parties basses de la tige: tels sont ceux que produisent la pomme de terre, la patate, le topinambour. Les *oignons* sont des renflements d'un autre genre, composés d'écailles superposées autour de l'embryon du futur végétal. Ils se forment sous terre; quelquefois aussi sur le sommet des tiges, à la place des graines, ainsi qu'on le remarque dans l'ail sauvage. Les *œilletons*, les *rejetons* et les *drageons* sont des pousses qui partent des racines ou du bas des tiges de certaines espèces telles que l'artichaut, le houblon, l'olivier.

Pour reproduire la plante, il suffit de mettre en terre, soit en totalité, soit en partie, l'un ou l'autre de ces organes multiplicateurs; moyen très-usité dans la culture.

On peut enfin, pour les espèces qui n'en possèdent point de semblables, utiliser par la *greffe*, par la *bouture* ou par la *marcotte*, les innombrables germes qui, tantôt invisibles, tantôt apparaissant sous forme de boutons, se trouvent répandus dans presque toutes les parties des végétaux, germes sans doute moins puissants que les premiers, mais qui sont encore doués d'une grande force d'expansion.

Pour effectuer la bouture, on détache une portion du sujet-mère, et on la dépose en terre dans les conditions les plus favorables au développement des racines qui lui manquent et sans lesquelles on ne verrait pas naître de nouveaux bourgeons. — Par le marcottage, on provoque le développement des racines avant de séparer du sujet-mère la partie destinée à former le jeune sujet. — Par la greffe on soude à un végétal enraciné une pousse ou un bouton enlevés à un autre végétal. Cette portion soudée se développe suivant la variété du sujet dont elle a été détachée, fût-elle fixée sur un sujet d'une autre variété, et même en certains cas sur un sujet d'espèce voisine, de sorte que celui-ci, comme disait Virgile, *s'étonne de porter des fruits qui ne sont pas les siens*.

Tels sont les moyens de conserver les variétés, qui se perdraient si l'on n'avait pas d'autre mode de multiplication que le semis des graines.

Hâtons-nous d'ajouter que ces moyens n'ont pas une efficacité absolue. Ils n'empêchent pas la plupart des variétés de dégénérer par changement de terrain ou de climat; ils ne peuvent non plus les empêcher de s'affaiblir toutes à la longue et d'arriver à une inévitable vétusté. Que font en effet la bouture, la greffe, la marcotte, si ce n'est de prolonger la vie du sujet primitif? Ainsi, les meilleures variétés de poires et de pommes que préconisait Laquintinye en 1670, ont sensiblement perdu aujourd'hui de leur ancienne valeur.

Pour remplacer les variétés que le temps a fini par affaiblir, il faut en reformer d'autres par le semis, s'aidant au besoin de la fécondation artificielle, et prenant pour semence les graines les mieux formées sur les pieds les plus vigoureux des variétés qui sont reconnues pour les plus parfaites.

« J'ai vu dégénérer, dit Virgile (Géorg., l. 1), des « semences longtemps choisies et semées avec beau« coup de travail, si chaque année on n'avait soin de « démêler à la main les pieds les plus élevés pour « en tirer graine. Ainsi, par une singulière fatalité, « tout tend sur terre à s'altérer et à s'amoindrir! De « même, si nous remontons un fleuve à force de rames, « nos bras viennent-ils à défaillir, le courant nous « entraîne et nous fait perdre rapidement l'espace « déjà parcouru. »

CHAPITRE II

INFLUENCE DE LA CHALEUR ET DE LA LUMIÈRE SUR LA VÉGÉTATION.

Dès que la chaude haleine du printemps se fait sentir, une tendre verdure réjouit le cultivateur et fait bondir de joie ses troupeaux. La chaleur, voilà donc un des agents les plus indispensables à la végétation.

Sans chaleur, point de germination, point de croissance, point de fructification possibles. Ce dernier travail, qui s'opère par une sorte de coction des sucs accumulés dans la plante, exige pour chaque espèce une température plus élevée que celle qui détermine la formation des tiges, des feuilles et des fleurs. La nature l'indique : le printemps à température douce est la saison de la verdure et des fleurs; l'été aux feux brûlants est celle des fruits.

Pour amener ceux-ci à maturité, les végétaux exigent, suivant les espèces, un plus ou moins haut degré de chaleur; l'olivier en veut plus que la vigne, la vigne plus que le froment, le froment plus que le sarrasin. Du reste, les effets de la chaleur dépendent de la quantité d'humidité qui l'accompagne : très-sèche, elle suspend le travail végétatif et arrête l'accroissement des plantes, comme on le remarque souvent en été; très-humide, elle favorise au contraire le développement des tiges et des feuilles, et donne souvent naissance à une longue succession de fleurs stériles.

L'hiver est pour les végétaux un temps de repos. Si le froid devient excessif, plusieurs n'y résistent pas; mais c'est encore à des degrés divers que les espèces dont s'occupe spécialement l'agriculture en ressentent les rigueurs. L'oranger les redoute plus que l'olivier, l'olivier plus que l'avoine, l'avoine plus que la vesce, la lentille, le colza; ces trois plantes plus que le froment, et le froment plus que le seigle. Plusieurs, telles que le haricot, le chanvre, le sarrasin, le maïs, trop sensibles pour supporter la moindre atteinte de gelée, ne peuvent être cultivées dans nos climats qu'à la condition d'être semées au printemps quand les derniers froids sont passés. Toute plante dont la végetation est en pleine activité souffre d'un fort abaissement de température. Aussi les gelées printanières font la désolation des campagnes. Ajoutons que le froid est d'autant plus nuisible que l'air ou la terre étant plus humides, une séve plus aqueuse a engendré des tissus plus mous. C'est ce qui explique ce fait fréquemment observé, que le bois et les fleurs des arbres sont plus souvent atteints de gelée dans les bas-fonds que sur les coteaux, et que, par exemple, sur les montagnes du centre et du midi de la France, en lieux froids mais secs, le châtaignier résiste à des gelées qui le feraient périr dans les plaines plus humides de la Lorraine et de la Champagne.

Au moyen de couches, de paillassons, de vitraux et de cloches, le jardinier procure aux végétaux agglomérés sur des espaces restreints, une température artificielle. Quant au cultivateur, il opère sur un terrain trop étendu pour qu'il lui soit permis de faire autrement que d'approprier au climat et à la saison le choix des plantes qu'il cultive et l'époque de leur ensemencement; s'il dévie de cette règle, invinciblement la nécessité l'y ramène.

Ajoutons cependant que, grâce à ce qu'on nommera leur élasticité de nature, beaucoup de plantes peuvent être amenées à réussir sous un climat différent de leur climat natal.

Pour parvenir à ce résultat, on fait, dans des conditions d'abri applicables suivant l'espèce, plusieurs semis successifs de la plante dont on veut modifier les habitudes; puis, diminuant la puissance de cet abri à chaque génération, on rapproche graduellement cette plante des lois sous lesquelles on veut la faire vivre.

Souvent même, sans qu'on cherche à les obtenir, de semblables modifications se produisent naturellement: c'est ainsi que la plupart des variétés de blé du nord de l'Europe résistent mieux aux froids de l'hiver que celles du midi, et que transplantées en Champagne, contrée si riche cependant en variétés qui y donnent d'excellents produits, plusieurs vignes de la Provence ne peuvent amener leurs raisins à maturité.

La lumière est aussi nécessaire à la végétation que la chaleur. Les arbres en massif serré, qui s'élancent à l'envi pour que leur cime jouisse des bienfaits du jour, le légume, rentré à la cave et dont les jets s'allongent vers le soupirail, la couleur blanche et maladive d'une plante privée de lumière, mille phénomènes du même genre, prouvent l'importance capitale de l'action de ce fluide sur les végétaux. Sans lui, les fonctions respiratoires des feuilles ne s'accomplissent pas, la plante cessant d'absorber certains principes que nous ferons connaître dans le chapitre suivant.

Pendant la germination de la semence, la lumière n'est cependant pas encore nécessaire au végétal; il peut également s'en passer l'hiver s'il se trouve dépouillé de feuilles. Mais à l'époque de la floraison et de la fructification, il faut qu'il en soit comme inondé. Une foule d'espèces manifestent ce besoin par la direction de leurs fleurs vers le midi; toutes fructifient plus abondamment sur les parties exposées au soleil que sur les parties situées dans l'ombre. Voyez les incomparables tapis de fleurs qui couvrent en été les hauteurs des Alpes. Quelle est la cause de cette richesse, si ce n'est la pureté d'un air raréfié à travers lequel l'astre du jour brille de tout son éclat? Dans les contrées basses, à atmosphère épaise et brumeuse, on n'aperçoit rien de semblable.

Que le cultivateur choisisse donc, autant que possible, les expositions lumineuses pour les végétaux qui doivent lui procurer graines ou fruits; que, sauf le cas où il voudrait accélérer la végétation par la gêne qui résulte du rapprochement des sujets, et cette circonstance à part, il les espace de sorte qu'ils jouissent en tous sens des bienfaits du jour. S'il n'avait en vue qu'une production ligneuse ou herbacée, il ferait au contraire des plantations serrées, des semis très-drus; les sujets pousseront en fuseau, pour jouir de la lumière, et par la hauteur des tiges, ils donneront en total un produit plus abondant que si, trouvant plus d'espace, ils se fussent étendus en branches. La culture du lin, du chanvre, des plantes fourragères et de la plupart des arbres forestiers, présente des applications de ce principe.

Du reste, sous le rapport de la lumière comme sous celui de la chaleur, les différentes espèces n'ont pas les mêmes exigences : ainsi, la vigne demande une lumière solaire très-vive, tandis que le sarrasin peut donner d'excellents produits sous un ciel habituellement couvert.

Le choix des plantes à cultiver est, à cet égard, subordonné au climat, puisque la lumière dont les végétaux cultivés en grand doivent jouir pour venir à bien, dépend de la position de chaque contrée relativement au soleil et de l'état plus ou moins brumeux de l'atmosphère, circonstances auxquelles l'agriculture doit se soumettre, Dieu seul ayant le pouvoir de les modifier.

CHAPITRE III

COMPOSITION ET NUTRITION DES PLANTES.

« Toutes ces choses, disait Palissy, m'ont rendu « si amateur de l'agriculture qu'il me semble qu'il « n'y a trésor au monde si précieux, ni qui deust « être en si grande estime que les petites gittes des « arbres et plantes, voire même les plus méprisées; « je les ai en plus grande estime que non les minières « d'or et d'argent. »

Ce que nous avons vu jusqu'ici explique parfaitement l'admiration du philosophe. Si nous recherchons maintenant, au moyen de l'analyse chimique, la composition de ces végétaux si variés, ne ressentons-nous pas encore plus d'étonnement en découvrant qu'ils se composent d'un petit nombre de corps simples dont la plupart existent dans toutes les espèces, mais en proportions différentes? qu'ainsi le végétal le plus vénéneux contient à peu près les mêmes principes que le meilleur légume, ce qui explique comment ils peuvent être produits l'un et l'autre par la même terre?

Tous, sans exception, renferment *oxygène*, *hydrogène*, *carbone*, *azote* et *phosphore*.

L'*oxygène* est un gaz inodore et incolore qui, sans jamais se trouver naturellement à l'état de corps simple, entre dans la composition de l'air, de l'eau et de la plupart des minéraux. C'est l'oxygène que nous tirons de l'air par la respiration ; c'est lui qui vivifie notre sang et qui, en se combinant avec la substance desmatières inflammables, produit la lumière et la chaleur du feu. Aussi, sans air, le feu s'éteint, et nous sommes étouffés nous-mêmes.

L'*hydrogène* est un gaz sans odeur, ni couleur, qui, uni à l'oxygène, constitue l'eau. Combiné avec le carbone, il forme cet autre gaz léger dont on emplit les ballons; il sert à l'éclairage des villes, et, se dégageant de toutes les matières végétales et animales soumises à l'action du feu, il produit la flamme du foyer par l'effet d'une ardente combinaison avec l'oxygène de l'air.

Le *carbone*, substance constitutive du charbon et du diamant, brûle de même à une température élevée; alors il se combine avec l'oxygène de l'air et forme une autre substance gazeuse, nommée *acide carbonique*, qui disparaît dans l'atmosphère.

L'*azote*, gaz sans odeur ni couleur, entre pour les trois quarts dans la composition de l'air atmosphérique. Pur, il asphyxie les animaux et éteint les corps enflammés.

Le *phosphore* est un corps tendre, remarquable par la propriété qu'il possède de présenter deux combustions, l'une ardente avec beaucoup de flamme, l'autre lente, sans chaleur, avec faible dégagement de lumière. Dans la nature, le phosphore est toujours combiné avec d'autres corps. Il fait partie constitutive de deux substances pierreuses (le *phosphate de chaux* et le *phosphate de magnésie*) très-communes, la première surtout, dans la composition du sol. Le phosphate de chaux joue de plus un rôle capital dans l'organisation animale, puisque les os doivent leur solidité à la grande quantité qu'ils en contiennent. Le phosphore se trouve encore dans tous les corps organisés, principalement dans les débris animaux. Le lait, la cervelle, l'urine, en contiennent de notables proportions.

L'oxygène, l'hydrogène, le carbone, l'azote et le phosphore existent dans toutes les parties des plantes en proportions diverses. C'est l'hydrogène qui abonde le plus dans les huiles et dans les résines; dans la plupart des bois, c'est le carbone; c'est l'oxygène dans les substances acides. Si l'on excepte quelques grains, entre autres le froment, qui contient une assez forte quantité d'azote et de phosphore, ces deux derniers principes sont peu abondants par rapport aux trois autres; cependant ils ne sont pas moins nécessaires qu'eux à la vie végétale.

L'oxygène, l'hydrogène, le carbone, l'azote et le phosphore n'existant purs ni dans le sol, ni dans l'atmosphère, les plantes les enlèvent à divers corps composés, parmi lesquels l'*eau* tient le premier rang.

Formée d'oxygène et d'hydrogène, non-seulement l'eau sert d'aliment aux végétaux, mais encore elle est le véhicule de tout ce que les racines tirent du sol, les extrémités radiculaires n'absorbant aucune substance qui, par suite d'une solution parfaite dans le liquide aqueux, ne puisse filtrer à travers les membranes très-fines dont leurs orifices sont recouverts. Une partie de l'eau que les racines pompent de la terre est exhalée dans l'air par les feuilles; le surplus se décompose au profit de la plante, qui y trouve oxygène et hydrogène.

Les végétaux tirent le carbone de l'*acide carbonique*, gaz incolore, formé d'oxygène et de carbone, plus pesant que l'air, d'odeur piquante, éteignant les corps en combustion et faisant promptement mourir les animaux qui l'aspirent à certaine dose. Ce gaz, comme nous l'avons dit, résulte de la combustion du charbon; il se forme, en outre, par la fermentation et par la pourriture des débris organisés. Enfin, par suite des réactions qui s'opèrent sur le fluide sanguin dans les fonctions respiratoires, les animaux en exhalent constamment dans l'air une appréciable quantité. La chimie nous apprend que l'acide carbonique entre pour environ 3 à 6/10000 dans la composition de l'atmosphère. Sous l'influence de la lumière, les plantes l'absorbent par la surface de leurs feuilles; elles le décomposent à l'instant, s'approprient le carbone et rejettent l'oxygène. Comme les animaux de leur côté absorbent l'oxygène et rendent de l'acide carbonique, il en résulte d'admirables rapports entre la respiration animale et la respiration végétale. L'une fournit à l'autre le gaz qui lui est nécessaire, et l'air atmosphérique reste également vital pour les deux règnes. Une partie de l'acide carbonique, qui se forme dans le sol ou à sa surface par la pourriture des débris organisés, s'échappe dans l'atmosphère et rend l'air qui touche la terre meilleur pour les plantes que l'air supérieur; le surplus de ce même acide carbonique est retenu par l'humidité du sol, et pénètre dans le végétal par les racines; il aide encore à sa nutrition en donnant à l'eau de la terre la faculté de dissoudre des substances que l'eau pure n'attaquerait pas.

Quant à l'azote, les expériences de M. Ville prouveraient que les plantes s'approprient directement quelques atomes de celui qui se trouve uni à l'oxygène dans la composition de l'air atmosphérique, et c'est sans doute par les feuilles qu'a lieu cette absorption. Mais la plus grande quantité de l'azote nécessaire aux végétaux leur provient sans doute, comme le pensent nos célèbres chimistes, MM. Boussingault et Payen, des substances *ammoniacales* et *nitreuses*, si répandues dans la nature.

L'*ammoniaque*, combinaison d'hydrogène et d'azote, est ce gaz d'odeur piquante qui, s'exhalant avec abondance des fumiers de moutons, rend souvent pénible à respirer l'air des bergeries. Il se produit par la décomposition de tous les fumiers, de presque tous les débris organisés, et surtout par celle des débris animaux. L'ammoniaque résultant de ces décompositions, s'échappe dans l'atmosphère où, d'après M. Ville, elle existe à la faible proportion de 16 à 31 grammes pour 1 million de kilogrammes d'air. Ou bien, si ces décompositions se font soit dans le sol, soit à sa surface, l'ammoniaque est en plus grande partie retenue par la terre, puis est absorbée par les racines des plantes, dont elle active le développement. Par l'aspiration dont leurs feuilles sont les organes, les végétaux profitent sans doute aussi de l'ammoniaque atmosphérique, qui, d'ailleurs, est presque constamment ramenée dans le sol par les rosées et les pluies.

Les plantes tirent encore l'azote des substances *nitreuses*; car l'acide nitrique ou azotique est une combinaison d'oxygène et d'azote. Ces substances se forment spontanément dans beaucoup de terres par l'action de l'air, et résultent presque toujours de la décomposition des engrais. Enfin, aux jours d'orage, chaque étincelle électrique produit une quantité notable d'acide nitrique qui est promptement ramené sur le sol par l'eau pluviale.

Les végétaux tirent le phosphore de deux substances déjà nommées, *les phosphates de chaux et de magnésie*, que l'analyse découvre en faible proportion dans la composition minérale de beaucoup de terrains; ils le tirent aussi des divers débris organisés qui pourrissent dans le sol ou à sa surface.

L'oxygène, l'hydrogène, le carbone, l'azote et le phosphore forment environ les 9/10 des principes constitutifs des plantes. Les autres principes que l'analyse y découvre encore sont le *soufre*, le *chlore*, le *silicium*, le *potassium*, le *sodium*, le *calcium*, le *magnésium*, le *fer*.

Le *soufre*, corps jaune et inflammable que tout le

monde connaît, entre dans la composition de plusieurs minéraux. Uni à l'oxygène, à la chaux et à une certaine quantité d'eau, il forme le *sulfate de chaux*, ou *pierre à plâtre*, qui existe dans plusieurs terres. Combiné avec l'oxygène et le fer, il produit un sel, le *sulfate de fer* ou *vitriol vert*, qui forme la partie saline des argiles et des charbons employés à l'amendement des terres sous le nom de *cendres sulfureuses*.

Le *chlore* est un gaz de couleur verte et d'odeur piquante, qui ne se trouve dans la nature que combiné avec d'autres corps. Uni au sodium, il constitue le *sel de mer* ou de cuisine (*chlorure de sodium*) qu'on emploie comme amendement, et dont la présence caractérise les terrains salés du littoral.

Le *silicium*, le *potassium*, le *sodium*, le *calcium*, le *magnésium* sont des métaux qui n'existent à l'état natif que dans nos laboratoires. Unis à l'oxygène, ils forment la *silice*, la *potasse*, la *soude*, la *chaux*, la *magnésie*, éléments qui sont la base constitutive de corps très-répandus.

La *silice* est la substance du cristal de roche, des pierres à fusil, de l'agate, des grès, des jaspes et d'un grand nombre de sables. Elle entre dans la composition de l'argile, de la plupart des roches, et il s'en trouve de plus ou moins pure dans toutes les terres.

La *potasse* et la *soude* sont des substances caustiques qui, combinées avec la silice et d'autres corps, font partie constitutive de la plupart des terres et de beaucoup de roches. Unies à l'acide carbonique, elles forment ce principe salin des cendres végétales qui se dissout dans l'eau de lessive. La soude entre aussi dans la composition du sel commun.

La *chaux* est blanche et de saveur caustique; si on l'humecte elle s'échauffe, se boursoufle, puis tombe en poussière. Exposée à l'air, elle s'unit promptement à l'acide carbonique de l'atmosphère et perd toute sa causticité. Combinée avec ce même gaz, elle constitue dans la nature le *carbonate calcaire*, l'un des principaux éléments du sol, substance du marbre, de la craie et de beaucoup d'autres roches. Avec l'acide phosphorique, la chaux forme le *phosphate de chaux*, dont nous avons expliqué déjà le rôle important.

La *magnésie* pure est blanche et sans saveur. Dans la nature, elle se présente surtout combinée avec l'acide carbonique; alors elle ressemble au calcaire, avec lequel elle entre dans la composition de beaucoup de terres et de roches. La magnésie combinée avec l'acide phosphorique (*phosphate de magnésie*), se trouve souvent aussi mélangée dans la terre avec le phosphate de chaux.

Le *fer* uni à l'oxygène, forme un *oxyde* qui, vert, rouge ou brun, suivant la proportion de ce gaz, colore en diverses nuances la plupart des terres et un grand nombre de minéraux. La rouille qui altère les ferrements exposés à l'humidité, est un oxyde de fer.

C'est du sol que les végétaux tirent le soufre, le chlore, le potassium, le sodium, le magnésium, le calcium, le silicium, le fer.

Tous ne se trouvent pas dans toutes les plantes, et celles-ci se les approprient en proportions qui diffèrent suivant les espèces. Ainsi, le silicium abonde plus dans le seigle que dans le colza; le potassium, plus dans le blé que dans l'avoine.

Tel ou tel est nécessaire à la constitution générale de certaine plante : le calcium, par exemple, est indispensable à la lupuline et à la luzerne. Tel est souvent indispensable à la formation de tel organe : le fer, par exemple, qui entre dans la substance colorante des raisins noirs, est nécessaire aux variétés de vignes qui produisent ces raisins, et si la terre ne renferme pas d'oxyde ferrugineux à l'état soluble, ces variétés n'y réussissent pas; aussi les vignerons distinguent-ils certains coteaux où ils ne peuvent, pour ce motif, cultiver que des variétés à raisins blancs. Le phosphore, le calcium et le magnésium entrent dans la composition du grain de blé qui, par suite, fructifie mal dans une terre très-pauvre en phosphates de chaux et de magnésie, à moins qu'un engrais ou un amendement ne les y porte en quantité suffisante.

Si tel élément est nécessaire à la constitution de telle plante ou de tel de ses organes, on remarque d'ailleurs qu'il est certains principes susceptibles de se remplacer l'un par l'autre dans la nutrition végétale. Ainsi, le silicium entre dans la composition des tiges du blé; mais le calcium peut lui être substitué; et c'est ce qui a lieu à l'avantage de la végétation de cette céréale importante, quand le sol renferme le carbonate calcaire. Toutes les plantes contiennent du potassium ou du sodium; mais elles tirent du sol celui des deux que la terre présente le plus abondamment à l'état soluble.

Ainsi que nous l'avons posé en principe, aucune substance ne peut être absorbée par les racines, si elle n'est dissoute par l'humidité de la terre. Cette humidité ne doit cependant pas être chargée d'un excès de sels solubles; il en résulterait pour la plante une sorte d'indigestion qui la ferait périr, à moins que, par suite d'une constitution spéciale, elle ne se prêtât à cette absorption exceptionnelle. C'est ainsi que les sols fortement imprégnés de sel commun, de salpêtre, de sulfate de fer, sont impropres à la plupart des plantes, quoique, appliquées aux champs en faible quantité, ces trois substances soient fertilisantes.

Puisqu'un excès de sels solubles nuit à la végétation, il faut qu'au lieu de se trouver tout formés en terre, ils s'y élaborent au fur et à mesure de l'absorption végétale, à peu près comme dans un ménage on fait cuire les mets quotidiens. Voici comment s'effectue cette préparation. Après avoir attaqué, sous l'influence de la chaleur et de l'électricité, jusqu'aux pierres les plus dures, et formé partout cette couche ameublie dans laquelle les racines peuvent s'étendre, les agents atmosphériques continuent leur travail destructeur, travail qui détermine entre les éléments du sol les réactions chimiques dont le but providentiel est la production journalière des substances solubles destinées à nourrir les plantes. Doués d'une imagination qui colore et vivifie tout, les anciens exprimaient ce grand phénomène par la plus ingénieuse allégorie : pour eux, l'air fertilisant la terre était *Jupiter* qui fait descendre dans le sein de *Tellus* les germes de la végétation.

La nature et la vigueur des plantes résultent surtout de la nature des aliments ainsi formés.

Certaines terres ont des hôtes favoris qui ne sauraient vivre dans des champs de composition différente : la luzerne, par exemple, ne peut venir qu'en sol calcaire, et, tout à l'inverse, l'ajonc ne réussit que dans une terre dépourvue de chaux.

Un grand nombre d'espèces, telles que le blé, le seigle, l'avoine, trouvent leurs aliments dans plusieurs sols. Cependant elles ont chacune leurs terrains de prédilection; c'est là qu'elles produisent des variétés perfectionnées et que ces variétés ne s'affaiblissent pas.

Toutes les terres peuvent nourrir des végétaux de plusieurs sortes, dont la réunion est plutôt favorable que contraire à l'abondance du produit total. Tel champ médiocre qui ne porterait qu'un froment passable, s'il était semé seul, le produit beau quand on l'a mélangé de seigle : ce fait, on a cherché à l'expliquer par les excrétions que les racines des plantes rendent au sol. Ainsi, l'une à qui ses propres excrétions ne fournissent aucun aliment substantiel, se nourrirait de celles de l'autre, et réciproquement. D'autres personnes ont supposé qu'il se prépare dans un même sol des aliments de nature diverse, parmi lesquels chaque plante choisirait, comme dans un festin, ceux qui seraient le mieux appropriés à ses goûts. Mais ces théories ne sont confirmées par aucune expérience assez concluante.

L'affinité de certaines espèces les unes pour les autres s'explique mieux par la différence de constitution de leurs racines ou de leurs tiges. Le chêne, par exemple, a des racines qui s'enfoncent profondément; celles du hêtre, au contraire, tracent à la surface du sol. Réunissez ces deux essences d'arbres; les sujets pourront être plus serrés, et pourtant ils se gêneront moins que si la terre était occupée par une seule. La tige de la vesce est faible et rampante; celle de l'avoine est droite et solide. Si ces deux plantes sont réunies, la seconde est le support utile de la première, et celle-ci parvient à une hauteur qu'elle n'atteindrait pas si elle était semée sans mélange.

Une plante plus forte procure aussi quelquefois à une autre plus faible un salutaire abri. Ainsi, la plupart des semis forestiers réussissent moins bien en sol tout à fait nu qu'à la faveur d'un demi-ombrage. Quelle qu'en soit la cause, la tendance du sol à produire à la fois plusieurs espèces de végétaux se remarque partout dans la nature. Un fait non moins frappant, c'est la lassitude qu'un champ éprouve pour la production d'une espèce, lorsque celle-ci l'a occupé sans mélange pendant quelque temps. A ce phénomène on trouve trois explications différentes : 1° l'espèce dont la terre est fatiguée se nuirait à elle-même par ses propres débris; 2° à force d'épuiser certains principes, elle ne les trouverait plus dans le sol à l'état soluble en quantité suffisante. Alors il faudrait y semer des espèces dont les besoins fussent différents. Pendant la végétation de celles-ci, les sucs propres à la première espèce se reformant d'eux-mêmes, le sol se trouverait, au bout d'un certain laps de temps, en état de la produire de nouveau. 3° Plus souvent ou plus longtemps une terre est occupée par une plante, plus les germes de maladies et d'insectes nuisibles à cette espèce s'y multiplient, et moins elle a de chance de réussir, tant que ces germes eux-mêmes n'ont pas disparu. Cette disparition, une courte succession d'années suffit pour la produire, dès que le végétal aux dépens duquel ils s'entretenaient n'existe plus : les germes détruits, ce végétal, qui retrouve ses anciennes conditions de développement, peut être semé de nouveau avec succès.

Pour une de ces causes ou pour toutes les trois réunies, on voit fréquemment diverses espèces se succéder sur des terrains vierges. Ainsi que nous l'avons observé plusieurs fois, le trèfle blanc, par exemple, disparaît d'une prairie naturelle où il abondait, fait place pendant quelque temps à d'autres herbes, puis, de nouveau, il s'empare du sol. Le chêne, après avoir peuplé une forêt pendant des siècles, est remplacé par d'autres essences, et, plus tard, il la peuple de nouveau. Peu de champs produisent deux années de suite des récoltes abondantes de blé. Le colza, le lin, le trèfle, la luzerne, le sainfoin, ne prospèrent en même terre qu'à des intervalles de plusieurs années.

Mais, comme le dit Virgile, *le travail de l'agriculture est facile lorsqu'on alterne les plantes ; les champs se reposent en changeant de produits, et la charrue peut les sillonner toujours ; toujours ils peuvent payer les fatigues des laboureurs.*

Dans cette succession des plantes cultivées, on remarque que telle espèce réussit mieux après celle-ci qu'après celle-là. Le blé, par exemple, vient généralement mieux après le colza ou après la fève qu'après l'orge ou le seigle. Enfin, par exception aux lois générales de l'alternat, il existe quelques plantes, comme le topinambour, le genêt, la bruyère, dont certaines terres ne semblent jamais se lasser.

L'avantage qu'on trouve à réunir dans la culture plusieurs espèces sur le même champ, soit en mélange, soit en lignes alternatives ; la plus ou moins grande propension du sol à se fatiguer d'une plante, puis à reprendre ses forces pour la produire encore ; enfin le meilleur ordre de succession de récoltes, voilà autant de problèmes capitaux. Nous y reviendrons au chapitre des combinaisons agricoles. Toutefois, hâtons-nous de dire ici que la solution de ces problèmes dépend de la nature du sol : telle terre portera du lin tous les trois ans ; telle autre n'en donnera de récoltes abondantes qu'une fois dans dix années. Chaque cultivateur doit donc étudier sur son terrain même les tendances de la végétation ; tendances qu'il parvient d'ailleurs à modifier par les amendements et les engrais, ainsi qu'il est déjà facile de le prévoir.

CHAPITRE IV

DES TERRES.

ISCHOMAQUE.

« Je veux, mon cher Socrate, te prouver qu'il n'y a rien de difficile dans une question regardée comme le point le plus compliqué de l'agriculture par des gens qui en parlent, il est vrai, avec beaucoup d'habileté, mais qui ne se livrent pas à la pratique de cet art. Ils prétendent que, pour être bon agriculteur, il faut d'abord connaître la nature du sol. »

SOCRATE.

« Ils ont raison selon moi. Celui qui ignore ce qu'un terrain peut produire, ne saura pas, à mon avis, ce qu'il faut y semer et y planter. »

ISCHOMAQUE.

« C'est une connaissance qu'on acquiert sur le terrain même, à l'inspection des arbres et des récoltes. Si, par suite de la négligence du cultivateur, la terre ne peut montrer ses forces, souvent on la juge mieux par le champ voisin que par des renseignements pris chez ce voisin. Même en friche, elle indique ce qu'elle est : la végétation sauvage est-elle de bonne nature, on doit s'attendre à de belles récoltes. C'est ainsi que les moins habiles en agriculture, peuvent apprécier la qualité des terres. »

Ces sages préceptes que, dans son Économique, Xénophon place sous le patronage du grand nom de Socrate, prouvent qu'à défaut de connaissances chimiques, les anciens savaient observer la nature et en tirer d'utiles inductions. Malgré les immenses découvertes de la science moderne, la règle émise par l'écrivain grec est encore aujourd'hui pour l'étude du sol, le critérium le plus sûr et le plus fécond en résultats positifs. L'analyse chimique fait connaître exactement, il est vrai, la composition d'un terrain ; mais elle n'indique pas en quelle proportion les principes trouvés deviennent solubles au profit des plantes, sous l'influence des agents atmosphériques ; et ce serait cependant là le point capital à découvrir. Il faut donc examiner, avant tout, les productions naturelles de la terre, pour obtenir des données certaines sur sa puissance végétative et sur l'espèce de récolte qu'elle est le plus apte à porter.

Dans cet examen, ne perdons pas de vue les modifications que le sol a pu subir par l'action de l'homme. Deux terres de fertilité inégale peuvent, sous l'influence de cette action, offrir aux yeux la même apparence, les mêmes récoltes. Ce sera, comme l'a dit Xénophon, au moyen des champs du voisinage, qu'il sera possible de déterminer leur valeur respective. Des deux genres de fécondité que le sol présente ainsi, l'une artificielle, l'autre naturelle, la première exigeant pour se soutenir la continuation des moyens qui l'ont produite, est moins précieuse que la seconde, qui tire de l'essence même de la terre un principe impérissable.

« Même en friche, dit Xénophon, la terre révèle « sa valeur. » C'est une vérité incontestable! Ainsi, des herbes fines, tendres, agréables aux bestiaux, dénotent un sol pourvu d'éléments fertiles qui manquent à la terre dont l'herbe dure et cotonneuse est dédaignée des animaux. Il n'est pas de terrain plus ingrat que celui qui, livré à lui-même, ne peut complétement s'engazonner et présente çà et là des lacunes entièrement nues ou couvertes de lichens. Le mouron blanc, le sureau hyèble, la bourse à pasteur, la petite mercuriale, le laiteron, ne croissent vigoureusement que dans de bons sols. La bruyère annonce toujours un terrain médiocre ou mauvais. Parmi les arbres, il en est dont la vigueur n'est nullement un indice de fécondité. La plupart des pins, le bouleau, les peupliers de Virginie et de Canada, viennent bien dans de mauvais sols. D'autres arbres, tels que le pommier, le noyer, le frêne, le peuplier d'Italie, ne réussissent ordinairement que dans de bonnes terres. Cependant, comme leurs racines s'enfoncent plus ou moins, on conçoit qu'ils puissent prospérer dans certains terrains à surface pauvre, mais dont les couches inférieures recèlent des principes de fécondité.

L'étude des productions du sol ne dispense nullement de celle des éléments qui le constituent. Les principales de ces substances, celles de la proportion desquelles chacun peut juger jusqu'à un certain point sans le secours de l'analyse chimique, sont : 1° *le calcaire ;* 2° *l'argile ;* 3° *le sable grossier ;* 4° *le sable à grains impalpables ;* 5° *l'humus.*

Le *calcaire* (*carbonate de chaux*) n'existe pas dans tous les terrains : mais ceux qui conviennent le mieux au blé, à l'orge, au pois, à la fève, au trèfle commun ; ceux qui produisent la luzerne, le sainfoin, la lupuline, la betterave et, parmi les plantes adventices, la moutarde sauvage, le mélampyre des champs et quelques autres ; ceux qui donnent les pailles les plus nourrissantes et les meilleurs fourrages, contiennent cette substance, ne fût-ce qu'à la proportion de 2 à 3 p. 100. La qualité supérieure des produits du sol calcaire tient à ce qu'ils renferment plus de calcium qu'il ne s'en trouve dans ceux des terrains dépourvus de carbonate de chaux. Le calcium entrant à forte dose dans la composition des os, on comprend toute son influence sur la valeur nutritive des aliments.

Pour découvrir si une terre est pourvue de carbonate calcaire, il suffit d'en mettre quelques parcelles dans un peu d'eau, puis de verser dans le vase de l'acide chlorhydrique, vulgairement appelé *esprit de sel.* La terre est-elle calcaire, aussitôt, attaquée par l'acide, elle laisse échapper le gaz acide carbonique qui se dégage avec une effervescence analogue à celle du vin de Champagne ; est-elle au contraire privée de carbonate, aucune effervescence n'a lieu.

En proportion plus considérable que celle indiquée plus haut, le calcaire exerce sur le sol, indépendamment de son effet sur la nutrition végétale, une action mécanique très-importante ; il divise la terre et l'ameublit, surtout à la surface ; circonstance favorable à la fécondité. Le champ dont le dessus reste friable, ne profite-t-il pas beaucoup mieux de l'effet bienfaisant des influences atmosphériques que celui dont la superficie tend promptement à se durcir? D'ailleurs la plupart des mauvaises herbes s'y enracinent avec moins de facilité ; au contraire, la germination des graines utiles s'y opère mieux ; enfin l'intérieur de la terre se dessèche moins vite. Voici l'explication de ce dernier fait. La fraîcheur du sol tient, dans les temps de sécheresse, à l'humidité du sous-sol qui, attirée par l'évaporation de la surface, remonte en dessus, de même que l'huile est aspirée par une mèche en combustion. On conçoit que cette ascension ne puisse avoir lieu s'il se trouve une croûte durcie qui s'y oppose ; tout au contraire, elle ne s'arrête pas et elle rafraîchit constamment la terre, si celle-ci présente un dessus friable. C'est ce qui a lieu pour les sols calcaires.

Lorsque le calcaire, se trouvant au moins à la proportion de 70 p. 100, prédomine dans la composition du sol, l'intérieur est aussi ameubli que le dessus. Ces terrains, qu'on appelle *crayeux*, sont de la culture la plus facile. Devenus boueux au moment de la pluie, ils se ressuient en quelques heures. Naturellement, ils ne produisent qu'une végétation faible, et, dans leur nudité primitive, ils sont de l'aspect le plus triste. Mais on les améliore d'autant plus facilement qu'ils renferment en proportion inépuisable un principe de fécondité, le carbonate calcaire.

Notre second élément du sol arable, l'*argile*, est cette terre onctueuse avec laquelle se fabriquent les poteries. Humide, elle forme une pâte qui retient l'eau avec force, qui se durcit ensuite en se desséchant et se fend sous l'action des rayons solaires. A l'état sec, elle présente une cassure âpre et irrégulière. L'argile la mieux desséchée contient encore, en combinaison intime, une forte proportion d'eau dont on ne peut la séparer qu'en la soumettant à un feu vif et soutenu; alors, changeant de nature, elle prend une consistance tout à fait pierreuse. Cette substance est un composé de *silice*, d'*alumine* (*oxyde d'aluminium* qu'on ne trouve jamais dans la nature à l'état de pureté), d'*oxyde de fer* et d'*eau*. Souvent aussi elle contient de la *potasse*, de la *soude*, de la *magnésie*, de la *chaux*.

Les argiles résultent de la désagrégation des schistes, des granits et autres roches; complétement insolubles pour la plupart, elles subissent à l'air cette décomposition lente dont nous avons parlé, et qui donne naissance à des sels dont les plantes sont avides. Les efflorescences salines qu'on trouve parfois à la surface des terres argileuses, sont des traces manifestes de ce phénomène.

L'argile humide s'ameublit singulièrement par l'effet de la gelée, ce qui s'explique ainsi: augmentant de volume par l'effet de la congélation, l'eau soulève les particules du bloc argileux; puis, au dégel, elle reste, pour une bonne part, en combinaison intime avec l'argile, qui elle-même la perdant peu à peu sous l'influence de la chaleur atmosphérique, finit par tomber en poussière.

Toutes les terres contiennent de l'argile en proportions plus ou moins considérables. Les plus argileuses sont tenaces, lentes à se ressuyer après la pluie, promptes à se durcir et à se crevasser par la sécheresse; alors, on ne parvient à les entamer avec la charrue qu'en soulevant des blocs énormes. Labourées avant l'hiver, elles s'émiettent au dégel. Malgré cette dernière propriété dont il importe de savoir tirer parti, ces terres sont d'une culture coûteuse et difficile.

Si le sol argileux contient une certaine quantité de calcaire, il a, par sa ténacité intérieure, tous les caractères des terres argileuses non carbonatées; mais à d'autres égards, quelle différence! — Le sol purement argileux ne s'ameublit que par l'effet de la gelée ou sous l'action puissante des instruments les plus énergiques; les mottes que produit un labour exécuté au printemps, lorsque l'humidité subsiste encore, forment en été des blocs d'une extrême dureté. — Quant au sol argileux calcaire, une fois entamé par les instruments aratoires, il s'émiette de lui-même, à la surface, sous la seule influence des agents atmosphériques: qualité bien précieuse, puisqu'elle atténue jusqu'à un certain point le grave défaut de la ténacité.

Indépendamment de l'argile, le sol contient toujours des grains de ce sable plus ou moins grossier qui, lorsqu'il est pur, n'offre aucune consistance. Aussi, plus la terre en renferme, plus elle est friable, facile à cultiver, prompte à se ressuyer après la pluie. S'il est en grains aplatis, tel qu'il résulte souvent de la désagrégation des roches schisteuses, ce sable est doué d'une cohésion un peu plus prononcée, quoique très-faible encore; de sorte que les terres où il entre à dose assez forte, diffèrent peu des premiers terrains. Quant au sable plus fin, composé de grains siliceux impalpables qu'on ne pourrait distinguer sans le secours de la loupe, sable qu'on appelle *réfractaire* et dont on fait les moules dans lesquels se coule la fonte, il donne au sol qui le contient en proportion considérable une consistance excessivement prononcée.

Ces terrains, appelés *limons*, se distinguent par une grande homogénéité et par une douceur très-appréciable au toucher. Leurs caractères, toujours au point de vue agricole, sont: couleur blanche après la pluie, solidité sous le pied des animaux, nulle adhérence aux instruments de labour, presque jamais de crevasses en temps de sécheresse. A la suite des gelées, au lieu d'offrir une surface émiettée, ces terres se montrent boueuses; mais dès qu'une averse les a battues, elles forment comme une aire solide sur laquelle on marche d'un pied ferme.

Étudions maintenant quelles sont la nature et les propriétés de l'*humus*. Cette substance est la matière brune, légère et poreuse qui résulte de la pourriture des corps organisés. Nous la voyons presque pure dans le terreau des couches. Combinée avec les éléments minéraux du sol dans des proportions qui varient ordinairement de 2 à 5 pour 100, elle donne à l'écorce du globe terrestre une couleur particulière qui caractérise ce qu'on est convenu d'appeler *terre végétale*.

Mêlé en forte proportion avec l'argile, l'humus en diminue la ténacité; au contraire, il rend les sables plus consistants et plus frais. Est-il par trop

Laiche. *Carex acuta.*

abondant, la terre se gonfle, comme une éponge, par l'humidité, et s'affaisse ensuite en se desséchant; ce qui tourmente beaucoup certaines plantes, comme on le remarque dans des terrains nouvellement défrichés, où les débris des végétaux sauvages se sont depuis longtemps accumulés.

Si, peu riche en humus, la terre en contient seulement 1 ou 2 pour 100, par exemple, elle n'est douée, sauf quelques cas exceptionnels, que d'une très-minime force de reproduction. Cette substance est donc un principe essentiel de fécondité. Sous l'influence des agents atmosphériques, elle ne cesse de se décomposer et de fournir aux végétaux acide carbonique et sels solubles. Il faut croire que, pour la formation de ces sels, l'humus n'agit pas seul, mais qu'il se combine avec quelques-uns des éléments minéraux du sol. Il absorbe en outre la fraîcheur atmosphérique et condense très-probablement l'ammoniaque répandue dans l'air. Du reste l'action bienfaisante de l'humus varie beaucoup suivant la nature des détritus dont il est composé. Les débris des animaux et leurs excréments donnent le plus fécond; le moins fertile est produit par les détritus de bruyères et de beaucoup de plantes aquatiques. L'humus de marais, dont la tourbe est une variété, contient presque toujours un principe acide nuisible aux récoltes.

Cet humus acide ne se forme jamais en terrain contenant le carbonate calcaire, si ce n'est sous l'eau ou dans des situations fort humides. La présence en est indiquée par la végétation abondante des joncs, des laiches ou carex, des bruyères et des petites oseilles.

Le pâturage des terres acides n'est jamais agréable aux animaux, et peu de récoltes y réussissent, à moins qu'on n'en ait corrigé le vice par l'emploi de certains amendements dont nous parlerons bientôt.

Bruyère commune. *Calluna vulgaris.*

Petite oseille. *Rumex acetosella.*

Lorsque l'humus, le calcaire et l'argile entrent ensemble dans la composition des terres pour une proportion que nous croyons être au minimum de 60 à 70 pour 100, le sol a la propriété remarquable d'absorber et de conserver, au profit des récoltes, les substances ammoniacales et autres qui résultent de la décomposition des engrais. Les terrains très-sablonneux n'ont pas ce pouvoir de concentration; aussi remarque-t-on qu'ils s'appauvrissent facilement : l'*engrais n'y dure pas*, comme disent les cultivateurs.

L'argile en très-forte proportion (60 à 90 pour 100) donne aux terres un défaut contraire, celui de ne se dessaisir que difficilement en faveur de la végétation, des substances ammoniacales et autres qu'elles ont absorbées. Une excellente culture est tout particulièrement nécessaire à ces terrains, sans quoi les engrais qu'ils reçoivent semblent privés d'action. Très-riches, ces mêmes terrains s'épuisent difficilement; très-pauvres, ils exigent beaucoup d'engrais pour devenir productifs.

En se basant sur ce qui précède, on peut facilement établir une classification entre les différentes variétés de terres.

Nous les diviserons d'abord en deux grandes classes : les unes privées, les autres pourvues de carbonate calcaire.

Caractère des premières :

Pas d'effervescence avec l'acide. — Désignation : *terres non carbonatées.*

Caractère des secondes :

Effervescence avec l'acide. — Désignation : *terres carbonatées.*

Chaque classe sera partagée elle-même en deux sections, suivant que l'humus sera doux ou acide ; ce qu'il est facile de reconnaître par la nature de la végétation, ainsi que nous l'avons expliqué.

Désignation : *terre carbonatée, acide, non acide; terre non carbonatée, acide, non acide.*

Passant ensuite aux subdivisions, nous les établirons d'après le caractère que donne au sol la prédominance de telle ou telle des substances que nous avons passées en revue :

1° Prédominance du calcaire : — nature friable, surface presque toujours meuble, très-boueuse après la pluie, prompte à se ressuyer sans rebattage.

Désignation : *terre calcaire.*

2° Prédominance de l'argile : — terre collante, tenace, lente à se ressuyer après la pluie, prompte à se durcir et à se crevasser par la sécheresse.

Désignation : *terre argileuse.*

3° Prédominance des sables à grains d'une certaine grosseur : — légèreté, friabilité, promptitude à se ressuyer après la pluie; sable ou gravier facile à apercevoir.

Désignation : *terre sableuse, graveleuse, schisteuse*, suivant le genre de sable qui entre dans la composition du sol.

4° Prédominance de sable très-fin : — consistance sans ténacité; tendance à se rebattre à la surface par l'effet des pluies, à devenir molle et boueuse au dégel; peu ou pas de crevasses par la sécheresse.

Désignation : *limon ou terre limoneuse.*

5° Prédominance de l'humus (15 p. 100 d'humus au moins) : — nature spongieuse ; couleur d'un brun foncé.

Désignation : *terre de marais, terre de bois, terre de bruyère*, suivant le genre de débris qui a produit l'abondance d'humus.

Il peut se faire qu'une terre principalement caractérisée par une substance, le soit encore sensiblement, mais à un degré moindre, par une autre. Dans ce cas, nous ajouterons à la première désignation un second terme indiquant cette seconde substance.

Ainsi, parmi les *terres argileuses* nous trouvons les *terres argilo-calcaires*, les *terres argilo-sableuses-graveleuses-schisteuses*, et les *terres argilo-limoneuses.*

Dans les *terres sableuses, graveleuses, schisteuses:* les *terres sablo, gravelo, schisto-calcaires*, les *terres sablo, gravelo, schisto-argileuses*, enfin les *terres sablo, gravelo, schisto-limoneuses.*

Dans les *limons:* les *limons calcaires*, les *limons sableux, graveleux, schisteux* et les *limons argileux.*

Enfin, dans les terres à humus prédominant, les *terres de marais calcaires*, les *terres de marais argileuses*, les *terres de marais sableuses, graveleuses, schisteuses.*

Même division pour les *terres de bois.* Quant aux *terres de bruyère*, elles sont toujours *sableuses, graveleuses* ou *schisteuses.*

CHAPITRE V

DES TERRES (SUITE); PROFONDEUR, SOUS-SOL, EXPOSITION COULEUR, VOISINAGE, ETC.

Parmi les points qui doivent encore fixer notre attention dans l'étude du sol, un des plus importants est l'épaisseur de la couche humifiée ou végétale. Bien que la luzerne, le sainfoin et quelques autres plantes enfoncent leurs racines au-dessous de cette couche, c'est en elle cependant que, par suite de la présence de l'humus et de l'action directe des agents atmosphériques, se forment en plus grande quantité les aliments solubles des plantes. La terre, toutes choses égales d'ailleurs, est donc d'autant meilleure que ladite couche est plus profonde : une épaisseur de 10 à 15 centimètres de terre végétale ne constitue jamais qu'un champ très-médiocre.

La puissance végétative dépend aussi de la nature du sous-sol. Au-dessous d'une terre non carbonatée, par exemple, se trouve-t-il des couches calcaires que peuvent atteindre les racines des plantes; voilà, jusqu'à un certain point, le défaut du sol corrigé. Ailleurs, au contraire, le sous-sol renfermera des substances nuisibles à la végétation.

Un défaut grave et très-commun est l'imperméabilité aux eaux pluviales. Lorsque ce vice existe, la terre devient trop humide en temps de pluie, à moins qu'on ne l'ait sillonnée par de nombreuses rigoles dont le creusement et l'entretien compliquent singulièrement le travail de la culture.

Le sous-sol imperméable rocheux, tel qu'il se rencontre souvent en pays granitiques et schisteux, est le plus mauvais; ne rend-il pas le champ aussi aride en temps de sécheresse, qu'humide en temps de pluie? Il s'oppose d'ailleurs, par sa dureté, à presque tout travail améliorateur, creusement de fossés, défoncement, drainage, etc.

Le sous-sol renferme souvent des nappes d'eau qui procurent à la terre une fraîcheur utile et causent dans d'autres cas une humidité excessive. La végétation de plantes aquatiques fait-elle soupçonner l'existence d'une nappe semblable; on doit s'en assurer en creusant le champ à quelque profondeur. Sous un climat sec, des eaux souterraines donnent au sol une grande valeur.

L'absence de pente ou des irrégularités de surface peu prononcées ne sont un défaut que pour les terrains imperméables, qui s'en trouvent plus difficiles à assainir. Mais une inclinaison rapide ou de fortes aspérités présentent toujours le grave inconvénient de gêner les labours et les charrois. Ajoutons que si le sol est léger, la terre végétale des coteaux est souvent entraînée par les pluies vers les parties basses.

Le sens des inclinaisons offre aussi son importance. Ainsi : 1° L'exposition vers le midi rend les coteaux hâtifs particulièrement propres à la culture des arbres à fruit et des céréales. 2° Moins chaudes et plus humides, les terres exposées au nord conviennent plutôt aux prairies, aux pâturages et aux forêts. 3° Fortement frappées par les premiers rayons du soleil, celles qui regardent le levant passent, presque sans transition, de la froide température de la nuit à une chaleur de plusieurs degrés; et, s'il y a eu givre, la végétation, surtout la fleur des arbres, en éprouve des effets pernicieux; ces terrains perdent aussi leur rosée très-rapidement, ce qui augmente les défauts d'un sol naturellement trop sec. 4° Quant à la terre exposée au couchant, comme elle ne reçoit directement les rayons du soleil qu'à un instant où cet astre est déjà élevé et lorsque le givre, s'il y a eu gelée, s'est fondu lentement par le radoucissement graduel de la température diurne, elle souffre peu des gelées blanches; elle conserve presque aussi longtemps la rosée que le champ exposé au nord, et cependant elle s'échauffe beaucoup à la fin du jour, le soleil lui envoyant alors directement ses rayons. C'est pourquoi on regarde cette exposition comme très-favorable à beaucoup de produits agricoles.

Tous les corps absorbent d'autant mieux la chaleur qu'ils sont d'une couleur plus sombre. L'échauffement des terres par le soleil dépend donc beaucoup de leur nuance : plus elle est foncée, plus le champ se pénètre de rayons calorifiques, moins il se refroidit en hiver et plus vite il se réchauffe au printemps. Une conséquence inverse de cette loi, c'est que les terres blanchâtres sont généralement froides et tardives.

Arrondies en forme de cailloux, les pierres divisent et dessèchent le sol. Sont-elles plates et minces; elles l'abritent et lui conservent, s'il est trop sec, une certaine fraîcheur. Les enlever, dans ce cas, serait une mauvaise opération. Les insectes qui cherchent le frais sous ces pierres, les herbes qui, en été, végètent plus vigoureusement auprès d'elles qu'à une certaine distance, sont autant de preuves palpables de l'action bienfaisante que nous signalons. Quant aux blocs d'un fort volume, ils gênent la marche des instruments aratoires et exposent le cultivateur à briser sa charrue.

Souvent les terres perdent de leur valeur, parce qu'on les a laissé s'infester d'herbes parasites d'une destruction presque impossible, telles que le chardon commun, le chrysanthème doré, l'ail sauvage, le pas d'âne, la ronce.

Dans l'étude du sol, il faut encore examiner si le champ est exposé à des inondations torrentielles, toujours dangereuses, ou bien à des inondations douces qui le couvrent d'un limon fertilisant, et quelle peut être en hiver la durée habituelle de ces débordements.

Le voisinage d'arbres élevés est presque toujours nuisible, mais à des degrés différents. Ainsi, des arbres séparés du champ par des fossés profonds lui nuisent moins que si rien ne les empêche d'y étendre librement leurs bras souterrains. Le peuplier, le chêne, le frêne, le noyer, sont plus préjudiciables que l'orme et que la plupart des arbres fruitiers. — S'ils se trouvent au nord, les arbres, quelle qu'en soit l'espèce, ne sauraient nuire que par leurs racines ; car leur tête ne porte pas d'ombrage, et même elle forme contre les vents secs et froids un abri souvent avantageux. — Se trouvent-ils au midi, l'ombre qu'ils projettent prive les récoltes d'une partie de la lumière et de la chaleur du soleil. Sous un climat très-sec, cette dernière disposition est quelquefois profitable ; mais elle constitue un dommage réel dans toute région froide et humide.

La proximité des forêts donne lieu à un autre genre de dangers : elle expose les propriétés rurales aux invasions des lapins, des oiseaux, des renards, des sangliers, des loups.

Il est aisé de juger par ce qui précède combien la terre offre de variétés à l'industrie agricole. Tout en appréciant les meilleures de ces variétés, souvenons-nous que les défauts des plus mauvaises s'effacent par l'effet d'un travail intelligent et courageux. Par contre, la fécondité paraît bientôt anéantie, lorsque la paresse et l'insouciance amollissent les bras dont le devoir est de l'entretenir, de l'augmenter même. Ainsi ce vieux dicton du pays chartrain : « *Tant vaut l'homme, tant vaut la terre* » est d'une vérité saisissante.

Instruire et moraliser les populations rurales, inspirer aux hommes de tout rang et de toute condition l'amour de la science agricole, tel est, nous le répétons en terminant ce chapitre, le moyen de créer d'incalculables richesses. L'Écosse, depuis un demi-siècle, a décuplé sa fortune territoriale. A partir d'aujourd'hui, celle de la France pourrait être triplée en vingt-cinq ans.

CHAPITRE VI

CLIMATS AGRICOLES.

« Avant d'entamer par le fer un sol inconnu, « observons attentivement les vents et leurs « influences, les températures diverses, la « nature des lieux, les traditions antiques de « la culture. »

(VIRGILE. *Géorg.*)

La nature, si riche et si variée, a doté chaque pays de plantes indigènes spéciales qui trouvent dans l'état atmosphérique leur cause de végétation. Aussi, les agronomes de tous les siècles n'ont pas attaché moins d'importance à l'étude du climat qu'à celle du sol.

Personne n'ignore que la température s'abaisse d'autant plus qu'on marche vers le pôle ou qu'on s'élève dans les montagnes. Ainsi, le climat du nord de la France est plus froid en hiver, moins sec et et moins chaud en été que celui du midi ; le climat des montagnes, toutes circonstances égales d'ailleurs, est plus froid et plus humide que celui des plaines ; à une certaine hauteur, des neiges perpétuelles s'opposent même à toute culture.

Ces effets sont cependant modifiés par la distance à laquelle on se trouve de l'Océan, immense étendue d'eau de laquelle s'élèvent sans cesse des vapeurs qui, le long de nos côtes, obscurcissent l'atmosphère. Plus on s'enfonce dans le continent, plus l'air devient pur. En effet, entraînées par les vents loin du lieu de leur émanation, ces vapeurs se condensent en nuages et bientôt retombent en pluie pour se perdre de nouveau dans le courant des fleuves, ou bien elles se fondent dans l'air, comme disparaît à peu de distance du chemin de fer la vapeur de la locomotive.

Ces quelques notions nous font pressentir de suite une grande différence de climat entre les départements riverains de l'Océan et ceux qui s'en éloignent.

Les vapeurs humides répandues dans l'atmosphère ne forment-elles pas comme un voile qui affaiblit pendant le jour l'ardeur du soleil, et qui arrête pendant la nuit le refroidissement de la terre ?

Près de l'Atlantique, l'hiver est doux ; l'été est frais et peu ardent. Plus nous pénétrons dans le continent, plus au contraire le caractère des saisons se dessine nettement, et plus sont sensibles les différences de température entre l'été et l'hiver.

La végétation indique ce fait d'une manière frappante. Aperçoit-on des vignobles sur les coteaux de la Bretagne ? Non, car le raisin exige pour mûrir de vifs rayons de soleil qui ne les échauffent pas. En revanche, il y gèle si peu que les lauriers, les myrtes, les figuiers et autres végétaux ligneux du Midi n'y périssent pas. Si nous nous éloignons de l'Océan, sans quitter l'espace compris entre le 48e et le 49e degré de latitude, nous arrivons à la Champagne et à la Lorraine. Là nous trouvons de bons vins, grâce à l'ardeur habituelle du soleil d'été. Mais on ne voit plus en pleine terre ni myrtes, ni lauriers, ni figuiers. L'hiver est trop rigoureux. Les givres printaniers, comme les gelées d'hiver, sont d'autant plus fréquents qu'on s'éloigne davantage de l'Atlantique.

Les vents brûlants de l'Afrique frappent directement et avec violence le Languedoc et la Provence, s'engouffrent dans la vallée du Rhône et se font sentir jusque dans celle de la Saône. D'autre part, trouvant une issue entre les Pyrénées et l'extrémité des Cévennes, ce même vent, l'*autan* de nos poëtes, se précipite vers Toulouse et souffle avec force dans le bassin de la Garonne. Un autre vent sec, le *mistral* du nord, désole les bords du Rhône. On comprend que cette vallée resserrée, comme un couloir, entre des montagnes qui l'abritent du côté de l'est et de l'ouest, ne puisse guère être frappée que par ces vents du nord et du sud, ce qui est pour elle une cause de sécheresse toute particulière. Protégées au contraire du côté du midi par les montagnes de l'Auvergne, des Cévennes et des Pyrénées, mais découvertes du côté de l'Océan, nos régions de l'ouest et du nord reçoivent de l'Atlantique des vents pluvieux qui leur procurent une fraîcheur inconnue au Languedoc. Ces vents soufflent avec force jusqu'au fond de la Lorraine. Près de la mer, ils sont si violents, qu'on est obligé d'abriter les récoltes au moyen de haies, de murs, ou de hautes levées de fossés. Ce n'est pas que le mouvement ne soit nécessaire à la santé végétale : l'air stagnant des vallées trop encaissées étiole les plantes ; au contraire, l'exercice même que leur procure un vent modéré les fortifie. Ainsi, le puissant courant d'air qui existe dans la vallée du Rhône y donne aux végétaux une constitution extrêmement solide, mais nuisible aux plantes textiles dont la fibre devient par trop grossière.

A ces causes qui agissent à la fois sur de vastes contrées, s'en joignent d'autres d'effet plus restreint. Le climat de chaque lieu est le résultat combiné de toutes.

Un pays, par exemple, est-il marécageux, boisé, seulement même humide par suite de l'imperméabilité du terrain ; cela suffit pour produire un froid très-sensible. On remarque plus de gelées et de neige en hiver, plus de givre, de brouillards et de pluie au printemps et en été. C'est ainsi que l'Argonne, pays boisé qui sépare la Champagne de la Lorraine, paraît si froide et si pluvieuse comparativement aux plaines sèches et crayeuses de la Champagne qui se trouvent à peu de distance. Ces effets de l'humidité du sol s'observent même sur des espaces très-peu étendus. Combien de vallées sont exposées par ce seul motif à des gelées qui n'y permettent pas certaines cultures possibles à quelques pas de là !

Les contrées qui touchent immédiatement à la mer, trouvent dans les brises une cause particulière de rafraîchissement. En été, dès que les rayons du soleil deviennent ardents, l'air, qui s'échauffe moins vite sur l'eau que sur la terre, se déplace et produit un vent de mer frais, accompagné souvent de pluies fines d'un effet très-salutaire.

Refroidissant l'air par leurs sommets couverts de neige et de glace, les hautes montagnes déterminent autour d'elles la condensation des vapeurs atmosphériques ; ce qui explique l'humidité particulière des contrées montagneuses.

Les montagnes ont aussi une grande influence sur le climat des pays de plaines qui les touchent. Si elles se trouvent du côté du sud par rapport à ces pays, elles en rafraîchissent la température, puisqu'elles s'opposent à l'action directe des vents chauds du midi. Sont-elles au nord ; elles font abri, comme un mur d'espalier, contre les vents froids du septentrion, et elles adoucissent les hivers. C'est ce qu'on remarque d'une manière frappante dans la région située au pied des Alpes, depuis Hyères jusqu'à Antibes ; seule contrée où l'on puisse cultiver en France l'oranger et le citronnier, refuge aimé des poitrines délicates.

La diversité des sites, l'exposition des versants, la profondeur des vallées, la réflexion des rayons solaires sur la surface blanche et polie des rochers, la projection des ombres, les courants d'air occasionnés par les échancrures des pics qui déchirent le ciel et par d'énormes différences de température d'un lieu à l'autre, toutes ces causes produisent en pays de montagnes des phénomènes si variés, qu'on y trouve, pour ainsi dire, tous les climats réunis : au sommet, d'éternels frimas ; sur les flancs, des tapis de verdure ; plus bas, d'imposantes forêts ; au-dessous, des blés jaunissants.

Souvent d'affreuses tempêtes éclatent dans ces lieux accidentés, glacent d'effroi les troupeaux, portent la désolation dans les vallées. Conduits par la force irrésistible de l'électricité, les nuages dévastateurs suivent ordinairement les forêts, les grands cours d'eau et les hauteurs. Généralement, les contrées brumeuses, telles que la Bretagne et la Normandie, y sont peu exposées.

Les pays marécageux ont aussi leur fléau propre ; ce sont les fièvres et autres maladies endémiques.

Plus le climat est chaud, plus les miasmes qui les causent sont redoutables. Dans le midi de l'Europe, où ils sont très-abondants, ils se dégagent non-seulement des lieux humides, mais aussi des terres incultes ou nouvellement défrichées. Lorsque l'insalubrité est générale, il est très-difficile de la combattre. Mais si elle est restreinte à des espaces peu étendus, on peut la faire disparaître par des assainissements, ou même la neutraliser à l'aide de plantations forestières, les feuilles des arbres absorbant les miasmes délétères. La France compte encore plusieurs contrées malsaines : la Camargue ou delta du Rhône, les Landes et presque tout le littoral de l'Océan depuis Bayonne jusqu'à Nantes, la triste Sologne, la Bresse ou les Dombes non loin de Lyon, la partie du Berry qu'on nomme la Brenne, les Watteringues dans le Nord. Le bétail, souvent même les récoltes, y sont exposés, ainsi que l'homme, à des maladies endémiques.

Nul système agricole ne peut se soutenir, s'il n'est en rapport avec les conditions imposées par l'état habituel de l'atmosphère. Les antiques traditions culturales d'une contrée sont donc les plus sûrs indices du climat.

Pour peu qu'il y ait de gelées en hiver, nous n'apercevons pas l'oranger; pour peu que les gelées aient de force et de persistance, pas d'oliviers. Quelques degrés de rigueur en plus empêchent la culture de l'avoine d'automne, de l'ajonc, des navets et des choux semés tard et destinés à passer l'hiver en plein champ. Quelques-uns de plus encore s'opposent à celle du blé d'hiver et ne permettent en semis automnaux que ceux de l'épeautre et du seigle.

La chaleur de l'été est accusée par les cultures d'une manière non moins positive. Ainsi, nous ne voyons pas l'olive mûrir et se récolter sous un ciel moins ardent que celui du Languedoc et de la Provence. Quelques degrés de chaleur de moins, on n'aperçoit plus l'arbre de Minerve; mais le maïs et la vigne fructifient avec abondance et se cultivent sur une grande échelle. Si l'ardeur de l'été est encore un peu moindre, la culture du maïs cesse à son tour, et la vigne se montre cantonnée sur les coteaux. Bientôt le raisin lui-même cesse de mûrir, et tout vignoble disparaît.

Relativement à la fraîcheur du climat, voici les indicateurs certains que nous trouvons dans les productions agricoles. Si une grande sécheresse est habituelle, comme en Provence et en Languedoc, ce sont les cultures arbustives qui prédominent, comme étant celles qui résistent le mieux à l'aridité, à cause de la profondeur à laquelle pénètrent les racines des végétaux ligneux. Les champs de plantes herbacées sont-ils plus étendus que les plantations de vignes, d'oliviers, de mûriers; concluons que le climat est moins aride. Cependant il est encore très-sec, si la plupart des ensemencements se font en automne; c'est une preuve en effet que les semailles printanières sont souvent compromises par les sécheresses d'été; sécheresses moins pernicieuses aux plantes qui, ayant commencé leur végétation l'automne précédent, ont pu profiter de toute la fraîcheur de l'hiver et de celle du premier printemps. Autant de semailles printanières que de semis automnaux indiquent un climat tempéré. Enfin, dans une région tout à fait humide, on aperçoit des gazons d'une verdure perpétuelle, beaucoup de pâturages, et souvent des cultures étendues de sarrazin, de choux, de navets.

CHAPITRE VII

SUITE DES CLIMATS AGRICOLES; DIVISION DE LA FRANCE EN PLUSIEURS RÉGIONS.

Voici comment, d'après les indications contenues dans le chapitre précédent, peuvent se classer les divers climats agricoles de la France.

Sur le littoral de l'Atlantique, depuis Bayonne jusqu'à Dunkerque, s'étend une contrée que caractérise nettement l'influence du voisinage immédiat de l'Océan. Cette région est resserrée à chacune de ses extrémités, sud et nord; au sud, l'influence océanienne se trouve affaiblie par la proximité de l'Espagne; au nord, par celle de l'Angleterre; mais au centre, c'est-à-dire vers le Poitou, la Bretagne et la Normandie, elle agit avec toute sa puissance et se fait sentir fort loin dans le continent. Dans toute cette région, l'hiver se passe presque sans frimas; l'été est sensiblement moins chaud que la latitude ne semblerait le comporter; l'herbe pousse en hiver, parce qu'il ne gèle pas; elle pousse en été, parce que l'atmosphère est toujours humide. Nous y voyons d'immenses pâturages et d'innombrables troupeaux; en Flandre et en Normandie, des chevaux d'une forte stature, d'excellentes vaches et des bœufs énormes; sur les bruyères bretonnes, les meilleures petites vaches qu'on puisse trouver et des bidets infatigables; dans les parties les plus riches de la presqu'île, de superbes chevaux de trait; en Poitou et en Saintonge, les bœufs et les moutons les plus anciennement renommés aux boucheries de Paris, des ânes et des mulets d'un très-haut prix; enfin au milieu des Landes, des chevaux et des bœufs presque sauvages et d'une étonnante rusticité. La rare qualité de ces races tient pour beaucoup à l'heureuse régularité du pâturage, qui ne fait défaut en aucun temps de l'année.

En remontant du midi au nord, la culture du maïs dans cette région s'arrête à la limite septentrionale du département des Landes; celle de la vigne, à l'embouchure de la Loire. Nous ne trouvons en vignobles renommés que ceux de Bordeaux et des environs. Du reste, quelle richesse partout où le progrès agricole est ancien, notamment dans le pays de Dunkerque! Lorsque l'agriculture anglaise était encore arriérée, c'est là quelle a pris modèle pour marcher vers sa perfection actuelle. En effet, le climat de l'Angleterre ressemble à celui de notre région océanienne; mais celle-ci, favorisée sur une partie de son étendue par quelques degrés de chaleur de plus, possède deux cultures précieuses que nos voisins nous envieront toujours, la culture du maïs et celle de la vigne. Que toute la région profite à son tour des exemples de l'Angleterre! Déjà les deux pays n'ont-ils pas le même aspect riant? Pour se préserver de la violence des vents et pour faciliter la garde des troupeaux, les habitants de l'Armorique, comme ceux de la Grande-Bretagne, ont entouré leurs terres de haies vives. De toutes parts la verdure s'élève; le gibier pullule, et souvent la campagne, vue de loin, ressemble à un immense parc, où à chaque pas l'œil rencontre de charmants bosquets qui pour lui deviennent comme autant de lieux de repos.

Si du côté opposé à celui-là, nous parcourons la France, depuis Perpignan jusqu'à la frontière nord de l'Alsace, suivant d'abord la Méditerranée, puis remontant la vallée du Rhône jusqu'à Lyon, celle de la Saône jusqu'à Vesoul, descendant enfin celle du Rhin, nous trouvons une région nettement séparée du reste de l'empire par une longue suite de montagnes dont les plus hautes sont celles des Vosges, de l'Auvergne et des Cévennes. L'influence océanienne se fait moins sentir dans cette contrée que partout ailleurs. Aussi, les étés y ont une chaleur toute particulière, relativement à la latitude et à l'élévation. Le maïs et la vigne y sont cultivés d'un bout à l'autre. L'olivier, qui n'existe sur le sol national que dans cette région, couvre de vastes étendues au sud de Valence. A Hyères, apparaissent les bosquets parfumés de citronniers et d'orangers. L'aridité et, par suite, une immense extension de cultures arbustives caractérisent toute la partie méridionale. Huiles d'olive, vins chauds et capiteux, raisins secs, amandes, figues, pruneaux, feuilles de mûrier et vers à soie, voilà les richesses de la Provence et des parties basses du Languedoc et du Dauphiné. On y récolte peu de grains; on y possède peu de bétail.

Au nord de Valence, nous ne ressentons plus autant d'aridité, mais encore une grande sécheresse; aussi voyons-nous peu d'ensemencements printaniers et beaucoup de cultures arbustives. On y produit une grande quantité de soie et des vins connus de tout l'univers: l'Hermitage, le Côte-Rôtie, le Sainte-Foy et plusieurs autres.

Plus nous avançons vers le nord, plus la fraîcheur augmente. Au-dessus de Lyon, dans la vallée de la Saône, les ensemencements de printemps commencent à se multiplier; mais à cause de l'ardeur du soleil et de la pureté de l'air, la vigne étale encore toutes ses richesses. Nous admirons les coteaux de Mâcon, de Beaune, de Romanée, du Clos-Vougeot, de Pomard. En Franche-Comté, la vigne perd du terrain et les céréales en gagnent. La fertile Alsace nous apparaît bientôt avec son admirable diversité de cultures. Tabac, maïs, garance, millet, houblon, lin, chanvre, colza, céréales, fourrages, légumes et racines de toute espèce s'entre-mêlent dans la campagne et font de cette vallée du Rhin la plus belle frange du vêtement agricole de la terre française.

A l'est de la région que nous venons de parcourir, nous trouvons, sur une grande longueur, les montagnes des Alpes et du Jura, et là, comme en tout pays accidenté, des cultures et des climats variés; le chanvre, le maïs, le blé, la garance dans les vallées; sur les coteaux, la vigne et le mûrier; plus haut, la pomme de terre, le seigle, le sarrazin; au-dessus, les forêts, les gazons et les chalets. De nombreux troupeaux parcourent en été ces pâturages montagneux, et paissent en hiver dans les plaines de Provence.

Entre les deux contrées que nous venons de parcourir, l'une occidentale, l'autre orientale, s'étend, de l'Espagne aux frontières belge et prussienne, un vaste pays qui présente, à latitude et à élévation égales, moins de sécheresse et de chaleur d'été que la contrée orientale, et plus de froid en hiver que la contrée occidentale. Dans la partie sud, le bassin de la Garonne et de ses affluents se développe, en demi-cercle, au-dessous des Pyrénées, des Cévennes, des montagnes de l'Auvergne et du Limousin. Quoique ce bassin se trouve sous la même latitude que la Provence, on ne peut y planter l'olivier. Le figuier lui-même, qui atteint en Bretagne les plus fortes dimensions, gèle souvent et reste en buisson. On y cultive en grand la vigne et le maïs. Le climat, sans être précisément aride, est très-sec. Aussi, ce sont les ensemencements d'automne qui l'emportent sur les semailles printanières. Celles-ci n'ont lieu, sur une certaine échelle, que là où le sol est frais ou de fécondité exceptionnelle, dans la vallée de la Garonne, par exemple, si riche en maïs, en chanvre, en lin et en fourrages de toute espèce. Cette magnifique contrée est bordée au sud par les Pyrénées, qui présentent les produits multiples de tout climat montagneux.

Au nord et à l'est du bassin de la Garonne, s'étend, jusqu'aux bassins du Rhône, de la Saône et du Rhin, un pays très-accidenté comprenant plusieurs chaînes de montagnes, savoir : celles du Gévaudan, du Vivarais, du Velay, du Forez, de l'Auvergne, du Limousin, de la Marche, du Bourbonnais, du Morvan, de la Côte-d'Or et des Vosges. Une grande variété de climats caractérise toute cette contrée que peuplent des races de gros bétail remarquables par une rare énergie. Ainsi, en Auvergne, près de la fertile vallée de l'Allier, si connue sous le nom de Limagne, s'élèvent de hautes montagnes qu'une humidité permanente et des gelées d'hiver très-rigoureuses rendent seulement propres aux pâturages.

Entre les montagnes de la Marche et le val de la Loire, se remarquent, toujours dans cette contrée intermédiaire, les plaines mal cultivées du Berry et les sables ingrats de la Sologne. La sécheresse y nécessite encore la prédominance des ensemencements d'automne. Quant à la chaleur, elle commence à diminuer assez pour que le maïs n'entre plus dans les assolements. Enfin, la douceur des hivers permet la culture habituelle de l'avoine d'automne. Nous trouvons à peu près le même climat dans la Touraine, qu'on appelle le jardin de la France, tant la terre y est fertile et surtout riche en fruits excellents.

Au nord d'Orléans, la chaleur et la sécheresse continuent de décroître. Les vignobles se cantonnent sur les coteaux ; plusieurs, toutefois, sont très-vastes et donnent d'excellents vins. Les ensemencements de printemps sont égaux en étendue à ceux d'automne. Les céréales, les prairies artificielles et les troupeaux de moutons mérinos apparaissent de toutes parts. L'avoine d'automne ne se cultive plus. Tel est l'aspect du bassin de Paris, de la Beauce, du Gâtinais, de la Brie, de la Champagne et de la Lorraine. Mettant à part les craies arides de la Champagne et les parties de la Lorraine dont le sol est trop compacte, toute cette contrée est admirablement favorisée relativement à la nature des terres. L'élément calcaire se montre presque partout ; presque partout le sous-sol est perméable. Une ligne passant par Beauvais, Noyon, Réthel et Mouzon, limite au nord, dans cette partie de la France, la culture de la vigne en vignobles. Sauf cette particularité, la contrée qui se trouve au delà présente d'abord à peu près les mêmes caractères agricoles que le bassin de Paris. Mais bientôt, grâce à un accroissement de fraîcheur, à la fertilité du sol et surtout à l'antique habileté des habitants, le département du Nord étale des richesses égales, si ce n'est supérieures encore, à celles de l'Alsace.

Est-il au monde une contrée qui, sur une étendue égale à celle de la France, réunisse une aussi remarquable variété de climats heureux ? Céréales, vins, fruits excellents, herbe tendre et épaisse, ces trésors et beaucoup d'autres ne demandent qu'à être produits en abondance sur le sol national. Quelle honte si, favorisés à ce point, nous restions inférieurs à des pays qui, comme l'Écosse, sont beaucoup moins bien partagés ! Cette infériorité cessera bientôt, nous en avons confiance ; et notre patrie, si sensiblement améliorée déjà depuis cinquante ans, deviendra, dans toutes ses provinces, fertile en riches moissons, comme elle a toujours été féconde en courage, en intelligence et en vertu.

CHAPITRE VIII

CLASSIFICATION AGRICOLE DES DIVERSES RÉGIONS FRANÇAISES.

D'après les explications précédentes et pour la clarté de nos études futures, nous divisons la France en trois parties, dont chacune comprend trois régions, indépendamment des pays de montagnes qu'il est impossible de classer, puisque leur climat varie suivant l'élévation.

Classification agricole des diverses régions françaises.

	DÉSIGNATION DES RÉGIONS	CARACTÈRES	LIMITES
PARTIE OCCIDENTALE pâturages très-étendus.	Nord-ouest....	Absence de vignobles, ensemencements de printemps et d'été très-étendus.	Au nord, frontière belge; à l'est, ligne partant de cette frontière entre Lille et Hazebrouk, et aboutissant à Beaugé (Maine-et-Loire); au sud, ligne allant de Beaugé à la mer en suivant la latitude.
	Ouest.......	Vignobles..................................	A l'est, ligne allant de Beaugé à l'embouchure de la Garonne; au midi, le 43e degré de latitude.
	Sud-ouest....	Maïs..................................	A l'est, ligne allant de l'embouchure de la Garonne à Bayonne.
PARTIE ORIENTALE maïs sur toute l'étendue.	Nord-est.....	Semailles d'automne et de printemps également développées.	Au nord, les frontières; à l'ouest, les Vosges et le plateau de Langres; au sud, ligne passant un peu au nord de Dijon, parallèle à la latitude; à l'est, les frontières.
	Est.........	Prédominance des ensemencements d'automne, extension des cultures de vigne et de mûrier.	A l'ouest, les montagnes de la Côte-d'Or et du Lyonnais; au sud, le 45e degré de latitude; à l'est, les frontières.
	Sud-est.....	Prédominance des cultures arbustives, oliviers dans presque toute la région.	A l'ouest, les montagnes de l'Ardèche et des Cévennes; au sud, les Pyrénées; à l'est, les frontières.
PARTIE MOYENNE	Nord........	Vignobles sur coteaux dans presque toute l'étendue; égalité entre les semailles d'automne et celles de printemps.	Au nord, les frontières; au sud, ligne allant de Beaugé à la Côte-d'Or en suivant la latitude.
	Centre......	Prédominance des ensemencements automnaux; maïs sur quelques points.	Au sud, le 45e degré de latitude.
	Sud........	Prédominance des ensemensements d'automne; extension des vignes, vastes cultures de maïs.	Au sud, les Pyrénées.

CHAPITRE IX

PRONOSTICS DU TEMPS.

Les années se suivent et ne se ressemblent pas, dit le proverbe. En effet la nature nous présente deux sortes de lois: les unes fixes, dans lesquelles la Providence semblerait s'être immobilisée; les autres, variables et accidentelles. C'est en vertu des premières qu'ont lieu le cours périodique des saisons, le mouvement des astres, la succession des jours et des nuits. C'est en vertu des secondes que, dans leur régularité même, les saisons et les jours offrent tant d'imprévu. La prescience des variations atmosphériques est un point des plus importants de l'art agricole. Jetons donc un coup d'œil rapide sur les principaux signes qui peuvent nous aider à lire dans le ciel.

Après avoir créé la lumière, Dieu dit: « Que le « firmament se fasse au milieu des eaux, et qu'il les « sépare; et il divisa les eaux en deux parties, l'une « inférieure, l'autre supérieure » (Genèse).

Il existe entre ces deux moitiés d'un même élément des rapports perpétuels: ou l'atmosphère absorbe l'eau terrestre qui, par suite, s'évapore et disparaît; ou bien elle rend l'eau à la terre sous forme de pluie, de neige, de grêle, de rosée, de brouillard. L'état du temps dépend de cette circulation aqueuse qui, elle-même, tient principalement à la température. Plus l'air est chaud, plus il peut contenir de liquide en dissolution; plus il est froid, moins il a cette faculté. Ainsi, lorsqu'il s'échauffe, il devient desséchant; s'il se refroidit, il devient humide, dès que l'eau qu'il a absorbée précédemment se trouve en excès, relativement à sa température nouvelle.

Transporté par les vents d'un pays à l'autre, l'air s'échauffe ou se refroidit sur chaque lieu suivant la direction de ces courants. Dès lors, la direction du vent est un des plus sûrs pronostics. Le vent du nord annonce le beau temps; car l'air qu'il transporte devient desséchant en passant de contrées froides en pays chauds. Échauffé au contraire par le soleil de la zone torride, l'air que déplace le vent du midi se dépouille de son calorique à mesure qu'il s'avance vers le pôle; en même temps les vapeurs qu'il avait absorbées sous les régions de l'équateur reprennent la forme liquide et se résolvent en pluie.

Pour la France, le vent le plus pluvieux est celui du sud-ouest qui nous apporte l'air humide de l'Océan méridional; et le vent le plus sec est celui du nord-est, parce qu'il vient non-seulement d'une direction septentrionale, mais encore de pays continentaux où l'air trouve peu d'humidité à absorber.

Il existe souvent des courants aériens superposés, glissant l'un sur l'autre en sens contraire. Ainsi, on est quelquefois frappé par un vent d'est, tandis que le couchant se charge de vapeurs; signe de l'envahissement de l'air par un vent d'ouest pluvieux qui probablement régnera bientôt en maître. D'autres fois, par un temps couvert, on sent un vent d'ouest ou du midi, et cependant l'horizon s'éclaircit du côté du nord; d'où l'on doit conclure que ce vent, qui commence à s'établir dans les régions supérieures de l'air, va produire de beaux jours. A la campagne, le cultivateur attentif sait trouver partout des indices précurseurs de ces changements de direction des vents. Entend-il la cloche d'un village éloign vers le sud ou l'ouest; c'est pour lui un présage de pluie. Est-ce du côté du nord que le son religieux tinte à son oreille; le beau temps lui semble assuré.

Le baromètre permet de constater le progrès des vents supérieurs avant que rien de sensible ne puisse le faire pressentir. Cet instrument est, comme l'on sait, un tube de verre divisé en deux branches qui contiennent du mercure ; l'une haute, fermée hermétiquement et entièrement vide d'air ; l'autre courte, communiquant librement avec l'air et terminée par un petit bassin. Par la pression que l'atmosphère exerce sur le mercure du côté de la branche courte, ce liquide s'élève dans la branche haute, jusqu'à ce que le poids de la colonne mercurielle soit égal à celui de la colonne atmosphérique. L'air, qui se dilate par la chaleur, est d'autant plus léger que la température est plus élevée. Dès lors, un air chaud poussé par un vent du midi remplace-t-il un air froid que chassait précédemment un vent du nord ; l'atmosphère en s'échauffant pèse de moins en moins sur le mercure, et la colonne diminue de hauteur dans la longue branche. On dit alors que le baromètre *descend*; ce qui est signe de pluie. Un vent du nord vient-il à remplacer un vent du midi, le contraire se produit : la pesanteur de l'atmosphère augmentant, la colonne de mercure devient plus haute ; ce qui annonce le beau temps.

Ce pronostic n'est cependant pas d'une rigueur absolue. Ainsi en été, par l'effet de la chaleur solaire, il se produit, du jour à la nuit, dans la pesanteur atmosphérique, des différences qui font légèrement monter et descendre le baromètre, sans que ce mouvement indique un changement de vent.

D'un autre côté, vers le soir d'un jour pluvieux, le vent qui était au sud ou au sud-ouest passe souvent au nord ; le baromètre remonte; le ciel s'éclaircit; la nuit est froide et souvent accompagnée de givre; le soleil se lève avec éclat. Mais bientôt, les vents reprenant leur cours de la veille, le baromètre redescend, et le mauvais temps continue. Dans la canicule, la descente du baromètre annonce parfois l'arrivée d'un vent d'Afrique tellement sec que, tout en se refroidissant, il ne parvient pas encore au point de saturation qui le rendrait humide. Enfin, le baromètre peut n'indiquer par aucun mouvement la formation des orages, formation qui tient à des causes particulières. Sous certaines influences encore peu connues, l'électricité donne tout à coup à l'eau du ciel la propriété de se condenser en nuages épais que la foudre et la grêle rendent formidables. Tantôt, ces nuages se forment sur un point et s'y fondent sans changer de position. D'autres fois, ils parcourent de vastes pays, et, loin d'obéir aux vents, ils poussent l'air devant eux avec une force invincible; ce qui détermine à leur approche un ouragan impétueux.

L'orage s'annonce par une chaleur étouffante, par un malaise particulier des êtres vivants, par la corruption rapide des corps putrescibles. Bientôt, on voit les nuages s'attirer, se repousser, s'épaissir sur un point, disparaître ailleurs. Devenus par le fluide électrique autant de centres attracteurs qui condensent l'humidité, ils rendent au loin l'air très-desséchant; les plantes se fanent; la terre se hâle; l'humidité d'une première averse s'évapore presque aussitôt.

En l'absence du fluide électrique, ce sont des phénomènes contraires qui annoncent la pluie : le sel se fond; les murs et le pavé se couvrent de fraîcheur; la suie se détache des cheminées; les rosées sont froides, abondantes, souvent accompagnées de givre; le brouillard, au lieu de se dissoudre dans la matinée, remonte le long des collines; les cordes se resserrent.

Lorsque des orages ont fortement imbibé la terre, l'eau, répandue sur le sol, refroidit l'atmosphère et cause habituellement de nouvelles pluies.

Si nous passons à l'aspect du ciel, on regarde comme signe de mauvais temps les vapeurs floconneuses qui, répandues autour du soleil et de la lune, empêchent ces astres de se dessiner nettement ou les font paraître plus grands que de coutume. Les nuées pluvieuses sont rapprochées de terre, de couleur plombée, avec des contours arrondis et irréguliers qui les font ressembler à la vapeur des locomotives. Souvent, elles courent rapidement sous des nuages élevés qui paraissent immobiles au-dessus d'elles.

« Il n'est pas d'être vivant, dit Virgile, qui n'ait « le don de prévoir la pluie dont il cherche à éviter « l'atteinte. La vapeur pluvieuse ne s'élève encore « qu'en brouillard du fond des vallées; la génisse re« garde le ciel et aspire l'air dans ses larges naseaux; « l'hirondelle rase le lac de son vol rapide; la gre« nouille fait retentir le marécage de son cri plaintif; « plus souvent que de coutume, la fourmi transporte « ses œufs hors du souterrain séjour par l'étroit sen« tier qu'elle s'est frayé; l'arc-en-ciel apparaît comme « une pompe immense qui aspire l'eau de la terre; les « corbeaux quittent en innombrables bataillons le lieu « où ils cherchaient leur nourriture et font entendre « le bruit redoublé de leurs ailes; les oiseaux d'eau « couvrent à l'envi leurs épaules d'un bain abon-

« dant. On les voit, tantôt plonger la tête dans l'élé« ment liquide, tantôt glisser à la surface et se faire « un jeu de mille vains efforts. La corneille appelle la « pluie à plein gosier, et reste seule sur le sable aride.

« Dans la veillée d'hiver, la jeune fille annonce « aussi la pluie, lorsqu'elle voit pétiller l'huile de sa « lampe, et des champignons poudreux se former « autour de la mèche.

« De même, pendant les jours pluvieux, on peut « prévoir à des signes certains le retour d'un temps « clair. Observant du haut d'un toit le coucher du « soleil, la chouette pousse son cri nocturne; l'éper« vier se montre aux plus hautes régions de l'air « humide; l'alouette fuit, mais partout où elle se « porte, l'impitoyable ennemi conduit son vol avec un « redoutable sifflement. Les corbeaux tirent à trois ou « quatre reprises du fond de leur gosier un son li« quide; et, joyeux de je ne sais quel plaisir inaccou« tumé, ils s'agitent dans le feuillage. Il semble que « la pluie passée, ils revoient avec plus de bonheur « leur chère couvée et leur nid si doux. Ce n'est pas « qu'ils portent en eux le sentiment de l'avenir, ni un « génie surnaturel; mais lorsque la température et la « fraîcheur de l'atmosphère viennent à changer, lors« que l'air, que l'eau avait rendu humide, resserre ce « qui était raréfié et amollit ce qui était dense, les « organes des animaux éprouvent aussi leurs varia« tions. De là ce chant particulier des oiseaux; de là « cette joie des troupeaux et cette fête si animée des « habitants de nos bosquets. »

Aux pronostics indiqués avec tant d'art par le divin poëte, ajoutons encore ceux-ci: à l'approche de la pluie, les poissons s'agitent; la taupe travaille avec activité; le crapaud quitte son trou et saute lourdement le long des chemins; la petite grenouille verte, qui vit dans le feuillage des arbres, fait entendre son cri rauque; l'araignée replie sa toile; les eaux stagnantes se couvrent de mousse verdâtre; le vieillard, atteint de rhumatismes, éprouve des élancements aigus; beaucoup de cheminées fument dans les appartements.

Un dernier signe que nous ne devons pas négliger nous est donné par le cours des astres. On sait que les corps célestes exercent les uns sur les autres une attraction dont les effets se modifient suivant la position respective de ces corps entre eux. C'est ainsi qu'à certaines phases de la lune, particulièrement dans le temps des équinoxes, les marées, qui sont un effet de cette attraction, dépassent de beaucoup les hauteurs ordinaires.

Le soleil et la lune, qui agitent avec tant de puissance l'océan liquide, doivent agir avec plus de force encore sur l'océan aérien, infiniment plus léger que l'autre, et dès lors influer beaucoup sur la direction des vents. Aussi, l'atmosphère éprouve des perturbations considérables aux quatre époques de l'année où la terre change de position par rapport au soleil, savoir : aux solstices d'été et d'hiver, aux équinoxes de printemps et d'automne. On remarque également une tendance aux perturbations, lors de la pleine et de la nouvelle lune, ainsi qu'au premier et au dernier quartier de chaque mois lunaire, c'est-à-dire, à ces quatre époques où, dans sa course circulaire autour du globe terrestre, l'astre de la nuit, changeant de direction par rapport au soleil, modifie d'une manière différente, par son attraction, les effets que produit sur nous l'attraction solaire.

A l'aide des signes que nous venons de rappeler, on pronostique sans doute un jour ou deux à l'avance certaines variations du temps; mais il est impossible de porter plus loin ses prévisions. En effet, en dehors des lois ordinaires, ne voit-on pas survenir les phénomènes les plus inattendus? Ainsi, en 1709, les blés sont anéantis par le froid, et, au milieu des splendeurs de Versailles, on sert du pain d'avoine sur la table du roi. En 1795, nos hussards s'emparent de la flotte hollandaise, prise dans les glaces du Zuiderzée. En 1811, un ciel d'airain donne au fameux vin de la comète une énergie et une qualité devenues proverbiales. En 1816, des pluies torrentielles font pourrir les moissons. Dernièrement, l'atmosphère n'était-elle pas remplie d'influences pestilentielles qui attaquaient le blé, la pomme de terre, la vigne, la betterave? D'autres fois, un temps favorable seconde merveilleusement les efforts du cultivateur, et les peuples se trouvent, par cette succession de bien et de mal, dans l'abondance ou dans la misère.

C'est par ces avertissements que Dieu rappelle à l'homme disposé à l'oublier, au milieu du tourbillon des affaires et des plaisirs, qu'il ne peut se soustraire à son autorité suprême. Aussi, après avoir engagé le cultivateur à étudier avec soin les phénomènes célestes, Virgile ajoute cette haute leçon : *Avant tout, respecte les dieux.* Caton va jusqu'à indiquer la formule de prières qu'il conseille au laboureur. Gardons-nous de nous laisser surpasser en sagesse par l'antiquité païenne; et prions Dieu chaque jour avec ferveur de répandre sur nos champs sa douce rosée.

DEUXIÈME SECTION

Opérations principales de l'Agriculture.

CHAPITRE Ier

CULTURE DU SOL, INSTRUMENTS QUI Y SONT EMPLOYÉS.

« Travaillez, prenez de la peine,
« C'est le fonds qui manque le moins, »

dit le laboureur à ses enfants. En effet, si la terre n'est remuée sans cesse, n'en attendons que de l'herbe, du bois ou des fruits sauvages. Cette importante opération de la culture a des buts nombreux :

On soulève, on renverse la terre pour l'exposer fortement aux influences de l'air.

On l'ameublit jusqu'à une certaine profondeur, pour permettre aux racines de s'étendre et de se développer.

On fait aux mauvaises herbes une guerre acharnée; ainsi, pour les exposer, déracinées et meurtries, au soleil, au vent, à la gelée, on remue le sol à peu de profondeur; ou bien on cherche à les étouffer sous une forte épaisseur de terre.

On travaille la terre pour incorporer en elle les amendements et les engrais.

A l'instant des semailles, on pulvérise la surface pour faciliter la germination de la graine et le premier développement du végétal.

Maintes fois, on presse la terre, afin de lui donner une consistance homogène, sans vide intérieur dans lequel pénétrerait un hâle desséchant; on la presse aussi pour pulvériser les mottes et rendre le sol uni.

On la travaille encore fréquemment autour des plantes en végétation, afin de maintenir celles-ci dans un milieu friable, net de mauvaises herbes, pénétrable à l'air et à la rosée.

Pour exécuter ces divers travaux, l'agriculteur possède quatre genres d'instruments :

1° Au moyen de la charrue, il tranche la terre et la renverse sens dessus dessous, près de l'endroit où elle a été prise.

2° Par les herses et autres instruments garnis de pointes, il la déchire sans la retourner.

3° Par les houes, il coupe les mauvaises herbes vers le collet, et ameublit la surface du champ.

4° A l'aide des rouleaux, il écrase les aspérités et les mottes, et resserre un sol trop soulevé.

CHAPITRE II

CHARRUES.

« Avant tout, qu'un orme, plié dans la forêt
« avec grand effort, prenne à l'avance la forme de
« l'instrument courbé du labour. Le cultivateur
« lui adapte un timon de huit pieds de longueur et
« un soc double, muni de deux oreilles; il fait en
« tilleul léger le joug sur lequel porte l'extrémité
« du timon, et en hêtre le manche qui doit servir à
« en diriger la marche. VIRGILE. »

La charrue consistait d'abord en un crochet de bois qu'on tirait, à force de bras, pour gratter la terre. L'homme sent bientôt son impuissance à supporter ce dur travail. Il appelle le bœuf à son aide, accouple deux de ces patients animaux sous un joug qu'il leur attache aux cornes ou au col, fixe sur ce joug le long manche de son crochet primitif, en ferre la pointe; et, tandis que les bœufs le tirent, il le maintient dans le sol au moyen d'autres manches placés postérieurement.

Cette charrue première, qu'on retrouve dans le Poitou, fut bientôt améliorée par l'addition d'une ou

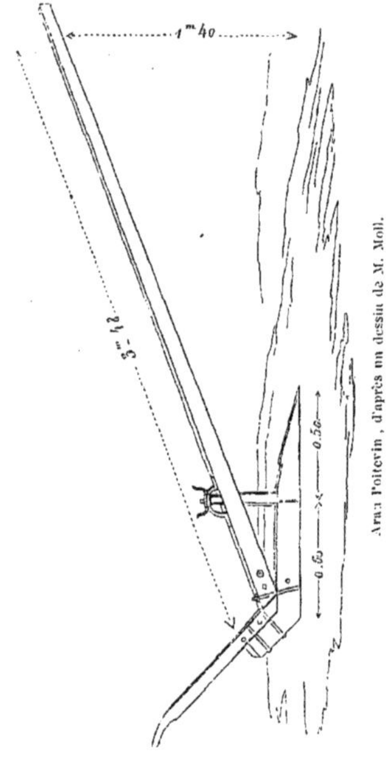

Araire Poitevin, d'après un dessin de M. Moll.

deux oreilles destinées à renverser la terre. Ce progrès constitua l'antique charrue grecque et romaine, décrite par Virgile et par Hésiode, représentée sur une foule de bas-reliefs, introduite jadis en Gaule par les Phocéens, usitée encore aujourd'hui dans tous nos départements méridionaux.

Cette charrue, comme toutes les autres qui ont été inventées depuis, nous présente deux pièces principales : le *soc* et l'*oreille* ou *versoir*. Le soc sépare du sol une tranche de terre et commence à la soulever; l'oreille la renverse dans le sillon dont a été déplacée une tranche semblable.

La plupart des charrues ont de plus un couteau de fer, appelé *coutre*, qui détache verticalement la tranche en avant du soc.

Le soc lui-même est fixé à l'extrémité du *sep*, pièce de bois ou de fer qui glisse dans le sillon.

La force des animaux est transmise par le long manche de notre crochet primitif, la *haie*, pièce à laquelle le coutre est fixé et qui se lie au sep par une ou deux pièces de bois ou de fer, verticales ou obliques, appelées *étançons*.

Le laboureur dirige l'instrument au moyen d'un ou deux *manches* attachés à la partie postérieure de la haie.

Lorsqu'on commence un labour, on renverse la première tranche sur une bande d'égale largeur, qui reste en dessous sans être cultivée. Ce premier sillon s'appelle *enrayure*.

Si la charrue, par suite de sa construction, ne peut jeter la terre que d'un seul côté, il faut, cette raie ouverte, en ouvrir une autre à quelque distance, revenir au premier sillon après avoir labouré dans cette seconde raie, et repasser à celle-ci en labourant dans la première.

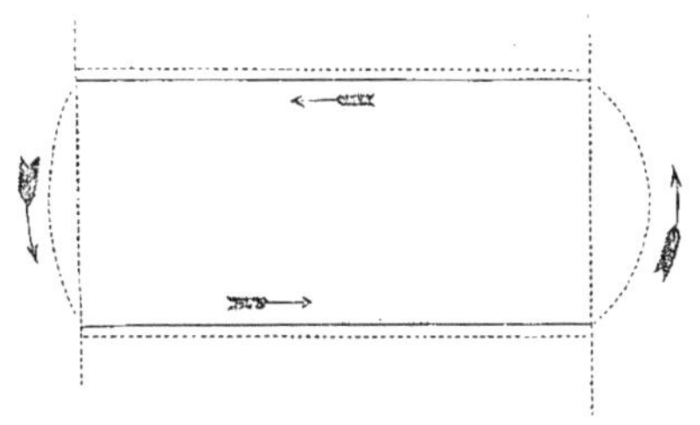

Lignes indiquant la marche d'une charrue qui ne renverse la terre que d'un côté.

Le labour fini, la place qu'occupaient les deux dernières tranches forme, au milieu du champ, un double sillon nommé dérayure. Une pièce étendue se divise par plusieurs enrayures et dérayures en un certain nombre de compartiments.

Si la charrue est construite de manière à pouvoir renverser la terre, tantôt à droite, tantôt à gauche, il n'est besoin d'ouvrir à la fois qu'un seul sillon. La charrue revient sur ses pas, sans discontinuer de labourer. Une fois terminé, le champ, quelle qu'en soit la largeur, ne présente qu'une enrayure à un bord, une dérayure à l'autre.

Étudions successivement les instruments à l'aide desquels on exécute ces deux genres de labour.

CHAPITRE III

CHARRUES QUI NE RENVERSENT LA TERRE QUE D'UN SEUL COTÉ.

Les charrues destinées à ne renverser la terre que d'un seul côté doivent avoir le soc en demi-fer de lance, d'une largeur à peu près égale à celle des tranches ordinaires du labour, c'est-à-dire, d'environ 35 centimètres, légèrement concave en dessous, solidement fixé, la pointe faisant légèrement saillie sur le sep, tant en dessous que du côté de la terre non la-

Soc vu de côté, pointe du soc faisant saillie en dessous.

bourée; disposition qui diminue les frottements et aug-

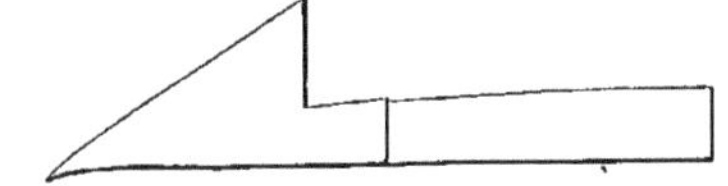

Soc et sep vus à vol d'oiseau; la pointe du soc faisant saillie du côté de la terre non labourée. (Afin que cette saillie fût visible, nous l'avons exagérée.)

mente la puissance de l'instrument, tandis que toute saillie du sep sur la pointe du soc nuit à l'action de celui-ci. Comme cette pointe s'use vite, on la garnit d'acier, et, lorsqu'elle se trouve émoussée, on l'envoie à la forge pour l'effiler.

Il faut que le coutre soit solidement fixé à la haie, la pointe en avant, le tranchant légèrement en dehors du côté de la terre non labourée, pénétrant à moitié environ de la profondeur du labour, d'après un plan vertical plutôt qu'oblique, et sur une largeur dépassant de quelques millimètres la largeur du soc. Si le coutre, mal placé, tranchait une bande moins large que le soc, celui-ci ne pouvant enlever que ce qui serait déterminé par cette section, il en résulterait un sillon mal évidé, où les parties postérieures de la charrue seraient gênées.

L'oreille doit présenter la forme elliptique, de sorte que le bord inférieur, restant sur toute sa longueur à égale distance du sep, laisse glisser, sans déplacement, le côté de la tranche sur lequel celle-ci pivote pour se renverser; tandis que le bord supérieur s'écarte de la haie, au point de faire perdre l'équilibre à cette même tranche, en la poussant par l'autre côté.

Plus la charrue est destinée à labourer profondément, plus cet écartement doit se prolonger. Ainsi, soient données deux tranches A, B, C, D et A, B, *c*, *d*, d'épaisseurs différentes, le soc les soulève, et le versoir les jette de côté, en les faisant pivoter, l'une sur l'angle D, l'autre sur l'angle *d*. Ensuite, il faut, pour

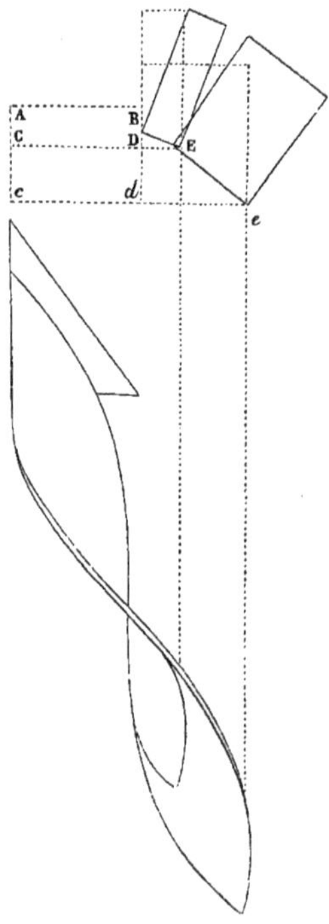

les renverser, faire parcourir à la tranche profonde un angle plus ouvert qu'à la tranche étroite, ce qui nécessite comme la figure le démontre, un versoir plus long. A part la courbe résultant de sa forme elliptique, l'oreille ne doit présenter ni creux, ni aspérité; ce qu'on reconnaît, si une règle, appliquée de chacun des points du bord supérieur, vers les points correspondants du bord inférieur, touche sur toute sa longueur la surface même de l'oreille. Enfin, celle-ci jointe au soc doit former un coin très-aigu.

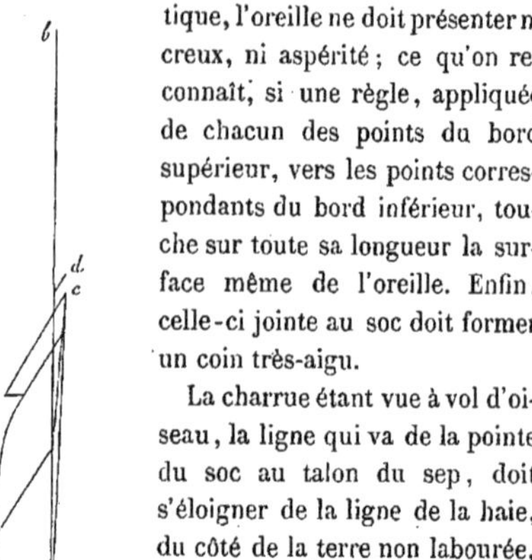

a b, ligne de la haie.
a c, ligne du sep.
d, pointe du coutre.

La charrue étant vue à vol d'oiseau, la ligne qui va de la pointe du soc au talon du sep, doit s'éloigner de la ligne de la haie, du côté de la terre non labourée, suivant un angle de deux à trois degrés.

Quant à la haie, elle s'appuie ou sur le joug de deux ou de trois animaux accouplés ensemble, ou sur un avant-train à deux roues; ou bien enfin elle n'a pas de point d'appui apparent; les animaux la tirent par une volée d'attelage, fixée à son extrémité antérieure.

Pour régler l'entrure des charrues dont la haie repose sur avant-train ou sur joug, on élève ou on abaisse le soc, faisant glisser la haie, soit en remontant, soit en descendant, sur la sellette de l'avant-train ou sur le joug.

On construit aussi des avant-trains perfectionnés qui permettent de modifier la hauteur du point

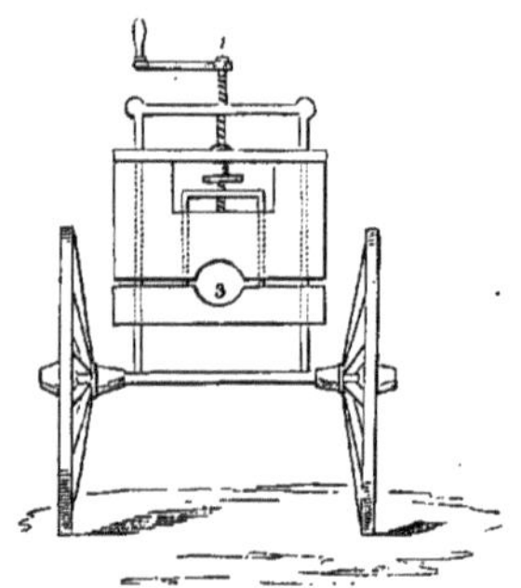

Avant-train perfectionné vu de face.
1, vis au moyen de laquelle on change la hauteur du point d'appui de la haie.
2, vis au moyen de laquelle on serre la haie.
3, place de la haie.

d'appui de la haie, autre moyen d'abaisser ou d'élever le soc et par conséquent de prendre plus ou moins de terre. Le laboureur, en appuyant sur les mancherons, maintient le soc à sa profondeur; par un mouvement contraire, il le fait sortir. Quant à la largeur de la tranche, il la modifie en tournant légèrement la charrue, à l'aide des manches, du côté vers lequel elle ne lui paraît pas assez engagée.

Les charrues qui, ne reposant ni sur joug ni sur avant-train, n'ont aucun point d'appui visible, en ont cependant un réel dans la ligne de tirage qui va droit du centre des résistances, c'est-à-dire, du soc, du coutre et de l'oreille au joug ou au collier des animaux. Nous disons que cette ligne est droite; car aucun obstacle ne l'empêche d'être telle, et suivant les lois de la statique, les forces agissent en ligne directe, si rien ne s'y oppose. Comme le point de la haie par lequel les animaux sont attelés se place sur cette ligne, il suffit, pour élever ou pour abaisser la charrue par rapport à elle, d'atteler les animaux à une pièce susceptible de hausse ou de baisse. Plus cette pièce, que l'on nomme *régulateur*, est descendue, plus la charrue se trouve exhaussée relativement à la ligne de tirage, et moins elle laboure profondément. Par le plus ou moins de longueur qu'on donne aux traits, on abaisse ou on élève la ligne de tirage elle-même, ce qui donne un autre moyen de modifier la profondeur du labour. Plus les traits sont allongés, plus la charrue pénètre en terre.

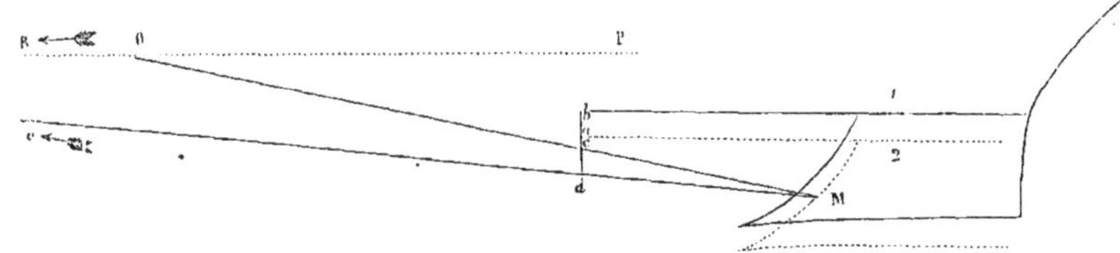

Lignes indiquant une charrue sans point d'appui, réglée à deux profondeurs différentes.

R P, ligne indiquant la hauteur du point auquel aboutit la ligne de tirage.
O M, ligne de tirage.
1, charrue indiquée par des lignes pleines, labourant à la moindre profondeur; régulateur allant de *b* à *c*.
2, charrue indiquée par des lignes ponctuées, labourant plus profondément; régulateur raccourci et allant de *a* à *c*.
O M, ligne de tirage changée de direction par l'allongement des traits, ce qui permet de labourer à la profondeur du nº 2, quoique le régulateur se trouve abaissé au-dessous de la haie de *a* à *d*, c'est-à-dire autant que dans le nº 1.

Si le laboureur soulève les mancherons, il fait peser les pièces postérieures de la charrue sur la pointe du soc, et il lui donne ainsi plus d'entrure. Au contraire, s'il appuie, il fait basculer le devant de la charrue sur le talon du sep, et le soc sort de terre; maniement tout différent de celui des charrues dont la haie repose sur joug ou sur avant-train.

Le régulateur doit être tel que le point d'attache de l'attelage puisse, non-seulement s'élever ou s'abaisser, mais encore se placer plus à droite ou plus à gauche relativement au soc et au coutre, ce qui sert à régler la largeur de la tranche. Plus ce point d'at-

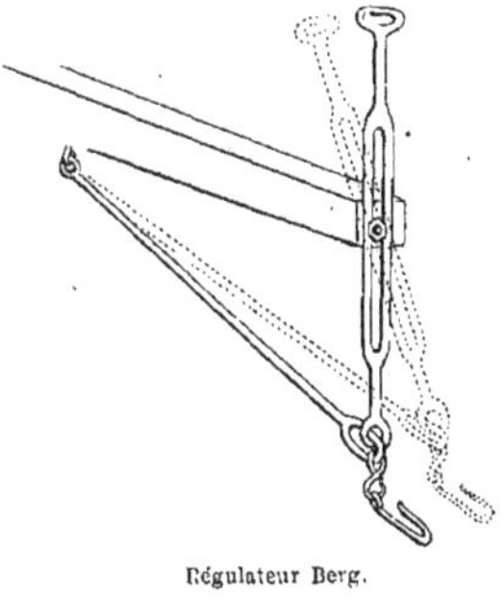

Régulateur Berg.

tache se trouve d'un côté, plus le tirage repousse la charrue de l'autre, et réciproquement. Parmi les divers régulateurs qui ont été inventés, nous signalons, comme un des plus simples, celui de la charrue Berg, dont le mécanisme est adopté pour la charrue actuelle de Grignon.

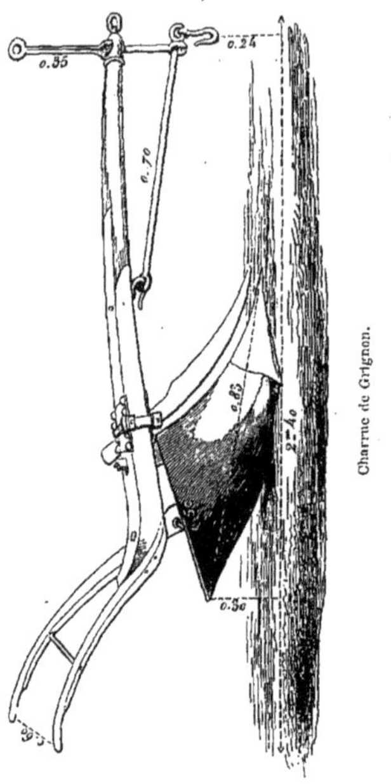

Charrue de Grignon.

Une charrue sans point d'appui, dont le sep, le coutre et le soc ne sont pas bien placés, est absolument impropre au labour. Celles dont la haie repose sur joug ou sur avant-train présentent sans doute, dans ce cas, plus de résistance qu'elles ne devraient; mais au moins peuvent-elles fonctionner. Les charrues sans point d'appui sont aussi les plus difficiles à tenir; en revanche, elles conviennent tout particulièrement au labour des champs durcis et aux défoncements. De plus, aux extrémités de chaque sillon, on les fait entrer en terre et sortir de raie avec une grande précision. Enfin, si la surface du terrain est irrégulière, on peut, en soulevant les manches et pressant alternativement sur eux, conserver une profondeur égale; chose impossible avec tout autre instrument.

Pour obtenir de ces charrues le travail le plus parfait, les Belges ont adapté à la haie, en arrière du régulateur, un sabot qui, glissant sur le sol, prévient toute irrégularité d'entrure. De leur côté, les Anglais ont muni ces mêmes charrues de deux roues indépendantes l'une de l'autre, de diamètre différent, et pouvant être élevées ou abaissées; la plus grande roule dans le sillon, la plus petite sur la terre non labourée. Un autre perfectionnement important consiste à cintrer la haie, afin d'ouvrir l'angle formé par la jonction du coutre avec cette pièce, ce qui diminue la disposition de l'herbe et du fumier à s'y amonceler.

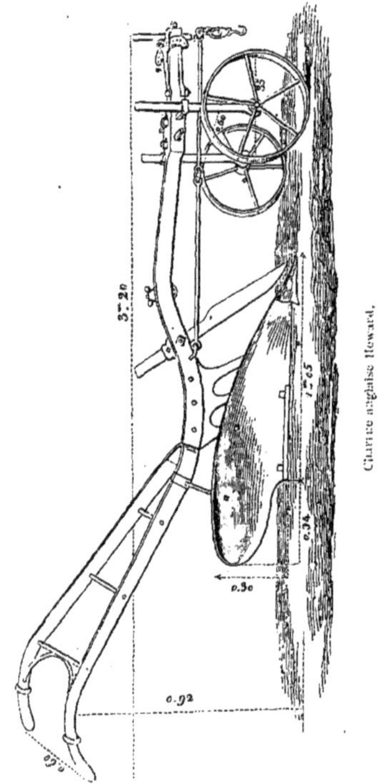

Charrue anglaise Howard.

Si nous comparons ces divers genres de charrues, au point de vue de la manière de les atteler et de la résistance qu'elles offrent, nous remarquons que celles dont la haie repose sur joug peuvent être traînées par des bœufs, des mulets ou des ânes, et non par des chevaux, cet animal étant trop faible d'encolure pour tirer sous le joug des fardeaux tant soit peu considérables.

Ces mêmes charrues et celles à avant-train peuvent avoir un sep très-court, sans qu'elles cessent de conserver une fermeté suffisante, tandis qu'il faut une certaine longueur de sep aux charrues sans point d'appui, ce qui est pour ces dernières une cause de frottements particuliers.

Pour les charrues à avant-train, c'est l'avant-train même qui accroît la résistance, lorsqu'il se compose de pièces grossières et quand, trop élevé, il produit dans la ligne de tirage une forte déviation. Mais s'il est léger, muni de roues étroites, de moyeux et d'essieux bien établis et régulièrement graissés, cette augmentation de résistance, qui devient à peine sensible, peut se trouver compensée, et au-delà, par la direction plus voisine de l'horizontale que l'avant-train fait prendre à la ligne de tirage, ce qui facilite l'effort des bêtes de haute stature et particulièrement du cheval. Il semble que, de tout temps, les laboureurs se soient servis de ces animaux dans le nord des Gaules où, d'après le témoignage de Pline, l'avant-train était usité dès l'antiquité. En Grèce, en Italie et dans le midi de la France, on n'a jamais employé que les charrues à point d'appui sur joug. Aussi, le cheval n'y laboure pas.

CHAPITRE IV

CHARRUES RENVERSANT LA TERRE SOIT A DROITE, SOIT A GAUCHE.

Dans cette série d'instruments, nous trouvons les *binoirs*, les *charrues tourne-oreilles*, celles à *oreilles rentrantes*, enfin les charrues *doubles*.

Les *binoirs* ont un soc en fer de lance et deux oreilles. Si le laboureur incline l'instrument, il fait sortir de terre une oreille dont l'action se trouve annihilée, tandis que l'autre agit d'une manière complète. Pour labourer en revenant toujours dans le même sillon, il suffit donc de faire pencher alternativement le binoir à droite et à gauche.

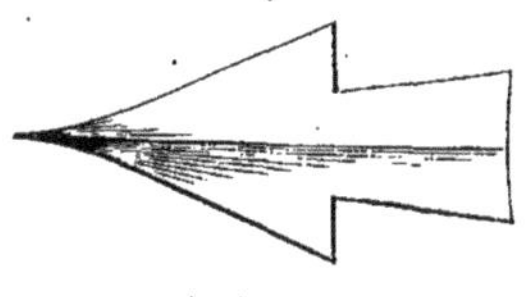

Soc de binoir.

Cet instrument ameublit très-bien la surface du sol; mais il ne donne pas une culture de profondeur uniforme, puisque le soc se trouve incliné, et il enterre imparfaitement les mauvaises herbes. Aussi, ne doit-on considérer ce labour que comme un travail supplémentaire qui, très-utile dans certains cas, ne dispense pas de l'emploi d'autres charrues.

Lorsqu'on se sert du binoir sans l'incliner, on rejette la terre des deux côtés de la raie ouverte. Supposé qu'on trace de semblables sillons sur toute l'étendue du champ, celui-ci se trouve fouillé à moitié et divisé en un grand nombre de petits ados. Ce labour assainit très-bien la terre et l'expose fortement aux influences atmosphériques, mais on doit toujours le faire suivre ou précéder par d'autres labours, afin que le sol reçoive un ameublissement complet. Dans plusieurs parties de la France, c'est ainsi qu'on enterre les semences. Après la germination, le champ présente une suite de zones étroites, séparées par autant de sillons qui restent vides. Comme la terre végétale est accumulée sur l'espace ensemencé, le végétal se trouve dans des conditions de réussite particulières; mais, le sol n'étant alors productif que partiellement, il faut n'adopter cette disposition que pour les champs de qualité médiocre.

Sous le nom de *buteurs*, les binoirs servent encore à rechausser les végétaux semés ou plantés en lignes.

Les *charrues tourne-oreilles*, dont la charrue *picarde* et le *harna* du Nord sont deux variétés, ont — le soc en forme de fer de lance, — une oreille mobile qui s'adapte à l'aide de crochets, soit à droite, soit à gauche des étançons, — un coutre mobile dont on modifie la position chaque fois qu'on déplace le versoir, afin que la pointe entame la terre par le côté opposé à celui où se trouve l'oreille. Les charrues picardes ont de plus deux petits versoirs fixes qui, placés au-dessus de l'oreille mobile, en complètent le travail.

Les charrues à *oreilles rentrantes* portent deux oreilles dont l'une, appliquée contre les étançons, n'a pas d'effet, tandis que l'autre est fixée par un crochet à une certaine distance des étançons de manière à renverser la tranche. On change successivement la position de ces versoirs, suivant qu'on veut jeter la terre à droite ou à gauche. Le coutre est mobile pour que la pointe puisse toujours être dirigée du côté opposé à celui de l'oreille qui agit. Nous signalerons dans ce genre, la charrue *Vasse* (du département de la Somme) dont le soc présente un demi-fer de lance pivotant à l'extrémité du sep. A chaque fin de sillon, avant de rentrer en raie, on opère la conversion du soc, de sorte que l'aile se trouve du côté de l'oreille agissante. Par un mécanisme ingénieux, un seul effort détermine le mouvement de l'oreille, du soc et du coutre. Cette charrue, dont le fer peut être très-aigu, entame les terres engazonnées et durcies, beaucoup mieux que ne le feraient les charrues à soc en forme de fer de lance, pour peu que celui-ci ait de largeur.

Les charrues à oreilles rentrantes et les charrues tourne-oreilles ne renversent la terre qu'imparfaitement parce que leur versoir, destiné à changer de position, ne peut être de forme elliptique. De plus, ces charrues, ainsi que les binoirs, frottent trop fortement du côté de la terre non labourée pour qu'elles puissent fonctionner sans point d'appui; aussi toutes reposent sur avant-train ou sur joug.

Au point de vue des frottements et du renversement de la tranche, nous préférons les *charrues doubles*, telles que le *brabant double* de Picardie, charrue à avant-train, qui se compose de deux charrues de fer superposées, renversant la terre, l'une à droite, l'autre à gauche, de sorte que, pour labourer

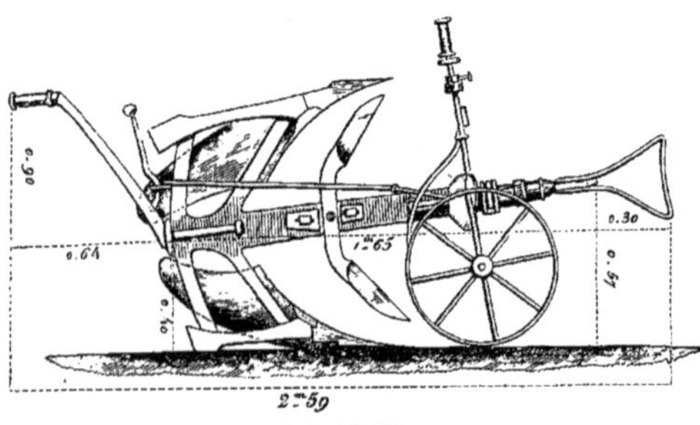

Brabant double.

sans changer de sillon, il suffit, à chaque extrémité, de mettre l'instrument sens dessus dessous. La haie est si solidement ajustée dans l'avant-train que les manches peuvent n'être pas tenus par le laboureur.

La charrue jumelle de Grignon présente deux charrues sans point d'appui adossées l'une à l'autre. On l'attelle successivement par chacune des extrémités.

Permettre d'éviter les enrayures à la place desquelles il reste de la terre non fouillée, voilà le principal avantage des instruments de cette seconde catégorie, avantage qui, aux yeux des cultivateurs de quelques pays, l'emporte sur l'inconvénient de la complication. Ne nous exagérons pas l'importance de cette supériorité. Ainsi, lorsqu'on a soin d'enrayer dans les dérayures du labour précédent, la terre se trouve suffisamment travaillée à la place même des enrayures. De plus, en enrayant tout à l'entour d'une pièce de certaine étendue et en continuant de la labourer par la circonférence, on peut la cultiver avec toute espèce de charrue, sans autre enrayure que celle du bord. Enfin, les charrues du second genre ne présentent aucun avantage lorsqu'on fait valoir des terres humides, car les dérayures forment, pour l'assainissement de ces terrains, des rigoles qu'il serait plus coûteux de creuser de toute autre manière.

Relativement au choix d'une charrue, voici d'autres principes importants.

Si les champs, à cause de leur nature humide ou de la fraîcheur du climat, ont beaucoup de tendance à s'enherber, n'adoptons, pour la culture ordinaire, ni les binoirs, ni les charrues tourne-oreilles, ni celles à oreilles rentrantes, mais des charrues dont l'oreille elliptique renverse bien la tranche, afin que les herbes soient étouffées le mieux possible.

Si la terre est très-collante, les charrues sans point d'appui n'ont pas assez de fixité et ne peuvent être admises. En revanche, elles sont précieuses, s'il se trouve des défoncements à opérer, des champs très-durs à ouvrir.

Devons-nous souvent labourer près de fossés, de haies ou d'arbres; les charrues à avant-trains n'approchent pas assez près de ces divers obstacles.

Le mieux est de réunir dans la même exploitation deux sortes de charrues, l'une à versoir elliptique pour bien renverser la terre et pour étouffer les gazons; l'autre du genre binoir pour les labours qui doivent surtout ameublir la surface du sol et déchirer les mauvaises herbes.

Ajoutons que, comme il est difficile de faire adopter par les serviteurs une charrue à laquelle ils ne sont pas habitués, on doit, avant d'essayer cette substitution, étudier avec soin les avantages et les inconvénients des charrues du pays. Souvent, il vaut mieux les perfectionner que d'en prendre d'autres; ce qui justifie, jusqu'à un certain point, le précepte de Caton :

Ne change point ton soc.

Comme améliorations, voici celles que nous croyons pouvoir conseiller d'une manière absolue :

Construire le sep et les étançons en fer ou en fonte plutôt qu'en bois, afin que ces pièces soient minces, sans être faibles, et qu'elles aient peu de surfaces frottantes;

Chausser le talon des seps en fer avec une petite pièce de fonte sur laquelle se concentrent tous les frottements, pièce qu'on renouvelle chaque fois qu'elle est usée;

Pour que la haie, restant pleine sur toute sa longueur, soit aussi solide que possible, ne pas la faire traverser par le coutre, mais fixer celui-ci sur le côté au moyen de ferrements;

Adopter les socs, dits *américains*, qui s'ajustent par un ou deux boulons à l'extrémité du versoir et du sep, tandis que les anciens socs chaussent le sep au moyen d'une large douille; ce qui, à chaque renouvellement du soc, cause une perte de fer assez importante;

Si l'on cultive des terres collantes, adopter les oreilles en bois, parce que la terre argileuse s'attache trop facilement au métal;

Pour la culture de tout autre sol, préférer les oreilles de fer ou de fonte, comme plus faciles à obtenir des ouvriers suivant la forme exactement désirée;

Donner beaucoup d'épaisseur à la partie basse et antérieure du versoir, attendu qu'elle s'use très-vite;

Adopter pour les avant-trains les roues de fonte d'une seule pièce, comme il s'en fabrique maintenant, avec moyeux perfectionnés, de sorte que le sable ne puisse se glisser à l'intérieur, et que l'huile ne suinte pas au dehors;

Comme les vis, une fois altérées par la rouille, manquent de solidité, les remplacer par des clavettes et par des coins de fer, partout où cette substitution est possible.

Enfin, nous pensons, sans cependant en avoir encore nous-même fait l'essai, qu'on peut avantageusement adopter le mécanisme nouveau, dit *Armelin*, recommandé par le savant M. Jourdier, directeur de la société du matériel agricole perfectionné, auteur d'études importantes sur la mécanique agricole. Dans les charrues Armelin, la pointe du soc est remplacée par l'extrémité d'une barre d'acier fixée aux étançons, barre qu'on avance à mesure qu'elle s'use, ce qui dispense d'envoyer rebattre le soc à la forge.

Rappelons, au sujet du perfectionnement des charrues, le concours qui fut ouvert, de 1801 à 1810, par le gouvernement français, sur la proposition de Chaptal. L'auteur du meilleur instrument devait recevoir une prime de 10,000 fr.; mais les améliorations présentées ne paraissant pas dignes du prix total, on n'accorda que des accessits, notamment des médailles à Jefferson, président des États-Unis, à Arthur Young, à lord Sommerville, au duc de Bedford. Comme ce dernier venait d'être enlevé par une mort prématurée, on déposa la médaille sur son tombeau. Quelque temps après, l'Angleterre lui érigea une statue. La charrue, sur laquelle on voit le duc appuyé, rappelle au monde l'amour que ce grand homme avait pour l'agriculture. Ses descendants n'ont pas dégénéré, et le duc actuel de Bedford doit être mis au nombre de ceux qui contribuent au progrès agricole avec le plus d'ardeur et de générosité.

CHAPITRE V

ATTELAGE DES CHARRUES, ENRAYURES, TOURNIÈRES.

Pour tracer ces sillons égaux et réguliers qui font la réputation du laboureur habile, il ne suffit pas d'avoir une bonne charrue et de la bien régler; il faut encore l'atteler convenablement.

Le mieux est de la faire traîner par deux animaux tirant de front, soit au moyen d'un joug, soit à l'aide de colliers et de traits qu'on attache à une *balance* ou volée d'attelage. Celle-ci se compose d'une pièce de bois d'environ 1 mètre de longueur, aux extrémités de laquelle sont fixées par des anneaux deux pièces plus petites, dites *palonniers*. Les traits s'accrochent aux palonniers, et la pièce principale à la charrue. Des deux bêtes, l'une marche dans le sillon, l'autre sur la terre non labourée. A cet égard, il est fort important de ne pas troubler leurs habitudes. On doit aussi accoupler ensemble, autant que possible, des animaux de même force, afin que la charrue ne soit pas plus entraînée d'un côté que de l'autre; ou bien il faut disposer, soit le joug, soit la balance, de sorte que l'animal faible tire par un levier plus long que l'animal fort, ce qui rétablit l'équilibre entre eux. A cet effet, on perce plusieurs trous dans le joug, afin que les chevilles qui le traversent et qui maintiennent la haie de la charrue puissent être déplacées et que la haie elle-même soit éloignée de l'animal faible. Quant à la balance, il convient qu'indépendamment du point d'attache placé à son centre, elle en ait encore un ou deux à droite et à gauche de celui-là.

Le laboureur conduit facilement, seul, deux ou trois animaux attelés de front. Il peut encore, quoique avec moins de facilité, diriger quatre bêtes marchant sur deux rangs; mais une seconde personne devient indispensable, si l'attelage est plus nombreux; complication dispendieuse qu'on doit chercher à éviter par le choix de forts animaux.

Les volées d'attelage destinées à trois bêtes de front sont divisées en deux parties, l'une double de l'autre en longueur, et à l'extrémité de laquelle est fixé un simple palonnier; tandis qu'au bout de la partie courte est attachée une balance entière avec deux palonniers. D'après la loi des leviers, la force des animaux se trouve de la sorte équilibrée.

Lorsque les bêtes sont attelées sur deux rangs, celles de devant tirent par une chaîne divisée en deux branches, qu'un morceau de bois nommé *étendière* maintient à distance l'une de l'autre. Chaque paire de traits est ouverte de même par une étendière, ce qui permet aux animaux de marcher librement. Enfin, la chaîne est soutenue par un anneau suspendu au cou des animaux du second rang.

Dans certains cas particuliers, par exemple, lorsqu'il faut labourer une terre qui se pétrirait sous le pied du bétail, on fait marcher les animaux l'un devant l'autre dans la raie, après avoir accroché les traits du premier à ceux du second, et ainsi de suite; mais cette disposition gêne l'attelage et lui fait perdre une partie de sa force.

Pour la perfection des labours, voici quelques précautions indispensables :

Déterminer à chaque extrémité de la pièce, par un sillon transversal, l'espace, appelé *tournière*, sur lequel la charrue doit tourner; sortir de raie et y rentrer correctement à partir de cette ligne indicatrice;

Enrayer autant que possible dans les dérayures du labour précédent;

Sauf certaines dispositions particulières dont nous parlerons au sujet des assainissements, ne pas faire à la même place ou à des points très-rapprochés, deux ou plusieurs enrayures successives, ce qui accumulerait la terre végétale sur une partie du champ aux dépens du reste; s'abstenir également de faire deux dérayures de suite au même endroit, attendu que le sol s'y trouverait creusé et appauvri;

Jalonner les enrayures, et, pour que la première tranche qu'on rejette sur le terrain non labouré forme une éminence à peine sensible, prendre peu de profondeur à ce premier sillon, puis augmenter graduellement l'entrure jusqu'au troisième;

Si on tient à ce que tout le sol soit fouillé, point très-important lors d'un défrichement de gazon, répandre à la pelle la terre du premier sillon, puis enrayer dans cette raie;

Avant de se mettre à dérayer, augmenter l'entrure de la charrue, afin que la dernière tranche, qui se trouve isolée, puisse être facilement saisie par le soc;

Compléter à la bêche la culture de tout ce que la charrue n'a pu entamer près des haies, des murs, des fossés et des arbres, pour que rien d'inculte ne serve de retraite aux insectes nuisibles, ni de centre de propagation aux mauvaises herbes.

CHAPITRE VI

LABOURS, LEUR IMPORTANCE, PROFONDEUR ET LARGEUR DES TRANCHES, FOUILLEUR.

Des divers travaux de culture, le labour est le seul par lequel on puisse exposer toutes les parties du sol à l'action directe des agents atmosphériques et enfouir les mauvaises herbes. Ce moyen de destruction est souvent indispensable. Aussi, est-ce par excellence le travail agricole; d'où lui vient le nom même de *labour* (*labor*, *travail*).

Sauf quelques cas exceptionnels, il faut *verser* le champ, c'est-à-dire, l'entamer par la charrue, au moins une fois, entre une récolte et l'ensemencement suivant. Souvent, la préparation du sol exige encore un ou deux autres labours.

La profondeur à laquelle on pénètre varie de 10 jusqu'à 40 centimètres. Tantôt, le mieux est de ne pas reculer devant la difficulté et la dépense des labours profonds. D'autres fois, au contraire, il faut se contenter de gratter le sol, notamment :

— Si le champ, déjà cultivé, se trouve sur le point d'être ensemencé; car la surface que les agents atmosphériques ont fécondée est très-favorable aux semences et ne doit pas être enfouie dans les profondeurs de la couche arable; — lorsque l'on enterre la plupart des substances fertilisantes; — quand, par sécheresse, on entame pour la destruction des mauvaises herbes un champ récemment récolté; — enfin, lorsqu'on verse à l'automne des limons imperméables, parce que ces terrains deviennent, après l'hiver, extrêmement mous et boueux, pour peu qu'avant les gelées, ils aient été labourés profondément.

En quelques pays, on n'entame par ces labours superficiels que moitié du terrain, et chaque tranche est rejetée sur un espace qui n'est pas fouillé. Ce travail tourmente et affaiblit les mauvaises herbes, dont plus tard on achève la destruction par un trait de charrue énergique qui les couvre d'une forte épaisseur de terre meuble.

Le point auquel il convient de pénétrer par les labours profonds se rapporte à la nature du sol. Si la couche végétale est épaisse, fouillons-la, de temps en temps, aussi avant que possible. Nous ferons périr ainsi, en les étouffant, quantité de végétaux parasites; et, comme nous aurons soumis une plus grande masse de terre à l'influence des agents atmosphériques, la puissance nourricière du sol se trouvera accrue; enfin le développement vertical des racines étant facilité, nos récoltes seront plus épaisses, plus vigoureuses, plus résistantes à la sécheresse, à l'excès de fraîcheur et à toute espèce d'intempérie.

Pour pénétrer au-dessous de 30 centimètres, on peut employer deux charrues dont l'une, munie d'un versoir long et élevé et d'un soc aigu, fouille le fond des sillons ouverts par l'autre. Dans le département des Côtes-du-Nord, cet approfondissement se fait à la bêche. En Artois et en Flandre, on se sert d'un instrument particulier, appelé *fouilleur*, qu'un ou deux chevaux traînent dans chaque raie de charrue. Ainsi travaillée, la terre reste quelque temps soulevée dans ses couches inférieures, et ne demande le renouvellement de l'opération qu'au bout de plusieurs années.

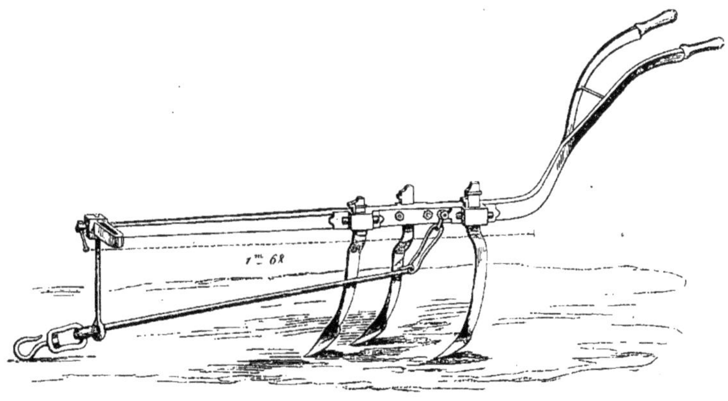

Fouilleur.

Malgré les avantages des labours profonds, on ne doit pénétrer fortement dans le sous-sol que si l'on peut améliorer de suite, par d'abondants engrais, la terre infertile que le défoncement mêle avec l'autre; et il convient de labourer à une profondeur toujours uniforme les craies et les sables presque purs, l'aridité de ces terrains augmentant chaque fois qu'on entame la couche raffermie par le piétinement des animaux, couche qui ralentit un peu l'infiltration des eaux pluviales.

Sauf ce cas exceptionnel, l'alternat des labours de profondeurs diverses est un des plus sûrs moyens d'arriver à la perfection de la culture.

Si de la profondeur des labours nous passons à la largeur des tranches, il est aisé de concevoir que, sauf le cas de ces demi-labours qui n'ont d'autre objet que de tourmenter les mauvaises herbes à la surface du sol, on ne doit pas prendre plus de terre que le soc et l'oreille n'en peuvent renverser. Du reste, il faut que les tranches soient aussi larges que possible, toutes les fois que l'humidité de la saison nous fait une loi de chercher à détruire les herbes par étouffement. N'est-ce pas en effet par l'entre-deux des tranches qu'il s'échappe des fils de chiendents qui, n'étant pas privés d'air, recommencent à poindre? Dès lors, ne convient-il pas que ces entre-deux soient très-espacés? Pour obtenir dans ce cas le meilleur travail, les Flamands adaptent à la charrue, en avant du contre, une *rasette* ou pièce de fer qui n'est autre qu'un diminutif de soc et d'oreille, sorte de petite charrue qui coupe et rejette au fond du sillon l'angle enherbé qui, le labour fait, se trouverait au point d'intersection des deux tranches. De la sorte, le gazon se trouve enfoui d'une manière parfaite.

On doit aussi exécuter à très-larges tranches tous les premiers labours donnés avant l'hiver; car plus la terre forme alors de gros blocs, mieux la gelée pénètre à l'intérieur par les vides étendus qui les séparent. Pour les labours ordinaires, bien que plusieurs auteurs conseillent les raies étroites dans l'intérêt de l'ameublissement, nous opinons encore pour des tranches d'une certaine largeur. Le degré d'ameublissement nécessaire s'obtient ensuite facilement par des hersages vigoureux, et l'ensemble du travail se fait plus vite.

CHAPITRE VII

PELLEVERSAGE, LABOURS D'AUTOMNE, PREMIERS ET SECONDS LABOURS.

En règle de bonne culture, la terre devrait toujours être — engazonnée, — occupée par un ensemencement, — ou maintenue nette et friable par le travail des instruments aratoires. Ainsi, à peine un champ est-il récolté qu'il faut, à moins d'autre travail très-pressé, chercher à l'entamer; mais comment y parvenir, si l'ardeur de l'été a durci le sol? C'est le cas de recourir au *barboulage* de l'Auvergne, ou *pelleversage* du midi. Trois ou quatre ouvriers, armés de bidents solides, enfoncent à la fois dans le sol le fer de ces instruments; puis, abaissant le manche vers eux, ils détachent un gros bloc auquel ils font faire conversion. Le champ, bientôt retourné, se trouve couvert de mottes énormes. Pour peu que la sécheresse se prolonge, les chiendents sont entièrement brûlés. A la première averse suffisante pour pénétrer les mottes, on donne de vigoureux hersages, et la culture est parfaite.

Lorsqu'on n'a pu entamer aussitôt après la récolte les terres destinées à être ensemencées au printemps suivant, il ne faut pas attendre l'instant du semis pour donner le premier labour, mais l'effectuer avant ou pendant l'hiver, afin de tourmenter les herbes et d'exposer le sol à l'action ameublissante des gelées; point capital, surtout dans la culture des terres argileuses. Ces labours d'automne se font quelquefois par enrayures et dérayures contiguës. Disposée de la sorte en ados étroits, la terre ressent encore à plus haut degré l'effet des gelées.

Les champs argileux ne peuvent être trop remués par la charrue. Au contraire, il faut éviter de labourer fréquemment les sols friables, tels que les craies, les sables, les terres de marais et de bruyères. En effet, nos plantes craignent pour la plupart un sol très-soulevé, *une terre creuse*, comme disent les laboureurs.

La consistance boueuse, que prend un champ labouré par un temps humide, est généralement plus nuisible encore, surtout si le sol est argileux et si c'est au printemps qu'a lieu le labour. Pour peu qu'en cette saison ce terrain tenace soit pétri, il devient ensuite d'une dureté extrême. A l'automne, on n'a pas le même danger à courir, à cause des gelées dont l'effet ameublissant doit bientôt se faire sentir. Plutôt que de laisser alors sans culture le champ argileux, on doit le labourer, même dans un état de fraîcheur prononcée. Quant aux sols sablonneux et calcaires, ils ne sont presque jamais trop humides pour ne pouvoir être entamés. Il en est de même des terrains calcaro-argileux et argilo-calcaires, pourvu que, attelés l'un derrière l'autre dans le sillon, les animaux ne pétrissent pas la terre. Grâce à la présence du calcaire, ces terrains, ainsi que nous l'avons déjà remarqué, s'ameublissent ensuite par le seul effet des agents atmosphériques.

A moins qu'on ne fasse succéder l'un à l'autre deux labours de profondeur toute différente, on ne doit travailler par la charrue une terre déjà versée que lorsque les mauvaises herbes sont aussi bien étouffées que possible. Plus la température est froide, plus il faut attendre. Ainsi, en été, moins d'un mois peut suffire, tandis qu'un champ, versé à la fin de l'automne, ne peut pas toujours être repris à la même profondeur aussitôt après l'hiver. Si l'on n'a pas assez de temps pour donner utilement un second labour, qu'on s'en tienne à un seul trait de charrue, et qu'on réserve aux herses et autres instruments le travail d'ameublissement qui peut encore être nécessaire.

CHAPITRE VIII

HERSES, SCARIFICATEUR, HERSAGES.

Véritables râteaux des campagnes, les herses se composent de pièces de bois ou de fer, armées de dents et assemblées en triangle, rectangle, trapèze ou losange, suivant un plan parallèle au sol. Quelle que soit la forme adoptée, il faut que les dents tracent des lignes régulièrement espacées.

Dans la herse en losange, dite *valcourt*, du nom d'un savant modeste auquel nous devons de sérieuses études sur la mécanique agricole, chaque angle

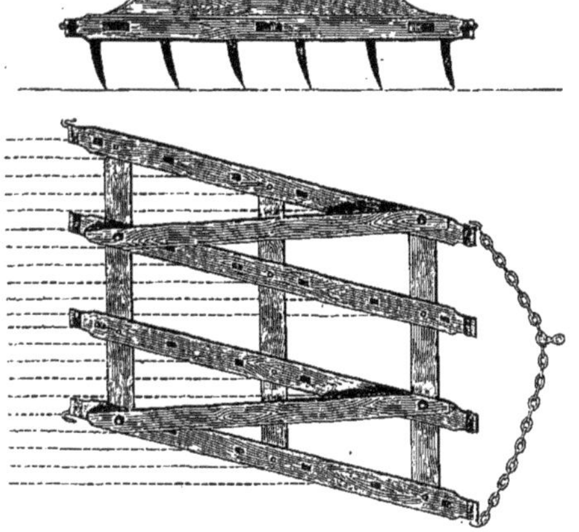

Herse Valcourt.

est muni d'un crochet; et c'est à la chaîne qui va de l'un à l'autre qu'on attache la volée d'attelage, en choisissant un point tel que le tracé des lignes réponde à la condition que nous venons d'indiquer. A cause de la flexibilité de la chaîne, cette herse présente un mouvement d'oscillation qui en rend l'action très-énergique.

Il convient que les dents de toute herse, au lieu d'être verticales, soient inclinées vers l'attelage, ce qui augmente leur puissance d'entrure; si l'on veut un hersage peu énergique, on fait traîner l'instrument en sens inverse.

Par la longueur des traits, on peut aussi régler jusqu'à un certain point la force du travail; car la herse, comme la charrue, pénètre d'autant moins qu'elle est attelée de plus court.

La même exploitation doit réunir plusieurs herses, les unes à dents de fer, les autres à dents de bois. Supposé qu'on désire émietter un champ couvert de mottes, on commence par employer des herses pesantes et à dents écartées; ensuite, on en prend de plus légères; enfin, pour terminer le travail, on se sert de châssis à dents très-serrées.

Si la herse dépasse un certain degré de pesanteur, on ne peut en régler convenablement l'entrure sans le secours de roues qui, au nombre de trois ou quatre, la soutiennent devant et derrière, et peuvent s'élever ou s'abaisser.

On appelle *scarificateurs* celles de ces herses qui ont des dents larges, aiguës et courbées en avant; in-

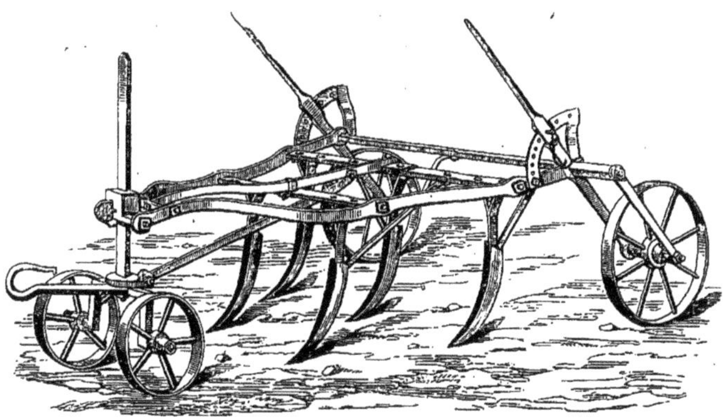

Scarificateur.

struments précieux que toute exploitation doit posséder et qui, pour des cultures superficielles, remplacent souvent la charrue avec grande économie de temps et de force.

Les herses destinées à la culture d'ados étroits, présentent un plan courbe et parallèle à la surface même des ados; ou bien il faut qu'elles se composent de deux, trois ou quatre compartiments de l'étendue, chacun, d'une moitié d'ados, portions qui sont attachées l'une à l'autre par des anneaux.

Trop peu employées sur les points les plus arriérés du territoire, les herses seront, en bonne culture, de l'usage le plus fréquent. Ainsi, il convient presque toujours de s'en servir pour achever l'ameublissement du sol et pour enterrer les semences.

Souvent aussi on herse une terre labourée et qui doit l'être encore, afin de favoriser le développement des graines nuisibles dont le germe sera détruit par les cultures subséquentes.

Les hersages en temps sec, d'abord avec le scarificateur, puis avec des herses plus légères, détruisent les chiendents mieux que ne pourrait le faire aucun autre travail. Après le dernier de ces traits de herse, on s'empresse de labourer; car une fois couvertes par la charrue, les racines que les hersages ont affaiblies périssent promptement, tandis que, si elles restaient à la surface, sans être tourmentées de nouveau, elles reprendraient vie, pour peu que la température fût humide.

On entame avec de grosses herses, surtout avec le scarificateur, les champs qui viennent d'être récoltés, afin d'arracher les chiendents et d'empêcher le durcissement du sol. Dans les pays les mieux cultivés, on attache même tant d'importance à ce travail qu'on l'exécute avant de rentrer la récolte. Celle-ci est rangée en tas alignés pour ne pas gêner les attelages. Un trait de scarificateur est sans doute moins efficace, en cette circonstance, que ne le serait un labour; mais il présente l'avantage de s'exécuter plus rapidement.

Dans certains cas, on peut herser utilement un champ ensemencé depuis quelques jours, afin de continuer la destruction des chiendents et de faire périr les plantes nuisibles dont le développement aurait précédé la germination des graines confiées au sol.

On éclaircit avec la herse certains semis trop épais, entre autres, ceux de navets. La culture qui en résulte est fort utile aux pieds épargnés.

Un hersage est aussi très-favorable, après l'hiver, aux plantes fortement enracinées, trèfle, luzerne, sainfoin, fève, herbes de prairie, souvent même aux céréales.

Si nous passons à la conduite des herses, voici les principales règles à suivre :

Ne herser la terre que ressuyée et disposée à s'ameublir;

Ne pas laisser la herse s'embarrasser d'herbes ni de mottes; la soulever pendant sa marche, pour faire tomber tout ce qui s'accroche entre les dents; à cet effet, rester derrière l'instrument et conduire l'attelage à l'aide d'un cordeau; cette méthode d'ailleurs, au point de vue de la bonne direction des animaux, l'emporte sur celle qui consiste à se placer près de leur tête et à les saisir par la bride;

Atteler aux herses, suivant leur pesanteur, un, deux, trois ou quatre animaux. Si plusieurs herses sont traînées chacune par une seule bête, attacher chaque animal, au moyen d'une longe, à la herse qui le précède et conduire seulement celui qui fait tête de file;

Accélérer le pas de l'attelage; car, plus la herse marche vite, pourvu qu'elle ne sautille pas, mieux elle ameublit le sol. Le cheval, à cause de la vivacité de ses allures, convient tout particulièrement à ce travail;

Faire passer la herse autant de fois qu'il le faut pour ameublir la terre au degré désiré; si la largeur et la disposition des champs le permettent, exécuter ces hersages suivant des directions différentes, dont l'une en sens croisé avec le labour. Autrement, les dents se remettent souvent encore, après plusieurs tours, dans les lignes tracées par le premier trait, et le sol ne se trouve pas complétement ameubli.

CHAPITRE IX

HOUES ET AUTRES INSTRUMENTS A LAMES HORIZONTALES.

Les houes sont destinées à détruire les mauvaises herbes et à ameublir le sol pendant la croissance des plantes. On les emploie très-fréquemment pour les cultures perfectionnées; et c'est toujours une circonstance heureuse, lorsque les ouvriers du pays qu'on habite savent se servir adroitement des houes à main. Au moyen des houes à cheval, on peut cependant suppléer à la plupart des sarclages à bras, pourvu que les plantes soient semées ou repiquées en lignes.

Le plus répandu de ces instruments présente un châssis triangulaire, de fer ou de bois, pouvant s'ouvrir ou se resserrer, et supportant plusieurs tiges de fer qui se terminent chacune par un couteau horizontal à lame d'acier; celui de ces fers qui se trouve à l'angle aigu du châssis est un soc triangulaire, en avant duquel est adapté un régulateur du genre de

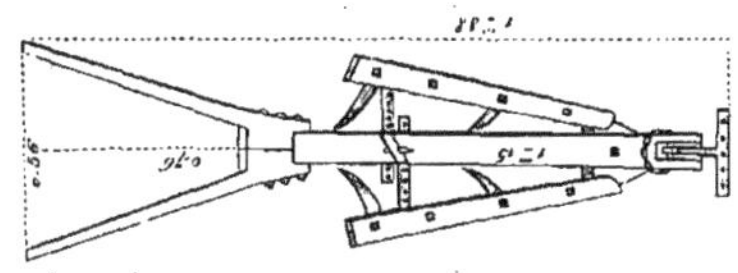

Houe à cheval vue à vol d'oiseau.

ceux des charrues sans point d'appui. Un ou deux animaux traînent l'instrument, qu'un homme dirige au moyen de mancherons.

Il convient de le faire passer à deux reprises entre les lignes, et de s'attacher à serrer chaque fois une seule des deux. De la sorte, il ne reste ensuite presque rien à achever avec le hoyau à main. Si le sol commence à se durcir, on remplace les tiges munies de couteaux par des dents aiguës et courbées en avant.

On peut sarcler ainsi à peu de frais, pommes de terre, betteraves, colza, fèves et autres plantes en lignes espacées de 60 centimètres au moins.

Pour des lignes plus serrées, on a d'autres houes qui en sarclent plusieurs à la fois et qui sontsup portées par deux ou trois roues mobiles. L'espacement des couteaux de ces houes doit s'accorder avec le tracé des lignes que, à cet effet, on ensemence au moyen d'un semoir dont la construction est en rapport avec celle de la houe elle-même. Lors du sarclage, on fait suivre à celle-ci chaque passée du semoir. Le conducteur prévient toute déviation au moyen de manches par lesquels il porte rapidement à droite ou à gauche l'appareil qui supporte les couteaux.

L'instrument de ce genre le plus perfectionné est la houe anglaise *Garrett*, qui fonctionne entre des lignes espacées seulement de 15 centimètres. Mais les cultivateurs habitués aux opérations difficiles peuvent seuls en tirer parti. Aussi, n'oserions-nous en conseiller l'adoption que pour les points les plus avancés du territoire, tandis que la houe à cheval à une seule ligne rendrait partout d'immenses services.

Quelque instrument qu'on emploie, un champ ne doit être sarclé que bien ressuyé et si l'on ne craint pas la pluie. Une averse immédiate ne rendrait-elle pas la vie aux herbes coupées? D'un autre côté, n'attendons pas que la sécheresse ait durci la terre; autrement, le fer des houes soulèverait de grosses mottes et endommagerait les racines. Enfin, que cette culture soit très-superficielle, le plus sûr moyen d'attaquer les mauvaises herbes étant de les couper presqu'à fleur de terre.

Aux instruments à lames horizontales appartiennent encore la *râtissoire*, l'*extirpateur*, le *niveleur*.

Tout le monde connaît la râtissoire des jardins. On emploie en agriculture un instrument analogue qui gratte la surface du sol au moyen d'une lame horizontale, longue de 60 centimètres à 1 mètre 20, large de 10 centimètres, et forte de 2 à sa partie la plus épaisse. Cette râtissoire doit avoir un certain poids et être portée par trois ou quatre roues susceptibles d'exhaussement, ce qui sert à régler la profondeur du travail. On l'emploie en temps sec, pour la destruction des mauvaises herbes, sur les champs qui viennent d'être récoltés et dont la surface unie et sans pierres se laisse facilement entamer. Mais la lame s'engorge, s'il se trouve un chaume élevé ou des herbes abondantes, si le fer n'est pas bien tranchant, enfin s'il ne pénètre pas à une profondeur de 3 à 4 centimètres au moins.

L'*extirpateur* présente plusieurs lames triangulaires soutenues chacune par une tige de fer. On l'emploie dans les mêmes circonstances que la râtissoire. Il doit, comme elle, être d'un certain poids et se trouver maintenu sur toute sa largeur à un degré d'entrure régulier, au moyen de roues mobiles.

Le *niveleur* se compose de trois à quatre pièces de bois de 2 mètres de long, assemblées parallèlement sur un plan horizontal et armées en dessous, sur toute leur longueur, de lames de fer qui, au lieu d'être soutenues par des tiges de fer, comme dans la râtissoire, sont immédiatement appliquées aux pièces de bois et dépassent leur bord antérieur d'environ 8 centimètres. La direction légèrement oblique de ces lames leur permet de pénétrer dans le sol, mais de quelques centimètres seulement. Cet instrument n'a ni roues, ni manches. Deux ou trois animaux le traînent au moyen d'une chaîne qui s'accroche d'un côté à l'autre. On s'en sert, dans le nord des Ardennes, pour étendre les taupinières des prairies; travail qu'il exécute en perfection. Mon excellent frère, M. Charles Gossin, le fait souvent passer aussi avec succès sur les champs labourés. Cet instrument remplit les interstices des tranches du labour, contribue ainsi à étouffer les mauvaises herbes enfouies par la charrue, donne au champ la surface la plus unie, facilite les hersages, enfin brise les mottes et ameublit fortement le sol. On ne peut l'employer sur des pièces ensemencées; comme il entraîne de la terre, il déplacerait une partie des graines.

CHAPITRE X

ROULEAUX.

Les rouleaux sont, comme le nom l'indique, des instruments qui roulent sur le sol. Les plus usités se composent d'un cylindre en bois de 1 à 2 mètres de long et de 40 à 80 centimètres de diamètre, muni à chaque extrémité d'un boulon de fer qui traverse une pièce de fer ou de bois perpendiculaire à la longueur du cylindre. La pièce de gauche est assemblée avec celle de droite par une ou deux barres parallèles au cylindre lui-même, ce qui forme une sorte de châssis auquel on attèle les animaux. Souvent aussi les rouleaux tournent autour d'un axe central qui les traverse de part en part.

Les calibres sont très-variés. M. Lœillet a calculé qu'il faut, par centimètre de longueur, 2 à 3 kilogrammes de pression pour un travail utile, et 5 à 7, pour un travail énergique.

Afin d'obtenir une très-forte pression, on fait des rouleaux de pierre ou de fonte; et, au lieu de leur donner la forme ronde, on les construit de telle sorte qu'ils ne touchent terre que par un petit nombre de points. Tels sont les rouleaux *squelettes* ou en barres de fer; les rouleaux anguleux à six ou huit faces; enfin le rouleau *Crosskill* qui se compose de plusieurs roues en fonte présentant un grand nombre d'aspérités, et tournant autour d'un axe commun. Du poids de 1,200 à 1,800 kilogrammes, ce rouleau exerce une

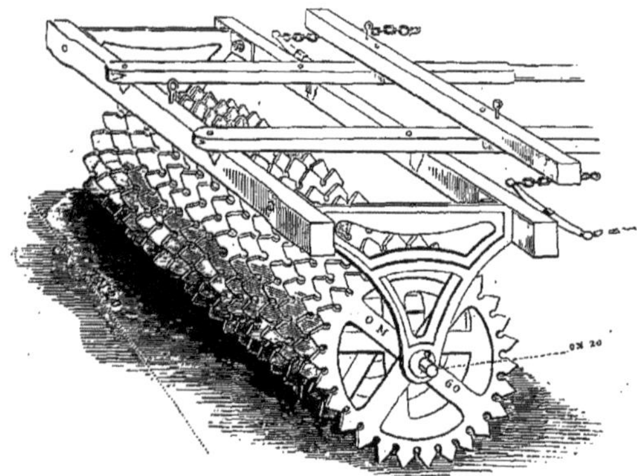

Rouleau Crosskill.

pression qui s'élève jusqu'à 10 kilogrammes par centimètre. Aussi pulvérise-t-il les mottes les plus dures et fait-il périr, en les écrasant, beaucoup de vers et d'insectes nuisibles.

A longueur et à poids égaux, les rouleaux offrent d'autant plus de résistance à l'attelage que leur diamètre est moindre. En effet, plus l'instrument est bas, plus il fait de tours pour parcourir un espace donné, et par conséquent plus l'axe de rotation éprouve de frottements. Ajoutons que, comme la résistance part de cet axe, la ligne de tirage est d'autant mieux appropriée à la constitution des animaux de haute stature qu'il se trouve lui-même plus élevé. Enfin, le rouleau d'un certain diamètre passe plus facilement au-dessus des mottes que le rouleau plus petit. Celui-ci les presse sans doute plus longtemps et avec plus d'énergie; mais cette pression plus forte, qu'il serait aisé d'obtenir par une augmentation de pesanteur, ne compense pas l'accroissement de résistance qui résulte du petit diamètre.

C'est pour ces divers motifs qu'on fait toujours creux les rouleaux de fonte, et que l'on construit aussi en madriers des rouleaux de bois creux qui, fermés de toutes parts, présentent seulement une ouverture par laquelle on introduit de l'eau à l'intérieur; moyen facile d'en augmenter le poids au degré voulu.

A chaque changement de direction dans la pièce de terre, les diverses parties du rouleau ont d'autant plus de terrain à parcourir qu'elles sont plus éloignées de l'extrémité qui fait centre de conversion. Pour qu'elles pussent continuer de tourner, il faudrait alors qu'elles prissent chacune un mouvement de rotation particulier, plus lent pour celles qui touchent au centre de conversion, plus rapide pour celles qui s'en éloignent. Si le cylindre est d'une seule pièce, ces différences ne pouvant se produire, la rotation s'arrête, et la terre se trouve creusée par l'effet d'un

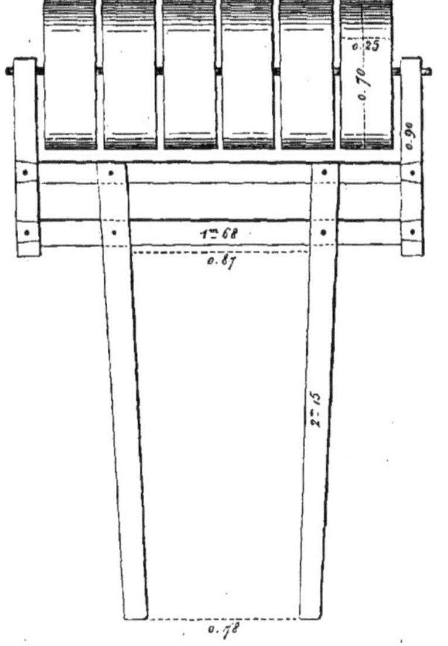

Rouleau composé de plusieurs pièces.

frottement qui donne beaucoup de tirage aux animaux. Cet inconvénient n'existe pas, lorsque le cylindre se compose de plusieurs tronçons tournant autour d'un axe commun ; disposition que dès lors il est fort utile d'adopter.

On se sert des rouleaux pour écraser les mottes ; et la culture des terres argileuses en exige de très-puissants dont on fait alterner deux ou trois fois le travail avec celui des herses. Celles-ci ramènent à la surface les morceaux durcis que le rouleau pulvérise ensuite.

Par un temps sec, la germination des semences peu couvertes serait souvent compromise, si l'on ne donnait au sol un certain tassement. Ce travail, qu'on obtient encore du rouleau, doit être d'autant plus énergique que le sol est plus léger, que la saison est plus aride, que les graines sont moins enterrées. Après l'hiver, il faut soumettre à une pression analogue les champs occupés par des plantes semées en automne, toutes les fois que, par suite des gelées, la surface est devenue très-friable et que les racines se trouvent déchaussées. Le rouleau rapproche de terre les végétaux à moitié soulevés et leur permet de s'enraciner avec une nouvelle solidité.

Enfin, on emploie souvent le rouleau dans le seul but d'aplanir toute aspérité et de faciliter plus tard le travail de la faux.

En règle générale, il ne faut rouler la terre que lorsqu'elle est parfaitement ressuyée ; autrement, elle se pétrit, puis se durcit de la manière la plus fâcheuse.

CHAPITRE XI

PROGRÈS ACTUEL DE LA MÉCANIQUE APPLIQUÉE A LA CONSTRUCTION DES INSTRUMENTS ARATOIRES.

Des quatre genres d'instruments que nous venons d'étudier, la charrue est le seul dont se servent les pays les moins avancés. La France présente encore sur quelques points cette simplicité primitive ; mais partout où l'agriculture se trouve en progrès, on répartit le travail de la terre entre les instruments qui l'accomplissent le mieux dans chaque cas particulier. Ainsi, avec quelque dépense de plus en matériel, on réalise chaque année une grande économie ; et la culture des champs peut égaler en perfection celle des jardins.

De nouveaux progrès ne sont-ils pas sur le point de s'accomplir ? On sait à quel degré la griffe de la taupe pulvérise la terre la plus compacte. Les Anglais et, d'après eux, le savant M. Léonce de Lavergne se demandent si l'on ne pourrait construire un instrument capable d'exécuter en grand un travail semblable. Frappé de cette même idée, on avait fait depuis longtemps des rouleaux armés de pointes ; mais ces griffes s'engorgeaient de terre et cessaient d'agir. Depuis, on a composé ces rouleaux à griffes, ou *herses norvégiennes*, d'un certain nombre de disques de fonte tournant autour d'un axe commun, comme les roues du rouleau Croskill. Deux ou trois files de disques semblables sont assemblées dans le même instrument, assez près les unes des autres pour que, les dents d'une file s'engageant sur une certaine longueur entre les dents d'une autre file, toutes se nettoient réciproquement.

M. Guibal, de Castres, a construit, d'après le même système, une piocheuse qui se compose de deux roues de fonte tournant autour d'un essieu commun, et armées chacune d'un certain nombre de pioches. Enfin, M. Guibal fait aussi des rouleaux piocheurs plus larges au moyen desquels il sarcle des plantes semées en ligne, après avoir retranché une partie des fers. Qui sait où l'on s'arrêtera dans cette nouvelle voie et même si, en beaucoup de circonstances, la force de la vapeur ne pourra remplacer celle du bœuf, du cheval et de la mule? Les Anglais sont à la recherche de ce nouveau progrès que probablement ils parviendront à appliquer à la culture des grands domaines.

Muse de la peinture champêtre, vous qui faites si bien revivre sur la toile le laboureur de la Nièvre et ses bœufs[1], multipliez donc vos chefs-d'œuvre, afin que la postérité puisse encore se familiariser avec nos travaux actuels, si jamais l'antique charrue cesse de sillonner nos guérets.

CHAPITRE XII

SEMAILLES, CHOIX ET PRÉPARATION DES SEMENCES.

Il n'est pas de degré du médiocre au pire, dit Boileau. Appliquons ce précepte à l'agriculture; et, après avoir bien cultivé nos terres, ensemençons-les avec perfection. Observons d'abord, pour le choix des graines, les principes indiqués au premier chapitre de la première section. Ainsi, plutôt que d'employer des semences médiocres tirées de notre propre exploitation, recherchons au loin le produit des plus belles récoltes. La dépense sera dix fois payée à la moisson.

Ne confions à la terre que des graines très-mûres. Par un criblage exact, purgeons-les des germes de plantes nuisibles et de ous grains défectueux. Quelques instants avant de semer, complétons le nettoyage des espèces plus pesantes que l'eau, en les mettant dans un baquet plein de ce liquide. Les grains maigres ou attaqués par les insectes surnagent et sont facilement enlevés. Pour conserver sans altération les variétés précieuses, nous pousserons le soin jusqu'à démêler à la main, sur une table, les grains les plus parfaits.

Toute graine fermentée ou moisie doit être rejetée; souvent elle ne germerait pas; d'autres fois elle produirait des sujets maladifs. Que les récoltes dont nous voulons tirer semence soient donc rentrées avec un soin particulier, et que le produit en soit étendu par lits très-minces, puis remué souvent. S'il se trouve même assez de place au grenier, n'enlevons pas tout d'abord les menues pailles et les poussières, afin que, soulevée par ces corps étrangers, la graine ait moins de disposition à s'échauffer.

Beaucoup de semences conservent en terre leurs facultés germinatives un temps presque illimité, tandis que dans nos magasins, par suite d'une dessiccation inévitable, le germe s'affaiblit d'abord, puis se détruit. Aussi, sauf quelques exceptions que nous indiquerons plus tard, convient-il d'employer des semences de la dernière récolte. On peut rendre quelque activité aux vieilles graines encore vivantes, en les faisant tremper dans une eau qui contient 1 pour 100 d'acide chlorhydrique ou d'acide sulfurique.

Si l'on doute de la valeur de certaines semences, on en met quelques grains comptés dans un pot rempli de terre humide. Ce qui germe donne bientôt un renseignement positif. Une couleur terne et une odeur de moisi sont toujours des indices de mauvaise qualité.

Pour hâter la germination, il suffit de faire gonfler la graine dans l'eau pendant quelques heures. Mais si on la sème alors en terre trop sèche ou trop froide, le germe souffre et finit par pourrir ou par se dessécher, pour peu que la sécheresse ou le froid se prolongent. Utile en certains cas, ce procédé ne peut donc être conseillé d'une manière absolue.

« J'ai vu, dit Virgile, beaucoup de cultivateurs « appliquer à leurs graines certaines drogues, verser « sur elles, avant de les semer, de l'eau salpêtrée et « du marc d'huile, afin d'obtenir un produit meilleur « et des épis d'apparence moins trompeuse. »

Olivier de Serres conseille de tremper les grains dans du jus de fumier, *pour leur faire produire*, dit-il, *abondamment et merveilleusement*.

Ces recettes s'expliquent sans peine. En s'attachant au germe, quelques atomes de sel fertilisant lui fournissent un aliment choisi par l'effet duquel

1. Célèbre tableau de Mlle Rosa Bonheur qui est exposé dans la galerie du Luxembourg.

la jeune plante devient immédiatement plus vigoureuse. Le charlatanisme a souvent exploité un fait aussi simple, pour vendre à la livre ou à la bouteille des engrais qui, appliqués aux semences, devaient décupler les moissons. Tels ont été, l'*Eau merveilleuse* de l'abbé de Vallemond, qui fut accueillie au XVIIe siècle comme un présent miraculeux; la *Matière universelle* que le prieur de la Perrière prétendait avoir trouvée un peu plus tard, et avec laquelle on devait obtenir du blé constamment et sans culture sur les plus mauvaises terres, secret dont Chômel dit qu'il refusa des sommes immenses, et qui périt avec lui; les engrais *Dusseau*, *Huguin*, *Bicquès*, etc., dont on parlait il y a peu d'années, et qui déjà sont oubliés. Sans nous étendre sur ces prétendus secrets qui ne dispenseront jamais de l'emploi des substances fertilisantes portées dans le sol à doses plus fortes, voici la meilleure manière d'appliquer aux semences quelque engrai actif, tel que poudrette, noir animal, poussière imprégnée de sels nitreux ou ammoniacaux : après avoir humecté la graine au moyen d'un liquide contenant en dissolution un demi-kilogramme de colle-forte pour 20 litres d'eau, on la mêle avec la substance fertilisante bien pulvérisée et tamisée. Chaque grain, devenu collant, s'empare d'une certaine quantité de poussière. On dit alors qu'il est *praliné*.

Quelquefois, c'est pour détruire un principe de maladie, qu'on applique aux grains des substances salines ou caustiques. Nous reviendrons sur ce sujet à l'occasion des blés de semence. Enfin, sans autre but que de faciliter, par une augmentation de volume, la répartition égale des graines les plus fines, on les mêle de cendres, de sable ou de tout autre corps pulvérulent. Le pralinage présente cet avantage de grossir les grains et de les rendre plus faciles à bien semer.

CHAPITRE XIII

SEMAILLES (SUITE); CHOIX DU MOMENT LE PLUS FAVORABLE POUR SEMER, ENFOUISSAGE DES SEMENCES.

Pour le semis de chaque plante, il est une saison dans laquelle on doit s'attacher à choisir le moment le plus favorable.

Ainsi, en terre froide et humide, attendons, pour faire les semailles printanières, que le sol soit fortement réchauffé par le soleil, et, pour les semis d'automne, ne laissons pas se refroidir les champs encore pénétrés des feux de l'été. Au contraire, si la terre est sèche et chaude, qu'on s'empresse d'effectuer les semailles de printemps, avant que le champ ne soit desséché par le hâle de cette saison; et qu'on retarde les semis automnaux, jusqu'à ce que la terre brûlée par la canicule ait repris une certaine fraîcheur.

Passons aux considérations climatériques. Dans les régions de l'ouest, où les hivers sont doux et les étés frais, on a moins à craindre que partout ailleurs la pourriture des grains par absence de calorique, ou l'avortement des germes par manque de fraîcheur. Il en résulte, pour les semis, une latitude qui n'existe ni dans les régions du midi où l'hiver est doux et l'été brûlant, ni dans celles du nord, du nord-est et des montagnes où l'hiver est long et rigoureux. Dans le midi, la sécheresse oblige à semer tard en automne et à faire de bonne heure les semailles printanières; dans le nord, la précocité des froids et leur durée nécessitent des combinaisons contraires.

Les graines de plusieurs plantes sensibles à la gelée, telles que maïs, sarrasin, haricot, millet, chanvre, ne peuvent être confiées à la terre qu'à une époque avancée du printemps. Redoutons la sécheresse pour ces semis tardifs, et, s'il survient dans leur saison une pluie bienfaisante, ne laissons pas échapper cet instant favorable.

Ce n'est pas tout. Lorsque la terre contient beaucoup de graines nuisibles, on doit souvent, pour les semis de printemps et d'été, attendre la germination de celles de ces graines que le dernier labour a ramenées à la surface du sol. Avant de semer, on fait périr, par un trait de herse énergique, les mauvaises plantes qui ne font que naître, et la récolte suivante se trouve délivrée d'une foule d'ennemis. En automne, plus on sème tard, moins les graines parasites ont de disposition à lever parmi le bon grain; c'est un motif de retarder parfois les semis qu'on effectue dans cette saison.

Un sol de nature humide est-il humecté par la pluie, et celle-ci menace-t-elle encore; abstenons-nous de confier à la terre des graines qui seraient exposées à pourrir. Évitons surtout d'ensemencer, par une température pluvieuse, les champs limoneux dont la surface ne s'est pas encore hâlée depuis le dernier labour. S'il survenait immédiatement une forte averse, la terre se plaquerait, et la graine privée d'air périrait bientôt, à moins que, le temps passant subitement au sec, il ne devînt possible de rompre presque aussitôt par la herse en fer la croûte du sol rebattu.

Malgré ce péril auquel sont quelquefois exposées les semences enterrées, il convient généralement de les couvrir, afin de les soustraire à l'avidité des oiseaux et pour maintenir autour d'elles une certaine fraîcheur. C'est à peine cependant s'il faut enfouir les graines les plus fines. On conçoit du reste que, plus la saison est sèche et le sol léger, plus on doit couvrir toute espèce de semence. C'est surtout dans les sols crayeux et dans les terres spongieuses de marais qu'il est indispensable de les mettre à une certaine profondeur, afin que les plantes s'enracinent de suite très-solidement. Autrement, comme la surface de ces terres est toujours friable, les jeunes sujets, bientôt déchaussés par le vent ou par la gelée, souffriraient beaucoup.

Souvent il faut aussi presser les graines avec le rouleau, afin que, dans le travail de la germination, les radicelles se trouvent parfaitement entourées de terre meuble. Plus la semence est fine et le temps sec, plus cette nécessité devient urgente. Elle se produit plus fréquemment pour les ensemencements de printemps et d'été que pour ceux d'automne. Dans les régions du nord, c'est même exceptionnellement qu'on roule ces derniers, tandis que sous le climat aride du midi, il convient de le faire presque toujours.

CHAPITRE XIV

SEMAILLES (SUITE); SEMAILLES EN POQUETS ET EN LIGNES.

Les semis peuvent s'effectuer d'après deux systèmes qui comprennent chacun plusieurs procédés :

Premier système. — On distribue la semence par places également espacées.

Deuxième système. — On la répand au hasard sur toute la surface du champ.

La disposition régulière qu'on donne aux plantes par le premier moyen permet de les sarcler plus tard avec facilité. On devrait donc toujours l'adopter pour les champs destinés à recevoir l'opération du sarclage. Ce système nous présente lui-même le *semis en poquets* et *le semis en lignes.*

Pour semer en poquets, voici la description des procédés perfectionnés dont l'ensemble est appelé, du nom de l'auteur, *système Ledoct.*

Au moyen d'un rayonneur dont la pièce principale est une barre de fer horizontale supportant plusieurs pieds verticaux, on trace l'alignement des poquets dans le sens de la longueur et dans celui de la largeur du champ. On creuse ensuite les poquets aux points d'intersection de ces lignes; puis, à chacun de ces points, on répand graine et engrais pulvérulent au moyen d'un entonnoir qui en renferme un plus petit. Celui-ci contient la semence; dans l'autre se trouve l'engrais. Le fond de tous les deux est fermé par une planchette mobile qui, chaque fois qu'on sème, est tirée rapidement à l'aide d'un mécanisme ingénieux. Des entonnoirs de ce genre se font à la célèbre colonie de Mettray.

Une fois levées, les plantes sont sarclées par une houe à cheval, qui n'est autre que le rayonneur ci-dessus décrit, dans lequel on a remplacé les pieds destinés au tracé des lignes par d'autres pieds propres au sarclage.

Jouissant en tous sens de l'action de l'air, de la lumière et de la chaleur, et serrées cependant dans chaque touffe au point d'éprouver cette gêne utile qui accélère la végétation, les plantes en poquets sont généralement très-productives. Toutefois, à cause des soins minutieux qu'il exige, ce mode de semis n'est appliqué qu'à la petite culture. Sur une grande échelle, on préfère les semis en lignes, comme plus faciles à exécuter.

Pour ce second mode d'alignement, on se sert quelquefois du labour même, et, à cet effet, tandis que la charrue travaille, on jette au fond de la raie à tous les deuxième ou troisième sillons, telle graine, la fève, par exemple, qui ne craint pas de se trouver couverte de toute l'épaisseur de la tranche; ou bien, lorsque le labour est terminé, on répand la semence, soit à la main, soit au moyen d'un entonnoir, dans les lignes que le travail de la charrue a formées à la surface du sol; puis, on l'enterre par un trait de herse ou de rouleau, ou mieux encore, si la graine est très-fine, par le passage de la roue d'une brouette fortement chargée. Lorsque des hersages ont effacé les traces du labour, il est facile de former d'autres lignes avec le scarificateur muni seulement de trois ou quatre fers.

Les *semoirs* rendent ce semis plus expéditif. La plupart sont supportés par deux roues et traînés par un cheval qu'on attèle entre deux brancards. D'une caisse supérieure, la graine tombe dans des tubes, et de là dans de petits sillons que tracent des rayonneurs placés en avant. En arrière, se trouvent des dents qui, pénétrant dans le sol, couvrent la graine répandue. Les semoirs les plus complets ont une seconde caisse qui répand dans chaque sillon un engrais pulvérulent.

Mis en jeu par les roues du semoir, le mécanisme qui fait passer la graine et l'engrais dans les tubes consiste, — tantôt en un axe tournant au-dessus de la semence et muni de cuillères verticales qui plongent dans celle-ci, saisissent quelques graines et, se renversant ensuite par l'effet de la rotation, les laissent tomber dans les tubes. — Tantôt l'axe tournant supporte plusieurs disques munis de cuillères horizontales qui se remplissent et se vident de même. — D'autres fois, c'est au moyen de palettes que l'axe, tournant au-dessus de la semence, saisit la graine et la pousse jusqu'à des ouvertures percées dans les parois de la caisse ; ouvertures qui peuvent, au moyen de clavettes, s'élargir ou se rétrécir à volonté, suivant la grosseur du grain et la quantité qu'on en veut mettre. — Quelques semoirs ont un cylindre qui, tournant sous la caisse de semence et étant en contact avec elle par plusieurs points, saisit les graines dans de petites cavités qui se trouvent à la surface même du cylindre ; ou bien c'est au moyen d'une brosse dont il est garni, que ce cylindre s'empare de la graine. — Enfin plusieurs semoirs contiennent la semence dans une pièce creuse que les roues font tourner, pièce percée de trous à travers lesquels le grain, agité par la rotation, s'échappe sans cesse.

Parmi ces différents systèmes, nous signalons, comme l'un des meilleurs, celui des cuillères horizontales versant de côté. Du reste, quel que soit le mécanisme adopté, il convient qu'à un point donné de chacun des tubes, la graine, en train de tomber, soit visible pour le conducteur du semoir ; autrement, un tube, obstrué par une cause quelconque, pourrait cesser de fonctionner, sans qu'on s'en aperçût. Il convient aussi que les tubes et leurs rayonneurs, au lieu de se composer d'une seule pièce, soient articulés et flexibles, afin qu'ils ne puissent s'endommager par le choc des mottes et des pierres. Enfin, pour qu'aucune déviation ne résulte des écarts du cheval et des accidents du sol, il faut que le semoir ait un gouvernail qui permette d'en changer rapidement la direction.

On emploie, dans la petite culture, des semoirs à brouette qu'une seule personne, sans cheval, fait manœuvrer. Tels sont le petit semoir à cuillères de Mathieu de Dombasle, celui de Grignon et quelques autres.

Parmi les semoirs à cheval on signale, comme des meilleurs, ceux de Grignon, de M. Jacquet Robillard, de M. Crespel-Delisse, etc. Plusieurs semoirs anglais, notamment le semoir Garret, sont encore plus parfaits, mais aussi d'un prix très-élevé. Plutôt que d'employer des instruments défectueux, préférons le semis à la main dans les lignes tracées au rayonneur ou à la charrue ; procédé plus long sans doute, mais qui donne des résultats certains, sans qu'il y ait jamais de lignes privées de graines, comme il s'en trouve dans les champs ensemencés avec des semoirs mal construits ou mal dirigés.

Un dernier moyen connu depuis peu, que nous croyons très-applicable au semis en lignes faiblement espacées, consiste à tracer profondément ces lignes en terre meuble au moyen d'un rouleau de fonte composé de plusieurs roues triangulaires. La graine qu'on répand ensuite à la volée et qu'on enfouit avec la herse, se réunit par le seul effet de la pesanteur dans les sillons ainsi tracés.

CHAPITRE XV

SEMAILLES (SUITE), SEMAILLES A LA VOLÉE.

Lorsque la plante n'est pas destinée à recevoir de sarclage, il convient d'en répandre la graine à la volée. De cette manière, les pieds, plus serrés que si la semence était mise par places espacées, luttent plus facilement contre les mauvaises herbes. Le semis à la volée présente aussi l'avantage d'être plus expéditif qu'aucun autre.

Pour y procéder, on s'attache aux épaules un long tablier dont on roule l'extrémité autour d'un bras. On plie celui-ci contre la poitrine, de manière à former une poche dans laquelle se met la semence. De la main qui reste libre, on jette au loin une poignée ou une pincée de graine tous les deux pas, en parcourant le champ par passées parallèles et assez rapprochées pour que les jets s'étendent au moins sur l'espace compris entre deux d'entre elles, ou mieux encore, entre trois ou quatre. De la sorte, chaque partie du terrain est ensemencée à plusieurs reprises ; condition sans laquelle le grain ne pourrait se trouver bien réparti.

Une parfaite égalité doit être observée dans la longueur des pas, dans la grosseur des poignées, dans l'écartement des passées, dans l'étendue des jets.

On s'habitue sans peine à faire des poignées et des pas égaux. L'égalité des jets n'offre pas plus de difficultés, pourvu qu'on répande toujours la graine dans la direction du vent ; ce qui oblige à savoir semer des deux mains, puisqu'on se retourne à chaque extrémité du champ.

Pour observer, entre les passées, des distances égales, on se guide sur les traces de la passée précédente, ou mieux encore sur des jalons.

Avant de commencer, le semeur détermine, d'après la direction du vent, de quel côté il jettera la graine, et, conformément aux principes qui seront bientôt indiqués, il fixe l'écartement des passées. Il marche ensuite sur celui des bords de la pièce qui se trouve du côté du vent, sur la limite nord, par exemple, si le vent vient du nord, et il répand la graine de toute sa force dans l'intérieur du champ. Si de cette première passée il allait de suite à la seconde, l'espace compris entre elles deux n'aurait pas assez de semence ; car une partie du grain des premiers jets s'est étendue au delà de la seconde passée, peut-être même au delà de la troisième. Pour ajouter ce qui manque, le semeur parcourt de nouveau cette passée à une ou deux reprises, et jette à moindre distance que la première fois des poignées plus faibles. Arrivé à l'autre côté de la pièce, et sur le point de finir, il cesse de jeter des poignées pleines, dès qu'il s'aperçoit que la semence sortirait du champ ; et, calculant la quantité de grain qui manque à cette dernière zone, il la complète par des poignées plus faibles, jetées avec moins de force. Enfin, pour que l'extrême limite de la terre ait autant de semence qu'il lui en faut, il la suit en dernier lieu, en y répandant de la graine en sens opposé de tous les autres jets. Pour bien effectuer ces changements de jets et de poignées, sans dépenser beaucoup trop de semence, il faut un tact tout particulier. Aussi, plus les champs sont morcelés, plus l'ensemencement en est difficile.

Les jets étant obliques et non pas perpendiculaires par rapport aux passées, il se trouverait, aux extrémités de la pièce, des espaces mal ensemencés ou du grain perdu, si, avant de se mettre en marche pour chaque passée, on ne répandait de la graine sur le bord même du champ, et si, près d'arriver à l'autre bout, on ne diminuait peu à peu la poignée et la force du jet. Lorsque le bord de la pièce sur lequel les passées aboutissent forme lui-même une ligne oblique par rapport à la direction de celles-ci, l'espace pour lequel on doit opérer ces modifications se trouve d'autant plus étendu.

Ce n'est pas tout : il faut savoir mettre exactement sur un espace donné la quantité de grain qu'on désire ; ce qui exige deux calculs différents, suivant la nature du grain.

S'il s'agit de blé, d'avoine, d'orge, de pois et autres graines d'un volume et d'une pesanteur tels qu'on puisse les jeter au loin, nous conseillons de les prendre à pleine main, sans chercher à faire varier les poignées, ce qu'il serait toujours difficile d'effectuer régulièrement. Dans ce cas, on règle l'épaisseur du semis sur l'espacement des passées.

Supposé, par exemple, qu'il faille semer par hectare 201 litres de blé, que nos pas soient de 75 centimètres et nos poignées de 6 centilitres ; l'hectare formant théoriquement un carré de 100 mètres de côté, les passées ont 100 mètres de long, et se composent chacune de 134 pas. Puisque nous jetons une poignée tous les deux pas, nous avons par passée 67 poignées ; et, comme nos poignées sont de 6 centilitres, nous répandons en tout par passée 4 litres 2 centilitres. Cela posé, puisqu'il faut par hectare 201 litres de graine, nous devons avoir autant de passées dans la largeur de l'hectare que 4 litres 2 centilitres se trouvent de fois dans 201, c'est-à-dire 50. Pour trouver leur écartement, nous diviserons par ce nombre 50 les 100 mètres qui font la largeur de l'hectare ; opération dont le résultat donne 2 mètres, ce qui est la distance cherchée.

Nous ne pouvons appliquer ce calcul aux graines fines et légères, luzerne, trèfle, etc., qu'on prend par pincées ; car pour qu'elles puissent, d'après les principes émis, s'étendre sur une ou plusieurs passées, il faut que celles-ci soient entre elles à une distance de 1 mètre à 1m 30 au plus. En revanche, nous avons une certaine latitude relativement aux pincées dont nous modifions aisément la grosseur en prenant la graine, soit entre trois doigts, soit entre quatre, et en serrant ceux-ci plus ou moins. C'est par là que, dans ce second cas, sera réglée l'épaisseur du semis.

Nous supposons, par exemple, qu'il faut répandre par hectare 20 kilogrammes de graine de trèfle ; que nos pas sont de 75 centimètres; qu'il se trouve ainsi, par passée de 100 mètres de long, 134 pas et 67 poignées; qu'enfin la distance que nous croyons devoir mettre entre les passées est de 1 mètre. L'hectare ayant 100 mètres de large, nous avons 100 passées, et par conséquent 100 fois 67, ou 6700 pincées; et puisque nous devons répandre par hectare 20 kilogrammes de graine, chaque pincée sera la 6700e partie de 20 kilogrammes, c'est-à-dire, un peu moins de 3 grammes; quantité que nous nous exercerons à mesurer entre nos doigts, avant de commencer le travail.

Éclairés par ces calculs, employons toujours la proportion de graine la plus convenable. En effet, si le semis est trop épais, les plantes se gênent, plusieurs périssent, et celles qui restent souffrent de la lutte qu'elles ont eu à soutenir. Au contraire, la semaille a-t-elle été trop claire; la terre présente des vides qui s'emplissent de mauvaises herbes.

Mieux le végétal est appelé à se développer par le bienfait du climat ou par la nature fertile du sol, plus le semis doit être clair.

Exemple : Arrêtés par la sécheresse, les blés du midi ne produisent le plus souvent qu'une tige par pied. Favorisés au contraire dans leur tallement, par la fraîcheur printanière, ceux du nord en présentent presque toujours deux ou plusieurs. Évidemment ceux-ci exigent moins de semence que les premiers.

Autre exemple : Le blé d'automne, semé dans les Ardennes au 20 septembre, se développe fortement avant l'hiver. Au printemps suivant, il en résulte une multiplication de tiges plus considérable que si ce blé, répandu un mois plus tard, avait simplement pu lever avant les froids. Dès lors, au 20 octobre, le semis doit être plus épais qu'au 20 septembre.

Règle générale : plus l'automme est avancé, plus il faut semer dru. Ainsi que nous l'avons dit déjà, la gêne que les plantes éprouvent par suite d'un certain rapprochement en accélère la végétation, effet utile pour le cas que nous indiquons ici.

Il faut encore tenir compte des destructions que causeront les animaux nuisibles, l'excès d'humidité ou de sécheresse, en un mot, toute circonstance défavorable. Ainsi, on doit forcer la quantité de semence pour les champs humides, ombragés, voisins de bois, de colombiers, de haies, comme étant ceux où les insectes, les limaces et les oiseaux font le plus de dégât.

Tel blé contient à l'hectolitre plus de grains que tel autre : voilà encore un motif d'employer plus ou moins de graine.

Le degré d'habileté du semeur doit aussi entrer en ligne de compte. Lorsque plusieurs grains tombent exactement au même endroit, ne s'en trouve-t-il pas d'inutiles? Un mauvais semeur dépense plus de grain qu'il ne devrait, tandis qu'un bon semeur peut en économiser.

Quelle que soit l'adresse de l'homme, la graine est mal répartie, si le champ, grossièrement labouré, présente des cavités où elle tend à se réunir. Dans ce cas, avant de semer, effaçons par un hersage les aspérités du labour.

Après le semis, il faut aussi presque toujours herser la terre pour enfouir les graines. Plus celles-ci ont besoin d'être enterrées, plus le hersage sera énergique. Si les herses en fer ordinaires ne suffisent pas, employons le scarificateur. On peut même, dans bien des cas, couvrir les semences par un léger labour.

En temps pluvieux, aucun travail n'est nécessaire pour enfouir les graines fines; une averse les enfonce suffisamment. Par une température sèche, c'est le rouleau qui devient indispensable, ainsi que nous l'avons déjà dit.

Là où les champs sont disposés en ados de trois à quatre mètres de largeur, on couvre souvent les semences avec de la terre prise à la pelle dans les sillons qui séparent les ados.

Ailleurs, on laboure au binoir les terrains ensemencés, rejetant à la fois de droite et de gauche terre et semence; ce qui forme un grand nombre de petits ados dont le sommet seul se trouve occupé par la récolte. Nous avons eu occasion d'établir que cette méthode convient surtout aux contrées pauvres; elle est très-usitée dans nos provinces les moins favorisées, telles que la Bretagne, le Maine, la Sologne, etc.

Nous venons d'exposer les principes relatifs à l'une des parties principales de l'agriculture, l'art des semailles. Au sujet de ces graines que nous avons tant d'intérêt à choisir bonnes, ne devons-nous pas signaler l'établissement fondé depuis plus d'un demi-siècle par la famille Vilmorin! Étude consciencieuse de toutes les variétés utiles, travaux artistiques remarquables pour en perpétuer les caractères, générosité inépuisable vis-à-vis de ceux qui travaillent aux progrès de l'agriculture, voilà certainement des titres sérieux aux sentiments de gratitude, que nous sommes heureux d'exprimer ici.

CHAPITRE XVI

TRANSPLANTATIONS.

Si, à l'état adulte, la plante doit couvrir beaucoup plus d'espace que dans le premier âge, il convient presque toujours d'effectuer le semis dans une pépinière, pour ne mettre les sujets en lieu définitif que lorsqu'ils sont sur le point de s'étendre. De la sorte, on a, pour donner au champ les cultures nécessaires, plus de temps que si le semis se faisait sur place, et l'on peut souvent adopter certaines successions de récoltes qui, sans ce moyen, seraient impossibles.

Le colza d'automne, par exemple, doit être semé, dans le nord de la France, au milieu de juillet. On ne peut pas dès lors en répandre la graine sur place pour le faire succéder au blé d'automne, puisque celui-ci se récolte au mois d'août. Mais cette succession devient praticable, si le colza est semé en pépinière.

Autre avantage des transplantations : les sujets destinés à être repiqués reçoivent, dans l'espace restreint d'une pépinière, des soins minutieux qu'on ne pourrait leur donner, si le semis, fait en plein champ, occupait une vaste étendue. Enfin, le repiquage ralentit utilement la végétation de plusieurs plantes bisannuelles, telles que choux, rutabagas, etc.

Du reste, pour assurer le succès de cette opération toujours délicate, il faut observer plusieurs règles fort importantes.

On remarque d'abord qu'un végétal transplanté sur un terrain tout différent de celui dans lequel il a été élevé, transporté, par exemple, d'un sol sec et calcaire dans un sol humide et non carbonaté, souffre d'un changement aussi prononcé. D'un autre côté, s'il a langui dès le premier âge, par suite de la maigreur de la terre ou pour toute autre cause, rarement ensuite il reprend de la vigueur, fût-il transplanté dans un bon champ. Pour établir une pépinière, choisissons donc un sol de même genre que celui dans lequel les sujets seront placés un jour, mais de la meilleure qualité. S'il est maigre, appliquons-lui d'abondants engrais, détruisons toute mauvaise herbe, et que les sujets suffisamment éclaircis ne puissent se gêner ni s'étioler. Au moment de l'arrachage, sacrifions tous les pieds faibles.

Pour l'instant de la transplantation définitive, on facilite la reprise par une ou deux transplantations préparatoires, dont la première se fait dans la pépinière sur le végétal encore très-jeune. On empêche ainsi le développement de ces longues racines qui tendent à se former dès le premier âge et dont on ne pourrait plus tard conserver qu'une faible partie, mais à la place desquelles il se produit, par le moyen que nous indiquons, un chevelu serré qu'il est facile ensuite de ménager. Ces transplantations préparatoires ne pouvant toujours avoir lieu, on y supplée jusqu'à un certain point de la manière suivante : on arrache les sujets un jour ou deux avant de les mettre en place; puis, on les place en jauge dans un lieu frais et ombragé, après en avoir humecté les racines avec du jus de fumier. Dans cette situation favorable, au bout d'un espace de temps qui varie de vingt-quatre à quarante-huit heures, il commence à poindre une quantité de radicules qui assurent la reprise.

Ménager les racines lors de l'arrachage; ne pas exposer au soleil, au vent, à la gelée, à une humidité excessive les plantes déracinées; ne pas les tenir longtemps en paquets dans la crainte de pourriture ou de fermentation; au moment de la transplantation, chercher à replacer les racines dans leur position première; éviter de les blesser, de les tordre et de les plier; les entourer de terre très-meuble sans vide aucun : voilà des soins dont l'évidente nécessité n'exige pas d'explication. Il faut de plus enlever aux sujets en feuilles une portion de ces dernières, afin de rétablir entre la partie souterraine et la partie aérienne l'équilibre rompu au moment de l'arrachage par la destruction d'un certain nombre de racines. Autrement, les sujets transplantés souffrent plus qu'ils ne devraient, et sont souvent même exposés à périr.

En plein champ, les transplantations se font à la charrue, à la bêche, au plantoir double.

Au moyen de ce dernier instrument qui se compose de deux tiges verticales, ferrées et solidement fixées l'une à l'autre par deux traverses, un homme creuse à la fois deux trous dans le sol ameubli. Un enfant introduit un plant dans chacun de ces trous. L'homme resserre la terre le long des racines par un second coup de plantoir. Pour planter à la bêche, on enfonce verticalement en terre le fer de cet instrument; puis, agitant la poignée de droite à gauche, on produit une cavité triangulaire dans laquelle s'introduisent un ou deux sujets. Le fer retiré, la terre retombe d'elle-même sur les racines.

Enfin, si l'on a recours à la charrue, ce qui est le moyen le plus expéditif, on applique les sujets dans le sillon contre la terre labourée. Les racines sont couvertes par la tranche du sillon suivant. Un enfant régularise ensuite l'opération, en tirant à lui les sujets trop enterrés et en couvrant ceux dont les racines restent à nu. Si celui des animaux qui marche dans la raie dérange les plants, on fait traîner la charrue par deux chevaux attelés l'un devant l'autre et marchant hors du sillon; ou bien les planteurs, au nombre de deux par charrue, se placent sur la terre labourée entre le versoir de l'instrument et l'attelage. C'est dans cet espace qu'ils appliquent les plants. Ceux-ci sont immédiatement couverts, et le travail marche bien, pourvu que le pas des animaux soit régulier. Cette dernière méthode est très-usitée dans le département des Ardennes pour les plantations de bois.

Des sujets de choux, de betteraves, etc., ne peuvent être repiqués avec plus de chances de succès que sur le sommet d'ados formés au binoir dans un champ couvert de fumier. L'engrais accumulé par la charrue au centre de ces ados, forme comme une couche dont on comprend l'effet bienfaisant. Ce procédé, très-usité en Angleterre, non-seulement pour les repiquages, mais encore pour les semis, ne devrait-il pas se propager dans nos fermes?

CHAPITRE XVII

REPOS ET JACHÈRES.

Nous savons qu'un des buts principaux de la culture est d'exposer fortement la terre aux influences atmosphériques, et de favoriser ainsi la formation des sels solubles qui servent à la nutrition des plantes. En général, cette action fécondante du travail aratoire ne peut suffire pour que le champ réponde chaque année à nos espérances. Mais nous avons deux moyens d'y suppléer.

Premier moyen. — Nous cessons d'ensemencer la terre. Abandonnée à elle-même, elle reforme de nouveaux sucs, et au bout de quelque temps elle en possède assez pour pouvoir être encore utilement ensemencée.

Deuxième moyen. — Par l'apport de substances fertilisantes, nous augmentons immédiatement sa puissance nourricière.

Le premier moyen nous offre deux systèmes: le *repos* et la *jachère*. *Repos:* on laisse le champ en friches une ou plusieurs années. *Jachère:* on le soumet quelque temps à des cultures réitérées et énergiques.

Plus la terre est fertile, plus vite elle reforme, à l'état de repos, les sucs épuisés; et la présence du carbonate calcaire accélère sensiblement cette revivification. La chaleur du climat agit d'une manière non moins favorable. Ainsi, dans le midi de la France, où les fourrages sont rares et les tas de fumier fort petits, l'effet du repos est si puissant, qu'il supplée jusqu'à un certain point au manque d'engrais. Dans nos régions du nord, ce même effet est encore sensible, mais beaucoup moindre. Tantôt, on ne laisse reposer les terres qu'un an ou deux; ailleurs, on prolonge cette période réparatrice jusqu'à trente années. Plus les champs sont mauvais, plus on est forcé de l'étendre.

La jachère a un double but: de même que le repos, elle remédie à l'épuisement du sol par l'interruption des produits; elle doit, en second lieu, ameublir la terre, la purger de plantes nuisibles et la préparer à recevoir dans d'excellentes conditions la semence d'une plante précieuse, telle que le froment, le colza, etc. Tandis que le champ en repos reste d'un certain rapport par le pâturage qu'il procure aux troupeaux, la jachère est toujours coûteuse, puisque le terrain qu'on y soumet est travaillé sans rien produire. Rarement, par ce motif, la fait-on durer plus d'une année.

Insuffisance d'engrais, sol compacte et infesté de mauvaises herbes, voilà ce qui force d'y recourir. Quelquefois, on donne une jachère après plusieurs années de repos, moyen long mais facile de remettre en bon état une terre durcie et épuisée.

Évitons, au sujet du repos et de la jachère, deux fautes opposées : l'une, générale encore sur une grande partie de la France, consiste à appliquer sans mesure ces moyens réparateurs. Comptant sur leur secours, on fait peu d'efforts pour augmenter la masse des engrais et l'énergie des travaux aratoires. Il est si aisé de mettre un champ en jachère ou en repos! Mais aussi quel spectacle que celui d'espaces immenses rendus au désert, ou sillonnés pendant un an sans rien produire!

Par une de ces réactions si communes en France, on a condamné d'une manière absolue, il y a quelques années, le repos et la jachère : autre erreur dangereuse. Sans doute, nous devons chercher à restreindre le plus possible les terrains improductifs. Dans ce but, travaillons le sol avec beaucoup de soin ; recueillons précieusement tout ce qui peut servir d'engrais. Mais, en dépit de nos efforts, le chiendent s'est-il emparé de nos champs, nos fumiers sont-ils insuffisants ; restreignons les ensemencements sans balancer.

Qu'on se garde de commettre une autre faute encore plus grave, celle de ne pas assez bien cultiver la terre en jachère, pour qu'à la fin de l'opération elle soit ensemencée dans des conditions favorables. Tandis que les frais d'une jachère bien faite constituent une avance que les récoltes suivantes paient largement, le travail d'une jachère négligée cause une perte sans compensation. Rien n'est plus déplorable. Déchirons donc dès l'automne par la charrue les champs destinés à passer en jachère toute une année ; donnons-leur ensuite trois ou quatre cultures énergiques, deux ou trois labours, par exemple, et un ou deux traits de scarificateur ; à l'aide des herses et des rouleaux, arrachons les chiendents, pulvérisons les mottes, faisons germer par milliers les graines nuisibles que recèle le sol, et détruisons à plusieurs reprises les jeunes plantes ainsi produites ; profitons de la canicule pour tourmenter jusqu'aux dernières fibres de mauvaise herbe. Enfin, loin de compter sur les jachères pour la nourriture des troupeaux, remuons la terre au point d'en rendre le pâturage tout à fait nul.

CHAPITRE XVIII

SUBSTANCES FERTILISANTES, DISTINCTION ENTRE LES ENGRAIS ET LES AMENDEMENTS, ENGRAIS ANIMAUX, FUMIER.

> Quand tu iras par les villages, considère un peu les fumiers des laboureurs, et tu verras qu'ils les mettent hors de leurs estables, tantost en lieu haut et tantost en lieu bas, sans aucune considération, mais qu'il soit applé, il leur suffit : et puis, pren garde au temps des pluyes, et tu verras que les eaux qui tombent sur les dits, emportent une teinture noire, en passant par le dit fumier et trouvant le bas, pente ou inclinaison du lieu où les fumiers seront mis, les eaux qui passeront par les dits fumiers, emporteront la dite teinture qui est la principale et le total de la substance du fumier. Pourquoi le fumier ainsi lavé, ne peut servir, sinon de parade.
>
> BERNARD PALISSY.

Étonnés de la stérilité de leurs campagnes autrefois si fécondes, les Romains du temps de Néron disaient que la terre avait vieilli et qu'elle avait perdu sa vertu première.

La terre, s'écrie Columelle, *ne vieillit pas, ni ne s'épuise, si on l'engraisse.*

Vérité incontestable qui nous révèle la valeur des substances fertilisantes. Fondement de toute agriculture progressive, elles sont de deux sortes : *engrais,* formés de débris organisés végétaux ou animaux ; *amendements,* composés de substances minérales.

ENGRAIS.

La théorie des engrais se fonde sur ce fait merveilleux, que les principes dont se compose la dépouille des êtres qui ont cessé de vivre sont destinés à se trouver, pour la plupart, absorbés bientôt par d'autres êtres ; véritable résurrection de la nature organisée, que le cultivateur dirige dans l'immense laboratoire des champs. Là, toute espèce de débris disparaît, comme le minerai jeté à la forge ; mais de même que ce minerai procure l'or et l'argent, de même aussi l'engrais se convertit en substances précieuses pour la nutrition des récoltes : 1° Acide carbonique dont une partie, s'exhalant dans l'air, se trouve absorbée par le feuillage, tandis que le surplus, retenu dans le sol par l'humidité, favorise les réactions chimiques qui s'y opèrent et facilite le passage de plusieurs substances à l'état soluble ; 2° Sels immédiatement assimilables ; 3° Humus qui se décompose lentement et procure longtemps encore aux plantes des sels et de l'acide carbonique.

Entre les différents genres d'engrais, les uns produisent plus de sels, les autres plus d'humus. Les premiers agissent de suite avec plus d'énergie ; les seconds ont un effet moins apparent d'abord, mais plus durable.

ENGRAIS ANIMAUX.

Parmi les substances destinées principalement à fournir des sels immédiatement solubles, il en est qui ne contiennent qu'un ou deux des éléments nécessaires aux plantes. Si le sol possède déjà ces principes à l'état assimilable et en suffisante quantité, la substance n'a pas d'effet. Dans le cas contraire, l'action s'en fait sentir, et elle est surtout très-prononcée lorsque le sol renferme en abondance les autres corps nécessaires à la nutrition végétale. L'addition du principe qui manquait donne à ceux-ci toute leur activité ; mais on s'aperçoit bientôt que la terre s'épuise, et cela doit être, puisque, à part un ou deux principes, la nutrition entière des récoltes a été prise sur les éléments du sol. D'autres substances fertilisantes contiennent la plupart des aliments végétatifs. L'action de celles-là se fait sentir sur toute espèce de terrain, attendu que parmi les nombreux principes apportés, il s'en trouve presque toujours tel ou tel que le sol ne renfermait pas en quantité suffisante; et de plus, les récoltes n'épuisent la terre qu'à partir de l'instant où la substance fertilisante a été tout entière décomposée et absorbée.

Les engrais animaux possèdent cette heureuse faculté de procurer à la fois abondance et variété de sels. Ils contiennent notamment, en proportion importante, deux principes des plus précieux, les principes *phosphoré* et *azoté*.

A la tête de ces engrais, doivent se placer, comme étant d'une importance majeure, les déjections animales qui, pour la richesse en sels, se classent ainsi:

1° Déjections des oiseaux de basse-cour.
2° Déjections humaines.
3° Déjections du lapin, de la chèvre et du mouton.
4° Déjections du porc.
5° Déjections de l'âne, du mulet et du cheval.
6° Déjections du bœuf.

Dans chaque espèce, mieux les animaux sont nourris, plus leurs excréments ont de valeur; ce dont on ne peut cependant juger d'abord, à cause de la causticité qu'ils ont au sortir du corps. Aussi, s'est-on souvent trompé sur la qualité de l'urine humaine, de la fiente de l'oie et autres substances qui, de corrosives, deviennent bientôt des plus fécondantes.

FUMIER.

Généralement, on recueille les déjections du bétail au moyen de litières; ce qui produit le *fumier*, engrais végétal et animal, procurant, par la partie animale, des principes d'effet immédiat, et, par la portion végétale, une certaine dose d'humus qui agit plusieurs années.

Plus le fumier contient de litière, moins il est actif. Sa valeur s'amoindrit encore sous ce rapport, si les urines, qui contiennent plus de sels que les déjections solides, n'ont pas été absorbées.

La méthode la plus usitée de traiter le fumier du gros bétail et des porcs, consiste à le tirer dehors tous les deux ou trois jours et à le tenir quelque temps en monceau dans la cour de ferme. Là, il se trouve exposé à deux genres de déperdition : écoulement de jus chargés de sels; dégagement de vapeurs azotées qui résultent d'une fermentation excessive. Cette fermentation existe-t-elle ; le fumier devient brûlant, fume, moisit, et diminue, tant en poids qu'en volume et en qualité. Le fumier de cheval peut se réduire ainsi des neuf dixièmes.

Pour prévenir ce mal, il faut rendre l'intérieur du tas inaccessible à l'air, et, dans ce but, étendre le fumier par couches très-régulières; le faire piétiner par les animaux le plus souvent possible; si la disposition des lieux le permet, l'entourer de barrières et y enfermer le bétail dans les nuits d'été; ne pas donner au monceau plus de 1 mètre à 1m 50 de hauteur; y porter de temps en temps les boues de la cour et l'arroser avec les eaux noires qui en suintent; si ces eaux ne suffisent pas pour bien l'humecter, ajouter encore d'autres eaux.

Il se produit, dans le fumier ainsi traité, une fermentation douce, de trois ou six semaines de durée, qui détruit la plupart des graines nuisibles apportées par les litières et qui augmente, par un commencement utile de décomposition, l'action immédiate de l'engrais. Celui-ci devient onctueux, d'odeur musquée ; intérieurement, il est de couleur orange, mais il noircit au contact de l'air.

Pour faire, le plus économiquement possible, du fumier de cette qualité, établissons nos tas près des étables; que la place soit creusée en forme de cuvette à pente douce; préservons-la de toute affluence d'eaux extérieures. En effet, si ces eaux, après y avoir pénétré, ne pouvaient s'écouler, le fumier, se trouvant noyé, ne subirait pas la fermentation de bonne nature qui en augmente la valeur ; si, au contraire, elles s'échappaient, elles entraîneraient hors du tas quantité de sels. Que la place entière soit divisée en deux lieux de dépôts; l'un, où l'engrais est porté chaque jour; l'autre, où on le laisse fermenter le temps nécessaire. La fosse dans laquelle les jus se réunissent forme entre eux deux, sur toute leur longueur, une cavité allongée, ce qui permet d'effectuer aisément les arrosages au moyen d'une pelle à vider les bateaux. Lorsqu'un tas se trouve à sa hauteur, on le couvre de terre ou de boue, et on commence l'autre.

Parmi les substances produites par la décomposition du fumier, les sels azotés sont des plus fécondants et tout à la fois des plus volatils. C'est pour les retenir, que nous conseillons de couvrir de terre le tas une fois terminé. Afin de mieux les fixer, on peut mêler avec le fumier, soit de la tourbe et autres matières charbonneuses, soit des substances sulfureuses, du plâtre, par exemple, ou des argiles pyriteuses telles qu'on en extrait en beaucoup de lieux. Les matières charbonneuses absorbent le principe azoté. Les substances sulfureuses le fixent par une réaction chimique qui produit un sel azoté (le *sulfate d'ammoniaque*), non susceptible de vaporisation. Les Flamands, dont la vieille expérience a depuis longtemps reconnu ce que la chimie explique aujourd'hui, recueillent précieusement les plâtras de démolition pour opérer ce mélange.

Si l'on veut rendre le fumier particulièrement favorable aux sols privés de calcaires, on y mêle une certaine quantité de chaux vive. Quant à la marne, amendement carbonaté dont nous parlerons bientôt, M. Payen n'est pas d'avis qu'on la mélange de même, ses expériences lui ayant prouvé que la présence du calcaire dans le fumier favorise le dégagement des principes azotés.

On a conseillé de déposer le fumier sous des hangars, afin de le préserver de l'ardeur du soleil qui le dessèche et en active la fermentation. Ce soin serait largement payé sous le climat brûlant du midi. Dans le nord, nous ne pensons pas qu'il y ait lieu de le prendre. D'ailleurs, n'obtiendrait-on pas à peu près le même résultat par une plantation d'arbres touffus autour du dépôt?

Afin que le fumier soit plus consommé et plus net de semences nuisibles au moment de l'emploi, on le garde, en quelques pays, d'une année à l'autre. Sans doute, l'engrais conservé de la sorte n'éprouve de déperdition que s'il se trouve en tas mal serrés et non recouverts. Cependant nous ne conseillons pas cette méthode. De même qu'il est plus avantageux de placer l'argent à la caisse d'épargne que de l'enfermer dans le secrétaire, de même aussi, le fumier est plus utilement en terre qu'en dépôt.

Quelques auteurs engagent à séparer le fumier des diverses espèces d'animaux, afin de mieux approprier l'engrais à la nature du champ. Le fumier de cheval, comme plus actif, serait appliqué aux terrains humides, et le fumier de vaches, comme plus froid, aux sols légers. Mais cette séparation ne donnerait-elle pas lieu généralement à des dispositions trop compliquées? Admettons plutôt le mélange qu'on fait habituellement du fumier des chevaux avec celui des vaches et des porcs, ce qui procure un engrais également bon pour tout terrain. Si cependant on croit devoir mettre à part le fumier de cheval, il importe d'en traiter le tas avec un soin particulier, à cause de sa grande disposition à trop fermenter.

Quant au fumier de chèvres et de moutons, pourvu qu'on n'y mette pas trop de litière et qu'on l'arrose de temps en temps, afin d'en modérer la fermentation, on peut très-bien le laisser s'accumuler dans les bergeries et le porter directement sur les terres deux ou trois fois l'année.

En Bretagne, ce mode est également adopté pour le fumier des chevaux et des vaches. Avec peu de soin, on se procure ainsi d'excellent engrais, rien n'étant plus favorable à sa confection qu'un piétinement continuel. Mais on se trouve forcé d'établir des mangeoires et des crèches mobiles, afin que leur hauteur reste toujours en rapport avec le sol de l'étable. D'ailleurs, si les aliments du bétail sont aqueux et abondants, il faut une énorme quantité de litière pour que les animaux soient au sec; et l'engrais s'accumule si rapidement qu'on ne peut le laisser plus de deux à trois semaines. Lorsque ce système est suivi, la place sur laquelle couchent les animaux est creusée de 40 à 50 centimètres.

Sur certains points de la Flandre, c'est dans un enfoncement situé derrière le bétail que le fumier est poussé chaque jour et qu'on le laisse fermenter pendant quelque temps; disposition meilleure, mais qui exige une place plus considérable.

Si, nettoyant les animaux tous les deux ou trois jours, on conduit immédiatement le fumier sur les terres, cet engrais, qui n'a subi presque aucune fermentation, contient beaucoup de semences nuisibles prêtes à germer. Dès lors, il ne convient de l'appliquer qu'à des cultures sarclées ou fourragères, les mauvaises herbes qu'il fait naître devant, dans ce cas, se trouver détruites par le sarclage, ou du moins être coupées avant qu'elles aient pu porter graine. Ces fumiers sont bons pour les terres compactes que les pailles non décomposées divisent et ameublissent. Dans leur emploi, n'oublions pas qu'il faut tenir compte de leur volume beaucoup plus considérable, à poids égal, que n'est celui des fumiers fermentés. On serait toujours disposé à en mettre trop peu.

Aussitôt conduit dans les terres, tout fumier doit être étendu. Autrement, une mauvaise fermentation s'établit dans les petits monceaux qu'on fait en déchargeant la voiture, et la pluie entraîne sous chacun d'eux la plus grande partie des sels, au détriment du reste du terrain.

On remarque trop souvent, dans les campagnes, que l'éparpillement est très-mal fait, et par suite, la fumure inégale. Évitons cette faute avec soin. Lors du labour, afin que la charrue ait moins de tendance à s'engorger, enlevons le coutre, et, si le fumier s'amasse encore, qu'un enfant le mette au fond du sillon.

Lorsqu'on étend le fumier, sans l'enfouir, sur un champ déjà ensemencé, il maintient à un degré souvent excessif la fraîcheur des terres humides, favorise la multiplication des chiendents et celle des insectes. Dès lors, ne l'appliquons ainsi que dans quelques cas particuliers, pour couvrir, par exemple, des gazons naturels auxquels l'humidité est toujours favorable, ou bien des prairies artificielles qu'une couverture hivernale abrite utilement; et, pour ce genre d'emploi, préférons à tout autre le fumier non fermenté. Comme il foisonne beaucoup, une petite quantité suffit pour atteindre le but de l'opération.

Au sujet des fumures ordinaires, qui se font sur une terre non encore occupée, observons les règles suivantes :

Moins il doit s'écouler de temps entre l'instant de la fumure et l'ensemencement, plus la récolte profitera des principes actifs de l'engrais. Souvent, des travaux pressés ne permettent pas d'effectuer ce transport à l'instant le plus favorable. Mais on doit toujours chercher à s'en rapprocher.

Si la terre est humide et disposée à se salir, que le fumier soit vite enfoui, de peur qu'il ne maintienne une fraîcheur nuisible. Dans des circonstances opposées, rien ne presse généralement pour ce travail. On pourrait craindre, il est vrai, l'évaporation de substances azotées; mais, à moins que le sol ne soit très-sablonneux, il absorbe à peu près tout ce qui peut s'exhaler de fumier ainsi étendu.

La quantité qu'on met à l'hectare varie de 15 à 50,000 kilogrammes et dépend de la qualité de l'engrais, de la nature du sol, des besoins des récoltes. En général, il convient de fumer souvent et peu à la fois, plutôt qu'abondamment et à longs intervalles. Cependant les fumures très-fortes doivent être conseillées, lorsque la terre contient peu d'humus et qu'il s'agit de porter de suite ce principe à une proportion suffisante, seul moyen de féconder, par exemple, des argiles très-pauvres, ou des craies presque inertes.

CHAPITRE XIX

ENGRAIS ANIMAUX LIQUIDES ET PULVÉRULENTS, PARC, OS PILÉS, NOIR ANIMAL, ETC.

ENGRAIS LIQUIDES.

En plusieurs pays, notamment en Flandre, les étables sont disposées de telle sorte que les urines s'écoulent dans des fosses, pour servir, sous le nom de *purin*, à l'engrais des terres. En Suisse, on balaie toutes les déjections dans une rigole en bois située derrière le bétail; puis, on les fait couler dans des réservoirs, après les avoir délayées avec de l'eau; engrais connu sous le nom de *lizée*.

Pour traiter convenablement le purin et la lizée, il faut avoir au moins deux fosses qu'on vide alternativement, de manière à ne pas conduire de liquide semblable avant qu'une fermentation suffisante ne lui ait fait perdre toute âcreté. Ce qu'on trouve de pâteux dans les fosses à lizée, tant au fond qu'à la surface, est mélangé de litière et employé comme fumier.

On transporte le purin et la lizée dans un vase monté sur brouette ou sur voiture, et muni, comme les tonneaux qui servent à l'arrosage des villes, d'un appareil répartisseur, tube ou planche transversale percée de trous. Afin de prévenir les engorgements, on verse le liquide dans le vase au moyen d'un entonnoir filtrant. Il faut aussi que le tube ou la planche puissent être facilement nettoyés. Les liquides épais se mettent dans un baquet, d'où on les répand à la cuillère.

Appliquons ces engrais aux champs occupés plutôt qu'à la terre nue. Comme, indépendamment de sels très-fécondants, ils procurent aux plantes le liquide nécessaire à l'absorption de ces sels, ils activent beaucoup la végétation, mais sans améliorer le sol. Le seul reproche qu'on puisse leur faire, c'est d'exiger un matériel spécial et des frais de transport élevés. En Angleterre, M. Kennedy et les cultivateurs de son école tranchent cette dernière difficulté d'une manière merveilleuse : sous leurs étables se trouve un vaste réservoir dans lequel ils recueillent et mêlent avec beaucoup d'eau toutes les déjections du bétail. De ce réservoir part un tube de fonte qui communique avec tous les champs par plusieurs tubes secondaires qu'on ouvre et ferme à volonté. Enterrés à peu de profondeur, ces tubes présentent, de distance en distance, au-dessus du sol, des regards disposés de sorte qu'on puisse y attacher un tuyau de cuir ou de gutta-percha pareil à ceux des pompes à incendie. Sous l'action de la machine à vapeur qui met en jeu les autres machines de la ferme (et il existe de ces moteurs dans la plupart des fermes anglaises), une pompe pousse l'engrais dans celui des tubes qu'on a ouvert. Un homme attache successivement aux regards le tuyau de gutta-percha, et, dirigeant la lance en l'air, il fait jaillir vers le ciel un filet liquide qui retombe en pluie fine. De la sorte, sans transport dispendieux, on distribue aliment et fraîcheur aussi souvent qu'il le faut pour entretenir la plus belle végétation. Quelques cultivateurs français, notamment M. d'Herlincourt, dans le Pas-de-Calais, appliquent à leur culture ce système admirable.

De temps immémorial, les Flamands connaissent si bien la valeur de ce genre d'engrais, qu'ils portent sur les terres jusqu'aux égouts des cours de ferme. De plus, ils achètent la matière fécale et la conservent en fosses, pour la répandre aux pieds des tabacs, betteraves, choux, colzas et autres plantes.

Afin d'éviter la perte d'ammoniaque que la fermentation détermine dans les engrais liquides, on conseille d'y mettre, par hectolitre, 40 grammes de plâtre en poudre ou 30 grammes de sulfate de fer. Nous avons expliqué déjà que le principe sulfureux fixe le principe azoté par la formation d'un sel non volatil (*sulfate d'ammoniaque*).

PARC.

Un autre moyen d'employer les déjections du bétail consiste à les lui laisser répandre dans un parc où on l'enferme et qu'on déplace de temps en temps; procédé très-usité pour les moutons.

Cet engrais détruit beaucoup de germes nuisibles, à cause de la causticité des urines qui tombent sur le sol. D'un autre côté, le piétinement des moutons pulvérise les mottes, resserre une terre trop soulevée par les cultures précédentes, et raffermit utilement les gazons spongieux. Mais le parcage présente l'inconvénient d'exposer souvent les troupeaux au grand soleil ou à la pluie. Aussi, ne doit-on y soumettre que des animaux adultes, de race vigoureuse, en belle saison et sur terrain parfaitement sain.

Le plus souvent, on fait parquer les champs avant de les ensemencer. Par un temps sec, on peut aussi appliquer cette opération à une terre récemment semée. Dans ce cas, le piétinement favorise la germination des graines, comme le ferait le passage d'un fort rouleau.

Ne procurant que des sels et pas d'humus, le parc exerce une action énergique, mais peu durable. On en règle la force par la durée du temps qu'on laisse passer aux moutons dans chaque enceinte et non point par l'étendue donnée à chaque animal. En effet, si on portait cette étendue à plus d'un mètre, par mouton de taille moyenne, les déjections seraient mal réparties, à cause de la tendance du troupeau à se serrer sur une partie seulement d'une enceinte trop vaste.

La géométrie démontre qu'il convient de donner au parc la forme carrée, comme contenant le plus d'espace relativement à l'étendue des contours. On prouve aussi que plus le parc est petit, plus il se trouve de clôtures par rapport au terrain entouré; d'où nous concluons que cette méthode est particulièrement avantageuse aux propriétaires de grands troupeaux.

ENGRAIS ANIMAUX PULVÉRULENTS.

Les déjections de toute espèce peuvent encore être portées dans les champs sous forme pulvérulente. Donnons, par exemple, de la terre sèche pour litière aux animaux, et nous obtenons un engrais terreux d'usage excellent sur les plantes en végétation. Si l'on veut suivre cette méthode, il faut faire provision de terre sèche en bon temps et la conserver à l'abri de la pluie, soit sous un hangar, soit en tas coniques couverts de paille.

Sur quelques points du midi de la France, on balaie les crottins de moutons et de chèvres, pour les répandre à la pelle sur les champs.

Auprès de Paris et d'autres villes, les vidanges sont desséchées et réduites en *poudrette*, engrais très-actif. Dans toute exploitation bien tenue, on emploie aussi sous forme pulvérulente la *colombine* ou fiente des oiseaux de basse-cour. Depuis 1840, l'Europe tire de certains îlots de l'Amérique et de l'Afrique un engrais plus puissant encore, le *guano*, poussière brunâtre qu'on croit formée de fientes et de débris d'oiseaux accumulés depuis des siècles. Enfin, d'autres matières analogues sont : la chair et le sang desséchés et pulvérisés, les engrais fabriqués sous le nom d'engrais *Lainé*, de *Javelle*, *Derrien*, etc. ; substances toutes très-riches en sels de nature variée. Ainsi 400 kilogrammes de guano non falsifiés, 2,000 kilogrammes de poudrette ou de colombine (proportion qu'on applique souvent par hectare de blé), contiennent autant de sels azotés et phosphorés immédiatement solubles que 30,000 kilogrammes de fumier ordinaire. L'effet est donc très-énergique sur la première récolte; quelquefois il se fait sentir aussi sur la seconde; mais le sol, qui ne reçoit pas d'humus, reste ensuite sans amélioration.

On répand à la main ces divers engrais sur les plantes en végétation, ou bien sur les champs qu'on va ensemencer. Enfin, on en colle aux graines par la méthode du pralinage dont il a déjà été question.

Il importe de se mettre en garde contre les falsifications par lesquelles on altère souvent dans le commerce les meilleures de ces substances, particulièrement le guano. Si l'on en conserve soi-même pendant quelque temps, il faut établir le dépôt en lieu très-sec. Le guano doit en outre être pulvérisé avec soin et mêlé d'un poids égal de sciure ou de terre. Enfin, comme il s'envole au loin, il faut éviter de le répandre par un grand vent.

De son côté, chacun doit chercher à composer des engrais analogues qu'on obtient à bon compte par le mélange fait, en lieu sec, de colombine, de fonds de bergeries, de balayures de maison, de matière fécale avec une poussière absorbante, telle que plâtre, cendre, terreau. On brasse le tout à trois ou quatre reprises.

OS.

Parmi les débris animaux, les os, composés de substances azotées et de phosphate de chaux, sont loin de devoir être négligés. Les Anglais, qui en font venir de toutes les parties du monde, les réduisent par des machines en une sorte de farine dont ils appliquent à l'hectare de 3 à 4,000 kilogrammes, et qu'ils répandent de préférence sur les semis de turneps et sur les gazons épuisés auxquels cet engrais rend, dit-on, une vigueur remarquable. Les uns en considèrent l'action comme durant plusieurs années, les autres, comme ne se prolongeant pas au delà d'une récolte; différence qui peut tenir au plus ou moins grand état de division de cette poussière dont on distingue en Angleterre plusieurs qualités.

D'après le savant M. de Gasparin, les Anglais la convertissent aussi en engrais liquide, en mêlant à 20 kilogrammes de poudre d'os 10 kilogrammes d'acide sulfurique et 30 litres d'eau; ce qui forme, au bout de vingt-quatre heures, une liqueur épaisse dont on se sert après l'avoir étendue de 1,000 litres d'eau.

NOIR ANIMAL.

En France, les os ne sont généralement employés, comme engrais, qu'à l'état de *noir animal*, c'est-à-dire, après avoir été calcinés dans des vases clos, puis broyés en une poudre noire qui sert d'abord à la clarification du sucre. Encore, n'est-ce qu'à partir des expériences de MM. Ferdinand Favre et Payen, en 1820, que la valeur de cette substance a commencé à être connue. Les départements de l'Ouest en utilisent maintenant d'immenses quantités: ainsi, après avoir exploité les énormes dépôts de noir abandonnés autour de nos raffineries, on s'est mis à en tirer d'Amsterdam, de Hambourg, de Saint-Pétersbourg et autres lieux; la seule ville de Nantes en reçoit chaque année 15 à 16 millions de kilogrammes.

L'action de cet engrais n'est complète que sur les terres récemment défrichées et privées de calcaire. L'acide carbonique, qui se produit en abondance dans ces terrains, contribue sans doute à rendre soluble le phosphate de chaux, substance principale du noir. Toutefois, il a été constaté par M. Bobière, chimiste vérificateur des engrais, à Nantes, que certains noirs exercent une action favorable sur des terrains depuis longtemps en culture et pourvus de calcaire; ce qu'il attribue à la forte proportion d'azote que ces noirs contiennent, azote qui aiderait à la solubilité du phosphate de chaux.

Généralement, on répand le noir animal, en même temps que les semences, dans des proportions qui varient de 8 à 10 hectolitres par hectare. D'après les expériences de M. Chambardel, le mieux serait de le coller aux graines par la méthode du pralinage.

Morceaux de corne, chiffons de laine, rognures de cuir, débris de bourre et de crin, toutes ces substances, qu'on peut souvent se procurer à bon compte, sont encore des engrais animaux de haute valeur. On peut les enfouir, par petites portions, au pied de plantes espacées, telles que pommes de terre, houblons, tabacs, etc.

En résumé, recueillons comme très-précieux toute espèce de débris animaux. Sans doute, leur odeur est souvent désagréable; mais le plus sûr moyen d'empêcher l'insalubrité qui en résulterait n'est-il pas de les incorporer au sol? D'ailleurs, n'avons-nous pas, pour rendre ces débris moins repoussants, plusieurs corps de nature désinfectante, tels que la chaux, les poussières charbonneuses, le sulfate de fer, dont 100 grammes suffisent pour ôter toute odeur à un hectolitre de matière fécale, enfin les terres brûlées ou même simplement desséchées? L'engrais inodore que MM. Payen et Salmon ont fabriqué à Grenelle, sous le nom de *noir animalisé*, n'était autre que de la vidange mêlée avec un terreau calciné.

La Chine est tellement peuplée que la famine la décimerait souvent, si la production agricole ne s'y soutenait toujours à son plus haut point. Aussi, les habitants de ce vaste pays recueillent avec un soin minutieux ce qui peut servir d'engrais, et la police veille à ce que rien ne soit perdu; prévoyance que nous devrions imiter et qui procurerait plus de richesse à la France que nous n'en pourrions tirer de mines très-précieuses!

CHAPITRE XX

ENGRAIS VÉGÉTAUX, TIGES LIGNEUSES FOULÉES, ENGRAIS JAUFFRET, GOËMONS, ROSEAUX, GAZONS, RÉCOLTES ENFOUIES, PLANTES AMÉLIORANTES, GRAINES DE LUPIN, TOURTEAUX.

Pauvres, pour la plupart, en sels immédiatement assimilables, les engrais végétaux procurent principalement de l'humus au sol. Aussi, l'effet en est moins sensible au premier abord, mais plus durable que celui des engrais animaux. Ils conviennent surtout aux champs sablonneux ou calcaires, et sont d'une précieuse ressource en pays pauvres.

TIGES LIGNEUSES FOULÉES.

Ainsi, dans la Bretagne, il n'est presque pas de chemins creux où l'on ne fasse fouler des tiges de bruyère, d'ajonc, de genêt, afin d'en obtenir un terreau fertilisant. Le buis, qui croît sur nos montagnes du centre, de l'est et du midi, est utilisé de même en plusieurs lieux.

ENGRAIS JAUFFRET.

Un habitant de la Provence, Jauffret, imagina d'activer la décomposition de débris semblables, en les arrosant d'une lessive qui contenait des jus de fumier, de la matière fécale, du salpêtre, du plâtre, du sel, de la suie, des cendres. Il obtenait, au bout de deux à trois semaines de fermentation, un engrais onctueux, comme du fumier d'étable, et sensiblement plus actif que le terreau résultant d'une pourriture ordinaire. Jauffret vécut longtemps du profit que, dans son pays même, il tirait de ce procédé; mais, lorsqu'il voulut l'exploiter sur une grande échelle, il éprouva tant de mécomptes qu'il mourut de chagrin. Sa méthode est certainement utile partout où l'on peut se procurer en abondance des débris ligneux.

GOËMONS.

Parmi les engrais végétaux, ceux de goëmon et autres plantes marines sont des meilleurs. En Bretagne et en Normandie, on ne se borne pas à recueillir ce que le flot dépose sur la plage, mais encore, à des époques fixées par des règlements, des milliers de personnes vont sur des barques, à une certaine distance de la côte, couper ces plantes sur les rochers. On les enterre, aussi fraîches que possible, à la quantité de 20 à 30,000 kilogrammes par hectare. A poids égal, le goëmon équivaut presque au fumier.

ROSEAUX.

Les herbes aquatiques d'eaux douces ne doivent pas non plus être négligées. Les habitants de la Provence et du Languedoc exploitent précieusement celles de leurs marais, pour les étendre sur les champs ensemencés et conserver par cette couverture la fraîcheur au pied des récoltes.

GAZONS.

Ailleurs, on engraisse les terres avec des gazons dont, tous les vingt, vingt-cinq ou trente ans, on dépouille de vastes terrains qui restent toujours en friche. Nous nous demandons si ce système, qui appauvrit des espaces étendus au profit de quelques champs, peut être considéré comme avantageux.

RÉCOLTES ENFOUIES.

Quant à l'enfouissage sur place de certaines récoltes en fleur, on ne peut douter de son utilité. Le végétal étant formé d'éléments tirés du sol, du sous-sol et de l'air, la terre, dans laquelle on l'enfouit, se trouve améliorée de tout ce qu'il a pris au sous-sol et à l'atmosphère. Coûter peu de semence, pousser vite et vigoureusement, telles sont les conditions auxquelles doit répondre la plante amélioratrice. Le sarrasin et la spergule conviennent aux terrains sablonneux et aux limons; le trèfle incarnat et la navette, aux sols calcaires; la fève, aux champs argilo-calcaires; le lupin, à certains terrains ferrugineux non carbonatés, de nature très-ingrate. « Le « lupin, disait Columelle, fournit aux vignes et aux « champs épuisés le meilleur engrais. » On assure que certaines contrées pauvres de l'Allemagne doivent de grandes améliorations à l'enfouissage des espèces à fleur jaune et bleue, lesquelles mûrissent plus facilement que notre variété blanche. Espérons que ces espèces précieuses seront bientôt introduites dans le nord de la France où le lupin blanc n'arrive pas régulièrement à maturité.

RÉCOLTES AMÉLIORANTES.

Certaines plantes tirent du sous-sol et de l'atmosphère une si forte proportion d'aliments que, lors même qu'on les récolte, elles laissent à la terre arable, par leurs détritus, beaucoup plus qu'elles ne lui ont pris. Voilà de tous les engrais le plus précieux, puisqu'il se forme de lui-même, sans que le champ cesse d'être productif. Au premier rang de ces végétaux bienfaisants, nous trouvons la luzerne et le sainfoin qui, après avoir occupé le sol plusieurs années, le laissent sensiblement enrichi. Viennent en second lieu le trèfle, la lupuline, la spergule, etc., qui produisent un effet moindre, quoique très-sensible.

TERREAUX.

Il faut encore mettre au nombre des engrais végétaux les tourbes et terreaux de marais. Quand même ils seraient de nature acide, ces terreaux conviennent aux sols carbonatés; mais ce n'est qu'après avoir été mêlés de chaux ou de marne qu'ils peuvent être portés sur des terrains privés de calcaire. Autrement, ils seraient plus nuisibles qu'utiles, et favoriseraient la végétation d'herbes mauvaises. Quant aux terreaux non acides, faciles à distinguer par la bonne qualité des plantes qu'ils produisent, ils améliorent toute terre pauvre en humus et surtout les sols argileux, dont ils diminuent la ténacité.

GRAINES DE LUPIN, TOURTEAUX.

Les engrais végétaux nous offrent exceptionnellement quelques substances riches en sels actifs. Telles sont — les graines de lupin qu'on sème sur les récoltes, de la même manière que les engrais animaux pulvérulents, ou qu'on enfouit au pied des arbres, après en avoir fait périr le germe dans l'eau bouillante; — les radicelles de l'orge germée dans les brasseries, substance dite *touraillons*, qu'on répand en quelques pays sur les céréales, à la dose de 30 hectolitres par hectare; — les tourteaux ou résidus d'huileries parmi lesquels on emploie surtout à l'engrais des terres ceux que le bétail mange le moins volontiers, savoir: dans le nord, les tourteaux de colza, de cameline, de navette et de faîne; dans le midi, ceux de sésame et d'arachide[1].

Toute espèce de tourteau doit être broyée et répandue soit avec les semences, soit sur les plantes en végétation. L'effet est immédiat, se fait rarement sentir sur plus d'une récolte, n'est complet que pour les sols calcaires, et se trouve toujours fortement activé, si, avec quatre parties de tourteau, on en mêle une de chaux vive. De cette même substance délayée on peut composer aussi un excellent engrais liquide. Les proportions qu'on applique à l'hectare varient beaucoup. Dans le midi, d'après M. Raibaux-l'Ange, 400 kilogrammes de tourteau de sésame seraient une dose qu'il ne conviendrait pas de dépasser pour les cultures de froment; dans le nord, on répand sur les blés de 1,000 à 1,200 kilogrammes de tourteau de colza, du prix de 15 à 16 francs les 100 kilogrammes, et de plus fortes doses encore sur les champs de lin, de tabac, etc. Le tourteau, principalement celui de cameline, éloigne la courtilière et le ver blanc, animaux des plus nuisibles à plusieurs de nos récoltes.

Croirait-on que l'agriculture française se laisse enlever par les Anglais et les Belges d'énormes quantités d'une aussi précieuse substance, quoique, pour eux, le prix s'en trouve augmenté d'un quart par les droits de sortie et les frais de commerce?

Le pain est cher, l'ouvrier souffre. Comprenons donc enfin cette incontestable vérité, que, puisque le pain s'obtient par le bon emploi des substances fertilisantes, laisser perdre l'engrais, c'est contribuer réellement à la misère publique.

1 Le sésame et l'arachide sont des graines oléagineuses qu'on apporte d'Orient et d'Afrique en quantités considérables.

CHAPITRE XXI

AMENDEMENTS; MARNES, FALUNS, SABLES DE MER, VARECH, CHAUX.

MARNES.

« Je te conseillerai de retenir l'exemple d'un bon « père de famille normand, lequel habitoit à une pa- « roisse de Normandie, qui prenoit grand'peine à « cultiver ses terres, et néanmoins il étoit contraint « toutes les années d'aller acheter du blé hors de la « paroisse; car toute ladite paroisse étoit infertile, et « ne se trouvoit nul qui cueillist du blé pour sa pro- « vision, et quand il venoit une cherté et que les « hommes de ladite paroisse alloient acheter du blé « en la prochaine ville, les autres paroisses les mau- « dissoient, disant qu'ils étoient cause d'enchérir le « blé.

« Il advint que ce bon père de famille s'advisa « quelque jour de prendre son chapeau plein d'une « terre blanche qu'il trouva dedans une fosse et la « porta en quelque endroit d'un champ qu'il avoit « semé et marqua l'endroit où il avoit mis ladite terre, « et quand les semences furent accrues, il trouva que « le blé étoit espois, vert et gaillard, sans compa- « raison, plus qu'en toute autre partie du champ, quoi « voyant, le bonhomme fuma l'année suivante tous « ses champs de ladite terre, lesquels rapportèrent « des fruits abondamment, et après que ses voisins « et tous les habitants de ladite paroisse furent ad- « vertis d'un tel fait, ils firent diligence de trouver « de ladite terre de marne, et, en ayant fumé leurs « champs, ils recueillirent plus abondamment des « fruits que nulle paroisse. »

Lors de l'étude des terres, nous avons reconnu que le calcaire est un élément essentiel de fécondité. Procurer ce principe aux terrains non carbonatés, tel est le mode d'action de la *marne*, dont Bernard Palissy vient de nous conter la découverte en un village de Normandie.

Parmi les sols non carbonatés, ce sont les champs acides que cet amendement améliore le plus, parce que, neutralisant le principe acide, il change entièrement la nature de l'humus. En terrain de ce genre, une fois marné, plusieurs mauvaises herbes cessent de se reproduire, ce qui faisait dire encore à Palissy : « La marne est un fumier naturel et divin, ennemi « de toutes les plantes qui viennent d'elles-mêmes, « et génératrice de toutes les semences qui ont été « mises par les laboureurs. »

Souvent ignorées, quoique très-répandues, les marnes nous offrent de nombreuses variétés : les unes sont terreuses; d'autres ont l'aspect de pierres compactes ou feuilletées; on en voit de grises, de blanches, de noires, de vertes, d'un rouge plus ou moins foncé. Au milieu de cette diversité, toutes se reconnaissent à deux caractères : 1° *effervescence avec les acides;* 2° *disposition à se déliter et à fuser par les alternatives de sec et d'humide.*

L'effervescence annonce la présence du calcaire; l'essai est celui que nous avons déjà décrit au sujet des terres. Très-exceptionnellement, le dégagement d'acide carbonique pourrait résulter, non de la présence du calcaire (*carbonate de chaux*), mais de celle d'un minerai ferrugineux (*carbonate de fer*). Si l'on soupçonne cette particularité, on verse dans le verre d'essai quelques gouttes de décoction de noix de galle. Si l'effervescence a été produite par du carbonate de fer, la liqueur devient noire comme de l'encre.

Pour vérifier le second caractère, il suffit de mettre dans l'eau et de faire sécher alternativement plusieurs fois un morceau de la substance essayée; s'il finit par se diviser, on reconnaît la marne à ce caractère joint au premier. Plus cette fusion est rapide et complète, plus le mélange de l'amendement avec le sol sera prompt et parfait.

Le calcaire et l'argile entrent en proportions variables dans la composition des marnes, dont la plupart contiennent en outre plus ou moins de sable. Les *marnes argileuses* ont un toucher doux, l'aspect terreux, une couleur grise, verte, rouge ou brune plutôt que blanche. Un toucher rude et une texture pierreuse distinguent ordinairement les *marnes sableuses.* Quant aux *marnes calcaires*, presque toujours blanches, elles ressemblent à la craie, la plus calcaire de toutes.

Si l'on veut découvrir ce qu'une marne contient de calcaire, d'argile et de sable, on y parvient par l'analyse suivante, que tout cultivateur pourra faire en s'aidant des conseils d'un pharmacien ou de toute autre personne habituée aux manipulations chimiques.

On met dans un verre, avec de l'eau, 10 grammes de marne pesés sur une balance de précision; on verse doucement dans le verre de l'acide chlorhydrique. Cette substance chasse l'acide carbonique du calcaire et forme avec la chaux un sel qui se dissout dans le liquide. L'effervescence terminée, on fait passer la liqueur à travers un filtre de papier placé dans un entonnoir de verre. Le dépôt qui reste sur le filtre contient toute la substance de la marne, moins le calcaire dont le poids dès lors sera connu, si on pèse exactement ce dépôt. Pour y parvenir, on laisse sécher le filtre et on le brûle dans un creuset fermé. On pèse alors le dépôt, qui reste seul au fond du creuset, et en extrayant cette pesée des 10 grammes sur lesquels on opère, on connaît, par différence, le poids du calcaire. Il s'agit ensuite de déterminer celui de l'argile. Sachant que cette substance se compose d'alumine, de silice, d'oxyde de fer et d'eau, et que l'alumine entre pour un tiers dans sa composition, on résoudra ce second problème, si on parvient à déterminer le poids de l'alumine. A cet effet, on fait bouillir avec de l'acide sulfurique, dans un ballon de verre, le dépôt obtenu précédemment. Au bout d'une heure, l'alumine se trouve dissoute par l'acide; alors on filtre la liqueur; on fait sécher, puis brûler le filtre ; on pèse le dépôt. La différence qui existe entre ce second dépôt et le premier exprime le poids de l'alumine, lequel, étant triplé, donne celui de l'argile. Les poids réunis du calcaire et de l'argile étant extraits des 10 grammes essayés, la différence représente la proportion des autres substances dont la plus grande partie est ordinairement du sable siliceux.

Indépendamment de leur action par le principe carbonaté, les marnes argileuses sont favorables aux terrains sablonneux qu'elles rendent moins inconsistants, et aux limons dont elles affaiblissent la tendance à se rebattre par l'effet des pluies. Quant aux marnes sablonneuses et calcaires, elles donnent une heureuse friabilité aux terres compactes ; mais à trop fortes doses, elles pourraient nuire aux terrains légers.

L'action principale, celle qui vient de l'apport du calcaire, dure jusqu'à ce que cette substance, qui se dissout plus ou moins lentement suivant la nature des marnes mêmes, ait été absorbée par les végétaux. L'effet se fait sentir parfois pendant trente années ; l'essentiel est de marner assez abondamment pour qu'il soit immédiat. La quantité nécessaire varie depuis 30 jusqu'à 200 mètres cubes par hectare. Moins une marne se délite facilement, plus il en faut mettre à la fois, mais aussi plus l'action se prolonge.

Portée même en quantité suffisante, aucune marne n'aurait d'effet immédiat, si on ne la mélangeait intimement avec la terre au moyen de cultures multipliées ; le mieux est de la répandre sur le sol avant ou pendant l'hiver, afin que les gelées contribuent à la déliter.

Si nous cultivons des terrains non carbonatés, surtout des champs nouvellement défrichés, abondants en humus acide, recherchons la marne, comme si c'était du minerai d'argent. Du reste, ne nous attendons pas à trouver une fécondité exceptionnelle au sol qui la recouvre; souvent, par excès de calcaire, ce sol est maigre et brûlant.

FALUN.

Dans nos recherches, nous pourrons rencontrer des coquillages fossiles plus fertilisants encore que les marnes, à cause de la présence d'une certaine quantité de principe azoté et phosphoré. On les exploite, sous le nom de *falun*, dans les départements de la Gironde, des Landes, d'Indre-et-Loire et de Maine-et-Loire.

SABLES DE MER.

D'autres amendements analogues, d'une qualité toute particulière, sont les vases et sables marins dont on tire chaque année plus de 10 millions de mètres cubes, sous les noms de *merle*, de *tangue* et de *trez*, sur les côtes de Bretagne et de Normandie. Déposées régulièrement par la mer, ces matières sont très-précieuses pour les contrées voisines. En Angleterre, tel chemin de fer, celui de Padstow, par exemple, a été spécialement construit pour en faciliter le transport sur des points éloignés.

VASES.

Les eaux de l'Océan ne sont pas les seules à enrichir leurs bords de matières fécondantes. Les étangs, les ruisseaux, les rivières, recèlent des limons fertilisants; souvent, d'anciens curages les ont accumulés en dépôts faciles à prendre. Comment donc se fait-il qu'on aperçoit à quelques pas de là des terres stériles?

S'il existe, dans la plupart de nos départements, une déplorable incurie au sujet des meilleurs amendements, ce n'est pas que l'emploi n'en soit anciennement connu sur certaines parties du sol national.

Varron parle de marnes (*creta fossilicia*) qu'on utilisait, de son temps, dans le nord des Gaules. Pline indique la chaux comme étant employée par les cultivateurs du Poitou.

CHAUX.

Ainsi que la marne, la chaux procure le principe calcaire aux sols qui en sont dépourvus. Mais elle attaque avec beaucoup plus de force encore l'humus acide et les débris organisés, action particulièrement favorable aux sols nouvellement défrichés. Cette substance, qui, d'un autre côté, tend à décomposer et à diviser l'argile, est utile à tous les champs tenaces, fussent-ils déjà carbonatés. Au contraire, elle nuit aux sables calcaires et aux terrains crayeux dont elle augmente l'aridité; et, appliquée à certains limons non carbonatés, elle ne paraît avoir aucun effet, parce que, se combinant de suite avec la silice impalpable, elle forme des particules insolubles pareilles à un mortier durci.

Pour s'en servir, on la répartit sur le champ à amender par tas de 30 centimètres de haut qu'on couvre de terre. Elle fuse bientôt par l'effet de l'humidité qui s'exhale du sol. On l'étend ensuite le plus également possible.

Un second mode d'emploi consiste à l'entremêler de gazons et à former avec le tout des tas de 1 à 2 mètres de haut qu'on répand lorsque la fermentation, qui ne tarde pas à se produire, a décomposé les détritus végétaux. De même, on peut mélanger utilement avec la chaux toute espèce de débris de décomposition difficile, tels que sciure de bois, tan, marc de cidre, bruyères, branches de pin, etc. Après dix à quinze jours de décomposition, on remue ces tas qui se nomment *composts*, et on en forme d'autres qu'on brasse encore une ou deux fois pour obtenir une poudre homogène. Celle-ci est excellente à répandre sur les plantes en végétation.

On met par hectare de 50 à 200 hectolitres de chaux, suivant la nature du sol. Plus la terre contient d'argile et d'humus acide, plus il convient de forcer la dose.

Moins durable, mais plus rapide que celui des marnes, l'effet s'en fait sentir ordinairement pendant plusieurs années, et dépend des quantités employées, ainsi que de la nature du terrain. A l'instant même de son application, cette substance caustique fait périr beaucoup de limaces, d'œufs et de larves d'insectes nuisibles.

CHAPITRE XXII

AMENDEMENTS (SUITE); PLATRE, CENDRES SULFUREUSES, SEL COMMUN, CENDRES DE FOYER, SUIE, SELS DIVERS.

PLATRE.

Un cultivateur américain fut un jour fort étonné de lire sur un champ de trèfle ces mots : *effets du plâtre*. C'était Franklin qui les avait tracés avec de la poussière gypseuse sur la plante encore jeune, et celle-ci les avait fidèlement reproduits. A partir de cette célèbre expérience, l'usage du plâtre, comme amendement, s'étendit rapidement en Amérique. Au milieu du XVIIIe siècle, le pasteur Meyer avait déjà signalé en Europe l'emploi que, de temps immémorial, en faisaient les habitants du Hanovre.

L'action de cette substance est si puissante que 2 hectolitres bien pulvérisés suffisent souvent pour tripler la récolte d'un hectare de trèfle. Ces résultats ne s'obtiennent cependant, ni dans tous les terrains, ni pour toutes les plantes. Ainsi, le plâtre est sans action sur la plupart des terres schisteuses de Bretagne et sur presque tous les terrains calcaires des environs de Paris. En aucun sol, il n'a d'effet sensible sur les céréales, tandis qu'il favorise merveilleusement la végétation de la luzerne, du sainfoin, du trèfle et autres espèces légumineuses.

Au sortir des carrières, le gypse ou pierre à plâtre (*sulfate de chaux hydraté*), contient une certaine quantité d'eau que la cuisson fait dégager; de cristallin, il devient alors d'un blanc mat, et prend cette texture friable qui caractérise le plâtre employé par les maçons. C'est à cet état qu'il sert habituellement à l'amendement des terres; non que la cuisson en augmente les propriétés fertilisantes, mais elle le rend plus aisé à pulvériser. Dans les Ardennes, par exception, on emploie presque toujours le plâtre cru.

Généralement, on sème au printemps la poussière gypseuse par un temps humide qui lui permette de s'attacher aux feuilles. Répandu dès l'automne, il aurait toutefois presque autant d'effet, d'où nous concluons qu'il est tout aussi bien absorbé par les racines que par le feuillage. Le principe sulfureux en constitue sans doute la partie active; car l'acide sulfurique étendu de mille parties d'eau favorise également la végétation du trèfle, de la luzerne et du sainfoin, et ce même effet résulte aussi de l'emploi des terres et charbons sulfureux.

CENDRES SULFUREUSES.

Ces matières contiennent en abondance du *sulfure de fer* qui se change au contact de l'air, par l'absorption de l'oxygène, en *sulfate de fer*, sel soluble et de saveur âcre que nous avons déjà nommé. Lorsqu'on les amoncelle au sortir de la mine, elles s'enflamment et se réduisent en une *cendre rouge* plus riche en sel, à poids égal, que ne sont ces mêmes matières non brûlées, dites *cendres noires*. Mais celles-ci présentent l'avantage d'améliorer le sol par les débris charbonneux qu'elles contiennent. Aussi doit-on les préférer, lorsque, se trouvant à peu de distance du lieu d'extraction, on n'a pas trop à regarder aux frais de charroi. La dose à appliquer par hectare dépend de la richesse en sulfate de fer et varie, pour les cendres noires de Picardie, de 20 à 30 hectolitres. Une trop forte quantité serait nuisible.

SELS A BASE DE POTASSE ET DE SOUDE, SEL COMMUN.

Les substances salines qui contiennent de la potasse ou de la soude sont favorables à la végétation. De tout temps, ne connut-on pas les propriétés fertilisantes du sel commun (*chlorure de sodium*)? On le mêlait, en Palestine, avec les fumiers, ainsi qu'il résulte d'un passage de l'Évangile. A côté de ces traditions, on en découvre d'autres dont on pourrait tirer des inductions opposées; ainsi, un vainqueur répandait du sel, en signe de colère, sur les champs de son ennemi, comme pour les condamner à la stérilité. De ces faits et de l'infécondité des terres voisines de la mer, qui contiennent plus de 5 pour 100 de sel, concluons que cet amendement ne doit pas être appliqué à trop fortes doses. De plus, si on le répand sur le sol, sans l'enfouir ensuite, il lie, en se cristallisant, les particules de la surface; puis, le champ se durcit d'une manière fâcheuse. Le mieux serait sans doute de le mélanger avec les fumiers, d'après le procédé israélite, ou bien avec des engrais aqueux. En Suisse, beaucoup de cultivateurs mettent dans la lizée 1/2 kilogramme de sel par hectolitre de liquide.

Comme les vapeurs qui s'exhalent de la mer fournissent le principe salin à toutes les terres voisines du littoral, il est probable que, sur ces terres, le sel aurait peu d'effet, à moins qu'il ne facilitât, par certaines réactions encore peu connues, la solubilité de quelque principe fécondant contenu soit dans les engrais, soit dans le sol.

Près des salines, on répand avec succès sur les prairies artificielles les argiles salées qui touchent aux bancs de sel gemme.

GRANITS DÉSAGRÉGÉS, ARGILES CUITES.

D'autres substances solubles à base de potasse ou de soude se forment par la désagrégation spontanée de roches granitiques, schisteuses, volcaniques qui, dans ce cas, peuvent servir d'amendement. En France, on en fait usage dans quelques lieux. On a même porté de l'argile sur des terres sablonneuses dans le seul but d'en diminuer l'inconsistance, et on a répandu du sable sur des terres argileuses, afin de les rendre moins tenaces; mais, en général, ces deux derniers modes d'amélioration sont trop dispendieux.

On se sert avec plus de succès d'argiles qui ont été cuites à l'air par lits alternant avec un combustible de peu de valeur; d'où nous concluons que, sous l'action d'une forte chaleur, l'argile forme plus de sels fécondants qu'elle n'en produirait dans son état naturel. Pour bien préparer cet amendement, il faut modérer le feu de sorte que la terre glaiseuse ne se durcisse pas tout à fait; autrement, elle perdrait toute vertu fertilisante. N'y a-t-il pas une grande analogie entre cet effet vivificateur d'un feu modéré sur l'argile et celui d'un soleil ardent sur la terre labourée? Nous découvrirons bientôt encore un autre fait semblable, quand nous nous occuperons de l'écobuage, lequel consiste à soumettre à l'action du feu la couche arable tout entière.

CENDRES VÉGÉTALES.

Quoique provenant de débris végétaux, les *cendres de nos foyers* se rangent d'ordinaire parmi les amendements, attendu que le feu a détruit en elles toute apparence organisée. Elles se composent de phosphate de chaux, de silice, d'oxyde de fer, de sels à base de soude et de potasse. Le lessivage du linge les dépouille en grande partie de ces dernières substances. Dans cet état, le seul sous lequel l'agriculture puisse se les procurer à prix modéré, elles sont encore, par leur phosphate de chaux, très-favorables aux terrains non carbonatés et abondamment pourvus d'humus; action analogue à celle du noir animal, mais moins puissante, car le noir contient, indépendamment du phosphate de chaux, des principes azotés dont les cendres sont entièrement dépourvues. En Bretagne, on les répand, après la semaille du trèfle et du sarrasin, à la dose de 25 à 30 hectolitres par hectare. Elles améliorent beaucoup aussi les prairies naturelles et favorisent singulièrement la végétation du trèfle blanc.

CENDRES DE TOURBE.

D'une composition différente, et le plus souvent très-riches en plâtre, les cendres de tourbe s'appliquent avec succès, comme le plâtre lui-même, sur les trèfles, les luzernes, les sainfoins, les vesces et autres végétaux légumineux. Dans quelques parties de la Hollande et de l'Angleterre, on brûle en plein air d'immenses quantités de tourbe, uniquement pour se procurer cet amendement.

SUIE.

La *suie* doit être précieusement recueillie; riche en principes azotés et en sels de nature variée, elle favorise la végétation de la plupart de nos plantes. En Picardie, on l'applique aux prairies artificielles; en Flandre, aux pépinières de colza qu'elle préserve, dit-on, du ravage des insectes.

SELS AZOTÉS.

Essayés comme amendement, divers sels azotés, tels que le *sulfate d'ammoniaque*, l'*azotate de soude*, le *salpêtre* ordinaire ou *azotate de potasse*, ont donné des résultats remarquables. Si nous ne pouvons nous procurer ces sels purs à un prix assez bas pour nous en servir, recueillons du moins précieusement et portons sur les terres, ou mélangeons avec nos engrais pulvérulents toute espèce de matière salpêtrée, surtout les terreaux de caves et les débris de démolitions.

Aux cultivateurs voisins des villes, nous recommandons la chaux et les eaux ammoniacales qui ont servi à l'épuration du gaz et que souvent on jette à la voirie.

PHOSPHATE DE CHAUX MINÉRAL.

Enfin, chaque jour amenant de nouvelles découvertes, on exploite depuis peu, dans la Meuse et dans les Ardennes, pour une fabrique d'engrais artificiels, les nodules à base de phosphate de chaux que contiennent en abondance certains sables ferrugineux. Bien que ce phosphate de chaux minéral soit insoluble, il n'est pas impossible que, broyé et mêlé de matières azotées, il constitue une substance de bonne qualité. Les Anglais, nous apprend le savant M. Barral, mélangent avec de la poudre de nodules analogues 20 à 50 p. 100 d'acide sulfurique, ce qui compose un amendement liquide estimé.

CHAPITRE XXIII.

Tableau récapitulatif des substances fertilisantes et de leur action

NOMS DES SUBSTANCES FERTILISANTES	MODE PRINCIPAL D'ACTION.	CIRCONSTANCES DANS LESQUELLES ON PEUT S'EN SERVIR AVEC AVANTAGE.
Marnes, falun, tangue, merle, coquillages, chaux.	Apport du principe calcaire.	A appliquer aux terrains non carbonatés, action d'autant plus efficace que le sol contient plus d'argile et d'humus acide.
Engrais végétaux, moins les tourteaux et quelques autres.	Apport d'humus.	Favorables aux champs pauvres en humus, principalement aux terres calcaires.
Cendres lessivées; noir animal.	Apport du phosphate de chaux.	A répandre sur les terrains non carbonatés, abondants en humus; action puissante sur les champs acides nouvellement défrichés; pas d'effet sur les sols carbonatés.
Plâtre, cendres de tourbe, acide sulfe, cendres sulfes.	Apport du principe sulfureux.	Favorables à certaines plantes et seulement dans certains sols; à appliquer surtout aux prairies artificielles et aux gazons naturels.
Sel commun, roches granitiques désagrégées.	Apport de potasse et de soude.	A employer lorsque les terres sont pauvres en substances solubles à base de potasse et de soude. Nécessité d'expériences locales pour s'assurer si l'on doit en faire usage.
Guano, poudrette, colombine, tourteaux, purin, lizée et autres engrais pulvérulents ou liquides.	Apport de soude, de potasse, de chaux, de magnésie joints aux principes phosphoré et azoté.	Substances efficaces partout, suffisant pour entretenir longtemps la production des sols pourvus de calcaire et d'humus, agissant d'autant plus que la terre est plus humifiée.
Fumier.	Apport de tous les principes ci-dessus nommés, moins le calcaire.	Action immédiate et prolongée; engrais applicable à tout terrain, insuffisant cependant pour les champs dépourvus de calcaire.

On voit par ce tableau que plus le sol contient d'humus, plus l'action des substances qui n'en produisent pas est prononcée. Il se fait donc entre ces substances et l'humus de la terre des réactions importantes, et c'est ce qui explique pourquoi dans les pays où les champs, nouvellement défrichés ou améliorés depuis longtemps, sont très-humifiés, on peut payer plus cher que partout ailleurs les engrais actifs, guano, poudrette, etc.; substances peu recherchées, au contraire, là où la plupart des champs sont maigres. Ne semble-t-il pas au premier abord que ce doive être l'opposé? Sur ce point, comme sur tant d'autres, une première richesse agricole en crée une seconde.

De l'effet du calcaire, du phosphate de chaux et des sels azotés sur les sols humifiés, ne concluons pas que les amendements et les engrais qui procurent ces substances, sans donner d'humus, puissent seuls entretenir la fécondité. Après plusieurs récoltes épuisantes, arrive un moment où, la proportion d'humus étant devenue trop faible, il faut en rendre une nouvelle dose soit par les fumiers, soit par les engrais végétaux. Car ce n'est qu'exceptionnellement qu'une terre très-peu humifiée se trouve productive. Ainsi, le mieux est de combiner l'emploi du guano et autres substances de même catégorie avec celui du fumier, et de compléter les fumures par quelqu'un de ces engrais. D'un autre côté, si l'on excepte le noir animal, aucun engrais n'a sa plénitude d'action que sur les terrains carbonatés, ce qui fait dire avec justesse que les engrais ne remplacent pas les marnes, de même que les marnes ne remplacent pas les engrais.

Ce n'est pas tout d'approprier les substances fertilisantes à la nature du sol, il importe encore de les appliquer aux diverses plantes suivant leurs goûts et leurs besoins. Le fumier, par exemple, convient mieux au chanvre qu'au lin, et le tourteau d'œillette est particulièrement favorable à ce dernier. Les engrais qui contiennent une grande variété de sels actifs peuvent être prodigués au colza, à la betterave, au choux, tandis qu'un excès de ces mêmes substances fait verser les céréales et en compromet le produit. En traitant de chaque plante, nous indiquerons ces particularités à l'examen desquelles se joint aussi, pour le meilleur emploi des matières fertilisantes, la question des frais de transport. Les champs sont-ils d'accès difficile; au purin, à la marne, en un mot à toute matière lourde et volumineuse, préférons, comme engrais actifs, le guano, la poudrette, la colombine, le parcage; comme engrais humifiants, les récoltes enfouies: comme substances calcaires, la chaux vive, les os pulvérisés, le noir animal.

Si nous passons aux conditions dans lesquelles toute matière fertilisante produit le plus d'effet, nous remarquons qu'un certain degré de fraîcheur et l'action de l'air sont indispensables. — Sans fraîcheur, les principes fécondants ne peuvent se dissoudre ni, par conséquent, se trouver absorbés; — sans l'action de l'air, ces principes ne s'élaborent pas convenablement. De là naissent deux règles importantes : 1° il faut choisir un temps humide pour l'application d'une substance fertilisante sur les plantes en végétation; 2° on doit, en général, éviter d'enfouir profondément amendements et engrais. Par exception cependant, on peut quelquefois enterrer utilement du fumier par un labour profond, afin d'enrichir et de soulever les couches inférieures du sol, ce qui favorise le développement vertical des racines et rend les récoltes plus épaisses, plus vigoureuses, plus solides contre la sécheresse et autres intempéries.

CHAPITRE XXIV

BRULIS, ESSARTAGE, ÉCOBUAGE.

« Souvent il est utile de brûler les champs stériles
« et de faire pétiller par la flamme les chaumes
« légers, soit que le sol retrouve ainsi des forces
« secrètes et prépare aux plantes de nouveaux ali-
« ments, soit qu'une chaleur ardente détruise tout
« principe nuisible et en détermine l'exhalaison.
« Sans doute aussi, la terre prend par le feu de nou-
« veaux moyens d'aspiration et devient apte à tirer
« de l'air, au profit de la jeune plante, des sucs plus
« nombreux; ou bien elle gagne de la consistance;
« ses particules se resserrent; puis, elle souffre moins
« de l'action dévorante d'un soleil ardent succédant
« à une pluie fine, et du froid pénétrant qu'apporte
« Borée. »

(Virgile. *Géorgiques.*)

Que peut-on ajouter à cette admirable description des effets du brûlis des terres, opération importante au moyen de laquelle, à défaut d'engrais et d'amendement, on force le sol par le feu à devenir productif?

Les brûlis s'exécutent de plusieurs manières.

Dans les Ardennes, après avoir coupé un bois

taillis, on étend toutes les menues branches sur le sol de la forêt, et on y met le feu par un temps sec. Il se consume beaucoup d'herbes, de mousses et de feuilles, de sorte que la terre se trouve ensuite parfaitement meuble et couverte de cendres; on la cultive alors au hoyau et on l'ensemence. Faiblement atteintes par le feu, les souches repoussent vigoureusement l'année suivante, et la forêt, un instant devenue le domaine de Cérès, se repeuple de ses antiques habitants. Cette opération se nomme *essartage*.

Plus souvent usité, l'*écobuage* consiste à peler une terre inculte et à en brûler les gazons.

Pour dégazonner, on se sert d'une charrue réglée de manière à labourer très-superficiellement; ou bien on fait le travail à la main, en employant, soit un large hoyau, en forme de feuille de lierre, soit la bêche courbe qu'on nomme *écobue*, et qui se manie comme la pelle.

Afin d'éviter quelque fatigue, les ouvriers dégazonnent généralement à trop peu de profondeur, de sorte qu'un grand nombre de racines épargnées souillent promptement d'une végétation nuisible le sol écobué. Evitons cette faute, et veillons à ce que les gazons aient de 10 à 12 centimètres d'épaisseur; à moins que, les herbes étant très-claires, on ne puisse craindre que des mottes aussi chargées de terre ne soient difficiles à allumer.

Dans le nord de la France, ce premier travail doit être terminé en juin, afin que les gazons, qu'on retourne une ou deux fois, se trouvent secs au plus tard vers le milieu de l'été. Alors, on les allume par un beau temps, après les avoir réunis en tas de 50 centimètres de haut. Les mottes dont se compose chacun de ces tas sont renversées, afin que l'herbe et les tiges ligneuses forment à l'intérieur un paquet de matière combustible. On ménage deux ouvertures, l'une sur le côté, l'autre au sommet, ce qui permet d'allumer le feu sans difficulté. Dès qu'il est bien pris, on ferme ces ouvertures; car une combustion trop ardente ferait évaporer beaucoup de substances fécondantes, qui restent dans les tas dont l'incandescence est modérée. On visite les monceaux en train de brûler, et on les recharge de terre au besoin pour ralentir la combustion. Celle-ci terminée, on les étend; puis, on laboure la terre et on l'ensemence.

Si les gazons ne sont pas complétement secs, ils brûlent mieux en monceaux, de 1m de hauteur, au centre desquels on réunit des bruyères, des herbes ou autres matières combustibles. A mesure que ces tas se consument, on les recharge de nouvelles mottes, et le feu peut s'entretenir ainsi plusieurs mois. Nous conseillons d'adopter cette méthode pour réduire en cendres les gazons qui se trouvent le long des haies, des chemins et des fossés.

L'écobuage présente l'avantage de purger le sol de beaucoup de germes et d'insectes nuisibles. De plus, il fait disparaître momentanément l'acidité des terrains de marais et de bruyères. Ajoutons que les sels produits par le feu ont une grande richesse immédiate; mais, comme presque tout l'humus se trouve consumé, le sol s'épuise rapidement.

Dans beaucoup de pays, tels que la Sologne, à terrains pauvres, non carbonatés et acides, après avoir tiré deux ou trois récoltes du champ écobué, on l'abandonne jusqu'à ce qu'il soit assez couvert de genêt, d'ajonc, de bruyère, pour pouvoir être brûlé de nouveau. Mais toutes les fois qu'on peut se procurer la chaux ou la marne, il vaudrait mieux conserver cet humus, en le désacidifiant au moyen des amendements calcaires. On obtiendrait ainsi les mêmes résultats immédiats que par l'écobuage, et le sol resterait ensuite amélioré, au lieu de se trouver appauvri.

CHAPITRE XXV

DESSÉCHEMENTS.

Si la terre est souvent noyée, le premier travail agricole consiste à la mettre à sec. Au moyen âge, la Hollande (*hohl-land*, pays creux) a été presque tout entière conquise sur les eaux; et, dans la plus grande partie de l'Europe, tandis que les Bénédictins défrichaient les montagnes avec l'ardeur des premiers religieux de leur ordre fixés au mont Cassin, d'autres moines, les Bernardins, qui se plaisaient dans les vallées, à l'exemple de leur illustre père, fondateur de Clairvaux (*clara vallis*), desséchaient d'immenses marécages. Sous Henri IV, ces mêmes travaux furent fortement encouragés par Sully. C'est alors que des ingénieurs flamands mirent à sec la portion du bas Poitou qui en a conservé le nom de *petite Flandre*.

Ne serait-ce pas une admirable conquête que celle des 600,000 hectares submergés qui existent encore en France, indépendamment de terrains plus étendus qui, sans se trouver à l'état de marécage, sont gâtés par de fréquentes submersions !

L'élévation des eaux d'un ruisseau est-elle la cause du mal, ainsi qu'il arrive presque toujours ; examinons si, par un curage, on ne peut y remédier. Mais souvent des barrages construits en faveur d'usines mettent obstacle à un abaissement suffisant. Dans ce cas, cherchons à dessécher le marais par un fossé aboutissant au-dessous de la retenue; et si, pour ce travail, plusieurs intéressés ne peuvent s'entendre, provoquons l'application des lois actuelles sur la création de commissions locales. Que d'améliorations s'accompliraient, si chaque bassin hydraulique avait son syndicat chargé d'exécuter tout ce que réclame l'intérêt commun !

Avant d'entreprendre aucune opération de dessèchement, examinons attentivement toutes les difficultés qui pourront se présenter, et faisons un plan du terrain avec profils détaillés. Déterminons surtout très-exactement la pente dont nous pouvons disposer depuis le fond du marais jusqu'à l'issue du canal. Comme celui-ci pourra faire écouler d'autant plus d'eau qu'il se trouvera en pente plus rapide, ce sera là-dessus que nous réglerons ses dimensions; et, dans la crainte de ne pas bien évaluer ce qui sortira du marécage, nous ferons d'abord ce canal trop étroit plutôt que trop large, ayant soin que les terres soient jetées à quelque distance des bords, afin que, au besoin, ceux-ci soient reculés sans difficulté. Ce serait une grande faute d'exagérer les dimensions de ce fossé ; car plus il a de largeur, plus facilement l'eau y dépose ensuite son limon, et plus l'entretien en devient dispendieux.

Dans toutes les parties basses, les terres du canal et de ses ramifications seront étendues pour l'exhaussement du sol, au lieu d'être laissées sur le bord, comme on le voit trop souvent, en forme de levée qui nuit à l'assainissement.

Il faut parfois que les eaux d'un marécage traversent le lit d'un ruisseau dont le niveau ne peut être abaissé. Dans la plupart des cas, on effectue facilement cet aqueduc au moyen de madriers solidement assemblés, ou de tuyaux de poterie bien cimentés.

Toutes les fois qu'on le peut, il faut recueillir, par un canal de ceinture creusé autour du marécage, les eaux des terrains supérieurs. Elles ont ainsi un écoulement plus rapide que si on les laissait se rendre jusqu'au fond de la vallée, et, par suite, le travail entier se trouve simplifié. La terre de ce canal est déposée sous forme de digue du côté du marais. Mais rien de semblable ne peut être entrepris, si, composé de gravier, de sable ou de tourbe, le sol est de nature filtrante. Ajoutons que moins la terre est ferme, plus la digue doit être forte. Au minimum, il faut que les talus soient inclinés suivant un angle de 45 degrés. Afin de favoriser l'engazonnement qui en assure la solidité, on étend par-dessus des herbes prises dans le marais, et on plante çà et là des touffes de roseau.

Les côtés des fossés doivent, comme ceux des digues, être en talus plus ou moins inclinés suivant la nature du sol. En les gazonnant jusqu'au ras de l'eau, on prévient tout éboulement, précaution fort utile, si l'eau doit être rapide et abondante.

Afin que, lors de la fouille, les ouvriers observent les pentes que le plan a réglées, on enfonce pour servir de repères, le long du tracé de chaque fossé, des piquets dont la tête dépasse d'une hauteur régulière le fond du fossé.

Parfois, un canal de dessèchement aboutit à la mer ou à une rivière de hauteur variable. Il faut, dans ce cas, le munir d'une vanne qu'on ferme dès que l'eau commence à grossir au point de faire craindre l'inondation du terrain. On a même, pour cette circonstance, des portes ou clapets qui se ferment et s'ouvrent d'eux-mêmes par le seul effet de l'élévation et de l'abaissement des eaux.

Les herbes sont un autre genre d'obstacle qui peut rendre nul l'effet de canaux de dessèchement, tant l'eau s'élève au milieu d'elles par l'effet de la capillarité. Aussi, en bonne règle, tous les fossés d'un marais doivent être fauchés deux fois par an ; et le premier fauchage doit avoir lieu dès le mois de juin.

Lorsqu'à l'entour d'un marécage il ne se trouve au loin que des terrains d'un niveau supérieur, on ne peut dessécher que par épuisement des eaux, par exhaussement du sol ou par infiltration intérieure. Les Hollandais ont employé le premier moyen sur une immense échelle. Leurs machines à épuiser, au nombre de plus de neuf mille, étaient mises autrefois en activité par des ailes de moulins à vent. A la force de l'air on substitue aujourd'hui celle de la vapeur, comme plus régulière et plus puissante. Pour opérer ainsi un dessèchement, il faut, au moyen de fossés et de digues de ceinture, commencer par réduire l'eau du marais à un volume déterminé. Les digues des polders de Hollande ont, du côté de la mer, jusqu'à 60 mètres de large à la base. Cependant elles n'ont pas toujours résisté aux fureurs de l'Océan, qui a trop souvent porté la désolation dans ce beau pays.

Le desséchement par exhaussement du sol peut s'opérer de deux manières : ou avec la terre tirée de fossés qui sont creusés dans le marais même, ou par l'introduction d'eaux limoneuses. La première de ces opérations n'est applicable qu'à un sol faiblement submergé. Avant de l'entreprendre, on calcule de quelle hauteur le terrain doit être relevé, et l'on règle en conséquence la largeur, la profondeur et l'espacement des fossés. Le second moyen permet d'utiliser souvent d'une manière merveilleuse les eaux vaseuses des inondations. Nous en parlerons de nouveau en traitant des arrosages.

Quant à l'assainissement par infiltrations intérieures, il n'est praticable que s'il se trouve à peu de distance du sol une couche perméable. Dans ce cas, qui est assez rare, on creuse de distance en distance jusqu'à cette couche, au moyen d'une longue et forte tarière, des trous à travers lesquels l'eau pénètre ensuite dans le sous-sol.

CHAPITRE XXVI

DISTINCTION ENTRE LE DESSÈCHEMENT, L'ASSAINISSEMENT ET L'ASSÈCHEMENT. — ASSAINISSEMENT.

> « Vous me mandez que, dans la Suisse, malgré les différentes espèces de terre qui se rencontrent, tous les labours se font généralement à plat. Les habitants de ces pays agissent aussi peu conséquemment qu'un cuisinier qui ayant un grand repas à apprêter ne ferait qu'une sauce pour tous les ragoûts. » DE TURBILLY.

Pour que la terre réponde à nos espérances, il ne suffit pas de la mettre à sec, lorsqu'elle se trouve noyée; il faut encore, si le sous-sol est imperméable ou rempli de sources, débarrasser la couche labourée de toute fraîcheur excessive et permanente. On ne corrige même entièrement les défauts d'un sous-sol humide qu'en l'égouttant jusqu'à une certaine profondeur. Ainsi, pour l'enlèvement des eaux nuisibles, voici trois opérations : l'une met à sec une terre marécageuse, c'est le *desséchement* dont nous avons dit quelques mots. La seconde, l'*assainissement*, purge la couche labourée d'humidité surabondante. La troisième, que nous nommons *assèchement*, enlève l'excès de fraîcheur non-seulement au sol, mais encore au sous-sol.

Lorsqu'on se borne à assainir la couche arable, c'est par les dérayures du labour qu'on y parvient le plus économiquement. Dans ce but, on les multiplie quelquefois à tel point qu'elles ne sont séparées les unes des autres que par 4, 6, 8 ou 10 tranches de labour; ce qui forme des ados de 2 à 3 mètres de large. A chaque trait de charrue, on enraie dans les dérayures de la culture précédente. Cette disposition, qui est souvent adoptée en Belgique, assainit bien une terre humide, et favorise, à cause de l'extension qu'elle donne à la surface du sol, l'effet bienfaisant des agents atmosphériques; mais elle gêne le travail des instruments aratoires, ce qui souvent rend nécessaires des perfectionnements à la main.

Dans des pays moins peuplés et moins avancés que la Flandre, comme on ne trouverait pas facilement à faire exécuter ces travaux supplémentaires, le mieux est de mettre plus d'espace entre les dérayures. Mais alors, pour obtenir un assainissement suffisant, on se trouve souvent amené à élever le sol au-dessus de l'humidité par plusieurs enrayures successives faites sur le même point ou du moins à peu de distance les unes des autres. Les meilleurs ados de ce genre ont 10 à 18 mètres de large, 1 mètre à 1m 50 de haut et une surface convexe sans creux ni aspérité. On les laboure en enrayant alternativement sur les sommets et près des sillons intermédiaires; nous disons *près de ces sillons* et non pas *dedans*, parce qu'un des avantages de la méthode est justement de tenir toujours le sol assaini par des rigoles ouvertes.

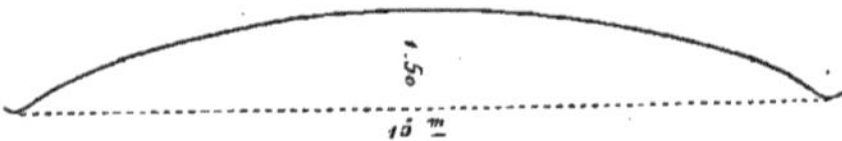

Ados large de la forme la plus convenable.

Tant que ces ados ne sont pas suffisamment bombés, on commence, dans le labour d'une pièce, par les enrayer tous aux parties qu'il faut exhausser; on détermine d'autre part les points sur lesquels les dérayures doivent tomber; puis, on combine en conséquence le travail de la charrue, prenant, de chaque côté des enrayures, le nombre de tranches nécessaires pour que les dérayures se trouvent exactement aux places prévues.

Une fois bien disposés, de tels ados sont de culture presque aussi facile que les champs plats. Seulement, comme les enrayures ont accumulé la terre végétale sur les sommets aux dépens des côtés, il faut, par une judicieuse répartition des engrais, chercher à égaliser la fécondité des diverses parties; et il convient de corriger par de vigoureux hersages, quelquefois même par un peu de travail à la main, les imperfections de labour qui sont assez fréquentes sur la partie raide contiguë aux rigoles.

Avantageuse pour les terrains plats ou peu inclinés, cette disposition ne convient pas aux pièces de terre qui ont une pente de plus de 5 centimètres par mètre. En effet, si l'on établit la bombure en travers de l'inclinaison, un côté de l'ados présente une pente excessive, tandis que l'autre n'en a aucune et se trouve mal assaini. Si, au contraire, l'ados suit le sens de l'inclinaison, l'écoulement des eaux devient trop rapide; par suite, le champ se ravine à certaines places et s'ensable à d'autres.

Pour l'assainissement d'une terre humide très-inclinée, il suffit de la labourer à plat, obliquement par rapport au sens de la pente, espaçant les dérayures de 8 à 15 mètres et enrayant, à chaque labour, dans les dérayures de la culture précédente. Trop fréquemment, les cultivateurs disposent suivant un système uniforme toute espèce de terrain, sans distinction de nature et d'inclinaison; aussi, voit-on souvent en pays humide des ados très-défectueux. Pour changer cet état de choses, il faut commencer par aplanir le champ en jetant la terre, au moyen de plusieurs enrayures successives, dans les creux qui séparent les ados. Si la pièce est très-inclinée, il arrive presque toujours que le bas se trouve aplati plus promptement que la partie haute. Dans ce cas, on cultive à part les portions plates, jusqu'à ce que le nivellement soit général, en prenant d'ailleurs pour l'assainissement toutes les mesures provisoires que réclame l'état du sol.

De quelque manière que le champ soit traité, il faut — creuser les dérayures plus profondément qu'aucun autre sillon; — les nettoyer à la charrue lorsque la terre a été ensemencée et hersée; — les perfectionner à la bêche partout où il est nécessaire; — les visiter en hiver et les débarrasser alors de toute obstruction; — faire des rigoles à la charrue ou à la bêche dans tous les plis de terrain que traverse le labour, — ou bien effacer ces plis avec la terre de fossés spécialement creusés dans ce but; — labourer la tournière en enrayant au milieu d'elle, afin que toutes les dérayures aboutissent sur le dernier sillon de ce champ transversal, sillon collecteur que l'on creuse profondément.

Si la terre que poussent les charrues a tellement relevé la tournière qu'on ne puisse la border par une raie suffisamment profonde, on abaisse cette partie du champ au moyen de la *galère* ou pelle à cheval, instrument auquel on attèle un animal et qu'on charge de terre en soulevant les manches. On conduit alors le cheval à la place du déchargement pour lequel il suffit de renverser la galère en avant.

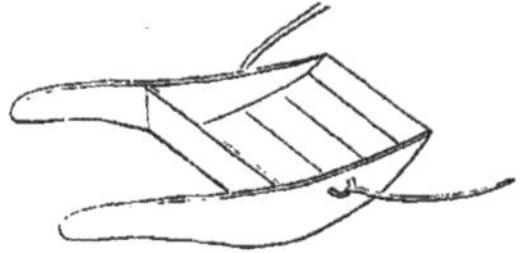

Galère ou pelle à cheval.

Dans quelques pays, les tournières sont engazonnées et maintenues à 30 centimètres au-dessous de l'extrémité du champ, disposition qui facilite l'assainissement et tout à la fois la circulation autour des pièces. Arrosées par l'eau des dérayures, ces tournières en gazon produisent une herbe abondante.

Dans la culture des terrains humides, il n'est pas nécessaire, par les soins minutieux que nous venons d'indiquer, de tenir toujours le champ prêt à s'assainir; car en été le sol s'humecte rarement avec excès. Mais on ne peut prendre trop de précautions en faveur des plantes qui passent en terre l'automne et l'hiver, ou seulement une partie de ces deux saisons.

CHAPITRE XXVII

ASSÈCHEMENT, DRAINAGE.

L'agriculture progressive ne se contente pas d'assainir la couche arable; elle veut que le sous-sol imperméable ou sourceux soit délivré d'humidité surabondante jusqu'à une certaine profondeur. En effet, une fraîcheur excessive des couches inférieures refroidit le sol, favorise la multiplication des chiendents, affaiblit l'action des engrais, rend la terre plus compacte que sa nature ne le comporte, oblige à suspendre souvent le travail aratoire, nuit enfin à la qualité de tous les produits et à la salubrité du pâturage. Tous ces défauts sont corrigés par l'assèchement qui consiste à établir, à une certaine profondeur, des écoulements souterrains; opération connue de toute antiquité.

« Les rigoles couvertes, disait Columelle, se font « au moyen de gros graviers, de pierres cassées ou « de branches qu'on serre, sur un pied d'épaisseur, « au fond d'un fossé étroit, en ajoutant, avant de le « remplir, des feuilles, des gazons ou de la paille, « pour empêcher les parties terreuses de pénétrer « dans les interstices et de fermer l'écoulement. »

Vers 1810, les Anglais se mirent à faire des conduits de ce genre avec des tuiles, et, à partir de 1842, ils y employèrent des tuyaux de terre cuite entièrement ronds. C'est à cet assèchement perfectionné que nous donnons le nom de *drainage*, du mot anglais *draining*.

Nos premiers drainages furent faits en 1846, chez M. Du Manoir, département de Seine-et-Marne, et chez M. Lupin, département du Cher, avec des tuyaux achetés en Angleterre sur les indications de M. Thackeray. Bientôt, celui-ci fit venir lui-même de Londres une machine à faire des tuyaux. Aujourd'hui, il s'en fabrique dans tous les départements; et le gouvernement a décidé qu'un prêt de 100 millions serait fait aux cultivateurs pour le drainage. Aussi, cette importante opération se vulgarise de plus en plus. Du reste, le savant M. Barral, auteur d'un traité complet sur cette matière, dit avec raison que, de tout temps, on a fait en France des tubes, pour conduite d'eau, avec des appareils analogues aux nouvelles machines anglaises; et, ce qui est un fait fort curieux, on retrouvait dernièrement des tuyaux de drainage dans les terrains dépendants du célèbre couvent de Cîteaux, dans un ancien jardin de moines oratoriens à Maubeuge, et encore, nous a-t-on assuré, aux environs d'une abbaye près de Namur.

Pour exécuter un drainage, on creuse des tranchées étroites au fond desquelles on met au bout les uns des autres des tuyaux de 30 centimètres de longueur, ce qui forme un tube continu; ou bien les tuyaux s'engagent par leurs extrémités dans des *manchons*, tuyaux plus courts qui relient ensemble toutes les pièces du conduit. Ces tubes, que l'on appelle *drains*, aboutissent à d'autres plus larges appelés *drains collecteurs*. Tout l'ensemble, comme on le voit, a beaucoup d'analogie avec l'appareil circulatoire du corps humain.

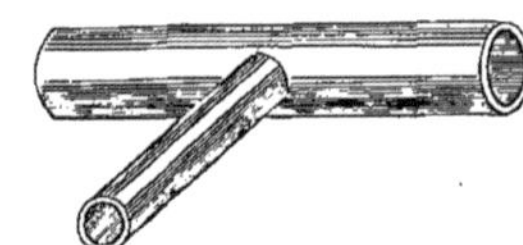
Jonction d'un drain ordinaire avec un collecteur.

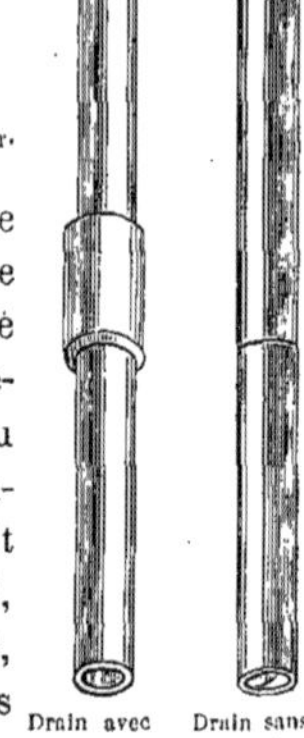
Drain avec manchon. Drain sans manchon.

Lors même que les tuyaux se touchent le mieux, l'eau y pénètre avec facilité. Si elle provient de sources, elle ne peut guère s'élever ensuite au-dessus du niveau des drains. Pour ce cas particulier, la disposition de ceux-ci doit dépendre de celle des sources. Si, comme il arrive le plus souvent, l'humidité résulte d'eaux pluviales à l'infiltration desquelles s'oppose la nature compacte du sous-sol, celui-ci se fendille après le drainage et devient perméable jusqu'aux tuyaux. La masse de terre, qui devient ainsi poreuse, n'est pas terminée inférieurement par un plan parallèle à celui du sol, mais par une série de plans inclinés, ainsi que le montre la coupe ci-dessous d'un terrain de ce genre sillonné de tubes de drainage. Plus le sol est compacte, plus ces plans s'éloignent de la ligne horizontale, et, par conséquent, plus les drains doivent être rapprochés, pour que, aux points les plus distants des drains, il se trouve encore 50 centimètres de terre asséchée, épaisseur minimum qu'on doit atteindre.

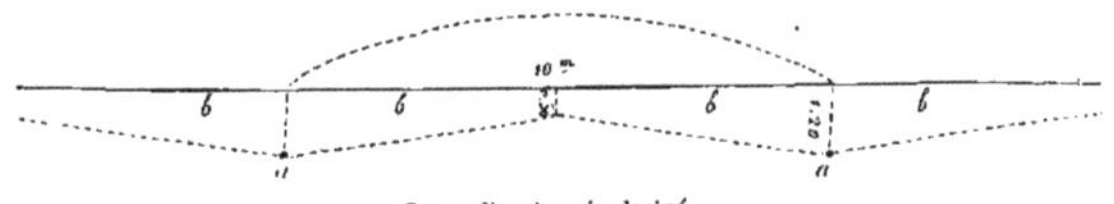

Coupe d'un terrain drainé.
a a, Drains à 1 mètre 20 de profondeur et 10 mètres d'espacement.
b b b b, Terre asséchée.

D'un autre côté, plus avant les drains sont enfouis, plus ils assèchent de terre, tant en profondeur qu'en étendue. Concluons qu'il faut les mettre aussi bas que le permet le point d'écoulement extérieur et que le comporte la nature du sol, très-dur parfois à entamer au delà d'un certain degré. D'après l'expérience acquise, 1^m 20 est une profondeur moyenne qu'on a souvent grand intérêt de dépasser. Pour y parvenir,

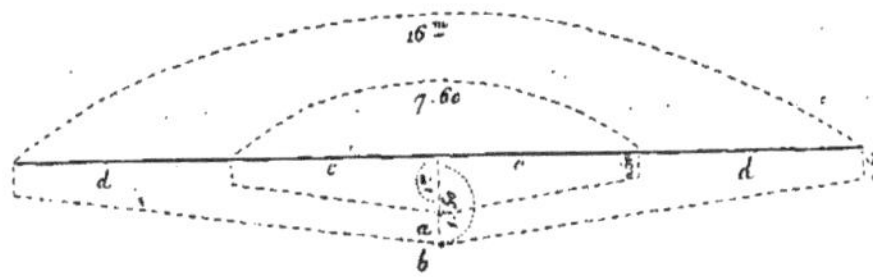

a, Drain à 1 mètre de profondeur; — *b*, drain à 1 mètre 50 de profondeur.
c c, Terre asséchée par le premier sur une largeur de 7 mètres 60 seulement.
c c, *d d*, Terre asséchée par le second sur une largeur de 16 mètres.

n'hésitons pas, s'il le faut, à user du droit de passage que la loi accorde aux eaux d'asséchement sur les héritages voisins.

Une inclinaison très-prononcée du terrain produit sur l'écoulement le même effet qu'une augmentation de profondeur, pourvu que les drains suivent la direction de la plus forte pente, condition essentielle d'un drainage parfait. Un autre avantage de cette direction, c'est que, comme elle favorise la rapidité du courant, les tuyaux sont moins exposés à s'obstruer.

Pour déterminer, dans chaque cas particulier, le meilleur espacement des drains, on établit à 20 mètres l'un de l'autre deux drains d'essai. On creuse ensuite, par un temps pluvieux, des fosses de 50 centimètres de profondeur; les unes, à égale distance des drains; les autres, plus rapprochées de l'un des deux. Par la quantité d'eau qui reste dans ces fosses après une averse, on juge de l'effet des drains. L'espacement le plus ordinaire varie de 10 à 12 mètres pour des tuyaux enfoncés à 1^m 20.

Bien que la plus forte pente doive toujours être recherchée, une inclinaison de 1 à 2 millimètres par mètre suffit pour assurer l'opération. On peut même drainer des terrains tout à fait plats, pourvu que, creusant les tranchées plus profondément à un bout qu'à l'autre, on donne aux tubes cette pente indispensable de 1 à 2 millimètres.

On emploie pour les drains ordinaires des tuyaux dont le diamètre intérieur varie de 25 à 45 millimètres. Les plus petits suffiraient presque toujours; car l'hydraulique démontre que plus le calibre est faible, plus le courant de l'eau est rapide. Mais ils présentent deux inconvénients : 1° s'ils s'engorgent de racines, il est souvent impossible de les nettoyer; opération facile, ainsi que nous l'expliquerons plus tard, pour des tuyaux de 45 millimètres bien placés; 2° sans manchons, on les ajuste rarement avec une précision suffisante. Ces pièces accessoires sont encore nécessaires, lorsqu'on opère sur terrain mouvant, pour que toutes les parties du tube soient solidement maintenues. Dans le sol spongieux des tourbières, il faut même que les tuyaux soient appliqués sur des planchettes étroites.

D'après le principe que les drains doivent suivre la plus forte pente, une pièce de terre présente autant de systèmes de tubes que de surfaces différemment inclinées. Au fond de chaque pli de terrain, se trouve un collecteur auquel aboutissent les drains ordinaires. Plusieurs collecteurs se réunissent souvent eux-mêmes en un conduit principal qui fait sortir les eaux de la pièce par une ouverture. Quand il n'y aurait qu'une seule rangée de drains, ils ne doivent pas moins aboutir à un collecteur, afin que les bouches d'issue, dont la construction exige quelques frais particuliers, soient aussi peu nombreuses que possible.

Le diamètre intérieur des collecteurs varie de 6 à 12 centimètres. On calcule que, en l'absence de toute eau de source et avec une pente de 1 à 2 millimètres, un tuyau de 8 centimètres enlève rapidement les eaux d'un hectare. Lorsqu'il s'agit d'établir un collecteur de fort calibre, on peut, au lieu d'un seul tuyau, en employer trois plus petits, dont un se trouve supporté par les deux autres.

Dans les pièces d'une grande étendue, indépendamment des collecteurs qui les bordent et de ceux qui occupent les plis de terrain, il faut souvent en établir de spéciaux pour recueillir, au tiers ou à mi-longueur, les eaux de plusieurs drains qui, sans cette disposition, seraient par trop longs. Les Anglais font rarement des drains de plus de 200 mètres.

Pour éviter dans les collecteurs un reflux nuisible à la rapidité de l'écoulement, on dispose les embouchures des drains ordinaires de telle sorte qu'il ne s'en rencontre jamais deux au même point; et l'on fait aboutir ces drains à angle aigu sur le collecteur dans le sens de l'écoulement, sauf à faire dévier, s'il est nécessaire, l'extrémité du conduit.

CHAPITRE XXVIII

ASSÈCHEMENT (SUITE); PLAN ET EXÉCUTION D'UN DRAINAGE.

Avant d'entreprendre un drainage, il importe d'en bien tracer le plan. Déterminons d'abord sur chaque partie du terrain la direction de la plus forte pente, puisque cette direction sera celle des drains. D'après les règles géométriques, elle tombe à angle droit sur une ligne horizontale tracée à la surface du sol; c'est donc cette horizontale qu'il faut chercher en premier lieu. A cet effet, on divise la pièce par des lignes parallèles assez rapprochées pour que l'une d'elles au moins traverse chaque portion de surface présentant une inclinaison particulière. Puis, on se place avec le niveau à bulle d'air et à lunette sur un point d'où la vue puisse parcourir le champ entier, et on détermine sur chacune de ces lignes le point qui est au niveau de celui où l'on se trouve soi-même. Ce travail se fait vite, le porte-mire ayant seul à se mouvoir pour mettre la mire là où le lui indique l'ingénieur. La ligne qui passe par tous les points ainsi fixés est une des horizontales cherchées. On en détermine d'autres de la même manière, et l'on en reporte sur le papier le plan exact, en adoptant, comme la plus commode, l'échelle de 1 millimètre par mètre. Si l'on ne dispose que d'un niveau d'eau ordinaire, il est peut-être plus expéditif de diviser la pièce en rectangles par un certain nombre de lignes croisées. On mesure ensuite la pente des côtés de ces rectangles, ce qui permet de déterminer facilement le sens des plus fortes inclinaisons.

Ces préliminaires obtenus, on dessine chaque drain sur le papier; puis, au moyen de jalons, on reporte le tracé sur le terrain (Voir ci-dessous). On enfonce ensuite des piquets aux extrémités de lignes et aux points où l'inclinaison des drains doit se trouver modifiée. Pour servir de repères au sujet des pentes, on enfonce de 50 en 50 mètres d'autres piquets dont le sommet dépasse d'une hauteur égale le fond des tranchées; et, pour qu'ils ne soient pas dérangés lors de la fouille, on les met à 50 centimètres à droite ou à gauche du point milieu des tranchées.

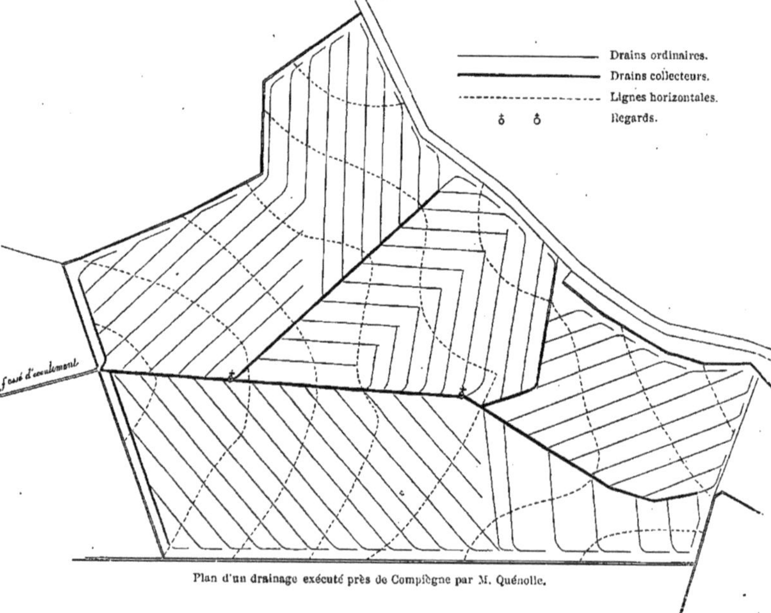

Plan d'un drainage exécuté près de Compiègne par M. Quénolle.

Pour l'économie du travail, celles-ci doivent ne présenter que la moindre ouverture possible, 40 à 50 centimètres, par exemple, sur une profondeur de 1 mètre 20; et leur fond ne doit avoir juste en largeur que le diamètre des tubes, qui se trouvent ainsi solidement maintenus.

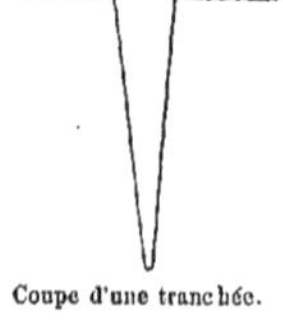

Coupe d'une tranchée.

La fouille se fait au moyen de bêches longues et étroites dont l'une n'a pas plus de largeur que le tuyau n'en a lui-même. Trois ou quatre ouvriers travaillent ensemble, chacun avec l'instrument approprié à la profondeur où il se trouve. On nettoie le fond de la tranchée au moyen d'une drague dont le fer est de la dimension du tuyau. Si le terrain est pierreux, on le pioche avec un pic à pédale; et tous les déblais sont enlevés à la pelle ou avec une large drague. Afin de pouvoir, lors du remplissage, replacer

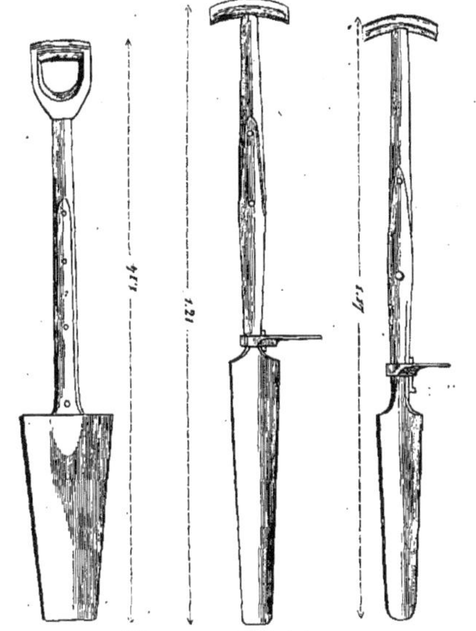

Bêches pour tranchées de drainage.

en dessus la terre végétale, on la met à part sur l'un des bords.

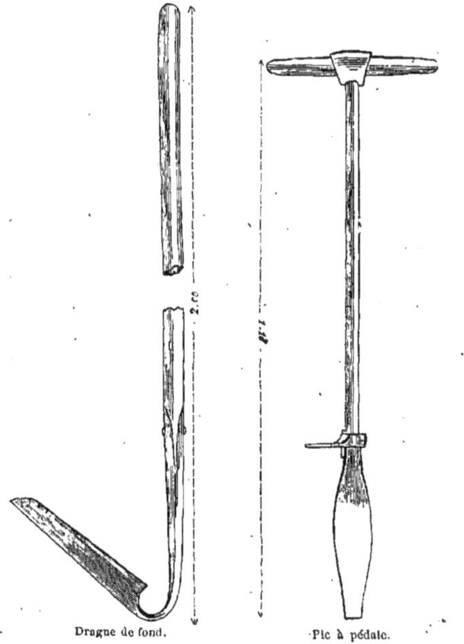

Drague de fond.

Pic à pédale.

Il est de nécessité capitale que les ouvriers suivent exactement la pente déterminée. Pour y parvenir, ils se guident sur les piquets repères, et enfoncent

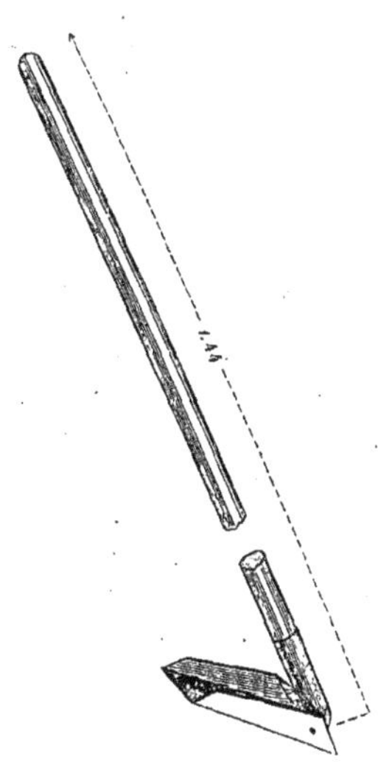

Drague pour terrain pierreux.

horizontalement dans la paroi de la tranchée d'autres piquets entre lesquels ils tendent un cordeau. On fait soi-même une vérification générale au moyen de trois mires, dont deux se placent dans la tranchée, l'une auprès d'un piquet repère, l'autre près du piquet suivant. Après s'être assuré qu'elles sont à la

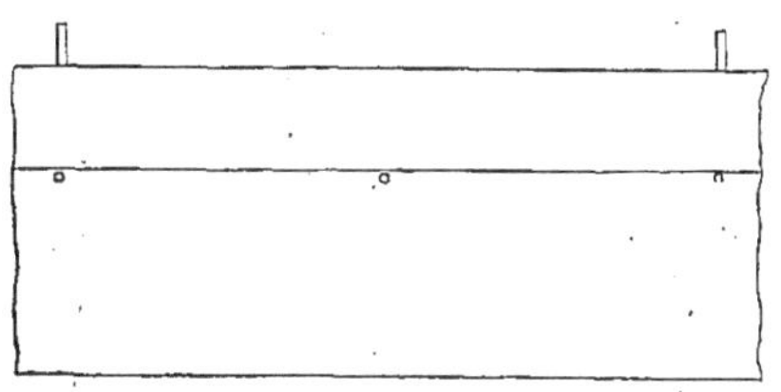
Tranchée vue de profil avec deux piquets repères, trois piquets horizontaux et cordeau tendu.

profondeur voulue, on fait mettre la troisième à différents points intermédiaires, et l'on voit si son sommet affleure exactement, comme elle le doit, celui des deux autres.

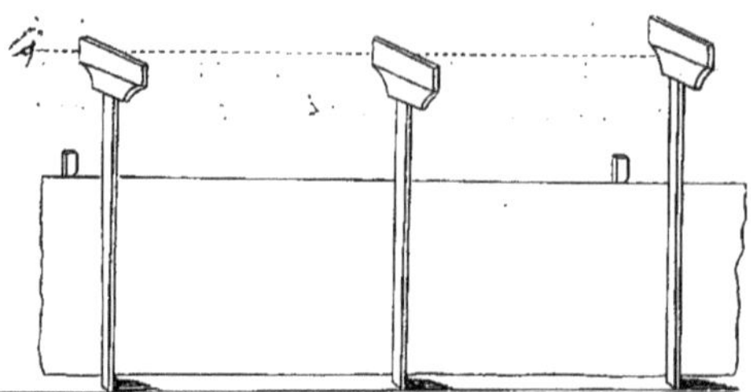

Tranchée vue de profil avec trois mires et deux piquets repères.

Dès que la tranchée est creusée, on s'occupe, crainte d'éboulements, de la pose des tuyaux. On les répartit le long du bord; et, si le projet le comporte, on munit chacun d'eux de son manchon. Un ouvrier adroit saisit successivement les pièces ainsi préparées, et les pose au fond du fossé avec un instrument appelé *broche*, dont la courte branche présente une rondelle saillante destinée à maintenir le manchon. L'ouvrier remarque-t-il quelque irrégularité au fond de la tranchée; il la fait disparaître avec le dos de la broche; et, une fois les tuyaux posés, il couvre chaque joint de fragments de tubes cassés ou de demi-manchons, afin de rendre moins directe l'infiltration aqueuse et de prévenir ainsi l'introduction du sable. Lorsqu'on opère dans des terrains très-sablonneux, cette précaution n'empêcherait pas les particules siliceuses de se glisser dans les tuyaux, si l'on n'enveloppait le tesson ou le demi-manchon d'une pelote d'argile pétrie, comme si l'on voulait arrêter l'eau elle-même. Le savant ingénieur, M. Hervé Mangon, dont les consciencieuses études nous ont été très-utiles pour la rédaction de ce chapitre, nous a certifié que ce dernier moyen lui a toujours réussi.

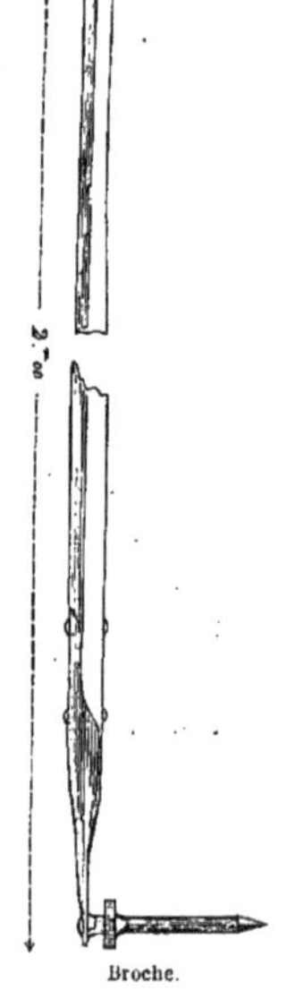

Broche.

Nous venons de décrire la méthode la plus usitée. En voici une autre que nous avons vu suivre dans les Ardennes et que M. Charles Gossin recommande comme offrant une sûreté particulière, si l'on n'a pas d'ouvriers poseurs habiles. On donne au fond de chaque tranchée une largeur de 15 centimètres au moins. Marchant sur ce fond, l'ouvrier, au moyen d'une curette qu'il pousse devant lui et dont le fer est exactement semblable à celui de la drague déjà décrite, creuse la place des tuyaux; puis, il les pose à la main, en avançant sur ceux qu'il a mis déjà.

Dès que les tubes sont placés, on ferme par un tesson l'extrémité supérieure du drain, pour que rien n'y pénètre, et l'on dame fortement sur les tuyaux la terre la plus compacte et la plus mauvaise; — la plus compacte, pour empêcher les infiltrations sablonneuses; — la plus mauvaise, afin que les racines ne cherchent pas à s'y étendre, pour, de là, se glisser dans les tuyaux où elles pourraient causer des obstructions. Le remplissage peut se terminer ensuite à loisir. M. Charles Gossin l'exécute facilement avec une charrue sans point d'appui de la manière suivante: Supposé que la tranchée soit à droite des terres de déblais, l'attelage est mis à gauche. On règle la charrue de telle sorte qu'elle soit fortement rejetée du côté de la tranchée, et, comme elle ne peut encore l'être assez par la seule puissance du régulateur, un homme qui marche sur l'autre bord, la maintient par un bâton fixé à l'extrémité de la haie.

Afin que l'eau ne puisse gêner les ouvriers, on commence toujours un drainage par le bas de la pièce. Ainsi, ce sont les collecteurs qu'on établit d'abord; mais, dans chaque drain, c'est par en haut qu'on pose les premiers tuyaux, pour qu'aucune eau vaseuse ne coule dans ceux qui se trouvent déjà placés.

On joint les drains aux collecteurs à l'aide d'ouvertures dans lesquelles on introduit l'extrémité du petit tube, de sorte que la surface supérieure de tous deux soit à peu près au même niveau. La plupart des fabricants vendent des tubes tout préparés pour ces jonctions; au besoin, on fait soi-même les trous avec la pointe d'un marteau d'acier.

Pour qu'aucun animal ne s'introduise dans les drains, on ferme les bouches d'issue au moyen d'un grillage engagé dans une petite maçonnerie. Enfin, pour s'assurer facilement plus tard de l'état des choses, on met au confluent des collecteurs des regards qui consistent en deux ou trois gros tuyaux emboîtés verticalement l'un au-dessus de l'autre et formant un creux souterrain. Une dalle supporte ce petit ouvrage, qui est bien fermé et couvert de 40 centimètres de terre. Les drains qui apportent l'eau au regard débouchent à quelques centimètres au-dessus de ceux qui l'emmènent, et font saillie sur la paroi, de sorte que le liquide produit, en tombant, un son facile à entendre du dehors. Une borne indique la place.

D'après M. Hervé-Mangon, pour empêcher les dépôts calcaires ou ferrugineux qui quelquefois obstruent les drains, il suffit toujours d'établir, à quelques mètres en amont de la bouche d'issue et à tous les confluents de collecteurs, des regards analogues, mais disposés de sorte que les tubes d'arrivée, aboutissant à 2 ou 3 centimètres au-dessous de ceux de sortie, plongent dans le liquide, ce qui maintient les drains constamment pleins d'eau. Ce procédé repose sur le principe, que les dépôts calcaires ou ferrugineux ne se forment qu'au contact de l'air. Les eaux ferrugineuses existent surtout dans les prés humides, et se reconnaissent aux flocons rougeâtres qu'on voit dans les fossés. Quant aux eaux calcaires, elles couvrent tout d'incrustations pierreuses.

D'autres fois, les tuyaux sont obstrués par des racines de saule, d'orme et de peuplier. Éloignons donc les drains de 15 mètres au moins du tronc de ces arbres; et, si la disposition des lieux ne permet pas ce détour, entourons de 30 centimètres de pierres cassées les tubes exposés.

Dans les prés naturels et même dans certains champs, les drains peuvent également se remplir de racines de plantes herbacées. Le plus sûr moyen de l'empêcher est de drainer très-profondément et d'empiler sur les drains, ainsi que nous l'avons dit déjà, la terre la plus compacte et la plus mauvaise. D'ailleurs, si les tubes sont d'un certain diamètre et réguliers, on fait disparaître sans grands frais ces obstructions au moyen d'une chaîne en fil de fer articulée comme celle d'arpenteur, mais beaucoup plus longue et munie d'une sorte de tire-bourre, chaîne que, de 50 en 50 mètres, on introduit dans les drains.

Lorsque le terrain est sourceux, souvent il convient d'établir verticalement des tubes, destinés à faciliter l'ascension du liquide intérieur. Pour les placer, on creuse des trous en enfonçant des pieux qu'on retire ensuite. L'extrémité supérieure de ces tubes verticaux s'engage dans les drains horizontaux par des ouvertures analogues à celles des collecteurs. Ce moyen, dont l'application doit varier suivant la disposition des sources, permet quelquefois de purger à peu de frais une grande étendue de terrain humide, comme le prouve la figure ci-dessus.

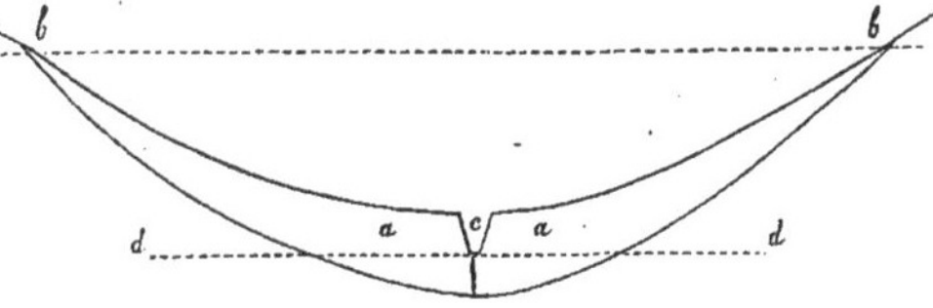

a a, Couche argileuse imperméable, tapissant le fond et les côtés d'une vallée et retenant les eaux intérieures jusqu'à la hauteur des points *b b*.

b b, Points à partir desquels cette eau suinte à la surface, rendant très-humide tout le terrain inférieur.

c, Fossé avec drain vertical, traversant la couche imperméable.

d d, Niveau auquel, par suite de ce travail, sont abaissées les eaux intérieures, de sorte que tout le terrain *a b a b* se trouve assaini.

Dans un drainage ordinaire, on se sert aussi quelquefois d'écoulements verticaux remplis de pierres cassées, pour mettre les drains en communication avec une couche perméable située à peu de profondeur.

CHAPITRE XXIX

ASSÈCHEMENT (SUITE); QUALITÉ DES TUYAUX, PRIX DE REVIENT D'UN DRAINAGE, AUTRES MÉTHODES D'ASSÈCHEMENT.

Ce n'est pas tout de bien disposer un drainage; il faut encore n'employer que des tuyaux réguliers, unis à l'intérieur, très-bien cuits (ce qu'on reconnaît à leur son argentin), capables de résister à la gelée et inaltérables, même après avoir bouilli dix minutes dans une eau saturée de sulfate de soude. On n'en fait jamais de bons avec une argile très-sablonneuse ou contenant soit des grains calcaires, soit des nodules pyriteux.

Voici, d'après M. Barral, les dépenses minimum et maximum, par mètre courant, d'un drainage exécuté à 1 mètre 20 de profondeur :

	MINIMUM. centimes.	MAXIMUM. centimes.
Étude préalable	1 93	3 »
Direction	1 61	5 67
Achat des tuyaux	6 »	10 48
Charroi	» 54	1 »
Fouille des tranchées	5 »	44 48
Pose des tuyaux et premier remplissage	3 »	8 24
Second remplissage	1 »	5 »
Usure des outils	» 30	2 98
TOTAL	19 38	80 85

D'après ces données qui nous paraissent exactes, le drainage d'un hectare, avec tranchées espacées de 10 mètres, coûterait 808 fr. au maximum et 193 fr. au minimum. Cette dépense, qui semble élevée au premier abord, est bientôt largement payée. Une fois drainé, le terrain humide présente les qualités d'un champ perméable. Sans ados, sans fossés, sans dérayures, on peut y mettre la charrue presque en tout temps. La sécheresse le durcit aussi beaucoup moins qu'avant l'opération. Assécher le sol, c'est donc l'ameublir. C'est aussi le réchauffer, l'humidité étant toujours une cause de froid. Par l'effet du drainage, la végétation commence plus tôt et se prolonge plus tard. L'eau pluviale qui traverse la couche asséchée est sans cesse remplacée par de l'air, immense bienfait! Car cette couche, précédemment inerte dans tout ce qui était inférieur au sol arable, se vivifie au contact atmosphérique. C'est comme une table nouvelle servie à la végétation dans les profondeurs du sous-sol. Quant au sol mieux pénétré par les agents aériens, il devient également plus fécond.

Le seul reproche qu'on ait fait à cette opération, c'est d'avoir trop desséché certaines prairies. Mais aussi, combien de pâturages marécageux a-t-elle transformés en gazons excellents! Elle améliore puissamment les vignes et les vergers plantés sur terrain imperméable. Enfin, lorsque tout un pays humide a été drainé, le climat, au dire des Anglais, devient plus doux et plus sain.

Si l'on a pris contre les obstructions toutes les précautions nécessaires, l'assèchement résultant du drainage doit durer toujours. Dans deux circonstances très-rares seulement, nous a assuré M. Hervé-Mangon, l'opération reste sans effet : 1° lorsque le terrain est composé de cailloux se touchant et cimentés par une glaise compacte; 2° lorsque, de nature argileuse, il contient des sources si abondantes que l'argile ne peut parvenir à se sécher et à se fendiller. Dans ce cas, le drainage emmène bien une partie des eaux de source; mais le terrain reste imperméable aux eaux pluviales.

Si, d'après l'ancienne méthode, on veut assécher au moyen de fascines, il faut les faire de grosseur telle qu'il reste au-dessous d'elles, dans les fossés, un vide de plusieurs centimètres. Pour la confection de ces fascines, les branchages sont étendus sur deux chevalets et fortement serrés avec une corde munie à chaque extrémité d'une poignée de bois.

Un autre procédé ancien consiste à mettre au fond des tranchées 40 à 45 centimètres de pierres cassées de la grosseur d'une noix et parfaitement nettes de terre. Pour empêcher le sable de se glisser entre elles, on les couvre de paille ou de feuilles. On emploie aussi des billes d'aune ou de pin percées de part en part, et des morceaux de tourbe taillés de manière qu'entre deux de ces morceaux appliqués l'un sur l'autre, il reste un creux arrondi. Enfin, au moyen de la charrue taupe, instrument muni d'un soc tout rond, on creuse à 30 ou 40 centimètres de profondeur des galeries analogues à celles des taupes; travail qu'il faut renouveler tous les 3 ou 4 ans, si l'on veut que le sol reste asséché.

Ces diverses méthodes seront de plus en plus abandonnées; car, au prix de 15 à 20 fr. le mille pour le calibre de 45 millimètres de diamètre intérieur, les tubes procurent un assèchement moins coûteux et plus durable qu'aucun autre.

Là où la fabrication des tuyaux n'existe pas, on l'organise presque toujours sans difficulté en procurant à un tuilier une machine remboursable par annuités. Nous signalons, comme des meilleures, les machines Scragg, Clayton, Bertin-Godot, Laffineur; et nous conseillons en général l'adoption de celles dont le service occupe seulement deux ou trois personnes à la fois.

Bien que la France ne le possède pas encore, pouvons-nous passer sous silence l'appareil anglais Fowler et Fry, au moyen duquel on parvient à drainer un champ sans y creuser de tranchées? Une sorte de charrue analogue à la charrue taupe est tirée par la corde d'un cabestan qu'une machine à vapeur ou des chevaux attelés à un manége font tourner. Les tuyaux sont enfilés dans une corde et retenus par un T en fer qui la termine. Par l'autre extrémité, la corde est fixée elle-même au sep de la charrue. A mesure que celle-ci avance, la galerie se creuse, et les tuyaux pénètrent dans le sol. Lorsque tout le chapelet est introduit, on détache le T, la corde s'enlève, et la ligne de tubes se trouve placée, sans qu'il reste presque aucune trace du travail accompli. Cette machine, on le comprend, ne peut fonctionner dans les champs irréguliers ou remplis de pierres.

Honneur au pays dans lequel l'amour de l'agriculture est assez vif pour provoquer de telles inventions!

CHAPITRE XXX

IRRIGATIONS; PRISES D'EAU, MACHINES HYDRAULIQUES, PUITS ARTÉSIENS, KÉRIZ.

« Ainsi que les eaux du Tigre et du Phison
« sont répandues sur la terre au temps des
« semailles, Dieu remplit tout de sa sagesse;
« Il féconde l'esprit de l'homme, comme
« l'Euphrate et le Jourdain fertilisent les
« campagnes après la moisson;
« Il inonde l'âme de lumière et de science
« comme, à la saison des vendanges, le Géhon couvre la terre. » (*Ecclésiast.*)

Cette sublime comparaison résume tout ce que nous pourrions dire à l'éloge de l'importante opération dont nous allons nous occuper. En Afrique, en Asie, combien de pays ne sont cultivables que si on les irrigue! Et quelle richesse, dès que cette condition est remplie! En Languedoc et en Provence, l'irrigation quadruple le produit des terres; et, dans le nord de la France, si les champs en labour peuvent s'en passer, l'arrosage est encore le plus puissant moyen de rendre les prairies très-productives.

Nous avons eu déjà occasion de dire quelques mots des immenses irrigations établies par les souverains des premiers empires civilisés. Ainsi que le remarque M. Jaubert de Passa, ce sont elles qui donnent le secret de la puissance de Thèbes, de Memphis, de Ninive, de Babylone et de tant d'autres villes célèbres.

L'art des arrosages n'a jamais été oublié des peuples orientaux. Les Arabes, qui conquirent au moyen âge l'Espagne et une partie du midi de la France, y excellaient. Plus tard, cette science fut propagée en Italie par les croisés revenus de Jérusalem et par les Grecs chassés de Constantinople. C'est alors, du XIIe au XVe siècle, que furent organisées dans la Lombardie et le Piémont, grâce au concours des hommes les plus distingués, ces irrigations qui font encore aujourd'hui l'admiration de l'Europe. D'après le savant M. Nadault de Buffon, on compte en Lombardie 340,000 hectares de prairies et de terres arrosées par des canaux qui rapportent à l'État 37 millions. Le célèbre Léonard de Vinci a présidé à la construction d'un de ces canaux qui irrigue à lui seul 22,000 hectares. A cette même époque, Adam de Craponne, gentilhomme italien, entreprit en France le canal qui porte son nom et qui dérive les eaux de la Durance. Il existe encore dans le Midi quelques autres dérivations importantes, de sorte qu'il s'y trouve en totalité 100,000 hectares irrigués. L'Italie est, comme on le voit, bien plus avancée que nous. Dans les Vosges et le Limousin, on compte quelques milliers d'hectares de prairies arrosées avec soin. Ailleurs, c'est-à-dire sur presque toute la surface de notre beau pays, l'art des irrigations est inconnu.

Avant d'entreprendre un travail de ce genre, apprécions la valeur des eaux dont nous pourrons disposer. Quelques-unes sont mauvaises, notamment — celles qui ont servi au lavage des minerais et à la teinture des étoffes, — celles qui ont coulé longtemps dans les forêts, — les eaux de plusieurs sources, — celles des hautes montagnes à leur sortie immédiate des glaciers. On doit considérer comme excellentes l'eau des rivières poissonneuses et celle des sources qui font pousser près de leurs bords des herbes tendres et agréables au bétail. La végétation des joncs et des carex donne un indice contraire. Cependant, elle peut tenir à d'autres causes qu'à la mauvaise nature du liquide. Ainsi, la meilleure eau devient nuisible partout où elle séjourne; et, à force de couler sur une prairie, elle se dépouille de certaines propriétés fécondantes.

L'eau mauvaise ou épuisée se vivifie en parcourant des fossés, ou en séjournant dans des réservoirs. Afin d'accroître cette revivification, on peut y mettre soit de la chaux, soit des débris végétaux ou animaux.

Pour amener l'eau à fleur de terre de manière à pouvoir s'en servir, il suffit souvent de bien diriger des sources sises en lieu élevé, ou les eaux pluviales qui en descendent. Mais combien de fois cet avantage est négligé! Et ne voit-on pas de toutes parts se perdre des eaux très-précieuses?

Si c'est d'une rivière que le liquide doit être dérivé, on creuse, latéralement à son lit, un fossé qui, ayant moins de pente que le cours d'eau lui-même, finit par amener l'eau à fleur de terre. Le plus souvent, il faut, pour faciliter la dérivation, arrêter la rivière au moyen soit d'une écluse, soit de barrages en maçonnerie, en charpente, ou en pieux entrelacés de branches. Les piquets sont enfoncés en travers du lit, sur plusieurs rangées dont la plus haute est située au centre même du barrage. Les autres diminuent de hauteur à partir de celle-là jusqu'à n'avoir que quelques centimètres de saillie au-dessus du sol. On entrelace des branches autour de ces pieux, et l'on en remplit l'intervalle avec des gazons fortement pressés. Le barrage doit toujours s'étendre dans cette partie du rivage qui se trouve minée par les poissons et les rats.

Tantôt, on pratique une retenue complète. Dans d'autres cas, on laisse passer une partie du liquide par-dessus le barrage. Pour obtenir plus de hauteur, on ferme quelquefois la vallée tout entière par une forte digue, ce qui forme un réservoir d'où l'eau est versée sur les terrains inférieurs.

Les bassins de ce genre que Salomon fit établir à Bethléem, et dont parle l'Écriture, existent encore. A Saint-Remy, en Provence, on en voit un qui, suivant M. de Gasparin, a été construit par les Romains. En Arabie, dit M. Jaubert de Passa, un lac semblable fait par Saba Ier arrose une immense étendue de pays. Tout le monde connaît par les récits historiques les lacs Mœris et Nitocris, l'un en Égypte, l'autre en Assyrie, prodigieux réservoirs établis pour prendre le trop plein du Nil et de l'Euphrate, au moment des crues, et pour le rendre aux campagnes lors des sécheresses. La Chine possède des bassins artificiels encore plus vastes, disposés aussi dans ce double but de prévenir les inondations désastreuses et d'entretenir les arrosages.

Après ce voyage dont se souviendront toujours les populations de nos vallées du centre et du midi, éprouvées par d'affreux désastres, l'Empereur posait dernièrement en principe la nécessité de former sur nos fleuves des réservoirs analogues. Espérons qu'il sera donné suite à une pensée si juste et si féconde.

Si trop souvent l'eau se précipite avec fureur sur les campagnes, trop fréquemment aussi nous ne parvenons à l'amener sur un sol brûlant qu'à l'aide d'appareils dispendieux. L'un des plus employés sur les rivières d'Italie et d'Allemagne est celui-ci : on détermine, par un arrêt de 30 à 40 centimètres de haut, une chute qui met en mouvement une roue à palettes dont le pourtour est muni de seaux ou de pots. Ceux-ci plongent dans la rivière et s'emplissent; puis, arrivés au sommet du cercle décrit par la roue, ils se vident dans un bac qui aboutit au canal de dérivation. Pour les eaux stagnantes ou peu rapides, on se sert d'un chapelet de pots qui, plongeant en partie dans l'eau, est soutenu à la hauteur nécessaire par un cylindre à claire-voie formé de plusieurs pièces de bois horizontalement assemblées. Mis en mouvement de rotation, ce cylindre entraîne avec lui le chapelet. Les pots s'emplissent dans l'eau, remontent pleins, se renversent en passant sur le cylindre et se vident au-dessus d'un bac qui emmène le liquide. Pour peu que la masse d'eau à élever ainsi soit considérable, c'est la vapeur qui donne la force motrice la moins coûteuse.

La plupart des autres machines hydrauliques, pompes, béliers, etc., ont trop peu de puissance ou sont d'un entretien trop dispendieux pour que l'agriculture française puisse s'en servir. Toutefois, nous avons été frappés, lors de l'Exposition universelle, de la simplicité et du bon marché d'une pompe dite *arabe*, qui n'est autre qu'une application hydraulique de la théorie des soufflets. Nous voudrions que cette pompe fût essayée dans ses applications à un arrosage étendu.

Il existe souvent dans les profondeurs terrestres des nappes liquides qui viennent de pays plus élevés et qui, se trouvant comprimées par des couches imperméables, ne peuvent se faire jour jusqu'à la surface du sol. Pour les y amener, il suffit de percer, au moyen d'une tarière, un trou dans lequel on introduit ensuite des tubes de terre cuite, de métal ou de bois. Tout le travail s'exécute à l'aide d'appareils dont la manœuvre forme une industrie spéciale. On nous a assuré que, dans le Roussillon, beaucoup d'arrosages sont entretenus avec des eaux provenant de sources ainsi forées, autrement dites *puits artésiens.*

En pays accidenté, on amène encore les eaux à la surface du sol au moyen de *kériz*, galeries horizontales très-étroites qu'on creuse au travers de terrains élevés et qui communiquent avec le haut des collines par des puits espacés de 50 à 100 mètres. Grâce aux exemptions d'impôt que Cyrus et ses successeurs accordaient à toute terre nouvellement arrosée, les montagnes de la Perse furent traversées, dit Polybe, par un grand nombre de kériz. Beaucoup existent encore. L'Espagne en possède aussi plusieurs qui datent de la domination arabe. En France, ne pourrait-on en établir dans les parties accidentées du Midi?

CHAPITRE XXXI

IRRIGATIONS (SUITE); CONDUITE ET MESURE DES EAUX.

A partir de la prise jusqu'au terrain destiné à l'irrigation, le liquide doit couler dans un canal avec talus inclinés d'après les règles déjà indiquées au sujet des canaux de desséchement et avec une pente très-faible ($0^m,0007$ à $0^m,0015$ par mètre), afin que l'eau n'affouille pas ses bords et qu'elle perde le moins possible de sa hauteur.

La largeur de ce canal devant être relative à sa pente et à la quantité d'eau qu'il doit contenir, on peut la déterminer au moyen de la formule dite de Tadini [1], donnée par M. Nadault de Buffon dans son savant traité des irrigations et adoptée par M. Keelhoff, ingénieur belge, auteur d'un travail très-remarquable sur les irrigations de la Campine.

Pour faire usage de cette formule, il faut commencer par mesurer la quantité d'eau qui doit couler dans le canal. A cet effet, le mieux est de l'introduire dans un bassin régulier, humecté et fortement battu afin que les pertes par infiltration soient insignifiantes. Connaissant la capacité du bassin et le temps qu'il met à se remplir, on sait quel est le débit de la prise.

En Italie, on jauge les eaux des canaux publics au moyen de bouches dont l'unité est une ouverture rectangulaire de 20 centimètres de hauteur, de 15 de largeur, avec 10 centimètres d'eau au-dessus du bord supérieur. Cette ouverture, qu'on appelle *module milanais*, débite de 36 à 38 litres par seconde.

Veut-on mesurer un cours d'eau tout entier; on peut, s'il n'est pas très-considérable, y procéder de la manière suivante :

Les rives et le fond ayant été rectifiés sur une longueur de 30 à 40 mètres, on mesure ce bassin; puis au moyen d'un flotteur léger s'élevant à peine au-dessus de l'eau, on détermine en combien de temps le liquide s'y renouvelle, et l'on calcule que la vitesse moyenne du courant n'est que des 4/5 de celle du flotteur, attendu que l'eau, ralentie par le frottement, coule moins vite dans le fond et le long des bords qu'à la surface.

Lorsqu'on a fixé la section du canal, on en fait le tracé de telle sorte qu'à moins de nécessité absolue, il ne se trouve ni trop enfoncé, ce qui occasionnerait des déblais considérables, ni trop élevé, afin de n'avoir pas à l'enfermer dans de fortes digues. Si, latéralement au canal, le terrain a peu de pente, une surélévation de 20 à 30 centimètres au-dessus du sol est convenable, parce que, sans donner lieu à un fort travail de déblais et de remblais, elle assure un écoulement facile de l'eau dans les canaux secondaires. Les digues, que nécessite cette disposition, doivent avoir environ 30 centimètres de hauteur au-dessus du liquide et une largeur de crête d'un mètre au moins. Quant à la profondeur de l'eau, elle doit toujours être, au moins, de 50 centimètres. Autrement, la distribution dans les canaux secondaires serait impossible, pour peu que l'espace à irriguer fût étendu.

S'il se rencontre sur le passage du canal une forte dépression de terrain, on emprisonne l'eau, à un mètre sous terre, dans des tubes de poterie bien cimentés et empâtés d'argile. Le liquide remonterait de l'autre côté de la dépression à toute sa hauteur; mais, afin de déterminer un courant rapide qui permette d'employer des tubes de faible diamètre, on établit la bouche de sortie à un niveau très-inférieur à la bouche d'entrée.

Au-dessus d'un ruisseau, c'est dans un bac en madriers de chêne ou sur un aqueduc en briques cimentées qu'on fait passer l'eau. Enfin, s'il s'agit de traverser une éminence qui n'ait pas plus de 10 mètres de haut, on peut établir par-dessus, comme font les Arabes, un siphon de poteries enterré à peu de profondeur. Plus il se trouve de différence de niveau entre les deux bouches du siphon, plus le courant est rapide, ce à quoi il faut toujours viser. Pour remplir d'eau le tube entier, condition sans laquelle il ne fonctionnerait pas, on ferme chacune de ses extrémités; par une ouverture ménagée au sommet de l'éminence, on introduit le liquide nécessaire. Puis, après avoir fermé cette ouverture, on débouche les

1. FORMULE DE TADINI.

$$x = \frac{q}{50\,h\,\sqrt{h\cos\varphi}}$$

x représente la largeur cherchée,
q le volume d'eau que la rigole doit débiter,
h la hauteur de l'eau,
$\cos\varphi$ la pente de la rigole, ou plutôt le cosinus de l'angle formé par la ligne du fond de la rigole avec la verticale.

EXEMPLE :

Quelle sera la largeur d'un canal devant débiter $0^m,50$ par seconde avec $0^m,0005$ de pente par mètre, et une hauteur d'eau de $0^m,50$.

$$q = 0^m,50;\ h = 0^m,50,\ \text{et}\ \cos\varphi = 0^m,0005.$$

Substituant ces données dans la formule on aura :

$$x = \frac{0,50}{50 \times 0,50\,\sqrt{0,50 \times 0,0005}}$$
$$= \frac{0,50}{50 \times 0,50 \times 0,0158}$$
$$= \frac{0,50}{0,395}$$
$$= 1^m,26$$

qu'il faut dans la pratique augmenter de 1/5 à cause des herbes qui ne tardent pas à obstruer toute conduite d'eau.

extrémités. Le courant se produit aussitôt. Afin que le tube ne puisse se vider, on a soin que chacune de ses extrémités plonge dans un bassin où se trouve toujours de l'eau. On nous signalait dernièrement un travail de ce genre qui a été exécuté dans le Midi avec plein succès.

Un plan d'irrigation comporte presque toujours des canaux secondaires destinés à distribuer le liquide dans les rigoles d'arrosage. Ces canaux se font d'après les mêmes principes que le canal principal.

CHAPITRE XXXII

IRRIGATIONS (SUITE); DISTINCTION ENTRE LES DIVERS SYSTÈMES D'IRRIGATION, ARROSAGES D'ÉTÉ.

L'irrigation agit de deux manières : 1° par l'apport du principe humide qui dissout les aliments végétatifs, entretient l'abondance de la séve et permet d'entamer la terre aux temps les plus secs; 2° par un dépôt de substances fertilisantes dont l'eau est le véhicule.

Les méthodes d'irrigation varient suivant que c'est l'un ou l'autre de ces deux buts qu'on a le plus en vue; mais toujours est-il de règle absolue que le terrain irrigué doit pouvoir, à volonté, être mis à sec. En effet, l'eau, si bienfaisante lorsqu'on la donne avec mesure, devient un agent destructeur, dès qu'on ne peut en régler exactement la sortie de même que l'entrée.

L'arrosage qui a pour objet l'apport du principe humide constitue l'irrigation d'été des contrées méridionales, irrigation merveilleuse dans ses effets et pour laquelle on établit, avec plus de profit que pour aucune autre, puits artésiens, Kériz, machines hydrauliques, conduites souterraines et autres appareils dispendieux.

Un premier principe de cet arrosage est que l'étendue irriguée doit se trouver en rapport exact avec la quantité d'eau dont on dispose; car, par la chaleur, une irrigation excessive refroidit la terre, fait pourrir les racines et anéantit parfois la récolte. L'irrigation, au contraire, est-elle insuffisante; devenues délicates par la trop petite quantité d'eau qu'elles ont reçue, les plantes souffrent plus de la sécheresse que si on ne les eût pas arrosées du tout; et d'ailleurs la terre se durcit plus vite. On ne peut préciser théoriquement ce qu'il faut de liquide, tant sont nombreuses les circonstances qui influent sur ce problème. Voici cependant quelques données. D'après M. Nadault de Buffon, l'irrigation régulière d'un hectare exigerait en moyenne, dans le midi de la France, pendant cinq mois, le débit d'un litre par seconde. M. de Gasparin porte à 800 mètres cubes par hectare l'eau nécessaire à chaque arrosage d'une terre du Midi régulièrement irriguée, de consistance moyenne et de pente faible. Si le terrain est sablonneux, cette quantité s'élève jusqu'à 1,000 mètres. Mais pendant les cinq mois d'irrigation, avril, mai, juin, juillet, août, le nombre des arrosages qu'il convient de donner varie lui-même, et se rapporte au genre de plantes qui occupe le sol. Ainsi, en Provence, cinq arrosages suffisent à la luzerne et procurent cinq coupes abondantes, tandis que les prairies naturelles en exigent au moins douze. Sur ce point, comme sur tant d'autres, chaque lieu, chaque culture a donc ses règles spéciales que l'observateur intelligent doit découvrir.

En général, plus une récolte approche de la maturité, moins il faut arroser; quant aux plantes fourragères, elles ont d'autant moins besoin d'eau qu'elles sont plus hautes et que le sol se trouve plus ombragé.

On distingue deux manières d'effectuer les arrosages d'été: 1° Si le sol a peu de pente, ou s'il en manque tout à fait, on le divise en compartiments au moyen de rigoles horizontales pour le tracé desquelles on peut utiliser les dérayures du labour. L'eau qu'on y introduit ne déborde pas, mais pénètre par infiltration dans les planches intermédiaires. La largeur la plus convenable à donner à celles-ci varie de 4 à 8 mètres suivant la nature du sol. 2° Si le terrain a une pente d'au moins 3 à 4 centimètres par mètre, on le divise de même en compartiments par des rigoles horizontales; mais, au lieu d'y faire séjourner le liquide, on y introduit assez d'eau pour qu'elle coule promptement à la surface de la planche située au-dessous. Celle-ci humectée, on en irrigue une autre et toujours ainsi. Toutes ces rigoles doivent avoir le moins de profondeur possible, afin qu'il se perde peu d'eau dans le sous-sol.

Pour ces deux genres d'irrigation, il ne faut arroser à la fois ni trop, ni trop peu de terrain relativement à la quantité de liquide dont on dispose. En effet, si l'on donne d'un seul jet trop d'eau à un espace restreint, le terrain peut être raviné et ne se trouver cependant humecté qu'imparfaitement, parce qu'il a fallu promptement cesser l'irrigation et que le liquide n'a pas eu le temps de bien pénétrer. Arrose-t-on, au contraire, trop d'étendue; l'opération se faisant avec une excessive lenteur, il entre beaucoup de liquide dans le sous-sol; or tout ce qui s'enfonce à plus de 50 centimètres se trouve perdu. La nature du sol et le degré de pente influant sur ce problème, on ne peut d'avance en indiquer la solution; mais, au moyen de tâtonnements, on y parvient sans peine dans la pratique.

Autre précaution indispensable : les arrosages d'été ne doivent jamais se faire par la grande chaleur du jour, de peur de refroidissements nuisibles aux plantes.

De telles irrigations bien combinées procurent les plus belles récoltes; mais le sol se trouve ensuite d'autant plus épuisé que l'eau a mieux dissout les aliments végétatifs et favorisé leur succion d'une manière plus complète. Dès lors, pour soutenir le bienfait de ce genre d'arrosage, il faut donner à la terre d'abondants engrais.

CHAPITRE XXXIII

IRRIGATIONS (SUITE); IRRIGATION PAR EAU COURANTE.

Les arrosages qui ont pour objet principal de féconder le sol par un dépôt, présentent deux systèmes différents, suivant que l'eau contient en dissolution ou en suspension les substances fertilisantes. Lorsqu'elles sont en dissolution, et que par conséquent le liquide dont on se sert est plutôt limpide que trouble, on doit chercher à le faire courir rapidement sur le terrain; car c'est le mouvement, joint à l'action de l'air, qui favorise le mieux le précipité de la plupart des matières dissoutes. Ce genre d'irrigation n'est applicable qu'aux prairies, car le chevelu d'un gazon peut seul retenir ce que dépose un liquide en train de courir.

L'eau qui coule ainsi sur un gazon perd de ses principes fertilisants à mesure qu'elle s'éloigne de son point de départ, et l'étendue qu'elle peut améliorer dépend de la vitesse de son courant tout aussi bien que de sa nature et de sa masse. Par exemple, une quantité d'eau qui, avec 2 centimètres de pente par mètre, fertilise 10 mètres de gazon, en féconde 15 à 20, si on lui donne 3 centimètres de pente, et 25 à 30, avec 4 centimètres. Ainsi s'explique l'effet si remarquable de l'irrigation sur les prairies en pente rapide.

Pour obtenir cet effet au plus haut degré possible, il faut, par des rigoles judicieusement combinées, amener sur tous les points de la prairie du liquide non encore épuisé. Si le terrain est très-irrégulier, c'est d'après les accidents de la surface qu'on trace les rigoles. S'il est presque plan, on peut avoir intérêt à le régulariser tout à fait, en adoptant l'une des deux dispositions que nous allons décrire.

La première convient aux terrains qui ont au moins 25 millimètres de pente par mètre, et consiste à les diviser en planches inclinées et unies, au moyen de rigoles horizontales dont chacune arrose la planche située au-dessous d'elle. Toutes partent d'un canal établi dans le sens même de la plus forte pente, et qui leur distribue le liquide, suivant la mesure voulue, au moyen de petits arrêts. Lorsqu'on veut cesser l'arrosage, on ferme l'entrée du canal, et l'on enlève tous les arrêts. L'humidité surabondante s'écoule alors par les rigoles qui servaient précédem-

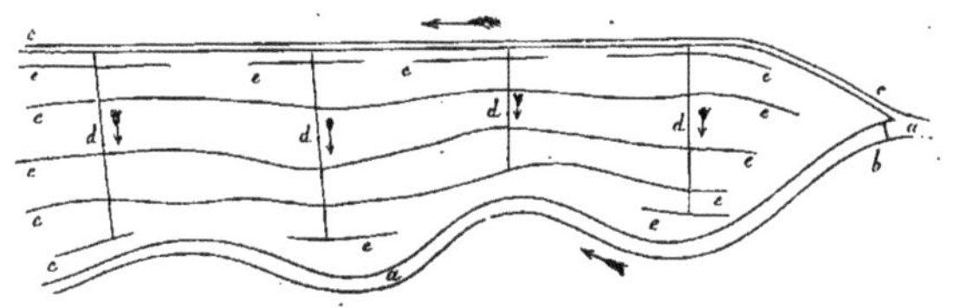

Irrigation par planches inclinées.

a a, Cours d'eau. — *b*, Barrage. — *c c*, Canal de déviation.
d d d d, Canaux de distribution. — *e e e e e e e e e*, Rigoles d'arrosage.

ment à l'arrosage. Cette irrigation est plus parfaite encore, si l'on établit dans chaque planche, à 1 mètre 1/2 de la rigole d'arrosage de la planche inférieure et parallèlement à celle-ci, une rigole qui emmène les eaux épuisées dans un canal d'assainissement situé à l'opposé du canal d'arrosage. D'après M. Keelhoff, la largeur des planches ne doit pas dépasser 13 mètres ni être inférieure à 3. Plus les eaux sont fertilisantes, le terrain régulier et le sous-sol compacte, plus cette largeur peut s'étendre.

Applicable aux surfaces en pente très-faible, le second système consiste à former des ados avec rigole d'arrosage au sommet et rigole d'assainissement entre deux ados. Voici, pour cette disposition, les principales règles à observer.

— Diriger la longueur des ados perpendiculairement à la plus forte pente du sol, d'où résulte moins de travail de déblai et de remblai que si on les établissait dans le sens de cette pente;

— Leur donner 25 à 30 mètres de long seulement, afin que l'eau se porte sans peine aux extrémités;

— Régler la pente des côtés de 2 à 5 centimètres par mètre, le terrain le plus perméable exigeant l'inclinaison la plus prononcée;

— Ne jamais faire d'ados très-élevés, parce qu'ils coûtent trop à établir, ni de très-étroits, à cause de la grande quantité d'eau qu'ils exigeraient. M. Keelhoff conseille une largeur de 10 mètres avec une pente transversale de 5 centimètres par mètre, et une largeur de 16 mètres avec une pente de 2 centimètres;

— Faire les rigoles d'arrosage complétement horizontales, et, pour éviter les pertes d'eau par le sous-sol, donner à ces rigoles peu de profondeur et de largeur, 5 centimètres, par exemple, de profondeur sur 25 de largeur;

— Afin que l'assainissement soit rapide, donner une profondeur de 20 centimètres au moins aux rigoles d'écoulement;

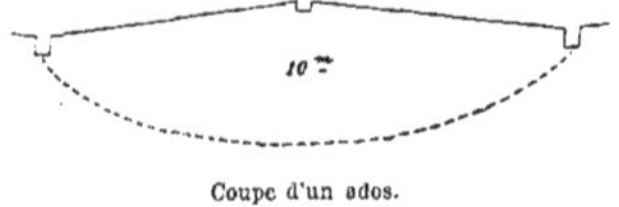

Coupe d'un ados.

— Établir, pour la circulation des voitures, des banquettes élevées dont on maintient le sol ferme en ne les irriguant que rarement.

Les eaux qui ont arrosé une série d'ados peuvent servir à l'irrigation d'une autre série, pourvu que cette reprise ne fasse pas refluer le liquide dans les rigoles d'assainissement de la première. Lorsque la pente du terrain est nulle sur un point et très-prononcée ailleurs, on combine dans un plan général ados et planches inclinées; et les mêmes eaux sont employées deux ou trois fois suivant leur qualité. Du reste, on doit, autant que possible, amener sur chaque point de la prairie une certaine quantité de liquide qui n'a pas encore servi, à moins que le but principal de l'irrigation ne soit le rafraîchissement du sol. Dans ce cas, l'eau, même la plus épuisée, peut servir encore; mais, bien loin d'améliorer la prairie, elle en excite l'appauvrissement, comme nous l'avons établi d'une manière générale au sujet des arrosages d'été; et pour soutenir la production, il devient nécessaire de recourir ensuite aux substances fécondantes. M. Keelhoff croit qu'on aurait le plus souvent intérêt à combiner ainsi l'emploi de l'eau et celui des engrais, afin d'étendre le liquide sur plus de surface.

Pour disposer les prairies à ces irrigations perfectionnées, on divise d'abord tout l'espace au moyen de l'équerre, en carrés de 50 mètres. A l'aide du niveau, on mesure la pente des côtés de ces carrés; puis, guidé sur ce nivellement, on fait le plan des canaux et des rigoles, tracé qu'on reporte sur le terrain au moyen de jalons. On enfonce à chaque extrémité de canal et de rigole, et de 25 en 25 mètres sur toute leur longueur, des piquets repérés à une hauteur fixe, de 30 centimètres, par exemple, au-dessus de la surface de l'eau dans les rigoles projetées. On procède alors au creusement de celles-ci, et on en forme les bords avec des gazons, à la hauteur indiquée par les piquets repères, sauf à rectifier plus tard tout le travail d'après le niveau même du liquide. Lorsque les rigoles sont faites, on défonce le sol, on le nivelle, on lui applique de l'engrais et on y sème des graines d'herbes de prairie. Tant que le gazon n'est pas formé, il suffit, sans irriguer, de maintenir pleines les rigoles d'arrosage. Un autre système consiste à peler le terrain, à mettre les gazons de côté, à opérer le nivellement, puis à replacer les gazons. Pour ces travaux, on emploie — une bêche à fer arrondi et bien tranchante au moyen de laquelle on trace les rigoles, — une bêche courbe à détacher les gazons, instrument qu'on manie comme la pelle, — la bêche ordinaire, — enfin un large hoyau.

M. Keelhoff détaille ainsi la moyenne des sommes

en Campine dépensées par hectare de pré disposé pour l'irrigation :

Tracé des travaux	10 f. » c.
Défoncement à 50 centimètres de profondeur	150 »
Terrassements	60 »
Achèvement des travaux	30 »
Fumure	350 »
Mise à niveau de toutes les rigoles	50 »
Semaille des graines de pré	84 50
Plantations	7 »
Buses de bois et objets divers	18 75
Journées pour maintenir l'eau dans les rigoles pendant la sécheresse	8 50
TOTAL	768 75

Les prés ainsi *reconstruits* sont arrosés ensuite d'après les règles suivantes :

— En automne, irrigation abondante et prolongée de 15 jours à un mois, si la terre est perméable; interrompue tous les huit jours, si le sous-sol est compacte;

— Au moment des fortes gelées, pas d'arrosage; terrain parfaitement assaini, le gazon ne pouvant se trouver enveloppé de glace sans souffrir;

— Après les gelées, irrigations moins longues qu'en automne; terrain souvent mis à sec;

— Par la chaleur, irrigations de courte durée et faites la nuit; cessation dix jours avant la coupe du foin; un peu d'eau au moment même de la coupe afin de faciliter le fauchage; reprise des arrosages huit jours après; cessation dix jours avant la coupe de la seconde herbe.

CHAPITRE XXXIV

IRRIGATIONS (SUITE); IRRIGATION PAR EAU DORMANTE.

Le dernier genre d'arrosage dont il nous reste à parler consiste à laisser séjourner une eau vaseuse sur le terrain, afin d'obtenir le dépôt des substances qu'elle tient en suspension.

C'est en hiver, lors des inondations, qu'on peut réaliser ainsi les améliorations les plus importantes, en faisant arriver directement sur les parties basses des vallées les eaux bourbeuses des rivières. On ouvre à cet effet de larges tranchées à travers l'espèce de digue que les cours d'eau se font eux-mêmes en déposant sur leurs bords plus de sable et de gravier qu'ailleurs. Lorsqu'un tel travail est effectué, on aperçoit bientôt un exhaussement sensible aux points sur lesquels aboutissent les tranchées. On les déplace alors, afin que l'envasement s'étende partout d'une manière égale. Le mieux serait de diviser par des digues l'espace en plusieurs compartiments où l'on ferait séjourner le liquide bourbeux, en le remplaçant par d'autre eau tous les jours ou tous les deux jours, selon qu'il s'éclaircit plus ou moins vite. L'illustre agronome allemand, Thaër, parle d'immenses améliorations accomplies ainsi en Angleterre. Dans le Bolonais et la Romagne, beaucoup de champs régulièrement envasés ne reçoivent jamais d'autre engrais.

Bien qu'en principe l'eau stagnante soit nuisible, elle ne séjourne pas, dans ce cas, assez longtemps pour que l'effet pernicieux se produise. Ajoutons qu'en hiver, une nappe liquide protége utilement l'herbe contre le froid, pourvu que la glace ne puisse atteindre le gazon. On reconnaît d'ailleurs que l'eau commence à faire du mal, lorsqu'elle se couvre de mousses verdâtres.

Il est un genre de limonement, appelé *terrement*, qui s'opère avec des eaux artificiellement rendues bourbeuses.

Soit donné, par exemple, le cours d'eau *a a*, bordé d'une prairie *b b*, voisine elle-même des tertres *e e e*; il peut se faire que, si la terre de ces tertres était re-

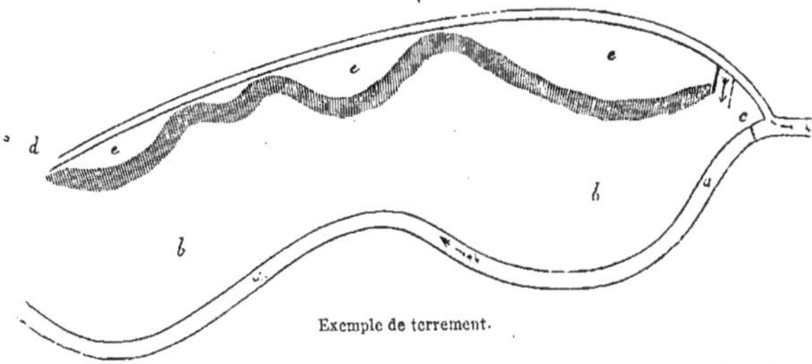

Exemple de terrement.

jetée dans la prairie, tout l'espace *e* et *b* fût irrigable par un canal creusé du point *c* au point *d*. On commence à creuser ce canal *c d*, et on conduit l'eau jusqu'aux tertres *e*; puis, on lui donne issue vers la prairie, et l'on jette dans son courant la terre du tertre, terre que l'eau étend sur son passage. On continue de même jusqu'à ce que toutes les éminences aient disparu et que le canal entier soit creusé. L'opération terminée, le terrain présente une surface unie et parfaitement propre à être irriguée par planches inclinées. Mais il faut souvent, pour retenir les terres et empêcher le cours d'eau d'en être obstrué, établir le long de son bord une digue en fascines au travers de laquelle le liquide filtre et s'épure.

Quelque séduisants que soient les arrosages, n'entreprenons rien en ce genre qu'après une étude minutieuse de tout ce qui peut influer sur le succès. Assurons-nous, entre autres choses, que nous n'avons pas à craindre de procès d'issue douteuse relativement à l'emploi des eaux. Mettons ensuite au travail tout le soin possible; donnons aux digues et aux fossés une largeur suffisante; aux travaux d'art, beaucoup de force et de solidité. Ne recourons à ceux-ci que lorsque nous ne pouvons nous en dispenser; car souvent on fait en gazons des talus, des digues, des barrages meilleurs qu'avec de la pierre ou des planches; et, dans toutes les rigoles de petite dimension, les gazons remplacent les vannes avec avantage et économie.

Beaucoup d'irrigations ne peuvent s'établir qu'à frais communs entre plusieurs propriétaires. Il en est même qui exigent le concours de tous les habitants d'une vallée. Nous n'avons pas encore de loi qui contraigne un homme arriéré à suivre un plan général d'arrosage dans lequel son terrain se trouverait compris, lorsque ce plan, demandé par ses voisins, serait administrativement reconnu avantageux. N'est-ce pas là cependant le cas de faire fléchir la volonté de l'individu devant l'intérêt général, d'après ce principe que, pour la conduite des eaux, l'association est souvent nécessaire et doit être déclarée obligatoire, ainsi que nous l'avons démontré dans notre première partie? Sans lois semblables, nos irrigations seront toujours trop restreintes.

D'un autre côté, on a fait de grands travaux pour la navigation intérieure. Pourquoi n'ont-ils pas été combinés avec de vastes plans d'arrosage? Les intérêts du commerce ne pouvaient-ils, en France comme en Italie, s'accorder avec ceux de l'agriculture? Malheureusement nos ingénieurs, si habiles du reste, n'étaient pas, pour la plupart, suffisamment initiés aux questions agricoles. Remercions le gouvernement d'en avoir dernièrement introduit l'étude parmi les cours savants des ponts et chaussées. Que l'enseignement agricole pénètre ainsi dans toutes nos écoles, surtout dans celles où sont réunis les jeunes gens les plus distingués ; et les graves omissions qui ont été commises seront réparées, et nos fleuves, plus riches que le Pactole, répandront en abondance sur nos campagnes leurs paillettes d'or.

CHAPITRE XXXV

DÉFRICHEMENTS.

Dans plusieurs de nos départements, il se trouve encore beaucoup de terres en friche. Chaque année, le progrès agricole en restreint l'étendue. Les difficultés particulières qu'on rencontre alors doivent un instant fixer notre attention.

Le premier travail consiste à extraire les souches que le terrain peut contenir. A cet effet, on introduit sous chacune d'elles une fourche de fer fortement emmanchée que l'on fait basculer sur un billot placé en arrière. La souche cède souvent à ces efforts; si elle n'est qu'ébranlée, du moins devient-il beaucoup plus facile d'atteindre les racines avec la hache. On laboure ensuite le terrain avec une charrue solide qu'on fait marcher lentement de peur d'accident.

Si l'espace à défricher est couvert de bruyères, d'ajoncs et d'herbes grossières, on profite d'un instant calme et sec pour y mettre le feu, après avoir circonscrit l'espace à brûler par une zone de 3 à 4 mètres qu'on fauche et qu'on laboure. L'hiver suivant, au moyen d'une charrue à oreille elliptique renversant bien la tranche, on retourne à peu de profondeur le terrain incendié.

Si le sol, comme il arrive le plus souvent, est de qualité médiocre, on s'abstient de tout ensemencement immédiat. Un an après, on donne en travers un second labour plus profond que le premier, et on divise les mottes par des hersages vigoureux. Les plantes qui réussissent le mieux alors, sont le sarrasin, le seigle et l'avoine.

L'écobuage que nous avons déjà décrit, constitue un second mode de défrichement sur lequel nous ne reviendrons pas. M. Rieffel préfère le défrichement à la charrue, quoique un peu plus dispendieux, parce qu'il ne détruit pas l'humus comme fait l'écobuage.

Toutefois, il semble à ce savant agronome que, dans de vastes opérations, il convient de recourir aux deux moyens.

Lorsque le terrain est rempli de pierres, on ramasse les plus gênantes; et, si on ne peut les utiliser, on en fait des tas réguliers. Du reste, on se garde d'épierrer d'une manière complète un champ très-sec. Ainsi que nous l'avons dit à l'étude du sol, les pierres maintiennent souvent la fraîcheur d'une manière utile. Pour fendre de gros blocs, en vue d'un déplacement plus facile, on y creuse avec le ciseau, suivant le sens dans lequel on suppose qu'ils se diviseront le mieux, un trou de 8 à 10 centimètres de profondeur; puis, entre deux coins de bois dur placés dans ce trou, on enfonce à coups de masse un coin en fer. On se débarrasse aussi d'un quartier de rocher en le faisant tomber dans une fosse creusée tout auprès.

Souvent, un terrain vierge présente de grandes irrégularités. Le sous-sol se trouve-t-il imperméable; le drainage est alors particulièrement avantageux, parce qu'il dispense des nivellements et formations d'ados auxquels il faudrait recourir, si on cultivait le champ sans l'assécher.

D'autres fois, la pente de l'espace qu'on défriche est tellement raide qu'il est difficile d'y mettre la charrue et que, si on le cultivait du haut en bas, les pluies entraîneraient une grande partie du sol végétal. Dans ce cas, il faut laisser, en travers de la colline, des bandes engazonnées sur lesquelles on accumule peu à peu la terre et les pierres, au point d'y former des talus rapides. Le surplus du terrain forme des terrasses plates ou d'inclinaison modérée. Si les pierres abondent, on construit, en les appliquant contre ces talus, des murs sur lesquels peuvent se palisser les arbres fruitiers et la vigne. En Dauphiné et en Provence, de vastes coteaux, ainsi disposés, présentent l'aspect le plus ravissant.

Ailleurs, faute de précautions, le défrichement des terrains en pente a causé des maux irréparables. Considérons les montagnes dans leur état primitif. Au-dessous des neiges, elles sont revêtues de gazons; plus bas, s'étendent de majestueuses forêts. Retenues par le chevelu serré de cette végétation, les eaux pluviales pénètrent en partie dans le sol et alimentent les sources. Le surplus coule à la surface sans causer de dégâts; car la terre est parfaitement fixée par les racines des herbes et des arbres. Mais si une pioche imprudente vient à les détruire, l'eau emporte la terre végétale devenue mouvante et se précipite dans les ravins avec une effrayante rapidité. Torrentiels à leur tour, nos fleuves causent d'affreux ravages. Quelques semaines après, ces mêmes rivières, presque à sec, suffisent à peine aux besoins de la navigation.

Rétablir partiellement les bois et les gazons, ralentir le cours des eaux par des fossés creusés en travers, par des digues engazonnées et par des fascinages d'osier : voilà quelques moyens d'atténuer le mal. Toutes les fois qu'on laisse subsister un écoulement rapide, qu'il soit gazonné, s'il est possible. Ne remarque-t-on pas qu'un ravin qui s'est creusé longtemps commence à se remplir, dès que l'herbe s'est mise à en tapisser le fond? Voici encore un autre exemple de l'effet protecteur du gazon : on sait qu'à chaque tournant les rivières rongent un de leurs bords; cette rive est abrupte et minée en dessous. Changeons cet état de choses et abaissons le bord attaqué, de sorte qu'il présente un talus très-incliné et gazonné jusqu'au ras de l'eau; le dégât cesse à l'instant.

Si nous revenons au défrichement dont cette digression nous a écartés, il existe souvent, dans les pays incultes, une insalubrité qui s'accroît par l'effet du premier labour et ne disparaît qu'après plusieurs années de culture et d'assainissement. On peut l'atténuer au moyen de plantations forestières, le feuillage des arbres, ainsi que nous l'avons dit déjà, absorbant les miasmes répandus dans l'air. Mais le plus sûr moyen de s'y soustraire est de ne pas habiter l'endroit même. On s'y transporte pour les époques de grands travaux.

Hercule, dit la Fable, a fait périr l'hydre de Lerne, ou plutôt il a défriché une terre pestilentielle et détruit avec la faux les mille têtes de plantes aquatiques qui l'infestaient; travail assurément digne de passer à la postérité sous les riches couleurs de la poésie. Quant à la France, elle n'oubliera pas les vastes défrichements exécutés dans le Maine, vers 1750, par le marquis de Turbilly, et les excellents écrits qu'il a laissés sur ce sujet. Elle conservera également avec respect le nom de M. Rieffel qui a fondé, au milieu des landes ingrates de Grand-Jouan, une ferme modèle devenue aujourd'hui l'un de nos principaux centres de progrès agricole.

CHAPITRE XXXVI

CLÔTURES ET VOIES RURALES.

Dans beaucoup de départements, par suite d'usages trop respectés, le bétail de tous les habitants de la commune a droit de *vaine pâture*, à certaines époques de l'année, sur les prairies non closes et sur les champs qui ne sont ni ensemencés, ni fermés; de sorte que, pour pouvoir disposer de ses héritages en liberté, comme l'exige une agriculture progressive, il faut commencer par les clore; opération applicable seulement aux pièces d'une certaine étendue.

Pour les terres humides, les meilleures clôtures sont des fossés. Avec leurs déblais on effectue d'utiles nivellements. De plus, les fossés servent de décharge aux rigoles d'assainissement et aux tuyaux de drainage. Si le climat, sec ou venteux, nécessite la création d'abris, ou bien si les champs doivent servir souvent au pâturage, on creuse deux fossés de 1 mètre à 1 mètre 50 de large, séparés par un espace de 2 à 3 mètres sur lequel on accumule les déblais. Sur la haute levée ainsi établie, on plante une haie vive qui se trouve défendue par les fossés contre les atteintes du bétail. Parfaitement assainie et jouissant d'une terre profonde que l'air pénètre de toutes parts, cette haie pousse vigoureusement, pourvu qu'elle se compose d'espèces ligneuses appropriées au climat et au sol. L'aubépine convient aux terres douées d'une certaine fraîcheur; le charme et l'acacia, aux terrains secs; l'ajonc, qui gèle dans le Nord, compose d'assez bonnes clôtures dans nos régions occidentales, ainsi que dans celles du centre et du sud. N'employons jamais d'arbrisseaux traçants, tels que l'épine noire et l'églantier, ni des sujets détachés de vieilles souches; mais des plants de semis, nés soit en pépinière, soit dans les bois, et élevés un an ou deux en bon terrain. Pour obtenir de jeunes aubépines, on répand les baies de cet arbrisseau dans du terreau, et afin qu'elles germent la première année, après les avoir cueillies dès le mois d'octobre, on les mélange de terre, et on les tient tout l'hiver en lieu chaud.

On sarcle la haie pendant quelque temps, et pour reporter la sève sur les branches inférieures et obliques qui doivent en fourrer le pied, on coupe les pousses verticales à plusieurs reprises. Lorsque, devenue vieille, la haie s'éclaircit dans le bas, on la recèpe rez terre. De chaque souche il surgit alors de nouvelles pousses qui lui rendent l'épaisseur voulue.

S'il importe d'enlever aux autres l'accès de nos héritages, nous devons chercher à les rendre facilement abordables pour nous-mêmes. C'est ainsi que de bons chemins ruraux augmentent singulièrement la valeur d'une propriété. Dans presque tout domaine, il existe à cet égard de grandes améliorations à accomplir, travaux devant lesquels ne doit pas reculer le propriétaire intelligent.

L'humidité est pour les chemins la principale cause de destruction. Dès lors, tâchons de les établir en lieu sain et élevé; et, si nous sommes forcés de suivre des bas-fonds, qu'au moyen de fossés la place soit disposée en ados très-bombé. Lorsque les matériaux solides abondent, le mieux est de donner à la voie 5 à 6 mètres seulement de largeur entre les fossés, afin que l'assainissement soit parfait. Quatre mètres sont chargés de pierres sur une profondeur de 35 centimètres. A la base de l'empierrement, on peut mettre d'assez gros blocs; mais, pour que la surface se trouve ensuite parfaitement liée et homogène, il importe que les 15 centimètres supérieurs se composent de graviers ou de morceaux cassés de la grosseur d'un œuf.

Peu de temps après sa construction, le chemin commence à se sillonner d'ornières. Faisons alors un rechargement complet; et plus tard, chaque fois qu'il se produit une cavité, remplissons-la promptement de pierres cassées, afin que le chemin, restant bombé, ne présente jamais d'eau stagnante. En effet, la moindre ornière s'approfondit en fort peu de temps.

Si nous manquons de pierres, c'est par le gazon que nous donnerons de la solidité aux voies rurales. Elles auront, dans ce cas, 20 mètres de largeur au moins, afin qu'un piétinement trop fréquent ne fasse disparaître nulle part l'herbage solidificateur. Tout l'espace formera un ados arrondi entre deux fossés, et, à chaque printemps, on remplira les ornières avec le niveleur ou le hoyau. Bordées d'arbres, de telles avenues forment une belle décoration, et elles sont très-bien utilisées comme pâturage.

Créons à nos chemins engazonnés ou empierrés les pentes les plus douces, et évitons les dépressions qui donnent lieu à des secousses et à des efforts pénibles pour nos attelages. Ainsi, lorsqu'un écoulement doit traverser la voie, préférons aux rigoles à ciel ouvert les conduits souterrains qui se font d'une manière durable et économique avec des tubes en poterie.

CHAPITRE XXXVII

VOITURES ET CHARROIS.

Ce n'est pas tout d'avoir de bons chemins; il faut mettre cet avantage à profit par l'excellente construction des voitures. Pour apprécier l'importance de ce point, essayons de tirer ces deux charrettes qui nous paraissent d'égale dimension. L'une se meut sans difficulté. Attelés à l'autre, nous plions sous le fardeau, et nous ne la faisons avancer qu'à grand' peine. Dans nos fermes, combien de véhicules ressemblent à ce dernier! Dès lors, que de fatigues en pure perte pour nos courageux auxiliaires!

Au sujet de l'essieu et des roues, pièces capitales de toute voiture, souvenons-nous que les roues ont pour but de substituer au frottement rude et difficile qui aurait lieu sur le sol, si le véhicule ne roulait pas, le frottement doux et régulier de l'extrémité de l'essieu contre les parois internes du moyeu. L'économie de force qui résulte de cette disposition est prodigieuse; pour la rendre complète, il faut réduire à leur plus simple expression les frottements de l'essieu. A cet effet, celui-ci aura un très-petit diamètre et sera fait, par conséquent, d'excellent fer et non pas de bois. Le moyeu lui-même sera très-court.

A chaque tour de roue, l'essieu frotte une fois contre le moyeu. Ainsi, plus la circonférence de la roue est étendue, moins ce frottement se renouvelle. La roue élevée présente un second avantage, celui de franchir toute aspérité plus aisément que la roue basse. Nous donnerons donc aux roues le plus grand diamètre possible, c'est-à-dire de 1 mètre 70 à 1 mètre 80. Des roues plus grandes rendraient nos voitures trop hautes, par suite, pénibles à charger et facilement culbutantes.

Il convient que les rayons s'éloignent de la voiture par l'extrémité qui se lie aux jantes. Quant au cercle formé par celles-ci, il faut qu'il se trouve dans un plan vertical; et l'essieu doit lui-même être exactement horizontal. Les roues évasées et les essieux courbes, qu'on fait souvent pour donner plus de place au coffre de la voiture, causent des frottements particuliers par suite de la direction oblique que ces roues, si elles étaient libres, prendraient, l'une à droite, l'autre à gauche.

Il se produit encore des irrégularités de frottement et, par suite, augmentation de résistance, lorsque les jantes, le moyeu et l'essieu ne forment pas autant de cercles d'une exacte concentricité. Aussi, l'essieu doit tourner dans une boîte en fonte juste de sa mesure, qu'on a soin de graisser souvent et de tenir hermétiquement fermée, afin que la graisse ne s'échappe pas et que la poussière ne puisse s'y introduire. Les carrossiers ajustent toutes ces pièces avec beaucoup de soin. Pourquoi l'agriculteur n'exigerait-il pas de son charron et de son maréchal la même perfection? Les forces du cheval de ferme sont-elles moins précieuses que celles des animaux citadins?

Pour le graissage, rien n'est plus commode que les boîtes et les moyeux traversés latéralement par un conduit au moyen duquel on introduit de l'huile sans être forcé de démonter les roues. Ce conduit se ferme avec une cheville de fer.

Les jantes doivent avoir des dimensions relatives à la charge. Trop larges, elles augmentent le tirage inutilement; trop étroites, elles n'ont pas de solidité; et, par l'effet d'une pression excessive sur peu de surface, elles enfoncent dans les terres et détériorent les chemins. D'après les règlements de la voirie, les voitures attelées d'un seul animal peuvent avoir, sur les grandes routes, des roues de 8 centimètres; mais il faut aux voitures attelées de deux ou de plusieurs chevaux des roues de 12 centimètres. Le cultivateur est forcé de se conformer à cette règle.

Il s'agit maintenant de décider s'il attellera habituellement ses voitures d'un seul ou de plusieurs animaux. Mathieu de Dombasle conseille le premier système. En effet, isolés chacun à un véhicule particulier, plusieurs chevaux traînent des fardeaux plus lourds que lorsqu'ils sont réunis. Dans ce second cas, le meilleur charretier ne peut les faire tirer avec un ensemble parfait; et la longueur de l'attelage produit sur la ligne de tirage d'inévitables déviations, par suite, des pertes de force qui deviennent très-considérables lorsque les animaux sont mal attelés ou mal conduits, tandis que la personne la moins habile mène bien une voiture traînée par un seul animal.

Autre avantage des petits véhicules : s sont plus aisés à charger et à décharger que les grands. Toutefois, les voitures attelées d'un animal ne peuvent être exclusivement adoptées, lorsqu'on emploie des juments poulinières et des animaux non encore adultes, surtout de ceux qui appartiennent aux petites races. Afin de ménager ces animaux que des efforts soutenus fatigueraient outre mesure, nous les réunirons le plus souvent, sans cependant en mettre ensemble plus de 4 ou 5 ; car au delà de ce nombre, il y aurait trop de force perdue.

Une autre question se présente, celle de savoir si nous devons adopter les voitures à deux roues ou celles à quatre. A charge égale, les premières, sur terrain plat, sont moins résistantes que les autres, puisqu'il y a pour elles, du côté des roues, moitié moins de frottement. Mais, dans les descentes, une partie de la charge appuyant sur l'animal, celui-ci peut fléchir et éprouver de graves accidents. Dans les montées, au contraire, la voiture tend à se renverser en arrière, et l'animal dépense une partie de sa force à la tenir en équilibre. En pays de plaine, ces inconvénients sont à peine sensibles; et le véhicule à deux roues est préférable, quoique plus sujet à verser et plus difficile à bien charger, à cause de la nécessité d'équilibrer la partie qui est en avant de l'essieu avec celle qui se trouve en arrière. Mais en pays accidenté, il convient d'employer le chariot, surtout lorsque les animaux dont on se sert ne sont pas complétement adultes et ont besoin d'être ménagés.

Ordinairement, afin de rendre plus facile la manœuvre de ce dernier genre de voiture, on fait les roues de devant assez basses pour que l'avant-train puisse opérer une demi-conversion. Cette disposition augmente le tirage. Aussi, lorsqu'il ne se trouve pas sur la ferme de passage où il faille tourner de très-court, le mieux est d'adopter le chariot franc-comtois dont toutes les roues sont du diamètre de 1 mètre 70.

Quant aux voitures à deux roues, elles doivent être construites de telle sorte que l'arrière soit équilibré avec le devant, et qu'elles ne pèsent pas sur l'animal. Il convient en outre de leur adapter un tuteur composé de deux pièces, l'une verticale, terminée inférieurement par une roulette et fixée au-dessous de la partie antérieure de la voiture; l'autre, oblique, s'articulant par le bas avec la pièce précédente et s'attachant par l'autre bout à l'essieu. On comprend toute l'efficacité de cette pièce qui, dans les descentes, soutient la voiture et empêche la charge de peser sur le cheval de brancard. Lorsqu'on n'a rien à craindre, on relève ce tuteur en décrochant de l'essieu la pièce oblique et en l'attachant plus en arrière.

Pour le transport des matières encombrantes, pailles, fourrages, etc., on a des voitures longues et garnies d'*écalages*, sorte d'échelles destinées à maintenir la charge. En dessus, celle-ci est consolidée par une perche qui, d'un bout, se fixe à l'échelle de devant, et de l'autre, aux pièces postérieures de la voiture à l'aide d'une corde qu'on serre vigoureusement. Pour les charrois de fumier, il suffit d'enlever un des écalages, afin que l'engrais soit aisément tiré avec le croc. S'il s'agit d'un transport de terres ou de racines, on remplace les écalages par une caisse en planches. Nous conseillons d'avoir aussi deux ou plusieurs tombereaux à bascule spécialement affectés à ce dernier transport. On les monte, au moment du besoin, sur les roues d'autres véhicules.

Pour tout charroi important, le service doit être organisé de sorte que le chargement s'effectue sans perte de temps. Avons-nous, par exemple, des récoltes à rentrer; il faut généralement trois voitures. Tout à la fois, on charge l'une, on décharge l'autre, et on conduit la troisième.

Quel qu'en soit l'usage, les véhicules doivent être faits de bois solide et léger. Le charme convient pour les moyeux, l'orme ou le noyer pour les jantes, le frêne pour les autres pièces. Afin d'en assurer la durée, il faut les enduire, si ce n'est de peinture à l'huile, au moins de goudron, les tenir à couvert tant qu'on ne s'en sert pas, et, au temps des grandes chaleurs, mettre sur les moyeux de la paille humide ou du fumier, afin que les rayons des roues ne puissent se disloquer par l'effet d'une dessiccation excessive.

TROISIÈME SECTION

Des diverses plantes qui intéressent l'Agriculture française.

AVANT-PROPOS

Les végétaux précieux à nos campagnes sont ligneux ou herbacés. Nous réservons les premiers pour un traité spécial qui fera suite à cet ouvrage; ici nous passerons en revue seulement les végétaux herbacés, comme étant ceux qui intéressent le plus l'agriculture proprement dite. D'après leur genre d'utilité, on peut les diviser en huit séries, savoir:

1° *Céréales*, dont on réduit le grain en farine pour en faire du pain ou de la bouillie;

2° *Légumes secs*, pois, fèves, lentilles, etc., dont les graines farineuses procurent des mets d'un autre genre;

3° *Légumes verts*, qui fournissent à l'alimentation humaine et animale des tubercules, des racines, des pommes charnues ou des fruits aqueux;

4° *Plantes oléagineuses*, de la graine desquelles on extrait l'huile;

5° *Plantes textiles*, dont l'écorce se compose de fibres propres à la filature et au tissage;

6° *Plantes tinctoriales*, dont on tire des sucs colorants;

7° *Plantes diverses*, qui n'ont pu trouver place dans les six premières séries et qui n'appartiennent pas à la huitième;

8° *Plantes fourragères.*

Nos dessins sont de grandeur naturelle, ou réduits au sixième. Les tubercules de pommes de terre, seuls, sont au tiers.

Tout ce qui concerne les successions de cultures est renvoyé à la section des combinaisons agricoles.

Les maladies résultant de végétaux cryptogamiques, ainsi que les plantes et les animaux nuisibles, sont traités dans des chapitres spéciaux.

CHAPITRE PREMIER

CÉRÉALES; BLÉS, ESPÈCES ET VARIÉTÉS.

Notre céréale par excellence est celle dont le grain faisait le fond de la nourriture des peuples orientaux dès les temps les plus reculés, comme le prouve l'histoire de Joseph. D'après les Grecs, la Sicile en serait la patrie primitive. A l'appui de cette tradition, notre vénérable ami, M. E. de Tocqueville, nous assure en avoir vu à l'état sauvage dans les plaines d'Enna. En Gaule, suivant les traditions historiques, la culture de cette céréale précieuse a toujours été fort étendue. Aujourd'hui, la France est encore un des pays où l'on consomme et où l'on sème le plus de blé.

Haut de 1 mètre à 1 mètre 80, le chaume de la plante est divisé par plusieurs nœuds dont les premiers sont peu espacés et de chacun desquels, lors-

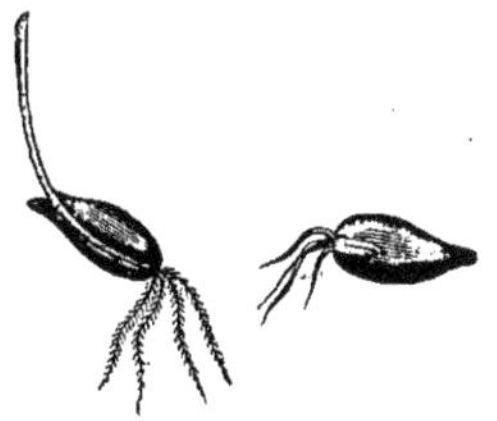

Blé en germination.

qu'ils se trouvent en contact avec le sol, peuvent s'échapper des racines et d'autres tiges; ramification qu'on nomme *tallement.* Si nous couchons en terre toutes les tiges qui en résultent, chacune devient la mère d'un certain nombre d'autres. Renouvelons plusieurs fois l'opération, et nous parvenons

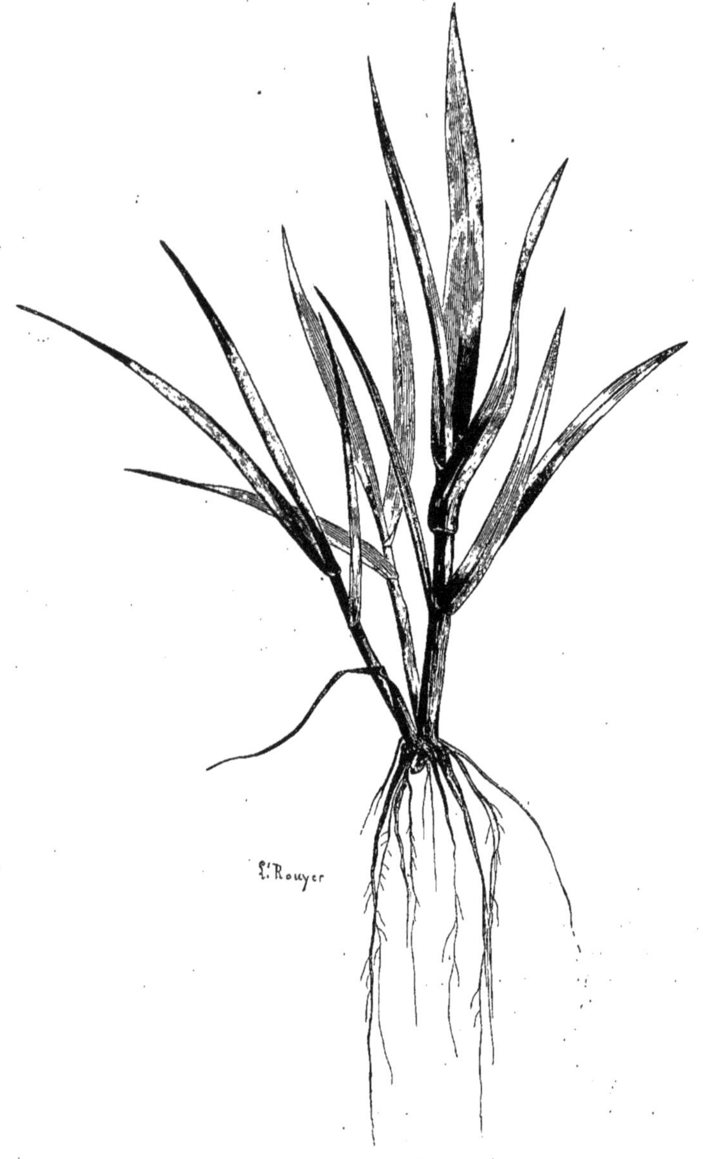

Tallement du blé.

à une multiplication telle que l'irlandais Miller obtint ainsi d'un seul grain, en une année, 21,109 épis et 576,840 grains. Toutefois, ce procédé par trop minutieux ne peut être employé en agriculture.

Chaque chaume porte un épi composé de deux rangées d'épillets alternes. Ceux-ci contiennent un ou plusieurs grains enveloppés de paillettes ou *balles* qui, dans beaucoup de variétés, sont surmontées de barbes.

La plante est annuelle; sa végétation normale commence en automne. Aussi, les variétés printanières qu'on est parvenu à créer n'égalent généralement ni en hauteur, ni en produit, celles qu'on sème avant l'hiver.

Les Latins divisaient les blés en deux classes: 1° *Triticum*, dont le grain se sépare facilement des balles; 2° *Adoreum* ou *far*, dont le grain adhère tellement à ses enveloppes qu'il ne peut s'en séparer lors du battage. Nous suivrons cette division adoptée par le savant M. Vilmorin dont les études nous ont été d'un grand secours.

BLÉS DE LA PREMIÈRE DIVISION

(GRAINS NON ADHÉRENTS A LA BALLE.)

Ces blés, qui sont les froments proprement dits, se divisent en trois espèces.

1° *Blé fin* (*triticum sativum*).

Épi présentant sa plus grande largeur sur la face des épillets; chacun de ceux-ci en forme d'éventail; grain ovale, tendre, couvert d'une écorce fine; paille presque toujours creuse, plus agréable aux animaux que ne l'est celle des autres espèces; épi avec ou sans barbe; dans les variétés barbues, barbes ordinairement très-divergentes.

2° *Gros blé* (*triticum turgidum*).

Épi rectangulaire, généralement plus large par le profil que par la face des épillets; ceux-ci courts, renflés, plus larges que hauts; épis barbus; barbes longues, souvent caduques, dirigées parallèlement à l'axe de l'épi; grains voûtés et couverts d'une écorce grossière, inférieurs en qualité à ceux des blés fins; paille dure, le plus souvent pleine, impropre à la nourriture des animaux;

3° *Blé dur* (*triticum durum*).

Épi cylindrique ou aplati; barbes longues et fortes, divergentes en tous sens dans les variétés à épi cylindrique, parallèles à l'axe dans les variétés à épi plat; grain triangulaire, très-dur, translucide; paille souvent pleine et dure.

Voici, dans ces trois espèces, quelques-unes des variétés qui intéressent le plus l'agriculture française. Toutes celles que nous n'indiquerons pas comme étant de printemps, sont automnales.

BLÉS FINS.

ÉPI BLANC, LISSE ET SANS BARBES.

Blé de Flandre, *blanzée*, *blazé* ou *de Bergues*, répandu dans le nord, particulièrement propre aux terres fertiles; épi très-blanc, presque droit; épillets demi-serrés; grain blanc, allongé, de grosseur moyenne, d'excellente qualité.

Blé blanc de Flandre. Blé Hickling.

Blé de Crépi, épi demi-lâche, sensiblement courbé, aminci vers l'extrémité; paille flexible; grain jaune, souvent translucide; variété commune aux environs de Paris.

Blé de Revel, presque semblable au blé de Crépi, très-répandu autour de Toulouse.

Blé Hickling et *blé du Ménil-Saint-Firmin*, épi très-serré, renflé aux deux tiers de sa hauteur, comme tortu et avorté à l'extrémité; grain jaunâtre; variétés vigoureuses et productives, mais difficiles à égrener.

Blé de Saumur, épi serré, presque toujours droit, pyramidal au sommet; grain gros et jaunâtre; excellente variété cultivée dans le Maine, l'Anjou et la Bretagne; sensible aux hivers les plus rigoureux du nord de la France.

Blé Pharaon, issu de cinq grains qui ont été donnés par M. Tondu du Metz à M. de Tocqueville, comme provenant d'un sarcophage égyptien; variété que mon frère et moi, nous sommes parvenus à multiplier, voisine des deux dernières, mais encore plus vigoureuse.

Blé Touzelle et *blé Richelle blanc*, épi allongé; épillets peu serrés; variétés répandues dans le Midi.

ÉPI ROUGE, LISSE ET SANS BARBES.

Blé rouge ordinaire, cultivé dans beaucoup de parties de la France, notamment près de Montdidier (Somme); épi cuivré, de longueur moyenne.

Blé d'Odessa, connu, en Provence, sous le nom de *touzelle rousse* ou de *blé meunier du Comtat;* épillets peu serrés et formant avec l'axe de l'épi un angle très-aigu; paille souvent coudée dans le bas; grain long et jaunâtre; variété sensible aux hivers les plus rigoureux des régions nord et nord-est.

Blé Rampillon, commun en Alsace et en Lorraine; épi effilé, courbé et souple; paille jaune et forte.

Blé Lammas, presque pareil au précédent, délicat dans le nord, vigoureux dans le centre et dans le Midi.

Touzelle rouge de Provence.

Blés connus dans le Pas-de-Calais, l'Oise et la Somme, sous le nom de blés *rouges anglais* ou *irlandais;* épis longs et très-colorés; épillets peu serrés et larges; paille solide; variétés très-productives, sensibles aux froids les plus rigoureux de la région du nord, convenant bien à nos régions de l'ouest.

ÉPI BLEU ET SANS BARBES.

Blé bleu ou *de Noé*, variété vigoureuse introduite depuis peu avec succès dans les environs de Paris.

ÉPI VELU ET SANS BARBES.

Blé de haie ou *tunstall*, épi presque droit; épillets rouges, demi-serrés; grain blanc de grosseur moyenne; variété productive et vigoureuse, mais qui, retenant la fraîcheur sur son épiderme velu, est très-exposée, dans les lieux humides, à la maladie de la rouille.

ÉPI BARBU, BLANC ET LISSE.

Blé de mars barbu, variété printanière, très-

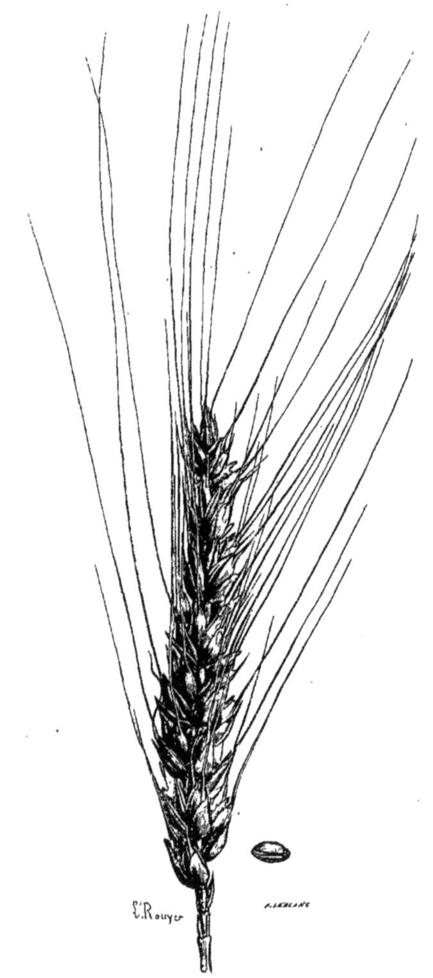

Blé de mars barbu.

répandue autour de Paris; épi blanc, lisse, demiserré; épillets larges, ordinairement à trois fleurs; barbes très-divergentes.

Blé barbu d'hiver commun, répandu dans les dé-

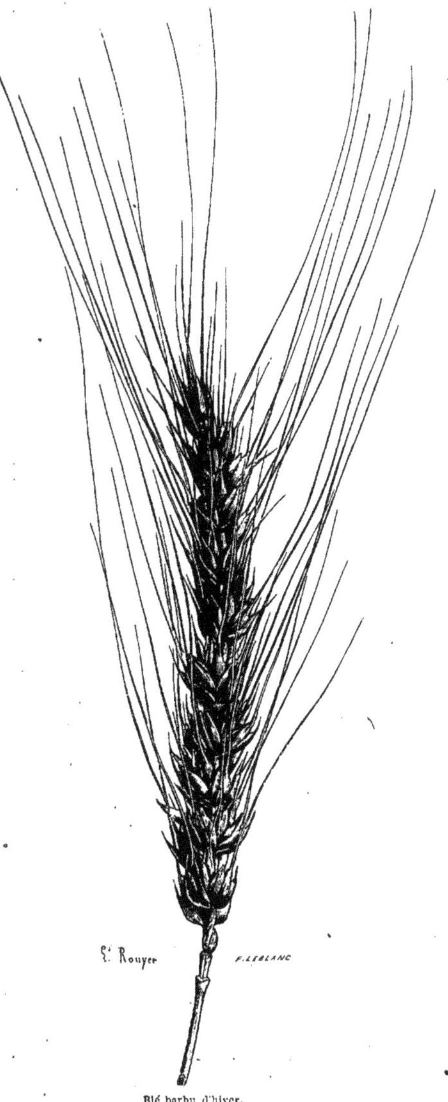

Blé barbu d'hiver.

partements de l'ouest et du centre, ressemblant au précédent, mais plus fort; grain jaune ou rougeâtre.

Blé du Roussillon ou *saizette*, épi tout à fait lâche; épillets très-élargis; barbes très-divergentes; grain blanc et tendre; paille grossière; variété commune dans le Midi, des moins sujettes à s'égrener sur place par un temps sec.

Blé de Toscane, épi très-petit; variété cultivée en Italie pour sa paille, dont on fait les chapeaux les plus fins.

Blé hérisson, épi serré et court; épillets larges; barbes courtes et fines; grain arrondi et rougeâtre;

Blé hérisson.

paille droite et grosse; excellente variété de printemps.

ÉPI LISSE, ROUGE ET BARBU.

Blé de mars, rouge, barbu, connu près de Soissons sous le nom de *blé de mai*, un peu plus précoce que les autres variétés de printemps.

GROS BLÉS.

ÉPI BLANC ET LISSE.

Poulard blanc, épi long, serré; grain de grosseur moyenne, généralement translucide; variété très-productive, répandue surtout dans le centre.

Blé de miracle, épi supportant des épillets de longueur irrégulière, ce qui lui donne une forme bizarre; grain petit et tendre; variété productive, mais prompte à dégénérer, si on cesse de la semer dans les meilleures terres; cultivée en grand à Venette près de Compiègne.

ÉPI ROUGE LISSE.

Poulard rouge du Gâtinais, ne diffère du premier que par la couleur.

ÉPI ROUGE VELU.

Nonnette de Lausanne, l'un des blés les plus vigoureux; grain gros et translucide; barbes plus divergentes que dans la plupart des autres blés de cette espèce; variété cultivée en Auvergne.

ÉPI NOIRATRE OU BLEU FONCÉ.

Pétanielle noire, épi très-corsé; grain gros, jaunâtre et tendre; variété cultivée dans les départements de la Vienne et de l'Aveyron, remarquable par ses produits élevés.

Les gros blés réussissent mieux que les blés fins dans les champs humides non carbonatés ou nouvellement défrichés; leur paille plus dure les rend moins sujets à verser.

Le grain des uns et des autres est *glacé*, c'est-à-dire translucide comme un morceau de gomme, ou bien opaque avec cassure blanchâtre. C'est cette nuance qu'on préfère généralement. Sous ce rapport, la nature du grain tient non-seulement à la variété de la céréale, mais encore à la qualité du sol et au degré de maturité auquel la récolte a lieu. Plus les blés sont coupés mûrs, plus le grain est glacé.

Blé poulard blanc.

BLÉS DURS.

Aubaine rouge, le seul de cette catégorie qui soit cultivé en France sur une grande échelle; paille solide, cependant fine et plus agréable aux bestiaux que celle de la plupart des gros blés et des autres variétés; estimée dans le Languedoc comme une des plus rustiques et des moins sujettes à verser.

Les blés durs, dont nous pourrions citer un grand nombre d'autres variétés, conviennent principalement aux climats chauds. Les blés d'Algérie sont presque tous de cette série.

Nous mentionnons, pour mémoire, le blé de Pologne remarquable par la longueur du grain et par l'étendue des balles. Ce blé est sans doute plus curieux que productif. Nous ne connaissons aucune localité où il soit cultivé en grand.

Fleur de blé grandeur naturelle.
b b. Étamines.

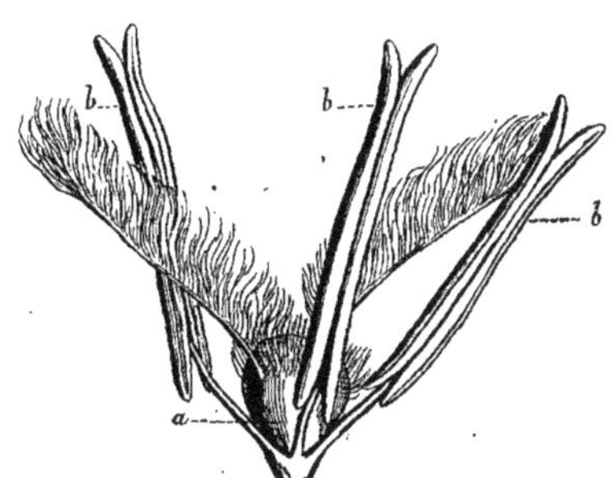

Étamines et pistil du blé vus au microscope.
a. Pistil.
b b b. Étamines.

BLÉS DE LA SECONDE DIVISION

(GRAINS ADHÉRENTS AUX BALLES.)

Ces blés présentent trois espèces, savoir :

1° *Triticum amyleum.*

Épi comprimé, barbu, retombant; axe fragile; épillets serrés contre l'axe et contenant chacun deux grains; paille creuse. A cette espèce appartient l'*ami-*

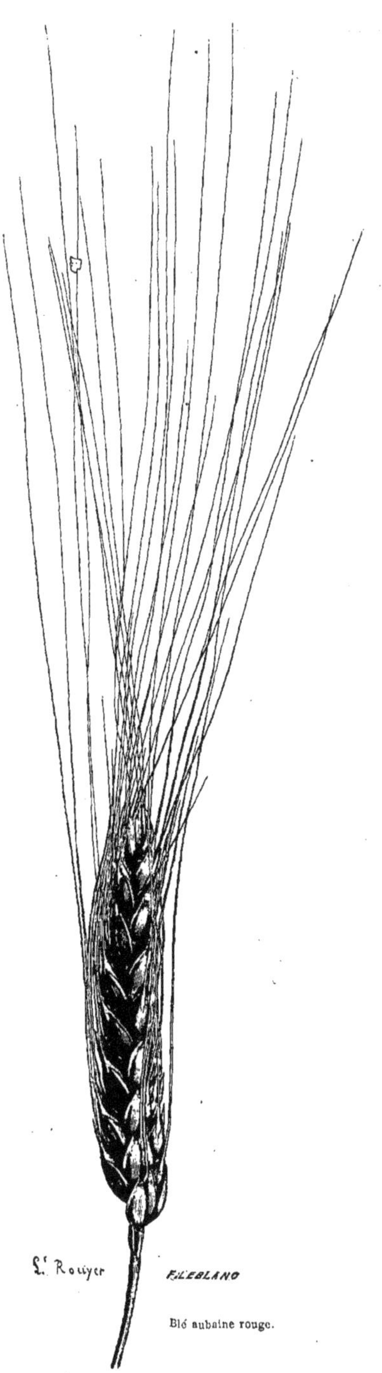

Blé aubaine rouge.

donnier ou *épeautre de mars* d'Alsace; variété de prin-

Amidonnier blanc.

temps, estimée comme étant plus rustique que les variétés printanières de la première division.

2° *Triticum monococcum.*

Épi comprimé, barbu, droit, composé de deux rangées de petits épillets très-serrés; axe de l'épi

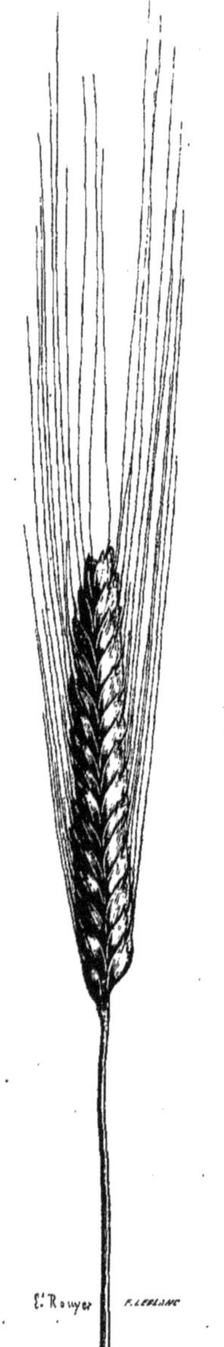

Engrain du Gâtinais.

très-fragile; paille creuse. A cette espèce appartient la *petite épeautre d'automne*, connue aussi sous le nom d'*engrain du Gâtinais*, de *blé locar*; variété très-rustique, cultivée dans le centre et le Midi; produit faible; grain petit, duquel on extrait un gruau estimé.

3° *Triticum spelta*, *grande épeautre*.

Épi très-long; épillets très-écartés; axe gros et fragile; paille creuse. Dans le nord des Ardennes et en Alsace, on sème la variété blanche d'automne sans barbe et la blanche barbue, plus vigoureuse et plus hâtive que la première.

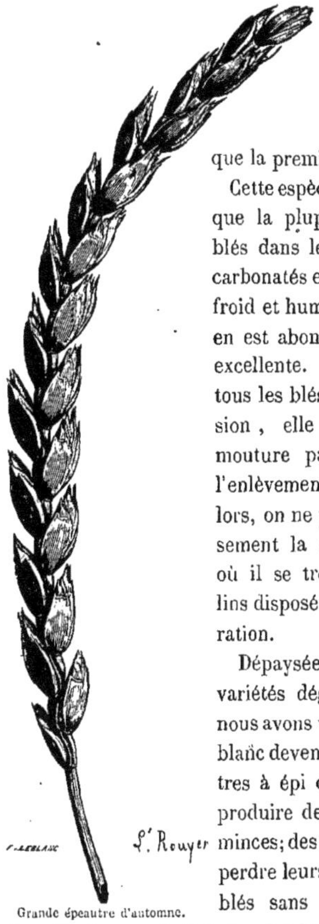

Cette espèce réussit mieux que la plupart des autres blés dans les terrains non carbonatés et sous un climat froid et humide; le produit en est abondant, la farine excellente. Mais, comme tous les blés de cette division, elle nécessite une mouture particulière pour l'enlèvement des balles. Dès lors, on ne peut avantageusement la cultiver que là où il se trouve des moulins disposés pour cette opération.

Grande épeautre d'automne.

Dépaysées, beaucoup de variétés dégénèrent. Ainsi, nous avons vu des blés à épi blanc devenir rouges; d'autres à épi court et renflé, produire des épis longs et minces; des variétés barbues perdre leurs barbes, et des blés sans barbes devenir barbus. Toujours est-il de la plus haute importance de cultiver les variétés qui sont les plus productives dans la localité où l'on se trouve, dût-on, de temps en temps, changer de semence à cause de semblables altérations. Étudions donc comparativement, sur nos différents genres de terre, les meilleures espèces que nous pourrons trouver. Par suite de cette étude, une variété étrangère nous paraît-elle productive, n'en étendons pas cependant la culture avant d'en avoir constaté la complète acclimatation. Des blés rouges anglais mal naturalisés n'ont-ils pas, de 1854 à 1855, causé de grandes pertes aux cultivateurs de Picardie?

Heureusement, il se trouve des variétés automnales appropriées à presque tous nos climats. Ainsi, la grande épeautre peut être semée sur nos montagnes aussi haut que le seigle, et les autres blés d'automne s'échelonnent depuis ces froides régions jusqu'aux plaines brûlantes du Languedoc. Quant à celles de printemps, plus elles ont de temps pour se développer, mieux elles réussissent. En général, elles conviennent peu aux localités froides et humides où les ensemencements printaniers ne peuvent s'effectuer de bonne heure.

CHAPITRE II

BLÉ (SUITE); SOL, ENGRAIS, CULTURE, PRODUIT.

La Providence a voulu que notre précieuse céréale pût venir dans la plupart des terres, comme elle s'accommode de presque toutes les régions. Ainsi, au moyen d'un bon choix d'espèces, d'engrais et de cultures convenables, le blé d'automne peut être semé partout, si ce n'est dans les champs d'une nature excessivement compacte ou inconsistante. Cette ubiquité remarquable se manifeste par l'extension des semailles de froment en pays pauvre, à mesure que les champs s'améliorent: autrefois à peine connu dans les plaines crayeuses de la Champagne, le blé n'y couvre-t-il pas aujourd'hui d'immenses espaces?

Ses terrains de prédilection sont argilo-calcaires et limoneux-carbonatés avec sous-sol perméable. Si le principe calcaire fait défaut, la paille peut atteindre une certaine hauteur, mais le grain n'est jamais lourd ni abondant. Quant aux variétés de printemps, elles ne se plaisent que dans les sols friables. Comme elles ne sont pas aussi productives que celles d'automne, nous ne conseillons pas d'en étendre la culture. Cependant il est utile d'en semer chaque année, ne fût-ce qu'un petit champ, afin d'avoir de bonne semence destinée, en cas de besoin, à remplir les vides qu'un accident aurait produits dans les blés d'automne.

Difficiles sur la qualité de l'humus, les blés fins doivent être exclus des terres acides, tandis que les gros blés et les épeautres peuvent y donner de bons produits. Ces espèces rustiques conviennent aussi beaucoup mieux que les premières aux terrains imperméables.

On cite comme excellents pays à froment la *Flandre*, l'*Alsace*, le *Soissonnais*, la *Limagne*, la *Beauce*, la *Brie*, le *Vallage* en Champagne, le *Santerre* en Picardie.

Comme le blé contient, en proportion notable, azote et phosphore, il exige dans le sol une assez grande richesse de sels azotés et phosphorés. D'un autre côté, si ces sels sont trop abondants, les tiges, grandissant outre mesure, tombent vers le moment de la floraison, s'altèrent à la base et produisent des épis chétifs. Aussi, lorsque la terre est féconde, ne faut-il pas lui appliquer, dès l'instant de la semaille, tout l'engrais dont elle peut avoir besoin, mais ajouter plus tard en guano, colombine, poudrette, etc., un supplément dont la dose sera relative à l'état de la végétation. On épargnera même ce supplément, si la température se montre très-favorable. D'ailleurs, plus profondément la terre est fouillée, moins la verse est à craindre.

Si le sol est acide et non carbonaté, nous recommandons le prâlinage de la semence par le noir animal, d'après la méthode Chambardel dont il a déjà été question ; 5 hecto. de noir suffisent pour enduire la semence d'un hectare. Quant aux engrais printaniers, il faut les appliquer de très-bonne heure (février ou mars), de peur qu'ils ne déterminent un tallement tardif. Car il est de principe absolu qu'un développement de pousses retardataires doit être évité, attendu que, même avec une apparence de vigueur, elles sont sujettes à la maladie de la rouille et ne produisent généralement que des épis maigres.

Avant la semaille, le champ destiné au blé d'automne doit être purgé de chiendent et ameubli à tel ou tel degré selon la nature du sol. Ainsi, un champ argileux ne peut être trop divisé tant à la surface qu'à l'intérieur. Au contraire, il convient de n'ameublir qu'incomplétement les sols calcaires, afin qu'à la surface il reste des mottes qui, s'émiettant après l'hiver, rechaussent la plante. Les limons et les sables doivent se trouver friables en dessus sans être soulevés en dedans. Pour obtenir ce dernier état du sol, on laboure la terre quelques semaines d'avance, et on l'ensemence, sur hersage énergique, sans labour immédiat ; ou si la céréale succède, sur un seul trait de charrue, à une prairie artificielle, on herse le champ à plusieurs reprises, afin que les gazons pressés et déchirés recomposent un sol aussi homogène que possible.

Les blés d'automne peuvent être mis en terre soit à la volée, soit en lignes. Préférons le premier procédé :

1° Dans les régions sud-est, parce que la sécheresse de ce climat empêche la céréale de taller et qu'il faut que les pieds soient très-serrés pour couvrir le terrain ;

2° Sous un ciel moins aride, lorsque le blé, semé tard, ne peut s'étendre dès avant l'hiver; il faut alors que les pieds, très-rapprochés les uns des autres, puissent couvrir le sol sans taller. On sait ce qui a été dit du tallement tardif ;

3° Si la terre n'est pas assez ameublie pour permettre d'effectuer régulièrement le semis en lignes ;

4° Si l'on craint de ne pouvoir faire sarcler le champ sans grande dépense.

Sommes-nous, au contraire, sous une région dont le climat doux et frais assure le tallement, et le semis se fait-il assez tôt pour que ce tallement soit très-prononcé dès l'hiver; la terre est-elle parfaitement ameublie ; avons-nous enfin la certitude de pouvoir faire sarcler la céréale à peu de frais ; avec un tel concours de circonstances, nous trouverons plusieurs avantages au semis en ligne : — économie de semence ; — végétation plus vigoureuse ; — moins de tendance des variétés à dégénérer ; — plus de solidité de tige et moins de danger de versement ; — netteté particulière du sol ; — récolte entièrement pure de mauvaises graines.

L'espacement des lignes varie de 15 à 25 centimètres et peut, à l'avantage du cultivateur, être d'autant plus étendu qu'on sème plus tôt, que le climat favorise mieux le tallement, que le sol est plus riche, que la variété de blé est plus disposée à s'étendre.

S'il importe de semer de bonne heure les blés d'automne en lignes, qui, par le sarclage, doivent être purgés de toute mauvaise herbe, il faut se garder d'effectuer trop tôt les semailles à la volée, de peur qu'il ne germe avec le froment beaucoup de semences nuisibles. Si on rapproche ce point des autres principes généraux indiqués déjà au sujet des semailles, on comprendra que le blé puisse être mis en terre, sur toute l'étendue du territoire français, dans un espace de trois mois.

Voici un tableau indiquant, pour chaque région, l'époque habituelle de cette importante opération.

PARTIE OCCIDENTALE.

RÉGION NORD-OUEST.

Du 1er octobre au 20 novembre.

RÉGION OUEST.

Du 15 octobre au 1er décembre.

RÉGION SUD-OUEST.

Du 1er novembre au 15 décembre.

PARTIE ORIENTALE.

RÉGION NORD-EST.

Du 20 septembre au 20 octobre.

RÉGION EST.

Du 1er octobre au 1er novembre.

RÉGION SUD-EST.

Du 15 novembre au 15 décembre.

PARTIE MOYENNE.

RÉGION NORD.

Du 20 septembre au 1er novembre.

RÉGION DU CENTRE.

Du 1er octobre au 10 novembre.

RÉGION SUD.

Du 1er novembre au 10 décembre.

Les blés de printemps doivent partout être mis en terre le plus tôt possible. Comme ils tallent peu, nous ne conseillons pas de les semer en lignes.

Les quantités de grain des variétés automnales et printanières de la première division, qu'il faut employer pour les semailles à la volée, varient généralement de 200 à 250 litres par hectare. Les blés de la seconde division exigent des quantités doubles, à cause du volume plus grand des grains non séparés de leurs balles.

La semence peut être couverte de 5 à 15 centimètres de terre, suivant les circonstances dont le détail a été indiqué au chapitre des semailles. Dans un sol calcaire, l'enfouissage doit toujours être profond. Autrement, les plantes faiblement enracinées souffriraient de la sécheresse et du froid.

Au printemps, dès que le champ est ressuyé, on sarcle les blés semés en ligne, travail auquel les Anglais emploient la houe à cheval Garret, et l'on donne un trait de herse à ceux qui sont semés à la volée. Mais, plutôt que d'effectuer ce hersage à une époque avancée, il faudrait s'en abstenir, de peur qu'il ne déterminât un tallement tardif. Si, par suite de l'extrême friabilité du sol, le blé se trouve déchaussé après l'hiver, le passage du rouleau est indispensable.

L'irrigation ne serait utile que dans les terrains secs du Midi ; encore faudrait-il que le dernier arrosage fût donné aussitôt après la floraison. Quant à l'assainissement parfait, il est toujours nécessaire. Cependant, le froment est la céréale qui supporte le mieux l'inondation. Des cultivateurs de la vallée de l'Aisne m'ont assuré que leurs blés peuvent, sans souffrir, rester submergés en hiver de huit à dix jours.

Si, malgré nos précautions contre la verse, le froment, trop favorisé par la température, se montre excessivement touffu et laisse pendre à terre, vers le mois de mai, de longues feuilles d'un vert foncé, il convient, pour l'affaiblir, de couper à la faucille l'extrémité de ce feuillage exubérant. Quelques auteurs conseillent de faire pâturer par les moutons les blés trop forts. Mais ce moyen nous semble dangereux, les troupeaux ne pouvant, sans causer de grands dégâts, être introduits dans la céréale, pour peu qu'elle soit élevée ; et, tant qu'elle est jeune, comment savoir positivement s'il faut l'affaiblir ?

Dans le Midi, lorsque, peu de jours avant la maturité, une rosée très-abondante est suivie d'un soleil ardent, la substance du grain retourne en partie dans la tige, de sorte que le blé se rétrécit au lieu de grossir. Pour prévenir ce mal, on secoue la rosée, dès le matin, au moyen d'une corde que deux hommes promènent sur le champ.

D'autres précautions sont encore nécessaires pour se garantir de la dangereuse maladie de la carie. Nous en parlerons au chapitre des végétations cryptogamiques.

Grâce aux meilleures conditions : sol défoncé, parfaitement assaini, riche, sans excès d'engrais actif, les variétés automnales de la première division rendent par hectare des récoltes pleines de 35 hecto. de grain et de 7,000 kilo. de paille. Tel est le produit des environs de Valenciennes. Dans des terres également fertiles, mais moins bien cultivées, la récolte varie de 18 à 25 hecto. La plupart de nos bons pays à blé en sont à ce second degré, quoiqu'ils puissent atteindre l'autre. Enfin une agriculture arriérée se contente de récoltes de 10 à 15 hecto. Les deux tiers au moins du territoire français se trouvent dans cette dernière situation. Quel progrès immense il nous reste donc à accomplir!

Les blés de mars réussis donnent 12 à 18 hecto.

Les épeautres et les amidonniers rendent, en grain non séparé des balles, le double environ de ce que produisent les blés de la première division. Les engrains rendent sensiblement moins que les épeautres.

CHAPITRE III

BLÉ (SUITE); MOISSON, GRANGES, MEULES.

La tige de notre précieuse céréale commence à blanchir; le grain, quoique encore mou, n'est plus en lait; les épis se courbent; voilà l'instant de récolter. Attirés par l'appât du gain, les ouvriers se transportent en bandes joyeuses d'un pays à l'autre. La lingère du village saisit elle-même l'instrument de Cérès.

S'assurer à temps les bras nécessaires, entretenir l'ardeur et la gaieté de chacun; prévenir ainsi d'injustes exigences, et ne jamais céder à celles qui pourraient se produire; donner l'exemple de l'activité, telle est à cet instant critique, plus qu'à aucun autre, la tâche du père de famille.

On coupe le froment avec la *faucille*, la *faux* ou la *sape*.

— D'une main, le faucilleur saisit la plante; de l'autre, il la scie; puis il la range par petites brassées ou *javelles*. — Le faucheur se sert d'une faux garnie de baguettes d'osier destinées à pousser ce qu'il coupe contre la céréale encore debout; une femme prend immédiatement le blé abattu et le met en javelles. — La sape est une petite faux munie d'un manche court. D'une main, l'ouvrier la fait agir; de l'autre, qui est armée d'un crochet, il saisit le blé et le met en javelles.

Celles-ci doivent être propres et régulières, afin que, plus tard, l'extraction du grain soit facile.

Les avantages et les inconvénients de ces trois méthodes peuvent se résumer ainsi:

1° Fauchage: chaume coupé bas, dès lors beaucoup de paille recueillie; javelles moins bien faites que par les autres procédés; quelquefois blé égrené; travail expéditif, mais à portée seulement d'hommes vigoureux.

2° Sapage: blé mieux traité; travail un peu plus lent, ne pouvant non plus être exécuté que par des hommes, convenant tout particulièrement aux blés couchés.

3° Faucillage: travail à portée de tous, même des enfants, parfait sous le rapport de l'arrangement des javelles; blé coupé haut; plus de temps employé et moins de paille recueillie que par les autres moyens.

Dans un champ d'épaisseur ordinaire, un faucheur, aidé d'une femme, coupe en un jour 50 ares; un sapeur, 30 ares; un faucilleur vigoureux, 15 à 20 ares.

Les bœufs et les chevaux ne pourraient-ils pas nous soulager dans ce travail pénible? En effet, au dire de Columelle et de Pallade, les Gaulois employaient souvent à leur moisson un large peigne supporté sur deux roues et poussé par deux bœufs. Arrachés entre les dents du peigne, les épis tombaient dans un réceptacle situé par derrière. Ces moissonneuses ne devaient bien fonctionner que dans des récoltes claires. Aujourd'hui, nous inclinerions en faveur de celles dont le mécanisme a été inventé par l'écossais Bell en 1818, et perfectionné depuis. Voici, d'après M. Barral, les faits constatés, lors de l'exposition universelle de 1855, au sujet de l'une de ces moissonneuses, dite *Mac Cormick*, du nom de son constructeur, instrument auquel deux chevaux étaient attelés et que deux personnes faisaient manœuvrer:

Hectare de blé coupé en 1 heure 42 minutes, c'est-à-dire en douze fois et demie moins de temps que par un faucheur aidé d'une femme; irrégularités de terrain traversées sans difficulté; économie de moitié ou des trois quarts sur les frais ordinaires d'une moisson.

Au bout de dix minutes, transformée en faucheuse de prairie, cette machine coupait de la luzerne aussi rapidement que six ouvriers vigoureux.

Qu'on se figure un appareil supporté par trois roues et divisé en deux parties; l'une à laquelle les chevaux sont attelés et qui se trouve en dehors de la céréale encore debout; l'autre qui y entre de toute sa largeur et la coupe au moyen d'une scie à laquelle les roues impriment, par un mécanisme d'engrenages, un mouvement rapide de va-et-vient. Le blé, qui tombe sur une plate-forme placée en arrière, est tiré à terre par un homme et mis en javelles. Certaines moissonneuses, munies de bras automates, exécutent l'enjavelage. Dans l'un, comme dans l'autre cas, ce travail n'est pas aussi régulier que lorsque le blé est fauché.

Les peintures des cryptes égyptiennes nous montrent les esclaves des pharaons coupant le froment à deux reprises, les épis d'abord, la paille ensuite. Ce système, qui est usité sur quelques points de la France, facilite l'extraction du grain, à cause de la faible quantité de paille qui se trouve jointe aux épis. Aussi ferons-nous bien de l'adopter, si la moisson doit être battue en plein air, l'extraction du grain ne pouvant, dans ces conditions, être trop simplifiée. Nous l'adopterons encore, s'il se trouve beaucoup d'herbe au pied de la céréale, afin de séparer les épis d'avec cette herbe qui sera séchée à part.

Après que le blé est coupé, on réunit deux ou trois javelles en bottes ou *gerbes* du poids de 7 à 8 kilo., au moyen de liens qu'on fait le plus souvent de deux poignées de paille de seigle ou d'avoine nouées ensemble. Un cultivateur vigilant a toujours de ces liens préparés à l'avance.

Pour que le blé soit mis en gerbes à un point convenable de dessiccation, il suffit, par un beau temps, de laisser les javelles à terre un jour ou deux. Mais si le temps est incertain, cette méthode devient défectueuse. En effet, chaque fois que les javelles sont mouillées, il est nécessaire de les retourner; alors elles perdent de leur régularité; et, s'il continue de pleuvoir, les épis trop rapprochés du sol s'avarient bientôt. En cas de pluie, il convient donc de traiter la récolte autrement. Lorsque les averses sont presque continues, on dresse les javelles en *faisceaux* de trois ou quatre. L'eau glisse le long de la paille, et dès que la pluie cesse, le blé se ressuie sans germer. Seulement il faut relever les javelles tombées, ce qui exige des soins assidus, tant que les faisceaux n'ont pas pris leur assiette. Quand le blé se trouve déjà ressuyé, le mieux, pour achever de le faire sécher, si l'on craint la pluie, est de le mettre en *moyettes*. A cet effet, on place à terre quatre gerbes en carré, la tête de chacune appuyée sur le pied de l'autre, afin qu'aucun épi ne touche le sol. Sur cette base, on dispose les javelles circulairement l'épi à l'intérieur, et on les croise peu à peu. Le tas se termine par une pointe sur laquelle on renverse une gerbe dont les brins sont étalés à l'entour en manière de toit.

Le blé ainsi disposé achève parfaitement sa dessiccation, et peut rester dans le champ plusieurs semaines. S'il a été coupé vert, il mûrit bien et prend même, pour la mouture, une qualité particulière. Quel avantage, grâce à ce procédé, de commencer la moisson avant la maturité complète! Les épis ne s'égrenent pas; on se procure des bras plus facilement que plus tard; enfin, on soustrait rapidement la récolte aux dégâts des oiseaux et de la grêle. Par un beau temps, la mise en moyettes augmente, il est vrai, d'un huitième l'ouvrage total; mais il le diminue pour peu que les pluies soient fréquentes. Stipulons donc avec les ouvriers que, à notre gré, cette disposition pourra être adoptée moyennant un surcroît de salaire prévu.

En attendant le chargement, on doit dresser les gerbes en faisceaux de six à huit, surmontés d'une gerbe renversée, ou bien en files se composant de deux ou de quatre lignes appuyées les unes contre les autres, en forme de toit. Ainsi rangé, le blé ne craint pas la pluie; et, s'il n'est pas encore tout à fait sec, il le devient en peu de jours.

Dans le Midi et dans l'Ouest, on bat la récolte en plein air; ailleurs, on emmagasine les gerbes.

Par ce dernier système, le travail de la moisson se trouve simplifié; le grain est plus sûrement soustrait aux intempéries, et les pailles fraîchement battues qu'on se procure en hiver sont plus du goût des animaux que celles qui ont été conservées longtemps. L'autre méthode permet de se passer de granges et de réaliser de suite le produit de la moisson. De plus, si le climat est sec et le soleil ardent, le battage en plein air s'exécute à bon marché. Mais sous un ciel humide, ce battage est très-difficile. Il convient donc au Midi et nullement à la Bretagne.

Lorsqu'on suit le système de l'emmagasinage, il faut, longtemps à l'avance, — purger la grange des débris qui pourraient servir de retraite aux animaux rongeurs; — remplir de bon mortier les trous de murs; — au moment de la moisson, couvrir le sol d'une forte épaisseur de paille destinée à préserver le grain de toute humidité; — ranger ensuite les gerbes par lits réguliers, en les dressant et en les serrant au point de rendre le tas impénétrable aux souris; — border chaque lit par des gerbes présentant le pied à l'extérieur, et terminer le tout par un lit renversé, afin qu'aucun épi ne touche ni les murs, ni le toit et ne sorte du tas; — remplir d'abord le centre du bâtiment, et ménager le long des murs des couloirs où l'on ne met de gerbes qu'en dernier lieu; — vider ces couloirs dès les premiers battages, pour que les chats, nos vigilantes sentinelles, puissent faire leur ronde aisément.

En certains pays, on croirait perdu tout ce qui n'est pas à couvert. Ailleurs, au contraire, on voit une partie de la récolte rangée en meules autour des fermes. Grâce à ce procédé, quelle économie de constructions rurales! Autre avantage : on décharge et on range les gerbes plus facilement sur les tas en plein air que dans les bâtiments; enfin, le blé est moins exposé en meules qu'en granges aux dégâts des souris.

Les Anglais ont presque toutes leurs récoltes en meules sur des plates-formes en barres de fer que soutiennent des piliers de fonte hauts de 50 centimètres et munis d'un rebord qui empêche les souris de grimper. Dans beaucoup de fermes, ces tas se trouvent sur des rails communiquant avec la grange, de sorte que, pour les rentrer, il suffit de mettre des roues aux plates-formes et de les pousser à bras.

Nos meules ordinaires se font de la manière suivante : soit qu'on leur donne la forme ronde ou rectangulaire, on établit le premier lit sur une base de litière peu étendue; on élargit ensuite les lits progressivement, de sorte que les côtés de la meule, jusqu'aux deux cinquièmes de sa hauteur, forment avec le sol un angle de 70 degrés; puis, on rétrécit et on termine la meule en pointe, avec un toit incliné de 45 degrés; construction pour laquelle il faut tenir compte du tassement qui abaisse d'un tiers la masse totale. A chaque lit, les gerbes du bord présentent le pied à l'extérieur, et les autres sont appuyées sur celles-là, l'épi en l'air. Une excellente précaution consiste à soutenir la meule en confection au moyen d'étais qu'on déplace suivant le besoin. Si, par exemple, le tas penche à droite, on le soutient de ce côté-là plus longtemps que des autres. Bientôt l'équilibre se rétablit. Pour appliquer la couverture, on fixe d'abord par des fichets de bois, autour de la partie la plus large, un boudin de paille destiné à supporter l'extrémité inférieure du chaume; on place ensuite les poignées en commençant par celles du bas. Toutes sont fixées par des liens qu'on tire du tas, en tordant quelques brins de blé. Si la meule est ronde, on étale, à l'entour du sommet, la paille d'une botte retenue par une perche plantée verticalement au milieu des dernières gerbes. Si le tas de forme rectangulaire est terminé par un faîte, on plie, par-dessus, des poignées de chaume qu'on attache des deux côtés de l'angle terminal de la même manière que toutes les autres. Afin que la couverture soit parfaitement plane, on coupe avec la lame d'une faux les aspérités qu'on remarque à la surface de la meule, et on glisse de la litière sous le chaume partout où l'on aperçoit une cavité.

CHAPITRE IV

BLÉ (SUITE); EXTRACTION, NETTOYAGE ET CONSERVATION DU GRAIN.

Dans les nuits d'hiver, à l'heure où le riche parisien quitte ses salons resplendissants de lumière, le villageois ardennais obéit au signal que lui a donné le coq, son fidèle réveille-matin; il étend ses gerbes sur l'aire de la grange, et d'un bras vigoureux il les égrene à coups de fléau. De toutes parts, un tic-tac laborieux se fait entendre. Ou bien il prend le blé par poignées et le frappe vivement sur une table, sur une claie, sur un tonneau.

Au sujet du battage des grains, voilà l'enfance de l'art; procédés longs, pénibles, malsains à cause de la quantité de poussière qu'ils mettent dans la nécessité de respirer, imparfaits d'ailleurs; car dans les blés ainsi battus, il reste presque toujours beaucoup d'épis mal égrenés. Ces inconvénients disparaissent par l'emploi de la machine que l'écossais Meikle a inventée dans le siècle dernier, et qui depuis a été singulièrement perfectionnée.

La pièce principale de cette machine est un *cylindre batteur* de 1 mètre 20 à 1 mètre 75 de long, de 40 à 60 centimètres de diamètre, muni dans son pourtour et parallèlement à sa longueur de *battes* ou morceaux de bois garnis de tôle. Mis en mouvement par une force quelconque, ce cylindre, qui se trouve à 2 ou 3 mètres au-dessus du sol, tourne dans un tambour dont la moitié inférieure, appelée *contre-batteur*, est munie de pièces assez saillantes pour se trouver presque en contact avec les battes. Le blé, qu'on étend sur une table par poignées minces et bien étalées, s'engage entre le batteur et le contre-batteur, est égrené de suite par le frottement, puis secoué sur une plate-forme à claire-voie à laquelle un mouvement de va-et-vient est imprimé. En général, le grain passe dans un tarare situé en dessous, machine accessoire dont nous parlerons bientôt. Quant à la paille, elle glisse le long d'une claie inclinée de 45 degrés et se rend à terre ou sur une table où on la prend commodément pour la lier. Si on tient à ce qu'elle soit marchande, il faut que le blé présenté transversalement soit aspiré par une ouverture placée au-dessus du batteur, ou saisi par deux cylindres cannelés, engrenés au-dessus l'un de l'autre et tournant entre le batteur et la table d'alimentation. Ces cylindres sont inutiles, si l'on ne craint pas de mêler les pailles et de les briser. Dans ce cas, c'est par l'épi qu'on présente le blé à la machine. Au-dessus du batteur et du secoueur, se trouve une cheminée qui enlève la poussière hors du bâtiment.

Il est de la plus haute importance que, maintenu par des ressorts, le contre-batteur soit élastique et puisse au besoin s'éloigner du batteur, pour donner passage, sans accident, aux poignées trop fortes ou aux corps durs qui auraient été introduits dans la machine. Dans le même but, il convient aussi, comme M. Hubaine de Beauvais l'a reconnu, que les pièces saillantes du contre-batteur forment zigzag, au lieu de suivre une direction rectiligne et parallèle à celle des battes.

Tout l'appareil doit être parfaitement d'aplomb ; et en prévision d'accidents, il faut avoir des pièces de remplacement. Enfin, au cylindre batteur destiné au blé, lequel est muni de seize battes dans les machines Duvoir, justement renommées, on doit pouvoir en substituer un autre à battes moins nombreuses pour le battage de l'avoine et autres grains qui exigent des frottements moins prononcés.

En France, la plupart des machines à battre sont mues par des animaux attelés à un manége, que M. Pinet d'Abilly (Indre-et-Loire) a singulièrement perfectionné. En Angleterre, c'est presque toujours une petite machine à vapeur qui met la batteuse en activité, faisant mouvoir à la fois hache-paille, coupe-racine, concasseur, moulin, pompe, etc. Ce système puissant, économique et favorable à la conservation des appareils à cause de la régularité du mouvement, commence aussi à être adopté parmi nous. De plus, des entrepreneurs, propriétaires de batteuses mues par la vapeur et transportables, exécutent successivement le battage dans plusieurs fermes ; ce qui rend déjà de très-grands services aux petits cultivateurs de l'Ouest.

Dans le Midi, rien de semblable ; nous y trouvons encore l'antique méthode qui consiste à faire fouler le blé par des chevaux ou des bœufs. On dresse sur une aire de vaste étendue les gerbes déliées. Ensuite on les fait piétiner une première fois, puis une seconde, après les avoir retournées; travail généralement entrepris par des hommes qui conduisent avec eux vingt-cinq petits chevaux de race camargue. On peut employer beaucoup moins d'animaux, en les attelant à des rouleaux de pierre très-courts et d'un large diamètre. Aussi, ces instruments que les Latins employaient déjà, se répandent de plus en plus.

Voici, d'après le savant M. de Gasparin, sauf de légères modifications que l'expérience nous permet de considérer comme fondées, le résultat comparé de ces divers procédés, pour un jour de travail, sur des blés coupés à toute hauteur et donnant en moyenne 25 hectolitres à l'hectare :

1° Battage au fléau, deux hommes et un enfant : 4 à 5 hectolitres ;

2° Battage à la poignée par un homme seul : 1 à 1 hectolitre 1/2 ;

3° Battage à l'aide d'une machine ordinaire servie par trois ouvriers et mise en mouvement par trois chevaux : 18 à 20 hectolitres ;

4° Battage par une machine mue à la vapeur avec huit personnes de service : 60 à 70 hectolitres ;

5° Foulage exécuté par vingt-cinq chevaux avec huit personnes, 60 à 70 hectolitres ;

6° Foulage par deux bœufs attelés à un rouleau avec cinq personnes : 18 à 24 hectolitres.

Malgré l'avantage évident des méthodes expéditives, battons au fléau ou à la main les blés de semence, afin d'égrener à part les épis de l'extrémité des gerbes, qui, étant ceux des plus hautes tiges, doivent procurer le meilleur blé. Dans cette opération particulière, on commence par démêler les végétaux nuisibles, tels que nielles, ivraies, brômes, mélampyres, dont les graines souilleraient la semence.

Après que le blé a été foulé ou battu, on enlève les pailles avec la fourche et les menus débris avec un râteau de bois; puis, on épure le grain par divers procédés dont le plus simple consiste à le jeter en l'air, lorsque le vent souffle avec une certaine force. Les poussières s'envolent, et le blé plus pesant retombe sur place. Très-usitée dans le Midi, cette méthode convient, de même que le battage en plein air, à un climat sec et venteux. Sous un ciel humide, le mieux est de purger le grain à couvert, ce qu'on pratique de temps immémorial en le faisant sauter sur la plate-forme d'osier appelée *van*.

« Son van, disait Isaïe en parlant du Messie, est « dans sa main. Il nettoyera son aire et réunira le blé

« sur le grenier; mais il brûlera les pailles dans un « feu qui ne s'éteindra jamais. »

Le *tarare*, dont l'invention n'est pas ancienne, remplace aujourd'hui le van avec avantage. Qu'on se figure un tambour dans lequel un fort courant d'air est déterminé par la rotation rapide d'un axe muni d'ailes. D'un entonnoir supérieur, le grain se rend dans ce tambour d'où le courant d'air fait voler au loin toutes les poussières. Mais au lieu de tomber directement, il passe successivement sur plusieurs grillages qui en ralentissent la chute et le séparent des pierres et autres corps d'un certain volume. Quelques tarares exécutent même un nettoyage plus complet. Nous ne conseillons pas d'employer ceux qui sont très-compliqués, mais plutôt d'en avoir de simples, sauf à perfectionner le travail au moyen des cribles, autre genre de machine dont nous allons parler. L'essentiel est que la ventilation soit très-forte et la manœuvre peu fatigante, ce dont il est facile de s'assurer au premier essai. De plus, il faut que l'instrument soit muni de deux roulettes qui permettent de le déplacer facilement, et qu'il puisse, par des grils de rechange, s'approprier aux différents grains.

Par une dernière opération, le *criblage*, on épure le blé des semences étrangères et des petits grains. Le crible le plus usité consiste en un cylindre à claire voie qu'on tourne lentement, tandis que le blé s'y rend d'un entonnoir supérieur. De tôle ou de fil de fer, le tissu de ce cylindre est très-serré dans la partie que le grain parcourt d'abord, et les trous s'élargissent graduellement jusqu'à l'autre extrémité. Le froment se divise par lots, suivant sa grosseur, et les graines étrangères plus petites que le bon grain sont séparées. Nous signalons, comme excellent, le crible *Pernollet*, dont les ouvertures de forme variée enlèvent toute espèce de semence nuisible.

On fait aussi grand cas du *trieur Vachon* qui est construit sur un autre système, mais qui coûte beaucoup plus cher que le précédent.

Après que le blé a été nettoyé, il importe de le conserver sans altération. A cet effet, on l'étend au grenier par lits très-minces, et on le remue souvent. Plus tard, on peut l'amonceler davantage, pourvu qu'en le remuant encore de temps en temps, on prévienne toute fermentation. En Bretagne, on l'enferme dans des caisses étroites qui, empilées les unes sur les autres, servent de cloisons au logis du cultivateur. Parmentier conseille un procédé analogue, consistant à mettre les grains en sacs qu'on dresse dans le grenier les uns auprès des autres. Ces deux méthodes sont excellentes.

« Qu'une partie du blé des années d'abondance, « disait Joseph à Pharaon, soit enfoui pour les « sept années de famine qui affligeront la terre « d'Égypte. »

Cet antique procédé est encore usité avec succès en Algérie. Ajoutons que, vers 1700, on a trouvé dans les fortifications de Metz et dans celles de Sedan des dépôts qu'on avait oubliés depuis plus d'un siècle et dans lesquels le blé s'était conservé, quoiqu'il eût perdu de sa qualité. Pour qu'un tel moyen réussisse, il est rigoureusement nécessaire que le grain soit enfoui dans un sol très-sec; qu'aucune exhalaison ou suintement humide ne puisse l'atteindre; que le tas, hermétiquement couvert de sable ou de chaux, soit soustrait à l'action de l'air. Quelques personnes pensent que cette méthode n'est applicable qu'aux grains du Midi, et que ceux du Nord sont d'une nature trop aqueuse pour ne pas s'avarier plus ou moins au bout d'un certain temps[1].

CHAPITRE V

CÉRÉALES (SUITE); SEIGLE.

Le seigle est par excellence la céréale des pays pauvres; son grain donne, comme tout le monde le sait, un pain noir peu estimé. Cuit à l'eau ou à la vapeur, ce grain se gonfle en absorbant une grande quantité de liquide; à cet état, il constitue pour les animaux une excellente nourriture d'engrais. Quant à la paille, le bétail la dédaigne; mais sa force et sa souplesse la font rechercher pour la confection des chaises, des liens et des toitures.

De même port et de même végétation que le blé, cette plante porte, sur son chaume de 1 mètre 50 à 2 mètres, un épi composé de deux rangs d'épillets dont chacun contient ordinairement deux grains minces, allongés, d'un gris noirâtre, non adhérents aux balles. Celles-ci se terminent par des barbes moins longues et moins dures que celles des blés barbus. Les feuilles ont une nuance glauque, et le bas des jeunes tiges est d'un violet prononcé, ce qui rend, dès le premier âge, cette céréale facile à distinguer de toute autre.

1. Il sera parlé de la calandre et de l'alucite au chapitre des animaux nuisibles.

Les variétés les plus productives sont automnales. L'une dite de *Saint-Jean* ou d'*Arkangel*, originaire du nord de l'Europe, présente des talles nombreuses et un feuillage très-vigoureux. On peut la semer dès le milieu de l'été, la faire pâturer à l'automne et en obtenir l'année suivante une récolte passable de grain. D'autres variétés (et ce sont les plus répandues) ont un tallement moins épais, mais produisent un grain plus gros, meilleur, plus abondant. On les sème et on les récolte un peu avant le blé d'automne. Nous multiplierons dans ce genre les variétés dites *de Rome* et de *Russie*, qui donnent les épis les plus longs, la paille la plus forte et le plus beau grain.

Seigle de Rome.

Le seigle d'automne montre ses épis dès la fin d'avril. Si la saison est très-sèche, il ne grandit ensuite presque plus et produit peu. La culture n'en convient donc pas au Midi. Mais elle est bien appropriée à nos montagnes; car la jeune plante résiste en hiver aux froids les plus rigoureux.

Cette céréale ne réussit généralement pas en terre tenace, quand même le champ serait doué d'une certaine richesse. Elle se plaît, au contraire, dans les sols friables. Si ces terrains sont féconds, ils produisent souvent en seigle plus qu'en froment. Pauvres, ils ne porteraient que des blés chétifs et donnent encore des seigles passables. L'humus acide et l'absence du principe calcaire ne sont pas contraires à cette plante rustique à tous égards, quoique fort délicate à deux points de vue : d'une part, elle craint l'humidité au plus haut degré; de l'autre, au moment de la germination, elle redoute l'extrême sécheresse. Aussi, faut-il parfaitement assainir le champ qui lui est destiné et choisir pour le semis un instant favorable, retarder même cette opération plutôt que de jeter la graine en terre aride et soulevée.

Pour la récolte, le battage et la conservation, ce qui a été dit du blé s'applique au seigle. Observons toutefois que, coupé avant la maturité, celui-ci ne perfectionne pas son grain en moyettes, que par conséquent on doit le récolter à peu près mûr; ce qui ne présente nul inconvénient, les épis ayant peu de disposition à s'égrener.

Le seigle verse moins souvent que le blé; et, à cause de la rapidité de sa première végétation, il se défend mieux contre la plupart des mauvaises herbes. Aussi, y aurait-il rarement avantage à le semer en lignes et à le sarcler. Le semis à la volée exige, par hectare, de 200 à 250 litres de grain qu'on peut enterrer de 6 à 15 centimètres. La semence doit être parfaitement pure de graines d'ivraie et de brôme seigle, deux plantes des plus nuisibles à cette céréale.

Le seigle de printemps est aux variétés automnales ce que le blé de mars est au blé d'hiver. Plus délicat, plus petit, moins productif, il veut être mis en terre de très-bonne heure, et ne doit pas dès lors être cultivé dans les localités froides et humides.

En bonnes conditions, les variétés d'automne rapportent, par hectare, 18 à 30 hectolitres de grain, valant généralement sur les marchés un tiers de moins que le blé, et 3 à 5,000 kilo. de paille. Les seigles de mars produisent 15 à 20 hectolitres.

On remarque que le seigle et le blé favorisent réciproquement leur végétation. Aussi, doit-on les semer en mélange, plutôt que du blé pur, dans les champs de nature friable et peu améliorés. Cette récolte mêlée se nomme *méteil*.

Le seigle d'automne peut encore être cultivé utilement, comme plante fourragère, soit pour être pâturé plusieurs fois en hiver et au printemps, soit pour être fauché en avril, un peu avant la fleur; coupe à laquelle peuvent succéder encore la plupart des ensemencements printaniers. Quant au seigle de printemps, on nous a assuré que, semé en août dans les régions du nord-ouest et de l'ouest, il procure en novembre et décembre une coupe abondante.

CHAPITRE VI

CÉRÉALES (SUITE); ORGE, AVOINE.

—

ORGE.

Par son port, par sa manière de taller et de végéter, l'orge ressemble beaucoup au blé; mais son feuillage est d'un vert plus tendre; sa tige plus courte porte un épi composé de deux ou de six rangées de grains dont les balles sont garnies de très-longues barbes. L'orge donne l'un des plus mauvais pains; en revanche elle procure la meilleure bière, engraisse parfaitement la volaille et les porcs, sert dans le midi de l'Europe, ainsi qu'en Orient, à nourrir le cheval de course. Quant à la paille, elle déplaît au bétail à cause des barbes aiguës qui s'y trouvent mêlées.

Les variétés d'automne conviennent à toutes nos régions, si ce n'est aux parties les plus froides du Nord et du Nord-Est, où elles souffrent souvent de la rigueur de l'hiver. Beaucoup plus délicates encore sous ce rapport, les variétés printanières ne doivent être semées que lorsqu'on n'a plus à craindre de gelée de 2 à 3 degrés. On les met en terre, aux environs de Paris, du 1er au 15 mai. La végétation en est très-rapide. Comme elles redoutent peu la sécheresse, on peut les cultiver dans toutes les parties de la France.

Pour la qualité et la préparation du sol, l'orge est aussi difficile que le froment. Dès lors, n'en semons que sur une terre sans acidité, nette de chiendents, parfaitement meuble, saine, améliorée ou naturellement féconde. C'est en terrain carbonaté que ses produits sont les meilleurs et les plus abondants.

Le semis s'effectue ordinairement à la volée, et l'on met par hectare de 200 à 250 litres de grain qu'on enterre à une profondeur qui peut varier de 5 à 15 centimètres. Près de Crépi, en Valois, nous avons vu effectuer ce semis en poquets. On nous a assuré que le produit de l'orge ainsi cultivée est particulièrement élevé.

Cette céréale s'égrenant avec facilité, on doit la couper dès qu'elle est mûre, plutôt à la rosée que par le soleil. Cette récolte exige beaucoup de vigilance à cause de la grande disposition du grain à germer et à s'avarier en temps pluvieux. Du reste, les procédés de moisson, de battage, de nettoyage et de conservation sont les mêmes que pour le froment.

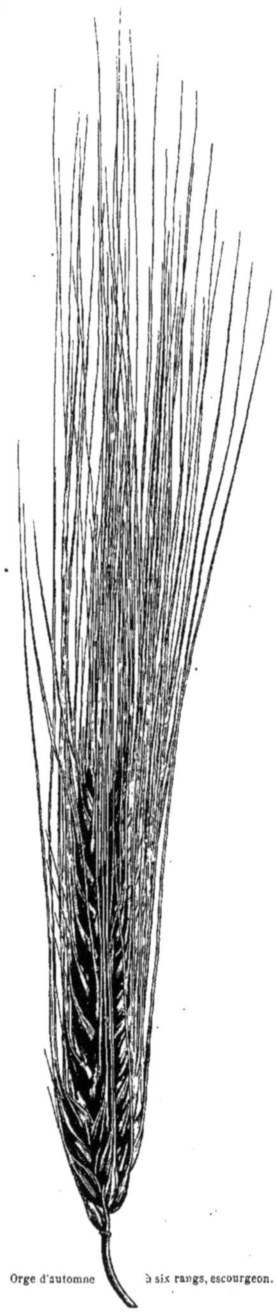

Orge d'automne à six rangs, escourgeon.

Les variétés les plus intéressantes appartiennent à deux espèces :

1° *Hordeum vulgare*, six rangs de grains dont quatre paraissent n'en former que deux; les deux autres sont bien distincts, de sorte que l'épi est moins hexagonal que quadrangulaire.

2° *Hordeum distichum*, deux rangs de grains seulement, quatre se trouvant avortés.

VARIÉTÉS PRINCIPALES DE LA PREMIÈRE ESPÈCE.

Orge d'automne à six rangs, escourgeon, sucrion, farrago des Latins, tige de 1 mètre 50; talle abondante; grain petit, très-estimé pour la fabrication de la bière. On sème cette orge un peu avant les blés. En bonne terre, elle produit par hectare 30 à 40 hecto. de grain, qui se vend généralement la moitié ou les trois cinquièmes du prix du blé, et

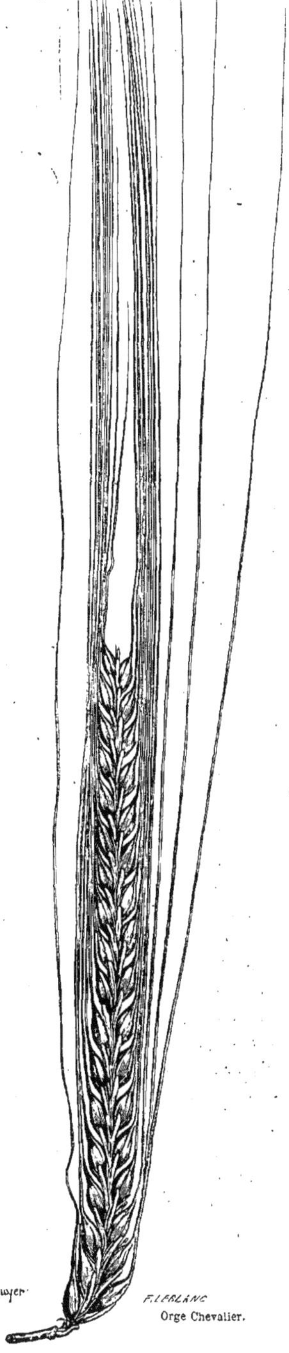

Orge Chevalier.

4 à 5,000 kilo. de paille. On peut semer l'escourgeon dans des champs fertiles, pour pâturage ou pour fourrage printanier. Celui-ci est plus tendre et plus nourrissant que le seigle vert.

Orge Ponsard, ainsi désignée du nom de l'habile agronome de la Marne qui l'a trouvée et propagée; variété ressemblant beaucoup à la première, signalée comme moins sensible au froid.

Orge de printemps à six rangs, ou *petite orge*, *orge des sables*, *orge quadrangulaire*, variété petite, hâtive, la moins difficile de toutes sur le choix du sol, très-délicate à la gelée, ne pouvant être semée que fort tard, produisant par hectare 15 à 20 hectolitres de grain et 2 à 3,000 kilo. de paille, peu cultivée en France, très-répandue au contraire en Allemagne.

VARIÉTÉS PRINCIPALES DE LA SECONDE ESPÈCE.

Orge de printemps à deux rangs, pamelle, poumoule du Midi, *grande orge* des Allemands, la plus cultivée en France; tige de 1 mètre; épi long; grain gros et d'excellente qualité; produit par hectare, 20 à 25 hectolitres de grain, 2,500 à 3,500 kilo. de paille. Cette variété est la céréale de printemps qui supporte le mieux la sécheresse du Midi. De plus, à cause de la rapidité de sa végétation, elle est précieuse, ainsi que l'orge quadrangulaire, aux contrées montagneuses et à tous les pays à été court.

Orge chevalier, belle variété printanière à deux rangs, plus grande, plus productive et donnant un grain meilleur que la pamelle, préconisée à juste titre par le savant M. Vilmorin.

Les variétés précédentes et d'autres que nous ne nommons pas, attendu que nous n'avons pu encore les étudier sur une certaine échelle, ont le grain adhérent à la balle. Il se trouve aussi des orges à grain non adhérent. Comme elles sont délicates, nous ne les mentionnons que pour mémoire, sous le nom d'orges *nues* ou *célestes*. Nous nous bornons également à nommer l'*orge hexastique* qui présente un épi court à six rangs parfaitement distincts, et l'*orge trifurquée* dont l'épi est sans barbes, espèces que nous n'avons vu nulle part cultiver en grand.

AVOINE.

Beaucoup plus rustique que l'orge, l'avoine vien dans tous les sols, peut succéder à toute récolte, s'accommode de cultures imparfaites, et lutte fortement contre les mauvaises herbes. On abuse trop souvent de ces précieuses qualités pour en couvrir d'immenses étendues qu'on travaille à peine.

Tant que la plante est en herbe, elle se distingue du blé par des feuilles plus minces et plus tortillées. Ses tiges, qui peuvent atteindre jusqu'à 1 mètre 70, portent chacune un panache dont les nombreux épillets contiennent chacun deux ou trois grains allongés et adhérents à une écorce grossière qui n'est pas la balle; celle-ci enveloppe la grappe entière.

Les Bretons et les Ardennois font avec l'avoine d'excellentes bouillies. Du reste, personne n'ignore qu'elle sert surtout à la nourriture du cheval dont elle stimule l'ardeur par son principe aromatique et excitant. La paille est tendre, nutritive et de bonne odeur. Les chevaux seuls préfèrent celle de froment.

Dans cette espèce, annuelle comme les précédentes, nous trouvons variétés automnales et printanières. Les premières, sensibles aux gelées de 8 à 10 degrés, ne conviennent pas aux régions nord et nord-est. Les autres redoutent trop la sécheresse pour réussir sous les climats sud et sud-est.

Toutes prospèrent dans les sols acides, tourbeux, nouvellement défrichés, privés de calcaire. Ainsi que nous l'avons établi dès le commencement de ce chapitre, cette céréale donne même un certain produit, lorsqu'on la sème dans des champs pauvres, sales et peu ameublis. Mais elle paie largement les frais d'une culture meilleure. Il faut donc mettre à profit sa rusticité, sans en abuser, afin qu'on n'applique jamais à nos terres ce vers d'Ovide :

Et levis obsesso stabat avena solo.

« Une maigre avoine apparaissait sur un champ épuisé. »

Comme elle résiste aux mauvaises herbes, il n'y a pas lieu de la sarcler. Aussi, la sème-t-on presque toujours à la volée, en mettant à l'hectare 2 à 3 hectolitres de semence, laquelle, par la sécheresse, peut être enterrée jusqu'à 15 centimètres de profondeur. Mûre, elle s'égrène facilement. Dès lors, n'attendons pas pour la récolter que toutes les panicules aient changé de couleur. Si la récolte est forte et élevée, on la coupe comme le blé; claire et courte, on l'abat avec une faux garnie de baguettes; l'ouvrier, l'enlevant sur celles-ci, la dépose en andains réguliers qu'on amasse plus tard en javelles avec le râteau.

L'avoine en andains peut recevoir, sans se gâter, plus de pluie que les autres céréales, et elle grossit sensiblement par l'effet des premières ondées; ce dont les cultivateurs négligents s'autorisent à tort pour laisser longtemps cette récolte étendue. Gardons-nous de les imiter. A plus forte raison, lions et rentrons promptement l'avoine amassée; car les javelles trempées par la pluie sèchent difficilement.

Dans de bonnes conditions, l'avoine produit par hectare 30 à 50 hectolitres de grain, dont le prix est, en général, le tiers de celui du blé, et 4 à 6,000 kilo. de paille. Trop souvent, on se contente de récoltes six ou huit fois moindres.

Voici quelques-unes des meilleures variétés.

Avoine de printemps blanche commune, à part la couleur du grain, grande ressemblance avec la noire de Brie; grain moins estimé dans le commerce de Paris que celui des avoines noires.

Avoine patate ou grosse avoine blanche de printemps, grain très-gros et très-farineux; paille élevée; panicule étalée; végétation vigoureuse; produit abondant.

Avoine de printemps courte ou grise d'Auvergne, grappes composées de plusieurs grains très-petits, terminés chacun par une barbe noire; paille fine et élevée; végétation très-hâtive. Cette variété, la plus rustique de toutes, n'est cultivée en France que dans les montagnes du Centre et du Midi.

Épillet d'avoine courte d'Auvergne.

Avoine grise commune de printemps, panicule étalée; grain gris, de qualité médiocre; paille peu élevée; végétation tardive. Cette variété très-rustique est celle qui résulte presque toujours de la dégénérescence des autres.

Grosse avoine blanche hâtive, se distinguant surtout de la précédente par une végétation plus rapide; paille molle; panicules sujettes à s'égrener; variété précieuse pour les contrées froides et humides où l'on est forcé de semer tard, commune dans les Flandres belge et française, sujette à dégénérer en beaucoup de pays.

Avoine noire d'automne, paille très-élevée; grain noir, gros et pesant; panicule étalée. C'est elle qu'on cultive presque exclusivement dans l'Ouest et dans le Midi. On la met en terre un peu avant les blés.

Avoine noire de Brie, grain noir et pesant; panicule étalée; variété de printemps répandue aux envi-

Avoine noire de Brie.

Avoine noire de Hongrie.

rons de Paris. Elle dégénère dans les sols non carbonatés.

Avoine noire et avoine blanche de Hongrie, panicule resserrée; épillets tombant d'un seul côté; grain noir ou blanc, léger, abondant; tige forte et solide; végétation tardive; variétés printanières productives, mais moins rustiques que la plupart des autres.

Avoine Joannette, la plus hâtive des variétés de printemps. Grain noir, de bonne qualité; trop de disposition à s'égrener.

Il existe une variété dont les grains se détachent de leurs enveloppes à tel point que, lors du battage, ils se trouvent presque tous mondés. Cette variété serait précieuse dans les contrées dont les habitants consomment de la bouillie d'avoine.

CHAPITRE VII

CÉRÉALES (SUITE) : MAÏS.

Quelle admirable plante se présente à nous! Son feuillage pareil à celui d'un grand roseau, son aigrette de fleurs mâles qui surmonte la tige, ses panaches de fleurs femelles échelonnés en dessous, ses longs épis couverts de grains qui sont couleur d'or, de nacre ou de jaspe, tant de beautés réunies n'indiquent-elles pas un échappé de la région des bananiers? En effet, le maïs nous vient des parties chaudes de l'Amérique. Les Péruviens célébraient des fêtes en son honneur, et, entre autres richesses, le palais des incas en possédait de magnifiques pieds d'or et d'argent. Introduit en Europe dès le commencement du XVIe siècle, il s'y est rapidement propagé. Depuis déjà fort longtemps, l'Alsacien, le Franc-Comtois, le Bourguignon, le Gascon consomment ce grain sous forme de galettes et de bouillie. Il a un peu plus de valeur que le seigle pour l'engraissement des animaux. N'est-ce pas avec le maïs que la Bresse nourrit ses délicieuses volailles; Toulouse et Strasbourg, leurs oies énormes; Bayonne, ses cochons aux jambons si justement renommés? Les enveloppes de l'épi procurent d'excellentes paillasses. Les feuilles sont recherchées du bétail, et les tiges servent à chauffer le four. Coupée verte, la plante entière est un des meilleurs fourrages. D'après M. de Humboldt, les Mexicains en tirent du sucre.

Le maïs est annuel et se ressent de son origine

Maïs en fleur.

tropicale. On ne peut le semer qu'au printemps lorsque aucune gelée n'est à craindre; la plupart des variétés exigent, pour mûrir, plus de chaleur qu'il n'en faut au blé. En traitant du climat de la France, nous avons indiqué déjà les limites de cette importante culture que nous trouvons surtout dans les régions sud, sud-ouest, est et nord-est. Dans le sud-est, quoique la chaleur soit plus que suffisante à sa maturité, le maïs est peu cultivé à cause de l'aridité du climat.

Les variétés, qui sont très-nombreuses, se distinguent par la force des épis, par la couleur, la grosseur et la disposition des grains, par la hauteur des tiges, par une végétation plus ou moins lente. Les variétés tardives donnent les plus riches produits. Le Midi en cultive principalement deux, l'une à grains blancs, l'autre à grains jaunes avec épi de 15 à 20 centimètres de long. La première est commune dans les Landes; ailleurs, c'est la seconde qui est la plus répandue. Dans de bonnes conditions, ces variétés rendent, par hectare, de 35 à 50 hecto. de grain, et leur tige atteint 2 à 3 mètres. En Alsace et en Franche-Comté, on cultive un maïs jaune plus précoce et moins haut qui donne 25 à 35 hectolitres de grain. Sa tige dépasse rarement 2 mètres, et l'épi, 15 centimètres. Les variétés très-hâtives, dites maïs *quarantain* et à *poulet*, sont, dans toutes leurs parties, moitié plus petites et moitié moins productives que la variété alsacienne. Elles mûriraient par toute la France; mais à cause de la faiblesse du rendement, on ne les cultive qu'en seconde récolte dans les terres irriguées du Midi.

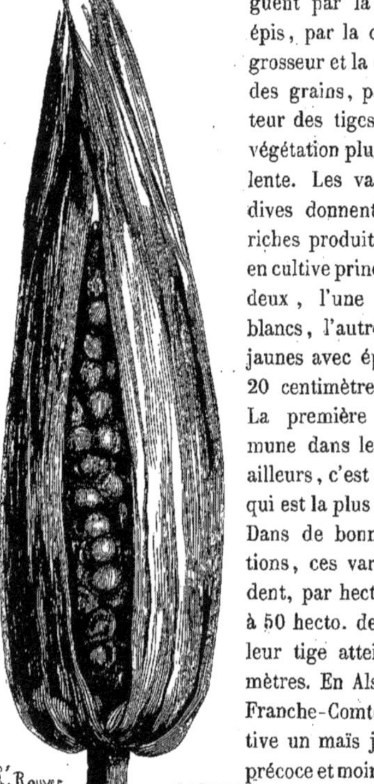

Maïs quarantain.

Le maïs affectionne les sols légers, réussit cependant sur presque toute espèce de terre, pourvu qu'elle soit bien ameublie, purgée de chiendent et riche en sels azotés et phosphorés. Il épuise ces sels au moins autant que le blé, et nécessite dès lors l'application des meilleurs engrais, à moins que le champ ne soit très-fertile. Il veut être sarclé et doit, à cet effet, être semé en lignes que, suivant la force des variétés, on espace de 70 centimètres à 1 mètre. Les sarclages se font très-bien avec la houe à cheval ordinaire. La graine, qui peut se conserver pendant huit ans et dont il faut par hectare de 40 à 50 litres, doit être couverte au plus de 4 à 6 centimètres de terre. Lors du premier sarclage, on espace les sujets entre eux de 20 à 30 centimètres; puis, par deux ou trois buttages, on favorise le développement des racines qui tendent à partir des nœuds inférieurs; ce qui rend la plante plus solide et plus vigoureuse.

Si de ces nœuds il s'échappe des tiges secondaires, on les supprime; même, en beaucoup de pays, on coupe après la fleur le sommet de la plante, et on laisse seulement deux ou trois feuilles au-dessus de l'épi le plus élevé. Ce retranchement accélère la maturité et procure d'excellent fourrage. Enfin, on ne conserve à chaque tige que deux ou trois épis.

La maturité se reconnaît à la couleur blanche qu'il prennent. On les détache; on les dépouille de leurs enveloppes; et, pour les faire sécher, on les suspend par petites bottes le long des murs; ou bien on les étend sur des tablettes à claire-voie dans des cages couvertes en chaume et élevées sur des pieux munis de rebords en fer-blanc qui empêchent les souris de grimper.

Si la récolte se fait à une époque avancée, les épis courent risque de moisir et de s'altérer; motif pour lequel on a souvent renoncé à cette culture dans des lieux qui, d'ailleurs, lui convenaient bien. Mais voici un moyen d'obtenir à peu de frais une parfaite dessiccation : on chauffe le four au degré nécessaire à la cuisson du pain, et on l'emplit à moitié hauteur d'épis effeuillés. Au bout d'une heure, on les remue avec une pelle de fer; trois heures après, on les remue encore; puis, on les laisse deux jours sans y toucher; ils sont alors parfaitement secs. On nous a assuré que, dans l'est de la France, les maïs les plus estimés pour la nourriture humaine sont récoltés avant la maturité.

En petit, l'égrenage des épis s'exécute gaiement aux veillées d'hiver. Pour des récoltes considérables, servons-nous des égrenoirs mécaniques dans lesquels chaque épi s'engage entre une crémaillère verticale et un cylindre horizontal cannelé mis en rotation par une manivelle. On recommande, comme l'un des meilleurs, l'égrenoir de M. Hallié de Bordeaux, qui coûte 100 francs et peut égrener par jour de 18 à 20 hectolitres.

Le maïs se conserve comme le froment. Son prix est généralement des deux tiers de celui du blé.

Seule ou mélangée de pois ou de vesces, cette céréale peut, dans toutes nos régions, être cultivée comme plante fourragère. On la sème à cet effet jusqu'au milieu de l'été, pour la faucher dès que les fleurs mâles commencent à poindre. Il n'est pas de fourrage meilleur ni plus abondant.

Sarrasin en fleur.

CHAPITRE VIII

CÉRÉALES (SUITE); SARRASIN, MILLETS, MOA, RIZ, SORGHO, ALPISTE.

Voyez-vous en été cet éclatant tapis de fleurs blanches sur lequel butinent des milliers d'abeilles? Examinons-le de près : nous apercevons, parmi ces fleurs, des grains triangulaires à demi formés et d'autres déjà mûrs, qui sont noirâtres. Au-dessous, se trouvent des feuilles en forme de cœur et un épais fourré de branches. Comment ne pas reconnaître la céréale favorite des Armoricains, le *blé noir* ou *sarrasin* avec lequel on fait, en Bretagne, des crêpes et des bouillies préférées au pain? Pour la nourriture des animaux, il équivaut à l'orge, et plus qu'aucun autre grain, il excite la ponte des poules. Quant à la paille, elle ne peut que servir de litière.

On croit que le sarrasin, originaire de la haute Asie, nous est venu du nord de l'Europe dans le cours du XVIe siècle. « Sans ce grain que nous avons seu« lement depuis 60 ans, disait en 1567 un auteur « breton cité par Legrand d'Haussy, les pauvres « gens auraient beaucoup à souffrir. »

La plante est annuelle, d'une végétation rapide, avec floraison presque continue. On la sème au printemps, lorsque le sol est bien réchauffé et qu'il n'y a plus à craindre la moindre gelée. Trois mois après, la récolte a lieu. Cette culture est donc bien appropriée aux contrées montagneuses. Elle réussit encore mieux dans les pays brumeux, comme la Bretagne, mais ne convient pas aux régions sud, sud-ouest et sud-est, très-peu même à celles du centre, de l'est et du nord-est. Sous un soleil ardent, sous une atmosphère sèche, les fleurs sont brûlées.

Le sarrasin aime les sols légers et exige un ameublissement parfait. Des terres nouvellement mises en culture, à humus acide, sans calcaire et sans engrais actif, en produisent d'excellentes récoltes. Les Bretons le sèment souvent après défrichement de gazon, avec amendement de cendres lessivées. Si la température est favorable, il couvre rapidement le sol et étouffe les mauvaises herbes. Comme il n'exige pas de sarclage, on le sème à la volée, en se gardant bien de mettre à l'hectare plus de 60 à 80 litres; car le sarrasin, semé trop dru, reste chétif, faute de pouvoir s'étendre en branches. La semence veut être couverte de 2 à 3 centimètres au plus.

Comme le sarrasin s'égrène facilement, on n'attend pas, pour le récolter, la maturité complète; mais, dès que la plupart des grains ont noirci, on le coupe avec précaution soit à la faux nue, soit à la faucille; puis, on le lie en bottes qu'on laisse en faisceaux serrés et couverts de paille jusqu'à parfaite dessiccation.

Suivant que la température a favorisé plus ou moins la fécondation des fleurs, le produit varie de 12 à 40 hectolitres de grain, dont le prix est généralement des deux cinquièmes de celui du blé. La terre ne paraît pas ensuite très-appauvrie, et elle se trouve dans un état particulier d'ameublissement et de propreté.

Si l'on enfouit le sarrasin au commencement de la floraison, il constitue un excellent engrais végétal, ainsi que nous l'avons dit déjà. Comme fourrage, il ne nous a jamais paru avoir beaucoup de valeur; cependant, quelques personnes le préconisent pour la nourriture des vaches. Thaër et Yvart affirment qu'il est nuisible aux moutons.

On en distingue deux variétés principales; l'une, dont le grain, plus petit, a la peau plus fine, et donne une meilleure farine; l'autre, dont le grain est plus gros et plus abondant, mais de qualité moindre. Celle-ci doit être préférée, si nous destinons la récolte à la nourriture des animaux. Quant à l'espèce à fleur verte et à grain rugueux, dite *sarrasin de Tartarie*, nous ne la mentionnons que pour mémoire; car elle nous a paru très-inférieure à l'autre, et nous ne connaissons personne qui la cultive.

MILLETS.

Céréale de second ordre, le millet n'est cependant pas sans importance. On le sème sur d'assez vastes étendues dans le Morbihan, en Alsace et dans quelques parties du Midi.

Si ce n'est que son feuillage a plus de largeur, cette plante, tant qu'elle est en herbe, ressemble au blé, à l'avoine et à l'orge. Haut de 1 mètre 20 à 1 mètre 50, chaque tige supporte une grappe dont les ramifications, plus ou moins longues et serrées, suivant l'espèce, présentent quantité de graines luisantes de la grosseur de têtes d'épingles.

Sensible aux moindres froids, mais de végétation rapide, le millet se sème à une époque avancée du printemps, et peut se cultiver dans toutes nos régions. Il exige une terre riche, friable, bien ameublie, purgée de chiendents; veut être sarclé; se trouve très-bien d'un buttage, et réclame l'irrigation dans les parties les plus sèches du Midi. Le mieux est d'effectuer le sémis par lignes espacées de 20 à 30 centimètres. La graine doit être recouverte à peine et mise en terre par un temps qui ne fasse craindre aucune averse immédiate; car il est peu de semences plus exposées à pourrir. Aussitôt que la maturité est arrivée, on coupe les panicules avec précaution, et on les suspend en lieu sec par petites bottes, ou mieux encore, on les bat de suite.

On cultive en France deux espèces de millet. Le *pani-*

cum italicum et le *panicum miliaceum*. Les grappes du premier, qui sont cylindriques et serrées, se voient suspendues partout aux cages des petits oiseaux. Les ramifications des panicules de l'autre sont très-étalées. Dans chaque espèce, plusieurs variétés se distinguent par la couleur plus ou moins blanche ou rousse des graines.

Comme la première espèce verse facilement, il convient de la soutenir au moyen de perches horizontales attachées à des piquets ; et lors de la maturité, il faut souvent faire garder le champ pour en éloigner les oiseaux. Le millet étalé est moins sujet que l'autre aux accidents; c'est celui-là qu'on cultive en Bretagne.

Chacune de ces deux espèces produit par hectare 24 à 32 hecto. de grain équivalant à l'orge et 3 à 4,000 kilo. de paille que les animaux mangent avec plaisir.

MOHA.

On cultive sous le nom de *moha* une troisième espèce, *panicum germanicum*, qui a des panicules étalées et une tige moins grosse, plus tendre et plus abondamment fournie de feuillage que ne l'est celle des deux premières. D'après les observations de M. Vilmorin, le moha résiste bien à la sécheresse, et peut être avantageusement cultivé, non-seulement comme céréale, mais aussi comme plante fourragère, dans les parties arides du centre et du midi.

Nous devons encore mentionner deux céréales de l'Inde et de l'Afrique, dont la culture n'est pas étrangère à notre sol, le *riz* et le *sorgho* ou *dourah*.

RIZ.

Le riz en herbe ressemble à l'avoine; sa tige, haute de 50 centimètres à 1 mètre, supporte une panicule étalée présentant des fleurs purpurines, puis des grains isolés qui, au battage, restent adhérents à leurs balles.

La plante est annuelle, craint les moindres froids, exige, pour venir à maturité, plus de chaleur que le maïs, et veut une humidité permanente. Sous le climat des tropiques, au temps des pluies continues, l'eau du ciel lui suffit. Les rizières, dans ce cas, n'ont rien d'insalubre. Mais, sous le climat sec du midi de la France, il faut au riz une irrigation continue, cause inévitable d'insalubrité. Aussi, essayée à plusieurs reprises en Provence et en Languedoc, cette culture a

Millet à panicule étalée.

bientôt été prohibée. Aujourd'hui, on la tolère dans les parties marécageuses du département des Landes et des bouches du Rhône.

Voici à ce sujet quelques détails que nous empruntons à notre vénérable maître, M. de Gasparin.

Le riz peut réussir dans presque toute espèce de sol et revenir plusieurs fois de suite sur le même champ, sans exiger beaucoup d'engrais. La rizière doit être légèrement inclinée, exposée au soleil, éloignée des lieux que fréquentent les oiseaux. Après lui avoir donné au printemps un labour superficiel, on la divise par petites digues en compartiments tels que l'eau puisse la couvrir partout d'une épaisseur à peu près égale, et circuler sans rester stagnante nulle part. On inonde de quelques centimètres le terrain ainsi disposé; on l'unit ensuite avec une large planche que traîne un cheval et sur laquelle monte le conducteur; semé aussitôt après, le riz se trouve recouvert par la vase que l'eau dépose. On maintient alors très-peu de liquide jusqu'à la germination des grains; puis, on en augmente peu à peu la hauteur, de telle sorte que la plante reste habituellement baignée presque tout entière. Si cependant elle jaunit à l'instant de monter en tige, on retire l'eau pendant quelques jours. Quelquefois, on met la rizière à sec, pour faire périr certains insectes aquatiques. Enfin, lorsque la paille jaunit et que le grain est formé, l'eau est entièrement retirée.

On ésherbe le riz encore jeune; et si, malgré ce soin, on aperçoit au temps de la floraison des panicules de *panis crête de coq*, l'une des plantes qui lui nuisent le plus, on les coupe, afin d'en empêcher la multiplication.

Le riz est moissonné à la faucille et battu comme le froment. Plus tard, au moyen de pilons, on le dépouille de ses balles. Le produit par hectare varie de 18 à 60 hectolitres de grain. Il faut environ deux hectolitres de semence.

On essaie depuis peu une espèce dont les graines ont été envoyées de Chine par M. de Montigny et qu'on assure pouvoir se passer d'irrigation.

SORGHO.

Le *sorgho* ressemble au maïs pour le port, le feuillage et la hauteur des tiges. Celles-ci sont terminées par des panicules qui portent un grand nombre de graines plus grosses que celles du millet et à peu près de même valeur. Elles mûrissent bien dans le centre de la France.

C'est surtout pour faire des balais avec les panicules battues qu'on cultive cette plante, dans quelques départements, sous le nom de mil à balai; culture qui exige à peu près mêmes soins et mêmes conditions que celle du maïs.

On essaie une autre espèce, le *sorgho sucré* dont le jus est d'une grande valeur pour la fabrication du sucre et de l'alcool. Cette plante qui, sans être délicate, exige un bon sol, doit-elle devenir un jour la canne à sucre de nos plaines? C'est ce que l'avenir apprendra; toujours est-il qu'en 1856, dans les jardins d'expérience de l'Institut normal agricole de Beauvais, au milieu d'un grand nombre de pieds qui n'ont pas mûri, deux sujets de cette espèce intéressante sont parvenus à maturité parfaite.

Sur d'excellents sols, les sorghos pourraient être cultivés comme plantes fourragères, et leur produit serait très-élevé. Toutefois, si nous les comparons au maïs, ils présentent l'inconvénient d'une première végétation beaucoup plus lente.

L'alpiste des Canaries est une dernière céréale que nous devons mentionner. Elle ressemble à l'avoine pour le feuillage et la hauteur des tiges, dont chacune supporte un épi presque rond où se trouvent un grand nombre de graines plates et luisantes de même valeur que le millet.

Cette plante est vigoureuse, ne craint pas les gelées printanières, se sème de bonne heure et mûrit beaucoup plus tôt que le millet. Voilà ce que nos essais nous ont permis de constater à son sujet. Nous ne connaissons aucune localité qui la cultive sur une grande échelle. Peut-être l'a-t-on trop négligée jusqu'à présent.

CHAPITRE IX

LÉGUMES SECS; FÈVES, LUPIN.

Toutes les plantes de cette division, fèves, pois, lentilles, haricots, etc., ont les fleurs papilionacées. La plupart se plaisent en terrain carbonaté et paraissent peu épuisantes relativement à leur produit.

FÈVES.

Approchons-nous d'abord de ces fèves en fleur qui exhalent au loin une forte odeur de miel. L'épaisse forêt qui cache le sol se compose de tiges droites, fortes, anguleuses, hautes de 1 mètre à 1 mètre 70, supportant des feuilles ailées d'un vert glauque, des bouquets de fleurs rosâtres, des gousses charnues, où se trouvent plusieurs graines plates ou arrondies. A

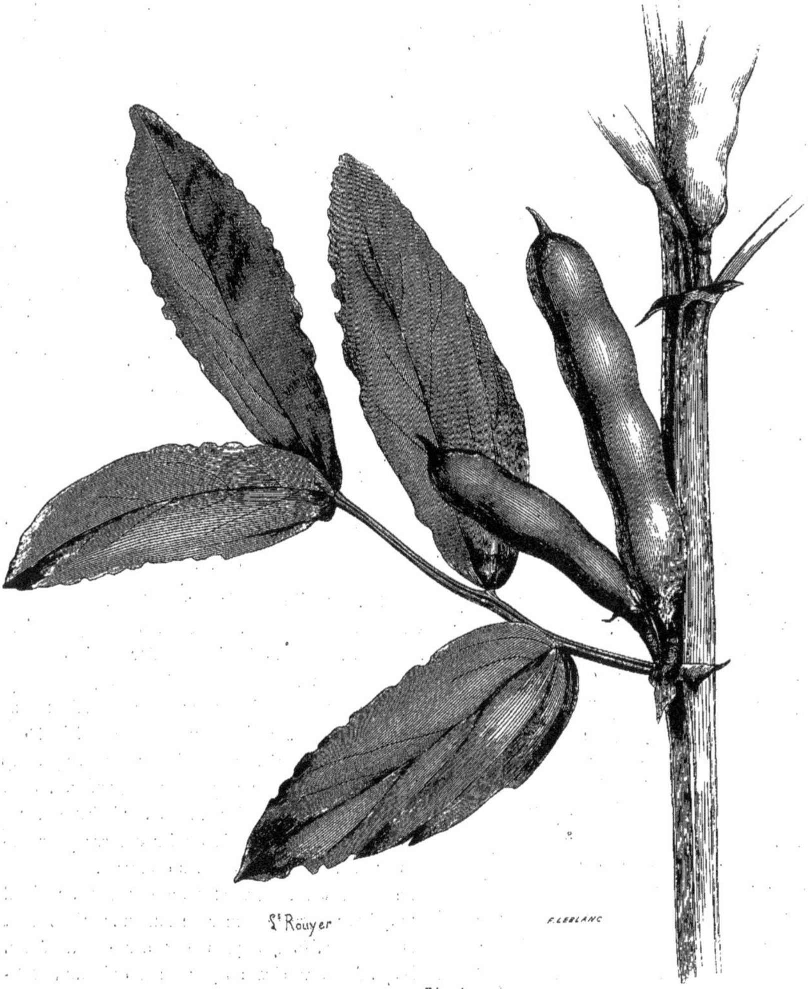

Féverole.

cette plante se rattachaient de singulières superstitions. Les Égyptiens la considéraient comme immonde; Pythagore en interdisait l'usage, et les Grecs l'offraient aux morts dans les sacrifices funèbres.

On en distingue plusieurs variétés qui se groupent en deux genres, la *fève de marais* et *la féverole.* La première, cultivée surtout dans les jardins maraîchers, a le grain large, plat et comestible. Le grain de l'autre est plus petit, plus arrondi, employé surtout à la nourriture des animaux, après qu'on l'a concassé ou fait macérer dans l'eau. En temps de

Féverole.

Fève de Marais.

disette, on le réduit aussi en farine qu'on mélange avec celle de blé. La féverole est plus rustique et d'un produit plus certain que la fève de marais. Du reste, on les cultive de même.

Cette plante craint la sécheresse et les fortes gelées. En général, on la sème en automne dans le Midi; au printemps, dans le Nord. Il existe cependant aux environs de Paris une variété automnale qui résiste aux froids ordinaires de cette région.

Les fèves d'automne se sèment en même temps que le blé. Celles de printemps doivent être confiées à la terre le plus tôt possible, — en lieu sec, afin que l'aridité de l'été ne nuise pas au produit; — en terre humide, pour que la maturité se fasse de bonne heure et que la récolte s'effectue sans difficulté. Dans les régions nord, nord-ouest et nord-est, lorsqu'on ne peut effectuer le semis que tardivement à cause d'une grande fraîcheur du sol, le mieux est de renoncer à cette culture.

Les fèves se plaisent dans les terrains argilo-calcaires, peuvent aussi réussir dans les limons et les sables, mais craignent l'humus acide. Elles ne versent pas, quelles que soient l'abondance des fumures et la richesse du sol, pourvu qu'on les espace suffisamment; enfin, elles n'exigent pas que le champ soit très-ameubli. Après la récolte, celui-ci se trouve dans un état de friabilité remarquable. Aussi, cette culture est des plus précieuses pour les terres compactes.

On sème souvent la graine à la volée; mais le mieux est de la mettre en lignes espacées de 50 à 80 centimètres, afin que la plante puisse être sarclée à la houe à cheval. Ainsi traitée, elle se ramifie et porte, sur toute l'étendue de ses branches, des fleurs et des gousses. Semées à la volée, les fèves ne présentent qu'une tige avec quelques fleurs seulement au sommet; floraison délicate, tandis que celle des fèves espacées est très-vigoureuse.

Pour le semis en lignes, il convient, pendant le labour même, de répandre la graine dans chaque troisième sillon. Ainsi, les jeunes pieds se trouvent bien enracinés, et, dès qu'ils sortent de terre, on peut, par des hersages vigoureux, détruire au milieu d'eux une multitude de mauvaises herbes. On sarcle ensuite la terre une ou deux fois avec la houe à cheval; le mieux est alors de butter légèrement les lignes. Au moment de la floraison, on coupe avec un sabre le sommet des tiges, afin de reporter la sève vers les gousses inférieures et de faire tomber à terre les pucerons qui se multiplient sur ces sommités, d'où ils se répandent sur le reste de la plante, et altèrent trop souvent les fleurs et les gousses naissantes.

La couleur noire de celles-ci annonce la maturité. Alors, les fèves sont arrachées ou coupées, soit à la faux, soit à la faucille, puis liées en bottes minces qu'on dresse en faisceaux jusqu'à dessiccation parfaite. Comme celle-ci peut se faire attendre deux ou trois semaines, on met les faisceaux en lignes régulières pour labourer le champ sans aucun retard. En effet, après cette récolte, comme après celle de tout autre légume sec, le sol a une tendance très-prononcée à se souiller de chiendents.

Les fèves sont battues, nettoyées, conservées comme le froment, et peuvent se garder pour semence pendant cinq années. Le produit est très-irrégulier, par suite de l'influence de la température sur la floraison, et varie par hectare, en bon terrain, de 20 à 35 hecto. de grain dont le cours suit généralement celui du seigle. La paille, qui se récolte à la quantité de 3 à 4,000 kilo., n'est propre qu'à servir de litière.

D'après Olivier de Serres et M. de Gasparin, la fève enfouie en fleur procure un excellent engrais végétal.

LUPIN.

L'est et le midi de la France cultivent une sorte de fève amère à grain plat, blanc, plus petit que la fève de marais. La plante qui la produit, *lupin* ou *pois-loup*, présente un feuillage palmé, des tiges de 1 mètre 50 de haut, terminées par un ou plusieurs panaches de fleurs blanches auxquelles succèdent des gousses velues. Macérées dans l'eau salée, les graines finissent par devenir mangeables. Cependant, c'est surtout à la nourriture des animaux qu'elles sont employées. Quelquefois aussi, on les enterre pour engrais au pied des oliviers et des orangers.

Le lupin est annuel et trop sensible au froid pour qu'on puisse le semer en automne, si ce n'est dans les parties les plus chaudes de la région sud-est. Ailleurs, c'est au printemps qu'il faut effectuer le semis, dès qu'on n'a plus à craindre de gelées de 2 à 3 degrés. La variété à fleur blanche, la seule que l'on cultive en France, ne mûrit régulièrement en plein champ que dans les régions du centre, de l'est et du midi. L'Allemagne en possède une espèce plus petite à fleur jaune et une autre à fleur bleue, parvenant toutes les deux plus facilement à maturité. Il serait d'autant plus intéressant de propager le lupin jaune, qu'on le dit très-bon pour pâturage, tandis qu'aucun animal ne touche au blanc. Au rapport de plusieurs personnes, entre autres, de notre savant voyageur agricole M. de Gourcy, cette espèce introduite en Prusse, depuis quelques années seulement, a fait faire un grand progrès à l'agriculture de ce pays.

Lupin blanc.

Le lupin ne se plaît pas en terrain carbonaté; et ce ne sont nullement les champs les plus fertiles qui lui conviennent le mieux, mais certains sols ocreux, qu'il améliore puissamment, si on l'enfouit au moment de la fleur. On fait grand usage de cet engrais végétal dans les montagnes de l'est. Sur beaucoup d'autres points du territoire, ne pourrait-on en tirer le même parti?

Dominant sans peine les mauvaises herbes, cette plante rustique n'a pas besoin d'être sarclée. On sème la graine à la volée en terre bien ameublie, en mettant par hectare 180 litres de lupin blanc ou 150 litres de lupin jaune, semence qu'on couvre faiblement. La récolte se fait comme celle de la fève, et produit par hectare 25 à 35 hecto. de grain, pour l'espèce blanche; 12 à 24 hecto. de grain pour l'espèce jaune. La paille, dont on récolte de 2 à 4,000 kilo., n'est propre qu'à servir de litière.

CHAPITRE X

LEGUMES SECS (SUITE); POIS, POIS CHICHE, GESSE.

Meilleur à manger que la fève, le *pois* est un de nos principaux légumes secs. Avant la propagation de la pomme de terre, l'Europe en consommait une immense quantité. Aujourd'hui on en mange moins; cependant le pois se cultive encore en grand dans plusieurs parties de la France, notamment en Picardie, en Lorraine, en Normandie.

Les variétés se divisent en deux genres, dont l'un, qui présente des grappes de fleurs blanches, produit un grain comestible, blanc ou verdâtre. L'autre, vulgairement nommé *bisaille*, a des fleurs violettes, presque toujours solitaires, des grains gris ou roux, de goût âpre, et bons seulement pour les animaux. Parmi les variétés du premier genre qu'on cultive en plein champ, il en est, comme le pois Clamart, dont le grain est blanc. Les autres ont le grain vert. De ce nombre sont les variétés normande, de Lorraine et de Picardie.

Pois et bisailles sont sensibles aux fortes gelées et aux sécheresses. Les variétés automnales supportent le froid un peu mieux que la fève d'automne. Cependant la bisaille d'hiver, qui se cultive avec succès autour de Paris, souffre souvent de la gelée dans les Ardennes. Quant aux variétés printanières, elles peuvent être semées dans nos différentes régions, pourvu que, partout où la sécheresse est à craindre, on mette le grain en terre de très-bonne heure. Ce sont ces variétés qui donnent les produits les plus estimés.

Les pois se plaisent dans les terrains carbonatés, riches et perméables, de nature limoneuse, sablonneuse ou argilo-calcaire. On peut aussi cultiver les bisailles dans des champs médiocres, pourvu qu'ils ne soient ni acides, ni tenaces, ni très-appauvris. La nature du sol influe beaucoup sur la qualité comestible du grain : les pois produits par certains champs restent toujours durs à la cuisson.

Autre fait remarquable: quoique peu épuisants des principes qui constituent la fécondité en général, ils ne peuvent revenir sur le même terrain qu'à longs intervalles. Ainsi, nous avons vu des sols fertiles qu'ils avaient appauvris pour eux-mêmes à tel point qu'ils ne parvenaient plus à y fleurir.

Quoiqu'il n'exige pas l'ameublissement le plus complet, le pois doit cependant être mis en terre bien préparée. On le sème souvent à la volée; car par sa végétation rapide et son feuillage touffu, il comprime la plupart des mauvaises herbes. La semence dont il faut, dans ce cas, 150 à 180 litres par hectare, peut être enterrée, en temps sec, jusqu'à 15 centimètres de profondeur.

Dans l'Ouest et le Nord, pour peu que l'été soit humide, la trop grande richesse du sol prolonge excessivement la croissance et la floraison des pois aux dépens de leur fructification. Aussi, doit-on généralement les semer sans engrais, en choisissant une terre améliorée par les cultures précédentes. Sous un climat sec, ce danger n'existe pas; mais ils courent le risque d'être brûlés par la chaleur, ce qu'on prévient au moyen d'une couverture de fumier pailleux appliquée sur le sol aussitôt après la semaille.

Là où cette culture est le mieux entendue, on fait le semis en lignes, et on s'empresse de sarcler la terre avant que les tiges s'étendent.

Dès que la plupart des gousses sont mûres, on arrache la plante, ou on la coupe, soit avec la faux nue, soit avec la faucille. Puis, on la met en moyettes qu'on couvre d'un peu de paille, afin que la dessiccation s'opère lentement et que le grain se perfectionne, sans recevoir ni pluie, ni rosée ; ce qui en altérerait la couleur. Les moyettes doivent être disposées en lignes régulières, et le champ labouré de suite, pour qu'il ne se souille pas.

Pois.

Très-irrégulier à cause de l'influence de la température sur la floraison, le produit varie, par hectare, de 11 à 35 hecto. de grain et de 3 à 4,000 kilo. de paille, l'une des meilleures qu'on puisse donner aux animaux. Le pois comestible se vend généralement un peu plus cher que le blé, et la bisaille suit le cours du seigle. Ces grains conservent au moins pendant cinq ans leurs facultés germinatives.

Fauchés en vert, pois et bisaille procurent un des meilleurs fourrages.

POIS CHICHE.

Ne confondons pas avec le pois ordinaire (*pisum*) le *pois chiche* (*cicer*) qui craint le froid et ne se cultive en grand que dans le Midi. Moins grimpant que l'autre, il présente une tige haute de 30 à 40 centimètres, des feuilles ailées à divisions nombreuses, des fleurs d'un violet clair, des gousses presque globuleuses, renfermant deux graines rondes, d'un goût délicat, qui ressemblent, avant la maturité, à des têtes de bélier.

Dans la région des orangers, le pois chiche est souvent semé à l'automne. Ailleurs, comme il serait détruit par l'hiver, on répand la graine au printemps, et l'on effectue le semis par poquets ou par lignes en terre perméable, friable, bien ameublie. On sarcle ensuite le champ une ou deux fois. La récolte se fait comme celle du pois ordinaire. Malgré la faiblesse du produit, qui dépasse rarement par hectare 5 à 6 hectolitres, le champ paraît très-épuisé.

Pois chiche.

GESSES.

Nous possédons encore un troisième pois, *la gesse* (*lathyrus*), très-reconnaissable aux caractères suivants : fleurs blanches ou rosâtres; tige anguleuse, flexible, grimpante; feuilles à deux divisions, longues et étroites; gousses plus courtes et plus larges que celles des pois ordinaires; graines blanches, grises ou noirâtres, de forme anguleuse, ce qui leur fait donner le nom de *pois carré* ou *cornu*.

On distingue deux gesses. La *gessette*, qui est la plus petite des deux, produit un grain comestible connu dans le centre et le midi sous le nom de *lentille d'Espagne*. L'autre espèce, *jarrosse* ou *jarrat*, donne un grain bon pour les porcs et les moutons, mais nuisible à l'homme et au cheval. Le fourrage de jarrosse est également nuisible aux chevaux, quoiqu'il convienne à tout autre bétail.

Sensibles à la gelée au même degré que la fève, les gesses sont semées soit en automne, soit au printemps, suivant la rigueur du climat. Les semis printaniers doivent s'effectuer de bonne heure; autrement, la récolte est peu abondante, et dans le Nord, si l'été est humide, le grain vient difficilement à maturité.

Les gesses se plaisent surtout en terrain calcaire, perméable. Elles craignent l'humus acide, n'exigent pas, d'ailleurs, une grande richesse; tout en produisant beaucoup, elles épuisent peu la terre.

Gessette.

Culture préparatoire, semailles, récolte, conservation, voilà autant de points pour lesquels ce que nous avons dit des pois s'applique à cette espèce.

La gessette exige pour les semis à la volée, 1 à

1 hectolitre 1/2 de grain par hectare; et elle en produit de 12 à 20, dont le cours suit généralement celui du seigle; plus, 2,000 à 2,500 kilo. de paille de bonne qualité. Pour semer l'hectare de jarrosse, il faut 150 à 180 litres de grain. On récolte 20 à 25 hecto. et 3 à 4,000 kilo. de paille. La jarrosse peut, ainsi que la bisaille, être avantageusement consommée par les moutons, sans être battue.

CHAPITRE XI

LÉGUMES SECS (SUITE); LENTILLES, HARICOTS, DOLIQUE.

—

LENTILLE.

Le légume pour lequel Ésaü vendit son droit d'aînesse est produit par une petite plante annuelle grimpante, au milieu de laquelle on aperçoit des grappes de fleurs d'un violet clair, puis, des gousses contenant chacune deux graines. Celles-ci sont jaunes, rouges ou grises, plus ou moins larges et plus ou moins agréables au goût, suivant les variétés. Les meilleures et les plus délicates à cultiver sont celles de *Gallardon* et de *Lorraine*. Les plus rustiques et les plus productives se sèment pour la nourriture des animaux, sous le nom de *lentillon*, en mélange de seigle ou d'avoine. Il n'est pas de fourrage plus substantiel.

Les lentilles d'automne ne résistent pas aux froids les plus rigoureux de la Lorraine et des Ardennes; mais elles supportent bien les hivers des environs de Paris, et réussissent mieux dans le Midi que les variétés de printemps. Celles-ci doivent, comme les pois et les fèves, être semées le plus tôt possible; elles ne prospèrent qu'en terrain friable, tandis que les lentilles d'automne affectionnent certains sols ocreux d'une nature assez compacte. Les unes et les autres craignent l'humus acide. Si la saison est pluvieuse et la terre très-fumée, la plante fleurit indéfiniment sans fructifier. Semons-la donc, ainsi que les pois, dans des champs améliorés précédemment plutôt qu'engraissés pour cette culture même. Que le sol soit parfaitement ameubli et purgé de chiendent. Contient-il beaucoup de mauvaises graines; le semis doit se faire en poquets ou en lignes espacées de 30 à 40 centimètres, afin que, plus tard, la plante puisse être sarclée une ou deux fois; mais si la terre est très-propre, semons à la volée. Les lentilles présentent bientôt un tapis impénétrable. Pour ces derniers semis, on met par hectare 1 hectolitre de semence qu'on enterre, en temps sec, jusqu'à 6 centimètres de profondeur. La récolte se fait comme celle des pois.

Lentille commune.

L'hectare produit 12 à 18 hectolitres de grain, 1,500 à 2,000 kilo. de paille équivalente à un excellent fourrage. Le prix courant des meilleures lentilles est souvent double de celui du blé. Quant au lentillon, il se vend habituellement un peu plus cher que le seigle.

phorés. Avant la maladie, on en obtenait d'excellentes récoltes sur des terres acides de marais desséchés. Maintenant, cette plante étant atteinte dans les lieux gras et humides plus que partout ailleurs, ne la

Pomme de terre chardon en fleur.

plantons que sur des champs perméables, chauds, peu engraissés.

On divise les nombreuses variétés en trois catégories: 1° *patraques*, tubercules ronds; 2° *parmentières*, tubercules plats et allongés; 3° *vitelottes*, tubercules longs et cylindriques.

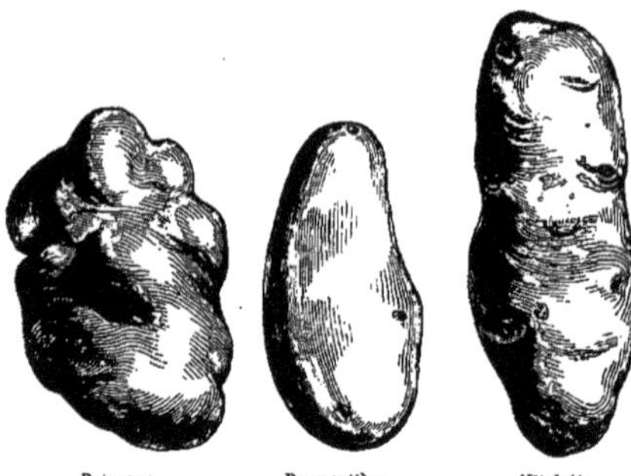

Patraque. Parmentière. Vitelotte.

Dans chaque série, les variétés diffèrent — par la nuance de la peau ou de la chair des tubercules, nuance jaune, blanche, rose, violette ou marbrée; — par leur grosseur et leur qualité plus ou moins farineuse; — par la disposition des yeux, tantôt rares, tantôt serrés; — par une maturité précoce ou tardive; — par un feuillage clair ou abondant.

Choisissons, pour la grande culture, les variétés vigoureuses et dont les tubercules, se formant près du collet, sont d'une récolte facile. A volume égal, prenons aussi les plus farineuses, celles qui éclatent à la cuisson. Tant que la maladie sévissait avec intensité, on cultivait surtout les hâtives, parce qu'elles parvenaient à maturité avant l'époque de l'été où commençait l'invasion du mal. Maintenant, on peut planter de nouveau avec succès, en terrain sec, les variétés tardives, notamment la variété *chardon* qui est très-vigoureuse. Du reste, toutes ne réussissent pas de même dans tous les terrains; chacun doit donc en essayer plusieurs.

Pour en obtenir de nouvelles, on sème les graines de pomme de terre sur une planche de jardin riche et bien préparée. Les pieds qu'on obtient rendent la première année quelques petits tubercules qui, plantés l'année suivante, en procurent de plus gros. Ces derniers produisent enfin la variété dans toute sa force.

Pour les plantations ordinaires, employons des tubercules sains, qui n'aient pas été amoncelés en gros tas et qui n'aient pas végété déjà dans les magasins, et préférons ceux qui sont de moyen volume. En effet, à cause de leurs germes multipliés, les plus gros produisent beaucoup de tiges. Celles-ci se gênent et rendent des tubercules nombreux, mais qui restent petits. Ne donnant naissance au contraire qu'à un ou deux brins, les petits tubercules produisent des pommes de terre qui sont de belle grosseur, mais en nombre trop faible. Si nous mettons en terre des fragments de gros tubercules, coupons-les à l'instant même de la plantation. Divisés longtemps d'avance, ils se dessèchent, et il en résulte des pieds peu vigoureux.

Dans les régions sèches, sud et sud-est, les pommes de terre confiées au sol avant ou après l'hiver réussissent rarement, à cause de l'aridité printanière qui les fait souffrir dès le commencement de leur végétation. Aussi, les plante-t-on en été sur terrain irrigué, afin qu'elles grossissent à l'automne. Dans toutes nos autres régions, la plantation se fait d'ordinaire en avril ou en mai. Autrefois elle réussissait, même effectuée fin de juin. Aujourd'hui, nous conseillons de planter le plus tôt possible, afin que les tubercules soient déjà gros en juillet, époque habituelle de l'invasion de la maladie. Si même les hivers sont doux et le terrain sec, la meilleure plantation se fait en automne. Dans ce cas, on met les tubercules à 24 centimètres de profondeur; et, pour les préserver plus sûrement de l'atteinte du froid, on étend sur le sol une mince couverture de fumier pailleux.

Voici la manière la plus économique de procéder à cette importante plantation et aux cultures subséquentes : pendant que la charrue laboure, deux femmes, qui se sont partagé le champ dans sa longueur, placent les tubercules au fond de chaque troisième sillon, en les espaçant de 30 à 40 centimètres. Plus tard, à mesure que les mauvaises herbes se montrent, on donne aux pommes de terre des hersages vigoureux; puis, un ou deux sarclages à la houe à cheval; enfin, dès que les plantes commencent à fleurir, on les butte au moyen de la charrue à deux oreilles. Cette dernière opération n'augmente pas en général le produit, mais elle achève très-bien la destruction des mauvaises herbes. Lorsque les tiges ont noirci par la maladie ou jauni par la maturité, on arrache les tubercules à l'aide de fourches, de bêches, de bidents recourbés; ou bien, si le sol est friable, on les déterre à la charrue, en renversant successivement chaque ligne de pieds buttés. Ce travail doit se faire par un beau temps; car la maladie se propage souvent au milieu des tubercules qui ont été mouillés lors de l'arrachage. De plus, il faut avoir soin que les ouvriers ne laissent pas en terre une partie de la récolte, qu'ils ramassent chaque soir tout ce qui a été extrait dans la journée, et que les tas soient bien couverts avant la nuit.

Les pommes de terre s'altèrent par la moindre gelée. On les conserve dans la cave ou en *silos*, tas triangulaires de 1 mètre à 1 mètre 50 de hauteur, qu'on recouvre de 25 centimètres de terre et qu'on entoure de petits fossés destinés à en assainir la base. La crête du silo doit, de 3 en 3 mètres, présenter une ouverture dans laquelle on met de la paille; et, après les gelées, il faut encore faire de nombreuses ouvertures sur les côtés; sans quoi, les tubercules périraient par privation d'air. On démêle, pour la consommation immédiate, tous les tubercules attaqués; et plus tard on effectue encore, s'il le faut, un second triage.

Avant l'invasion de la maladie, on récoltait souvent par hectare 20,000 kilo. équivalant, pour la nourriture humaine, à 70 hectolitres de blé et, pour celle des animaux, à 9,000 kilo. de bon foin. Maintenant, le produit est si variable que nous ne pouvons établir une moyenne. S'il est abondant, le sol se trouve toujours fortement épuisé, mais singulièrement nettoyé et ameubli.

La maladie dont nous avons souvent parlé dans ce chapitre, se manifeste d'abord par des taches noirâtres sur les feuilles; bientôt après, la tige entière se désorganise. Attaqués en dernier lieu, les tubercules prennent d'abord une teinte grisâtre, puis se déforment et ne tardent pas à pourrir. Depuis 1851, le mal frappe surtout le feuillage. En 1856, la plupart des champs des environs de Paris n'ont même éprouvé aucune atteinte. On a indiqué à ce fléau une foule de remèdes. Nous pensons que le mieux est de s'en tenir aux moyens conseillés par M. Leroy-Mabille, savoir : choix d'un terrain perméable et chaud, pas de fumure immédiate, plantation automnale si le climat le permet; sinon, plantation printanière effectuée de bonne heure avec des tubercules bien choisis et bien conservés.

CHAPITRE XIII

LÉGUMES VERTS (SUITE); TOPINAMBOUR, PATATE.

—

TOPINAMBOUR.

Venu d'Amérique, comme la pomme de terre, le *topinambour* n'a pas eu jusqu'à présent le même succès, malgré son incontestable valeur et l'apostolat d'un agriculteur vénéré, Yvart.

Du goût de l'artichaut, son tubercule est aimé des

Topinambour.

bestiaux ; quoique pauvre en fécule, il est nourrissant et très-propre à la fabrication de l'alcool. Ses tiges droites, touffues, hautes de 2 à 3 mètres, garnies de feuilles ovales et rugueuses, couvrent le champ comme d'un bois taillis; en automne, elles produisent de petites fleurs jaunes et périssent aux premiers froids, sans presque jamais produire de graines. Elles servent de chauffage léger ou de rames à haricots.

Le topinambour peut réussir sous le climat de nos diverses régions. Il craint cependant les sécheresses du Midi. Si on le plante en sol compacte, les tubercules ne grossissent pas, et dans le chevelu des racines il reste quantité de terre après l'arrachage, ce

Topinambour (tubercules et racines).

qui rend la récolte très-difficile. Cette culture ne convient donc qu'aux terrains légers. Du reste, elle prospère dans des sols de fort peu de valeur.

Le topinambour se plante et se cultive de la même manière que la pomme de terre. Comme les tubercules ne craignent pas la gelée, on les arrache au fur et à mesure de la consommation. Hors de terre, ils s'altèrent promptement et deviennent vénéneux.

La moindre parcelle suffit pour reproduire cette plante rustique, dont le champ se trouve ensuite infesté comme d'une mauvaise herbe. Aussi, les Alsaciens lui font succéder des pommes de terre, afin de la détruire par les sarclages donnés au précieux tubercule. Une jachère morte, le repos avec pâturage de mouton, enfin deux années de prairies artificielles la feraient également disparaître.

D'ailleurs, on peut mettre à profit cette persistance et laisser les topinambours occuper le champ pendant plusieurs années. A chaque printemps, la terre est labourée, et les tubercules que le soc déterre sont ramassés; car le reste suffit encore pour bien garnir le terrain. Bientôt après, on détruit par un ou deux hersages énergiques les mauvaises herbes en germination. Tous les deux ou trois ans, on fume la terre qui, traitée ainsi, s'améliore et donne tous les ans un produit notable, inférieur cependant à celui des topinambours plantés en lignes et sarclés. Dans des conditions ordinaires, ceux-ci rendent 15 à 25,000 kilo. de tubercules qui, pour la nourriture des animaux, valent environ un cinquième de moins que la pomme de terre.

PATATE.

Nous ne pouvons passer ici sous silence la *patate*, ce liseron de l'Inde, précieux par ses tubercules sucrés et par l'excellent fourrage que procurent ses tiges. Cette plante est très-délicate dans le Nord. Mais, comme elle résiste bien à la sécheresse, la culture en conviendrait beaucoup à nos régions méridionales, si elle ne présentait quelques difficultés qu'on peut cependant surmonter à l'aide des procédés suivants indiqués par M. de Gasparin. Vers le milieu d'avril, on enterre sur couches, sous châssis, à 5 centimètres de profondeur et 10 d'espacement, des patates bien conservées. On les arrose, et on tient le châssis abaissé pendant deux jours ; ensuite, on ne le ferme que la nuit. On pince les tiges qui ne tardent pas à se montrer, et on obtient ainsi de nombreuses ramifications destinées à servir de boutures. Chaque tubercule en fournit 150 environ, qu'on repique sur place à 60 centimètres d'espacement dans de petites fosses de 30 centimètres de large sur 20 de profondeur. Celles-ci sont creusées en terre qu'on a entamée à peine par la charrue, ou même laissée sans labour; car la patate développe d'autant mieux ses tubercules, que l'espace meuble où elle se trouve est plus resserré de tous côtés par la terre ferme. Les boutures sont arrosées, sarclées, légèrement buttées, puis sarclées encore une fois. Si le temps est sec, on peut irriguer le champ entre le premier et le second sarclage ; mais plus tard l'eau durcirait la terre, ferait pousser les mauvaises herbes et diminuerait la qualité des tubercules. Ceux-ci sont récoltés en automne et mis, bien ressuyés, dans un lieu sain conservant une température toujours égale de 10 degrés au moins au-dessus de zéro. Ce magasin peut être une chambre chauffée par le foyer d'une cuisine ou une fosse profondément creusée dans le sable. On y dépose les patates par lits alternant avec du sable, de la sciure de bois ou du tan.

L'hectare parfaitement traité produit, suivant M. de Gasparin, 30,000 kilo. de tubercules équivalents aux pommes de terre, et 30,000 kilo. de tiges de la valeur de 7 à 8,000 kilo. du meilleur fourrage.

CHAPITRE XIV

LÉGUMES VERTS (SUITE); BETTERAVE.

> Le jus qu'elle rend en cuisant est semblable à sirop à sucre.
> (OLIVIER DE SERRES.)

Lorsque la chimie cherchait la pierre philosophale, elle ne procurait presque rien d'utile. Depuis qu'elle ne pense plus à créer l'or, elle enrichit le monde. Ainsi, c'est par un travail de laboratoire, l'analyse de la pomme de terre, que Parmentier prélude à son apostolat. Un peu auparavant, un autre chimiste, Marcgraff, avait extrait de la *betterave* un sucre parfaitement cristallisable. Sous l'empire, quand la mer nous était fermée par les flottes anglaises, et que le sucre colonial coûtait des prix fabuleux, un troisième chimiste, Achard, déclare que le sucre de betteraves pourrait être fourni à 70 centimes le kilo. Peu de temps après, la France apprend qu'Achard, aux promesses de qui elle était d'abord restée sourde, fabrique avec succès près de Berlin le sucre promis. Aussitôt, ses procédés, grâce aux encouragements de l'empereur, reprennent droit de bourgeoisie sur le sol national. MM. Crespel, Mathieu de Dombasle et Chaptal fondent les premières sucreries françaises. Mais, en 1815, par suite du rétablissement de la paix, le sucre étant retombé à son cours ordinaire, les fabriques indigènes, faiblement assises, cessent de fonctionner, excepté celle de MM. Crespel et Chaptal. Grâce à de nouveaux perfectionnements, les profits reparaissent; d'autres sucreries sont créées; bientôt ces usines se multiplient. Enfin, les bénéfices deviennent si élevés, que, pour protéger à leur tour les cannes à sucre des colonies, on frappe le sucre de betterave d'un droit de 50 p. 100. Voilà d'immenses revenus créés au trésor[1], ce qui n'empêche pas de livrer le sucre indigène au prix de 1 franc 40 centimes le kilo.; sans les droits, il serait à 70 centimes, ainsi qu'Achard l'avait prédit. Ce n'est pas tout: depuis 1852, le vin étant devenu rare par suite de la maladie de la vigne, notre racine sucrée y supplée; et son jus fermenté, puis distillé, procure une immense quantité d'alcool.

Comme nourriture d'hiver des moutons et des vaches, la betterave est depuis longtemps appréciée en Allemagne. En France, c'est M. Vilmorin père qui le premier a signalé, vers 1775, ce genre de mérite.

De longues et larges feuilles chiffonnées, vertes ou rouges, avec des côtes épaisses et aqueuses, font reconnaître au premier abord cette plante précieuse qui se trouve sauvage près de la mer, aux environs de La Rochelle.

Les variétés perfectionnées sont bisannuelles. Sensibles au froid et à la sécheresse, elles doivent être semées au printemps, dès que les gelées de 2 à 3 degrés ne sont plus à craindre.

Dans les régions du nord, du nord-ouest, du nord-est, de l'ouest, du centre et de l'est, elles trouvent en été une fraîcheur suffisante pour former rapidement leurs racines qui, dès le mois de septembre, peuvent être livrées aux sucreries. Le principe sucré s'affaiblit ensuite en elles depuis novembre jusqu'au printemps. Toutefois, il se conserve encore assez pour que la fabrication puisse durer six mois, ce qui est un laps de temps suffisant. Sous le climat du Midi, les betteraves, arrêtées par les sécheresses printanières, ne grossissent qu'en automne, et ne peuvent être arrachées qu'en décembre; mais à partir de cet instant, on n'aurait pas le temps d'entreprendre une fabrication étendue, d'autant plus que le principe sucré s'altère très-rapidement dans les racines par l'effet de la douceur des hivers et d'une pousse rapide de nouveaux germes. Il n'est donc pas probable que l'industrie sucrière s'établisse jamais en Languedoc et en Provence. Aujourd'hui, elle enrichit surtout le Nord, le Pas-de-Calais, la Somme, l'Oise et l'Aisne, et prospère encore sur d'autres points, notamment en Bretagne et dans la Limagne d'Auvergne.

1. En 1851, 32 millions; en 1856, 40 millions.

Les betteraves exigent une terre carbonatée, saine, riche en sels azotés et phosphorés, profondément ameublie. Le produit doit-il être consommé par les animaux, on ne peut donner trop d'engrais au sol; tandis qu'il faut éviter d'en mettre avec excès, si la récolte doit servir aux sucreries; car les terrains les plus fumés donnent des racines pauvres en principe saccharin. Pour d'autres causes peu connues, le défaut d'être peu sucrées caractérise toujours le produit de certaines terres.

L'influence d'une vive lumière nuit aussi au développement de la substance sucrée. Ainsi, la betterave est plus riche dans la partie cachée en terre que dans celle qui se présente au jour. Dès lors, préférons pour les sucreries les variétés, telles que la *blanche de Silésie*, dont les racines se forment presque entiè-

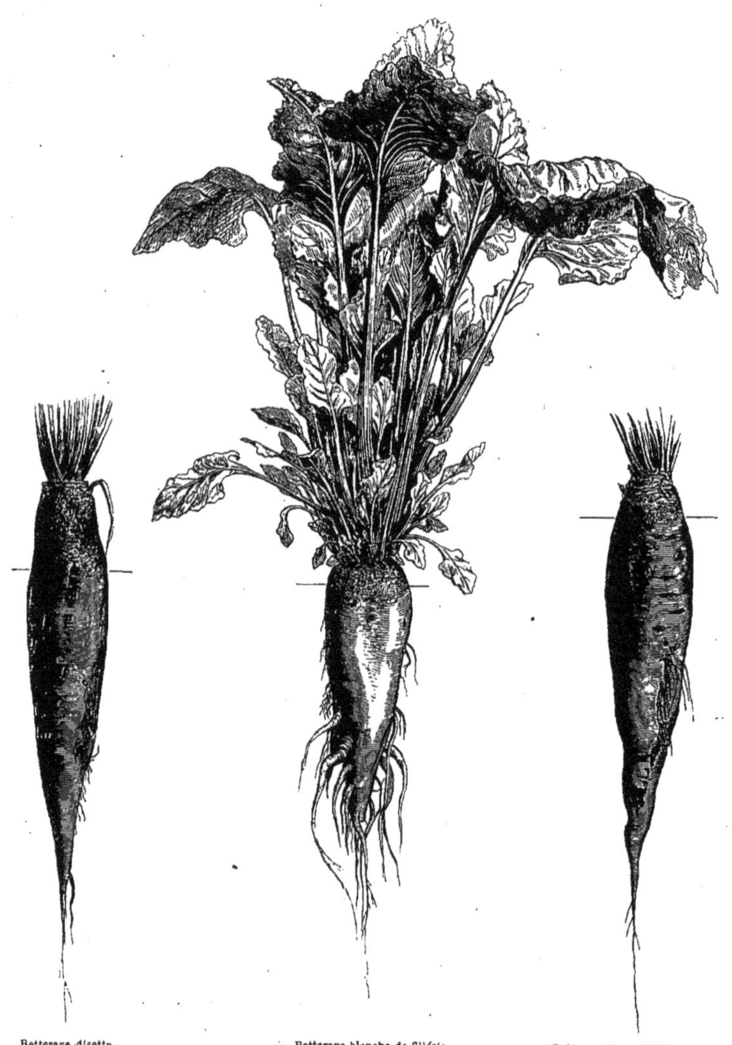

Betterave disette. Betterave blanche de Silésie. Betterave jaune d'Allemagne.

rement dans le sol. Leur rendement en fabrique devra être au moins de 4 kilo. 1/2 de sucre pour 100 de racine. Jamais il ne dépasse 8 kilo. Pour la nourriture des animaux, choisissons des variétés plus rustiques, telles que les *disettes*, qui sont très-longues et souvent à moitié sorties; la *jaune d'Allemagne* un peu moins sortie que les disettes, mais également vigoureuse; les *globes jaune* et *rouge*, qui sont arrondies et ressemblent à de gros navets.

Les betteraves se sèment en lignes. Si la récolte est destinée aux sucreries, il faut que les rayons soient espacés de 40 à 45 centimètres au plus, afin que, le sol se trouvant très-ombragé, le principe sucré se développe abondamment. Le produit doit-il servir à la nourriture des animaux; adoptons 60 centimètres d'espacement, pour que l'espace intermédiaire puisse être sarclé au moyen de la houe à cheval ordinaire. Les betteraves ainsi distancées deviennent beaucoup plus grosses que dans le premier cas, et produisent en volume un quart de plus.

Les insectes dévorent souvent quantité de betteraves en germe. Aussi faut-il employer plus de semence qu'il ne semble nécessaire (6 à 7 kilo. pour les lignes espacées de 45 centimètres); la répandre avec de l'engrais pulvérulent; la couvrir très-peu; si le temps est sec, la presser fortement par le rouleau; remettre promptement de la graine là où le semis paraît manqué. On se hâte d'éclaircir et de sarcler les jeunes plantes aussitôt qu'elles sont levées. Ce travail ne peut jamais être fait trop rapidement. Ensuite, on donne encore deux sarclages.

Le repiquage exige beaucoup de précautions; nous ne le conseillons que si, d'après le procédé *Kœchlin*, on sème les betteraves sur couches en janvier, pour les transplanter à l'instant de l'année où les semis se feraient sur place. La végétation se trouvant ainsi avancée de deux à trois mois, les racines peuvent devenir énormes, surtout si l'on repique les jeunes plantes sur ados avec fumier enterré par dessous.

Lors de l'arrachage, on coupe le collet de chaque racine, et les feuilles sont données aux animaux. Quant aux effeuillages qu'on fait quelquefois en été, ils nuisent au développement radiculaire et procurent un fourrage de faible valeur.

Les betteraves récoltées exigent les mêmes soins de conservation que les pommes de terre. On doit tout particulièrement éviter de les meurtrir. Cultivé pour les sucreries, l'hectare produit, en bonnes conditions, 30 à 35,000 kilo. du prix de 16 à 18 francs les 1,000 kilo. Cultivé pour les animaux, l'hectare rend 40 à 45,000 kilo., équivalant au quart de ce poids de bon foin. Exceptionnellement, le produit peut encore être beaucoup plus considérable. Le champ se trouve ensuite épuisé à peu près comme par une récolte de froment.

Autour des sucreries, cette culture occupe en général trop souvent les mêmes terrains, ce qui multiplie d'une manière désastreuse les insectes nuisibles et les principes de maladie. Ainsi, depuis 1851, des pertes considérables ont été causées par deux altérations, dont l'une noircit d'abord le feuillage et gagne ensuite les racines, et dont l'autre commence au contraire par désorganiser l'extrémité des radicules. Autour de Valenciennes, ce second mal a sévi très-cruellement. Pour nous y soustraire, ne faisons revenir la betterave sur le même champ qu'après un intervalle de trois, quatre ou cinq années.

Fréquemment, les pieds maladifs fleurissent quelques mois après la semaille. A part ce cas particulier, c'est la seconde année qu'il se développe de chaque racine une tige branchue, haute de 1 mètre à 1 mètre 50, qui se couvre de petites fleurs verdâtres, puis de graines rugueuses. Pour obtenir ce produit, qui souvent se vend cher et dont chacun devrait faire sa provision, on met à part, au moment de la récolte, les racines qui joignent au plus fort volume la plus grande pesanteur spécifique. Afin d'apprécier ce dernier caractère, un habile cultivateur de Compiègne, M. Beaurain, les met dans l'eau salée. Les betteraves qui surnagent sont rejetées par lui comme trop légères.

Les racines ainsi choisies sont plantées au printemps en bon terrain, par lignes espacées de 80 centimètres. Le champ est sarclé; puis, quand les graines sont mûres, on coupe les tiges, et, après les avoir fait sécher, on les bat au fléau.

Suivant M. Heuzé, auteur d'études intéressantes sur les plantes utiles à l'agriculture, il faut 100 pieds de betteraves pour produire 25 kilo. de graines.

CHAPITRE XV

LÉGUMES VERTS (SUITE); CAROTTE, PANAIS.

CAROTTE.

Qui de nous n'a reconnu, à son odeur aromatique et aux mille découpures de ses feuilles, la *carotte* sauvage que l'industrie humaine a su convertir en précieux légume? Depuis longtemps, on la cultive en Flandre sur des champs étendus. Elle plaît à tous les animaux de nos fermes, aux chevaux même.

Plante bisannuelle, végétant à peu près comme la betterave, mais plus sensible encore aux sécheresses, la carotte ne peut réussir en pleine culture dans nos régions méridionales. Mais elle vient bien dans le nord, le nord-ouest, le nord-est et l'ouest. On ne doit jamais la semer en terrain tout à fait pauvre; elle est cependant moins difficile que la betterave, et n'exige ni la présence du calcaire, ni une grande richesse en sels azotés et phosphorés. D'un autre côté, tandis que la betterave s'accommode de terrains compactes, la carotte s'y trouve comme étranglée, et elle se bifurque en sols pierreux. Ainsi, ce sont les champs légers ou peu consistants et sans pierres qui lui conviennent.

Pour la semaille, qui se fait au printemps, le sol doit être purgé de chiendents et bien ameubli, sans être soulevé à l'intérieur. Qu'on se garde donc d'enfouir par le dernier labour des fumiers pailleux. Avant de semer la graine, qui doit être peu enterrée et fortement roulée, on la frotte avec de la cendre ou du sable, afin que les barbes qui la hérissent soient effacées et qu'il y ait contact parfait du germe naissant avec la terre.

A peine les jeunes plantes se montrent-elles, qu'il faut se hâter de donner le premier sarclage; travail considéré comme très-minutieux, mais qu'on simplifie de la manière suivante : on répand la graine par lignes espacées de 60 centimètres, ce qui nécessite par hectare 4 kilo. de semence, et sur ces lignes on fait passer la roue d'une brouette assez chargée pour laisser une empreinte longtemps visible. Dès que les mauvaises herbes commencent à lever, on se guide sur cette trace, pour enlever avec une ratissoire les plantes parasites qui se montrent de chaque côté des lignes. Les jeunes carottes se trouvant dégagées par ce travail, on attend, pour les sarcler plus minutieusement, qu'elles aient pris quelque force; alors, on les espace de 15 à 18 centimètres, et l'on sarcle avec la houe à cheval l'intervalle des lignes.

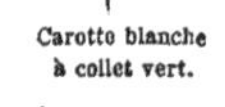

Carotte blanche à collet vert.

Ce que nous avons dit de la récolte des betteraves s'applique à celle-ci. Nous ajoutons que, le feuillage des carottes étant un excellent fourrage, on doit, pour bien l'utiliser, faire durer l'arrachage le plus longtemps possible, c'est-à-dire jusqu'aux gelées de 4 à 5 degrés. Comme les racines pourrissent facilement, il ne convient pas de les amonceler en grandes masses contre des murs; le mieux serait de les disposer par lits alternant avec de la terre. En tous cas, on ne doit pas les réserver pour la fin des consommations hivernales.

Il faut choisir pour la culture en grand les variétés vigoureuses, telles que :

La *blanche à collet vert,* feuillage touffu et élevé; racine longue, très-sortie de terre, souvent énorme; variété introduite en France par M. Vilmorin;

La *blanche des Vosges* et la *blanche de Breteuil,* racines plus courtes; feuillage très-clair.

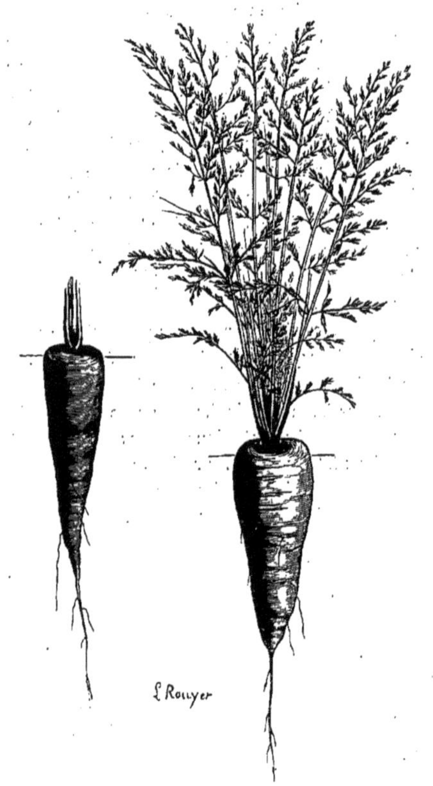

Carotte rouge de Flandre. Carotte blanche des Vosges.

La *rouge de Flandre*, racine longue et rouge, moins volumineuse que les précédentes, mais de qualité supérieure.

Ces variétés et autres qui pourraient être signalées comme aussi rustiques donnent, par hectare, en bonnes conditions, 25 à 30,000 kilo. de racines qui équivalent au tiers de ce poids du meilleur foin. Le sol ne paraît pas aussi épuisé qu'après une récolte de betteraves.

Quelquefois, on sème la carotte à la volée, en mai ou juin, dans du lin, du colza ou des fèves. Ces plantes enlevées, on sarcle et on éclaircit les jeunes légumes, qui ont encore le temps de se développer jusqu'au milieu de l'automne. Mais le sarclage exige un soin tellement minutieux, que de très-petits cultivateurs peuvent seuls adopter cette combinaison.

Les carottes porte-graines se cultivent comme les betteraves. Hautes de 1 mètre 50, leurs tiges sont branchues et terminées par des ombelles de petites fleurs blanchâtres auxquelles succèdent les graines agglomérées en forme de nids d'oiseau. On cueille ces têtes au fur et à mesure de leur maturité. Le produit est souvent fort élevé.

PANAIS.

On cultive en grand aux environs de Brest et de Morlaix un autre légume de nos jardins, le *panais*, plante bisannuelle que nous trouvons sauvage dans les prés; remarquable par de longues feuilles ailées et aromatiques et par des ombelles de fleurs jaunes que supportent des tiges de 1 mètre 20. Ses racines sont aromatiques, sucrées, plus nourrissantes encore que les carottes. Les Bretons en donnent à tous les animaux, y compris les chevaux et les porcs à l'engrais. On distingue un panais rond et un autre à racine longue; celui-ci est seul cultivé en grand.

Le panais souffre de la sécheresse au moins autant que la carotte, et exige les mêmes conditions climatériques. Il lui faut un sol calcaire, frais et profond. En Bretagne, on ne le sème presque jamais qu'après défoncement à la bêche. Ses racines se développent mieux en terre argileuse que celles de carotte. Pour le semis et la culture, il demande les mêmes soins.

Les feuilles procurent un fourrage excellent et d'autant plus facile à utiliser que la racine, inattaquable à la gelée, peut rester en terre jusqu'au moment de la consommation. Si le climat est doux, elle grossit même en hiver, ainsi que Linné l'avait remarqué, et que l'ont confirmé les observations d'Yvart.

Le panais rapporte moins en racines que la carotte,

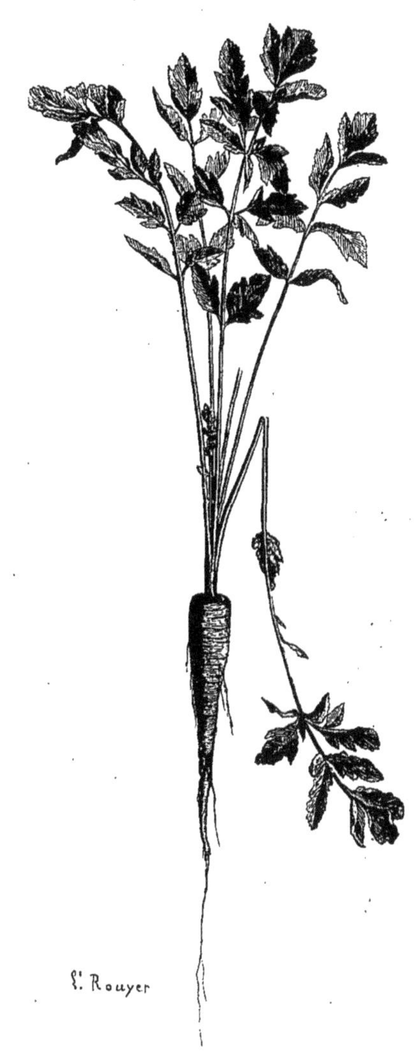

Panais long.

mais plus en feuillage; il paraît épuiser la terre à peu près au même degré. Les porte-graines sont traités et récoltés de même dans les deux espèces.

CHAPITRE XVI

LÉGUMES VERTS (SUITE); NAVETS, RAVES, CHOUX-NAVETS, CHOUX-RAVES, RADIS.

Gaudent cœli statu nebuloso. (PALLADE.)
Ils aiment un ciel nébuleux.

On a chanté les fleurs du printemps, les moissons de l'été, les fruits de l'automne. L'hiver n'aurait-il rien à nous offrir?

« L'hiver, s'écrie le fermier anglais, est une saison « très-productive. Alors, grossissent les racines « aimées des moutons, ces précieux navets qui sont « la base de nos assolements et dont la propagation « immortalise le nom de Lord Town-Send. »

En effet, très-sensibles aux sécheresses, les navets se développent par un temps humide jusque dans la saison froide. Cette croissance hivernale est elle-même précédée d'un fort développement estival, si la fraîcheur du climat a permis d'effectuer le semis dès le solstice d'été. Ces deux circonstances, été frais et hiver doux, se trouvent réunies en Angleterre. De là l'immense profit que les Iles Britanniques tirent des navets. L'extension de cette culture enrichirait de même nos régions occidentales. Dans le Midi, on sème les navets après les sécheresses d'été. Ils grossissent en automne ainsi qu'en hiver, et donnent encore un certain produit. Dans les montagnes et le nord, on les sème au milieu de l'été. Ils se développent à la fin de cette saison et en automne; ensuite, les gelées les arrêtent, et même un froid de 6 à 8 degrés au-dessous de glace les fait périr.

Les nombreuses variétés de cette plante utile appartiennent à deux espèces souvent confondues, *brassica napus* ou *navet* proprement dit, et *brassica rapa* ou *rave*. La première a le feuillage lisse, tandis que les feuilles de l'autre sont hérissées de poils.

Les navets proprement dits ne sont cultivés que pour la nourriture humaine. On les sème en plein champ dans certains lieux où ils deviennent très-sucrés. Tels sont, auprès de Paris, les terres de Freneuse et de la plaine des Sablons; dans la Marne, le territoire crayeux de Courtisol; dans la Meuse, les coteaux pierreux de Verdun. Les terrains qui produisent ces excellents légumes sont secs, légers, calcaires, peu engraissés. Les navets y restent petits, et donnent cependant un profit notable à cause de leur qualité exceptionnelle et du prix élevé auquel on peut les vendre. On les sème d'ordinaire à la volée sur un champ bien ameubli, après une récolte de seigle, de sarrasin ou de fourrage vert, vesce, trèfle, etc. On met par hectare 6 à 8 litres de semence. De même que toutes les graines fines, celle-ci doit être peu couverte et fortement roulée. Lorsque les navets sont bien levés, on les éclaircit par un hersage vigoureux. On les arrache avant les fortes gelées et cependant le plus tard possible. Comme ils pourrissent plus facilement que les carottes, il faut les ranger en tas peu épais, par lits alternant avec du sable.

De goût moins fin que le navet proprement dit, mais susceptible de devenir beaucoup plus grosse, la rave se cultive plus en grand, et sert surtout à la nourriture des animaux. Elle exige un sol bien ameubli, nettoyé de chiendent, d'un certain degré de richesse, sans excès cependant d'engrais animal; car une végétation trop vigoureuse peut devenir nuisible au développement radiculaire. Les Anglais répandent presque toujours, en même temps que la graine, une grande quantité de poudre d'os.

Si on semait raves et navets avant le solstice d'été, ils monteraient en tige dès la même saison, sans former de racines charnues. A partir du solstice, on a pour ce semis d'autant plus de latitude que les hivers sont plus doux. Ainsi, dans les Ardennes, les raves semées au delà du 20 juillet n'ont pas le temps de grossir avant les gelées, tandis que, dans les régions occidentales et du midi, semées en septembre elles atteignent encore un volume considérable.

Lorsqu'on cultive les raves pour récolte principale, on les sème en lignes le plus tôt possible à partir du solstice; on les sarcle ensuite avec le même soin que les betteraves. Ainsi traitées, elles peuvent donner par hectare le produit énorme de 80,000 kilo. de racines équivalentes au cinquième de ce poids de bon foin. Bien que le sol soit ensuite très-épuisé, cette culture est des plus avantageuses partout où la fraîcheur de l'été assure la réussite des semis précoces, en même temps que la douceur des hivers permet d'arracher la récolte au fur et à mesure des besoins.

Si nous sortons des régions occidentales, comme nous ne trouvons plus ces deux conditions réunies, le mieux est de semer les raves à la volée après une plante céréale ou fourragère, afin d'obtenir, l'année même, un second produit. Pour toute culture, on leur donne, lorsqu'elles sont levées, un hersage vigoureux. On peut aussi répandre en été de la graine de raves au milieu de pommes de terre hâtives, de sarrasin, de fèves, de maïs; après la récolte de ces plantes, les racines se mettent à grossir.

Arraché, ce légume pourrit facilement. Aussi doit-on, en général, le récolter au fur et à mesure de la consommation. Si l'hiver est doux, l'arrachage se prolonge ainsi jusqu'au printemps. Les Anglais font même souvent manger les raves sur place par les moutons. Sous un climat plus rigoureux, il faut les utiliser en automne; et dès lors, on ne peut, comme en Angleterre, en faire la base du régime hivernal.

Aussitôt après les gelées, les navets et les raves montent en tige et se mettent à fleurir. Parfois, on les

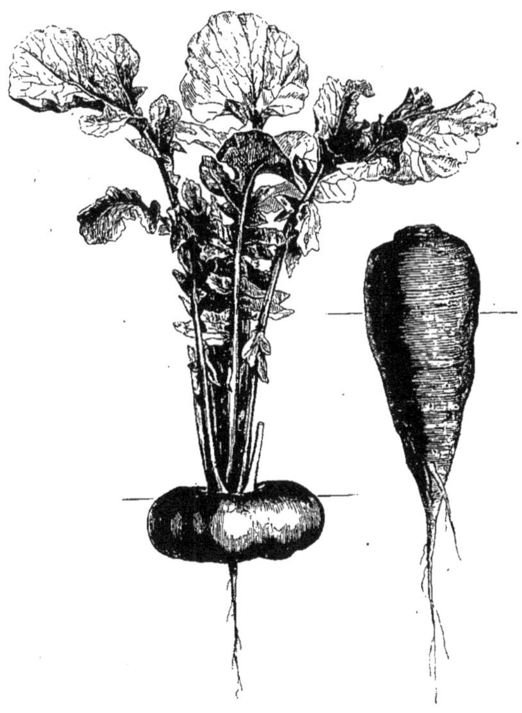

Turneps. Rave d'Alsace.

cultive pour obtenir ce fourrage que les vaches et les moutons mangent volontiers. Dans ce cas, le semis doit se faire plus tard que si l'on visait au produit en racines; car plus la plante est jeune, mieux elle résiste au froid.

Parmi les variétés de raves, les unes larges, aplaties et presque entièrement développées à la surface du sol, ne tiennent à terre que par un fil. Le collet en est rose, vert, ou jaunâtre; telles sont la rave du Limousin, celle d'Auvergne et plusieurs excellentes variétés anglaises, notamment celle qu'on connaît en France sous le nom de *turneps*, nom générique anglais de tous les navets.

Les autres variétés de raves, parmi lesquelles nous distinguons celles d'Alsace et du Palatinat, sont allongées, s'élèvent au-dessus de terre et présentent un collet rose ou vert.

On récolte les graines de ces légumes sur des pieds provenant de racines choisies, qu'on laisse l'hiver en place; si on les rentrait, la variété deviendrait plus délicate aux gelées, ce qu'il est fort important d'éviter.

CHOUX-NAVETS.

Ne confondons pas avec les espèces précédentes le *choux-navet* dont la végétation est plus lente et le feuillage d'un vert glauque tout différent. La racine de ce légume est plus ou moins sphérique, à peau lisse. La chair est sucrée, ferme, souvent dure et beaucoup plus nutritive que celle des raves.

Les variétés se divisent en deux genres; *choux-navets proprement dits* et *choux-navets rutabagas*. La racine des premiers est blanche ou rougeâtre, jamais jaune. Celle des rutabagas est jaune soit à l'intérieur, soit en dehors, et présente au-dessus du sol une éminence conique très-prononcée d'où partent les feuilles. Le rutabaga *Skirwings* à collet violet est un des plus productifs. Ces plantes se plaisent surtout, comme leurs congénères, sous un ciel humide, mais plus que les navets, en terre grasse et consistante. Elles n'exigent pas la présence du carbonate calcaire, réussissent même assez bien dans des champs acides, pourvu que la préparation soit parfaite et l'engrais animal abondant. Comme elles sont franchement bisannuelles, on les sème dès le printemps, et, tandis

Rutabaga. Choux-navet.

que les navets ne se transplantent pas, les choux-navets doivent être élevés en pépinière, puis repiqués par lignes espacées de 60 centimètres. On les sarcle ensuite à la houe à cheval.

Beaucoup plus durs à la gelée que les raves, ils résistent généralement aux froids de nos régions nord et nord-est. La récolte, qui se fait au fur et à mesure des besoins, varie, en bonnes conditions, de 30 à 40,000 kilo. de racines par hectare. De plus, on a quantité de feuillage excellent.

CHOUX-RAVE.

Dans quelques cantons de l'Alsace et aux environs de Lyon, on cultive pour les animaux et de la même manière que les choux-navets, le *choux-rave*, dont la tige présente un renflement charnu, tendre et nourrissant. Il passe pour être plus rustique, mais moins productif que les espèces précédentes.

RADIS.

Nous trouvons aussi dans l'Ardèche des champs de gros *radis noirs* destinés à la nourriture du bétail. M. Vilmorin croit cette culture mieux appropriée aux terrains pauvres que celle des navets. Le radis se sème en même saison que la rave, et il exige les mêmes soins.

CHAPITRE XVII

LÉGUMES VERTS (SUITE); CHOUX, CITROUILLE.

—

CHOUX.

« Le chou, voilà le premier de tous les légumes, « dit Caton; il est digestif, diurétique, bon pour l'es- « tomac, toujours favorable à la santé. Veux-tu faire « copieusement honneur à un festin; manges-en « tant que tu voudras, avant de te mettre à table; « puis, après souper, manges-en encore environ cinq « feuilles confites au vinaigre. Tu te trouveras ensuite « comme si tu n'avais rien pris, et tu pourras boire « autant qu'il te plaira. »

Sans appuyer ni combattre cet éloge qu'on ne croirait pas sorti de la plume du plus austère philosophe romain, nous dirons que le *chou* est un légume fourrager très-précieux à nos régions occidentales, attendu que, sous leur climat humide, il se développe, comme le navet, en été, en automne, en hiver. La nature l'indique; car c'est en Normandie, près de l'Atlantique, qu'on trouve cette plante à l'état sauvage, ainsi que nous l'a assuré notre savant collaborateur, M. Delacour.

Les variétés qui intéressent l'agriculture sont bisannuelles et de deux sortes. Dès la première année, les unes montent en tiges sans fleurir, et leur feuillage sert en hiver à la nourriture des animaux. Les autres forment de leurs feuilles serrées une pomme charnue, sorte de gros bouton duquel la tige doit s'élancer pour porter graine.

Cette plante n'exige ni la présence du calcaire, ni celle d'un humus entièrement exempt d'acide; mais il lui faut une terre profonde, fraîche, plutôt consistante que légère, naturellement féconde ou du moins très-engraissée et riche en sels azotés et phosphorés. Elle ne se plaît pas en sol sec et sablonneux, et donne ses plus belles récoltes dans les étangs et les marécages assainis. La transplantation favorise le développement du chou et doit toujours être conseillée. Le mieux est de repiquer les jeunes sujets sur ados avec fumier enterré en dessous.

On sème les choux à pommes soit au printemps pour les couper en automne, soit en été pour les récolter au printemps de l'année suivante. Dans le premier cas, ils se nomment *choux d'été*; dans le second, *choux d'hiver*.

Trop de chaleur empêche les choux d'été de pommer. Dès lors, plus on avance vers le Midi, moins la culture doit en être conseillée. Au contraire, elle convient parfaitement à nos régions occidentales et septentrionales. L'Alsace la pratique sur une grande échelle pour la fabrication de la choucroute, son mets favori.

Beaucoup moins productifs, les choux pommés d'hiver ne peuvent être cultivés en grand que dans les contrées à hiver doux. Près de Saint-Brieux, en Bretagne, les champs de blé sont travaillés aussitôt après la moisson et plantés en choux de ce genre destinés à l'approvisionnement de plusieurs villes.

On sème en pépinière les choux à pomme un mois avant l'instant de la plantation. La graine est peu enterrée et fortement pressée. Le champ destiné à recevoir les jeunes sujets est lui-même bien ameubli et purgé de chiendent. Le repiquage se fait à 1 mètre d'espacement pour le chou quintal ou gros cabus d'Alsace, et à 80 centimètres pour le cabus moyen, variété que nous préférons à la première comme étant plus rustique. Cultivé jusqu'ici presque exclusivement dans les potagers, le gros milan peut aussi très-bien être adopté pour la grande culture; car il n'exige pas une meilleure terre que le cabus, et il se conserve plus facilement.

Chou gros Milan.

On sarcle les choux une ou deux fois. L'hiver arrivé, les pommes courent risque de s'altérer par l'effet des gelées joint à celui de l'humidité. Pour les préserver, on se contente en Normandie de les incliner par un coup de bêche vers le nord-est. Comme de ce côté, il ne vient presque jamais de neige ni de

Chou cabus moyen.

pluie, elles se trouvent suffisamment abritées par leur feuillage. Sous un climat plus rigoureux, on les serre l'une contre l'autre dans de petits fossés de 30 centimètres de profondeur; puis, on les couvre de paille au

Chou vert frisé de Flandre.

temps des fortes gelées. Du reste, le mieux est de ne pas les réserver pour la fin des consommations hivernales. Un hectare rapporte 10 à 15,000 pommes pesant 50 à 60,000 kilo. qui équivalent au cinquième environ de ce poids du meilleur foin. Le champ se trouve ensuite fortement épuisé.

Les choux à tiges sont généralement semés au printemps et transplantés au commencement de l'été. Comme ils aiment le grand air, on les espace de un à deux mètres ; ou, ce qui est mieux encore, on les repique en bordure le long de planches occupées par d'autres légumes. Sarclés avec soin et fortement buttés, ils atteignent en automne la hauteur de 1 à 2 mètres. Alors commence la récolte des feuilles, qu'on enlève au fur et à mesure de leur développement. Au printemps, on coupe ou on arrache la tige ; puis, on la fend pour la donner aux bestiaux, qui la mangent avec plaisir malgré son apparence ligneuse. Le produit total d'un hectare bien réussi est évalué à 80,000 kilo. équivalents à 20,000 kilo. de bon foin. Une telle richesse rend ces choux très-précieux pour l'ouest et le nord-ouest. Dans ces régions, on peut au semis principal, qui se fait en avril, en joindre un second en juillet et même un troisième en septembre. Les derniers repiqués donnent leur plus grande masse de feuillage à une époque avancée de l'hiver, tandis que les autres sont surtout productifs au commencement. Ainsi, cette récolte hivernale se trouve régularisée. Dans le Nord, arrêtés par le froid, ces mêmes choux ne sont productifs qu'en automne, et par suite, la culture en est beaucoup moins avantageuse. Sous le climat du Midi, la sécheresse empêche, à moins qu'on ne puisse irriguer, de les semer avant la fin de l'été ; le feuillage se cueille en hiver; il est moins abondant que dans l'Ouest.

Les principales variétés sont :

Le *chou cavalier*, tige simple de 1 à 2 mètres ; feuilles lisses, grandes et ovales ; variété très-répandue en Bretagne.

Le *chou moëllier*, même feuillage ; tige sans ramification, de 1 mètre à 1 mètre 20, renflée au point de présenter dans sa partie moyenne jusqu'à 10 centimètres d'épaisseur ; variété très-sensible aux gelées, commune dans le bas Poitou et dans le Finistère.

Le *chou branchu du Poitou*, tige ramifiée, haute de 1 mètre 20 à 1 mètre 50 ; feuilles lisses, pointues, en forme de fer de lance ; variété cultivée en Poitou et très-productive.

Le *chou frisé vert* et le *chou frisé rouge de Flandre*, tige sans ramification, de 1 mètre à 1 mètre 20 ; feuillage frisé ; variété moins délicate au froid que les précédentes.

Les choux dégénérant très-facilement par le mélange de poussières séminales, on ne peut trop isoler les pieds porte-graines. Il convient même, au moment de la fleur, de les entourer de canevas. La semence reste féconde pendant quatre à cinq ans. Il en faut de 200 à 250 grammes pour la pépinière d'un hectare.

CITROUILLE.

Les courges, les melons, les concombres présentent une série de légumes différents de tous les autres et dont l'un, la *citrouille*, doit fixer notre attention ; car on la cultive en grand dans l'Anjou, le Maine, la Touraine et la Franche-Comté.

La plante, qui est annuelle, se reconnaît à son large feuillage, à ses tiges traînantes, à ses fleurs jaunes de sexe différent, à ses fruits énormes. Comme ceux-ci parviennent à maturité avec une certaine lenteur et qu'ils se conservent difficilement pendant les gelées, cette culture convient moins au nord de la France qu'au centre et à l'est. Sous le climat du Midi, elle ne serait possible qu'en terre irriguée.

Il faut à la citrouille un sol friable, bien ameubli, riche en humus ainsi qu'en engrais azoté et phosphoré. En Touraine, après avoir bien cultivé le champ, on creuse au printemps et on remplit de fumier, puis de terre meuble, des trous espacés de 1 à 2 mètres. Au mois de mai, sur chaque place ainsi disposée, on sème trois ou quatre graines. Plus tard, on ne laisse subsister qu'un pied, et, par la suppression de la pousse verticale qui s'élève entre les deux premières feuilles, on oblige les tiges à s'étaler. On peut aussi mettre les graines sur ados avec fumier enterré par-dessous. La terre est sarclée ensuite selon le besoin. Dès que les branches se touchent, on en pince l'extrémité, et on ne laisse par pied que deux ou trois fruits. On récolte ceux-ci le plus tard possible, en les enlevant avec la queue et sans les froisser. Sous un climat doux, il suffit, pour les conserver, de les mettre en plein air les uns auprès des autres sur un terrain ferme et de les couvrir d'un peu de paille au moment des gelées. Mais si on craint des froids rigoureux, il faut les rentrer en cave, sans toutefois les amonceler : emmagasinage difficile qui ne permet pas d'étendre beaucoup cette culture dans le Nord, quoiqu'elle produise jusqu'à

100,000 kilo. de fruits par hectare. Tous les animaux les mangent volontiers, et cette nourriture équivaut au quart de son poids du meilleur foin. Les tiges procurent en outre quantité de matière propre à servir d'engrais végétal. Enfin les graines, dont on dit qu'il faut purger les fruits destinés aux vaches, donnent une huile très-douce. Le sol ne paraît pas ensuite aussi épuisé que le ferait présumer une telle abondance.

Les cultivateurs du Morbihan utilisent toujours par quelques pieds de ce légume les dépôts d'engrais qu'ils laissent pourrir dans les champs.

La variété la plus cultivée en grand est la *verte de Touraine,* fruit oblong d'un vert pâle ; chair jaunâtre; feuillage très-large.

CHAPITRE XVIII

PLANTES OLÉAGINEUSES ; COLZA, NAVETTE.

Dès la fin d'avril, on aperçoit, dans nos riches plaines du Nord, des tapis d'un jaune éclatant sur lesquels l'abeille butine avec ardeur. Comment ne pas reconnaître nos plus importants végétaux oléagineux, le *colza* et la *navette?* Aux fleurs succèdent bientôt des siliques qui contiennent deux rangées de petites graines noires. Ces espèces précieuses se distinguent l'une de l'autre aux caractères suivants. Tandis que le colza présente, dès le commencement de sa végétation, des feuilles glauques comme celles du choux, le vert de la navette est le même que celui du navet, et le feuillage ne devient glauque que lorsque la plante monte en tige. La croissance du colza est plus lente ; son port, plus élevé ; ses fleurs, d'un jaune plus pâle ; ses siliques, moins étalées; ses graines, plus grosses et plus oléagineuses.

Silique de colza ouverte

Dans ces deux espèces, il existe des variétés automnales et printanières. Toutes se plaisent sous un ciel humide, par conséquent dans nos régions occidentales. Elles réussissent aussi dans le nord, le nord-est, l'est et le centre. Mais dans le sud et le sud-est, elles seraient souvent égrenées par le mistral ou par l'autan.

COLZA D'AUTOMNE.

Le *colza d'automne* préfère à toute autre terre les limons carbonatés et les terrains argilo-calcaires perméables. Il vient aussi sur des champs non carbonatés et humides, pourvu qu'ils soient très-bien fumés et parfaitement assainis. La culture préparatoire doit être parfaite, et l'engrais abondant. Le semis s'effectue ou sur place, ou en pépinière; — dans le Nord, à la fin de juillet; — dans la région du centre, jusqu'au milieu d'août.

La transplantation ne nuit nullement au colza d'automne, et souvent il faut y recourir, afin d'avoir le temps de bien préparer la terre. A la rigueur, on pourrait ne pas sarcler cette plante vigoureuse; mais le mieux est d'adopter le système contraire, soit en effectuant le semis ou le repiquage par lignes espacées de 60 centimètres, soit en éclaircissant régulièrement, au moyen de la houe à cheval, un semis épais fait à la volée. On devrait toujours répandre de l'engrais pulvérulent avec la graine; comme elle est fine, l'enterrer peu ; la rouler fortement, si le temps est sec ; enfin, employer une forte proportion de semence, par exemple, 7 à 8 kilogrammes par hectare pour les semis à la volée, sauf à les éclaircir ensuite au moyen de la herse, si les jeunes sujets paraissent trop serrés.

Lorsque le colza semé en ligne est levé, on le sarcle dès l'automne, et on le butte. Celui qu'on repique doit être enfoncé jusqu'au cœur ; et si, faute d'avoir été suffisamment éclaircis en pépinière, les sujets paraissent trop allongés, on coupe la racine plutôt que de les plier ou de ne pas les enterrer assez. Car le colza reprend bien de bouture ; mais celui dont le cœur s'élève au-dessus du sol est très-sensible au froid. Afin de le mieux préserver, les Flamands le sèment ou le repiquent sur ados d'une largeur de 2 à 3 mètres, et ils le rechaussent une ou deux fois en hiver avec de la terre prise dans les sillons.

Le colza mûrit à la fin de juin. Comme il s'égrène facilement, on n'attend pas que les semences aient pris une teinte entièrement noire; mais on le coupe à la faucille dès que les siliques et les tiges ont jauni. Si, pour être restée trop longtemps sur pied, la plante commence à perdre son grain, il faut ne l'attaquer qu'à la rosée et faire travailler pendant la nuit très-activement. Le colza, coupé avant la maturité, doit être mis de suite en moyettes qu'on couvre de litière.

De la sorte, il ne court pas risque d'être dévoré par les oiseaux ou endommagé par les pluies. Au bout de huit à dix jours, on le bat, soit à coups de fléau, soit par le piétinement d'animaux, sur une vaste toile que l'on étend dans le champ même. Le colza est apporté en civières ou en traîneaux garnis de draps. Après le battage, les siliques sont enlevées au moyen d'une planche inclinée par-dessus laquelle on les fait passer avec le râteau, tandis que les graines plus pesantes retombent au pied de cette planche. Si

Colza d'automne.

on rentre le colza en grange, on se sert de chariots garnis de toile, et l'on couvre de draps la place du déchargement, afin de recueillir les graines qui tombent.

Le colza battu doit être, tout d'abord, étendu au grenier par couches très-minces; puis, remué tous les jours; enfin vendu le plus tôt possible, attendu qu'il diminue rapidement de volume. Les siliques sont bonnes à conserver pour la nourriture d'hiver des moutons et des vaches. Les tiges ne peuvent servir que de litière.

Le colza d'automne produit par hectare 20 à 30 hecto. de graine d'un prix presque toujours supérieur à celui du blé : récolte riche, mais que nous considérons comme très-épuisante, bien qu'à cet égard les avis soient partagés.

NAVETTE D'AUTOMNE.

La *navette d'automne* se sème un mois plus tard que le colza, n'exige pas un sol aussi riche, se plaît surtout dans les terrains légers, ne peut être transplantée, et, à cause de sa végétation rapide, se passe de sarclage. Aussi, répand-on généralement la semence à la volée, et on en met par hectare de 6 à 7 litres. La récolte se fait comme celle du colza, et rend en bonnes conditions 18 à 20 hectolitres d'une graine qui vaut un cinquième de moins que la première.

Après l'enlèvement de l'une ou l'autre de ces deux plantes, si la terre se trouve nette de chiendents, le mieux est de herser, au lieu de labourer, afin de favoriser la germination des graines tombées. Bientôt, le champ se trouve couvert de sujets précieux pour pâturage ou pour engrais végétal.

COLZA DE PRINTEMPS.

Plus délicat et moins productif que son congénère automnal, le *colza printanier* se sème aussitôt après l'hiver. Nous n'en conseillons la culture que pour garnir des vides dans les champs de colza d'automne.

NAVETTE D'ÉTÉ.

Quant à la *navette de printemps* ou *d'été*, variété très-répandue dans le département de la Meuse et dont quelques botanistes font une espèce particulière, elle est précieuse par sa rusticité et par la rapidité de sa végétation. Elle se plaît en terrain calcaire, et n'exige ni une grande richesse, ni beaucoup d'engrais, ni aucun travail de sarclage. On la sème à la volée en terre ameublie et nettoyée de chiendents. La graine, dont on met par hectare 5 à 6 litres, doit être peu couverte, mais fortement pressée, si le temps est sec. Dans le nord de la France, mise en terre à la fin de juin, cette variété se récolte en septembre, et produit par hectare 12 à 18 hectolitres de graine qui se vend un quart de moins que celle de colza.

On peut aussi cultiver la navette d'été pour engrais végétal ou pour pâturage d'été des moutons. De leur côté, la navette d'automne et le colza d'automne se sèment pour fourrage printanier à faucher dès la fin d'avril. Sous le climat de l'Ouest, on peut même conserver le colza plusieurs années, comme plante fourragère, en le coupant sans jamais le laisser fleurir. Au dire des Anglais, lorsqu'il est ainsi traité, il améliore sensiblement le sol.

CHAPITRE XIX.

PLANTES OLÉAGINEUSES (SUITE); PAVOT, CAMELINE, MOUTARDE NOIRE, MOUTARDON, MADIA, RAIFORT DE CHINE, SOLEIL.

—

PAVOT.

Le mérite de certaines gens est méconnu, parce qu'ils joignent de grands vices à leurs qualités. Longtemps il en a été ainsi du *pavot* qui, vénéneux dans toutes ses parties, procure cependant par sa graine une huile très-douce. Au milieu du dernier siècle, cette huile passait encore pour un poison, et l'usage en était défendu; mais, en 1775, à force de démarches, le vénérable abbé Rozier, fondateur du premier dictionnaire d'agriculture, obtint des lettres-patentes qui en autorisèrent la libre fabrication. Plus tard, grâce aux encouragements de la Société centrale d'Agriculture, de la Flandre où on le cultivait déjà, le pavot se propagea en Artois, en Picardie, en Lorraine et en Alsace. Aujourd'hui, il fournit à la consommation une énorme quantité d'huile.

On distingue deux pavots, tous deux annuels. L'un, cultivé pour les usages médicinaux, a la tige simple ou peu ramifiée et porte ordinairement une seule capsule grosse comme le poing, des graines et des fleurs blanches. L'autre, connu sous le nom d'*œillette* (plante à huile), produit souvent par pied dix à douze capsules de la grosseur d'une noix, des fleurs lilas, tachées de rouge au bas de la corolle, des graines grises ou brunes. Parmi les variétés de cette seconde espèce, on cultive de préférence, pour la facilité de l'extraction du produit, celles dont les capsules s'ouvrent à la maturité.

Tête de pavot œillette.

Cette plante craint, comme tant d'autres, la sécheresse et les grands froids. Dans le midi de la

France, il faudrait la semer en automne. Dans le Nord, ce doit être le plus tôt possible après les gelées; si même le sol a été préparé avant l'hiver, on peut répandre la graine sur la neige au mois de février. Comme le pavot est très-cassant, on doit renoncer à le cultiver sur les montagnes et autres lieux exposés aux ouragans. Il exige une terre perméable, friable ou peu consistante, carbonatée et riche en humus, bien engraissée, parfaitement ameublie et purgée de chiendent.

La semence est répandue sur place et fortement roulée, si le temps est sec. Quoiqu'il faille plus tard des sarclages minutieux, ce semis se fait presque toujours à la volée. On met par hectare un à deux litres de graine qui peut avoir été conservée pendant plusieurs années et qu'on doit toujours mélanger de sable, de cendres ou de sciûre, afin d'en faciliter la répartition. Le semis en ligne nécessiterait sans doute de grandes précautions pour que des graines aussi fines fussent réparties également et en juste mesure. Il nous semble toutefois qu'il conviendrait de l'adopter afin de faciliter les sarclages, d'autant plus que ceux-ci doivent se faire avec ménagement, de peur que les racines très-délicates de la plante ne soient offensées. Lors du premier travail de la houe, on espace les pieds de 25 centimètres. Au second sarclage, on les butte pour leur donner plus de solidité. Au moment de la maturité du plus grand nombre, on les arrache, et, sans les renverser, on les range en faisceaux recouverts d'un peu de litière et solidement maintenus par des liens de paille. Lorsque la graine s'est perfectionnée, on l'extrait en secouant les plantes sur une toile. Le produit d'un hectare réussi varie de 25 à 30 hecto. de graine dont le prix suit généralement celui du colza. La paille ne peut servir que de litière ou de chauffage léger. Cette culture est très-épuisante; mais elle laisse le sol net et ameubli.

On essaie aujourd'hui avec succès le semis en grand du pavot blanc pour son produit d'opium, lequel se recueille de la manière suivante : à l'instant où les capsules commencent à jaunir, on opère sur chacune d'elles trois ou quatre incisions légères, obliques et parallèles. Le suc vénéneux coule à la partie inférieure de ces incisions et se coagule presque aussitôt. Un ouvrier qui passe derrière le premier enlève ce suc coagulé avec un couteau et l'amasse en boulettes. Les têtes sont incisées de même à plusieurs reprises. Malgré ces blessures, elles donnent encore une certaine quantité de graine. Ne pourrait-on utiliser, par une exploitation semblable, nos vastes champs d'œillette, sans altérer la récolte principale? Des tentatives qui se font actuellement dans ce but près d'Amiens, paraissent réussir.

Le pavot est exposé aux dégâts d'une foule d'ennemis, tels que souris, corneilles et même bipèdes humains qui, à l'âge de l'école buissonnière, en mangent la graine comme une friandise; aussi, ne peut-on garder ce champ avec trop de vigilance.

CAMELINE.

Moins précieuse que le pavot, mais plus rustique, la *cameline* croît spontanément dans nos plaines et surtout au milieu des champs de lin. Sa tige, de 30

Cameline.

à 40 centimètres de haut, présente sur un sommet rameux des fleurs jaunâtres peu apparentes auxquelles succèdent des siliques ovales renfermant de petites graines rousses. En quelques pays, on fait avec ces tiges des balais et des toitures.

Cette plante, qui accomplit sa végétation en trois mois, peut être cultivée dans nos diverses régions, excepté sous le ciel aride du Midi. Elle se plaît sur les sols calcaires, friables et bien ameublis, n'exige pas une grande richesse et peut se passer de sarclage. On sème à la volée, en mai ou juin, 3 à 4 litres de graine par hectare avec toutes les précautions que nous avons souvent indiquées au sujet des semences fines. La récolte se fait comme celle du colza, et produit par hectare 12 à 20 hecto. d'une graine équivalente à la navette.

N'abusons pas, comme on le fait quelquefois, de la rusticité de la cameline pour la semer en terre mal préparée; car, dans ce cas, l'épuisement et l'augmentation de souillure du sol nous feraient perdre beaucoup plus que ne vaudrait la récolte. En Flandre, on la met surtout à la place de colza, de chanvre, de lin et autres plantes dont la semaille a manqué.

Moutarde noire.

MOUTARDE NOIRE.

Parmi les végétaux sauvages des sols calcaires, nous avons signalé la *moutarde noire;* la graine de cette mauvaise herbe est oléagineuse, et procure en outre, étant triturée, l'assaisonnement dont la plante entière porte le nom. On cultive sur quelques points de la France une variété perfectionnée, en lui choisissant une terre calcaire et fertile sur laquelle on s'abstient ensuite de semer des céréales à cause de la souillure que causent les graines tombées au moment de la récolte. Cette culture est la même que celle de la cameline; seulement, la récolte exige plus de précaution par suite de l'extrême facilité avec laquelle s'ouvrent les siliques.

MOUTARDON.

Nous trouvons dans ce genre de plantes une seconde espèce utile, le *moutardon* ou *moutarde blanche*, dont les siliques courtes, rugueuses, et terminées par un bec très-saillant, contiennent quelques graines jaunâtres, non moins oléagineuses que celles du colza et propres à la fabrication de la moutarde de table, sous ce rapport inférieures cependant à l'autre espèce.

Silique de moutardon.

Le moutardon exige un terrain calcaire, riche ou très-engraissé, parfaitement ameubli et nettoyé. On le sème à la volée en mai ou juin, et on le récolte en août plus facilement qu'aucune de nos autres plantes oléagineuses, parce qu'il est moins sujet à s'égrener et que les oiseaux ne l'attaquent pas. Mis en terre pendant l'été, le moutardon procure un fourrage d'automne excellent pour les vaches. Aussi, dans le département de la Marne, l'appelle-t-on *plante à beurre*.

Mentionnons encore trois végétaux oléagineux dont la culture se trouve à l'état d'essai, savoir : le *madia* du Chili, le *raifort* de Chine, le *soleil*.

MADIA.

Le madia s'accommode de terrains médiocres, résiste bien à la sécheresse et épuise peu le sol; mais toute la plante sécrète un suc visqueux, d'odeur fétide, de sorte que pour obtenir une huile douce, il faut laver la graine avant de la mettre au pressoir. Le madia en herbe est mangé par les moutons avec plaisir; sous ce rapport, il y aurait lieu d'en expérimenter la culture dans les terrains secs qui conviennent à un si petit nombre de plantes fourragères. On le sème au printemps, et on le récolte en automne.

RAIFORT DE CHINE.

Le raifort de Chine est une plante annuelle qui ressemble à nos radis cultivés. L'huile qu'il procure passe pour être comestible en Chine; mais celle qu'a faite le savant M. Vilmorin était immangeable. Cette espèce se cultive comme le colza de printemps.

SOLEIL.

Le soleil est connu par ses fleurs jaunes auxquelles succèdent de grands plateaux couverts de graines noires et allongées; celles-ci rendent une huile très-douce et fournissent une excellente nourriture à tous nos animaux, particulièrement aux volailles.

M. Cretté de Palluel semait cette plante au printemps par rayons espacés de 70 centim., en terre sablonneuse de qualité médiocre, mais bien fumée et cultivée avec soin. Dans ces conditions, il assure avoir récolté par hectare 135 hecto. de graine. Ce qui, dans le nord de la France, s'oppose à l'extension d'une culture aussi riche, c'est la difficulté de sécher suffisamment le produit. En effet les têtes, qu'on récolte en automne, moisissent plus facilement encore que les épis de maïs. Dès lors, il faudrait employer la dessiccation artificielle au four ou à l'étuve. Dans le Midi, ce soin ne serait pas nécessaire, mais la plante ne pourrait se passer d'irrigation. Supposé qu'à raison de ces difficultés, on ne voulût pas tenter en grand la culture du soleil, toujours doit-on, dans chaque ferme, en avoir quelques pieds pour le profit de la basse-cour.

CHAPITRE XX

PLANTES TEXTILES; CHANVRE, LIN.

—

LIN.

Le *lin* et le *chanvre* sont nos plantes textiles par excellence; l'une se distingue par la finesse; l'autre, par la solidité. De la fibre du lin, on fait les tissus les plus légers; de celle du chanvre, les toiles grossières, les ficelles et ces câbles énormes qui tiennent nos villes flottantes amarrées au milieu des mers. A voir ces deux espèces, ne juge-t-on pas déjà de la différence de leur produit? Tandis que la chenevière se hérisse de tiges rudes, solides et de la hauteur d'un bois taillis, le lin n'offre rien que de gracieux. Quelle plante a des feuilles d'un vert plus tendre, des tiges plus sveltes, des fleurs d'un plus bel azur? N'est-ce pas avec délices que nos yeux s'arrêtent sur le champ qui en est couvert? soit qu'agité par le zéphyr, il forme mille ondulations; soit que, par un temps calme, il étale son tapis de verdure uni et velouté?

Lin

Indépendamment de sa fibre, le lin procure des graines précieuses au peintre par l'huile dessiccative qu'on en extrait, et à la médecine, par leur nature émolliente.

C'était de fin lin, dit l'Écriture, que devaient être faites les tuniques des pontifes d'Israël. Ainsi, de toute antiquité, cette plante est connue.

L'espèce cultivée est annuelle, craint la forte sécheresse, les grands froids et les vents violents. Les variétés d'automne peuvent être semées dans le sud; celles de printemps, dans le nord, le nord-est, le centre et l'est; les unes et les autres, dans nos régions occidentales. Mais aucune ne convient au sud-est, à cause des vents secs qui, dans cette partie de la France, agitent constamment la plante et rendent sa fibre par trop grossière. On met en terre les variétés automnales en même temps que le blé; celles de printemps, à une époque plus ou moins avancée suivant le genre de produit qu'on veut avoir. Plus tôt le semis s'effectue, plus la fibre devient solide. Dans les Ardennes, on distingue à cet égard deux variétés qu'on sème, l'une en mars, l'autre en mai. Ailleurs, c'est le même lin qu'on met en terre, tantôt à l'une, tantôt à l'autre de ces deux époques.

La plus belle variété ne présente qu'un brin, sans ramification. Comme elle dégénère promptement sous nos climats, les Flamands en renouvellent la semence tous les deux ans à Liebaw, Windaw et Riga en Livonie. Ils cultivent encore deux variétés à fleurs blanches et à graine d'un vert jaunâtre; l'une rustique, mais donnant, d'après ce qui nous a été rapporté, une fibre assez grossière; l'autre, venue depuis peu d'Amérique, est signalée comme procurant des produits d'une qualité remarquable. Nous ne parlons pas du lin vivace, dont la culture, souvent essayée, ne s'est jamais étendue.

Le lin ne se plaît pas dans les champs arides, tenaces, pauvres, humides, ombragés. Ses terrains de prédilection sont les limons carbonatés, riches et perméables. La présence du calcaire et un humus exempt d'acide ne lui sont pas cependant indispensables; du reste, plus profondément le sol est pénétrable à ses racines qui ont la forme de fuseaux très-fins, mieux il prospère. Aussi le sème-t-on, près de Tréguier en Bretagne, après un défoncement à la bêche; ailleurs, on le fait succéder à des plantes, telles que carotte, trèfle, luzerne, chanvre, dont les racines également pivotantes, mais plus vigoureuses, ont ouvert le passage à ses filets déliés, ou bien on le sème sur pré défriché; car le sous-sol des gazons naturels est presque toujours friable sur une grande épaisseur.

Surface meuble, intérieur raffermi sans être dur, voilà deux conditions de réussite qu'il faut chercher à obtenir par les cultures les mieux appropriées, savoir: peu de labours, hersages parfaits, jamais de fumier pailleux enfoui. En revanche, les engrais actifs, soit pulvérulents, soit liquides, sont excellents sur les champs de lin dans une certaine mesure; en trop grande quantité ils feraient verser la plante, dont le produit se trouverait altéré. Du reste, les Flamands savent prévenir ce péril. Voici comment ils obtiennent les plus beaux lins de tout l'univers: quinze jours avant la semaille, ils appliquent à une terre déjà fertile quantité d'engrais actif, 700 à 750 kilo. de guano, par exemple, ou 250 à 300 hecto. d'engrais liquide ou, ce qui est mieux encore, 2,000 à 2,300 kilo. de tourteau d'œillette ou de chanvre. Au mois de mai, ils ensemencent cette terre en graine récoltée sur des champs semés avec du lin de Russie. Après l'ésherbage, ils couvrent le lin de branches qui, plus tard, doivent lui servir d'appui; ou bien ils fixent horizontalement sur de petites fourches, à 20 centimètres au-dessus du sol, des gaules de bois léger qui supportent des baguettes espacées de 70 centimètres. Le lin traverse cet appareil en grandissant et se trouve parfaitement soutenu.

Comme la finesse du lin tient beaucoup à son épaisseur, la semence est toujours répandue à la volée. On en met par hectare 200 à 250 kilo., jusqu'à 350 kilo. pour les champs destinés à être ramés. Ce semis se fait avec toutes les précautions nécessaires aux graines menues.

Lorsque la plante a quelques centimètres de haut, des femmes l'ésherbent en se traînant à pieds déchaussés, de peur d'offenser les jeunes brins.

Plus le lin est récolté jeune, plus la fibre a de qualité. Aussi, dans quelques pays, on procède à l'arrachage, dès que la floraison est passée. En France, pour ne pas sacrifier le produit des graines, on attend que la plante commence à jaunir et que les capsules soient presque mûres; mais il importe de ne pas différer jusqu'à la maturité complète. Le lin arraché est proprement étendu à terre. Le jour même ou le lendemain, on le lie en petites bottes qu'on dresse les unes contre les autres par deux files parallèles formant toiture. Dès qu'elles sont sèches, on les rentre, ou bien on les dispose en moyettes bien couvertes de paille et reposant sur de la litière, afin que la graine achève de mûrir, sans que les tiges soient exposées aux alternatives de soleil et d'humidité. On extrait ensuite la semence, soit à coups de maillet, soit au moyen d'un peigne fixé à une table, et à travers les dents duquel on fait passer les poignées.

A ce premier travail succède le *rouissage*, destiné à faire dissoudre la gomme qui colle les fibres corticales aux parties intérieures des tiges. Les anciens procédés consistent à tenir le lin dans une eau claire, douce, exposée au soleil, courante s'il se peut. En effet, les eaux stagnantes le brunissent, et il est sali par les eaux vaseuses, minérales, chargées de sable ou de matières en putréfaction. Si l'on n'a qu'une fosse étroite, on la nettoie parfaitement, et après y avoir placé les bottes de lin, on les charge de pierres ou de gazon, afin qu'elles baignent exactement. Mais, toutes les fois qu'on peut disposer d'un cours d'eau profond, le mieux est de les enfermer dans une cage de bois qu'on fait glisser au milieu de l'eau et qu'on fixe à des pieux, de sorte qu'elle plonge sans toucher terre ni par le fond, ni par les côtés. A partir du quatrième jour on visite le lin très-souvent, et, toute affaire cessante, on le retire dès que les fibres se détachent facilement depuis l'extrémité des racines jusqu'au sommet des tiges. Dans les temps froids, le rouissage peut durer jusqu'à douze jours.

Au sortir de l'eau, le lin est mis en faisceaux, puis *curé*, c'est-à-dire délié et étendu sur un pré, afin que la rosée fasse blanchir les fibres. Dans la crainte d'altération, on le retourne tous les trois, quatre, cinq, six, sept ou huit jours. Plus les pluies sont fréquentes, la température élevée et le terrain rempli de vers, plus souvent ce soin est nécessaire. Pour cette opération, on choisit un temps calme, et au besoin on maintient le lin par de petites perches, afin que le vent ne le disperse pas. Le curage dure ordinairement de quinze à vingt jours. La conservation du lin en grange pendant quelques mois avant le rouissage, ou bien entre le rouissage et le curage, rend la fibre plus belle.

Si l'on manque d'eaux favorables, ou si le lin est de qualité médiocre, on se borne souvent à le curer, sans le faire rouir. Dans ce cas, il faut le laisser étendu quelques jours de plus. D'un autre côté, le curage du lin roui n'est pas indispensable. Sans doute il facilite les manipulations ultérieures; mais il diminue le volume des fibres. Le lin non curé rend en filasse un quart de plus que le lin curé.

Aux procédés que nous venons de décrire on commence à substituer le rouissage et le curage à l'eau chaude ou à la vapeur, méthode plus expéditive, mais dont nous n'avons pas à nous occuper, parce qu'elle appartient exclusivement à des industriels qui achètent les récoltes brutes.

L'extraction de la filasse comprend trois manipulations: *broyage*, *écangage*, *affinage*. — Par la première, on triture les tiges, afin que tout ce qui n'est pas fibre soit réduit en petits morceaux. — Par la seconde, on secoue vivement la matière broyée, pour faire tomber les parcelles inutiles. — Par la troisième, on peigne les fibres, afin de les démêler et de leur donner une grande finesse.

On peut broyer le lin: 1° par terre, en le frappant avec une dame cannelée et fixée à un long manche; 2° sur un billot, à coups de maillet; 3° en le faisant passer entre deux cylindres de bois cannelés qui s'engrènent l'un avec l'autre et qu'on tourne dans le sens horizontal au moyen d'une manivelle; 4° par l'instrument appelé *macque* ou *broie*, véritable mâchoire de bois qui se trouve fixée à un chevalet et qu'on fait mouvoir d'une main, tandis que de l'autre on lui présente les poignées. Afin de rendre le lin plus facile à broyer, on le met souvent au four ou sur un treillage sous lequel on allume du feu. Comme ces deux méthodes exposent à des accidents, la dessiccation au soleil doit être préférée toutes les fois qu'elle est possible.

Pour écanguer le lin une fois broyé, d'une main on fait pendre les poignées au-dessus d'une planche verticale, de l'autre on les frappe avec un large couteau de bois.

L'affinage ou peignage se fait à l'aide de plusieurs peignes plus ou moins serrés. On commence l'opération avec celui dont les dents sont le plus écartées, et successivement on emploie les autres jusqu'au plus fin. On démêle ainsi diverses qualités de fibres.

Souvent les cultivateurs vendent leurs récoltes sur pied à des industriels qui se chargent de toutes ces manipulations.

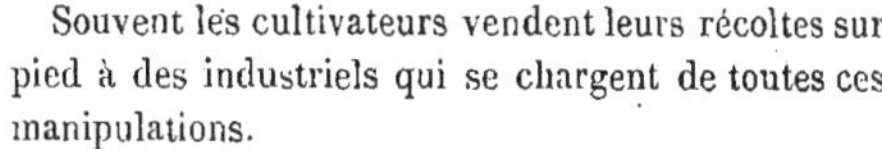

Le beau lin non ramé rend par hectare 3 à 400 kilo. de filasse de prix très-variable suivant la qualité, et 2 à 300 kilo. de graine qui suit le cours du colza.

Cette plante ne doit généralement revenir sur le même sol qu'à longs intervalles. Nous connaissons cependant, aux environs de Compiègne, des terres qui peuvent produire de beaux lins tous les trois ou quatre ans.

CHANVRE.

Dans le langage agricole, venir comme du chanvre, c'est croître vite. En effet, le lendemain du jour

Fleur mâle du chanvre.

Fleur femelle du chanvre.

où il est semé, ce végétal vigoureux sort de terre; presque aussitôt après il couvre le sol de son feuillage palmé; puis il s'élève au-dessus de tout ce qui l'avoisine. Ses tiges atteignent en Touraine, en Picardie et dans la fertile vallée du Grésivaudan, en Dauphiné, jusqu'à 4 et 5 mètres. Cette espèce étant dioïque, on distingue dans un même champ des sujets mâles et des sujets femelles; les premiers répandent, lors de la floraison, quantité de poussière jaunâtre. La graine, très-aimée des oiseaux, procure une huile âcre, seulement bonne à brûler. Toute la plante exhale une odeur forte.

Le chanvre est sensible à la sécheresse, aux vents violents et arides. Dès lors, on ne doit pas chercher à le cultiver dans les plaines de la Provence et du Languedoc. Il réussit dans toutes les autres parties de la France, pourvu que la semaille se fasse après les gelées printanières et par un temps chaud et humide. Il ne se plaît qu'en terre friable, parfaitement ameublie, nettoyée de chiendents, riche en engrais actif. Pour lui, à l'opposé de ce qu'il faut au lin, on peut multiplier les labours et enterrer en abondance du fumier de cheval ou de mouton. Les pieds dont on veut tirer semence doivent être semés très-clair. Dans beaucoup de contrées, on les isole en répandant un peu de chènevis au milieu des champs de maïs et de haricots. Quant au chanvre destiné surtout à produire de la filasse, il faut le semer très-dru et à la volée. On met par hectare 220 à 260 litres de graine de la dernière récolte; semence qu'on enterre quelquefois par la charrue et que, dans tout autre cas, il faut se hâter de répandre aussitôt le champ labouré, de peur qu'il ne se dessèche excessivement et que la germination ne se fasse mal. Ensuite, il convient d'éloigner pendant quelques jours les oiseaux très-avides de chènevis.

Le chanvre réussi étouffe toute mauvaise herbe et n'exige ni sarclage, ni ésherbage. On récolte les pieds mâles, dès qu'ils défleurissent, et les pieds femelles, lorsque la tige jaunit et que les graines inférieures commencent à mûrir. Le tout est séché, roui, curé, broyé, écangué, affiné d'après les principes exposés déjà au sujet du lin. Quant aux porte-graines isolés, on ne les arrache qu'à parfaite maturité.

Le chanvre est très-épuisant; mais, sous le rapport de l'ameublissement et de la propreté, il laisse le champ en bon état et peut même revenir tous les ans sur le même terrain, pourvu qu'on lui applique beaucoup d'engrais. Son produit diffère d'abondance et de qualité suivant la variété cultivée, et sur la végétation de cette plante, comme sur celle du lin, le climat exerce une grande influence. Ainsi, plus nous avançons vers le Midi, plus sa croissance se prolonge à partir du commencement de la floraison, de sorte que la tige grandit beaucoup en produisant plusieurs étages de fleurs très-espacées. Dans ce cas, la fibre est longue et abondante. Sous les climats à été court, arrêtée par l'approche de l'automne, la plante cesse de grandir dès l'instant où elle entre en fleur, et les graines forment ensuite une tête serrée au sommet des tiges. Celles-ci devenant beaucoup moins hautes que dans le premier cas, donnent une fibre plus courte, mais aussi plus fine. Si nous comparons le chanvre au lin, le grand chanvre correspond au lin branchu, et le chanvre fin du nord de la France, au lin fin du nord de l'Europe. Comme c'est la finesse qu'on estime dans le lin, on appelle dégénérescence le changement du lin non ramifié en lin branchu. Pour le chanvre, au contraire, comme on recherche avant tout la masse du produit, c'est le changement inverse qu'on considère comme une altération. Pour l'éviter, la Picardie tire ses semences de Touraine tous les deux ans, et la Touraine fait venir les siennes du Piémont.

Le grand chanvre réussi donne par hectare 800 kilo. de filasse du prix moyen de 1 franc le kilo. et 6 hecto. de graine du prix de 16 francs. Le petit chanvre produit 350 kilo. de filasse d'une valeur de 1 franc 50 le kilo. et 8 hecto. de graine. En Picardie, on compte encore 60 francs par hectare pour le produit des balles, qui sont un engrais actif de la nature des tourteaux.

Il faut mentionner ici, comme devant peut-être un jour se propager utilement, le *lin de la Nouvelle-Zélande*, l'*Asclépias ouate* et le *chanvre de Chine*.

Semblable à un glaïeul gigantesque, le lin de la Nouvelle-Zélande présente de longues feuilles fibreuses dont on fait d'excellentes cordes. Cette plante, qui craint la gelée et aime les terres humides, utiliserait sans doute avantageusement les marécages du Midi, peut-être aussi nos plages de l'Ouest. On la multiplie par éclat de pied.

L'asclépias ouate est un végétal rustique dont les tiges, hautes de 2 mètres, donnent une fibre qu'on dit abondante et de bonne qualité. Le fruit est entouré d'un duvet analogue au coton. Les fleurs sont très-aimées des mouches à miel.

Le chanvre de Chine est plus grand, plus vigoureux, plus productif que celui d'Europe; mais les graines ne parviennent à maturité que dans le Midi.

CHAPITRE XXI

PLANTES TINCTORIALES; GARANCE, SAFRAN, GAUDE, PASTEL, PERSICAIRE DE CHINE, TOURNESOL, CARTHAME.

—

GARANCE.

La plus importante de nos plantes tinctoriales est la *garance*, dont la racine procure du rouge de plusieurs nuances. De même famille que le grateron des haies, cette plante, qu'on trouve à l'état sauvage près de Beauvais, a la tige quadrangulaire et rampante, des collerettes de feuilles rugueuses, des fleurs peu apparentes, de petites graines noires réunies deux à deux, des racines vivaces, longues et nombreuses. D'après le témoignage de Pline, de Dioscoride et de Jules César, on la cultive de toute antiquité sur le sol national. Sous nos premiers rois, Saint-Denis en était un marché important. Plus tard, elle occupe en Flandre des champs étendus, et Charles-Quint l'introduit en Alsace. Au milieu du dernier siècle, Jean Althen la porte directement d'Orient dans les *paluds* de Vaucluse, où elle se propage plus que partout ailleurs. Vers 1750, il se trouvait aussi en Vendée des champs de garance; mais cette culture en a disparu pendant les guerres de la Révolution. Grâce à l'initiative de M. Mercier, sous-préfet actuel de Compiègne, elle est essayée aujourd'hui aux environs de cette ville. Concluons

Garance en fleur.

que, bien que les graines ne parviennent régulièrement à maturité que dans le Midi, la culture de la garance pour racines peut réussir sous le climat de nos diverses régions.

Cette plante exige un terrain carbonaté, meuble, perméable, riche, profond, exempt d'acidité, net de chiendents et contenant peu de vers. Il lui faut abondance des meilleurs engrais, tels que purin, lisée, colombine, tourteau, mais pas de fumier pailleux. Toutes les fois que la couche inférieure au sol arable paraît difficilement pénétrable à ses longues racines, défonçons-la jusqu'à 50 centimètres de profondeur. Si, au contraire, elle est naturellement friable, gardons-nous de l'ameublir davantage, de peur que, pénétrant trop avant, la garance ne soit plus tard d'une extraction très-difficile. Ordinairement, on dispose le champ en ados de 2 mètres de large. Les sillons intermédiaires forment autant de sentiers qui facilitent les sarclages, et, en cas d'irrigation, on s'en sert pour distribuer l'eau.

La garance est semée au printemps avec des graines de deux ans au plus, ou repiquée par tronçons de racines de 4 centimètres de longueur pris soit à des champs en récolte, soit dans des pépinières établies l'année précédente. La graine est faiblement couverte; les tronçons de racines sont enfoncés de 10 centimètres. De ces deux procédés, le semis est le moins dispendieux. N'y ayons recours toutefois que si l'excellente nature du sol et la qualité des semences, dont il faut 70 à 120 kilo. par hectare, permettent de compter sur une germination rapide. Semis ou plantations se font en lignes plus ou moins espacées, suivant le temps que doit durer la garance. En Alsace, où elle est repiquée par racines et conservée seulement dix-huit mois, on espace les lignes de 30 centimètres, et les sujets de chaque ligne, de 10 à 12. Cette durée de dix-huit mois pour les garances repiquées et celle de deux ans et demi pour les garances semées sont généralement adoptées en France, tandis qu'en Orient on laisse souvent subsister le champ quatre et cinq années.

Passé la troisième année, le produit annuel diminue; mais les sucs colorants deviennent plus riches. Aussi, les garances du Levant, dites *alizari*, sont plus estimées que les nôtres.

Par des sarclages suffisants, on tient le champ parfaitement net de mauvaises herbes, et avant chaque hiver, on recharge les ados avec de la terre prise dans les sillons. Les portions de tiges que l'on couvre ainsi, deviennent ensuite des racines de bonne qualité. Dans le Midi, une irrigation modérée est salutaire.

A l'automne, on coupe les tiges, fourrage excellent, mais qui a la propriété de colorer en rouge les os de tous les animaux qui en mangent et le lait des vaches. Si les semences sont parvenues à maturité, on les fait tomber en secouant ces tiges sur une toile avec la fourche.

L'arrachage se fait avec la bêche ou à la pioche. Ce travail long et dispendieux peut être abrégé par un labour de défoncement pour lequel on enraie dans les intervalles des ados. Des ouvriers répartis le long du sillon achèvent de le fouiller. Aussitôt extraites, les racines sont séchées soit à l'air, soit, à défaut d'un soleil assez chaud, dans une étuve, d'après la méthode alsacienne.

Le produit s'élève souvent, pour des garances de deux ans et demi, jusqu'à 3,500 kilo. de racines sèches du prix moyen de 60 francs les 100 kilo. Ajoutons que le sol est ensuite profondément amélioré et propre à porter toute espèce de récolte. Quelque tentants que soient de tels résultats, on ne doit entreprendre cette culture qu'avec beaucoup de prudence, parce que la garance produite par certains terrains est de qualité médiocre et de nulle valeur.

Dans le Midi, on plante souvent le long de haies ou de palissades des pieds exclusivement destinés à porter graine. Ces pieds se coupent en été, dès que les semences deviennent d'un violet foncé.

SAFRAN.

Le département de Vaucluse nous présente une seconde culture tinctoriale, celle du *safran*, végétal bulbeux qui ressemble au crocus des jardins, et produit une jolie fleur dont le style est surmonté de stigmates ou filets odorants de couleur orange. Ce sont ces stigmates qui procurent un principe aromatique très-fin et une teinture jaune. Comme la plante occupe le sol plusieurs années et qu'elle craint les fortes gelées, on ne peut la cultiver avec succès dans les parties froides de nos régions nord et nord-est. Sous le ciel brumeux du nord-ouest les fleurs seraient de qualité médiocre. En revanche, le safran résiste bien aux sécheresses, et réussit parfaitement dans le Midi ainsi que dans le Centre. Les champs les plus étendus se trouvent dans l'Angoumois, le pays de Vaucluse et le Gâtinais, près d'Orléans.

Cette plante exige une terre perméable, carbonatée, peu consistante, riche et sans grosses pierres. On la multiplie par les petits oignons ou caïeux qui naissent à côté des oignons anciens. Ces caïeux, qu'il faut choisir sains et fraîchement récoltés,

Safran.

sont plantés, du mois de juin au mois d'août, à 6 centimètres les uns des autres, par lignes espacées de 40 à 50 centimètres, dans des sillons de 15 à 20 centimètres de profondeur, creusés soit à la charrue, soit à la bêche, en terre bien pulvérisée. On sarcle ensuite le champ avec soin. Les fleurs, qui paraissent en automne, sont récoltées tous les deux jours et le soir même dépouillées de leurs stigmates qu'on fait sécher au soleil ou plutôt sur un tamis au-dessus d'un feu vif. L'hectare réussi en produit, la première année, 12 kilo. du prix de 35 à 40 francs le kilo. et chacune des années suivantes, 26 kilo. Après cette récolte, on coupe les feuilles, qui procurent un fourrage excellent, et on cultive le sol au hoyau. Lorsque les pieds se sont multipliés au point de remplir les intervalles des lignes, on reconnaît que la safranière est sur son déclin. On la détruit alors, en arrachant les oignons à la bêche. L'hectare en donne de 15 à 20 hecto. du prix moyen de 10 fr. Dans le Gâtinais, la safranière dure ordinairement trois années. Le champ se trouve ensuite très-amélioré et propre à toute espèce de récolte.

Gaude

GAUDE.

Semblable à un grand réséda, la *gaude* croît sauvage dans les terrains calcaires et sur les murs. On la reconnaît à ses tiges pyramidales, hautes souvent de plus de 1 mètre et garnies, sur une grande longueur, de fleurs jaunâtres. Toute la plante contient une teinture jaune. De ce végétal, qui est annuel, il existe deux variétés, l'une automnale, l'autre printanière. La première peut être cultivée dans toutes nos régions; c'est la plus productive. La seconde souffrirait de la sécheresse du Midi, et la culture n'en est appropriée qu'à nos régions septentrionales et de l'Ouest.

La gaude exige un sol perméable, calcaire, bien ameubli et purgé de chiendents, ni trop maigre, ni trop engraissé. — Terre très-pauvre, récolte insignifiante. — Terre trop riche, produit abondant, mais de qualité médiocre; ce que les marchands reconnaissent aux nombreuses ramifications des tiges.

La variété d'automne est mise en terre un peu avant les blés et récoltée l'été suivant. On répand la graine soit à la volée, en employant 4 kilo. par hectare, soit plutôt en lignes. Le semis s'effectue avec les précautions nécessaires aux graines fines. S'il a été fait en lignes, on sarcle la terre au moins une fois, et on espace les sujets de 15 centimètres. Plus éloignés, ils deviendraient branchus, et par suite le produit serait peu recherché. Après la floraison, quand les graines inférieures sont mûres et que les feuilles jaunissent, on arrache la gaude; on la met en faisceaux, et dès qu'elle est bien sèche, on la secoue sur un drap, afin d'en recueillir la graine qui est oléagineuse et de la valeur de celle d'œillette; enfin on lie la gaude en bottes de 15 à 20 kilo., par poignées croisées, de sorte que les racines se trouvent toutes au bout des paquets. Le produit d'un hectare bien traité varie de 3,000 à 4,000 kilo. du prix de 20 à 25 francs les 100 kilo. Mais, comme cette plante est rustique, on en néglige souvent la culture. Alors elle produit peu, et le champ reste souillé de mauvaises herbes. La meilleure semence se récolte sur des pieds qu'on a laissés mûrir complétement en sacrifiant le principe colorant.

PASTEL.

Avant que l'indigo colonial approvisionnât l'Europe en teinture bleue, le *pastel* était cultivé en grand et vendu avec beaucoup de profit en boules appelées *coques*, d'où vient le nom de *pays de cocagne* qu'on donne encore à tout pays riche. Aujourd'hui, il n'y a plus en France de champs de pastel qu'autour d'Albi et en Normandie.

Haute de 1 mètre et ramifiée dans son sommet, la tige de cette plante est garnie à sa base de feuilles nombreuses d'un vert bleuâtre. Les fleurs sont jaunes et produisent de petites siliques ailées. Il faut choisir les variétés dont le feuillage est lisse et large et dont les graines sont bleues ou violettes. Dans le Nord, on sème cette plante soit de bonne heure en automne, soit au printemps. Les cultivateurs du Midi préfèrent avec raison les semis automnaux. On choisit une terre carbonatée, profonde, plutôt riche en humus que fortement chargée d'engrais actif, parfaitement ameublie et purgée de chiendent. Le plus souvent on répand la semence à la volée, et on en met 10 kilo. par hectare. Cette graine doit être peu couverte et, à cause de sa grande légèreté, répandue par un temps calme. Si, comme il est préférable, le semis a été effectué en lignes, on sarcle le champ avec soin, en espaçant les pieds de 15 à 20 centimètres. Dès que le bord des feuilles se colore de violet, on les coupe avec précaution. Après les avoir lavées dans des corbeilles, on les fait sécher à l'ombre, et on les emballe en tonneaux ou en caisses. Cette récolte se renouvelle deux, trois, quatre ou cinq fois dans le cours de l'année; l'hectare rend 3,000 à 5,000 kilo. de feuilles sèches du prix de 20 francs les 100 kilo.

Semé en automne, le pastel peut procurer aux moutons et aux vaches un fourrage vert ou un pâturage printanier, abondant et très-précoce. On ne le cultive pas assez pour ce genre de produit.

PERSICAIRE.

Depuis quelque temps, on signale, comme beaucoup plus riche que le pastel en teinture bleue, la *persicaire de Chine*, plante annuelle qui est semée en pépinière dès le premier printemps, puis repiquée à 50 centimètres d'espacement, — au mois d'avril, dans le midi de la France, — au mois de mai, dans le nord. La terre est ensuite sarclée avec soin jusqu'à ce qu'elle soit parfaitement couverte par le feuillage qu'on fauche alors, puis encore à deux ou trois reprises dans le cours de l'année. Chaque fois on ramasse les feuilles, et on les soumet aux manipulations chimiques destinées à en extraire la couleur bleue, manipulations que M. de Gasparin décrit dans son *Cours d'Agriculture*. D'après M. Vilmorin, la persicaire pourrait faire à l'indigotier colonial une concurrence aussi redoutable qu'est celle de la betterave pour la canne à sucre.

TOURNESOL.

La plante dont on tire la teinture de *tournesol* si employée dans les laboratoires de chimie, croît à l'état sauvage sur plusieurs points du midi de la France. De tout temps, les habitants du village de Grand-Gallargue (Gard) allaient la recueillir dans les lieux arides, lorsqu'en 1830 on se mit à la cultiver. Cette plante fut désormais acquise à l'agriculture du Midi. Elle exige, pour donner de bons produits, une terre sèche, calcaire, et qui ne l'ait pas déjà trop souvent portée. En Provence, on enterre, avant l'ensemencement, un engrais végétal de roseaux. Le semis se fait à l'automne ou de très-bonne heure au printemps, soit à la volée, soit plutôt en lignes espacées de 40 centimètres. Comme la graine lève lentement, on commence par ésherber la terre; plus tard, on la sarcle une ou deux fois. Les feuilles se récoltent à la fin de l'été, lorsqu'elles vont tomber; puis, on les réduit sous la meule en une pâte qu'on presse et dont on recueille le suc. Cette pâte est imbibée d'urine et pressée de nouveau. Après avoir mêlé ensemble le jus des deux pressions, on y trempe des chiffons qu'on étend, entre deux draps, sur du fumier de cheval et qu'on recouvre d'un autre lit de fumier. Ces chiffons deviennent bientôt bleu foncé. On les livre alors au commerce sous le nom de *drapeaux de tournesol*.

CARTHAME.

Cultivé autour de Lyon et sur quelques points du Midi, le *carthame* ou *safran bâtard* est une plante annuelle à tige rameuse, haute de 70 centimètres, à feuillage épineux et portant des fleurs rouge-orange, de même forme que celles des chardons. Ces fleurs procurent deux teintures; l'une, jaune qui s'obtient par lavage dans une eau acidulée; l'autre, d'un rouge éclatant, dite *vermillon d'Espagne* ou *rouge de toilette*, qui se dissout dans l'eau alcalisée par le carbonate de soude. Pour que ces produits soient de bonne qualité, il faut que le carthame soit venu en terrain ferrugineux. De plus, il exige un champ riche, carbonaté, net de chiendents et bien ameubli. On le sème après les derniers froids printaniers, par lignes distantes entre elles de 26 centimètres. Les pieds, dans chaque ligne, sont espacés de 15 à 20 centimètres. On les sarcle et on les butte légèrement. A mesure que les têtes fleurissent, on les enlève, et on détache les fleurons qui sont la partie tinctoriale; ou bien, sans cueillir les têtes, on enlève les fleurons sur le champ même avec un couteau émoussé. Par ce second moyen les graines, qui équivalent à celles d'œillette, peuvent être récoltées à maturité. Un hectare réussi en produit 12 à 15 hecto. et 150 à 200 kilo. de fleurs qui se vendent 190 fr. les 100 kilo.

CHAPITRE XXII

PLANTES A PRODUITS DIVERS; TABAC.

L'agréable, fût-il dangereux, passe trop souvent avant l'utile. De deux solanées du Nouveau-Monde l'une, la précieuse pomme de terre, qu'on pourrait appeler la providence du pauvre, reste presque ignorée pendant deux siècles; l'autre, le *tabac*, qui ne répond à aucun besoin réel, gagne rapidement tout l'univers.

C'est en 1560 que de Tabago, île des Antilles, le tabac est porté en Espagne. Aussitôt chacun s'en occupe, et Nicot, ambassadeur de France à Lisbonne, en envoie des graines à Marie de Médicis. Quelque temps après, il lui présente la plante elle-même qu'on appelle par flatterie *herbe à la reine*; puis, *herbe sainte* à cause des propriétés merveilleuses qu'on lui attribue; enfin, *nicotiane*, du nom de Nicot. Le cardinal de Lorraine la prend sous sa protection. Deux autres cardinaux, Sainte-Croix et Tournabon, la font connaître en Italie. On publie pour ou contre des milliers de volumes et jusqu'à des poëmes. Jacques Ier, roi d'Angleterre, écrit lui-même sur le tabac. Indigné de ce qu'une imprudence de fumeurs cause l'incendie de sa capitale, un duc de Moscovie interdit l'usage de la pipe, d'abord avec menace de bastonnade, ensuite sous peine d'avoir le nez coupé, enfin de perdre la vie. Un empereur turc et un schah de Perse publient des défenses du même genre. Le tabac n'envahit que plus rapidement l'Europe et l'Asie. En France, ce fut sous le ministère de Richelieu qu'il commença à être imposé. Grâce à l'intrépidité croissante des amateurs de cigares, il a procuré à nos caisses publiques, dans le cours de 1856, 152 millions, et ce revenu s'accroît chaque année de 7 à 8 millions.

Cette plante, qui est annuelle, présente une tige forte, branchue, haute de 1 mètre 50 c. à 2 mètres, des feuilles ovales, des fleurs verdâtres, des capsules remplies de graines très-fines. Il en existe trois variétés principales: l'une, à large feuillage, la plus cultivée en Europe; la seconde, à feuilles plus étroites, répandue surtout en Amérique; la troisième, à feuilles crépues, commune en Orient et originaire du Pérou. Ne confondons pas avec ces variétés la *nicotiana rustica*, espèce différente qu'on voit quelquefois dans les jardins et qui a des feuilles beaucoup plus petites et moins parfumées.

Quoique sensible aux moindres gelées, le tabac pourrait être semé sous le climat de nos différentes régions; mais l'administration, qui s'est réservé la manipulation du produit, n'en permet la culture que dans un petit nombre de départements.

Plus les étés sont chauds, plus les feuilles sont douces et aromatiques. Ainsi, les tabacs de Flandre et d'Alsace seront toujours moins bons que ceux de la Havane, de Virginie, de Maryland, d'Égypte. L'infériorité de nos tabacs tient encore à la grande quantité d'engrais actif qu'on donne au sol afin d'obtenir d'abondantes récoltes. Les excellents tabacs d'Amérique proviennent de terres vierges très-riches qu'il n'est pas nécessaire d'engraisser pour cette culture, l'une des plus absorbantes que nous connaissions.

En France, à défaut de ce genre de terrain, il faut choisir un champ de la meilleure nature, abrité, ou du moins hors de l'atteinte des forts ouragans. Pour protéger le feuillage si tendre du tabac, les Hollandais entremêlent souvent avec lui des lignes de haricots à rames.

La graine qui, à cause de son extrême finesse, veut à peine se trouver couverte, est semée sur couche au printemps de très-bonne heure; car il faut que la plante se développe au cœur de l'été et qu'un soleil ardent colore vivement les feuilles. Si, pour avoir poussé tardivement, celles-ci sont d'un vert clair au moment de la récolte, elles manquent de parfum et s'altèrent rapidement. Lorsque les jeunes sujets ont au moins cinq feuilles, on les repique, à la distance entre eux de 1 mètre à 1 mètre 20, dans des trous remplis de fumier consommé; on les arrose, et si le temps est sec, on les abrite avec une feuille de chou. On sarcle ensuite la terre autant de fois qu'il le faut pour la tenir parfaitement nette et meuble. La culture du sol se termine par un buttage. Lorsque la plante n'a encore que 30 centimètres de haut, on en pince la cime, afin de reporter la sève sur le développement foliacé. Puis, tous les huit jours, on enlève les bourgeons latéraux. On retranche aussi les feuilles qui touchent terre, et on n'en laisse que le nombre prescrit par les règlements. En Alsace, dès qu'elles commencent à jaunir, on les cueille avec précaution, par un beau temps, une fois la rosée passée; et, on les enfile dans des perches ou dans des ficelles qu'on suspend horizontalement, d'abord au soleil, ensuite à l'ombre, afin que la dessiccation s'achève lentement. Pour les empêcher de moisir, on a soin qu'elles ne se touchent pas. Au bout de huit à dix semaines, on les lie en paquets de 25 à 30, qu'on porte au grenier où on les retourne une fois tous les huit jours jusqu'aux gelées; ou bien on les dispose, dans un lieu aéré, en tas allongé de 1 mètre à 1 mètre 20 de large et d'autant de haut. Quinze jours après, lorsque le tas s'est échauffé, on le défait et on le reforme, en mettant à l'intérieur du second tas les parties de feuilles qui étaient en dehors du premier. Trois ou quatre semaines après, on bouleverse encore le monceau. Enfin, les feuilles, devenues ridées, sont empilées en masses épaisses qu'on presse très-fortement.

Le produit de l'hectare varie de 1,000 à 1,500 kilo. de feuilles sèches du prix de 70 à 100 francs les 100 kilo. Tout l'engrais qu'on a appliqué n'est pas absorbé à beaucoup près, et la terre reste parfaitement préparée pour toute espèce d'ensemencement.

CHAPITRE XXIII

PLANTES A PRODUITS DIVERS (SUITE); HOUBLON, CARDÈRE, CHICORÉE SAUVAGE.

—

HOUBLON.

Au temps heureux de l'école buissonnière, je cueillais dans les haies le *houblon* sauvage pour me parer de ses guirlandes. Depuis, dans les riches plaines de Flandre, j'ai admiré cette même plante grimpant jusqu'au sommet des perches qu'on lui donne pour tuteurs, et retombant de tous côtés en festons parfumés.

Le houblon est vivace et dioïque. Les pieds femelles, qui produisent les cônes dont on se sert pour aromatiser la bière, sont seuls cultivés. Cependant quelques agriculteurs conseillent de mettre dans la houblonnière un ou deux pieds mâles, parce que, disent-ils, la fécondation des fleurs favorise le développement des cônes. En tous cas, on ne doit jamais mélanger les variétés hâtives avec les tardives; cependant il convient d'en cultiver des unes et des autres, afin que la récolte soit moins pressée. Dans les deux catégories, nous choisirons celles dont les cônes, petits ou moyens plutôt que grands, sont denses, très-odorants, riches en poussière aromatique de couleur jaune.

Précieux surtout pour les pays déshérités du fruit de Bacchus, le houblon n'est cultivé que dans nos régions septentrionales. Il exige une terre qui ne soit exposée ni aux ouragans, ni à la poussière des routes, ni aux froides exhalaisons soit des marécages, soit des forêts. Il exige une terre meuble, en plein soleil, abritée des vents du nord et du nord-est, plutôt en pente douce que sans inclinaison, perméable, profonde, riche, très-abondamment engraissée, défoncée jusqu'à 80 centimètres au moins.

Pour établir une houblonnière, on forme au printemps, avec du fumier en dessous et de la terre meuble par-dessus, des buttes espacées de 2 mètres, au

Houblon femelle.

milieu desquelles on creuse des fosses de 30 centimètres. Dans chacune de ces cavités, on plante, avec arrosage, si le temps est sec, trois ou quatre œilletons détachés d'anciennes souches, pousses que l'on choisit fortes, pourvues de racines et d'au moins trois ou quatre boutons; on a grand soin de ne pas les meurtrir; le mieux serait de les laisser se fortifier un an en pépinière. Ces œilletons sont recouverts de 3 à 6 centimètres de terre meuble.

La première année, on sarcle la houblonnière, et on lie ensemble les tiges de chaque monticule. Aussitôt après l'hiver, on les déchausse, et avec une serpette bien tranchante on les coupe à 7 millimètres de la souche. On enlève en outre les pousses parasites qui tendent à surgir. Puis, on reforme les buttes, en les couvrant d'engrais et de terre meuble, et l'on fait avec un pieu de fer, à 30 centimètres de chaque souche, vers le côté d'où vient ordinairement le vent le plus fort, un trou de 40 à 60 centimètres, dans lequel on enfonce une perche bien droite de 10 à 12 mètres de haut. Bientôt, les jeunes pousses sortent de terre. Lorsqu'elles ont environ 40 centimètres de haut, on attache à la perche les deux ou trois plus vigoureuses avec un lien de paille ou de jonc. Les autres sont supprimées, à l'exception d'une ou deux que l'on conserve provisoirement pour remplacer les premières en cas d'accident. Cette ligature doit se faire par un temps sec et avec précaution. Plus tard, si le houblon se détache de sa perche, on le lie encore de la même manière. Dès que les branches latérales se produisent, on les supprime jusqu'à 1 mètre au-dessus du sol, et, plus haut, on pince à plusieurs reprises toutes celles qu'il est possible d'atteindre. Aux approches de la maturité, on enlève même successivement dans le bas du pied la plus grande partie du feuillage. Dans le cours de l'été, on sarcle la terre, en rechaussant les tiges. Ces diverses opérations se renouvellent tous les ans.

On procède à la récolte, par un beau temps, dès que les cônes, encore fermes et denses, sont devenus visqueux par exsudation d'une huile volatile, et lorsque la poussière aromatique dont ils sont pourvus intérieurement a pris le degré de couleur jaune qui caractérise la variété. Si l'on attendait leur complète maturité, ils tomberaient facilement et seraient de médiocre qualité. Les tiges sont coupées, et les perches arrachées au moyen d'une forte pince. Le tout est porté sous un hangar où la cueillette se fait à l'abri. Les cônes sont séchés à l'air, ou bien, à défaut de soleil assez chaud, dans une étuve chauffée à 80 degrés, ou mieux encore, lentement dans des greniers sur lesquels on les étend d'abord en lits très-minces; à mesure que le houblon se ressuie, l'épaisseur de ces lits peut être portée jusqu'à 60 centimètres. On les remue deux ou trois fois par jour, afin qu'aucune fermentation ne puisse s'établir, et si le temps est humide, on tient le grenier bien fermé. Enfin, on met le houblon en balles très-serrées que l'on tâche de vendre le plus tôt possible; car son parfum s'affaiblit avec le temps, et cette diminution de qualité est d'autant plus sensible que l'emballage est moins bien fait. En quelques pays, les cultivateurs trouvent grand avantage à s'associer pour les manipulations et la vente de ce produit.

Après la récolte, les perches, qui doivent être écorcées et goudronnées, se rangent soit sous un hangar, soit à l'air en faisceaux qu'on établit facilement autour de trois d'entre elles liées ensemble par le haut et écartées du pied.

Le produit moyen de l'hectare en plein rapport est de 1,100 kilo. de cônes du prix de 120 à 130 francs les 100 kilo. Les tiges procurent une filasse grossière dont on fait quelquefois des cordes.

La houblonnière n'est en plein rapport qu'à sa quatrième année. On la défriche lorsque les produits diminuent fortement de qualité et d'abondance, en général 15 à 20 ans après la plantation. Alors le terrain, qui primitivement était déjà riche, se trouve encore sensiblement amélioré. Toutefois on ne peut y cultiver de nouveau le houblon avant qu'il se soit écoulé plusieurs années.

CARDÈRE.

Nous connaissons tous la *cardère* sauvage, dont les têtes, couvertes de fleurs lilas, forment un dôme porté par des tiges épineuses de 1 mètre 50 de haut. La cardère cultivée lui ressemble beaucoup, si ce n'est que les barbes des têtes, au lieu d'être droites, sont courbées en forme de petits crochets. Ce sont ces têtes qu'on emploie dans la fabrication des étoffes de laine.

On distingue deux variétés de cardère cultivée: l'une plus forte, qui sert à la confection des draps grossiers; l'autre, à têtes plus petites qu'on emploie pour celle des tissus fins.

Quoiqu'elle puisse se faire dans nos diverses régions, cette culture n'existe qu'autour des principaux centres de fabrication de draperie, Louviers, Elbeuf, Carcassonne, Beauvais.

La cardère exige une terre friable, carbonatée, perméable, naturellement fertile, peu fumée; trop d'engrais développerait excessivement le volume des têtes. La plante, qui est bisannuelle, occupe le sol deux années. Suivant que le climat est sec ou humide, on la sème à l'automne ou au printemps, par rayons espacés de 75 centimètres. La graine doit être très-peu couverte. Les pieds sont éclaircis à 50 centimètres. Au moyen de sarclages suffisants, on tient la terre nette et meuble, et pour mieux préserver les plantes du froid, on les butte avant l'hiver; ou bien on étend sur le sol une couche très-mince de fumier pailleux; trop épaisse, cette couverture ferait pourrir les sujets. La seconde année, on sarcle le champ en détruisant tous les drageons qui naissent du collet.

La chute des fleurs indique la maturité des têtes. Dans le nord de la France, on recueille au mois d'août celles qui terminent les tiges; au commencement de septembre, les têtes latérales de l'étage supérieur; à la fin du même mois, toutes les autres. A chacune on ménage une queue de 20 centimètres. Liées par paquets, elles sont suspendues à couvert de peur qu'une dessiccation trop rapide ne rende les crochets durs et cassants. Bien récoltées, elles sont d'un beau roux, sans teinte noire. Des pluies fréquentes les avarient. L'hectare produit en moyenne à Grand-Fresnoy (Oise), 180 *couronnes* du prix actuel de 6 fr. On appelle *couronnes* des paquets arrondis qui se composent chacun, ou de 500 *bonnetiers* (têtes de 9 centimètres de longueur, 1/30e de la récolte); ou de 1,000 *foulons* (7 centimètres de longueur, 27/30es de la récolte); ou de 2,000 *moyens* (5 centimètres de longueur, 1/30e de la récolte) ou de 4,000 *boutons de guêtre* (3 centimètres de longueur, 1/30e de la récolte).

Après cette culture, le champ se trouve très-épuisé. Pour éviter qu'il soit occupé deux années entières, on peut semer la cardère en pépinière et la repiquer à l'automne qui précède l'année de la récolte. Dans ce cas, il faut 1 are de pépinière pour 10 ares de terrain, et par are, 1 litre 25 centilitres de semence.

Si l'on ne cultive pas cette plante en grand, du moins il est utile d'en planter quelques pieds près des ruches. Les abeilles butinent sur les fleurs et se désaltèrent dans l'espèce de vase que chaque étage de feuilles forme autour de la tige, gobelet providentiel qui recueille la rosée au profit des habitantes de l'air.

CHICORÉE.

Le café était à peine connu des Européens, lorsque, en 1669, l'usage en fut introduit à Paris par Soliman Aga, ambassadeur turc. Chacun voulut goûter alors de cette boisson orientale, et bientôt elle devint pour beaucoup de personnes un objet de première nécessité. Mais comment satisfaire à ce besoin, quand, par suite des guerres de l'empire, toutes les denrées coloniales se vendaient un prix excessif? De tout ce qu'on essaya pour remplacer la graine du cafeyer, la racine de *chicorée sauvage* eut seule du succès. La culture de cette plante s'étendit bientôt. Aujourd'hui, elle tient dans le Nord une place importante.

La chicorée sauvage a des racines vivaces, pivotantes, longues et charnues. Ses tiges, hautes de 70 centimètres à 1 mètre, portent de jolies fleurs bleues et des feuilles allongées, de saveur amère. La variété cultivée pour café a des feuilles velues, non dentées, plus grandes que ne sont celles des variétés ordinaires. Ses racines ressemblent à de longues carottes.

On lui choisit une terre perméable, carbonatée, riche en humus. Le champ est défoncé, ameubli, nettoyé. Au printemps, on sème la graine en rayons espacés de 30 à 40 centimètres. Celle-ci est couverte à peine. Un peu plus tard, on sarcle les jeunes plantes, et on les espace de 20 centimètres. En automne, on coupe les feuilles pour les moutons et les vaches; puis, les racines sont arrachées, nettoyées, fendues dans leur longueur et divisées en petits tronçons ou *cossettes* qu'on fait torréfier et moudre. L'hectare en produit 4 à 500 kilo. valant 8 à 22 francs les 100 kilo.

La chicorée sauvage peut encore être cultivée comme plante fourragère. A cet effet, on la sème à la volée, au printemps, en terre carbonatée, friable, bien ameublie, purgée de chiendent. Il faut par hectare 15 kilogrammes de graine. La première année, on obtient deux coupes passables, et, chacune des deux années suivantes, quatre coupes abondantes. La chicorée pour fourrage peut aussi se semer au printemps sur terre occupée par une céréale. Mais, dans ces conditions, elle ne pousse vigoureusement que la seconde année. Simplement fauchée, cette plante améliore la terre, tandis qu'arrachée elle passe pour épuisante. Le fourrage qu'elle procure est sain, légèrement purgatif, aimé de tous les animaux.

Chicorée sauvage.

CHAPITRE XXIV

PLANTES FOURRAGÈRES DE PRAIRIES ARTIFICIELLES; TRÈFLE COMMUN, TRÈFLE BLANC, TRÈFLE INCARNAT, TRÈFLE HYBRIDE.

Tandis que la terre se trouve épuisée par le plus grand nombre des plantes que nous venons de passer en revue, celles qu'il nous reste à étudier tirent de l'air, pour la plupart, une si forte proportion d'aliments que, tout en produisant un fourrage abondant, elles améliorent le sol. Plusieurs de ces végétaux précieux servent à former les prairies artificielles. Les autres composent les gazons naturels.

TRÈFLE COMMUN.

Les Anglais n'ont pas oublié qu'ils doivent la propagation du *trèfle commun* à sir Richard Wilson, un de leurs grands chanceliers du XVIIe siècle. L'Allemagne, de son côté, vénère le nom de Schubart qui, vers 1750, fut, au delà du Rhin, l'apôtre de cette même plante; service éminent pour lequel il reçut le titre de *baron de Kleefeld* (champ de trèfle). Depuis longtemps déjà, le trèfle était cultivé en Flandre, d'où il n'a commencé à se propager dans le reste de la France que vers la fin du XVIIIe siècle. L'Alsace, dit Schvertz, en dut les premières semences, en 1760, à Schrœder, père de l'écrivain agronomique de ce nom.

Le trèfle commun est un végétal vivace de nos prairies. On le reconnaît à son feuillage à trois divisions et à ses fleurs d'un violet clair qui forment des têtes de la grosseur d'une noix. Ces têtes noircissent en mûrissant, et produisent des graines en forme de petites fèves colorées de jaune et de violet. La racine est pivotante, et la plante talle sans tracer. Les tiges ont 30 à 60 centimètres de haut. Le champ, au moment de la fleur, présente souvent un tapis violet d'odeur exquise. On distingue deux variétés perfectionnées de trèfle commun : l'une, le *grand trèfle normand*, est la plus forte et la plus productive, mais aussi la plus tardive et la plus difficile sur le choix du sol. C'est l'autre qu'on cultive généralement.

Cette plante se plaît dans nos régions septentrionales et de l'ouest. Mais plus nous avançons vers le Midi, plus la sécheresse compromet le semis et nuit à l'abondance des coupes.

Le trèfle aime les terrains carbonatés frais et consistants, soit argileux, soit limoneux. Comme il n'exige pas une grande richesse, il réussit encore dans beaucoup d'autres sols. Ce qu'il redoute le plus, c'est l'humus acide ou l'aridité.

On répand la graine au printemps, à la quantité de 20 à 25 kilo. par hectare, sur terre occupée par une autre plante, céréale, lin, colza; si le temps est sec, on la serre avec le rouleau. Après l'enlèvement de la récolte au milieu de laquelle ce semis a eu lieu, le trèfle se développe au point de pouvoir quelquefois être coupé dès l'automne. Quelques cultivateurs le couvrent ensuite de fumier pailleux, afin de le garantir du froid; précaution peu nécessaire. En général, il ne souffre pendant l'hiver que dans les champs mal assainis. Au printemps, il convient de le herser vigoureusement; puis, dès que les feuilles commencent à s'étendre, on répand par un temps humide un amendement sulfureux, plâtre ou cendres pyriteuses. Deux hecto. de poussière de plâtre suffisent par hectare; mais, ainsi que nous l'avons expliqué, cet amendement n'agit pas sur tous les sols.

Le trèfle qu'on veut sécher doit être fauché dès que la plupart des têtes sont fleuries. Plus tôt, on perdrait en quantité; plus tard, en qualité. Pour faner ce fourrage, on évite de le secouer, de peur de faire tomber les feuilles, qui en sont la meilleure partie. Ainsi, on laisse d'abord les andains se ressuyer un jour ou deux. On les retourne ensuite avec la fourche, sans les étendre; puis, on fait avec le râteau des brassées qu'on réunit en meulettes de 2 mètres de large et d'autant de haut dans lesquelles la dessiccation s'achève. — Ou bien, le jour même du fauchage, on met le trèfle en petits tas de 1 mètre de large sur 50 centimètres de haut. Au bout de deux jours, on retourne ces tas d'un coup de fourche; s'il le faut, on les retourne encore une ou deux fois; enfin, lorsqu'ils sont bien secs, on les charge, en prenant une de ces brassées de chaque coup de fourche; travail plus expéditif que le chargement de tas plus gros.

Voici, pour les temps de pluie, une méthode qui conserve au fourrage toute sa qualité : le trèfle encore vert est mis en monceaux de cinq à six charrettes chacun. Il s'échauffe alors rapidement. Avant qu'il sente le moisi, on défait les tas, et on les reforme après le refroidissement du fourrage. On recommence encore l'opération une ou deux fois. Grâce à la chaleur produite par la fermentation, on obtient ainsi, même sous un ciel très-pluvieux, cette dessiccation parfaite qui est indispensable à la bonne qualité du trèfle et autres foins artificiels.

Si l'été n'est pas trop sec, le trèfle donne une seconde coupe de tiges fleuries et, à l'automne, une pousse qui peut servir de pâture ou d'engrais végétal. Le produit total d'un hectare réussi varie de 6 à 8,000 kilo. de fourrage sec. La première coupe équivaut à de très-bon foin naturel. La seconde est de qualité moindre. Quant au pâturage, il est dangereux pour les moutons et pour les vaches.

Trèfle commun.

Lorsqu'on laisse subsister cette prairie artificielle deux ou plusieurs années, elle s'éclaircit, et les vides se remplissent d'herbes. Cet engazonnement est utile, si le champ doit rester en pâturage; mais il faut l'éviter dans tout autre cas. Aussi conserve-t-on rarement le trèfle plus d'un an. Il faut d'ailleurs ne le semer qu'en terre parfaitement purgée de chiendent, éviter enfin de le faire revenir trop souvent sur le même sol. L'expérience locale indique combien de temps on doit laisser écouler avant d'en remettre sur un terrain qui en a déjà porté.

Pour obtenir la graine, on laisse mûrir la seconde pousse des champs les plus clairs et les mieux fleuris. La maturité arrivée, ce qu'on reconnaît à la dureté des grains, on enlève les têtes au moyen d'un peigne analogue à celui qu'on employait jadis en Gaule pour la moisson. Le meilleur instrument de ce genre est le *rafleur* inventé par M. Parpaite de Carignan. Le peigne y est supporté par une brouette dans le coffre de laquelle se recueillent les têtes. A défaut de *rafleur*, on emploie la faux pour récolter le trèfle en graine; ensuite on le rentre très-sec, et on l'étête soit au fléau, soit au moyen de la machine à battre. La semence, telle que la procure ce travail, peut être semée, et même elle réussit d'autant mieux que la balle dont elle est encore entourée retient la fraîcheur autour du germe; mais, pour la vendre, il faut la purger de ses enveloppes, en la faisant fouler sous une meule à huile, ou bien en la battant à coups redoublés de fléau par un temps très-sec. Nous ne conseillons pas de la mettre au four, comme on le fait quelquefois, pour faciliter l'opération; car, pour peu que le four soit trop chaud, les semences perdent leurs facultés germinatives. Le produit d'un hectare de trèfle en graine est très-irrégulier. On obtient dans les meilleures années 400 kilo. du prix moyen de 1 fr. 60. Pour en tirer une teinture jaune, certains industriels plongent ces graines dans l'eau bouillante, puis les vendent à des marchands qui les mélangent avec d'autres. Les bonnes semences sont d'un jaune clair mêlé de violet. Les mauvaises ont l'œil mat et pâle. Si nous doutons de la qualité de celles que nous marchandons, recourons à l'essai par la germination.

TRÈFLE BLANC.

Plus petit que le trèfle commun, le *trèfle blanc*, l'une des meilleures plantes de pâturages et de prairies, se trouve dans presque tous les gazons naturels. Il est vivace, s'étend en rampant à la surface du sol et devient beaucoup plus touffu que le premier; mais il exige encore plus de fraîcheur. Jamais la gelée ne le détruit. Rustique et peu difficile sur le choix du sol, il se plaît surtout dans les limons frais; souvent une application de cendres sur ce genre de terrain en détermine une végétation spontanée des plus remarquables.

On le sème, on l'amende et on le récolte comme le précédent. Sous un ciel humide, il peut l'égaler en produits fauchables, et pour pâture il lui est supérieur à cause de son épaisseur, de sa promptitude à repousser et de sa persistance à couvrir plusieurs années le sol où on l'a semé. Lorsqu'on ne le laisse durer qu'un an, il est tout aussi améliorant que le trèfle commun, résiste mieux aux mauvaises herbes et peut revenir plus souvent sur le même terrain. On ne remarque pas que la production de l'un nuise à l'autre. Il faut par hectare 15 à 16 kilo. de graine. Celle-ci se récolte comme celle de l'espèce précédente.

TRÈFLE INCARNAT.

Au lieu de ramper comme le trèfle blanc, le *trèfle incarnat* ou *farouche* dresse fièrement une tige velue que surmontent des panaches de fleurs d'un rouge éclatant. On sème ce trèfle, qui est annuel, au milieu ou à la fin de l'été, et on le coupe de bonne heure au printemps suivant. Sa végétation s'accomplit ainsi dans la portion de l'année la moins chaude et la moins aride. Aussi réussit-il bien dans le Midi, dont les sécheresses compromettent tant d'autres produits. Il souffre quelquefois de la gelée sous le climat du nord et des montagnes, cependant il peut être cultivé par toute la France. Lorsque les autres trèfles n'ont pas levé, celui-ci, qui se sème plus tard, devient précieux pour les remplacer.

On en possède deux variétés, l'une tardive, que l'on coupe en même temps que le trèfle commun, l'autre hâtive, qui se récolte quinze jours plus tôt. Toutes deux sont fort utiles à la région du sud où le trèfle commun ne réussit pas. Dans le Nord, on préfère généralement la variété hâtive.

Le trèfle incarnat aime les sols calcaires, perméables, légers. Dans ces terrains, fussent-ils de fécondité médiocre, il donne d'excellents produits. Au contraire, en lieux froids et humides, il devient souvent la proie des insectes. Comme la graine craint d'être mise en terre trop soulevée, on la répand sur

Trèfle blanc ou rampant.

Trèfle incarnat.

trait de herse ou de scarificateur plutôt que sur labour, et, toutes les fois que le temps est sec, on la presse fortement au rouleau. Dans le Midi, on irrigue le champ, si faire se peut, avant la semaille. Plus celle-ci se fait tard, plus les insectes causent de dégâts.

On plâtre, on fane et on récolte en graine le trèfle incarnat comme le trèfle commun. L'hectare produit 4 à 5,000 kilo. de fourrage sec de bonne qualité, inférieur cependant à celui des autres espèces. Il faut 25 à 30 kilo. de graine pour le semis d'un hectare.

Nous ne pouvons passer ici sous silence une quatrième espèce, le *trèfle hybride* qui se cultive de la même manière que le trèfle commun, mais qu'on dit plus persistant, plus rustique et plus productif dans les terrains froids. Pour la nuance des fleurs et le port du végétal, il tient le milieu entre le trèfle blanc et le trèfle commun. Le fourrage qu'il donne est fin et abondant. La réussite complète d'un essai que j'en ai fait cette année dans le département de la Meuse confirme tout le bien que j'en ai entendu dire. Cette plante commence à se propager en Normandie et en Lorraine.

CHAPITRE XXV

PLANTES DE PRAIRIES ARTIFICIELLES (SUITE); LUZERNE, LUPULINE, SAINFOIN.

La luzerne engraisse le champ.
COLUMELLE.

LUZERNE.

De toutes les conquêtes d'Alexandre, la seule qui subsiste encore aujourd'hui, est celle que fit le héros grec d'une plante de Médie, la précieuse *luzerne*. De même hauteur que le trèfle, elle a le feuillage trifolié, mais plus petit; des grappes de fleurs d'un violet foncé, des gousses contournées qui contiennent des graines fines et jaunâtres. Par ses racines vivaces et pivotantes, elle pénètre à une grande profondeur, ce qui lui permet de résister ensuite aux sécheresses et de donner d'excellentes récoltes, même sous le ciel brûlant du Midi. En avançant vers le Nord, nous remarquons que cette plante est moins productive. Cependant, sous le climat de Paris, on la regarde encore comme la reine des prairies artificielles.

Il lui faut un sous-sol calcaire, perméable et fendillé. Plus ce sous-sol est profond, plus elle vit longtemps ; mais dès que ses racines, qui s'allongent sans cesse, atteignent une couche compacte et humide, elle dépérit.

La plupart des luzernières restent vigoureuses de quatre à dix ans, et il en est qui durent jusqu'à vingt. Dans le Midi, afin que la plante encore jeune ne souffre pas de l'aridité estivale, on sème généralement la graine en septembre sur une terre

Luzerne de Provence en fleur.

ameublie et nettoyée. Si, dans le Nord, le semis s'effectuait à cette époque, la luzerne périrait souvent en hiver. Adoptons donc plutôt pour le climat septentrional le semis printanier, et répandons la graine au milieu d'une céréale, en terre préparée avec tout le soin possible. En général, nous choisirons à cause de sa vigueur, la variété dite *de Provence*, dont les graines tirées du Midi sont d'un beau jaune. Exceptionnellement, pour des localités froides, il faudra cependant préférer, comme moins délicate à la gelée, la variété commune dont les graines roussâtres sont connues dans le commerce sous le nom de graines du Poitou. Il faut 15 à 25 kilo. de semence par hectare.

Plus le champ est riche et pourvu d'engrais, plus la luzerne est productive et tout à la fois améliorante. Aussi, indépendamment de l'amendement sulfureux qui lui est favorable comme au trèfle, il convient de lui appliquer de temps en temps du fumier consommé ou quelque engrais soit liquide, soit pulvérulent. En Provence, un arrosage après chaque coupe en assure cinq; si l'on n'irrigue pas, le produit n'est pas supérieur à celui des luzernières des environs de Paris et se compose de trois coupes dont la dernière est peu abondante.

La luzerne ne se trouve en plein rapport qu'à partir de la deuxième année après le semis. Dans le Nord, elle rend alors par hectare 7 à 9,000 kilo. du meilleur fourrage sec, et dans le Midi, en terre arrosée, 10 à 15,000 kilo. La fenaison se fait comme celle du trèfle.

Les plantes s'éclaircissent en vieillissant, et les vides se remplissent d'herbes. C'est dans ces champs devenus clairs qu'on récolte la meilleure graine; — sur la seconde pousse, dans le Nord et le centre; — sur la troisième, dans le Midi. Pour ce produit qui est beaucoup plus abondant dans le Midi que dans le Nord, on coupe la luzerne à complète maturité. Par un premier battage, on fait tomber les gousses; puis, on met les semences à nu de la manière que nous avons indiquée pour celles du trèfle.

La luzernière défrichée se trouve enrichie d'humus très-fertile, et cependant on ne peut y cultiver de nouveau cette plante utile, avant qu'il se soit écoulé plusieurs années. Au milieu de la céréale semée aussitôt après le défrichement, il repousse presque toujours des pieds qui produisent d'excellentes graines. Ne négligeons pas de les recueillir.

LUPULINE.

A la même famille appartient une plante fourragère annuelle, la *lupuline*, qui se trouve dans nos prairies et que l'on cultive en beaucoup de pays. On la reconnaît à ses petites têtes de fleurs jaunes, à son feuillage trifolié, à sa tige rampante, à ses graines jaunes contenues dans des gousses arrondies de couleur noire. La plante, qui commence à fleurir dès le premier printemps, grandit et s'épaissit ensuite au point de couvrir le champ, lorsqu'il est fertile, d'une coupe fourragère touffue de 30 à 40 centimètres de haut et de qualité excellente. La lupuline ne gonfle pas les moutons et les vaches, tandis que le pâturage de toutes nos espèces précédentes, surtout celui des trèfles, est plus ou moins dangereux. Elle se sème et se cultive comme le trèfle commun; réussit sous l'influence des mêmes conditions climatériques, c'est-à-dire, plutôt dans le Nord que dans le Midi; ne peut venir qu'en terrain carbonaté, et fournit, suivant le degré de fertilité du champ, une coupe ou un pâturage plus ou moins riche. La graine, qui se récolte comme celle de la luzerne, est généralement abondante et à bas prix. On en met par hectare 14 à 16 kilo.

Lupuline.

Dans les exploitations composées de terrains calcaires et peuplées de moutons, cette culture ne peut en quelque sorte être trop étendue; les champs ne s'en fatiguent pas comme de beaucoup d'autres.

SAINFOIN.

Ainsi que la luzerne et la lupuline, le *sainfoin* est précieux aux pays calcaires. Son nom indique un fourrage parfait. Non moins brillant qu'utile, il orne la plaine de son feuillage ailé et de beaux panaches de fleurs d'un violet clair. Ses racines sont vivaces et profondément pivotantes; aussi, peut-il occuper la terre plusieurs années. Plus dur au froid que la luzerne, il convient mieux aux parties les moins chaudes de nos régions nord et nord-est. Il exige, comme elle, un sous-sol perméable, calcaire, fendillé. Du reste, moins difficile sur la qualité du sol, il se plaît en terre aride et sablonneuse qui ne conviendrait pas à l'autre plante. Mais il est beaucoup plus tôt arrêté, dans sa végétation, par les sécheresses de l'été. Partout où la plante de Médie peut réussir, elle doit donc lui être préférée.

On distingue deux variétés de sainfoin : l'une plus petite qui ne donne qu'une coupe; l'autre plus grande et plus disposée à repousser. Celle-ci ne se perpétue que sur de bons terrains. Mais, dût-elle dégénérer, il convient toujours de la préférer à la première, sauf à tirer semence des pays où elle est répandue, tels que la Normandie, le Languedoc, l'Artois, la Picardie.

Sainfoin.

Dans le Midi, on sème souvent le sainfoin à la fin de l'été, en appliquant par hectare 4 à 5 hecto. de bonne graine. Dans le Nord, le semis s'effectue, dès les premiers jours du printemps, sur une terre occupée par une céréale. Comme aucun jet ne pousse des racines, cette plante craint la dent des animaux. Dès lors, il faut s'abstenir de la faire pâturer l'année même de la semaille; et plus tard, il convient de ne la laisser brouter que modérément. Elle se trouve en plein rapport l'année qui suit celle du semis. Lorsque la sécheresse n'est pas excessive, la grande variété produit en deux coupes 6 à 7,000 kilo. du meilleur fourrage sec. Dans le Midi, l'irrigation permet d'obtenir quatre coupes. Si les conditions sont moins favorables, le sainfoin donne une seule coupe et un pâturage d'automne. Relativement au plâtrage, au hersage printanier et à la récolte, ce que nous avons dit du trèfle s'applique au sainfoin.

Pour graine, on le fauche avant la maturité complète, afin de ne pas perdre les meilleures semences, qui viennent les premières à maturité. Le lendemain, on secoue la plante sur des toiles avec la fourche, sans chercher à faire tomber toutes les gousses, de peur qu'avec les bonnes il ne s'en mêle un grand nombre qui ne seraient qu'à moitié mûres. Comme ces précautions ne sont pas toujours prises, il se vend beaucoup de graines de sainfoin de qualité médiocre.

Quelquefois on ne conserve cette prairie artificielle qu'une année. Mais en pays pauvres, le mieux est de la laisser subsister longtemps. Le sol se trouve ensuite très-amélioré. On dit que le sainfoin nuit aux arbres plantés dans les champs. Nous n'avons pu vérifier cette assertion.

CHAPITRE XXVI

PLANTES DE PRAIRIES ARTIFICIELLES (SUITE); VESCES, ERVILIER, SCARIOLE, IVRAIES, SPERGULE, SERRADELLE, PIMPRENELLE, GENÊTS.

—

VESCES.

Pouvoir remplacer une plante dont la semaille n'a pas réussi est une qualité précieuse. La *vesce*, aux tiges grimpantes et au feuillage ailé, rend sous ce rapport de grands services. Si le trèfle commun ou la

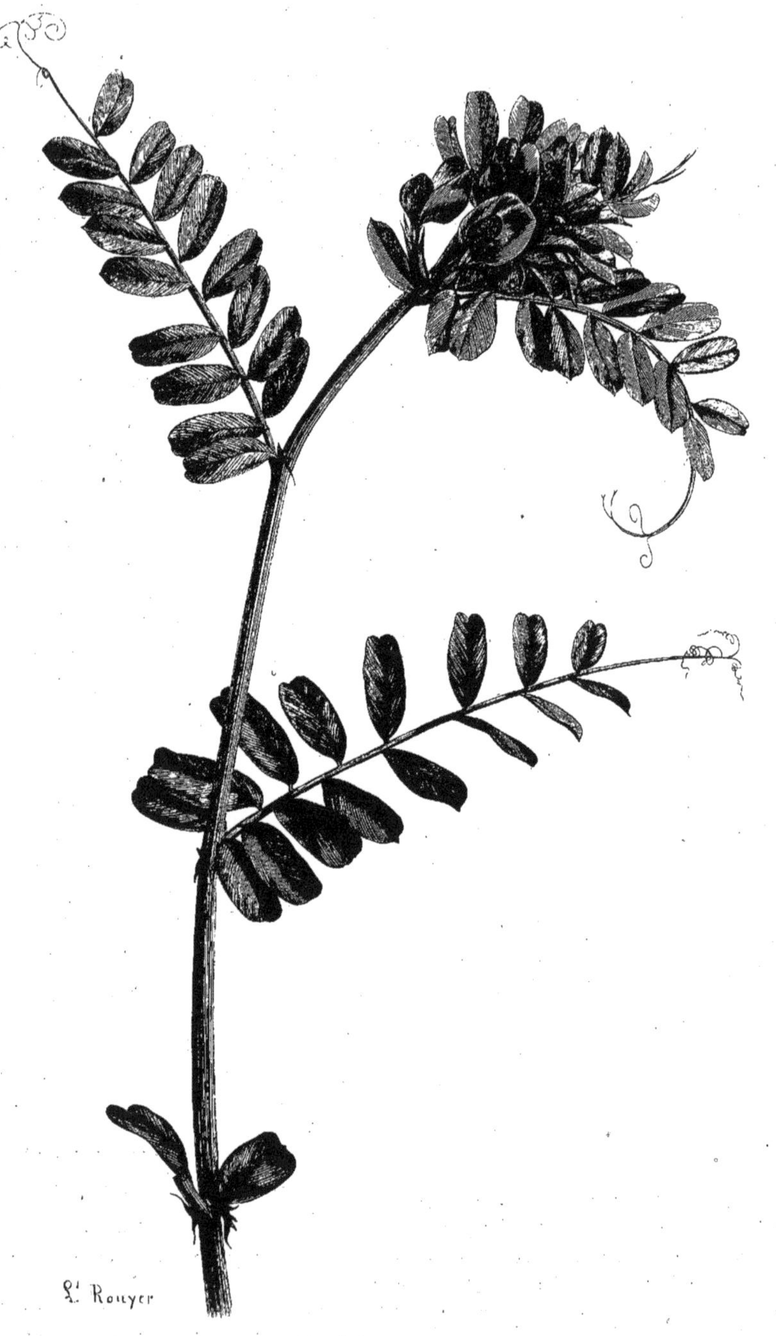

Vesce d'automne.

lupuline n'ont pas levé, elle prend leur place de la même manière que le trèfle incarnat et donne une coupe de bon fourrage. Ses gousses minces et allongées contiennent des graines noirâtres excellentes pour l'engraissement des porcs et pour la nourriture habituelle des pigeons. Une variété plus délicate que les autres produit des grains comestibles et de couleur blanche.

Cette plante, qui est annuelle, a des variétés printanières et automnales. Celles-ci, dont le grain est le plus gros et le moins foncé en couleur, ne résistent pas toujours aux gelées des parties les plus froides de nos régions nord-est, mais elles peuvent être cultivées régulièrement aux environs de Paris et dans nos autres régions. Quant à la vesce de printemps, comme elle redoute beaucoup la sécheresse, nous ne conseillons de l'essayer ni dans le Midi, ni même ailleurs, sur des terres arides.

Gousse de vesce.

Cette plante aime les sols carbonatés et consistants. Peu difficile du reste sur le choix du terrain, elle réussit dans beaucoup de terres médiocres et peu ameublies, pourvu qu'elles ne contiennent pas d'humus acide. Pour procurer des tuteurs à ses tiges grimpantes, on la sème en mélange d'une céréale. Ainsi, pour ensemencer un hectare, on emploie ordinairement 150 à 180 litres de graine mêlée de 40 litres de seigle ou d'avoine. La semence est répandue à la volée et peut être enfouie, si le temps est sec, jusqu'à 15 centimètres de profondeur.

La variété d'automne doit être mise en terre avant les blés. Quant à la vesce printanière, on peut la semer pour fourrage jusqu'au milieu de l'été. Si on veut la récolter en graine, il faut effectuer le semis dès le premier printemps et lui consacrer un terrain médiocre. Sur un sol riche, pour peu que le temps soit humide, la plante prolonge presque indéfiniment sa végétation et fructifie peu. La récolte pour graine se fait comme celle des pois, et la fenaison du fourrage, comme celle du trèfle. De la variété de printemps on obtient par hectare 12 à 15 hecto. de grain qui se vend généralement au prix du seigle. Coupée en fleur, elle produit en bon terrain 4,000 kilo. de fourrage équivalent au trèfle. La variété automnale donne 18 à 20 hecto. de graine, 4 à 5,000 kilo. de fourrage.

Cette culture est améliorante pour les sols carbonatés, lorsque la plante est coupée en fleur et pourvu qu'on laboure le champ aussitôt après. Si l'on tarde, il se souille rapidement. En terrain non carbonaté, la vesce, même fauchée en fleur, épuise le sol, ainsi que nous l'avons souvent constaté.

On recommande, comme très-vigoureuses, quelques variétés perfectionnées, notamment la *vesce impériale d'hiver*.

ERVILIER, LENTILLE ERS.

(*Ervum ervilia*, *vicia ervilia.*)

Plus sensible aux gelées que la vesce, mais beaucoup plus résistant à la sécheresse, l'*ervilier*, tout à fait inconnu dans le nord de la France, est une plante fourragère précieuse aux terrains secs et pauvres du Midi. Il présente une tige rameuse de 30 à 40 centimètres de haut, un feuillage ailé, des grappes de petites fleurs roses, des gousses contenant trois à quatres graines anguleuses et plus petites que le grain de la vesce ordinaire. On le sème en automne sur terrain calcaire, pour le faire pâturer au printemps suivant par les moutons. La semence dont on met par hectare 40 à 50 litres, doit être peu couverte. La récolte de cette graine se fait comme celle des vesces. On l'emploie souvent dans le Midi à la nourriture des mules et à l'engrais des porcs.

SCARIOLE DE SICILE.

Il y a quelques années, le vénérable M. de Gasparin a doté la France de la *scariole fourragère* qu'on cultive en grand en Sicile. D'après les essais de M. Vilmorin, cette plante, qui est annuelle et ressemble beaucoup à la chicorée sauvage, présente une végétation vigoureuse et rapide, de sorte que, semée pour seconde récolte, elle donnerait un fourrage automnal abondant. Elle craint le froid et ne peut être mise en terre qu'au printemps ou en été.

IVRAIES.

Au nombre de nos plus précieuses plantes de prairies artificielles, se trouvent deux graminées vivaces, l'*ivraie vivace* (*ray-grass anglais*) et l'*ivraie d'Italie*, faciles à reconnaître toutes deux à leur long épi formé de deux rangs d'épillets alternes et aplatis; épillets barbus dans l'ivraie vivace.

Celle-ci abonde dans les prés les plus piétinés, et présente toujours une herbe épaisse, tendre, d'un

Ivraie vivace (ray-grass anglais).

vert foncé. L'autre a la talle moins touffue, le feuillage plus large et d'un vert plus clair; sa tige atteint souvent 1 mètre 50.

Ordinairement, l'ivraie vivace est semée au printemps avec trèfle blanc sur champ occupé par une céréale. Dans les pâturages ainsi créés, les moutons et les vaches ne sont pas exposés à se gonfler comme sur les gazons composés de trèfle seul. On emploie, pour ensemencer un hectare, 20 kilo. de graine d'ivraie et 10 kilo. de graine de trèfle blanc, ou 50 kilo. de graine d'ivraie seule.

Quant à l'ivraie d'Italie, elle forme sur terre fraîche et profonde une prairie très-productive. On la coupe trois fois dans le centre de la France et cinq fois en terre irriguée du midi. Elle s'éclaircit promptement si les hivers sont rigoureux, tandis que sous un climat doux elle peut, pourvu qu'on lui applique souvent de l'engrais, rester productive plusieurs années. On la sème sur terre parfaitement nettoyée et ameublie; — à l'automne, dans le Midi; — au printemps, dans le Nord.

Plante annuelle de même famille, l'*ivraie multiflore* qui abonde souvent au milieu des trèfles, a été également cultivée avec succès par MM. Rieffel et Bailly sur des terres de qualité médiocre. Ces habiles agronomes la sèment en septembre sur terrain bien préparé et mettent 30 kilo. de graine par hectare. L'année suivante, cette ivraie procure une coupe fourragère de 1 mètre de haut.

Les Anglais ont aussi cultivé quelquefois de la même manière le *fléau des prés* (*thimoty-grass*). Cependant ils préfèrent généralement l'ivraie vivace, comme graminée fourragère ou pacagère.

Le parti qu'on a tiré de ces végétaux indique celui qu'on tirerait peut-être de plusieurs autres. Pourquoi ne pas chercher à utiliser telle plante adventice qui croît avec vigueur? Dans les Ardennes, mon frère et moi nous avons souvent fait pâturer ou faucher avantageusement, et les Anglais estiment beaucoup sous le nom de *fiorin-grass*, l'*agrostis stolonifère* ou *traînasse des champs*, qu'on ne considère le plus souvent que comme une mauvaise herbe. Ailleurs, on a cultivé la *gesse velue*, la *vesce cracqueuse*, le *lotier velu* et le *lotier corniculé*. Aux environs de Nîmes, dit M. de Gasparin, le *margal*, espèce d'*ivraie* qui vient abondamment dans les champs, donne souvent d'excellentes coupes. Enfin la *spergule*, la *serradelle* ou *pied d'oiseau* et la *pimprenelle* ont souvent été cultivées avec profit.

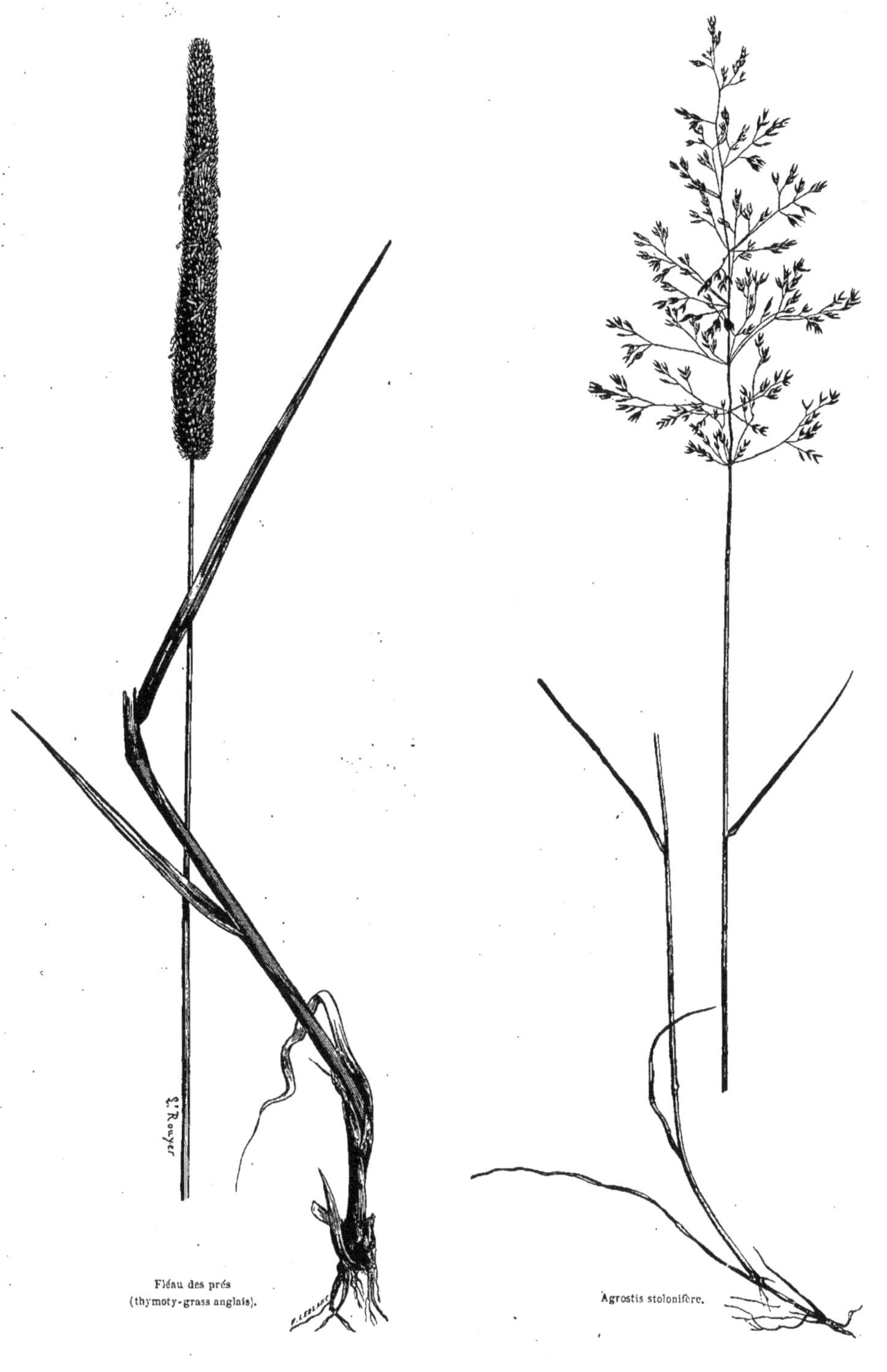

Fléau des prés
(thymoty-grass anglais).

Agrostis stolonifère.

SPERGULE.

La spergule est une petite plante annuelle à feuilles linéaires qu'on aperçoit dans la plupart des terrains sablonneux et limoneux. Fauchée ou pâturée, elle plaît singulièrement aux moutons ainsi qu'aux vaches, et

Spergule.

celles-ci donnent, lorsqu'elles s'en nourrissent, un lait de qualité supérieure. Du reste, elle n'est réellement productive que si elle végète sous un ciel humide et dans des sables frais. On la sème à la fin de l'été pour fourrage ou pour pâturage automnal, et l'on répand à la volée, avec les précautions indiquées pour les graines fines, 12 à 15 kilo. de semence par hectare. Son produit par hectare équivaut, en bonnes conditions, à 1,500 kilo. d'excellent fourrage sec. Enfouie en fleur, la spergule procure, au dire de plusieurs agronomes, un excellent engrais végétal. Quant à la graine, elle est oléagineuse, presque toujours abondante et de récolte facile. Les Belges la donnent au bétail, macérée et mêlée avec d'autres aliments. Pour l'obtenir à maturité, il faut effectuer le semis au printemps ou au commencement de l'été. Dans ce cas, la plante reste habituellement fort petite. Aux semences de lin de Riga sont souvent mêlées des graines d'une spergule plus grande, plus rameuse et moins touffue. Thaër assure avoir obtenu du mélange de ces espèces une variété qui participait aux qualités de l'une et de l'autre.

SERRADELLE.

La *serradelle*, plante annuelle, connue vulgairement sous le nom de *pied d'oiseau*, a été signalée, dernièrement comme procurant, en Portugal, d'excellentes coupes fourragères. Presque aussitôt, la culture s'en est propagée en Belgique. Elle conviendrait aux champs sablonneux de nos contrées maritimes.

On distingue deux espèces de serradelle, l'une, *ornithopus perpusillus* de Linné, qu'on trouve sauvage aux environs de Paris; l'autre plus grande, *ornithopus compressus*, dont les feuilles et les tiges sont velues. On les sème en terre ameublie, en mettant par hectare 25 kilo. de graine. Dans le Midi, le semis doit se faire à l'automne.

PIMPRENELLE.

Herbe caractéristique des gazons naturels de la meilleure qualité, la *pimprenelle* est précieuse aux terrains calcaires pour la formation de pâturages de bêtes à laine. Elle résiste parfaitement à l'aridité, et conserve un feuillage vert, tandis que toutes les autres herbes sont brûlées par le soleil. On peut la semer comme le trèfle, au milieu d'une céréale, en appliquant à l'hectare 25 à 30 kilo. de graine qu'on roule fortement si le temps est sec. Cette prairie artificielle devient fauchable sur terrain de bonne qualité, et peut durer plusieurs années après lesquelles le champ se trouve sensiblement amélioré.

Sorradelle (pied jeune). Pimprenelle.

GENÊTS.

Bien que la culture des végétaux ligneux ne soit pas traitée dans cet ouvrage, nous croyons devoir mentionner ici l'*ajonc* ou *genêt épineux*, arbuste fourrager qui se sème comme nos prairies artificielles et dont les jeunes pousses procurent au bétail une excellente nourriture. Ses fleurs jaunes, qui se montrent hiver et été, fournissent aux abeilles des sucs abondants et parfumés. Ce végétal se plaît surtout sous le ciel doux et humide de nos régions occidentales. On peut aussi le cultiver dans le centre et le sud.

il ne résisterait pas aux gelées du nord et du nord-est; l'aridité du sud-est lui serait également contraire.

L'ajonc aime les sols argileux, non carbonatés, d'une certaine profondeur. Il peut utiliser beaucoup de terrains médiocres : ne le voit-on pas à l'état sauvage dans toutes les landes de Bretagne? On le sème au printemps au milieu d'une céréale. S'il est préservé de la dent du bétail, on le coupe généralement l'année suivante. Ensuite, on le récolte une fois tous les ans ou tous les deux ans. Pour le faire accepter des animaux, il faut le hacher en tronçons de 4 à 8 centimètres de long, qu'on pile à coups de maillet ou au

Ajonc.

moyen d'un broyeur mécanique, afin d'en émousser les piquants. La trituration ne doit cependant pas être trop forte.

Suivant l'habile agriculteur breton, M. de Lorgeril, l'ajonc donne, en bonnes conditions, à chaque coupe bisannuelle, 30,000 kilo. par hectare; ce fourrage, qui égale en facultés nutritives 8,000 kilo. de bon foin, présente le grand avantage de pouvoir être utilisé en tout temps.

Si on laisse grandir l'arbuste plus de deux ans, il devient tout à fait ligneux, et procure alors un excellent chauffage à four ou une bonne matière à engrais.

GENÊT D'ESPAGNE.

Sur les coteaux calcaires et arides des Cévennes, on cultive, comme l'ajonc, un autre arbuste fourrager, le *genêt d'Espagne*, plus sensible encore aux gelées. A sa troisième année, on le coupe pour le donner aux animaux; ou bien on le fait pâturer par les moutons, mais en évitant de leur en laisser trop manger dans la saison des graines; car celles-ci sont très-échauffantes. De temps en temps, on recèpe les souches rez terre pour les rajeunir.

Ce genêt procure des fibres qu'on utilise quelquefois. A cet effet, les tiges sont liées en petites bottes, séchées, puis trempées dans l'eau froide pendant quelques heures; enfin enterrées et fréquemment arrosées pendant neuf jours. Après ce rouissage, on les soumet aux manipulations décrites pour l'extraction des fibres du lin.

GENÊT A BALAI.

Le *genêt commun* ou *à balai* se sème aussi quelque-

Genêt à balai.

fois de la même manière que les espèces précédentes, mais seulement pour litière ou chauffage léger. Il améliore puissamment le sol qu'il couvre plusieurs années, et, sous ce rapport, la culture en est précieuse sur les sables arides qui ont si peu de valeur.

En terminant ce chapitre, nous rappelons qu'indépendamment des végétaux essentiellement fourragers qui viennent d'être passés en revue, on utilise pour la nourriture du bétail les tiges et les feuilles de plantes précieuses sous d'autres rapports, seigle, orge, maïs, moha, sorgho, lentillon, lentille uniflore, gesses, pois, carotte, panais, choux-navets, colza, navette, moutardon, pastel, chicorée sauvage.

En pays sec, on peut employer de même avec avantage les ramées du frêne, de l'orme et autres arbres que, dans ce but, on tient sous forme de têtards et que l'on tond en été tous les deux ou trois ans.

CHAPITRE XXVII

PLANTES FOURRAGÈRES (SUITE); GAZONS NATURELS, SOINS A DONNER AUX GAZONS NATURELS, FENAISON.

Veux-tu du grain, fais des prés.
JACQUES BUJAULT.

Il est peu d'exploitations qui ne possèdent des gazons naturels. Qu'on se garde de les négliger; souvent, avec peu de dépense, on parviendra à en tripler le produit.

« D'ailleurs, touchant la beauté de la prairie, dit « Olivier de Serres, de quel plus agréable ornement « peut être décorée une maison! La verdure conti- « nuelle de son herbe, la tapisserie de ses fleurs en « saison repaissent et yeux et entendement, et son « facile accès nous donne toujours de délectables « pourmenoirs. »

La fraîcheur favorise singulièrement la croissance de l'herbe. Aussi, l'un des meilleurs moyens d'utiliser des terrains souvent submergés est de les tenir en prairie. N'en concluons pas que l'humidité stagnante soit utile au gazon. Si l'eau séjourne soit à la surface du sol, soit à peu de profondeur, au lieu d'herbes fines, il ne surgit que de mauvaises plantes. Que chaque pli de terrain ait donc sa rigole d'assainissement, et que le sous-sol sourceux soit drainé. Si nous ne pouvons dessécher des prés souvent submergés, plutôt que d'y laisser séjourner l'eau, cherchons à la faire courir, dussions-nous même en augmenter l'épaisseur. Nous obtiendrons ainsi les végétaux aquatiques les plus abondants et les meilleurs. A l'assainissement joignons, s'il se peut, conformément aux règles déjà expliquées, l'arrosage d'hiver pour féconder le sol et celui d'été pour le rafraîchir.

Afin de bien soutenir la fécondité, ajoutons au besoin des substances fertilisantes, telles que balayures de granges, fonds de greniers à foin et autres débris qu'il ne convient pas de porter sur les terres arables, à cause des graines d'herbes dont ils souilleraient les récoltes. Les fumiers pailleux sortant de l'étable seront aussi appliqués avec succès aux gazons naturels, pourvu que ce soit en automne. Mis après l'hiver, ces fumiers n'auraient pas le temps de pourrir avant la coupe du foin, et ils gâteraient le fourrage. Au printemps, on ne doit répandre sur les prairies que des engrais liquides ou très-consommés, ou des amendements, tels que plâtre, cendres sulfureuses, cendres de tourbe, charrée. Ces dernières substances favorisent singulièrement la végétation des trèfles, de la lupuline, des vesces, et nuisent aux mousses, aux carex, aux joncs.

Tout gazon sur terrain non carbonaté est amélioré par la marne ou par des composts de chaux; et ceux qui présentent une surface spongieuse se trouvent utilement raffermis par un apport de gravier ou par le parc des moutons. Un vigoureux hersage printanier doit être conseillé, surtout si la prairie est souillée de mousse. Il convient aussi d'extraire à la bêche les touffes de chardon, de patience, d'arrête-bœuf, de jonc et autres plantes grossières d'autant plus promptes à se multiplier que le bétail n'y touche pas. Enfin, lorsque le gazon produit en abondance le colchique d'automne, végétal vénéneux dont la fleur, en forme de beau gobelet rose, apparaît dans les premiers jours d'automne, on doit, au printemps, en arracher les tiges avec la main. Celles-ci ressemblent à de forts pieds de jacinthe.

Les taupinières seront étendues deux fois l'année, soit à la pelle, soit plus rapidement avec le niveleur. Si l'on prend ce soin régulièrement, les taupes deviennent utiles par la guerre qu'elles font aux insectes et aux vers, et par l'espèce de culture qu'elles donnent au sol.

Relativement au fauchage et au pâturage, voici des principes fort importants :

Ne pas faire pâturer les prairies régulièrement irriguées ni tout autre gazon, lorsque la terre est molle et que le pied des animaux y enfonce; livrer aux moutons, en hiver et au premier printemps, les prairies bien assainies. Ce menu bétail resserre alors le sol par un piétinement léger qui lui est très-favorable.

Baser l'exploitation des gazons naturels sur ce principe, que le fauchage les fatigue et que le pâturage leur rend de la vigueur.

Ainsi, ne faucher deux ou trois fois que les prés régulièrement arrosés toute l'année ou ceux qui reçoivent soit d'abondants engrais, soit des irrigations d'hiver très-fécondantes.

Ne faucher qu'une fois et faire pâturer le reste de l'été tout autre gazon, de peur que l'herbe ne s'éclaircisse et ne devienne de qualité médiocre.

Lorsqu'un gazon a été épuisé par des fauchages trop fréquents, le livrer exclusivement au pâturage pendant un an ou deux, afin de le remettre en bon état.

Faucher le fourrage de première coupe au moment de la floraison du plus grand nombre des plantes. Plus tard, l'herbe serait sans doute plus abondante, mais de qualité moindre, et beaucoup de pieds affaiblis par la fructification repousseraient faiblement.

Lorsqu'un pré ne doit donner qu'une coupe, en changer l'époque tous les ans : une année, laisser pousser le gazon après l'hiver, faucher en juin, puis, tout le reste du temps, le livrer au pâturage; l'année suivante, introduire les troupeaux dans le pré dès le commencement de la belle saison, les en retirer à la fin du printemps et faucher l'herbe en septembre. Par l'effet de cette combinaison, tantôt ce sont les plantes hâtives qu'on coupe à l'état le plus avancé; tantôt ce sont les espèces tardives, de sorte que les unes et les autres se trouvent alternativement ménagées.

Ne jamais laisser brouter les prés au point que le collet des plantes soit déchiré; prendre garde surtout à la dent très-incisive des chevaux et des moutons.

Réunir sur un pré livré au pâturage assez d'animaux pour que l'herbe, toujours raccourcie, ne puisse monter en fleur, ce qui épuiserait le gazon et le rendrait désagréable aux bestiaux.

Si l'on n'a pu suivre cette règle, faute de troupeaux assez nombreux, couper et faner, ainsi qu'on le fait souvent en Normandie, les plantes montées, afin qu'il repousse ensuite une herbe tendre et agréable.

Pour arriver au meilleur aménagement des gazons destinés à être souvent pâturés, les diviser en enclos qu'on fait brouter alternativement.

Préférer, comme clôture de ces divisions, les haies vives à cause du peu d'entretien qu'elles exigent, de la fraîcheur qu'elles maintiennent et de l'abri qu'elles procurent tant à l'herbage qu'au bétail.

A défaut de haie vive, adopter les barrages en fil de fer de 3 à 4 millimètres de diamètre, traversant à trois hauteurs des pieux de 1 à 2 mètres de haut, solidement enfoncés. Ces fils de fer doivent être fortement tendus, fréquemment resserrés et galvanisés ou peints à l'huile.

Faire éparpiller souvent les déjections du gros bétail, afin qu'elles fertilisent le sol d'une manière uniforme, au lieu de produire des touffes trop grasses qui répugneraient aux animaux.

Si de l'entretien des prairies nous passons à leur récolte, nous remarquons que, par un beau temps, aucune opération n'est plus simple : l'herbe fauchée est étendue avec la fourche, puis retournée deux ou trois fois par le râteau, enfin amassée en meulettes pour pouvoir être chargée facilement. Si le temps est pluvieux, le mieux, comme nous l'avons expliqué au sujet du trèfle, est de mettre deux ou trois fois l'herbe en gros tas qu'on démolit, dès qu'une forte chaleur s'est déterminée. Si le temps, quoique incertain, ne nous paraît pas assez mauvais pour nécessiter ce genre de fenaison dont la main-d'œuvre est considérable, ne perdons pas de vue : 1° que l'herbe ne se gâte pas lorsque, verte, elle gît sur terre, ni lorsque, à moitié sèche, elle reste en meulettes pendant quelques jours; 2° qu'elle se détériore à chaque averse ou forte rosée qu'elle reçoit étendue sur le pré dans un état de dessiccation plus ou moins avancé. Sous un ciel menaçant, gardons-nous donc de répandre les andains qu'on vient d'abattre, afin que l'herbe reste, pendant la pluie, aussi vivante que possible. Le lendemain matin, espérons-nous une journée passable; que les andains soient étendus, aussitôt la rosée passée, et cherchons à obtenir pour le soir une demi-dessiccation. Qu'alors le foin soit mis en meulettes. Nous profiterons ensuite de la première belle journée pour les défaire et pour achever l'opération. Évitons de trop faire sécher l'herbe de première coupe, surtout celle des prairies marécageuses; car le fourrage perdrait beaucoup en poids et en qualité. On ne peut, au contraire, trop dessécher les herbes de seconde coupe, dites *regains*, principalement celles des meilleurs prés. Le foin qu'on rentre un peu vert doit être serré très-fortement. Dans cet état, il fermente sans contracter de mauvais goût. Il se conserve très-bien en meules. Comme celles-ci s'affaissent de moitié, il faut leur donner tout d'abord beaucoup de hauteur relativement à la largeur, et pour qu'elles ne manquent pas d'assiette, on doit les établir autour d'une perche solide. On les peigne, et on en couvre le sommet avec du chaume.

La fermentation qui dure ordinairement trois semaines, se prolonge quelquefois avec des caractères particuliers : le fourrage exhale une forte odeur de vinaigre, brunit à l'intérieur, s'échauffe de plus en plus et court risque de s'enflammer, ainsi que nous en avons été témoins à la Tour-Audry. Diverses observations nous font penser que plus le tas est épais, plus il est exposé à cet accident, assez rare du reste et qu'on préviendrait par l'établissement, jadis conseillé, de conduits à claire-voie à travers la masse.

Il n'est pas de travail plus gai que la fenaison; chacun aime à y prendre part. Entretenons cette joie qui double les forces; mais prévenons par une surveillance assidue les désordres si prompts à se glisser parmi ces troupes joyeuses qui courent en chantant à la prairie ; et, comme les bras deviennent à la campagne de plus en plus rares, cherchons à introduire l'usage des *râteaux à cheval* et des *faneuses mécaniques*.

On signale, comme l'un des meilleurs râteaux à cheval, le *râteau Howard* qui, tout en fer, est supporté par deux roues et qu'un animal traîne par des brancards. A l'aide d'une poignée placée postérieurement, un homme le soulève, lorsqu'il a ramassé une suffisante quantité de foin, et le fait passer au-dessus de cet amas afin de continuer le travail. La faneuse la plus perfectionnée est la faneuse anglaise *Smith*. Supportée par deux roues et traînée au moyen de brancards, elle se compose d'un axe que les roues font tourner; cet axe met en mouvement un certain nombre de pièces parallèles à lui-même et munies de dents qui accrochent le fourrage, le divisent et le jettent en l'air avec une grande activité. Par un mécanisme ingénieux, elles rentrent dans l'intérieur de l'appareil, lorsqu'il faut se transporter d'un lieu à l'autre. Du prix de 600 francs, cette machine exécute à elle seule le travail de quinze ouvriers, et depuis déjà plus d'un demi-siècle on s'en sert avec succès en Angleterre[1]. Les Anglais commencent aussi à appliquer à la coupe des herbes le fauchage mécanique par les moissonneuses à cheval dont nous avons déjà parlé. En attendant parmi nous la réalisation de ce dernier progrès, surveillons assidûment nos faucheurs à la tâche, de peur que, pour prendre de trop larges andains, ils ne coupent l'herbe à une hauteur inégale.

CHAPITRE XXVIII

GAZONS NATURELS (SUITE); DÉFRICHEMENTS ET CRÉATION DES GAZONS NATURELS, PRODUIT ET QUALITÉ DES GAZONS.

> De bons prés sont un trésor pour une ferme ; de mauvais prés sont la honte du fermier et de la ferme; des prés médiocres sont une charge pour l'agriculteur.
>
> SCHWERTZ.

Chaque année, l'humus d'un gazon naturel devient plus abondant; c'est une amélioration dont on a souvent intérêt à tirer parti par le défrichement. Non-seulement le pré mis en culture produit généralement d'excellentes récoltes; mais encore si, avant d'en avoir épuisé la fécondité, on le rend à sa première destination en y ajoutant quelque engrais, le nouveau gazon est presque toujours plus productif que n'était l'ancien.

Pour remettre en herbage un terrain défriché depuis peu d'années, il suffit d'y semer une plante légumineuse de prairie artificielle, trèfle, luzerne, sainfoin, appropriée à la nature du terrain. A mesure que le végétal semé disparaît, les herbes dont les germes sont restés dans le sol, remplissent les vides.

Par le même procédé, on convertit facilement des champs humides en gazons naturels qui restent productifs, pourvu qu'on leur applique de l'engrais tous les deux ou trois ans. D'un autre côté, l'irrigation effectuée avec de bonnes eaux suffit presque toujours pour déterminer une végétation d'excellente herbe. Si cependant nous craignons que le terrain que nous mettons en prairie ne soit pas assez bien préparé, et qu'il ne contienne pas de bons germes en nombre suffisant, semons-y, après l'avoir parfaitement cultivé et fumé, des graines recueillies de la manière suivante sur un pré excellent et de terre analogue au champ que nous voulons engazonner : on

1. Ces machines et autres instruments perfectionnés sont actuellement vendus à Paris dans des magasins appartenant à deux sociétés, dont l'une, celle du *matériel perfectionné*, a été fondée par les personnes les plus honorables, en vue de favoriser le progrès agricole.

divise ce pré en plusieurs parties qui sont fauchées successivement à partir de l'instant où commence la maturité des herbes. Chaque portion de récolte est secouée sur des toiles, et les graines provenant de ces lots sont mêlées ensemble. On obtient ainsi une semence composée des diverses graines de la prairie prise pour type, bien que, produites par des plantes plus ou moins hâtives, elles n'aient pas mûri toutes à la fois.

En quantité et en qualité, rien n'est plus divers que le produit des gazons naturels. Certaines prairies rendent autant que les meilleures luzernières ; d'autres, au contraire, donnent une herbe très-courte. Ici, le fourrage est aromatique et excellent; là, il est de la nature la plus médiocre. Au milieu de cette variété, on reconnaît la nature d'une prairie aux signes suivants : le vert tendre est la nuance des meilleurs gazons; le vert noirâtre est celle des mauvais. L'herbe nutritive est grasse et lente à sécher; la mauvaise est dure, souvent cotonneuse, et la dessiccation en est rapide. Un bon gazon est ferme sous le pied ; un gazon médiocre fléchit, à cause de la présence de mousses et de détritus non décomposés. Pour peu que les troupeaux soient nombreux, ils rasent de très-court les gazons de bonne qualité, tandis que livrés au pâturage, les mauvais gazons présentent presque toujours des plantes d'une certaine hauteur auxquelles les animaux ne touchent qu'à regret. Ne confondons pas les herbes dédaignées ainsi sur toute l'étendue d'un gazon avec les touffes éparses que font pousser çà et là les déjections du gros bétail, et qui répugnent toujours aux animaux.

Si nous en venons à l'examen analytique des plantes, nous remarquons que certaines espèces abondent dans de bons et dans de mauvais prés, et donnent des produits différents suivant la nature du sol. Tels sont l'*agrostis stolonifère* (voir p. 219) et la *houlque laineuse;* ce qui explique au sujet de ces végétaux la divergence d'opinion des agriculteurs. L'agrostis stolonifère, très-vantée des Anglais, est souvent, dans les Ardennes, l'herbe prédominante des prés médiocres.

Certaines autres espèces caractérisent positivement soit de bons, soit de mauvais gazons. Voici à cet égard quelques indications que nous croyons pouvoir donner comme positives :

1° GAZONS MARÉCAGEUX.

Plantes indiquant la nature la moins médiocre :

Glycérie aquatique,

Houlque laineuse.

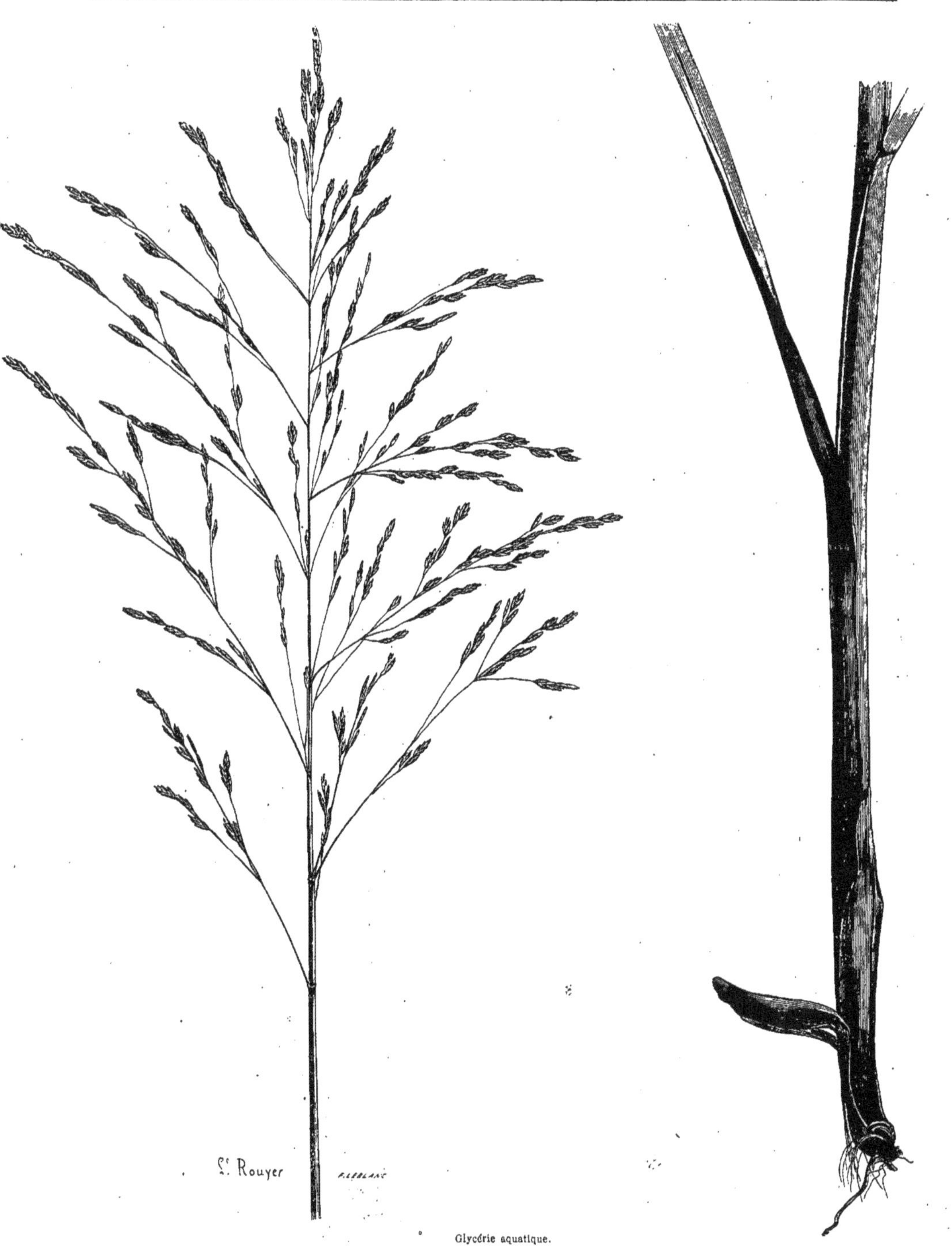

Glycérie aquatique.

Glycérie flottante.

Plantes indiquant une mauvaise nature :
Carex ou *laîches* et *joncs* de différentes espèces.

2° GAZONS HUMIDES ET SOUVENT SUBMERGÉS.

Plante indiquant une bonne nature : *Alpiste en roseau* (*phalaris arundinacea*).

Plantes indiquant une mauvaise nature :

Carex et joncs.

3° GAZONS MOINS HUMIDES OU SECS.

Plantes indiquant une bonne nature :

Lupuline (voir p. 214), *salsifis sauvage, colchique d'automne, pimprenelle* (voir p. 221), *petite marguerite* ou *pâquerette.*

Plantes indiquant une mauvaise nature :

Joncs, carex, bruyère.

On aime à voir en abondance dans les prairies, *trèfles, vesces, gesses, lotiers, centaurée jacée, paturin trivial, paturin des prés, ivraie vivace* (voir p. 218), *vulpin des prés, fléau des prés* (voir p. 219), *orge des prés, crételle, avoine jaunâtre, brize moyenne, flouve odorante.*

D'autres herbes bonnes encore, quoique de second ordre, sont le *dactyle pelotonné*, *l'avoine élevée, la fétuque des prés*, le *brôme mou*, la *spirée ulmaire* ou *reine des prés*, la *grande marguerite*, le *mille-feuilles*, le *plantain lancéolé*, les *caille-laits jaune* et *blanc*, la *berce brancurcine.*

La *prêle* ou *queue de cheval*, herbe détestable qui

Bruyère. Lotier corniculé. Centaurée jacée.

Paturin des prés.

Vulpin des prés.

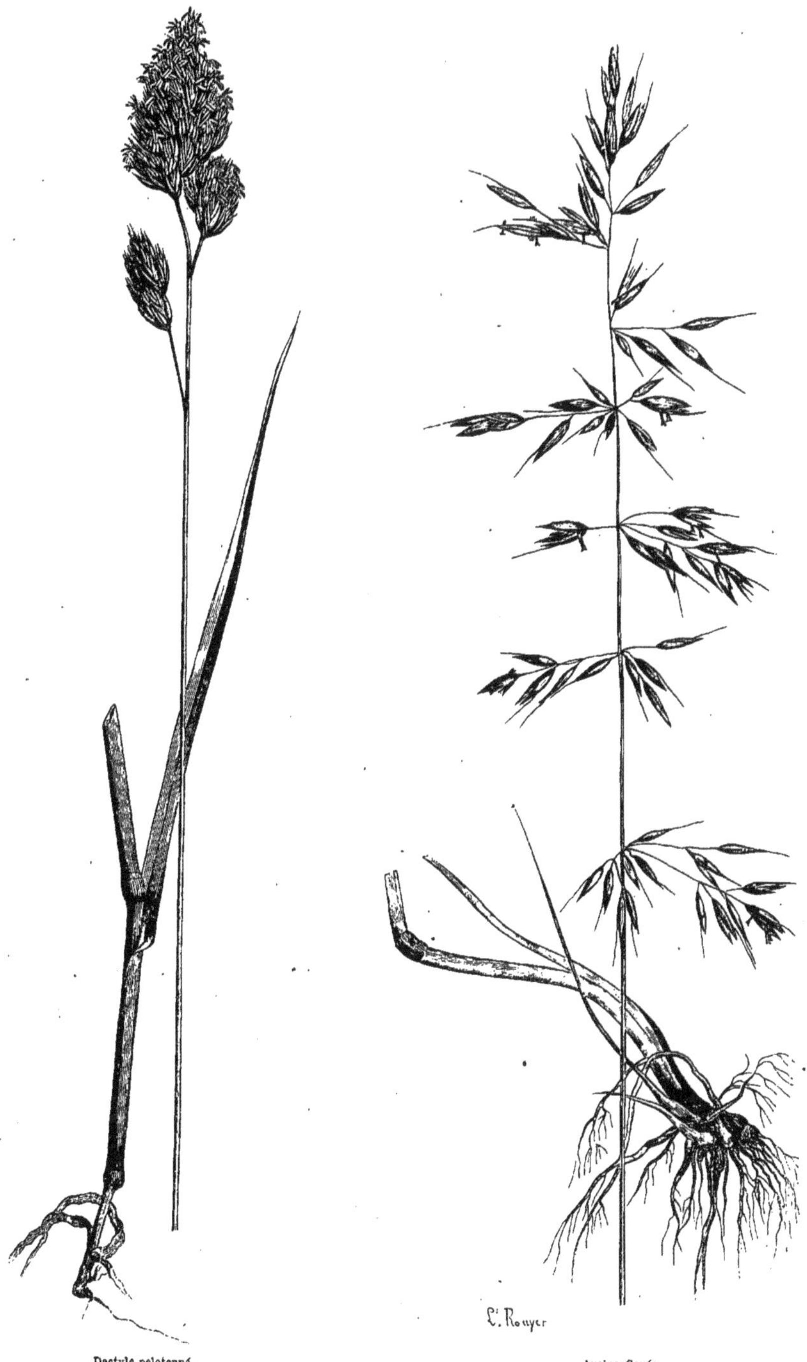

Dactyle pelotonné.

Avoine élevée.

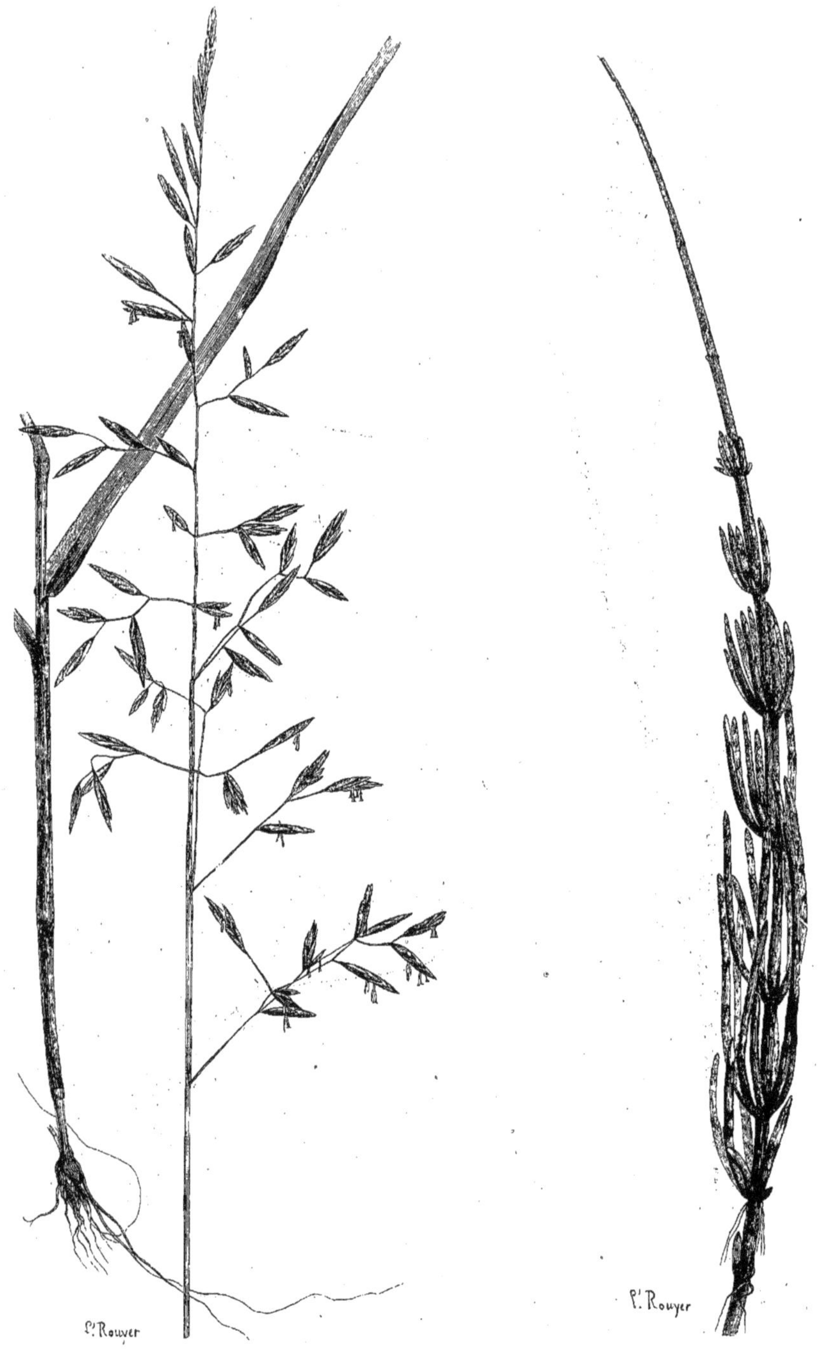

Fétuque des prés.

Prêle (*equisetum pratense*).

déplaît surtout au bétail à cornes, est souvent la plante principale des mauvais gazons. Parfois aussi, elle infeste des prés qui, sans elle, seraient excellents. Beaucoup de gazons de seconde qualité produisent quantité de *renoncules* qui se trouvent également dans des prés très-médiocres. Quant aux *mousses*, elles souillent les mauvais prés humides et tous les gazons mal entretenus.

Nous sommes loin d'avoir nommé toutes les plantes des prairies; nous craindrions, en nous étendant davantage, de donner des indications douteuses.

CHAPITRE XXIX

PLANTES NUISIBLES.

> Les mauvaises herbes sont de la famille des mauvais cultivateurs.
>
> JACQUES BUJAULT.

L'agriculture est un combat dans lequel les végétaux utiles luttent, sous notre direction, contre d'innombrables ennemis. D'où viennent ces phalanges redoutables? Quelles sont leurs armes? Comment parviendrons-nous à les vaincre?

J'aperçois d'abord la légion des plantes nuisibles, et, à sa tête, un certain nombre de végétaux vivaces, particulièrement dangereux, puisqu'ils se multiplient à la fois de graine et de racine. Quelques-uns enfoncent leurs fibres radiculaires à une telle profondeur qu'il est impossible de les extirper; tels sont :

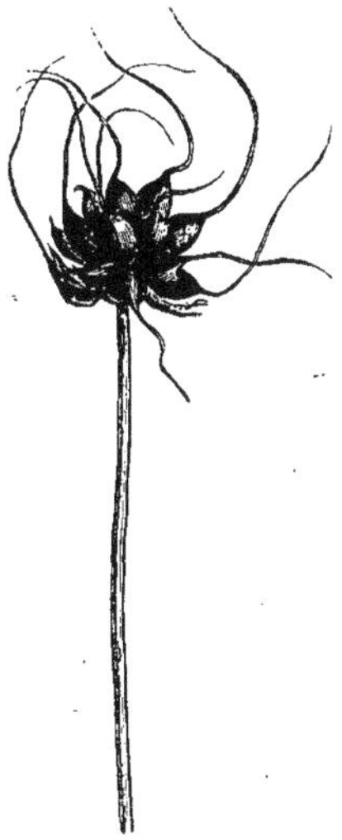

Tête d'ail sauvage.

Le *pas d'âne*, dont le feuillage est de la forme du pied d'un baudet, et qui se cantonne dans les champs argilo-calcaires;

L'*ail sauvage*, dont les oignons à odeur forte infestent souvent ces mêmes terrains;

La *ronce*, qu'on rencontre principalement sur les terres sablonneuses;

Le *liseron des champs*, qui se roule comme un serpent autour des blés;

La *prêle* ou *queue de cheval*, qui aime les sols argilo-calcaires à sous-sol humide; végétal déjà nommé, moins nuisible aux champs qu'aux prairies;

Le *chardon commun*, qui dresse sur tous les champs cultivés, principalement dans les meilleurs, sa tige hérissée de pointes, tandis qu'il dépérit au milieu des gazons et des luzernières;

Le *chrysanthème doré*, beau végétal à fleur jaune, moins commun que le chardon, mais aussi redoutable partout où il existe.

A la suite de ces plantes, les plus difficiles à anéantir, nous apercevons plusieurs graminées vivaces, confondues souvent sous le nom de *chiendent;*

Le *chiendent* proprement dit (*triticum repens*), qui se multiplie surtout dans les bons sols et remplit la terre de tiges traçantes présentant des germes en forme de dards;

La *traînasse* (*agrostis stolonifera*) (voir p. 219), dont nous avons parlé dans le chapitre des gazons naturels, plante à filets déliés traînant à la surface du sol, moins tenace que la précédente;

L'*avoine* ou *chiendent à chapelet* (*arrhenatherum bulbosum*), qui envahit les sables calcaires et se reconnaît à ses racines tuberculeuses, plante des plus nuisibles;

Les *brômes mou et stérile*, qui se multiplient surtout dans les luzernières et en accélèrent le dépérissement.

Vient en second lieu l'innombrable bataillon des plantes annuelles, parmi lesquelles nous distinguons comme des plus mauvaises :

Le *sénevé* ou *moutarde noire* (*synapis arvensis*) (voir p. 193) et le *radis sauvage* (*raphanus raphanistrum*), qui couvrent souvent les ensemencements printaniers, l'un de fleurs jaune vif, l'autre de fleurs blanches ou jaune pâle. Le premier se plaît en terrain carbonaté; le second, dans les limons privés de calcaire;

Les *camomilles sauvages*, *odorante* et *non odorante*, dont la première infeste particulièrement les limons humides de la Lorraine et des Ardennes;

La *persicaire* (*polygonum persicaria*), redoutable aux champs nouvellement défrichés, frais et privés de calcaire;

La *queue de rat* (*alopecurus arvensis*), la *fanasse* (*agrostis spica venti*) et la *renoncule des champs*, qui

Chiendent commun (*triticum repens*).

Avoine à chapelet.

Persicaire (*polygonum persicaria*).

Queue de rat (*alopecurus arvensis*).

envahissent trop souvent les céréales d'automne affaiblies par l'humidité;

La *vesce à feuilles de lin* (*vicia tenuifolia*), qui les enlace parfois au point d'en annihiler le produit;

Le *coquelicot* et le *bluet*, dont nous admirons les fleurs charmantes et qui infestent les récoltes en terrain calcaire sablonneux;

L'*avoine folle*, qui ressemble à l'avoine cultivée, mais dont la semence tombe avec une extrême facilité; plante des plus redoutables aux cultures du

Vesce à feuilles de lin. Cuscute.

Midi et qui, sous le climat du Nord, se propage principalement dans les ensemencements printaniers en terre carbonatée;

Le *mélampyre des champs* (*rougette* ou *rougeole*), qui ressemble à un panache rougeâtre, vient sur les sols calcaires et dont la graine détériore le blé avec lequel elle est mêlée;

La *nielle* (*agrosthema githago*), belle et grande plante à fleurs violettes, dont la graine noire diminue également la valeur du blé;

L'*ivraie enivrante*, qui infeste les froments et surtout les seigles, et dont l'épi, plus long que celui de l'ivraie vivace, produit une quantité de semences vénéneuses;

Ivraie enivrante.

Nielle (*agrosthema githago*).

Brôme seigle.
a panicule au moment de la floraison
b épillets à maturité.

Le *brôme seigle*, qui, en terrains humides, se multiplie prodigieusement au milieu des seigles et dont la graine ressemble à celle de l'ivraie ;

Le *mouron*, le *seneçon*, le *laiteron*, la *mercuriale* ou *foirolle*, mauvaises herbes que les jardins produisent en grand nombre et qu'on trouve aussi dans les champs les plus engraissés.

Le *trèfle des champs* (*pied de lièvre*, *minon*), qui couvre quelquefois les limons et les sables de ses têtes de couleur grise et douces comme le pied d'un chat.

L'*herbe à cochons* (*polygonum aviculare*), qui traîne à terre et végète en automne sur les limons et les sables frais avec une grande rapidité.

La *cuscute*, qui enlace de ses innombrables filets rougeâtres le trèfle commun, la luzerne, la vesce, le lin, et annihile quelquefois des récoltes entières;

L'*orobanche* (*orobanche epithymum*), dont les racines s'attachent à celles d'autres plantes, les sucent et les font périr, parasite qu'on dit très-redoutable au chanvre dans quelques pays.

Nos plaines produisent une foule d'autres végétaux sauvages moins nuisibles que les précédents, quoique par leur réunion ils fassent encore un mal sensible.

Rappelons les moyens généraux de les combattre :

Dès qu'une terre est récoltée, l'entamer par la charrue ou le scarificateur.

Faire alterner entre eux les labours superficiels et profonds.

Sous un ciel humide, renverser parfaitement la tranche et faire souvent usage de la rasette belge.

Pour les semailles, labourer la terre à l'avance et, à l'instant même de l'ensemencement, détruire par le scarificateur ou la herse en fer tous les mauvais germes qui ont surgi depuis le travail de la charrue.

Multiplier les cultures sarclées et fourragères; cependant ne semer de trèfle, de luzerne, de sainfoin que sur des terres très-nettes de chiendent.

N'employer que des semences pures de mauvaises graines.

N'appliquer aux végétaux destinés à fructifier sans sarclage que des engrais également nets, fumiers consommés, engrais liquides et pulvérulents.

Consacrer aux plantes fourragères et sarclées les fumiers pailleux et autres engrais qui peuvent contenir des semences nuisibles.

Indépendamment de ces moyens généraux, il faut en employer de particuliers contre quelques espèces. Ainsi, les nielles et les chardons doivent être arrachés au printemps de tous les champs de céréales. Comme, non contents de nuire au cultivateur insouciant, le chardon et le chrysanthème envoient au loin sur l'aile des vents leurs graines cotonneuses; l'administration devrait proscrire partout ces détestables végétaux et punir d'amende quiconque laisse leurs panaches se dresser dans la plaine.

Si la cuscute paraît par taches dans une luzernière, il faut aussitôt brûler de la paille sèche sur les places attaquées. Tandis que la luzerne est faiblement atteinte, le végétal parasite se trouve détruit. S'il se montre sur toute l'étendue de la luzernière, on le fait disparaître, pour les années subséquentes, au moyen de fauchages multipliés, qui l'empêchent de fleurir pendant tout un été.

Pour nettoyer un champ souillé d'orobanche, il faut s'abstenir d'y semer du chanvre.

Les chiendents, lorsqu'ils sont très-abondants, doivent être ramassés. Dans le Midi, on les utilise comme fourrage.

CHAPITRE XXX

VÉGÉTATIONS CRYPTOGAMIQUES NUISIBLES AUX RÉCOLTES.

Des ennemis armés jusqu'aux dents m'inspirent moins d'effroi que le venin de l'erreur, quand ce poison, comme répandu dans l'air, altère le bon sens public et rend malade l'arbre social tout entier. De même, chiendent, chardon, chrysanthème doré sont moins redoutables au cultivateur que certaines végétations cryptogamiques dont les invisibles germes s'attachent à nos plantes, corrompent leur séve et désorganisent leurs tissus.

Je comptais, pour la nourriture de mes troupeaux, sur une luzernière pleine d'avenir. Tout à coup, la plante jaunit et meurt par place. Déterrant les racines aux parties malades, je les trouve enlacées par les filets rougeâtres d'un végétal souterrain, tuberculeux, appelé *rhizoctone*. Si le mal est encore peu étendu, je me hâte de le circonscrire par un fossé qui empêche l'extension des fils mortels. Mais si le champ est attaqué çà et là, le mieux est de le rompre et de l'utiliser durant plusieurs années autrement que par la culture de la luzerne; car les germes de rhizoctone restent vivants en terre pendant très-longtemps.

Le safran et la garance sont exposés à des maladies analogues, qu'on a observées aussi sur les pommes de terre, sur le trèfle incarnat et sur plusieurs arbres.

Des cryptogames plus apparents, *uredos*, *puccinies*, *écinies*, *érysiphés*, se manifestent sur les tiges et sur le feuillage des plantes par taches et moisissures auxquelles on donne le nom de *rouille*.

Des ulcérations couvertes de poussière rouge ou noire caractérisent les rouilles du blé, du seigle, de l'orge et de l'avoine. La rouille du colza et des choux produit sur les feuilles de larges taches blanches. Les pois et le trèfle commun sont attaqués tantôt par une rouille blanche qui ressemble à celle du colza, tantôt par une autre espèce qui détermine des taches rousses et noires. Des rouilles de ce dernier genre souillent aussi les fèves, les haricots, le houblon, le pavot, la betterave, le lin. Enfin, les pommes de terre sont atteintes d'une rouille dite *frisolée*, par suite de laquelle les feuilles se rapetissent. Lorsqu'une récolte est fortement rouillée, le produit se trouve sensiblement diminué; parfois, il est entièrement anéanti.

Un ensemencement tardif; en ce qui concerne les céréales, un semis clair par l'effet duquel le tallement s'est trop prolongé; un printemps froid et humide; le soleil ardent succédant au brouillard; la nature humide du sol; un assainissement imparfait; le voisinage des arbres; l'acidité de l'humus, sont autant de causes qui déterminent la rouille. En affaiblissant la plante, ces causes la rendent plus facilement attaquable aux germes des végétaux que nous avons nommés et dont les semences sont probablement répandues dans l'air en nombre infini. C'est donc en mettant chaque récolte dans les meilleures conditions qu'on se soustrait, autant que possible, aux atteintes de ce mal dangereux, contre lequel les Latins invoquaient le secours du dieu *Robigus*, l'une de leurs douze grandes divinités. On a souvent dit que les épines-vinettes le propagent. En effet, cet arbuste, qui se couvre souvent lui-même de puccinies et d'érysiphés, peut devenir dans cet état un centre dangereux de contagion. Du reste, nous n'avons jamais eu occasion de le constater.

A partir de 1845, les cryptogames de la rouille se sont prodigieusement multipliés, et d'autres espèces qu'on connaissait à peine et à deux desquelles on a donné les noms d'*oïdium* et de *botrytis*, ont attaqué les pommes de terre, le blé, la carotte, la betterave, la vigne, la patate et plusieurs arbres. Nous avons déjà décrit la maladie des pommes de terre. Celle du blé, qui s'est principalement étendue de 1850 à 1854, noircissait le bas des tiges, du premier au second nœud surtout, soit par taches, soit d'une manière complète. A l'intérieur du chaume on apercevait une moisissure grise. La plante, qui n'avait plus de solidité, tombait à terre et produisait un grain médiocre.

Dans la betterave, les altérations, ainsi que nous l'avons dit ailleurs, se manifestaient de deux manières : tantôt, on voyait des taches noires sur les feuilles et sur les racines; d'autres fois (et c'était le mal le plus dangereux) ces dernières se désorganisaient par l'extrémité inférieure. Puis, la plante restait sans vigueur et présentait un feuillage boursouflé.

Ces maladies, aussi bien que la rouille, ont surtout sévi sur les récoltes dont une cause quelconque, semis tardif, humidité excessive, retour trop fréquent des mêmes espèces sur le même sol, déterminait l'affaiblissement.

En 1760, une cruelle famine produite par des fléaux semblables détermina plusieurs notabilités françaises à se réunir dans la capitale pour y chercher remède. Telle fut l'origine de la Société centrale d'Agriculture dont firent partie alors Buffon, Jussieu, Daubenton, Parmentier, Malesherbes, le maréchal d'Estrées. Depuis lors, cette Société n'a cessé de favoriser avec ardeur le progrès agricole. On lui doit des services éminents; et, pour mon compte, je me souviendrai toujours avec gratitude que c'est par elle que mes premiers essais en matière d'enseignement agricole ont été encouragés. A l'époque de sa création, éclairée par les savantes études de M. Bénédict Prévost, elle découvrit la nature et le remède de l'une des maladies les plus dangereuses du froment, la *carie*. Le végétal cryptogamique, *uredo caries*, qui la produit, germe avec le blé et s'attache à la plante si intimement que, lors de la fructification, la substance du grain est remplacée par la semence de l'uredo. Celle-ci, sous forme de poussière noire, est enveloppée par l'épiderme même du blé. Lors du battage, elle se répand et tache le grain, qui en contracte une odeur désagréable et procure ensuite de mauvais pain, à moins qu'avant la mouture on n'ait soumis ce grain à un nettoyage particulier. D'après Champier, qui écrivait en 1560, la carie n'aurait commencé à se propager que vers 1530. Actuellement, on trouve dans presque tous les champs des épis cariés, et quelquefois des récoltes entières sont détruites par ce mal.

Le remède découvert par la Société centrale d'Agriculture consiste à appliquer à la semence une substance caustique qui détruit le germe du cryptogame, sans attaquer celui du blé. D'après les expériences de Mathieu de Dombasle, voici la recette que l'on doit considérer comme la meilleure : pour traiter un hectolitre de blé, on fait fondre 625 grammes de sulfate de soude dans 8 litres d'eau ; au moment du semis, on mélange cette liqueur salée avec le grain, qu'on saupoudre ensuite de 2 kilos de poussière de chaux vive fusée avec de l'eau quelques minutes auparavant. Tout blé de semence doit subir cette préparation, dont nous avons pu constater sur une très-grande échelle l'efficacité presque absolue.

Analogue à la carie, le charbon, *uredo carbo*, change le grain du froment, de l'avoine, de l'orge et du millet en une poussière noire dont la dispersion a lieu avant la maturité. Cette seconde maladie est moins redoutable que l'autre. Cependant elle fait quelquefois sur l'orge des dégâts notables.

Une autre espèce de charbon, *uredo maïdis*, attaque les tiges, les fleurs mâles et les épis de la céréale péruvienne. Ordinairement les pieds de maïs en sont déformés, et ils présentent d'énormes excroissances remplies de poussière brune.

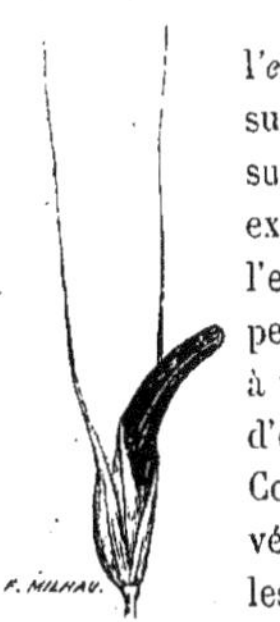

Épillet de seigle ergoté.

Enfin un dernier cryptogame, l'*ergot* (*sclerotium clavus*), fait naître sur certaines graminées, entre autres sur le seigle et le maïs, de longues excroissances violettes de la forme de l'ergot du coq. En 1856, les champs pe blé en ont été eux-mêmes atteints à tel point qu'on ne se souvenait pas d'en avoir jamais remarqué autant. Comme la substance de l'ergot est très-vénéneuse, on doit en purger avec soin les grains qui en sont souillés.

Toutes ces végétations cryptogamiques, sans exception, sont d'autant plus communes que le sol et l'atmosphère sont plus humides et que l'humus est moins exempt d'acidité. Ainsi, le drainage des terres imperméables et le marnage ou le chaulage des champs acides sont des moyens préservatifs sinon absolus, du moins très-efficaces. Les engrais animaux actifs qui stimulent vivement la végétation, contribuent aussi à en garantir les récoltes.

CHAPITRE XXXI

INSECTES ET AUTRES ANIMAUX NUISIBLES A L'AGRICULTURE ; MOYENS GÉNÉRAUX DE S'OPPOSER A LEURS DÉGATS.

> « Vous jetterez beaucoup de semence dans votre terre, et vous moissonnerez peu : les sauterelles dévoreront tout. Vous planterez une vigne, et vous la cultiverez ; mais vous n'en recueillerez rien, parce qu'elle sera gâtée par les vers. »
>
> *Deutéronome*, XXVIII, 38, 39.
>
> « Vous leur avez envoyé une multitude de bêtes pour vous venger d'eux, afin qu'ils sachent que chacun est puni par où il a péché. »
>
> *Sagesse*, XI, 16, 17.

Le cultivateur n'a pas seulement à combattre une foule de végétaux nuisibles ; il compte dans le règne animal des ennemis plus nombreux encore.

A peine confiée à la terre, une partie de la semence devient souvent la proie des pigeons, des corbeaux et des tourterelles. Un peu plus tard, guidés par l'apparition des jeunes plants, ces voleurs ailés trouvent encore le grain dont ils sont avides.

Des animaux à mille pieds (*blaniulé guttulé*, *iule terrestre*, etc.), se logent dans les graines attendries et en rongent la substance. Lorsque le germe vient au jour, les larves des *taupins* ou *marteaux* le coupent entre deux terres. La *courtilière*, les *vers blancs* (larves du hanneton), les *vers gris* (chenilles de papillons de nuit[1]) font faner, par des blessures mortelles, une multitude de sujets précieux. Les *escargots*, la grosse *limace* rouge et surtout une petite limace grise dévorent, dans les lieux humides, la plupart de nos plantes à l'état naissant. Les *altises*, coléoptères[2] sauteurs de la grosseur des puces, attaquent par myriades les choux, les raves, les navets, le colza, le lin, le houblon. Le jeune feuillage des légumes secs et des plantes fourragères légumineuses, trèfle, luzerne, etc., est découpé en dentelures par un petit coléoptère gris (le *silone rayé*). Un coléoptère brunâtre encore plus petit (*atomaria linearis*) et plusieurs larves (*cassida nebulosa*, *silpha lævi-*

1. Tout le monde connaît les différentes phases de la vie des insectes. La femelle pond des œufs qui donnent naissance à des *larves* ou *vers*. Après avoir vécu et grandi un temps qui varie entre quelques semaines et plusieurs années, les larves se transforment en *nymphes* ou *pupes* : on appelle *chenilles* les larves des papillons et *chrysalides*, leurs nymphes. La plupart des nymphes sont immobiles et ne prennent pas de nourriture. Par une dernière transformation, elles produisent l'*insecte parfait*, qui seul est doué des facultés génératrices.

2. *Coléoptères*, insectes dont les ailes proprement dites sont cachées par des ailes opaques et dures qui servent d'étui aux premières, et qu'on nomme *élytres*.

gata et *opaca*) obligent souvent à réensemencer deux ou trois fois les champs de betteraves. En hiver, à défaut de nourriture meilleure, la souris devient herbivore. Quelquefois elle rend la terre mouvante à force de la cribler de trous, et elle anéantit les jeunes blés.

A mesure que la plante grandit, ses ennemis semblent se multiplier. Les chenilles de plusieurs papillons dévorent les feuilles du chou, et les larves de mouches *hyménoptères*[1], du genre *tenthrède*, mangent celles des navets, tandis que la tige et la racine de ces légumes sont déformées par les larves plus petites de la *mouche brassicaire* et d'un coléoptère (*ceutorhynchus sulcicollis*). Les luzernes sont rongées par plusieurs vers, notamment par ceux de deux coléoptères, l'*eumolpe obscur*, et le *colaspis atra*. Le dégoûtant puceron (*aphis*) suce les jeunes pousses de la fève, du pois, du houblon, de la cardère et d'une multitude de plantes. Dans le Nord, de petites sauterelles vertes ou grises anéantissent quelquefois le produit des prairies naturelles. Dans le Midi, les sauterelles et les criquets des grandes espèces dévorent toutes sortes de plantes. Le chaume des céréales est sillonné, à la surface ou rongé intérieurement par les larves de plusieurs moucherons (*céphus*, *chlorops*) et par celle d'un coléoptère (*agapanthia marginella*). D'autres larves imperceptibles (*thrips* et *cécidomyie*) sucent le grain de blé à l'état d'embryon. Celles d'un coléoptère charançon (*ceutorhynchus assimilis*, Payk. — *grypidius brassicæ*, Focillon), et celles d'une teigne (*ypsolophus xilostei*, Fabr.) dévorent de même les graines de colza. Les épis de maïs, les têtes de cardère sont attaqués par plusieurs larves. Partout, au temps des moissons, les oiseaux recommencent leur pillage. Quant aux racines et aux tubercules, ils sont entamés par les limaces, les vers gris et les vers blancs. Ces derniers anéantissent parfois des récoltes entières de la précieuse solanée. Que dire d'une multitude d'autres insectes dévastateurs? Nommerai-je l'*hépiale du houblon*, papillon dont la chenille ronge le feuillage de la plante précieuse aux brasseries; — le *phytonomus variabilis* ou *pollux* et l'*otiorhynchus sulcatus*, coléoptères charançons dont les vers dévorent les pousses de luzerne; — l'*oryctes grypus* ou rhinocéros, gros coléoptère dont la tête est armée d'une corne et dont la larve, semblable au ver blanc, vit en terre et cause dans les luzernières du Midi des dégâts considérables; — l'*epilachna globosa*, coléoptère de la famille des chrysomèles, dont la larve attaque la luzerne, le trèfle, etc.; — le *tipula oleracea*, sorte de grand cousin dont le ver apode vit en terre et nuit à beaucoup de végétaux; — des *hémiptères*, espèces de petites cigales, qui, par leur piqûre, produisent sur les tiges et sur le feuillage de plusieurs plantes des extravasions de séve semblables à des crachats; — les chenilles de plusieurs papillons de nuit, notamment celles du *plusia gamma*, qui rongent indistinctement les racines d'une foule de végétaux, choux, pois, haricots, chanvre, tabac, etc.

1. *Hyménoptères*, mouches à quatre ailes transparentes simplement veinées.

Rentrés au logis, les produits du sol ne sont pas encore en sûreté : la larve d'un petit coléoptère à bec allongé, la *calandre*, celle d'un autre coléoptère plus gros, le *trogosite*, enfin celles de deux papillons, l'*alucite* et la *teigne*, dévorent les céréales. Plusieurs coléoptères du genre *bruche* font des dégâts analogues sur les légumes secs. Enfin, les souris et les rats dévastent toute espèce de grains et de provisions, coupent les pailles et leur donnent une odeur nauséabonde.

En présence de tant de périls, au lieu de nous abandonner à une fatale inertie, étudions les mœurs de nos ennemis; examinons leurs ruses; suivons-les dans leurs retraites. Une observation en provoque une seconde qui la complète; puis, à force de patientes investigations, le remède à des maux graves finit souvent par se découvrir. Mais gardons-nous de toute théorie empirique. Nous ne sommes plus à l'époque où l'on conseillait sérieusement de faire fuir les taupes des prairies par la destruction d'une plante, le colchique d'automne.

Le plus simple des moyens généraux à employer contre les animaux nuisibles, consiste à protéger les êtres destinés par la Providence à nous servir d'auxiliaires. Tels sont l'*hirondelle*, le *roitelet*, le *coucou*, la *mésange*, le *hochequeue* où *bergeronnette*, le *rouge-gorge*, la *fauvette*, le *rossignol*, et en général tous les oiseaux qui appartiennent à la nombreuse famille des *becs-fins*. Un observateur a suivi le développement d'une couvée de roitelets. Le père et la mère faisaient 40 à 60 voyages par heure, et apportaient chaque fois une chenille ou un petit insecte : ainsi, 480 au moins par journée. Pendant quinze jours, c'est donc une consommation de 7,200, sans y comprendre la nourriture des parents. Par une coïncidence qui tient aux merveilleuses harmonies de la nature, les petits oiseaux éclosent à l'époque où les chenilles et les insectes apparaissent en plus grand nombre. Cependant combien d'œufs utiles enlevés à de petites mères désolées ! D'après des calculs qui évidemment ne peuvent être qu'approximatifs, il est probable qu'en France on en détruit annuellement plus de 80 millions ! C'est par milliards qu'il faut compter les insectes nuisibles qu'auraient fait périr ces 80 millions d'infatigables échenilleurs.

Que toutes les personnes éclairées, les instituteurs principalement, usent donc de leur influence pour protéger les nids des petits oiseaux. En Prusse, quiconque s'empare d'un rossignol ou trouble sa couvée est passible d'une amende et même de la prison.

Joignant l'agréable à l'utile, ces chanteurs aériens ne nous réjouissent-ils pas par leurs doux accords? Qui de nous, après de pénibles labeurs, n'écoute avec un plaisir mêlé d'émotion les accents joyeux ou mélancoliques de ces hôtes de nos bosquets et de nos champs? Aimons surtout l'hirondelle, cette fille de l'air, qui vient chaque année de pays lointains pour donner la chasse aux moucherons. Sûre de notre amitié, qu'elle construise son nid jusque dans nos étables. Nous répondrons à sa confiance par une hospitalité cordiale, et nous respecterons la tradition populaire, que *toucher à sa couvée porte malheur.*

Le *moineau*, commensal parfois incommode, rend aussi des services qu'on ne peut méconnaître. On sait ce qui est arrivé dans plusieurs États où sa tête avait été mise à prix : quelques années plus tard, on s'empressait d'en acheter dans les pays voisins, afin de les opposer aux ravages croissants des chenilles. Il faut convenir néanmoins que les moineaux sont souvent des serviteurs à gros gages ; aussi, ne faut-il pas craindre de leur déclarer la guerre, lorsqu'ils se multiplient à l'excès.

Nous détruirons sans scrupule le *ramier* et la *tourterelle*, l'un et l'autre essentiellement granivores, et bien que les *corbeaux* se nourrissent d'aliments de toute espèce, nous les chasserons également partout où il s'en trouve un grand nombre, à cause des dégâts qu'ils font aux semailles d'automne, sur lesquelles il s'abattent par bataillons innombrables.

Renonçons nous-mêmes à la multiplication des *pigeons fuyards ;* car ils vivent, comme les ramiers, aux dépens de tout ce qui est semé. S'il existe des colombiers dans le voisinage, exigeons-en rigoureusement la clôture, lors des semailles et des moissons.

Parmi les gros oiseaux, nous protégerons la *chouette*, qui, tout aussi bien que nos chats, donne la chasse aux souris et autres rongeurs. Son cri, comme tout ce qui trouble le silence des nuits, cause un indéfinissable sentiment de terreur. Pour s'en venger, combien de fois l'a-t-on clouée aux portes des granges! Inepte barbarie contre laquelle désormais notre juste reconnaissance lui servira de sauvegarde. L'honorable M. de Wimpffen, inspecteur de la forêt de Compiègne, m'assurait que dans les bois où on la détruit avec beaucoup d'autres oiseaux, les mulots et les campagnols pullulent au point de dévorer la plupart des graines forestières.

Au nombre des animaux que l'on tue souvent, quoiqu'ils mangent quantité de bêtes nuisibles, nous devons signaler encore :

— Le *hérisson*, quadrupède doux et inoffensif, qui se nourrit d'insectes, de vers et de limaçons. Introduit dans les jardins, il rend de véritables services à l'horticulture.

— La *chauve-souris*, qui vit exclusivement de mouches nocturnes. On a remarqué que les récoltes les plus voisines des bâtiments ruraux sont les moins sujettes aux ravages des cécidomyies, des céphus, etc. Plusieurs causes peuvent concourir à ce résultat; mais il faut l'attribuer en partie aux chasses aériennes de la chauve-souris et de l'hirondelle.

— Presque tous les reptiles et en particulier la *grenouille*, qui, essentiellement insectivore, nous procure à nous-mêmes un mets recherché. Ne devrait-on pas en défendre la pêche, lors de la ponte, qui commence aux premiers rayons du soleil printanier? En prenant alors les grenouilles, dans les mares, avec des râteaux, on détruit en pure perte la plus grande partie de leur frai.

—Le *carabe doré*, si connu sous les noms de *jardinière* et de *cheval du bon Dieu*, carnassier très-actif qui fait sa proie d'une quantité d'insectes et de limaces. Au mois de mai, on rencontre souvent ce petit chasseur intrépide occupé à manger un hanneton qui allait déposer ses œufs. D'un seul coup, il prévient ainsi les dégâts qu'auraient commis 50 ou 60 vers blancs. Les autres coléoptères du genre *carabe* rendent des services analogues.

— La *taupe*, animal très-vorace et l'ennemi-né des vers blancs. « Elle a, dit M. Flourens, un tel

« besoin de nourriture qu'un seul jour d'absti-« nence, même après le repas le plus copieux, suffit « pour la faire mourir de faim. » — « Une taupe que « je possédais, dit un autre observateur cité par « M. Petit Lafitte, dévora 15 vers de terre de huit « centimètres de long, six vers blancs et deux han-« netons. J'espérais qu'un tel souper pourrait la « conduire jusqu'au lendemain. Mais à huit heures « du matin, je la trouvai morte d'inanition. Son au-« topsie me démontra que pas une parcelle de ces « aliments n'était restée dans l'estomac. Tout était « digéré. » Dans les jardins, la taupe fait de tels dégâts, qu'évidemment elle doit en être proscrite. Mais conservons-là dans les champs et dans les prés, sauf, comme nous l'avons déjà dit, à étendre de temps en temps ses monticules de terre meuble. Partout où elle a été presque complétement détruite, on a remarqué ensuite une multiplication extraordinaire de hannetons et de vers blancs.

— La *musaraigne* ou musette, petit animal de la famille des taupes, qui se nourrit également d'insectes et auquel on attribue à tort des propriétés malfaisantes.

— Quoique la *belette* nous dérobe quelquefois des œufs, nous conseillons aussi de la protéger, à cause de la guerre qu'elle fait aux souris. Un cultivateur m'assurait dernièrement que, grâce à la présence d'un grand nombre de belettes autour de sa ferme, les rongeurs ne font jamais de dégât dans ses granges.

— Le *putois*, cet ennemi nocturne de la volaille, pourrait être conservé pour les mêmes services, si le poulailler, toujours clos pendant la nuit, était parfaitement à l'abri de ses attaques sanguinaires.

Un second moyen de détruire les animaux nuisibles, c'est de les prendre par la faim. Une terre est remplie d'insectes ; nous lui donnons une jachère, et nous avons soin de multiplier hersages et labours, au point que le champ soit complétement privé de végétation pendant des mois entiers. Évidemment, nous faisons périr ainsi quantité de larves qui ne trouvent rien à manger. Aux insectes qui vivent exclusivement sur certaines plantes, nous coupons également les vivres, en couvrant le sol pendant plusieurs années de végétaux dont ils ne peuvent se nourrir. Sur ce motif joint à plusieurs autres se fonde, ainsi que nous l'avons expliqué déjà, le grand précepte de l'alternat des récoltes. Dans le Nord, on sait que l'atomaria linearis est d'autant plus à craindre pour les betteraves, que celles-ci reviennent plus souvent sur le même terrain. Un habile cultivateur de l'Oise, M. Dumont m'assurait que, semé dans ses terres tous les deux ans, le blé est beaucoup plus exposé aux dégâts des insectes que lorsqu'il n'y revient qu'une année sur trois. Il va sans dire que les jachères et les successions de récoltes différentes ne peuvent prévenir les ravages causés par les espèces telles que le *chlorops*, la *cécidomyie*, le *céphus*, qui trouvent dans leurs ailes un moyen facile de se transporter d'un champ à l'autre.

Exceptionnellement, lors des semailles, nous donnerons abondamment à manger à nos ennemis, en employant plus de grain qu'il ne serait rigoureusement nécessaire. C'est ainsi que le champ restera suffisamment garni, malgré d'inévitables destructions.

Il ne suffit pas de prendre l'ennemi par la disette ; il faut encore le troubler dans ses demeures souterraines par des cultures énergiques. Effectués avant de fortes gelées, les labours font périr une foule de larves, de nymphes et même d'insectes parfaits. Contre ce précepte, on ne doit rien inférer des extrêmes de température supportés par quelques espèces. Sans doute, certaines chrysalides peuvent, dans la saison froide, devenir des morceaux de glace, et néanmoins éclore au printemps ; mais ces chrysalides, qui restent là où elles se sont formées, se trouvent réellement dans leur état normal. Il n'en est de même ni des larves et des nymphes qui cherchent en terre un abri, ni des œufs soigneusement déposés dans le sol hors de l'atteinte directe des frimas. On change, en les mettant à l'air, les conditions naturelles de leur existence. Aussi, avons-nous souvent constaté que nulle part les insectes ne sont si nombreux que là où la terre est mal cultivée et reçoit rarement des labours d'hiver.

Instrument aratoire tout particulièrement insecticide, le rouleau Croskill écrase dans le sol quantité de vers. Les autres rouleaux d'un certain poids, nous délivrent aussi de beaucoup d'ennemis, lorsqu'on les fait passer sur de jeunes plantes dont le feuillage est attaqué par des limaces ou par des larves.

Si une excellente culture préserve nos moissons de funestes dégâts, il en est de même des substances fertilisantes actives, colombine, poudrette, guano, etc., appliquées au moment des semailles ou dès le premier âge des végétaux. Ceux-ci, stimulés par l'engrais, ferment promptement leurs plaies et résistent à des lésions qui les auraient fait périr, s'ils eussent été moins vigoureux. Certaines substances sont en outre essentiellement vermifuges, notamment la suie, la cendre de foyer et, comme l'illustre M. Thénard l'a rappelé dans ses écrits, les tourteaux, surtout celui de cameline.

Une opération d'une efficacité absolue, mais à laquelle on ne peut recourir que dans des cas exceptionnels, est la submersion du terrain, prolongée pendant plusieurs jours; limaces, souris, larves et insectes de toutes sortes sont noyés.

Par des soins de propreté générale, on détruit encore une foule d'animaux nuisibles qui se réfugient entre les écorces, dans les fentes des murs, sous les toits, dans les fissures des charpentes. Nous conseillons donc de gratter souvent et de peindre à l'eau de chaux le tronc des arbres, de tenir les murs en parfait état, de nettoyer souvent le dessous des corniches et des toitures, de goudronner les pièces de charpente.

Ces moyens généraux se complètent par un secours providentiel : dans mon enfance, je nourrissais des chenilles pour les voir se transformer en chrysalides, puis en beaux papillons. Ma surprise fut grande un jour, lorsqu'au lieu de l'être brillant que j'attendais, j'aperçus deux ou trois mouches que la chrysalide avait produites. Une autre fois, j'entendais chacun se désoler parce que des myriades de chenilles dévoraient tout. Après avoir rongé le feuillage des arbres, elles attaquaient les plantes et formaient à terre de longues processions. Sur les murs, j'en remarquai qui paraissaient pondre. Je le dis à un entomologiste, qui me répondit que les chenilles ne pondaient pas. Je lui soutins qu'il se trompait; mais il me fit remarquer que les prétendus œufs de chenilles étaient les coques jaunes et soyeuses d'une foule de petites larves (*microgaster glomeratus*), qui, après avoir vécu dans l'animal rampant, sortaient en perçant sa peau dans tous les sens. Quinze jours après, toutes les chenilles étaient mortes, et la campagne était sauvée. L'entomologiste m'expliqua, à cette occasion, que beaucoup d'insectes sont exposés à être dévorés intérieurement et lentement par des larves parasites. Un insecte percé avec sa tarière la peau d'une larve et introduit son œuf dans la blessure. Le petit ver que produit l'œuf se garde bien de blesser d'abord les organes essentiels de l'animal dans le corps duquel il est enfermé; il se contente d'en sucer la substance graisseuse. L'autre continue de se mouvoir, de manger, et peut même souvent se changer en nymphe; mais lorsqu'il va se métamorphoser en insecte parfait, son parasite lui donne le coup de la mort, image frappante de la plus noire ingratitude! Bientôt, il subit lui-même ses transformations dans cette tombe qui lui sert de berceau, et il finit par s'élancer dans les airs.

De petits moucherons noirs à quatre-ailes (*platygaster punctiger*) se développent ainsi aux dépens de la cécidomyie; l'*alysia olivieri* vit dans le chlorops; le *pachymerus calcitrator* attaque le céphus. La plupart des insectes nuisibles ont de même leurs ennemis particuliers. Le parasitisme est donc une de ces lois providentielles établies pour empêcher certains dégâts de s'étendre au delà de certaines limites. Nous pouvons renverser des légions d'hommes, poursuivre dans ses retraites le lion du désert; mais que faire à de vils moucherons, lorsque remplissant l'air, comme si la baguette de Moïse les eût fait naître, ils semblent devoir renouveler les plaies de l'Égypte? Dieu vient alors à notre secours : bientôt d'autres moucherons libérateurs voltigent de tous côtés, se mêlent à leurs ennemis, et sèment au milieu d'eux les germes d'une prompte destruction.

Souvent aussi des nuées de larves dévastatrices meurent par l'effet d'accidents subits de température, tels que pluies abondantes ou retours de froids.

CHAPITRE XXXII

MOYENS PARTICULIERS DE DESTRUCTION CONTRE CERTAINS ANIMAUX NUISIBLES.

> .... Entre nos ennemis
> Les plus à craindre sont souvent les plus petits.
>
> La Fontaine.
>
> Ces ennemis nombreux, ces petits riens puissants
> Exigent du savoir et des efforts constants.
>
> Frère Milhau.

HANNETON

(*Melolontha vulgaris.*)

VER-BLANC.

(Man, turc, moard, malo, ver-mou, ver-bled, ver-bouvier, ver de hourlon, macot de chien, engraisse-poules, etc.)

Vers l'époque où les beaux jours du printemps ramènent dans nos climats la joyeuse hirondelle, le hanneton, caché sous terre à 80 centimètres de profondeur, remonte lentement à la surface du sol. Bientôt, on l'entend bourdonner; puis, on le voit dévorer les fleurs et le feuillage des arbres. Parfois, après avoir tout dévasté sur un point, il se rend dans un autre canton par bataillons innombrables.

A l'état d'insecte parfait, ce déprédateur ne vit que peu de jours, surtout si le temps est beau. La femelle dépose dans le sol 50 à 80 œufs et meurt ensuite. Sa larve, le *ver-blanc*, ne cesse, pendant ses trois ou

Ver-blanc (larve du hanneton).

quatre années d'existence, d'attaquer sous terre nos végétaux les plus précieux.

Que faire contre ce double fléau?

Proscrire les hannetons par une mesure administrative. Dans chaque commune, on les paierait tant la mesure. Cette dépense serait en partie compensée par la valeur de l'excellent engrais que procureraient ces insectes séchés au four. La chasse commencerait à leur première apparition, avant la ponte, et s'effectuerait le matin, parce qu'à cette heure l'engourdissement dans lequel ils se trouvent permet de les prendre avec facilité, en secouant les arbres. Déjà, plusieurs conseils généraux sont entrés dans cette voie, et les résultats obtenus sont excellents. Pourquoi la mesure ne deviendrait-elle pas générale?

On a conseillé d'habituer les poules et les canards à suivre les charrues, pour manger les vers-blancs que le labour déterre. Sur une petite échelle, cette méthode sans doute peut réussir. Mais en grand elle est impraticable à cause de la soif qui éloigne bientôt ces auxiliaires. En revanche, les chiens font toujours une guerre active aux larves de hanneton et aux souris; raison sérieuse pour que chaque laboureur soit toujours accompagné de son fidèle ami.

VERS-GRIS

(Vers-coquins.)

Chenilles de plusieurs papillons de nuit (*Noctua oleracea, pronuba, brassicæ, pisi, segetum, aquilina, exoleta, tragopennis, rumicis, ruris, crassa, exclamationis, etc.*), ces vers font, sur les racines et au cœur des plantes, des dégâts analogues à ceux des vers-blancs. Comme il est difficile d'atteindre les papillons qui les produisent, ce sont les vers-gris eux-mêmes qu'il faut attaquer. Dans une plantation de choux, de houblon, de betteraves, voit-on un sujet se faner subitement; on creuse la terre et on tue l'insecte pris en flagrant délit; sans cette précaution, il ferait périr

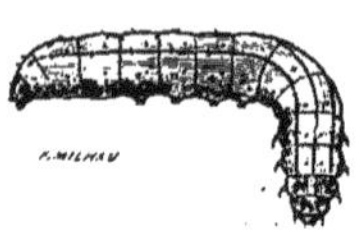

Ver-gris.

successivement tous les plants voisins. On trouve et on détruit aussi de la même manière beaucoup de vers-blancs, et dans le Midi, les larves d'un gros coléoptère fort nuisible que nous avons déjà nommé, l'*oryctes grypus*.

BLANIULE GUTTULÉ.

(*Blaniulus guttulatus*, P. Gervais, Lucas, Guérin. — *Iulus guttulatus*, Bosc, Fabr. — *Iulus pulchellus*, Leach, Curtis. — *Iulus fragarius*, Lamark. — *Blaniulus pulchellus*, Newport.)

Charmant petit animal de la classe des *myriapodes* (*cent-pieds, mille-pieds, serpents-mille-pieds*), le *blaniule guttulé* ressemble à un cylindre de cristal marqué bilatéralement de taches cramoisies et garni de deux franges d'argent formées par environ 180 pattes extrêmement fines. Ce myriapode se multiplie au point d'anéantir quelquefois des semis entiers de blé ou de légumes secs. A la ferme de l'Institut normal agricole de Beauvais, j'en ai vu par milliers autour de pois et de haricots en germination.

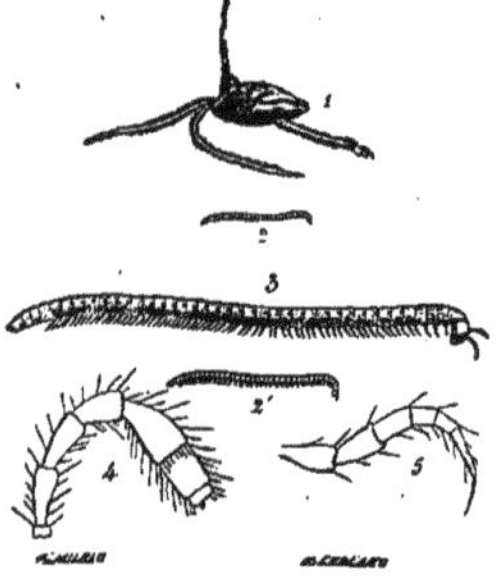

1. Grain de blé en germination attaqué par des blaniules guttulés. — 2. Blaniule (jeune). — 2'. Blaniule plus âgé. — 3. Le même, grossi. — 4. Antenne très-grossie. — 5. Patte très-grossie.

Lorsqu'une terre en contient beaucoup, on ne peut trop hâter la germination des graines au moyen d'engrais actifs. Quelquefois, il sera nécessaire de recourir à une jachère soignée, pour purger le terrain.

Le *iule terrestre*, le *polydesmus complanatus* et d'autres myriapodes causent des dégâts analogues, mais ils sont ordinairement moins redoutables.

COURTILIÈRE.

(*Grillotalpa vulgaris*, taupe-grillon, courtille, taupette, jardinière.)

Cet insecte, long de 5 à 6 centimètres, ressemble à une énorme sauterelle. Sa couleur brun foncé, son aspect hideux, ses énormes pattes dentelées, sa large cuirasse, ses allures brusques et convulsives, mais surtout les immenses dégâts qu'il occasionne le rendent partout un objet d'horreur.

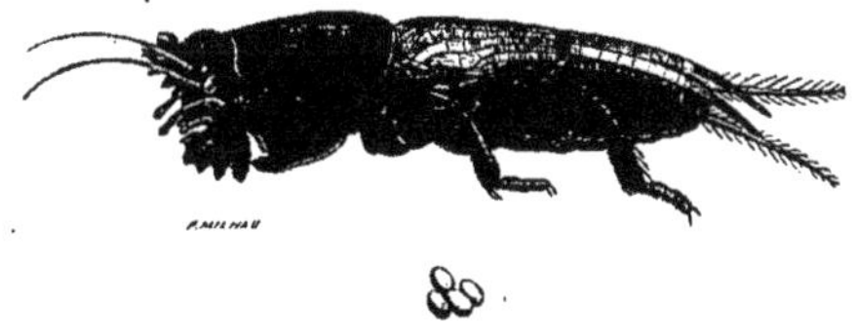

Courtilière et ses œufs.

« Si, en conduisant une voiture, tu rencontres la « courtilière, dit un proverbe allemand, arrête-toi, « fût-ce même sur le versant d'une montagne, et ne « continue ta route qu'après l'avoir écrasée. »

Vers le commencement de juillet, la femelle dépose en terre deux à trois cents œufs oblongs et d'un blanc jaunâtre. Les larves éclosent au bout d'une quinzaine de jours, mettent trois ans avant de devenir insectes parfaits, et pendant toute leur vie causent d'affreux ravages, en sillonnant le terrain de galeries souterraines et horizontales qui ont parfois jusqu'à 20 mètres de longueur. Sur leur passage, toutes les racines sont coupées. En plein champ, ce sont surtout les maïs et les houblons qui souffrent de ce travail, d'ailleurs si funeste aux prairies et à toutes les cultures jardinières.

Lorsque la terre soulevée, des plantes flétries ont trahi la présence de la courtilière, il faut se livrer à une chasse active. Ses galeries horizontales communiquent entre elles par un trou vertical qui conduit à l'espace presque circulaire où se cache le redoutable ennemi. On verse dans ce trou un peu d'eau de savon ou de l'eau avec quelques gouttes d'huile. En général, l'insecte ne tarde pas à sortir, et on le tue.

Pour cette destruction, on peut aussi faire usage de poteries à moitié remplies d'eau, et enterrées de telle sorte que l'ouverture se trouve à quelques centimètres au-dessous du sol. Les taupes-grillons s'y précipitent en creusant leurs galeries. D'un autre côté, comme les chats mangent la courtilière avec avidité, il est bon de les exercer à s'en saisir : après leur en avoir donné une, on en lâche une seconde devant eux ; mais on les empêche de la poursuivre jusqu'à ce qu'elle se soit enfoncée dans le sol. Dès que les chats sont libres, ils se précipitent sur elle et parviennent à la déterrer. Cet exercice les accoutume à chasser d'eux-mêmes.

On obtient des résultats plus importants encore par la destruction des œufs, qui doit se faire au mois de juillet : on cherche les endroits où la terre est un peu soulevée en forme de dôme. C'est là que se trouve le nid, petite chambre ovale, de 15 à 20 centimètres de diamètre, inférieure au niveau des galeries et dont les parois sont bien battues. Effectué quelques jours trop tard, ce travail serait inutile ; car les larves se dispersent presque aussitôt après leur naissance. Si l'on n'a pas réussi à prendre la mère, on égalise la terre au-dessus du nid, et comme la courtilière creuse bientôt un trou vertical pour y retourner, on verse, le lendemain, dans ce trou un peu d'eau et d'huile, afin de la faire sortir et de la prendre ; ou bien on la déterre d'un coup de bêche. Une petite baguette introduite dans les galeries facilite la recherche des nids.

Aux approches de l'hiver, on attire les taupes-grillons au milieu de fumier déposé dans des trous de 30 à 40 centimètres de profondeur. Tous les jours ou tous les deux jours, on soulève brusquement cette litière avec la fourche, et on tue les courtilières qui s'y trouvent cachées.

C'est par l'emploi simultané de ces méthodes que Féburier a détruit, en une seule année, jusqu'à 15,000 de ces insectes dans un jardin de Versailles.

LIMACES ET ESCARGOTS.

La *limace agreste* (*loche*, *lochette*, *petite loche grise*) est petite, grise, brune ou jaunâtre, avec bandes longitudinales de couleur plus foncée. Elle vit en terre, mange beaucoup de germes et de racines, et se répand par la rosée et par la pluie sur le feuillage des plantes. En pays et en saison humides, elle anéantit des ensemencements entiers de céréales et de prairies artificielles. Le long des bois et des haies, la grosse limace rouge (*limace des charlatans*) occasionne souvent aussi des pertes notables. Quant aux grosses limaces grises (*limax variegatus et maximus*, *limaces des caves*), on ne les voit qu'autour des bâtiments et des vieux murs.

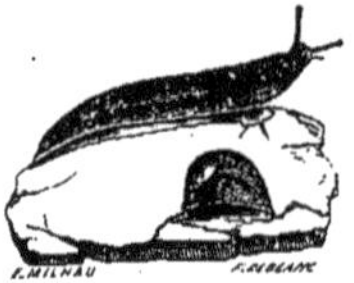

Limace agreste en mouvement; au-dessous, limace agreste au repos.

Dès qu'on aperçoit les dégâts de ces mollusques, il faut choisir l'instant où, excités par la fraîcheur, ils ont quitté leurs retraites souterraines. On sème alors sur le champ qu'ils dévastent de la chaux récemment fusée. Aussitôt ils écument, se tordent et parviennent souvent à se débarrasser de la substance caustique qui les brûle; mais on renouvelle l'opération une demi-heure après, et cette fois, la mort est inévitable.

Les différentes espèces d'escargots ne se multiplient que sur les terrains calcaires, et font près des murs et des haies plus de dégâts que partout ailleurs. Il est facile de les ramasser en été, lorsqu'ils pâturent à la rosée ou après la pluie. En hiver, on les prend dans les trous et sous la mousse. Dans une cavité de muraille, j'en trouvai un jour 500 réunis. Broyés, on les donne aux canards. Les plus gros procurent un mets recherché de beaucoup de personnes.

LARVES DE TAUPINS.

(*Agriotes segetis*, Dej.—*Elater lineatus*, Lin.—*Agrypnus*, *Athous*, etc., scarabée à ressort, marteau, tape-marteau, toque-maillet, maréchal, cracheur, vermon, ver-fil-d'archal ou wireworm des Anglais.)

Les larves dures, jaunes et luisantes des insectes de cette famille, non-seulement coupent les céréales, ainsi que nous l'avons dit déjà, mais elles attaquent encore les plantes fourragères et beaucoup de légumes verts. Lorsque, peu de temps après le semis, on voit les feuilles du seigle, de l'avoine ou du blé jaunir et se faner, on peut être presque certain de la présence de ces animaux. Avant l'hiver, ils se creusent en terre une cellule profonde et se transforment en insectes parfaits qui attendent le retour du printemps pour sortir et donner naissance à de nouvelles générations. Le seul moyen de préserver les céréales d'automne, dans les terrains qui en sont infestés, consiste à confier le grain au sol à une époque avancée, afin que la germination s'effectue lorsque les larves se sont enfoncées sous la couche arable. Dans les Ardennes, nous avons souvent vu nos premiers semis de blé détruits par cet insecte, tandis que les derniers n'étaient jamais attaqués.

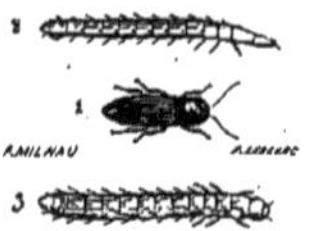

1. Taupin des moissons (*agriotes segetis*). — 2. Sa larve, vue de profil. — 3. La même, vue en dessus.

Les vers d'un autre coléoptère (*zabrus gibbus*) vivent, comme ceux du taupin, aux dépens des racines des céréales. Des larves d'insectes de la même famille ont encore été signalées; mais il faut faire de nouvelles observations pour reconnaître positivement les espèces, pour déterminer les dégâts qu'elles occasionnent et trouver les moyens d'y remédier.

SITONE RAYÉ.

(*Sitones lineatus*. — *Sitona lineata*. — Charançon rayé des pois. *Sitones crinitus*.— *Sitona crinita*. — *Sitone hérisson*.—Charançon hérissé.)

Aussitôt que les pois, les fèves, le trèfle, la luzerne et autres plantes légumineuses sortent de terre, on voit leur feuillage rongé par le bord. Souvent il est entièrement disséqué, et la plante périt. Depuis longtemps déjà, nous avions observé ce fait; mais il s'agissait de reconnaître l'auteur du dégât, attribué par des jardiniers à une araignée, à une limace ou à

Feuilles de pois découpées par le sitone rayé.

des insectes inoffensifs. Mon savant collaborateur, le frère Milhau, s'étant mis en recherche, aperçut à terre un grand nombre de petits coléoptères grisâtres. L'un d'eux se plaça bientôt à califourchon sur le bord d'une feuille, et sans s'inquiéter de la loupe que l'observateur plaçait sur lui, il commença son repas, en décrivant avec la tête un arc qui allait toujours en s'agrandissant. Un léger mouvement le fit tomber, et il resta immobile en faisant le mort. Comme ces insectes sont de la couleur de la terre, ils se rendent ainsi presque invisibles; cependant ils ne sont d'ordinaire que trop nombreux. En 1855, le frère Milhau reconnut qu'un champ de pois attaqué nourrissait en moyenne, par mètre carré, 600 de ces destructeurs; 6 millions par hectare! J'ai vu des semis de trèfle et de luzerne complétement anéantis par eux. Pour s'en préserver, indépendamment de nos moyens généraux, on peut, par la rosée ou par un temps humide, répandre de la suie, des cendres et autres substances qui s'attachent aux feuilles et dégoûtent les insectes.

ATOMARIA DE LA BETTERAVE.

(*Atomaria linearis* ou *linearia*, Steph. — *A. pygmæa*, Héer. — *A. dumetorum*, Dej.)

Combien de fabricants de sucre ont invoqué la foudre pour écraser....: un atome imperceptible! l'*atomaria linearis*!

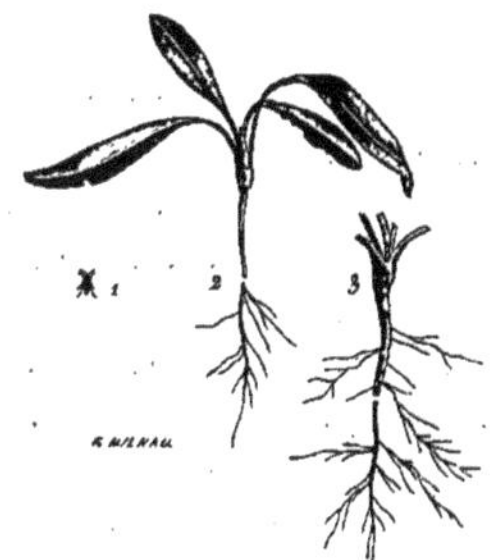

1. Atomaria de la betterave. — 2. Jeune betterave qui meurt par suite d'une lésion faite par l'atomaria. — 3. Racine de betterave qui reprend, grâce aux nouvelles radicelles qui se sont formées au-dessus de la lésion.

Depuis quelques années surtout, ce petit coléoptère brunâtre se montre souvent par milliers, en mai et juin, dans les champs nouvellement semés en betteraves. Il se cache d'abord entre les mottes qui entourent la graine, et il attend patiemment la germination. Si, malgré ses morsures, le germe parvient à sortir de terre, l'atomaria mange les racines, mine le collet de la plante et découpe les premières feuilles. La sécheresse ou le froid font-ils languir la végétation, le semis est perdu, et il faut réensemencer très-abondamment. Mais grâce à une température favorable, beaucoup de sujets attaqués peuvent reprendre vie, et on en est souvent quitte pour des réensemencements partiels. Ainsi que nous l'avons dit, c'est dans les terrains qui ont porté plusieurs récoltes successives de betteraves que l'atomaria pullule le plus. Pour s'en délivrer, on doit varier les cultures, effectuer le semis dans les meilleures conditions, et prodiguer la graine plutôt que de l'épargner. C'est par ces mêmes moyens qu'on soustraira les betteraves à tout autre dégât analogue, notamment à celui que font dans l'Oise les larves noires du *silpha opaca*. Comme celles-ci sont d'une certaine grosseur, on pourrait sans doute en écraser beaucoup à l'aide de forts rouleaux. Enfin, on m'assurait dernièrement qu'à l'automne les vers de l'atomaria sont logés dans la portion du collet de la plante qu'on coupe lors de la récolte. Si ce point est bien constaté, nous en concluons qu'il ne faut jamais manquer de les anéantir par une consommation complète de tous ces débris.

ALTISES.

(Altise bleue (*altica oleracea*), altise bariolée (*altica nemorum*), altise du navet (*altica napi*), altise noire (*altica lepidii.* — *nigripes.* Focillon). Tiquets, lisettes, puces de terre, pucettes, pucerons, barbots, barbots bleus.)

De la grosseur des puces, et sauteurs comme elles, ces coléoptères verts, noirs, bleus ou bariolés, attaquent, ainsi que nous l'avons dit, le lin, le houblon, les choux, les navets, les radis, le colza, la navette, la moutarde, etc. Pour peu qu'au moment de la germination, la sécheresse ou le froid fassent languir la plante, le semis disparaît. Si le végétal échappe à la voracité de ses ennemis, son feuillage reste criblé de trous.

1. Feuille de navet attaquée par les altises. — 2. Portion de feuille vue en dessous. — 3. Œufs. — 4 Galerie de la larve. — 5. Chrysalide. — 6. Altise bariolée. — 7. Altise bleue. — 8. Altise bariolée grossie.

Les altises quittent leurs quartiers d'hiver aux premiers beaux jours, s'accouplent vers la fin d'avril, et déposent leurs œufs au revers et contre les nervures des feuilles, par petits paquets de 10 à 50. Si la saison est favorable, les larves, qui éclosent au bout de huit jours, rongent la feuille et se creusent une galerie tortueuse dans laquelle elles subissent plusieurs mues. Quinze à vingt jours après, elles ont 5 à 6 millimètres de long. Elles se changent alors en nymphes et tombent à terre, où on les reconnaît à leur couleur d'un jaune doré. L'insecte parfait se montre au bout de huit à neuf jours, pour donner naissance à une nouvelle génération. Ainsi, trente ou quarante jours suffisent pour faire passer l'altise par toutes les phases de son existence. On comprend quelle multiplication prodigieuse résulte des trois ou quatre générations successives qu'elle peut produire dans une seule année. Au retour des froids, cet insecte se cache en terre, dans les murs, sous l'écorce des arbres et dans toute fissure qui peut lui servir d'abri.

Sur de petites étendues, on peut sauver les semis de plantes oléagineuses, en les saupoudrant avec de la cendre, tous les jours et par la rosée, jusqu'à ce que la quatrième feuille soit très-développée.

Un second moyen, perfectionné par l'honorable M. François Bella, directeur actuel de Grignon, consiste à promener dans le champ une brouette en avant de laquelle est adaptée une planche longue et légère enduite de goudron. Le bord supérieur de celle-ci effleure les feuilles. Les altises effrayées prennent leur essor, et se collent en grand nombre sur cette espèce de gluau.

« Ayant ouï dire que le sarrasin chassait les altises, dit M. de Beauregard d'Orléans, j'ai, en 1854, semé ensemble des navets et du blé noir. Les navets n'ont été que très-peu mangés. Vers la mi-juillet 1855, j'ai fait un semis semblable. Les navets qui ont levé avant le sarrasin ont été dévorés. Ceux qui ont germé en même temps sont restés intacts et ont presque suffi pour garnir le terrain. Au commencement d'août, même année, j'ai partagé un champ en deux parties. Dans l'une, j'ai semé le même jour navets et blé noir; dans l'autre, navets et trèfle incarnat. La plupart des navets du premier carré n'ont pas été attaqués; dans le second, il n'en est resté aucun. Comme le blé noir lève un peu plus lentement que les navets, il convient de le mettre en terre quatre à cinq jours plus tôt, afin que les deux plantes se montrent à la fois. »

PUCERONS.

Les *pucerons* (*aphis*) sont tellement nombreux en espèces qu'on peut dire que chaque plante nourrit la sienne. Les plus pernicieux aux campagnes sont ceux de la fève, du pois, de la cardère, du houblon, du colza, du maïs.

Ils sucent la sève, et se placent d'abord sur le sommet des pousses. Vivipares au printemps, ovipares l'automne, la plupart des espèces peuvent avoir plus de dix générations en une seule année. Au retour de la belle saison, chaque femelle donne le jour à environ 90 *puceronnes* fécondes de naissance, qui toutes, au bout de dix à douze jours, peuvent en créer d'autres également fécondes. A la quatrième génération, il s'en est ainsi formé 65 millions; à la cinquième, 590 millions; à la sixième, 53 milliards; à la septième, près de 5 trillions; à la huitième, 441 trillions, 461 milliards. Est-il étonnant que des récoltes entières en soient couvertes?

Vers l'automne, on en voit quelquefois des nuées qui semblent émigrer et qui s'abattent partout.

« Le 28 septembre 1834, dit M. Morren, une nuée de pucerons parut entre Bruges et Gand. Le lendemain, dans cette dernière ville, on les vit voltiger en telle quantité que la lumière du jour en était obscurcie. Sur les remparts, on ne pouvait distinguer les murs des habitations, tant ils en étaient couverts. Toute la route d'Anvers à Gand était noircie de leurs innombrables légions. On disait partout les avoir vus subitement. Il fallait se couvrir les yeux de lunettes et le visage de mouchoirs pour se préserver de leurs chatouillements désagréables. »

De tous les remèdes proposés contre le puceron, deux seulement paraissent usuels pour l'agriculture : l'un, applicable surtout à la fève, consiste à couper les extrémités des pousses attaquées; le second, à écraser les insectes avec la main. C'est par ce dernier moyen qu'on se délivre à Grand-Fresnoy (Oise) du gros puceron de la cardère.

NÉGRIL DE LA LUZERNE.

(*Colaphus* ou *Colaspis atra*. — *Colaphus barbarus*. — *Colaspidema*. — Babote, babarote, baverotte, canille.)

Ce coléoptère est le fléau des luzernières du Midi. Vers le commencement de mai, la femelle, qui se reconnaît à la grosseur de son abdomen, dépose environ 200 œufs sur les jeunes pousses. Quelque temps après leur éclosion, les vers sont d'un noir luisant et couverts de petits poils raides. Ils n'attaquent d'abord que les feuilles les plus tendres. Bientôt, ils les criblent toutes sans exception, et ne laissent que la tige avec quelques nervures du feuillage. Enfin, par un instinct des plus remarquables, ces larves quittent le champ qu'elles ont dévoré, pour se jeter sur d'autres. « Les chemins qu'elles traversent, dit M. Joly, sont noircis par leurs nombreux bataillons; un fossé plein d'eau peut seul les arrêter. »

Feuilles de luzerne rongées par la larve du négril. — 1. Eumolphe obscur. — 2. Négril de la luzerne, *Colaspis atra* (mâle). — 3. Femelle du colaspis (tête et corselet vus dans une position un peu différente.)

Elles mettent un mois à se développer; puis, elles s'enfoncent en terre, se changent en nymphes et subissent leur dernière métamorphose au bout de six semaines.

De tout temps, les paysans espagnols se servent du filet faucheur des entomologistes pour leur faire la chasse. Ce filet, en forme de sac, est entouré d'un cercle de fer, et emmanché à un long bâton. On le passe au-dessus des luzernes, en lui imprimant le mouvement de la faux. A mesure qu'il se remplit d'insectes, on le vide pour les écraser.

Comme c'est la seconde coupe qui est généralement attaquée, M. Touchy de Montpellier conseille, si l'on craint une telle invasion, de conserver sur pied la première pousse jusqu'au moment de l'éclosion des larves, instant auquel ces vers ne pourraient entreprendre de migrations. Alors on fauche la luzerne, et les insectes périssent de faim.

Lorsque le négril se trouve encore cantonné sur des espaces restreints, on peut, d'après M. de Gasparin, s'en délivrer entièrement, en y brûlant de la paille. Cette opération n'empêche pas la luzerne de bien repousser, pourvu que le feu n'ait pas duré longtemps.

On a souvent confondu avec le colaspis un autre coléoptère de la même famille, l'*eumolpe obscur* (*bromius obscurus*, *négril* ou *ver du trèfle*). Les dégâts de celui-ci ne diffèrent pas de ceux du précédent, et on y remédie par les mêmes moyens.

Les larves de quelques autres insectes, notamment celles de deux coléoptères (*phytonomus variabilis* et *otiorhynchus sulcatus*), et celles de petits hémiptères de la famille des cigales altèrent aussi quelquefois les feuilles de luzerne. Aussitôt qu'on voit ces vers se multiplier, il faut, par un prompt fauchage, les détruire avant leur transformation.

CHENILLES DU CHOU ET VERS DES NAVETS.

Le feuillage des raves, des radis et des navets disparaît parfois sous la dent vorace de petites larves de mouches hyménoptères de la famille des *tenthrèdes* (*athalia spinarum*, etc.); tandis que celui des choux est comme disséqué par les chenilles de nos papillons blancs; l'une verte (*pieris rapæ*), l'autre d'un vert jaune ponctué de noir (*pieris brassicæ*), et par celles de deux papillons de nuit; la première d'un vert sale ou d'un gris lilas (*brassicaire, hadena brassicæ*); la seconde, plus petite, d'un vert pâle, avec des raies grisâtres et des points noirs (*botys fourchu, bande esquissée, botys forficula*).

Lorsque les navets sont encore jeunes, on peut quelquefois écraser les larves de tenthrède par le passage d'un rouleau pesant.

Quant aux choux, on les préserve presque complétement, en faisant chasser avec des filets d'entomologiste les papillons blancs qui viennent pondre sur leur feuillage. Supposé que deux enfants occupés à ce travail pendant toute une semaine, détruisent chacun 50 papillons femelles par jour, ils auront tué 700 papillons qui auraient pondu chacun 100 à 200 œufs. Ils ont donc prévenu les dégâts qu'auraient pu causer 70,000 chenilles. Cette chasse se fait, depuis le milieu de juin jusqu'en juillet, dans les jours de chaleur, par lesquels les papillons blancs voltigent en grand nombre. Tout en les poursuivant, on détruit les œufs déjà pondus sur le feuillage.

Si le champ se trouve infesté de chenilles, il devient nécessaire de les écraser à la main. Moins long qu'on ne le croirait au premier abord, ce travail est largement compensé par le résultat, pourvu qu'on l'exécute activement, sans laisser grossir les larves, qui mangent en un jour jusqu'à deux fois le poids de leur corps. On visite la plantation non-seulement dans la journée, mais encore au crépuscule, afin de détruire les espèces nocturnes.

C'est encore une excellente méthode que d'introduire dans le champ canards et dindons; car ces oiseaux sont des écheuilleurs fort actifs. Enfin, suivant M. Bernède, président du comice agricole de Redon, on peut, pour cette destruction, tirer parti de la grosse fourmi rousse des bois (*formica rufa*), qu'il est souvent facile de se procurer en grande quantité.

« Plusieurs expériences faites sur des champs étendus, dit M. Bernède, m'en ont fourni la preuve. Au moment d'un échenillage très-onéreux que l'on renouvelait chaque jour, ces fourmis recueillies dans des sacs et déposées avec précaution sur les choux, attaquèrent les chenilles avec furie, les firent disparaître et disparurent bientôt avec elles. »

M. Bernède a remarqué que les champs de choux éloignés des murs sont les moins exposés aux chenilles des papillons blancs. En effet, ces chenilles recherchent les corniches des murailles pour s'y transformer en chrysalides. Nous rappelons à ce sujet les soins de propreté déjà indiqués.

SAUTERELLES.

On confond vulgairement sous ce nom deux familles d'insectes qui causent parfois des dégâts affreux, et dont les mœurs sont analogues, savoir : les *sauterelles* proprement dites (*locustiens*), et les *criquets* (*acridiens*). Les uns et les autres volent et sautent; les locustiens se distinguent par leurs longues antennes[1], et par les tarières en forme de sabre placées à l'extrémité de l'abdomen des femelles. Les espèces les plus nuisibles sont les *Locusta viridissima*, *ephippiger*, *gigantea*, *verrucivora* et les *Acridium italicum*, *stridulum*, *tataricum*, *migratorium*.

Aux mois d'août et de septembre, les femelles déposent en terre 50 à 80 œufs, qui éclosent au commencement d'avril. Les larves et les nymphes ressemblent beaucoup à l'insecte parfait; mais elles sont privées d'ailes ou n'en ont que d'incomplètes. Elles dévorent l'herbe des prairies, les blés, les jeunes pousses des arbres, et grossissent très-rapidement. Après plusieurs mues, elles subissent leur dernière transformation. C'est alors que certaines espèces opèrent ces migrations qui nous rappellent l'un des plus terribles fléaux de l'Égypte. Leurs légions innombrables traversent les airs en épais nuages, qui se succèdent durant plusieurs heures et interceptent les rayons du soleil. Malheur au pays sur lequel s'abat cette grêle vivante : bientôt toute trace de végétation disparaît. Des variations atmosphériques font-elles périr subitement ces insectes dévastateurs, un second fléau succède au premier : leurs cadavres amoncelés infectent l'air et causent des maladies pestilentielles.

Les prairies naturelles de la Lorraine, de la Champagne, etc., sont souvent ravagées par deux petites sauterelles; l'une verte, l'autre grise. Dans le Midi, les grandes espèces occasionnent quelquefois des pertes générales. Aussi, certaines villes en encouragent la destruction, en payant les insectes et les œufs tant la mesure. En 1613, la ville de Marseille dépensa pour cet objet 20,000 livres et la ville d'Arles, 25,000. Au premier abord, les œufs ne paraissent pas faciles à découvrir; mais on s'y habitue en peu de temps. Dans les seules communes d'Arles, de Tarascon et de Beaucaire, on en a réuni, en quinze jours, plus de 300 quintaux contenant environ 5 milliards d'œufs. En 1840, une nuée de sauterelles vint s'abattre sur la commune de Saint-Geniez-le-Bas (Hérault), et dans un seul domaine, on en prit 3 à 4 millions.

Pour s'emparer de ces insectes, on se sert du filet faucheur des entomologistes; ou bien, opérant sur de grandes étendues, on fait battre tout un vaste espace par des traqueurs armés de gaules. Ceux-ci forment un cercle qu'ils resserrent insensiblement. Au centre, une toile couvre le sol. Lorsque les sauterelles s'y sont réunies, on la replie vivement, et on tue les prisonnières. Cette opération doit s'effectuer à la rosée ou immédiatement après la pluie, quand les insectes sont engourdis et sautent peu. De plus, il importe de l'entreprendre dès le commencement de juin; car les sauterelles, dont les ailes ne sont pas encore formées, s'échappent alors moins facilement que plus tard. D'ailleurs, on prévient ainsi l'accouplement et la ponte. Le savant et modeste M. Boyer de Fonscolombe assure qu'au château d'Avignon, le général Myollis a fait exécuter, avec un plein succès, des battues de ce genre.

CHLOROPS DU FROMENT.

(*Chlorops lineata*, Macquart. — *Musca lineata*, Fabr. — *Musca pumilionis*, Gmelin. — *Oscinis lineata*, *Latr.*)

CHLOROPS DE L'ORGE.

(*Chlorops herpinii*, Guérin.)

Au mois de juin, le *chlorops*, petite mouche aux yeux verts, au corps jaunâtre, parsemé de taches noires, dépose ses œufs à la base des épis de seigle, d'orge ou de froment. Le ver, qui éclôt quinze jours après, se creuse un sillon longitudinal à la partie supérieure du chaume, entre l'épi et le nœud qui le précède. Arrêté par cette lésion, l'épi reste presque toujours à moitié enveloppé par sa gaîne, et généralement il ne produit que des grains mal formés. Souvent même les épillets sont entièrement avortés du côté de la lésion. Protégée par la gaîne, la larve

1. On appelle *antennes*, les deux filets ou cornes que les insectes portent à la tête.

se transforme en nymphe, qui, vers le mois de septembre, donne naissance à l'insecte parfait. Celui-ci vit quelques semaines, et dépose ses œufs sur le blé nouvellement levé. Les petites larves en dévorent les feuilles centrales, s'engourdissent durant l'hiver, et produisent au mois de mai la génération d'insectes parfaits qui pond à la base des épis, comme nous venons de l'expliquer.

1. Épi attaqué par le chlorops du froment; une partie de la feuille qui sert de gaîne a été enlevée pour laisser apercevoir le dégât. — 2. Larve dans sa galerie. — 3. Nymphe. — 4. Insecte parfait, représenté les ailes un peu écartées.

Il est fort difficile de faire la guerre au chlorops, et supposé qu'un cultivateur arrache dans ses champs les pieds attaqués, quel résultat obtiendra-t-il, si tous ses voisins ne se livrent au même travail? Le seul remède réellement efficace est de placer les céréales dans de bonnes conditions ; car on remarque que les blés faibles et arriérés sont les plus atteints. Cet insecte est plus commun dans la Lorraine et dans les Ardennes qu'aux environs de Paris. Il a d'abord été étudié par Olivier, puis par MM. Philippart de Grignon, Dagonnet de Châlons-sur-Marne, Herpin de Metz, Guérin-Méneville, Milne-Edwards, etc.

AIGUILLONNIER.

(*Cephus pygmæus*, Fabr. — *Sirex pygmæus*, Coq. — *Trachelus pygmæus*, Jurine. — Mouche à scie du blé.)

Petite mouche hyménoptère étudiée avec beaucoup de soin par le frère Milhau, le céphus a le corps allongé, d'un noir brillant, rayé de jaune. Il éclôt au printemps, et pond sur les céréales en mai ou juin. Si l'atmosphère est agitée, la femelle, posée sur la plante, la tête en bas, attend patiemment un temps plus calme et un soleil caressant.

Le moment favorable arrivé, elle se place à la partie supérieure d'un chaume, descend rapidement au-dessous du premier nœud, quelquefois s'arrête au-dessus. Alors, son corps se ploie ; sa tarière s'allonge et perce le chaume, dans l'intérieur duquel un œuf est déposé. Puis, l'insecte dégage sa tarière, prend une position oblique, déploie lentement ses ailes de gaze, et s'élance sur une autre tige pour lui confier un second œuf. Au bout de quelques jours, chaque œuf produit une larve apode et ridée, qui devient d'un blanc jaunâtre, et dont la tête est d'un brun obscur. Ce ver ronge l'intérieur du chaume et acquiert bientôt assez de force pour perforer les nœuds. Il descend ainsi jusqu'au dernier, remonte ensuite dans

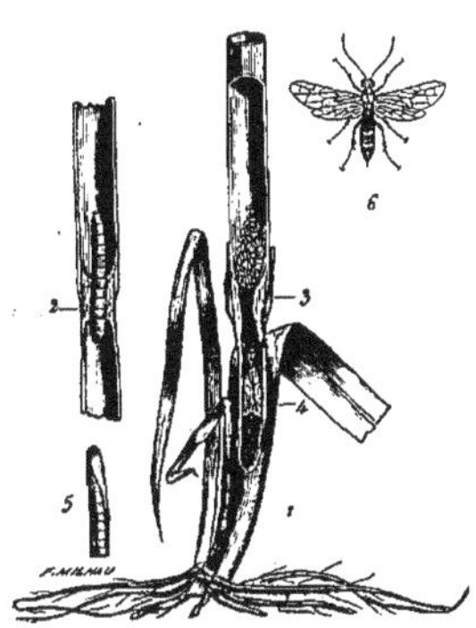

1. Chaume de blé attaqué par le céphus (une partie a été enlevée pour laisser voir l'intérieur. — 2. Larve traversant un nœud. — 3. Dernier nœud du chaume perforé par la larve ; au-dessus, tampon de sciure et de débris. — 4. Place qu'occupe ordinairement la nymphe du céphus ou de son parasite. — 5. Coque soyeuse de la nymphe. — 6. Insecte parfait.

l'intérieur pour continuer ses ravages, et se rend enfin vers le collet de la plante ; il se retourne alors, ronge circulairement le tuyau à peu près à fleur de terre, bouche avec un tampon de sciure le trou qu'il a pratiqué dans le dernier nœud, construit une coque soyeuse, et attend jusqu'au mois de mars l'époque de ses dernières transformations.

Cet insecte cause des dégâts considérables. En rongeant la substance médullaire de la tige, il affaiblit la plante et gêne la circulation des sucs nutritifs. Les pieds attaqués donnent généralement des grains maigres; souvent même ils s'abattent avant la maturité, de sorte que le champ paraît avoir été traversé en tous sens par des chasseurs.

Le moyen le plus simple de détruire le céphus est de brûler les chaumes, soit qu'à dessein on leur ait laissé une certaine hauteur, et qu'on y mette le feu après les avoir inclinés au moyen du rouleau, soit qu'on les ait recueillis avec de grands râteaux sur le sol entamé à peu de profondeur. Cette incinération est usitée en quelques pays, notamment dans la Planèze, vaste plaine surnommée le grenier de la Haute-Auvergne.

On remarque souvent près du céphus un autre insecte à peu près de même taille, mais plus actif. Il voltige, se pose, descend le long des chaumes, remonte avec précipitation, passe à un pied voisin, puis à un autre; les palpe tous avec ses antennes, et finit par pondre dans la même position que le céphus. C'est le *pachymerus calcitrator*, parasite de ce dernier. Quand, par l'effet d'un instinct merveilleux, il a reconnu l'endroit où se trouve la larve qu'il vient attaquer, il perce le chaume et dépose un œuf près du corps de ce ver destiné désormais à nourrir son meurtrier.

Aux environs de Barbezieux on appelle *aiguillonnier*, le *saperde grêle* (*agapanthia marginella*), gracieux coléoptère longicorne dont les mœurs et les dégâts sont analogues à ceux du céphus. On doit au savant M. Guérin-Méneville, dont les travaux sont connus de toute l'Europe, des études fort intéressantes sur ces deux insectes. Le céphus a été également l'objet des recherches de MM. Dugaigneau et Herpin.

CÉCIDOMYIE DU FROMENT.

(*Cecidomyia tritici*, latr. — *Tipula tritici*, Kirby.)

Après la floraison des blés, on aperçoit souvent sur les épis des balles roussâtres qui recouvrent des grains avortés. Cet accident a été attribué, tantôt aux brouillards et à l'humidité, tantôt à la maligne influence d'un soleil trop ardent. Aujourd'hui, il est certain que c'est l'ouvrage d'un moucheron presque invisible, la *cécidomyie du froment*, petit insecte aux yeux noirs, au corps jaunâtre ou brun, qui, au moment de la fleur, perce les balles du blé, pour déposer ses œufs autour de l'embryon. Bientôt, on voit de petits vers jaunes, 2, 4, 8, 12, 15 et jusqu'à 30, occupés à dévorer un seul grain naissant. En 1856, à l'institut normal agricole de Beauvais, les blés barbus ont été à peu près épargnés, tandis que la plupart des autres se trouvaient attaqués dans la proportion de 2, 4 ou 6 pour cent. Quelques-uns l'ont même été dans celle de 40 ou 50 pour cent. Suivant que les circonstances favorisent ou contrarient la multiplication des moucherons parasites des cécidomyies, le nombre de celles-ci se restreint ou prend des proportions effrayantes. Dans quelques cantons d'Amérique, il a fallu, à cause de leurs dégâts, renoncer pour plusieurs années aux semis de froment. Voyons s'il ne serait pas possible de joindre nos propres armes à celles de la nature.

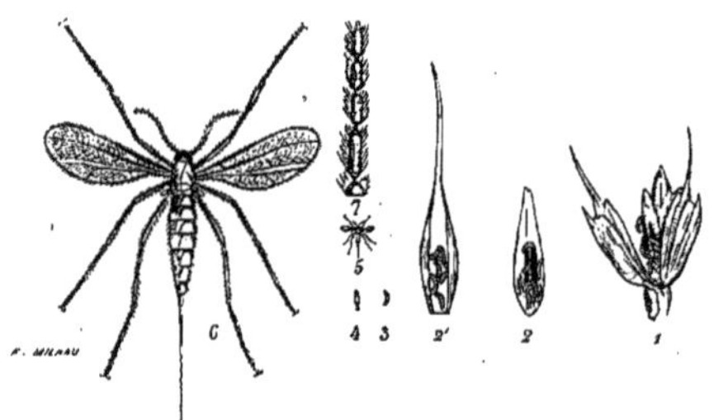

1. Épillet de blé entr'ouvert et attaqué par les larves de la cécidomyie. — 2, 2'. Glumes séparées laissant voir l'embryon du blé et plusieurs larves. — 3. Larve isolée. — 4. Nymphe. — 5. Cécidomyie du froment (femelle). — 6. La même, grossie. — 7. Premiers articles des antennes très-grossis.

A l'époque de la floraison du blé, si l'on examine vers le soir une récolte attaquée, on aperçoit une multitude de cécidomyies se balançant au-dessus des épis. On en détruirait alors beaucoup, en faisant passer sur le champ une toile goudronnée tenue par deux personnes. Ce procédé est surtout applicable aux terrains en ados, puisque les sillons présentent autant de sentiers qui facilitent la circulation. M. Ch. Bazin, auteur d'un travail remarquable sur cet animal, que M. Géhin de Metz a aussi étudié avec soin, propose de le prendre avec un filet analogue à celui des entomologistes, mais présentant une ouverture beaucoup plus grande.

Le *thrips des céréales*, insecte noir à queue de scorpion, plus petit encore que la cécidomyie, serait, suivant plusieurs personnes, un ennemi non moins redoutable.

ANGUILLULE DU BLÉ.

Le thrips et la cécidomyie sont des géants auprès de petits serpents de la famille des *helminthes*, qui, dans certains lieux, causent sur le blé le mal auquel on a donné le nom de *nielle*, parce que les grains attaqués prennent la forme et la couleur des graines de la plante, *lychnis githago* (vulgairement *nielle des blés*). Des récoltés entières sont parfois détruites par cette maladie. D'après les belles et récentes études de M. André et de M. Davaine, un seul grain *niellé* renferme environ 10,000 *anguillules*, de sorte qu'un épi composé de 30 grains, peut en contenir 300,000. Tant qu'elles ne sont pas à l'état d'êtres parfaits, elles ont la faculté de se dessécher et de s'assoupir sans perdre leur vitalité, qui se réveille dans certaines circonstances. Jetez en terre un grain niellé, les 10,000 serpents qui y sont réunis revivent au contact de l'humidité ; puis, s'il se trouve à peu de distance un jeune pied de froment, ils se logent à l'intérieur, circulent entre les vaisseaux séveux, pénètrent dans les écailles des fleurs naissantes, se rassemblent enfin, avec d'innombrables générations, au centre des jeunes grains qui deviennent comme atrophiés.

Il importe de n'employer aucune semence souillée d'anguillules. Comme celles-ci périssent, au bout de vingt-quatre heures, dans une eau contenant un 150e d'acide sulfurique, M. Davaine conseille, dans les localités infestées, de purger par ce procédé les froments destinés à être mis en terre. M. Davaine conseille encore de ne pas donner de criblures aux volailles, sans les avoir mises au four, de peur que des grains niellés que les poules n'auraient pas mangés, ne soient reportés dans les champs par les fumiers avec quantité d'anguillules vivantes. Enfin, il insiste sur la nécessité toute particulière de varier les récoltes dans les terres exposées à ce mal[1].

1. Le maïs compte, comme le blé, un grand nombre d'ennemis particuliers. Tels sont un puceron (*aphis zeæ*), qui se loge à l'aisselle des feuilles et entre les enveloppes de l'épi ; plusieurs papillons du genre *leucania*, dont les chenilles mangent les barbes des fleurs femelles et pénètrent également sous les enveloppes de l'épi ; d'autres papillons (*agrotis*, *pyralis*, *botys*), dont les chenilles attaquent les tiges ; une teigne (*tinea zeella*), dont la chenille ronge le cœur des panicules et des épis. Nous n'avons pu encore suffisamment étudier ces insectes pour pouvoir dire s'il serait possible de s'opposer à leurs dégâts.

INSECTES QUI ATTAQUENT LES CÉRÉALES EN MAGASIN.

CALANDRE.

(*Calandra granaria*, Fabr. — Charançon, cosson, chatte-peleuse, gond, etc.)

TROGOSITE MAURITANIQUE OU CARABOÏDE.

(*Tenebrio mauritanicus*, Lin. — Cadelle, Canadelle.)

ALUCITE.

(*Alucita cerealella*, Encyclopédie, Doyère, Herpin. — *Lita c.*, Bruand. — *Butalis c.*, Duponchel, Guérin. — *Œcophora c.*, Latreille. — Fausse-teigne des blés.)

TEIGNE DES GRAINS.

(*Tinea granella*, Linné, Bruand, Doyère. — *Œcophora granella*, Duponchel.)

De ces quatre insectes dévastateurs des céréales en magasin, la *calandre* ou *charançon* est le plus commun. Ce petit coléoptère à bec allongé produit plusieurs générations dans la même année, et met de quarante à cinquante jours à parcourir les phases de son existence. Aux approches de l'hiver, il s'enfonce dans l'épaisseur des tas de blé, ou se réfugie dans les fissures des poutres et des murailles, puis reste engourdi jusqu'au mois d'avril. Alors il apparaît par légions, et les femelles pondent leurs œufs sur les tas de céréales. Chaque ver ronge l'intérieur d'un grain, passe ensuite dans un autre qu'il dévore également, puis subit ses métamorphoses, et sort enfin de son double cercueil, pour produire de nouvelles générations.

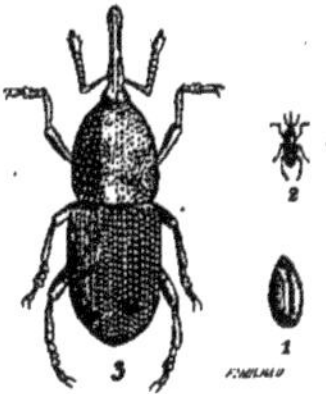

1. Grain de blé rongé par la calandre ; trou qu'elle fait en sortant. — 2. Calandre des grains. — 3. Le même insecte grossi.

D'après les calculs de Dégéer, 5 calandres femelles peuvent en un an, si les circonstances sont favorables, donner naissance à 118,210 individus, et par conséquent causer la perte de plus de 200,000 grains.

Le *trogosite* est un coléoptère méridional, brunâtre, beaucoup plus gros que la calandre et facile à distinguer par un étranglement très-prononcé entre le corselet et les élytres. La larve, qui seule cause des ravages, a la tête noire, des mâchoires tranchantes, le corps blanchâtre, parsemé de petits poils raides et terminé postérieurement par deux crochets très-durs. Elle attaque les grains un à un et en dévore toute la substance. Durant la belle saison, le trogosite dépose ses œufs dans les grains emmagasinés ; le ver se développe pendant le reste de l'année, quitte le tas de blé vers le commencement du printemps suivant, cherche une fissure de poutre ou de muraille, et s'y transforme bientôt en insecte parfait.

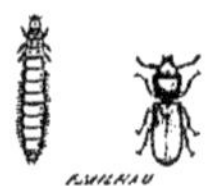

Trogosite mauritanique et sa larve.

Dans un magnifique travail sur les insectes du Pin maritime, par M. Perris, on lit les lignes suivantes :

« Quant à la larve du *trogosita mauritanica* qui, sous le nom de *cadelle*, est généralement maudite comme très-préjudiciable aux grains, j'ai la conviction, par analogie, et *sans l'avoir constaté personnellement*, qu'elle est indignement calomniée, et qu'elle ne se trouve dans les céréales que pour détruire les larves de calandre et les chenilles d'alucite qui en sont le véritable fléau. »

Habitués, comme nous le sommes, à l'exactitude des faits indiqués par ce savant, dont les travaux multipliés ont été comparés à ceux de Réaumur, nous aurions cru nous être trompé nous-même au sujet du trogosite, si au lieu de ces mots, *sans l'avoir constaté*, nous avions lu ceux-ci, *pour m'en être assuré personnellement*. La larve de cet insecte attaque certainement le blé, et cause dans les magasins du Midi des dégâts considérables. On la trouve en outre dans le pain, le biscuit, la farine, les noix, les amandes, etc.

L'*alucite* est un petit papillon nocturne, gris argenté ou jaunâtre, assez semblable aux teignes qui voltigent dans les appartements. Il éclôt en mai ou juin, et dépose ses œufs sur les grains emmagasinés, ainsi que sur les épis des gerbes dans les meules et dans les granges. Quelquefois aussi, on le voit sortir des greniers par volées nombreuses, et se répandre au loin pour pondre au milieu des récoltes sur pied. L'alucite peut avoir plusieurs générations en un an. Chaque larve vit à l'intérieur d'un grain. Celui-ci, quand elle est sortie, présente un petit trou semblable à celui du grain attaqué par la calandre. Dans le Centre et dans le Midi, l'alucite a souvent détruit 50 et même 85 pour 100. En 1852, M. Doyère mentionnait 14 départements qu'elle avait désolés, savoir : le Cher, l'Indre, l'Indre-et-Loire, la Nièvre, l'Allier, la Vienne, les deux Charentes, le Tarn-et-Garonne, le Lot-et-Garonne, la Haute-Garonne, les Landes, le Gers, les Basses-Pyrénées.

1. Grain de blé et larve d'alucite. — 2. Chrysalide. — 3. Alucite. — 4. La même, vue en dessus. — 5. Grain de blé après la sortie de l'alucite. — 6. Œufs d'alucite déposés dans le sillon médial du grain.

L'alucite est souvent confondue avec la *teigne des grains*, autre petit papillon fort nuisible. Les ailes de celui-ci sont d'un gris argenté, marbré de brun et de noir, et couchées en toit, tandis que celles de l'alucite sont horizontales et simplement rapprochées par le bord interne. La chenille de l'alucite se loge dans l'intérieur du blé ; la larve de la teigne vit au contraire à l'extérieur. Elle se fait un petit tube de soie et lie avec des fils d'une grande ténuité les grains dont elle se nourrit. Le dessus du tas qu'elle a envahi présente, sur une épaisseur de 4, 5 et même 8 centimètres, une multitude de petits paquets de grains ainsi enlacés. Si l'on en prend une poignée, on enlève à la fois une longue traînée de grains mêlés

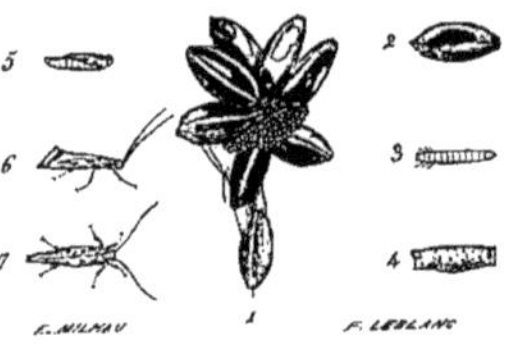

1. Grains de blé réunis par la larve de la teigne. — 2. Grain dévoré par cette larve. — 3. Larve de la teigne des grains. — 4. Son fourreau. — 5. Sa chrysalide — 6. L'insecte parfait. — 7. Le même, vu en dessus.

de fils soyeux, de débris et d'excréments. Lorsqu'on remue le tas tout entier, une foule de larves le quittent et grimpent aux murs. Si l'époque de leur transformation est arrivée, ces vers se construisent une coque soyeuse mêlée de poussière et de débris ; dans le cas contraire, elles reviennent au blé, et recommencent leurs déprédations.

On fait fuir ces divers destructeurs, principalement la calandre, en peignant de goudron les charpentes et les boiseries des greniers, et en suspendant le long des murs des poignées de chanvre, de feuilles de noyer et autres végétaux à odeur forte. D'un autre côté, comme aucun insecte ne se propage si on trouble son repos et ses habitudes, la plus simple prudence doit déterminer à remuer souvent les céréales. Lorsque, faute des manipulations nécessaires, un tas de blé se trouve attaqué, il faut, sans remuer la masse entière, séparer la couche supérieure où les insectes sont réunis et la porter loin du grenier. Tandis que par des soins ordinaires le surplus pourra être préservé, cette portion sera purgée à part.

Le moyen le plus expéditif de nettoyer du grain infesté consiste à le faire passer dans les *tarares insecticides*, dont l'un a été construit par M. Herpin de Metz; l'autre, par M. Doyère. Ce dernier, qui porte le nom de *tue-teignes Doyère*, a mérité à son inventeur un prix Monthyon. Il présente, comme les machines à battre, batteur et contre-batteur; reçoit le blé d'une trémie supérieure, et ne le laisse échapper qu'après l'avoir soumis à des chocs si violents, que les grains attaqués sont brisés et débarrassés des larves. La quantité assainie par ce procédé dépend de la force motrice. Deux hommes purgent en moyenne 180 kilo. par heure. Trois personnes qui se relèvent peuvent nettoyer par jour 24 à 30 hectolitres de blé. Les sociétés agricoles, les communes aisées, les riches propriétaires, ne devraient-ils pas se procurer un appareil aussi utile, afin de le prêter aux petits cultivateurs moyennant une faible redevance? Il pèse 150 à 170 kilo. et coûte 200 francs.

Les grains peuvent encore être nettoyés dans une étuve où on les soumet à un certain degré de chaleur. D'après les expériences de M. Doyère : 1° à une température de 50 à 60 degrés centigrades, les insectes nuisibles au blé et leurs œufs sont détruits; 2° à 70 degrés, le blé perd ses facultés germinatives; 3° à 75, il perd les qualités qui le rendent propre à une panification convenable. L'étuve construite par M. Doyère chauffe en 3 minutes un double décalitre de grain. Elle s'établit pour 200 francs. Les frais de chauffage et de main-d'œuvre sont de 10 à 15 centimes par hectolitre.

Si c'est la calandre qui infeste le grain, on peut l'attirer hors des tas, en les couvrant de toisons en suint. Tous les trois ou quatre jours, on secoue ces toisons qui sont remplies d'insectes, et on les replace ensuite.

Comme appareil préservateur, tout le monde a vu à l'Exposition universelle les grands tubes de tôle percée (*greniers Salaville*), qu'on place sous le tas de blé et au moyen desquels on fait arriver à sa base un violent courant d'air ou des gaz asphyxiants.

D'après M. Doyère, 2 grammes de chloroforme ou de sulfure de carbone, par hectolitre de blé, suffiraient pour faire périr les insectes et leurs œufs jusqu'au dernier, pourvu que le tas fût couvert pendant l'opération d'une toile empesée.

Il est bon qu'on sache d'ailleurs que le blé enfermé, — soit dans des sacs, suivant le conseil de Parmentier, — soit dans des caisses, comme on le fait en Bretagne, — soit dans de grandes jarres en poterie, d'après la méthode de l'Auvergne et du Limousin, n'est jamais attaqué par les insectes, pourvu que l'emmagasinage ait été fait avant mars ou avril, époque de leur ponte. Les grains restent également sains et saufs dans les silos souterrains. Espérons que, grâce aux belles expériences de M. Doyère, on pourra désormais, dans certaines circonstances bien définies, recourir sans crainte à ce dernier procédé de conservation.

INSECTES NUISIBLES AUX LÉGUMES SECS.

Bruche du Pois (*Bruchus pisi*. — B. *rufimanus*,) — Bruche de la fève (*B. granarius*). — Bruche de la lentille (*B. flavimanus*. — *B. nubilus*, etc. — Charançon du pois, de la fève, de la lentille. — Mylabre à croix blanche (Geof). — Courcouçou. — Puceron. — Pucette.

Les *bruches* sont de petits coléoptères de forme presque rectangulaire. Leurs élytres ne recouvrent pas entièrement l'abdomen et portent des poils gris plus ou moins foncés, quelquefois blanchâtres.

Au printemps, ces insectes se voient souvent sur les fleurs. Les femelles déposent leurs œufs sur les gousses de légumes secs. La larve pénètre dans les grains naissants, dont la pellicule recouvre bientôt la place par laquelle elle s'est introduite, de sorte que, lors du battage, elle se trouve comme emprisonnée. Elle reste ainsi durant plusieurs mois. En général, un grain n'en renferme qu'une. Cependant les fèves en nourrissent fréquemment plusieurs. Après s'être développé, l'automne et l'hiver, en s'assimilant la presque totalité de ce qu'il consomme, le ver se transforme au printemps. Alors l'insecte parfait sort, en poussant, à l'extrémité du trou creusé par la larve, l'enveloppe corticale du grain que celle-ci avait eu soin de ménager. Dans les pays chauds, les bruches se reproduisent en outre, comme les calandres, au milieu des graines emmagasinées. A peine peut-on quelquefois trouver dans un tas de fèves ou de pois un grain sain et sauf.

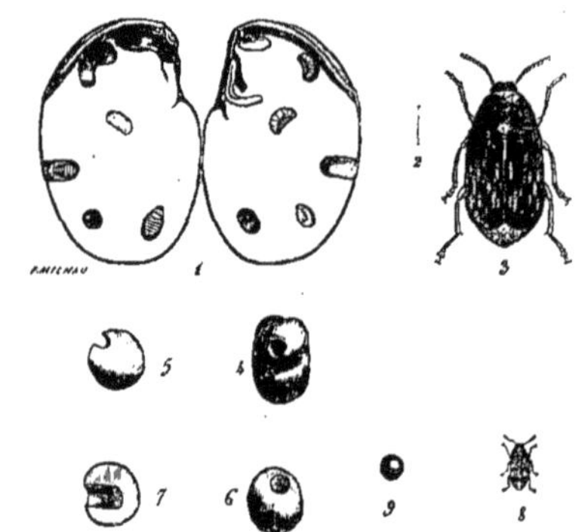

1. Fève divisée, permettant de voir le dégât de la bruche; larves et nymphes. — 2. Longueur naturelle de la bruche de la fève. — 3. Bruche de la fève (*bruchus granarius*) grossie. — 4. Féverole attaquée, après la sortie de la bruche. — 5. Lentille attaquée. — 6. Pois attaqué. — 7. Pois divisé; trou de la bruche. — 8. Bruche du pois (*bruchus pisi*). — 9. Opercule que l'insecte soulève en sortant.

Si la récolte est destinée à la consommation, on peut la purger, soit en la plongeant quelques instants dans l'eau bouillante, aussitôt après le battage, soit en l'exposant dans une étuve à une chaleur de 40 à 45 degrés. Quant aux légumes secs qui doivent servir de semence, il n'est possible de les préserver que des insectes qui naîtraient dans le magasin. A cet effet, on les mélange de cendre, de sable ou de sciure. Si l'on appliquait cette méthode à des légumes secs destinés à être mangés, il faudrait les laver avant de s'en servir. Quelques personnes croient qu'on préviendrait souvent l'éclosion des bruches, en récoltant les légumes secs avant la parfaite maturité. D'un autre côté, la conservation en silos serait certainement contraire à ces insectes comme à ceux du blé.

M. Vilmorin nous a assuré que certaines variétés de pois sont particulièrement exposées à leurs dégâts; les pois ronds hâtifs seraient plus souvent attaqués que les clamarts et les ridés. En général, ceux d'Auvergne restent intacts.

RATS ET SOURIS.

Les rongeurs nuisibles à l'agriculture sont :

Le *rat commun*, qui ne s'est multiplié en Europe qu'à partir du moyen âge, et dont on distingue deux espèces à longue queue, l'une noire (*mus rattus* Linné); l'autre grise (*mus decumanus, surmulot*).

Le *rat d'eau* (*mus amphibius*, Linné) qui a la queue beaucoup plus courte et le corps plus gros que les précédents. Ce rat vit toujours le long des ruisseaux, et cause souvent des dégâts considérables dans les récoltes voisines.

La *souris des maisons* (*mus musculus*, Linné) : queue très-longue; poil entièrement gris.

Le *mulot* (*mus silvaticus*, Linné), grosse souris des champs à longue queue : poil plutôt roux que gris; le dessous du corps blanchâtre; corps plus gros que dans l'espèce précédente; yeux très-saillants; queue très-longue.

Le *campagnol* (*mus arvalis* Linné), souris des champs à queue beaucoup plus courte que dans les autres espèces : même grosseur que celle du mulot; poil roussâtre.

La *souris des moissons* (*mus minutus*, Pallas) : corps plus petit que celui de la souris des maisons; couleur très-rousse; queue très-longue. Au lieu de faire son nid en terre, comme le campagnol et le mulot, cette espèce l'attache aux chaumes des céréales.

Ces animaux pullulent tous à un degré presque incroyable. J'ai vu des blés semés sur trèfle, entièrement dévorés par les mulots et les campagnols, et des taillis de charme très-étendus, tellement rongés par ces mêmes animaux, que pas un brin ne put repousser autrement que du pied. Dans les granges, il n'est pas rare que les souris mangent un quart des grains récoltés. Lorsqu'elles manquent de nourriture, elles finissent par se tuer réciproquement et disparaissent en peu de jours.

Sans trop compter sur ce genre de destruction, faisons-leur une guerre active, en nous aidant de nos auxiliaires naturels, tels que belettes et oiseaux de nuit. Entretenons aussi un certain nombre de chats de bonne race, que nous aurons soin de ne pas admettre dans les cuisines, afin qu'ils vivent de chasse et non de vol. Pour empêcher les souris de se loger facilement, bouchons exactement tous les trous de mur.

Si nous sommes infestés de rats, nous mettrons chaque jour à leur portée un appât, de la pâte aigrie, par exemple; et dès qu'ils seront accoutumés à le manger, sans en rien laisser, nous l'empoisonnerons avec de l'arsenic. Ainsi, d'un seul coup, il sera possible de les faire périr tous.

Dans les champs, pour prendre les mulots et les

campagnols, on enterre çà et là des pots arrondis, à moitié pleins d'eau et munis à leur partie supérieure d'une ouverture de diamètre égal à celui d'un trou de souris. Cet orifice doit se trouver à fleur de terre. Les mulots s'y précipitent à l'étourdie et sont noyés. Contre les rats, on peut employer des poteries de même genre, mais plus grandes.

Sans que nous ayons parlé du lapin, du lièvre et du sanglier, qui, s'ils endommagent trop souvent les récoltes, procurent d'agréables parties de chasse, nous avons effleuré, dans ces derniers chapitres, un sujet des plus curieux et cependant des moins approfondis de l'art agricole. Si le goût des sciences naturelles appliquées à cet art était donné aux élèves des écoles normales, des colléges et des séminaires, beaucoup de propriétaires, d'instituteurs et d'ecclésiastiques trouveraient un vif plaisir à surpendre, au profit de l'agriculture, une foule de secrets encore ignorés. Souvent, pour le salut des récoltes, ils feraient appel aux instincts destructeurs du jeune âge. Sous leur direction et excitée par de petits encouragements, la troupe joyeuse qui fréquente l'école et le catéchisme, ramasserait par milliers, hannetons, vers-blancs, sauterelles, courtilières, escargots, limaces et chenilles. On serait émerveillé des résultats de telles chasses, comme je le fus de voir mon fils aîné recueillir en quelques jours, à l'âge de neuf ans, 5,000 escargots, dans un grand jardin, pour la modique prime d'un sou par 100; et remarquons bien qu'en mille circonstances, rien ne peut remplacer convenablement le travail à la main. En voici un exemple frappant :

Dans une année où les vignes étaient rongées par la chenille d'un petit papillon, la *pyrale*, M. Audoin fut envoyé en Bourgogne pour étudier les moyens de s'opposer à ses ravages. Deux cents lampes, recouvertes de cloches de verre enduites d'huile grasse, furent placées par ce savant dans une vigne de la contenance d'un hectare et demi. Elles brûlèrent près de deux heures et firent périr 30,000 papillons qui, en voltigeant près de la lumière, s'étaient collés aux cloches. Ces papillons auraient produit 900,000 chenilles. Trouvant ce résultat médiocre, relativement à la dépense, M. Audoin fit enlever durant douze jours, par 20 à 30 personnes, femmes et enfants, les feuilles couvertes de paquets d'œufs. On recueillit ainsi 668,900 nids contenant chacun 60 à 150 œufs, qui auraient donné le jour à 50 millions de chenilles!

On comprend l'importance de cette opération, si l'on réfléchit qu'il s'agissait de sauver des vignobles dont les produits se vendent par hectare 10,000 et même 14,000 francs[1].

1. Th. Bruand, *Monographie des Lépidoptères nuisibles*.

QUATRIÈME SECTION

Du Bétail.

CHAPITRE PREMIER

SOINS GÉNÉRAUX A DONNER AU BÉTAIL; ÉDUCATION; HYGIÈNE; RÉGIME; NOURRITURE D'ENTRETIEN ET NOURRITURE DE PRODUCTION; VALEUR NUTRITIVE DES ALIMENTS.

« Le labourage et le pastourage, voilà « les deux mamelles dont la France est « alimentée, les vraies mines et trésors « du Pérou. »

SULLY.

« Une ferme sans bétail, c'est une « cloche sans batail. »

JACQUES BUJAULT.

Caton, à qui on demandait quelle est en agriculture la source la plus certaine de profit, mettait en première ligne l'excellent entretien des troupeaux; en seconde, leur entretien médiocre. Il exprimait ainsi une grande vérité, savoir que le cultivateur ne peut se passer du bétail.

Appliqué à l'état actuel de la France, ce principe conserve toute sa valeur : le laboureur le plus pauvre ne doit-il pas ce qu'il récolte à ses animaux, puisque sans eux la terre resterait privée de culture et d'engrais? A plus forte raison faut-il rapporter au bétail la prospérité du domaine qui, possédant des attelages vigoureux et des troupeaux bien nourris, est abondamment fumé et travaillé avec énergie.

Puisque nos serviteurs à quatre pieds sont les premiers auteurs de nos bénéfices, ayons pour eux une sorte de reconnaissance et d'affection. Ce sentiment nous prédisposera à observer vis-à-vis du prochain le divin précepte de la charité. Au contraire, l'homme qu'on voit sans pitié pour son cheval, est dur aussi presque toujours à l'égard de ses serviteurs, de sa famille et du pauvre qui lui tend la main. D'ailleurs, pour donner aux bêtes les soins assidus qui procurent le bénéfice, ne faut-il pas se plaire avec elles, entendre leurs cris, comprendre leurs regards, souffrir de leur peine? Dociles, quand nous les traitons bien, elles nous servent de leur mieux et se prêtent facilement à nos désirs.

La douceur n'exclut ni la fermeté ni la prudence : ne jouons jamais avec les animaux, principalement avec les jeunes. Sans un motif sérieux, n'approchons pas d'un sujet enclin à la méchanceté, et ne l'abordons qu'après l'avoir averti d'un ton élevé. Alors, marchons à lui avec hardiesse. Si nos mouvements exprimaient la timidité et la défiance, il craindrait une attaque de notre part et, pour la prévenir, il commencerait lui-même les hostilités. Rassurons-le par des caresses franches, et, s'il se comporte bien, rendons-lui notre présence agréable, en lui présentant quelque friandise. C'est par la patience qu'on calme le trouble du cheval, de l'âne et du bœuf auxquels on demande un service inusité. La fermeté, sans mauvais traitement, corrige aussi de la peur, tandis que les coups ne font que l'augmenter. On emploie exceptionnellement la faim et la privation de sommeil pour dompter les caractères les plus indociles. Quant aux corrections corporelles, elles doivent être rares, s'appliquer à l'improviste aussitôt que la faute à été commise. Dans le commandement, jamais de cris ni de blasphème; mais un mot sec, impératif, bien accentué.

« *La jeune branche se redresse sans grands efforts; mais le gros bois jamais* », disent les Arabes au sujet de leurs chevaux. Ce précepte s'applique à toute espèce d'animaux. Nous ne pouvons les habituer trop jeunes à souffrir la main de l'homme et à lui obéir.

Voilà pour l'éducation morale, passons aux soins physiques :

Tout être vivant éprouve naturellement le besoin de la propreté. Voyez la toilette du chevreuil et du lapin. La nôtre pourrait-elle être plus soignée? Quel boudoir est mieux entretenu que le nid d'une femelle, quelle qu'en soit l'espèce? Pourquoi cet instinct général? C'est que la saleté nuit aux fonctions de la peau et par là même à la santé. Le bétail doit donc être tenu très-proprement. S'il vit au pâturage, il se gratte, se roule, se secoue, se baigne, lèche ses compagnons et reçoit d'eux le même service. Il sait se conserver ainsi parfaitement net. C'est au sujet privé de liberté qu'il faut donner beaucoup de soins. Par l'enlèvement fréquent de ses déjections ou par l'apport de suffisantes litières, que son lit de repos soit toujours tenu sec. En été, qu'on lui procure souvent les délices du bain. Lorsque l'animal se plonge entièrement dans l'eau, il éprouve sur toute la surface de la peau une réaction salutaire; c'est dans le cas seulement où il aurait très-chaud que le bain l'exposerait à des refroidissements pernicieux. Qu'on nettoie le cheval et le bœuf, en les grattant à rebrousse-poil au moyen de la ratissoire de fer à dents pointues qu'on appelle *étrille*. Pour obtenir une propreté complète, on brosse l'animal après l'avoir étrillé; puis, on l'époussette avec une queue de cheval. Est-il couvert de sueur, on le bouchonne, c'est-à-dire, on le frotte et on l'essuie avec une poignée de paille tordue.

Les bestiaux souffrent des vents violents, de l'humidité continue, de l'ardeur du soleil. A l'étable, ils redoutent le froid très-rigoureux, les courants d'air, une atmosphère étouffante. Dès lors, en été, nous les tiendrons à l'ombre pendant les heures de grand soleil, et nous les ferons pâturer ou travailler le soir, le matin, la nuit. A l'approche des pluies et des orages, nous les mettrons à couvert. Au moyen de plantations, nous leur créerons, dans les pâturages, des abris contre le vent. L'hiver, nous fermerons les étables, sans cesser de tenir ouverts les soupiraux destinés à renouveler l'air. Ce point est de la plus haute importance : suivant les calculs du savant M. Lassaigne, un cheval du poids de 500 kilo. absorbe en vingt-quatre heures 5,270 litres d'oxygène, dégage un égal volume d'acide carbonique, et fait entrer dans ses poumons 125 mètres cubes d'air, qui en altèrent un volume quatre ou cinq fois plus considérable. Aussi, rien n'est plus malsain qu'une étable complétement close. Les meilleurs ventilateurs sont des cheminées étroites qui partent du bas de l'étable et traversent le mur à une certaine hauteur au-dessus du plafond. Un ventilateur semblable suffit par dizaine de gros animaux.

Dans la belle saison, nous ouvrirons toutes les fenêtres, pourvu qu'établies au-dessus du bétail, elles ne produisent pas à sa hauteur de courant d'air pernicieux. S'il se trouve un marais dans le voisinage, le bâtiment sera hermétiquement clos du côté de ce foyer d'infection, et même il sera protégé en dehors contre l'invasion des miasmes délétères au moyen de plantations touffues.

Pendant les nuits d'été, rien de mieux que de faire coucher les animaux sur les fumiers des cours. Dans nos régions occidentales et dans celles du Sud et du Sud-est, on peut même adopter pour étable un hangar fermé du côté de la pluie et abrité contre le vent soit par d'autres constructions, soit par des arbres. Mais gardons-nous de suivre ce système dans des contrées froides, et de l'appliquer à des races délicates ou aux très-jeunes sujets, quelle qu'en soit l'espèce; car ceux-ci sont particulièrement sensibles aux intempéries. Quant à la méthode qui consiste à laisser les animaux sans abri pendant toute l'année, même en hiver, méthode suivie sur plusieurs points de nos régions occidentales, elle ne convient qu'aux sujets adultes des races les plus rustiques, et seulement sur les pâturages de plaines des régions Sud, Sud-est, Ouest et Sud-ouest.

Jamais on ne doit exténuer les bestiaux, principalement quand ils sont jeunes, par excès de marche ou de travail. On a constaté que des animaux de trait, adultes et parfaitement nourris, peuvent rester attelés, en deux fois, neuf à dix heures par jour. S'ils sont plus jeunes ou moins bien entretenus, il ne faut exiger d'eux qu'une seule attelée de cinq à six heures. On s'aperçoit que le travail est trop rude toutes les fois que les sujets maigrissent fortement.

Les femelles pleines doivent être traitées avec des ménagements particuliers dans la crainte d'avortement. Ainsi, on s'abstient de les mettre entre des brancards, de leur faire gravir des côtes rapides, traverser des bourbiers compactes, des passages étroits. A l'instant du part, qu'il faut marquer d'avance, on leur donne une abondante litière, et on prend toutes les précautions nécessaires pour que leurs petits ne se trouvent, en naissant, ni froissés ni refroidis. Il convient alors de caser la mère dans une loge où elle se trouve séparée des autres animaux. Sauf quelques cas exceptionnels, on doit laisser la nature agir seule pour la mise bas.

Si nous passons au régime, on remarque que ce qui nourrit bien la petite vache bretonne ne suffit pas à la grande laitière du Cotentin; mais nul animal n'est réellement productif, si on ne lui donne à manger abondamment par rapport aux besoins de sa race et de son âge. Pour faire saisir cette vérité, on divise théoriquement en nourriture *d'entretien* et en nourriture *de production* les aliments qu'un sujet peut consommer. Par ration d'entretien, on entend ce qui le soutient sans augmentation ni diminution de poids. S'il ne reçoit rien de plus, son appétit n'est pas satisfait, et il ne donne rien, en lait, travail ou progéniture, qu'aux dépens de sa propre substance, c'est-à-dire, en maigrissant.

La nourriture de production comprend tout ce qu'il peut consommer en outre. Le produit est proportionnel à cette seconde portion d'aliments, et comme la dépense qu'elle occasionne se trouve toujours précédée par la même dépense en nourriture d'entretien, il en résulte que les animaux donnent d'autant plus de bénéfice net qu'ils consomment davantage.

Supposé que la ration d'entretien d'une vache coûte par jour 0 fr. 50, que sa nourriture de production puisse s'élever aussi jusqu'à 0 fr. 50, et qu'elle procure, par 5 cent. de nourriture, 1 litre de lait du prix de 0 fr. 15; si toute cette nourriture est donnée, nous aurons, pour 1 fr. de dépense, 10 litres de lait valant 1 fr. 50. Mais si l'animal ne reçoit que pour 0 fr. 25 de nourriture de production, nous aurons, pour 0 fr. 75 dépensés, 5 litres de lait valant 0 fr. 75. Enfin, si aux 0 fr. 50 de la ration d'entretien, nous ajoutons seulement pour 0 fr. 10 de nourriture de production, il ne se trouve plus, pour 0 fr. 60 de dépense, que 2 litres de lait d'une valeur de 0 fr. 30 : bénéfice dans le premier cas; ni perte ni profit dans le second; perte dans le troisième; ce qui justifie l'antique adage : « Quelques animaux parfaitement nourris donnent plus de produit qu'un « troupeau très-nombreux qui souffre de la faim. » (Columelle.)

En France, non-seulement la faute de mal entretenir le bétail est des plus fréquentes, mais encore on le soumet souvent à un régime tantôt maigre, tantôt copieux, suivant la disette ou l'abondance momentanée. Dans les Ardennes, par exemple, après avoir passablement vécu au pâturage pendant l'été, il ne reçoit en hiver que de la paille. On juge quel doit être son état de maigreur après six mois d'une aussi dure stabulation. Au contraire, un cultivateur habile combine ses ressources de manière à pouvoir toujours entretenir les animaux en bon état.

Pour faciliter ces combinaisons, on a recherché la valeur des divers aliments, en les comparant tous au meilleur foin naturel, et l'on a établi le rapport moyen du poids des animaux avec leurs rations d'entretien et de production, en supposant ces rations composées du fourrage pris pour type.

Relativement à la valeur nutritive des aliments, les recherches des agronomes ne donnent pas des résultats identiques, et cela doit être; car les mêmes substances n'ont pas partout la même qualité. Ainsi, les foins récoltés sur terrains carbonatés sont plus nourrissants que ceux des sols privés de calcaire. Les pailles, les herbes et les grains du Midi le sont plus que ceux du Nord. Plus le sol et l'atmosphère sont froids et humides, moins toute production a de valeur à poids égal. Enfin certaines préparations dont nous parlerons bientôt, augmentent les facultés nutritives de toute espèce d'aliments. On peut cependant adopter, sauf à les rectifier ensuite d'après l'expérience locale, les données qui se trouvent dans les ouvrages de Thaër, Schwertz, Mathieu de Dombasle, Payen, Boussingault. Après les avoir comparées avec les résultats de nos propres observations, nous nous sommes arrêtés aux chiffres suivants pour la ferme de l'institut normal agricole de Beauvais :

Sont égaux à 100 kilo. de foin naturel de première coupe de première qualité :

Regain ou foin naturel de seconde coupe de première qualité	70 à 80 kilo.
Foin naturel de première coupe de seconde qualité	120 à 140 —
Trèfle de première coupe	100 à 120 —
Trèfle de seconde coupe	120 à 140 —
Luzerne de première et de seconde coupe	90 à 100 —
Sainfoin	90 à 100 —
Lupuline	90 à 100 —
Vesce, bisaille, gesse	110 à 125 —
Lentillon	90 à 100 —
Ivraie d'Italie	120 à 130 —
Paille de lentille	110 à 120 —

Fourrages verts de prairies artificielles trois à quatre fois plus que s'ils étaient séchés.

A 100 kilo. de paille de froment, qui, hachés, équivalent à 40 kilo. de foin naturel de première qualité, sont égaux :

Paille d'avoine	80 à 100 kilo.
Paille d'orge ou de seigle	130 à 140 —
Paille de pois	70 à 80 —
Balles de froment	70 à 80 —
Balles d'avoine	60 à 70 —
Siliques de colza	70 à 80 —

A 100 kilo. de pommes de terre crues, qui équivalent à 40 kilo. de foin de première qualité, sont égaux :

Betteraves	150 à 170 kilo.
Topinambours crus	120 à 140 —

Carottes	120 à 140 kilo.
Panais	110 à 120 —
Rutabagas	120 à 140
Raves	190 à 210 —
Choux	190 à 210 —
Citrouille	140 à 150 —
Ajonc pilé	150 à 170 —

A 100 kilo. de grain de seigle, qui équivalent à 250 kilo. de foin de première qualité, sont égaux:

Avoine du poids de 45 kilo. l'hecto...	140 à 150 kilo.
Orge et sarrazin du poids de 55 kilo. l'hecto	120 à 130 —
Maïs, féverole, vesce, pois, lupin, gesse.	90 à 100 —
Tourteau de colza et d'œillette	120 à 130 —
Tourteau de lin et de noix	100 à 110 —
Tourteau de chanvre, de sésame, d'arachide	130 à 140 —
Tourteau de faîne	200 —
Gros son du poids de 17 à 20 kilo. l'hecto	130 à 140 —

Sur la valeur nutritive de divers résidus humides, voici l'opinion émise par M. Lefour, auteur d'excellents ouvrages de zootechnie.

Le résidu de 100 kilo. de pommes de terre distillées équivaut à 20 kilo. de pommes de terre ou à 9 kilo. de foin. Celui de 100 kilo. de seigle distillé égale 100 kilo. de foin.

Les résidus de féculerie équivalent au cinquième des pommes de terre employées.

Le résidu humide de brasserie équivaut au dixième du grain employé, et aux deux tiers de son poids en foin.

Cent kilo. de betteraves pressées dans les sucreries donnent 28 pour 100 de pulpe équivalente à 9 de foin.

Les résidus de la distillation des betteraves, traités par macération, nous paraissent équivaloir à 1/8 de foin.

Bien que le rapport de la nourriture avec le poids des animaux varie suivant l'âge, la conformation, l'espèce et la destination des sujets, on admet, comme règle servant de base aux combinaisons de régime, que la ration d'entretien peut être évaluée, en foin naturel de première qualité, à 1/60ᵉ du poids de l'animal vivant, et la nourriture de production également à 1/60ᵉ. Ainsi des animaux qui reçoivent ces deux rations pleines, consomment chaque jour en foin naturel 1/30 de leur poids, et par mois de trente jours, une quantité égale à leur poids total, ou une proportion correspondante d'autres aliments. Nous porterons au vingtième et même au quinzième de leur poids la nourriture des femelles à l'époque du plus fort allaitement, celle des élèves jusqu'à l'âge d'un an, et celle des animaux à l'engrais.

CHAPITRE II

NOURRITURE DU BÉTAIL (SUITE); VARIÉTÉ DU RÉGIME; DISTRIBUTION ET PRÉPARATION DES ALIMENTS; USAGE DU SEL; BOISSON.

> Lorsque Koung-Tseu était administrateur des campagnes, il disait: « Si les troupeaux sont en bon état, mes devoirs sont remplis. »
> (MENG-TSEU, *Philosophie chinoise*.)

Les animaux se composent des mêmes principes que les plantes, *oxygène*, *hydrogène*, *carbone*, *azote*, *phosphore*, *soufre*, *chlore*, *potassium*, *sodium*, *magnésium*, *calcium*, *silicium*, *fer*, et contiennent beaucoup plus d'azote, de phosphore, de calcium, de fer que les végétaux. Ce dernier métal se trouve dans le sang à la dose de 6 à 7 pour 100. Le phosphore et le calcium combinés avec l'oxygène (*phosphate de chaux*) forment 53 pour 100 du poids des os. La *gélatine*, substance soluble de nos bouillons gras, la fibre de la chair ou *fibrine*, *l'albumine* ou matière du blanc d'œuf, très-abondante dans une foule d'organes, la *caséine*, substance du lait caillé, contiennent, pour 100 parties, 15 à 17 d'azote, 52 à 54 de carbone.

A l'exception de l'oxygène que les animaux tirent de l'air par la respiration, les principes que nous venons d'indiquer leur sont fournis par les aliments. La valeur nutritive de ceux-ci dépend donc de la manière dont ils se dépouillent dans l'estomac de tel ou tel de leurs éléments. Comme l'azote se trouve en forte proportion dans tous les organes, les substances très-azotées sont des plus nourrissantes. Nous citerons entre autres la viande, le blé, les légumes secs, les jeunes pousses des végétaux. D'un autre côté, certaines substances dépourvues d'azote mais riches en carbone facilement assimilable : huiles, fécules, alcool, sucres, concourent puissamment à l'entretien de la vie. Puisque, par la respiration, l'animal exhale beaucoup d'acide carbonique, ne faut-il pas qu'il consomme lui-même une grande quantité de carbone? A faibles doses, certains sels, en particulier le sel de mer, sont très-favorables à la nutrition à cause de leur principe alkalin, qui souvent existe à peine dans les autres substances alimentaires.

A l'exception du lait, nourriture providentielle préparée en faveur du premier âge, presqu'aucun aliment ne tient assimilables, en juste proportion, tous les principes nécessaires aux animaux. Aussi, est-ce par la variété de la nourriture qu'on parvient à une alimentation parfaite.

Parmi les substances qu'il convient de réunir, il en est dont le rôle principal est d'augmenter le volume des autres. En effet, lorsque l'estomac ne se trouve pas suffisamment rempli, l'animal dépérit par suite de tiraillements douloureux. Plus le tube digestif est étendu, plus ce *lest* est nécessaire. Le bœuf, la brebis, la chèvre l'exigent plus que le cheval, l'âne et le mulet; ces derniers animaux en ont plus besoin que le porc.

Dans une même espèce, ce sont les sujets les plus âgés qui doivent recevoir la nourriture la plus volumineuse relativement aux sucs nutritifs, puisqu'avec l'âge le tube digestif tend lui-même à se distendre et à devenir plus volumineux[1].

Si nous en venons à l'application de ces principes, nous diviserons les aliments du bétail en trois classes ; 1° fourrages secs et pailles; 2° légumes verts, résidus humides, fourrages verts; 3° grains, son, tourteaux.

C'est dans une mesure restreinte qu'on peut, pour la nourriture d'un animal, remplacer, sans aucun inconvénient, des aliments d'une classe par ceux d'une autre; et si l'on excepte les cochons, qui ne mangent ni fourrage sec ni paille, le mieux est de réunir dans un même régime des substances des trois catégories. Si on ne le peut, du moins faut-il toujours associer des aliments de l'une des deux dernières avec ceux de la première; ainsi, joindre aux fourrages secs et aux pailles soit légumes verts, résidus humides ou fourrages verts, soit grains ou tourteaux. Du reste, ces combinaisons doivent se rapporter à l'âge et à la destination des animaux. On donnera très-peu de paille aux jeunes sujets, et on choisira pour eux, dans les autres classes, les aliments les plus nutritifs. On stimulera l'avidité du bétail qu'on engraisse par une grande diversité de nourriture; à mesure qu'il prendra plus d'obésité, on lui présentera tout ce qu'on peut trouver de plus nutritif. Ce régime exceptionnel devra contenir des tourteaux en forte proportion, comme possédant un principe huileux qui se change facilement en graisse dans le corps de l'animal; par bœuf, 500 à 2,000 grammes; par mouton, 50 à 200 grammes. Pour le même motif, les graines oléagineuses, en particulier celles de lin, seront employées utilement. M. de Malézieux recommande de faire bouillir 1 kilo. de farine de graine de lin dans 15 litres d'eau, puis de mêler la masse gélatineuse qui en résulte avec 2 kilo. de farine et 4 kilo. de paille hachée. Ce mélange serait excellent pour des bœufs d'engrais. Comme les spiritueux ont une action analogue à celle des matières grasses, on donnera également avec profit aux animaux d'engrais toute espèce de résidus fermentés, notamment ceux de distillerie; à la fin de l'engraissement, on pourra même leur faire boire de l'eau-de-vie, 1 litre par jour aux forts sujets d'espèce bovine.

Aux femelles laitières, il faut donner une forte proportion d'aliments aqueux; car la sécrétion du lait absorbe beaucoup d'eau, et si celle-ci manque, la source mammaire est pauvre. Au contraire, les animaux de travail doivent recevoir des substances peu délayées et joignant à des facultés nutritives prononcées un principe aromatique excitant. Le fourrage sec de luzerne et de sainfoin, le panais, la carotte, l'avoine répondent à ces conditions.

Que la nourriture soit distribuée : 1° très-régulièrement, afin que le bétail ne se tourmente pas en l'attendant; 2° à des heures telles que chaque repas soit donné après la digestion complète du repas précédent; 3° par petites rations. De cette manière, rien n'est perdu, tandis que les animaux foulent aux pieds une partie du fourrage qu'on leur présente en trop grande quantité. Dans la vallée de l'Adour, c'est par bouchées qu'on nourrit les bœufs. Cette méthode serait excellente, si elle ne prenait beaucoup de temps.

Le cultivateur habile effectue graduellement tout changement de régime, pour que l'estomac du bétail s'habitue sans souffrance aux nouveaux aliments qui lui sont offerts.

Afin que les plus gourmands ne puissent manger la part des autres, il attache le plus faible à une des extrémités de la ligne, le plus fort à l'autre bout, et tous les autres par ordre de hardiesse, de façon que chacun soit maître d'un de ses voisins et ne se trouve jamais entre deux plus vigoureux que lui; ou mieux encore, il établit, pour le gros bétail, autant de séparations au-dessus des auges qu'il se trouve d'individus. Quant aux moutons, aux cochons et aux chèvres, il les divise par catégories de même force et de même âge. Après les repas, quand les animaux reposent, il inter-

1. Voir pour une étude plus complète de ce sujet les travaux de nos célèbres chimistes, MM. Boussingault et Payen.

dit l'entrée des étables. Ce soin est particulièrement nécessaire pour le bétail à l'engrais. Afin d'assurer la régularité des consommations, il mesure et pèse tout exactement. Ainsi, il fait botteler les fourrages; cette dépense est largement payée par l'avantage de savoir toujours exactement ce qui reste en magasin. Pour peu que son exploitation soit importante, nous lui conseillons de consacrer 3 ou 400 fr. à l'achat d'une bascule pour la pesée du bétail; puis de s'en servir de temps en temps. De cette manière, il connaîtra parfaitement la valeur de ses animaux, et il appréciera avec certitude les résultats du régime auquel ils sont soumis.

On aurait, en général, intérêt à faire subir aux aliments certaines préparations culinaires.

D'abord les tubercules et les racines doivent être lavés, et, pour les donner crus, il faut les couper en petits morceaux. Le lavage s'effectue,— soit dans une rigole en planche ou en brique pouvant se remplir et se vider à volonté; — soit dans une caisse faisant bascule et contenant de l'eau dans laquelle, sans grands efforts, on agite vivement les racines (appareil fort simple inventé par M. Ponsard); — soit dans un cylindre horizontal à claire-voie qui plonge à moitié dans un bac plein d'eau et qui présente à l'intérieur une cloison en forme de spire. Au moyen d'une manivelle on fait tourner ce cylindre, dans l'intérieur duquel les racines se rendent en tombant d'un entonnoir supérieur. Elles sortent par l'autre bout bien nettoyées.

Pour couper les légumes verts, on se sert de divers appareils. Les plus répandus ont un disque vertical qui présente plusieurs ouvertures armées de tranchants. Cette pièce qu'on fait tourner à l'aide d'une manivelle, coupe les racines qui, placées dans un entonnoir ou trémie latérale, viennent la toucher. D'une manœuvre plus facile, le coupe-racines de Grignon exécute ce travail à l'aide d'un tronc de cône creux qui tourne horizontalement sous l'entonnoir où sont les racines et qui présente, dans le sens de la longueur, des ouvertures garnies de lames.

En petit, on coupe très-bien les légumes verts au moyen d'une bêche dont la lame est en forme d'S ou de croix.

La cuisson augmente beaucoup la valeur nutritive de ce genre d'aliments et doit souvent être considérée comme nécessaire. On l'obtient économiquement au moyen de vapeur qu'on introduit par un tube au bas d'une cuve dans laquelle se mettent les racines, et qui est munie d'un double fond à claire-voie. Si la ferme ne possède pas de machine à vapeur, on se procure un générateur de petite dimension contenant 1 hectolitre de liquide et muni d'un foyer portatif.

Cuits, triturés, macérés, les grains sont mieux digérés que dans leur état naturel.

La cuisson s'effectue au moyen de l'appareil ci-dessus décrit, pourvu qu'on ajoute au seigle quatre parties d'eau; à l'orge ou aux légumes secs, trois parties; à l'avoine, deux parties.

On obtient facilement la germination, en tenant les grains quelque temps humectés et étendus; mais il importe de ne soumettre à cette préparation que ceux qui ont conservé leurs forces vitales.

Pour les faire macérer, on les plonge dans l'eau pendant vingt-quatre heures. L'eau de mer convient particulièrement à la macération du lupin.

L'une des meilleures machines à broyer est le concasseur anglais *Stanley*, qui présente deux cylindres de métal horizontaux, cannelés, engrenés l'un avec l'autre et tournant au-dessous d'un entonnoir d'où le grain tombe entre les cannelures.

Les tourteaux sont broyés dans un appareil analogue, et, à défaut de machine, on les coupe avec la plane du charron.

Afin de rendre les pailles et les fourrages secs plus faciles à digérer, on les hache au moyen de divers appareils. Voici la description de celui qui a obtenu le plus de succès aux expositions : le fourrage placé dans une auge horizontale est saisi entre deux cylindres cannelés, et se trouve coupé par des lames fixées aux rayons d'une roue de fer verticale qu'on fait tourner vivement. Les cylindres alimentaires sont rapprochés l'un de l'autre par un ressort qui leur permet de donner passage, sans se briser, à des poignées de paille plus ou moins épaisses.

Les pailles et fourrages hachés, ainsi que les balles de céréales, sont très-utilement purgés de poussière dans un cylindre creux en tissu métallique d'un demi-mètre de largeur et de 2 à 3 mètres de long.

Ainsi qu'on le voit, aux environs de Beauvais, chez MM. Hette, Gibert, de Corberon et autres cultivateurs distingués, toutes ces machines peuvent être mises en activité, à peu de frais, par un seul moteur. A cet effet, toutes sont établies sur une même ligne. Au-dessus ou au-dessous, se trouve un axe de fer que le moteur fait tourner et qui communique son mouvement à chaque machine au moyen d'une courroie.

Lorsque les aliments du bétail ont subi ces préparations, le mieux est de les mêler ensemble, en y ajoutant de la mélasse étendue d'eau, ou des résidus de brasserie, de distillerie, de sucrerie; on laisse le tout fermenter un jour ou deux. On peut aussi soumettre ce mélange, dans de vastes cuves, à la cuisson par la vapeur. Quantité de paille et d'aliments médiocres se trouvent ainsi consommés avec profit. Il est vrai qu'il peut, dans ce cas, devenir nécessaire de suppléer au manque de litières, soit par des terres sèches, soit par la conversion d'une partie des déjections en engrais liquide. Mais en résultat, on parvient ainsi à nourrir plus de bétail et à faire plus d'engrais. Les aliments cuits ou hachés ont toutefois l'inconvénient d'affaiblir les facultés digestives des animaux. Ceux-ci souffrent, si on les remet ensuite à un régime ordinaire.

Une dernière manipulation que nous devons mentionner, comme convenant surtout aux petites fermes, consiste à empiler, en été, dans des fosses cimentées toute espèce de feuillage et de fourrage vert avec du sel et un peu d'eau. Après avoir serré la masse à plusieurs reprises, on la tient pressée au moyen de planches chargées de pierres, et on ajoute assez de liquide pour que le dessus reste baigné. En hiver, on trouve une masse aigrelette comme la choucroute, et très-agréable au bétail.

De quelque manière qu'ils soient traités, les aliments ne doivent jamais sentir le moisi ni la pourriture. Dès lors, il ne convient pas d'effectuer longtemps d'avance les préparations ci-dessus décrites, excepté la dernière. D'un autre côté, les résidus de sucrerie, de féculerie, de brasserie qu'on n'emploie pas de suite, doivent être serrés assez fortement pour que l'air ne puisse pénétrer à l'intérieur. Dans l'établissement agricole de Bresles (Oise), si habilement dirigé par M. Hette, on a reconnu que les résidus de distillerie de betteraves traitées par macération s'améliorent en magasin, pourvu que les fosses qui servent de lieux de dépôt soient drainées, de manière à enlever l'excès d'eau acide qui nuit à la qualité de ces résidus.

Il faut que les tourteaux soient rangés en lieu exempt d'humidité, et que les fourrages verts, ramenés à l'étable, soient promptement consommés. Ceux-ci doivent être fauchés au point le plus convenable, savoir : les graminées, à l'instant où les panicules et les épis se montrent; la luzerne, les trèfles, la lupuline, le sainfoin, en pleine floraison; les pois, les vesces, les gesses, les lentilles, lorsque la plupart des gousses sont formées. A ce que nous avons dit ailleurs de la conservation des légumes verts, nous ajoutons qu'il convient de réserver pour la fin des consommations ceux qui se gardent le mieux : on les fait manger dans l'ordre suivant : citrouilles, choux-pommes, carottes, raves, choux-navets, panais, pommes de terre, topinambours, betteraves.

Un instinct général porte tous les animaux à rechercher le sel. Cette substance, en effet, est salutaire; mais à trop forte dose, elle devient nuisible. Comme on ne saurait déterminer la portion qui convient au tempérament de chaque sujet, le mieux est de s'en rapporter à son instinct et de mettre dans le ratelier un bloc de sel gemme ou un sac rempli de sel qu'il peut lécher à volonté. On pourra aussi se servir de sel pour faire accepter, en temps de pénurie, des fourrages avariés ou médiocres. On les assaisonne, soit lors de la récolte, en jetant du sel au milieu du foin; soit au moment de la distribution, en les arrosant d'eau salée.

Le célèbre agriculteur anglais, M. Jonas Webb, préfère le sel gemme à celui de mer, et, ce qui est fort remarquable, Frédéric le Grand, qui s'occupait d'agriculture avec beaucoup de sollicitude, pensait de même.

FRÉDÉRIC, s'adressant au bailli de Fehrbellin :

« Y a-t-il des épizooties dans votre canton ?

LE BAILLI.

« Non, sire.

FRÉDÉRIC.

« Y en a-t-il eu ?

LE BAILLI.

« Oui, sire.

FRÉDÉRIC.

« Faites manger beaucoup de sel gemme et le mal « ne reviendra pas.

LE BAILLI.

« C'est ce que je fais. Mais le sel commun est « presque aussi bon.

FRÉDÉRIC.

« N'en croyez rien. Il ne faut pas piler le sel « gemme, mais le mettre à portée du bétail pour « qu'il le lèche. » (*Histoire de Frédéric le Grand*, par M. Paganel, citée par M. Barral.)

Toute saleté mêlée avec les aliments enlève l'appétit. Il faut donc chasser la volaille qui se perche sur les râteliers ; à chaque repas, bien nettoyer les auges; si on le peut, y faire couler de l'eau, comme on le pratique dans beaucoup d'étables suisses.

Ainsi qu'on utilise les restes de nos tables par un apprêt nouveau, de même ce que le bétail a laissé peut souvent servir encore, soit qu'on le mélange avec d'autres aliments destinés à cuire ou à fermenter, soit qu'on le donne sans préparation à des sujets d'autre espèce.

En beaucoup de pays, on ne fait boire les animaux qu'une seule fois par jour, et cela avant de leur donner à manger. Appliquons à nous-mêmes un tel système, et nous jugerons combien il est défectueux. Au régime de la stabulation, il faut, pour la facilité de la digestion, que le bétail boive au moins deux fois par jour, et que cette boisson soit prise dans le milieu de chaque repas.

A défaut d'eaux courantes, qui sont les meilleures, on utilise celles des mares. Quant aux eaux de fontaines ou de puits, il faut les tirer à l'avance et les faire aérer dans des réservoirs; car, en été, une boisson très-froide peut causer de graves accidents. Pendant les gelées, on aurait grand avantage à adoucir par de l'eau chaude la boisson du bétail, principalement celle des femelles laitières; en effet, il arrive souvent qu'elles ne boivent pas assez à cause de la température glacée du liquide, et rien n'est plus contraire à l'abondante sécrétion du lait.

Pour les femelles laitières et les animaux à l'engrais, une alimentation entièrement chaude conviendrait même mieux que toute autre. Mais il faut continuer ce régime une fois commencé, sans quoi les animaux dépérissent.

On voit par ce qui précède combien de soins sont nécessaires au bétail entretenu à l'étable; ils sont toujours mal donnés, s'ils ne constituent la tâche régulière des mêmes personnes. En France, comme on n'accorde presque jamais assez de temps à cette partie si importante du service des fermes, les animaux coûtent souvent plus qu'ils ne produisent; ce qui a fait dire à tort par quelques cultivateurs que *le bétail est un mal nécessaire.*

CHAPITRE III

NOURRITURE DU BÉTAIL (SUITE); RÉGIME DU PATURAGE; VAINE PATURE.

« Considerando considera vultum pecoris
« tui et pone cor tuum ad greges. »
« Examine sans cesse tes troupeaux, et
« donne-leur ton affection. »
(*Proverbes*, chap. XXVII, v. 23.)

Plus facile à organiser que la nourriture à l'étable, le régime de la pâture exige aussi des soins essentiels. D'abord, il faut chercher à régler la consommation des gazons de telle manière que les animaux trouvent de quoi se nourrir abondamment, sans que cependant les plantes grandissent au point de durcir et de s'épuiser par une inutile production de fleurs et de graines. Nous avons déjà dit que le meilleur moyen d'atteindre ce résultat consiste à diviser les pâturages en espaces clos, dans lesquels on enferme successivement le bétail. Souvent reposée, l'herbe est plus friande et repousse mieux que si les animaux la foulent sans relâche, et ceux-ci, maintenus par les clôtures, sont beaucoup plus tranquilles que lorsqu'on les fait garder sur terrains ouverts.

A défaut de haies et autres barrières dont nous avons déjà parlé, on peut, au moyen de claies mobiles, livrer successivement à de menu bétail les différentes parties d'un gazon.

D'un autre côté, en attachant les gros animaux, chacun à un piquet de fer avec anneau tournant autour de la tête du pieu, on obtient la consommation parfaite d'herbes d'une certaine hauteur, dont une grande partie serait perdue, si on y mettait les troupeaux en liberté. Pour mener les bêtes pâturer ainsi, on les accole les unes aux autres au moyen de longes, et on tient par une corde le chef de file. En peu de jours, chacune s'habitue à prendre son rang. De peur qu'une fois attachées elles ne s'étranglent, en s'embarrassant dans leur corde, on divise celle-ci, à moitié longueur, par un bâton de 60 centimètres.

Les chevaux, les ânes et les moutons coupent les plantes plus près de la terre que ne le fait le bétail à cornes; aussi, peut-on leur livrer des gazons que celui-ci a déjà broutés, ou des pâtures courtes sur lesquelles il ne trouverait rien. Les moutons utilisent même les herbes rares qui poussent soit dans les terrains labourés, soit dans les lieux les plus arides. Quant aux bœufs et aux vaches, il ne faut les conduire ni sur des pâturages de ce genre, ni sur des gazons que d'autres animaux ont déjà tondus. Du reste, on a blâmé d'une manière trop absolue le parcours simultané de plusieurs espèces sur le même terrain. Seulement, si ce système est adopté, il convient que, relativement aux bœufs et aux vaches, les sujets des espèces chevaline et ovine soient peu nombreux. En Normandie, on croit qu'il ne faut pas joindre à dix bœufs plus d'un cheval et de deux ou trois moutons. Ces derniers mangent des herbes que le bétail à cornes a dédaignées. Une telle réunion est donc favorable à la meilleure consommation du pâturage.

Au-dessous de la région des neiges, les montagnes du centre, de l'est et du midi sont couvertes de pâtures où le bétail passe la belle saison. A peine l'herbe montre-t-elle, au printemps, une pointe d'un vert tendre, que les bœufs, fatigués d'un long emprisonnement, regardent la montagne en mugissant et cherchent à s'y échapper. Il ne faut pas céder trop tôt à ce désir, dans la crainte de dangereux retours des froids. En Auvergne, c'est vers le 10 mai que commence la *montée* générale, pour laquelle on se fraie souvent passage à travers la neige. Rendu dans ses quartiers d'été, le bétail est enfermé, pendant la nuit, au milieu de claies qui l'abritent un peu. Des huttes en terre (*burons*) servent de laiterie et de retraite aux vachers. Dans le cours de la saison, on déplace plusieurs fois les parcs, et on a soin de les établir sur les portions de terrain qu'on désire fertiliser, soit pour en faire des pâtures succulentes au profit des bêtes les plus délicates, soit pour y récolter un fourrage précieux lors des mauvais temps.

Dans les Alpes, on voit quelques parcs semblables; mais, en général, le lieu de réunion, qu'on nomme *chalet*, est fixe et couvert. Il se compose d'une fromagerie, d'une étable, du logement des pâtres et de cases pour les porcs qui consomment les résidus de la laiterie. Si l'on dispose de montagnes basses sur lesquelles la neige fond d'abord, et de montagnes élevées qui ne se découvrent que plus tard, on construit deux chalets, dont le plus élevé n'est habité qu'au cœur de l'été. Ce lieu de refuge est souvent dominé par des pics couverts de neige desquels pourraient se détacher des avalanches. Dans ce cas, on établit au-dessus du bâtiment un mur anguleux destiné à détourner le bloc destructeur. Des sentiers conduisent aux diverses parties du pâturage. On livre les gazons les plus abordables aux vaches et aux juments; aux poulains et aux bouvillons, des pâtures plus escarpées; aux moutons et aux chèvres, les endroits les moins accessibles. Partout où il se trouve des précipices, il faut exercer une surveillance assidue, principalement lorsqu'effrayés par l'orage les animaux cherchent un abri. Du reste, la garde est singulièrement facilitée par l'habitude qu'ont les troupeaux de parcourir, suivant une direction régulière, le terrain qui leur est livré, de sorte qu'à heure fixe on est sûr de les apercevoir à tel endroit. Au commencement de la saison, on dirige leur marche suivant le sens le plus commode; puis, on ne les dérange qu'accidentellement, par exemple, à l'approche des ouragans. De loin, c'est par le bruit des clochettes suspendues à leur col que le pâtre suit ses animaux. De son côté, s'il veut donner un signal, il fait retentir du son de sa trompe les échos lointains. Bientôt les bêtes se réunissent, soit pour recevoir une poignée de sel, soit pour présenter des mamelles chargées de lait, soit pour fuir un péril qui n'a pas échappé à la clairvoyance de leur gardien.

D'excellents chiens sont d'un précieux secours. Voyez ce fidèle ami de l'homme; au moindre signe, il s'élance comme la flèche, réunit en un clin d'œil les bêtes éparses, retrouve l'animal égaré, éloigne les troupeaux étrangers, attaque les loups et avertit du danger par des hurlements plaintifs. Gardons-nous cependant d'abuser de cet auxiliaire quelquefois cruel; nous trouvons un aide plus pacifique dans l'animal vigoureux et hardi qui s'est établi roi du troupeau et que les autres suivent. Le pâtre le caresse, lui présente souvent quelque friandise et l'accoutume ainsi à l'obéissance. Lorsque ce lieutenant est bien dressé, la conduite générale devient beaucoup plus facile. Dans les Pyrénées, c'est presque toujours un grand bouc noir qui dirige les troupes de brebis ou de chèvres. Celui qu'on voit représenté planche 40, avait amené aux abattoirs de Paris les moutons qu'il dirigeait, aux beaux jours de sa vie, dans les alentours du val d'Andorre. Un impitoyable couteau allait l'égorger, lorsqu'il trouva un refuge près de l'aimable personne qui a bien voulu prêter à la partie artistique de notre œuvre le concours de son admirable talent et de ses bienveillants conseils.

Dès que le froid de l'automne se fait sentir, le bétail demande à quitter la montagne. Admirons ici les rapports providentiels qui existent, sous un climat chaud, entre les pâturages élevés et ceux des plaines. En été, ces derniers se trouvent brûlés par la sécheresse; mais, en hiver, ils produisent de l'herbe en abondance. Au contraire, sur les montagnes, on a beaucoup d'herbe en été, rien en hiver. Dès lors, pour nourrir le bétail en toute saison, il suffit de le faire passer alternativement des terrains bas aux pâtures élevées. C'est ce système qu'on nomme *transhumance*. Il explique la vie nomade des peuples pasteurs. Nous le voyons usité dans quelques parties de la France. Ainsi, les Alpes du comté de Nice envoient chaque année sur les galets de la Crau, aux environs d'Arles, plusieurs milliers de moutons, bandes toujours précédées ou suivies par des vautours qui disputent aux chiens les débris des morts. Grâce à un privilége accordé par Henri IV, une multitude de bœufs descendent de même des Pyrénées au retour des froids, et vivent en hiver dans les pâturages des environs de la ville de Pau. Enfin, en Languedoc et en Provence, on aperçoit des bandes de moutons complétement errantes. Les bergers louent en été des portions de montagne, en hiver des pâturages de plaine, et ils se transportent d'un lieu à l'autre suivant les ressources du pays.

Il importe que les troupeaux aient toujours de l'eau à leur portée. Pour établir les abreuvoirs, on choisit les lieux sourceux ou les plis de terrain dans lesquels se réunissent les eaux pluviales. Si le sous-sol est filtrant, on garnit d'argile pétrie le fond du bassin. Au bout de quelque temps, la boue et le piétinement le rendent complétement imperméable. Il convient d'empierrer l'entrée, afin que le bétail ne s'embourbe pas; de planter, à l'entour, des arbres à feuillage touffu qui entretiennent la fraîcheur; enfin, d'y mettre quelques carpes, tanches ou poissons blancs. Ces animaux épurent le liquide par la destruction des insectes dont ils se nourrissent.

Dans les temps de chaleur, que les troupeaux aillent à la pâture, ainsi qu'il a été dit, le soir, la nuit et le matin. Par l'humidité et le froid, qu'on choisisse au contraire l'heure du jour où l'herbe est ressuyée, et qu'on ne la fasse jamais manger couverte de givre ou de rosée blanche. A moins d'impossibilité absolue ou de climat parfaitement égal, que les animaux restent à couvert dans une étable ou sous un hangar, aux heures où ils ne mangent pas. Enfin, si l'herbe est insuffisante ou mouillée par des averses continuelles, qu'on leur distribue un supplément de nourriture, et qu'une provision de fourrage soit conservée pour ces éventualités.

Comment donner aux troupeaux ces soins essentiels, si tous les animaux d'un village vont paître en commun sur les champs ouverts et non ensemencés, sur les prairies après la coupe de la première herbe, et sur des landes communales? Le droit de *vaine pâture* qui consacre encore ce système dans beaucoup de départements, ne devrait aujourd'hui se perpétuer que pour l'espèce ovine qui, sous la conduite d'un berger convenablement rétribué, peut utiliser assez bien les herbes courtes des jachères et des champs récoltés; ces herbes, sans ce moyen, seraient perdues partout où la propriété est morcelée. Quant au gros bétail, presque toujours trop nombreux sur les pâtures communes, il s'y nourrit sans profit. Le mal est plus grand encore, lorsque, au lieu de confier à un seul pâtre leurs chevaux et leurs bœufs, les cultivateurs les font garder par leurs enfants. Ceux-ci commettent mille délits et contractent les habitudes les plus vicieuses.

Là où l'agriculture est bien comprise, on ne voit rien de semblable. La garde du bétail est confiée à des hommes raisonnables, et le père de famille surveille lui-même ses troupeaux avec beaucoup de sollicitude, comme le faisaient les patriarches et la plupart des princes grecs immortalisés par les chants d'Homère.

CHAPITRE IV

COUP D'ŒIL GÉNÉRAL SUR L'ORGANISATION DES QUADRUPÈDES DOMESTIQUES.

Dans la vie de l'inimitable auteur des *Géorgiques*, on lit une anecdote à laquelle les critiques ont attaché jusqu'ici peu d'importance. Qu'on nous permette cependant de la raconter, comme digne d'un intérêt agricole tout particulier. Elle prouve, en effet, que le poëte qui a composé sur l'agriculture les plus beaux vers, était lui-même fort habile dans la connaissance du bétail. Ce fait ne peut d'ailleurs nous étonner, puisque, fils d'un simple paysan des environs de Mantoue, Virgile a dû passer ses premières années occupé de tous les soins pratiques du faire-valoir paternel.

De Naples où il se livra d'abord à l'étude de la médecine, Virgile, étant allé habiter Rome, se mit en rapport avec le directeur des écuries du palais, et guérit plusieurs chevaux appartenant à Auguste.

Ce dernier lui fit donner en récompense la ration journalière de pain que recevaient ses palefreniers. Bientôt Virgile déclara qu'un poulain de Crotone, que tout le monde admirait, était né d'une jument maladive et qu'il n'aurait ni force ni légèreté. Cette prédiction s'étant accomplie, Auguste fit doubler la ration de pain donnée au poëte. Il la fit doubler encore à la suite d'un jugement non moins exact porté sur des chiens venus d'Espagne.

Le bruit courait alors qu'Auguste n'était pas réellement fils d'Octave, en sorte que l'empereur, doutant lui-même de son origine, pense à consulter celui qui, par l'extérieur des animaux, savait si bien déterminer leur race et leurs qualités. Il le fait venir dans le lieu le plus reculé de son palais et lui soumet le sujet de ses inquiétudes. Virgile, le sourire sur les lèvres, demande s'il peut exprimer impunément toute sa pensée. Auguste le rassure : quelle que soit sa réponse, il s'en retournera comblé de présents. Fixant alors ses regards sur ceux du prince : « Chez les animaux, dit-il, on trouve la trace des qualités de leurs aïeux, ce qui permet de découvrir leur origine. Mais pour l'espèce humaine, il est impossible de faire de telles appréciations ; cependant je puis conjecturer quelle était la profession de ton père. Suivant toute apparence, tu es le fils d'un boulanger : n'ai-je pas prédit, au sujet de tes animaux, ce que la science la plus consommée permettait seule de découvrir? Et toi, le premier du monde, tu m'as fait donner pour salaire, à plusieurs reprises, des rations de pain. C'est bien là le propre d'un boulanger ou d'un fils de boulanger! » Si l'on examine la manière dont les plus éminents services agricoles ont souvent été rémunérés, n'est-on pas tenté de dire qu'à toutes les époques beaucoup de ministres et de souverains ont été fils de boulangers? Auguste, en homme de génie, comprit la leçon du paysan de Mantoue ; il le prit en amitié, et bientôt, sur le conseil de Mécène, il lui demanda son inimitable poëme des *Géorgiques*, afin de faire revivre chez les Romains le goût de l'agriculture.

Cette connaissance raisonnée des animaux, qui fut une des causes de la haute fortune du poëte latin, tout cultivateur doit la posséder, pour ne jamais élever ni acheter de bétail défectueux. Elle se base sur quelques notions de physiologie que nous devons rappeler.

Le corps des quadrupèdes est comme un édifice rectangulaire; et de même que le toit d'une maison de cette forme finit à son sommet par une longue poutre horizontale, de même aussi le corps de l'animal présente, depuis la tête jusqu'à la queue, une pièce longitudinale à laquelle toutes les autres se rattachent, et qui se compose d'un grand nombre d'os ou *vertèbres*.

A plusieurs vertèbres s'attachent les *côtes*, qui sont comme les chevrons du toit.

En avant, quelques autres vertèbres forment le *col* et supportent la *tête*.

Les membres sont les colonnes angulaires de l'édifice. Mais, tandis que dans nos maisons ces colonnes sont droites et rigides, les membres présentent, pour les besoins de la locomotion, plusieurs pièces diversement articulées. Chaque membre se termine en haut par un os fixé obliquement à la colonne vertébrale. Pour les membres antérieurs, ces os, qui sont les *omoplates* (*scapulum*), se trouvent inclinés d'arrière en avant. Les *coxaux*, os correspondants des membres postérieurs, sont inclinés d'avant en arrière. Les omoplates sont appliquées sur les côtes antérieures. Quant aux coxaux, ils constituent avec la colonne vertébrale toute la charpente osseuse du train de derrière, c'est-à-dire, des *hanches* et de la *croupe*. Pour plus de solidité, ils se soudent ensemble par le bas et ne forment ainsi qu'une seule pièce.

Entre les côtes et les coxaux, on aperçoit plusieurs vertèbres particulièrement larges, et auxquelles aucun autre os ne vient se joindre, ce qui donne une flexibilité particulière à cette région, dont le dessus forme les *reins*, et le côté les *flancs*.

A partir des coxaux et des omoplates, les membres se composent de cinq pièces principales :

1° Pour les membres antérieurs, les *bras* (*humerus*), qui, inclinés d'avant en arrière, s'appliquent sur la partie basse des premières côtes; pour les membres postérieurs, les *cuisses* (*femur*), qui, inclinées d'arrière en avant, présentent en sens inverse une disposition correspondante. C'est seulement à partir de l'extrémité inférieure de ces os que les jambes se trouvent complétement détachées du tronc.

2° Pour les membres antérieurs, les *avant-bras* (*radius*), qui suivent au repos une ligne légèrement inclinée d'avant en arrière, et qui se terminent par les *genoux* à moitié hauteur des jambes; pour les extrémités postérieures, les *tibias*, qui s'inclinent d'avant en arrière et finissent aux articulations des *jarrets*.

3° Les *canons*, qui, dans les membres antérieurs,

suivent la direction des avant-bras et qui, dans les membres postérieurs, se dirigent d'arrière en avant, en faisant un angle très-prononcé avec les tibias.

4° Les *paturons*, qui s'articulent sur les canons et suivent une ligne oblique dirigée en avant.

5° Les *pieds*, qui suivent la ligne des paturons et présentent, suivant l'espèce, un, deux ou quatre *onglons* chaussés de corne.

Quelques articulations, notamment celles du jarret, du genou et du pied se composent de plusieurs pièces emboîtées les unes avec les autres, ce qui leur donne une souplesse merveilleuse.

Les os présentent sur certains points, principalement aux articulations, des appendices flexibles ou *cartilages*.

Aux os s'attachent les *muscles*, dont l'ensemble forme la chair et qui, pareils à des cordages élastiques, se resserrent ou s'étendent suivant le besoin, d'où résultent les divers mouvements du corps.

Les muscles sont mis en jeu par les *nerfs*, fibres blanches très-déliées, qui correspondent avec le *cerveau*. Celui-ci reçoit des sens les impressions qui déterminent la volonté de l'animal.

Toutes les parties du corps sont nourries par le *sang*, dont la circulation dépend du jeu combiné des *artères*, des *veines*, des *poumons* et du *cœur*. Les veines ramènent au côté droit du cœur le sang qui vient de servir à la nutrition. Ce sang, alors de couleur noire, est chassé par le cœur dans les *poumons*, viscères spongieux placés à droite et à gauche du cœur, et communiquant avec l'air par la *gorge* ou *trachée-artère*.

Dans l'acte de la respiration, les poumons se dilatent et absorbent l'air, dont l'oxygène se combine avec le sang et lui donne la couleur rutilante. Alors les poumons chassent, en se contractant, la portion d'air devenue inutile, et de plus une quantité notable de gaz acide carbonique qu'exhale le sang. Ainsi vivifié, ce fluide passe au côté gauche du cœur, qui le jette dans les artères, et de là, par un flux saccadé, dans tous les organes. En revenant au cœur par les veines, le sang reçoit les sucs nutritifs produits par la digestion des aliments.

Les poumons et le cœur se trouvent logés dans la partie antérieure du corps appelée *thorax* ou *poitrine*. La *panse*, les *intestins* et le *foie* qui sécrète la *bile*, liquide nécessaire à la digestion, sont placés en arrière, dans une seconde cavité, dite *cavité abdominale*, séparée de la première par une membrane appelée *diaphragme;* ils remplissent ainsi toute la partie du corps dont le dessous forme le *ventre*. Ils s'étendent encore entre les flancs, et traversent par leur extrémité postérieure le *bassin* ou creux qui existe entre les coxaux. La bouche, le nez, les tubes respiratoire et digestif, ainsi que la partie interne des paupières, sont tapissés de membranes qu'on nomme *muqueuses*, à cause de la propriété qu'elles ont d'exsuder un liquide visqueux. La peau elle-même est poreuse, et à travers les millions d'ouvertures microscopiques qui la traversent, s'échappent, par transpiration, des liquides inutiles à l'animal. La circulation de ces liquides n'est pas moins importante que celle du sang; elle se fait dans une série de vaisseaux particuliers qu'on nomme *lymphatiques*.

Les *rognons*, qui sont fixés sous les reins, transforment la partie la plus aqueuse du sang en urine. Celle-ci passe dans la vessie, d'où l'animal la rejette par les voies urinaires.

CHAPITRE V

BONNE ET MAUVAISE CONSTITUTION DES ANIMAUX.

« De laide vache
« Veau plus laid. »
(*Proverbe.*)

Tandis que les animaux sauvages d'une même espèce sont presque tous semblables, le bétail domestique se diversifie presqu'à l'infini. Chaque service, chaque régime crée des races particulières. Au milieu de ces constitutions différentes, apprenons à distinguer les qualités et les défauts.

En arrière des omoplates, on aperçoit souvent une forte dépression de la ligne du dos; il faut en conclure que la colonne vertébrale, qui a fléchi, n'a pas la solidité nécessaire. Cependant, chez beaucoup de femelles, cette dépression, qu'on nomme *ensellure*, se produit avec l'âge, par suite du fardeau des gestations, sans que l'organisation soit défectueuse.

Le dos voûté, tel qu'on le voit souvent chez les mulets, dénote beaucoup de force pour porter, et peut s'accorder avec une excellente constitution, mais il est disgracieux; aussi établit-on, en général, que le dos le mieux fait suit une ligne droite ou peu ondulée.

Une large poitrine indique un développement considérable des poumons, du cœur et du foie [1]; par conséquent, une respiration puissante, une abondante formation des fluides digestifs. Au contraire, un thorax étroit dénote une faible dimension des organes principaux et constitue un vice capital.

Pour que les autres viscères soient à l'aise, il faut que les côtes, bien arrondies, forment un dos très-large, un corps cylindrique; ce dont on juge en se plaçant au-dessus de l'animal, soit en avant, soit en arrière, et en faisant plonger la vue sur lui. Toutes les fois que les côtes sont aplaties et resserrées, les organes intérieurs se trouvent gênés, remplissent imparfaitement leurs fonctions, et la nourriture profite peu. Lorsque les entrailles, refoulées vers le bas du corps, distendent la peau du ventre outre mesure, l'organisation est plus défectueuse encore.

Le flanc doit être court, et les vertèbres des reins, très-larges. Comme elles forment le seul soutien osseux de cette partie, le corps manque de solidité, si elles sont longues et étroites. Les animaux qui ont ce défaut, et qu'on appelle *efflanqués*, ont souvent beaucoup de souplesse et d'agilité, mais ils s'épuisent vite et restent d'ordinaire en mauvais état.

La largeur de la croupe et des hanches, déterminée par la forme et par l'écartement des coxaux, se joint, dans tout animal bien constitué, à celle du dos et des reins. Elle est d'autant plus nécessaire chez les femelles que le fœtus commence à se développer entre les coxaux et qu'il les traverse au moment du part. Parfois, des hanches resserrées rendent la délivrance impossible.

Le quadrupède, vu de profil, doit présenter une grande longueur d'omoplate et de coxal, c'est-à-dire, d'épaule et de croupe. En effet, comme les principaux muscles de la locomotion s'attachent à ces parties, plus elles sont étendues, plus l'animal a de force; et, s'il est destiné à la boucherie, plus il donne de viande.

Les os des bras et les fémurs doivent être de même très-étendus.

Lorsque toutes ces conditions sont remplies, la croupe et le thorax sont larges et élevés. Quant à la portion inférieure des membres, il convient qu'elle soit courte relativement à la hauteur du tronc; autrement, elle serait faible, ainsi qu'il est facile de le concevoir, si nous la comparons à tout autre support. Il ne peut même y avoir d'excès dans la petite dimension des jambes, chez les animaux destinés à vivre à l'étable ou dans des enclos; mais s'ils doivent marcher beaucoup, leurs extrémités ne doivent pas être par trop courtes, parce que de très-petits pas rendent la locomotion fatigante. Pour apprécier ce point d'une manière exacte, il faut tenir compte de l'âge du sujet. Plus il est jeune, plus ses jambes ont de hauteur relative. Ne semble-t-il pas que la Providence ait voulu, pour le premier temps de la vie, lui donner une agilité particulière qui lui permît d'éviter, par une fuite rapide, le péril auquel l'absence de moyens de défense pourrait l'exposer?

Comparativement aux canons, les avant-bras et les tibias doivent être eux-mêmes longs et chargés de muscles très-saillants. Les genoux d'un animal bien conformé sont à moitié environ de la longueur des membres antérieurs, depuis le sol jusqu'à l'extrémité supérieure des avant-bras, et les jarrets se trouvent un peu au-dessus des genoux. Lorsque ces articulations sont sensiblement plus élevées, le sujet, qu'on dit *long-jointé*, manque de solidité.

Une grande faiblesse peut résulter en outre d'un excès de longueur des paturons, partie flexible destinée à empêcher l'animal de ressentir une secousse violente lorsqu'il s'appuie sur les pieds. Au lieu d'être trop allongés, les paturons, au contraire, sont-ils trop courts; ils ne remplissent leurs fonctions qu'imparfaitement. Dans ce cas, l'animal qui marche *dur* ou *droit sur les pieds*, se fatigue à chaque mouvement dans les articulations supérieures. Des paturons bien conformés forment avec la ligne horizontale un angle de 45 degrés.

Les membres antérieurs, vus de face, soit en mouvement, soit au repos, devraient cacher presqu'exactement les colonnes postérieures. De plus, si nous examinons l'animal de face ou par derrière, une perpendiculaire partant de l'articulation des omoplates avec les bras ou de celle des coxaux avec les cuisses devrait traverser toutes les articulations du membre et aboutir au milieu du pied. Mais une telle précision est rare chez les quadrupèdes domestiques, qui sont presque tous plus ou moins *cagneux* ou *panards* (*cagneux*, jambe en dedans; *panard*, pied en dehors), parce que dans le jeune âge, peu d'entre eux prennent l'exercice continu nécessaire à un développement parfait. Sans s'attacher à une perfection idéale,

1. Quoique situé dans la cavité abdominale, le foie, qui n'est séparé des poumons que par le diaphragme, se trouve réellement logé dans la partie antérieure du tronc.

il convient de rechercher seulement la conformation la plus voisine de celle que nous venons d'indiquer.

Vus de profil, les membres suivent des lignes brisées, dont l'ensemble devrait aussi se trouver d'aplomb, de sorte qu'une verticale, partant du milieu du pied, partageât en deux parties égales les pièces supérieures de chaque colonne, c'est-à-dire, les omoplates pour les membres antérieurs, et les coxaux pour les membres postérieurs. Des genoux courbes, des jarrets très-anguleux font dévier les membres de ces lignes importantes, et constituent des défauts graves pour des bêtes de somme ou de trait.

L'animal destiné à tirer par un joug fixé soit à la tête, soit au col, doit avoir l'encolure courte, large et forte. Dans tout autre cas, il convient que la tête et le col présentent peu de volume, afin que les jambes de devant se trouvent moins chargées, et que, si l'animal est destiné à la boucherie, il porte une faible proportion de la viande médiocre dont ces parties sont couvertes. Le front doit cependant être large et élevé; car ce caractère indique le développement du cerveau et par suite une excellente organisation du système nerveux. Dans la tête, il faut rechercher encore des oreilles et des lèvres fermes, un œil vif, des mâchoires sèches, sans engorgement sur aucun point, des naseaux très-ouverts, exempts de suintements épais, et permettant ainsi cette respiration forte que les Arabes appellent une abondante boisson d'air.

Les cornes ne sont utiles qu'aux bœufs et aux vaches attelés au joug. Ce cas excepté, comme elles augmentent inutilement le volume de la tête et qu'elles sont dangereuses, il convient de préférer aux variétés armées de cornes celles qui n'en portent pas ou qui n'en ont que de petites.

Les muscles doivent être très-développés — chez l'animal de boucherie, parce que sa valeur dépend de l'abondance de sa chair; — chez le sujet destiné à travailler, parce que sa force est relative à la puissance de ces cordes élastiques qui mettent en mouvement toutes les parties du corps. La constitution du lièvre, du cerf et du chevreuil ne prouve-t-elle pas que l'animal même le plus léger doit porter beaucoup de chair? Du reste, les muscles doivent différer de nature, suivant la destination du sujet: ceux du meilleur animal de boucherie contiennent abondance de tissu cellulaire destiné à loger la graisse; par suite, ils sont mous, et à la vue, on ne les distingue pas facilement sous la peau. Au contraire, composés de fibres serrées, ceux d'un sujet vigoureux sont fermes au toucher et se dessinent nettement à la croupe, au poitrail, aux jambes, sur les reins. Chez les femelles, comme le sang qui se change en lait manque à la nutrition des chairs, des muscles peu prononcés et par conséquent des os faiblement couverts et à pointes saillantes annoncent souvent la richesse des sources mammaires. Les chèvres présentent le type de cette constitution spéciale.

La graisse se loge non-seulement entre les fibres musculaires, mais encore dans les cavités intérieures du corps et autour des intestins. De plus, elle forme sous la peau des pelotes, appelées *maniements*, qu'il est facile de sentir à la main et par la grosseur desquelles on juge si l'animal est en bon ou en mauvais état. Les bouchers en distinguent plusieurs. Ceux qu'il importe le plus au cultivateur de savoir apprécier sont : l'un à la pointe postérieure du coxal, près de la naissance de la queue; l'autre sous la portion de peau qui pend en dessous du flanc, depuis la cuisse jusqu'au ventre. Le premier indique surtout l'état de graisse extérieure; le second, le degré d'engraissement interne. On palpe celui-ci, en soulevant la peau avec la main; celui-là, en la pinçant entre le pouce et les autres doigts.

Un fort développement des muscles est accompagné d'une saillie prononcée des crêtes osseuses qui leur servent de point d'attache. N'en concluons point que les os, dans leur ensemble, doivent être gros; au contraire, plus ils sont fins, plus la substance en est dure et solide. Quant aux articulations, elles ne peuvent être trop sèches, se dessiner trop nettement, présenter en saillie trop forte leurs parties proéminentes, surtout celles qui doivent jouer le rôle de levier; telle est, par exemple, la pointe postérieure du jarret. Tout engorgement ou mollesse de ces parties annonce un mauvais tempérament ou un état maladif. Il en est de même d'une peau sans souplesse, difficile à pincer sur les côtes et sur le dos. Quant à l'épaisseur de ce tégument, elle varie suivant les races : la peau de celles qui vivent en plein air est épaisse et souvent couverte d'un poil long, rude, abondant; au contraire, les bêtes fréquemment abritées ont en général un cuir mince, un poil fin et rare. La finesse de la peau et celle du poil indiquent ainsi les qualités que la vie la plus éloignée de l'état sauvage tend à développer : disposition à engraisser ou à produire beaucoup de lait; mais elle dénote en même temps une certaine délicatesse de complexion, tandis que l'épaisseur de la peau et la rudesse des poils sont des signes de rusticité. En tous cas, la robe doit être homogène et comme lustrée. Le poil hérissé est un signe de souffrance ou de maladie.

Pour la couleur, les animaux domestiques varient beaucoup. Chaque race a sa robe qu'il faut rechercher comme étiquette des sujets d'origine pure.

Les muqueuses de la bouche et de l'œil indiquent l'état du sang : — pâles et blafardes, ce fluide est pauvre et aqueux ; — colorées d'un rouge vif, le sang est épais et manque de fluidité. Le rose est la teinte normale de ces téguments.

L'énergie des mouvements, l'activité à manger, la prompte guérison des blessures sont aussi des signes favorables, tandis que la mollesse des membres, un appétit médiocre, la persistance des plaies indiquent ou maladie ou faiblesse de constitution.

On appelle *tempérament* l'état général du sujet, et on le définit par une épithète tirée de la partie de l'organisme qui semble la plus développée chez lui.

Tempérament *sanguin* : — veines très-fortes, sang abondant, battement des artères fort et fréquent.

Tempérament *lymphatique* : — sueurs abondantes, mollesse des muscles, disposition à engraisser.

Tempérament *nerveux* : — naturel irritable, beaucoup de vivacité dans les mouvements, maigreur habituelle.

Ce dernier tempérament, lorsqu'il est très-caractérisé, constitue toujours un défaut.

Relativement à la taille, voici d'importantes considérations :

Dans une même espèce, les sujets des petites races sont plus faciles à nourrir que ceux des grandes. Ils sont pour la plupart mieux conformés, par conséquent plus actifs, moins délicats, plus résistants à la fatigue. A la boucherie, ils donnent moins de déchets et une chair meilleure. Ils pétrissent moins les pâturages humides. Sur les foires, ils trouvent plus d'acheteurs. En cas d'accidents, ils occasionnent des pertes moins sensibles.

Quant aux animaux de grandes races, ils utilisent mieux les excellents fourrages et les riches pâtures. Comme bêtes de trait, ils exécutent les travaux à meilleur compte, parce que, moins nombreux pour vaincre une résistance donnée, ils tirent avec plus d'ensemble et sont plus faciles à bien diriger.

Certaines races atteignent leur maximum de croissance avec une rapidité remarquable. D'autres sont très-lentes à se développer. Ce sont toujours les sujets des variétés précoces qui exigent, dans le jeune âge, la meilleure nourriture et le plus de soins.

Pour les espèces destinées à plusieurs services, il importe de distinguer à quel degré certaines qualités différentes peuvent se combiner ensemble, quelles sont au contraire les aptitudes incompatibles. Voici à cet égard quelques principes incontestables :

Une grande aptitude pour le travail n'est jamais combinée avec des facultés laitières très-prononcées, ni avec l'aptitude à une croissance très-rapide ou à un engraissement très-précoce.

L'aptitude à l'engraissement dans l'âge adulte peut s'accorder avec l'aptitude pour le travail et, chez les femelles, avec des facultés laitières d'un certain ordre. Toutefois, l'animal ne s'engraisse facilement que lorsqu'il cesse de travailler ou de donner du lait.

Une grande fécondité est incompatible avec l'aptitude la plus prononcée à l'engraissement précoce.

Beaucoup de force de trait ne peut s'accorder avec la légèreté et l'aptitude aux courses rapides.

Aux caractères physiques, les animaux joignent des qualités intellectuelles, je dirai même morales, qu'il importe d'apprécier. L'intelligence et la douceur sont particulièrement précieuses pour les espèces que nous dressons à un service quelconque. De terribles accidents prouvent trop souvent combien la méchanceté et la poltronnerie sont dangereuses.

CHAPITRE VI

PERFECTIONNEMENT DU BÉTAIL.

« Comme des bonnes semences et plantes procèdent les bons bleds et fruits, ainsi de l'élection du bétail dépend le gain de sa nourriture. »

OLIVIER DE SERRES.

« Nourriture passe nature. »

(*Ancien proverbe.*)

Nous avons admiré l'art par lequel on tire de quelques espèces végétales une foule de variétés utiles. A l'égard des animaux, Dieu permet également de diriger les forces créatrices. Faisons-le avec intelligence : bientôt nous parvenons à modeler la structure du bétail, comme le statuaire pétrit l'argile ; les défauts se corrigent ; de nouvelles qualités apparaissent, et les animaux de nos fermes rendent des services inespérés. En Angleterre, chevaux, vaches, brebis, porcs, volailles, jusqu'aux chiens et aux chats, ont été transformés par des éleveurs habiles. L'un des plus célèbres du siècle dernier, Bakewel, a reçu à plusieurs reprises les encouragements du parlement. Imitons la persévérance de nos voisins; nos races, naturellement très-remarquables, pourront rivaliser un jour avec celles de tout l'univers.

L'art d'améliorer les animaux repose sur trois principes : 1° Les père et mère transmettent à leurs enfants le germe de leur constitution. 2° Ils transmettent à la fois le germe de la constitution de leurs aïeux. 3° Le jeune sujet peut, par l'effet de l'éducation et du régime, prendre une nature différente de celle dont il possédait en naissant le principe originel.

On a donc deux moyens de modifier les races :

1° *Le régime et l'éducation*,

2° *Le choix judicieux des reproducteurs.*

Le premier moyen donne des résultats assurés : prenez de jeunes sujets de petite variété; nourrissez-les mieux que ne l'ont été leurs pères; ils acquerront certainement plus de taille et d'ampleur. C'est ainsi que les poulains des bruyères de l'Ardenne belge deviennent en Champagne beaucoup plus forts que leurs parents. Les gras pâturages de Normandie transforment de même tous les jeunes animaux qu'on y conduit de la Bretagne, du Maine et d'autres pays pauvres. L'amélioration du régime a surtout pour effet d'élargir le poitrail, de grossir les muscles, de fortifier le corps proportionnellement à la tête et aux extrémités. Elle prévient aussi les déviations de la colonne vertébrale. En effet, la principale cause de l'ensellure est une nourriture abondante et de qualité médiocre, laquelle grossit les intestins et donne au ventre un poids trop considérable. Si les sujets issus d'animaux améliorés par le régime reçoivent, comme leurs pères, abondance de bons aliments, ils s'éloignent encore davantage du type primitif. Du reste, on n'obtient jamais une augmentation de taille très-prononcée, si les fourrages, recueillis sur un sol non carbonaté, ne contiennent pas la chaux nécessaire à la nutrition d'une forte charpente osseuse. C'est ce qui explique la petitesse persistante des races dans les pays privés de calcaire, tels que les parties pauvres de la Bretagne, la Sologne, l'Ardenne belge. Pour faire grandir leur bétail, les habitants de ces contrées doivent commencer par marner ou par chauler leurs champs.

D'autre part, l'éducation a ses effets certains. Ainsi, tandis qu'un travail prématuré et excessif altère les aplombs et amincit le corps, un exercice modéré fortifie les membres et grossit les muscles. Les bons traitements développent l'intelligence; la brutalité l'éteint ou rend le sujet vicieux.

Envoyez de jeunes animaux parcourir des lieux montagneux; ils auront les reins larges, les membres courts, un sang vif et pur, des articulations sèches, un sabot solide; le séjour dans les marécages leur fera prendre une constitution opposée.

Par rapport au choix des reproducteurs, trois systèmes se présentent à nous :

1° Perfectionner la race par elle-même, c'est-à-dire allier ensemble les meilleurs sujets qu'elle présente, sans recourir à aucun reproducteur étranger.

2° Croiser avec des reproducteurs d'une autre variété la race que l'on veut améliorer.

3° Supprimer les reproducteurs indigènes et les remplacer par des animaux étrangers.

Pour celui qui veut perfectionner une race par elle-même, le point capital est de choisir entre mille les sujets qui possèdent le germe des qualités désirées. On sait l'histoire d'un célèbre étalon qu'un anglais acheta à vil prix à un porteur d'eau de Paris, et duquel descend l'une des plus célèbres familles de chevaux pur-sang. Charles Colling remarque l'état de graisse permanent d'une vache qu'une pauvre femme faisait pâturer. Il se procure son veau, et celui-ci devient la souche des *durham*, cette race de boucherie si remarquable. Un marquaire anglais achète deux vaches dont il connaissait la valeur exceptionnelle, et elles donnent naissance aux *héréford*, presque aussi précieux que les durham.

On a conseillé d'unir un mâle très-remarquable avec sa fille, sa petite-fille, et ainsi de suite. Il transmet ainsi ses qualités comme père et comme aïeul. Par les alliances entre frère et sœur, on fortifie de même les améliorations acquises dans une famille. Mais ce moyen, si l'on en abuse, appauvrit le sang, affaiblit l'espèce et prédispose à l'infécondité. Aussi, ne convient-il de l'employer que si l'on cherche à perfectionner l'aptitude à l'engraissement précoce; dans ce cas même, il faut le considérer comme exceptionnel. En règle générale, n'allions ensemble que des reproducteurs de familles éloignées.

Lorsque, sans recourir à un sang étranger, on améliore par elle-même la race du pays, les sujets distingués qu'on parvient à obtenir, se trouvent toujours bien acclimatés, et leurs qualités sont d'autant plus solides que le principe de ces qualités, qui appartenait à un type ancien, n'a été altéré par aucun mélange de sang. Aussi, doit-on achever de cette manière le perfectionnement de toute race qui se rapproche déjà beaucoup de l'idéal désiré. Mais pour la transformation d'animaux très-imparfaits, le mieux est de recourir au croisement.

Ce second moyen exige beaucoup de prudence. D'abord, il faut bien choisir la variété qui doit servir de type améliorateur. Relativement aux formes, les qualités de ce type doivent faire opposition avec les défauts de la race qu'on veut modifier. Une jument, par exemple, à poitrail défectueux, sera alliée avec un cheval remarquable par la beauté de cette portion du corps. Cependant il ne faut pas une différence de conformation trop générale. Autrement, le produit présenterait un mélange décousu des caractères paternels et maternels. C'est ainsi que l'union des juments de gros trait avec les étalons anglais de pur-sang a souvent donné naissance à des chevaux de peu de valeur.

Quelques auteurs ne veulent pas que, pour augmenter la taille, on unisse des femelles d'une petite variété avec des mâles de race plus élevée. D'autres, et nous partageons leur avis, admettent ce croisement à deux conditions: 1° que les produits reçoivent une nourriture en rapport avec la taille qu'on veut leur donner; 2° que la disproportion des deux races ne soit pas extrême.

La première de ces conditions est de rigueur absolue; car il en est d'un jeune animal destiné par son origine à atteindre une forte taille, mais privé des aliments qui peuvent l'y amener, comme de tabac, de houblon, de choux qu'on planterait dans un terrain pauvre. Adulte, non-seulement cet animal ne grandit pas comme on l'espérait, mais encore il présente presque toujours des formes défectueuses, notamment une tête trop grosse et des extrémités trop longues. Cette disproportion existe bien sur tout animal au moment de sa naissance, mais elle disparaît chez ceux qui sont bien nourris, et même, grâce à un régime très-succulent, l'inverse se produit; c'est-à-dire, le tronc se développe proportionnellement plus que les extrémités, de sorte que, à l'âge adulte, celles-ci se trouvent petites, relativement au volume de l'animal.

Passons à la seconde condition: si le mâle est d'une race beaucoup plus grande que la femelle, l'accouplement n'est pas toujours exempt de danger pour cette dernière, et de plus le fœtus, qui n'a dans le corps de la mère ni assez de place ni assez d'aliments, se trouve dans la situation défavorable de tout animal mal entretenu et mal logé. Quant à la mère, elle s'épuise à le nourrir, et le part est quelquefois très-difficile.

Pour perfectionner le bétail par croisement, on prend ordinairement le mâle dans la race améliorée et les femelles dans la race indigène. Si on voulait obtenir le progrès par un système inverse, on comprend qu'il faudrait beaucoup plus de temps et de dépense. Ajoutons que l'animal, issu de père et mère de variétés différentes, tient en général autant du père que de la mère. On a dit souvent qu'il ressemble au père pour la robe, la tête, les parties antérieures, le caractère, l'ensemble des aptitudes; à la mère, pour les parties postérieures et pour la taille. Mais il est plus probable, comme le croit M. Magne, que le sujet participe surtout aux caractères du plus vigoureux des reproducteurs ou de celui dont la race est la plus ancienne, c'est-à-dire, qui descend d'une plus longue série d'aïeux semblables à lui.

Cette influence des aïeux est telle qu'un étalon médiocre, mais d'une famille pourvue de hautes qualités, engendre souvent des sujets précieux, ressemblant à sa famille plus qu'à lui-même. D'un autre côté, un animal remarquable, provenant de l'alliance d'un père de race distinguée avec une mère commune, reproduit fréquemment dans ses enfants non point ses qualités, mais les défauts de sa mère. De là, l'opinion émise par d'excellents éleveurs, que, fussent-ils bien conformés, des mâles issus de tels croisements ne doivent pas, en général, servir à la reproduction. Quant aux femelles d'origine analogue, on peut les allier avec un mâle de race améliorée. Leurs filles ressembleront plus qu'elles-mêmes au type améliorateur, et, croisées avec lui, elles donneront des produits qui en auront presque tous les caractères. Ceux-ci, alliés ensemble, pourront cependant mettre au jour des sujets qui se rapprocheront de l'ancienne race non améliorée; car ils en conservent encore le sang, et, comme le disent les anglais, *le sang ne se perd jamais.* Ce n'est qu'après huit générations que l'influence des aïeux éloignés, dont la variété nouvelle tire son origine, est assez affaiblie pour que les produits soient réguliers. En France, comme si certains préjugés antinobiliaires se fussent étendus jusque sur les animaux, on ne tient pas assez à l'excellente origine des reproducteurs. Quant aux Anglais, ils y attachent tant d'importance, qu'ils ont des registres généalogiques parfaitement en règle pour leurs meilleures familles de bestiaux.

Si la *constance*, c'est-à-dire la tendance à perpétuer ses caractères, est une qualité précieuse chez un sujet distingué, elle met obstacle au progrès des races défectueuses, en perpétuant les défauts de reproducteurs imparfaits. Dans ce cas, il faut chercher à l'affaiblir. Un habile agriculteur, M. Malingié, voulait créer, par l'alliance de brebis françaises avec les béliers anglais new-kent, une variété tenant de ces derniers pour l'aptitude à l'engraissement, et des races indigènes pour la rusticité et la résistance aux chaleurs. Mais s'il croisait des béliers new-kent avec des brebis de l'une de ces races, les produits n'avaient pas, à un degré assez prononcé, les qualités de la variété anglaise. S'il alliait ensuite avec les béliers new-kent les brebis issues de ce croisement, il obtenait des animaux qu'une trop grande abondance de sang anglais rendait délicats. Pour éviter ces deux écueils, M. Malingié croisa entre elles plusieurs races françaises, et il obtint ainsi des brebis qui, à cause de leur origine mêlée, n'avaient plus de *constance*. Elles furent alliées aux béliers new-kent, dont le sang agit alors avec une force suffisante, et les produits de ce premier croisement présentèrent les qualités désirées.

Lorsque l'on veut créer une variété nouvelle par la fusion de deux ou de plusieurs races, ce n'est pas une petite difficulté que de proportionner exactement les doses de sangs divers qu'il faut combiner. Suivant le besoin qu'une juste appréciation fait apercevoir, on doit employer tantôt les mâles d'une race, tantôt ceux de l'autre, quelquefois des étalons métis. Au lieu de combattre d'un seul coup tous les défauts, on les attaque successivement, en opposant à une imperfection de l'un des reproducteurs une qualité correspondante de l'autre.

Quelques personnes attribuent au premier accouplement d'une femelle une certaine influence sur le produit des alliances ultérieures. Ainsi, une jument qui, croisée avec l'âne, aurait donné naissance à un mulet, mettrait ensuite au jour, unie avec un étalon de son espèce, des poulains ressemblants au sujet bâtard issu de sa première union.

S'il est difficile de former une race améliorée, la conserver sans altération n'est pas non plus une faible tâche. Parfois les défauts qu'on croyait effacés reparaissent, et de nouvelles imperfections se manifestent. Le plus souvent, sur un certain nombre d'élèves, très-peu réunissent l'ensemble des qualités voulues. Lorsque le choix des reproducteurs se fait au milieu de beaucoup d'individus, on a d'autant plus de chance de réussir. La conservation des races distinguées appartient donc aux riches propriétaires et à l'État. La plupart des cultivateurs louent ou achètent les reproducteurs mâles issus de ces troupeaux d'élite, et en les alliant avec les femelles de leurs étables, ils obtiennent d'excellents produits, sans trop dépenser.

A cet égard, plusieurs princes et souverains ont bien compris l'importance de leurs devoirs. Ainsi, on a vu prendre part à nos expositions universelles le prince Albert et la reine Victoria, les rois de Prusse, de Wurtemberg, de Hollande, de Belgique, de Saxe, l'empereur d'Autriche, plusieurs princes allemands, S. A. I. la princesse Bacciochi. Le gouvernement français entretient plusieurs établissements destinés à la conservation des races améliorées, notamment la célèbre bergerie de Rambouillet. De plus, il distribue chaque année des primes aux meilleurs éleveurs dans plusieurs concours régionaux. Ce système excite puissamment l'émulation et a déjà amené d'heureux résultats.

Si l'on ne possède que des races très-imparfaites, il convient souvent de les remplacer par une variété étrangère, plutôt que de chercher à les améliorer par croisement. Mais ces importations ne réussissent pas si l'on ne procure aux sujets introduits une nourriture égale en qualité et en abondance à celle qu'ils recevaient dans leur pays. Il ne faut pas non plus les soumettre à un genre de vie trop différent de celui auquel ils ont été accoutumés. Ainsi, des bêtes habituées à paître dans des enclos se trouvent excédées de fatigue, si on les oblige à parcourir des lieux abruptes ou éloignés. D'autres, qui restaient toujours à l'étable, ne peuvent se faire au pâturage. D'autres enfin, qui vivaient en plein air, dépérissent par suite d'une longue stabulation.

Relativement au changement de température, on a cru remarquer que les races de contrées chaudes s'acclimatent mieux en pays plus froid que le contraire n'a lieu ; que dès lors il convient de transporter le bétail plutôt du midi au nord que du nord au midi. Cette règle ne nous paraît avoir rien d'absolu.

CHAPITRE VII

ÉLÈVE; SOINS GÉNÉRAUX.

« Ce qu'animal prend en jeunesse
Il le continue en vieillesse. »
(*Ancien proverbe.*)

Mieux les jeunes sujets sont nourris, plus vite ils ont la faculté d'engendrer. Avant d'employer les femelles à la reproduction, il faut que leur corps, déjà fortement développé, offre à l'embryon une place et une nourriture suffisantes. D'un autre côté, si l'on tarde trop à satisfaire au désir de la maternité, les femelles dépérissent à force de se tourmenter, ou elles prennent une obésité qui les prédispose à devenir stériles. L'exercice est très-favorable à leur fécondité, et une certaine fatigue avant l'accouplement facilite la conception.

Pendant leur première gestation, elles doivent être nourries avec une abondance particulière, et lorsqu'elles ont mis bas leur premier-né, il faut se garder de les laisser s'épuiser par un long allaitement, afin que leur croissance puisse continuer. Arrivées à l'âge où la maigreur devient habituelle, parce que les organes fatigués ne fonctionnent plus avec énergie, elles ne doivent plus servir à la reproduction.

Si l'on veut obtenir des animaux durs à la fatigue, des étalons adultes doivent être seuls employés. Dans tout autre cas, on peut, avec de l'excellente nourriture et des ménagements, se servir des mâles aussitôt qu'ils ont la faculté d'engendrer, c'est-à-dire, longtemps avant qu'ils n'aient pris tout leur développement. Les sujets que l'on obtient ainsi ont une disposition particulière à la rapidité de croissance, à la précocité d'engraissement, aux facultés laitières prononcées. Quant à la vieillesse du père, elle est contraire à la vigueur et à la qualité des produits. Il en est de même de son épuisement, si on l'a mal nourri ou fatigué par un service trop fort. Dans ce cas, beaucoup des femelles avec lesquelles on l'unit ne sont même pas fécondées. D'un autre côté, des aliments trop abondants pourraient le rendre stérile par excès d'embonpoint, ou intraitable par exubérance de facultés reproductrices. Les mâles qu'on fait travailler perdent promptement cette plénitude, et un exercice modéré est très-favorable à leur fécondité.

En France, le service des étalons est généralement trop peu payé, de sorte que, pour en tirer profit, on les unit à trois ou quatre fois plus de femelles qu'il ne faudrait.

Souvent, la pauvreté des races vient en outre du peu de soins donnés aux élèves. Rappelons qu'à moins d'appartenir aux variétés les plus rustiques, ils doivent être préservés du froid vif, du soleil ardent, des pluies battantes, et qu'ils exigent une nourriture très-substantielle. Négligés sur ce dernier point, les animaux des variétés précoces perdent complétement les qualités de leurs races, et souvent même ils deviennent inférieurs à des sujets d'origine commune.

Si une fatigue excessive nuit aux élèves, beaucoup de mouvement leur est cependant très-salutaire. Faute d'exercice, les membres perdent leurs aplombs, les articulations se roidissent, les principaux muscles restent grêles ; défauts irréparables qui se transmettent ensuite par hérédité. Le mouvement est particulièrement indispensable aux sujets destinés à travailler. Pour le leur procurer, le mieux est de les enfermer dans des enclos où ils jouent en liberté.

S'ils reçoivent les soins et les aliments convenables, les élèves augmentent d'autant plus vite en pesanteur qu'ils sont plus jeunes. D'après les expériences de M. Boussingault, le veau d'une vache du poids de 4 à 500 kilo., gagne par jour, pendant l'allaitement, 1,130 grammes; puis en moyenne, jusqu'à trois ans, 720 grammes, et passé trois ans, 100 grammes seulement. Chez M. de Béhague, l'un des agronomes les plus distingués du centre de la France, de jeunes animaux se sont accrus, la première année, de 800 grammes par jour; la seconde, de 600 grammes, et la troisième, de 500 grammes.

Comme la consommation augmente en même temps que la croissance diminue, on doit en conclure que plus l'animal est jeune, plus il procure de bénéfice. D'où vient donc que souvent, à l'âge d'un an, un sujet a moins de valeur qu'au moment du sevrage? C'est qu'on ne lui a donné des aliments ni assez nutritifs, ni assez variés. Son estomac encore délicat a souffert, et la nourriture ne commencera à lui profiter que lorsque l'appareil digestif se sera endurci. L'époque du sevrage exige surtout beaucoup de soins. Tandis que les jeunes animaux tettent encore, il faut les habituer à manger des aliments de choix, qu'on peut leur distribuer près du lieu où se trouvent leurs mères, dans un compartiment disposé de telle sorte qu'ils y entrent seuls. Lorsqu'ils se nourrissent déjà bien à l'aide de ce supplément, on les tient souvent séparés de leurs mères, et l'on substitue peu à peu au lait dont ils sont privés, des boissons tièdes et mêlées de farine. Quant aux femelles, si on veut les faire tarir, on diminue leur ration, et on les trait de temps en temps, afin de prévenir l'engorgement du pis. Lorsque cet accident se produit, on applique aux mamelles de la graisse ou des cataplasmes émollients.

Par la *castration* on condamne les mâles à la stérilité. C'est ainsi que le taureau devient *bœuf;* le bélier, *mouton;* le cheval entier, *cheval hongre*. L'animal opéré perd de sa force et de son énergie ; mais il gagne en douceur et en docilité, en aptitude à l'engraissement. Il prend plus de taille et une chair meilleure. Enfin il se rapproche des femelles pour la physionomie, le son de la voix, la nuance de la robe. Cette transformation est d'autant plus prononcée que l'opération a lieu plus tôt. On doit l'effectuer peu de temps après la naissance, si l'on veut former les meilleurs animaux de boucherie; plus tard, si l'on désire se procurer de vigoureux travailleurs. Ajoutons que c'est dans le premier âge qu'elle cause le moins de souffrance. Faite avec habileté et par un temps qui ne soit ni très-chaud ni très-rigoureux, elle est rarement dangereuse. Parmi les divers moyens employés, voici le procédé que, d'après un habile vétérinaire, M. Dillon, nous considérons comme le meilleur :

Après avoir fait à la bourse une large incision et tiré en dehors une des deux glandes, on établit au moyen d'une pince pendant une minute sur le cordon, à trois ou quatre centimètres de la glande, une compression assez forte pour que, la glande et la portion libre du cordon étant tordus, cette torsion ne puisse s'étendre sur toute la longueur du cordon. Alors, on détache la glande par torsion, en lui faisant faire le nombre de tours nécessaires, douze ou quinze; puis on fait cesser la compression ; aucune hémorragie ne se produit. L'autre glande est enlevée de même. Les jours suivants, on graisse avec de l'onguent *populéum* la plaie, qui ne tarde pas à se cicatriser.

Par la destruction des ovaires, les femelles peuvent être également privées des facultés reproductrices ; ce qui rend leur chair meilleure et augmente leur aptitude à l'engraissement. Mais plus difficile que la castration des mâles, cette seconde opération n'est généralement usitée que sur l'espèce porcine, et doit toujours être faite par des hommes exercés.

CHAPITRE VIII

ESPÈCE BOVINE; YACK, BUFFLE, BŒUF COMMUN, CARACTÈRES DU BŒUF COMMUN, AGE, CROISSANCE, POIDS, TAILLE, DIMENSIONS, FACULTÉS LAITIÈRES, APTITUDE AU TRAVAIL, RENDEMENT A LA BOUCHERIE.

« L'abondance des moissons est dans la force du bœuf. »
(*Proverbes*, ch. IV, v. 4.)

Sans parler du *bison* d'Europe (*wisent*) qui peuplait autrefois les forêts de la Germanie, qu'on trouve encore sauvage en Pologne et qui n'a jamais rendu aucun service à l'agriculture, il existe trois espèces de bœufs qui nous intéressent : le *yack*, le *buffle* et le *bœuf* proprement dit.

Originaire des montagnes de la haute Asie, le *yack* a été dernièrement introduit en France pour la première fois, grâce à la sollicitude de M. de Montigny, consul de France en Chine. De la taille de nos plus petits bœufs, il donne une chair et un lait de bonne qualité, et de plus une sorte de laine qui se trouve mêlée avec le long poil gris dont son corps est couvert. Docile, d'allures plus vives que le bœuf commun, et fort pour porter comme pour traîner, le yack est un des animaux les plus utiles de la Tartarie. Peut-être fera-t-il un jour, dans nos montagnes, le service des mulets.

Le *buffle* dépasse en taille tous les autres bœufs. Il a des cornes noires, anguleuses, souvent couchées en arrière, un cuir très-épais, des poils longs et d'un brun foncé, une chair dure et de qualité médiocre, un naturel farouche, susceptible cependant d'être parfaitement dompté, beaucoup de force et d'aptitude pour le travail. Cet animal, qui provient des marais de l'Afrique et de l'Inde, fut introduit en Europe par les Huns dans les premiers siècles de l'ère chrétienne. Au VIIe siècle, il se multiplia en Italie. Les herbes les plus grossières lui suffisent ; mais comme la chaleur et le bain fréquent lui sont nécessaires, il ne serait possible de l'élever et de l'entretenir en France que dans les parties les plus chaudes du midi.

Le *bœuf* proprement dit existait jadis en Europe à l'état sauvage. Dans quelques parcs d'Angleterre, on conserve encore des sujets de cette espèce primitive. Ils sont petits et couverts de longs poils blancs. Les vaches et les taureaux apportés par les Espagnols en Amérique sont eux-mêmes devenus sauvages. Au Paraguay et à la Plata, on en voit d'innombrables troupeaux.

Cet animal a la gloire d'être le premier qui ait traîné la charrue. Depuis, il est resté le fidèle ami du cultivateur. Il accepte le joug instinctivement, s'attache à son compagnon de fatigue, le lèche et se met souvent près de lui à la pâture, comme il s'y trouve à la charrue; il s'attache également au laboureur, entend ses chants avec plaisir, comprend sa voix et ne devient indocile que lorsqu'il se trouve avec un nouveau compagnon ou un nouveau maître. Si celui-ci le maltraite, le malheureux animal se couche, et, martyr de ses premières affections, il supporte toute espèce de mauvais traitements, plutôt que de se lever et d'obéir.

Une folle reconnaissance lui a fait souvent décerner les honneurs divins. Qui ne connaît le bœuf Apis et l'impie adoration du veau d'or! Dans l'Inde un culte analogue existe encore.

Triplement précieuse, puisque, indépendamment de son travail, elle nous donne de la viande et du lait, cette espèce appartient à la famille des herbivores ruminants, à pied fourchu. Les aliments que les bœufs et les vaches ont avalés, reviennent dans la bouche, pour y être mâchés une seconde fois. Au pâturage, ils saisissent l'herbe avec leur langue hérissée de pointes; puis, ils la coupent avec les dents incisives dont leur mâchoire inférieure seule se trouve garnie.

Courtes et minces au premier temps de la vie, ces dents, au nombre de huit, sont successivement remplacées par de plus fortes. Chaque année, à partir de l'âge de dix-huit mois, il en tombe deux, et il en repousse deux nouvelles. Les premières qui tombent sont celles du milieu, et les dernières sont celles des coins. A cinq ans, la bouche est *faite.*

Les bœufs de la race écossaise d'*angus* et de quelques autres ont la tête sans défense. Mais en général l'espèce bovine porte des cornes de longueur, de forme et de couleur variables. Dans chaque race, les taureaux les ont plus grosses, moins longues et moins contournées que les bœufs et les vaches. Les cornes grandissent constamment, et à partir de l'âge de trois ans il se forme, chaque année, à leur base, un bourrelet apparent. Ce signe, joint à l'examen des dents, fait reconnaître l'âge des sujets. La vieillesse commence de douze à quinze ans, et la vie finit en général de dix-huit à vingt.

Le taureau est plus grand et plus allongé que la vache. Son encolure est plus épaisse. L'un et l'autre deviennent nubiles de un à deux ans. Il est certaines variétés dont la croissance rapide est terminée à six ans et d'autres qui se fortifient jusqu'à dix. Les races tardives sont les plus dures au travail. Dans les variétés précoces, on trouve de bonnes vaches laitières et d'excellents animaux de boucherie, jamais de vigoureux travailleurs.

Les bœufs deviennent plus élancés et grandissent plus longtemps que les taureaux. Ils ont la tournure, la physionomie et le beuglement des vaches.

L'espèce bovine présente de nombreuses variétés. Les vaches adultes des plus petites races ont 1 mètre de haut, depuis le bas du sabot jusqu'au sommet de l'épaule; celles des plus grandes ont 1 mètre 45 à 1 mètre 50. Dans chaque variété, les taureaux ont généralement en taille un douzième et les bœufs deux douzièmes de plus que les vaches.

Nous dirons qu'une race est *petite*, si la hauteur des vaches est de 1 mètre à 1 mètre 15 ; — *moyenne*, lorsqu'elles ont 1 mètre 15 à 1 mètre 30; — *grande*, si leur taille s'élève de 1 mètre 30 à 1 mètre 50.

En bonne chair et en vie, les vaches des petites races pèsent 150 à 250 kilo.; celles des races moyennes, 250 à 450; celles des grandes races, 450 à 650. Les taureaux et les bœufs des races correspondantes pèsent généralement 1/4 à 1/2 en plus. Par l'engraissement, le poids de chaque sujet peut s'augmenter de moitié en sus du poids primitif.

Chez les vaches et les bœufs les mieux faits, nous remarquons égalité entre: 1° la longueur de l'omoplate; 2° celle du coxal depuis l'*ilium*, pointe antérieure de cet os jusqu'à son extrémité postérieure (*ischium*); 3° la largeur du poitrail vu de face; 4° la largeur des hanches, de la pointe antérieure d'un coxal à celle de l'autre. Chez le taureau, cette quatrième dimension est souvent moindre que les deux premières; mais toujours doit-elle être aussi étendue que possible. La longueur de l'omoplate se trouve deux fois un tiers à deux fois et demi dans la hauteur de l'animal mesuré à l'épaule; elle est deux fois à deux fois un tiers dans la longueur partielle du corps, prise depuis l'extrémité inférieure de l'omoplate jusqu'à la pointe antérieure du coxal. Enfin, si la croupe est bien établie, la largeur des coxaux dans la partie postérieure se trouve des 2/3 ou des 3/4 de cette même mesure.

Nous rappelons, conformément à nos principes généraux, que le front, la poitrine, le dos et les reins doivent être larges, les côtes arrondies, le col peu allongé, l'épine dorsale droite, les membres courts à partir des jarrets et des genoux, les articulations sèches et bien dessinées, les os fins, la peau souple, les muscles très-développés, excepté chez les vaches dont on veut obtenir beaucoup de lait; la fibre musculaire dure, si l'animal doit travailler; molle, s'il est exclusivement destiné à l'engraissement.

Les vaches portent neuf mois, produisent généralement un seul veau à chaque gestation, donnent un lait variable en qualité et en abondance.

On considère comme étant de *premier ordre :* 1° dans les grandes races, les vaches qui, pour une consommation journalière équivalente à 22 kilo. de foin, rendent, pendant quatre mois à partir de la naissance du veau, 25 à 35 litres de lait par jour, diminuent ensuite progressivement, et peuvent encore être traites six semaines avant un nouveau part; 2° dans les races moyennes, celles qui, en consommant 15 kilo. de foin, donnent 18 à 25 litres; 3° dans les petites races, celles qui, pour 10 kilo. de foin, donnent 10 à 15 litres. Les vaches dites de *second ordre* produisent, dans les grandes races, 12 à 20 litres, et cessent d'être traites deux à trois mois avant la mise bas; — dans les moyennes, 10 à 15 litres; — dans les petites, 7 à 9. Toutes les vaches dont le produit est inférieur, sont mauvaises laitières ou de *troisième ordre.*

On reconnaît les bonnes vaches aux caractères suivants : tête sèche, physionomie douce, poil fin, peau souple, fort développement des deux veines mammaires qui, placées au-dessous du ventre, aboutissent aux mamelles; reins et coxaux très-larges; cou mince et par conséquent épaule souvent étroite, quoique le bas de la poitrine soit large; mamelles très-développées, couvertes d'une peau mince, sans poils ou présentant des poils fins; épiderme de cette partie graisseux et jaunâtre; *écusson guénon* très-étendu.

L'*écusson guénon* est une portion de peau voisine du pis, dont le poil se trouve dirigé de bas en haut, c'est-à-dire, à l'inverse du sens qu'on remarque partout ailleurs. Cette tache est visible, lorsqu'on détourne la queue de l'animal, et surtout lorsqu'on le fait marcher. D'après la découverte de M. Guénon, plus elle s'étend sur les cuisses des deux côtés du pis, plus elle annonce de facultés laitières, pourvu qu'elle soit couverte d'une peau souple et d'un poil soyeux. Si, au contraire, cet écusson est très-restreint ou s'il présente une peau sèche, un poil dur et long, la vache est ordinairement médiocre. Chez beaucoup d'animaux, l'écusson remonte du pis à la queue par une bande double ou simple, plus ou moins large, avec ou sans solution de continuité. Moins important que le développement latéral, celui-ci est encore un indice favorable, pourvu que le poil en soit fin. S'il est long et hérissé, notamment sur les bords, ou s'il se trouve une ou deux taches de poils rudes près de la queue, ce sont autant de signes contraires. D'après M. Guénon, ces taches indiquent que le lait doit promptement tarir.

Les taureaux ont un écusson analogue mais moins étendu. Plus il est développé, plus on suppose que l'animal a de disposition à engendrer de bonnes vaches.

Visible dès le premier âge, tandis que les autres indices des facultés laitières ne se manifestent que tard, le signe guénon permet de réserver, pour l'élève, les meilleures génisses. Avant de conduire les vaches en foire, les normands le font disparaître au moyen du rasoir. Cette mesure de précaution destinée à dissimuler la valeur des animaux ne devrait-elle pas être interdite?

Les variétés de l'espèce bovine présentent, sous le rapport de l'aptitude au trait, les différences les plus tranchées : certains bœufs sont mous et lourds, marchent à pas lent, ont souvent besoin de repos; tandis que des bœufs d'autre race ont le pas allongé, les allures vives, résistent longtemps à la chaleur et à la fatigue. Voyez, sur les flancs des Pyrénées ou des Cévennes, deux de ces robustes animaux attelés au timon d'un lourd charriot. Ils marchent à pas comptés, s'arrêtent pour reprendre haleine, mais ne reculent pas et finissent par gravir jusqu'au sommet de la montagne. Soumis à la même épreuve, des chevaux se laisseraient entraîner en arrière, au risque de tomber dans les précipices. En descendant, ces mêmes bœufs opposent à la poussée de la voiture une résistance incroyable, et ne sont jamais emportés par elle, comme le cheval et la mule.

Sous le rapport du harnachement et de la ferrure, le bœuf exige les frais les plus simples. Enfin, si on ne le laisse pas trop vieillir, il conserve beaucoup de valeur comme animal de boucherie, tandis que, passé cinq ans, le cheval et le mulet se déprécient chaque année.

La chair qui donne tant de prix au bœuf varie d'abondance et de qualité, suivant l'âge, le sexe et la race. Celle des veaux de lait est blanche et ferme; après le sevrage, elle devient grise, molle et de qualité peu estimée. Plus tard, nous la trouvons succulente et colorée. Une teinte trop rouge fait alors déprécier celle des taureaux. Quant à la chair des bœufs, elle est excellente. La vache bien engraissée équivaut au bœuf; mais beaucoup de vaches sont tuées dans un misérable état d'épuisement; d'où résulte contre elles un préjugé général.

Voici les caractères des meilleurs bœufs de boucherie :

La viande est rose, tendre, facile à couper. Plutôt blanche, rosée ou jaune-paille, que jaune-foncé ou verte; la graisse abonde autour des intestins, couvre chacun des muscles d'une mince épaisseur, entoure enfin toutes les fibres, de sorte que la viande, coupée en travers, paraît marbrée de petits points blancs. Les déchets sont en faible proportion, et les morceaux de première et de seconde qualité pèsent beaucoup relativement aux morceaux inférieurs. Les parties qui donnent la viande de première qualité sont les reins, les hanches, la croupe et les cuisses. La chair qui couvre les omoplates, les bras et le haut des côtes, vient en second lieu. Enfin les dernières qualités sont fournies par la tête, le cou, les jambes, le bas des côtes et le ventre.

Voici le détail d'un bœuf choletais, haut de 1 mètre 63, pesant en vie 830 kilo., tué aux abattoirs de Paris:

Poids total de la *chair nette*, c'est-à-dire, de l'animal saigné, écorché, vidé des intestins et de la graisse intérieure, moins les rognons et le suif qui leur est adhérent, séparé des extrémités à partir des genoux et des jarrets	457 kilo.	
Morceaux de 1re qualité	142	457 kilo.
— de 2e qualité	120	
— de 3e et 4e qualité	195	
Suif	74	373 kilo.
Cuir	50	
Issues sur lesquelles 38 kilo. valent 40 cent. le kilo, le surplus de valeur nulle	249	

Dès lors, pour 100 parties du poids vif :

55 de chair nette.
9 de suif.
6 de cuir.
30 d'issues.

Pour 100 parties de chair nette :

31 de viande de 1re qualité à	1 fr.	92 c. (prix de Paris.)
26 de 2e qualité, à	1	52
43 de 3e et de 4e qualité, à	»	90 et 81

Ces proportions sont loin d'être toujours les mêmes.

Suivant son état et sa construction, un bœuf engraissé rend, pour 100 de poids vif, 45 à 70 de chair, 3 à 13 de suif, 5 à 9 de peau; et pour 100 de chair, 27 à 38 de viande de première qualité[1]. De plus, sous le rapport de la finesse des fibres, de leur couleur et du mélange de graisse plus ou moins complet, la viande varie tellement que, avant l'établissement de la taxe qui en a réglé le prix d'une manière uniforme, les bouchers de Paris établissaient trois classes de bœufs et trois divisions dans chaque classe. La viande des morceaux de première qualité de la seconde division n'atteignait en valeur que celle des morceaux de seconde qualité de la première division et ainsi de suite. Au concours de Poissy de 1847, les sujets primés, tous animaux d'élite, furent vendus depuis 94 cent. jusqu'à 1 fr. 65 le kilo. de poids vif.

C'est dans le jeune âge que ces différences sont le plus tranchées. Poussés en nourriture, des sujets de races tardives donnent à trois ans une chair pâle, inégalement marbrée, presque dépourvue de graisse, très-peu de suif, beaucoup de déchets et une forte proportion de viande de troisième qualité, tandis que des sujets de races propres à l'engraissement précoce présentent, au même âge, les caractères d'animaux parfaits : pour 100 de poids vif, 65 à 68 de chair rose et bien marbrée, 9 à 11 de suif; et pour 100 de chair nette, 34 à 38 de première qualité.

Dès le ventre de la mère, les veaux se développent, suivant les races, avec plus ou moins de rapidité. Ainsi, ils naissent gros dans certaines variétés ; petits, dans d'autres. Le plus souvent, ils ont en venant au monde le dixième du poids de leur mère. Engraissés avec du lait, ceux des races moyennes pèsent à dix semaines 90 à 110 kilo., qui, sur 100 parties, rendent 55 à 70 de chair, 4 à 7 de suif, 7 à 8 de peau. Leur viande se divise en trois qualités : première, environ 50 pour 100 à 2 fr. 05 le kilo. (prix de Paris); deuxième, 33 à 1 fr. 65; troisième, 17 à 1 fr. 15. On tue, sans les avoir engraissés, beaucoup de veaux âgés de quinze jours à trois semaines; ils donnent trois à quatre fois moins de viande que les premiers, et cette chair est médiocre.

Disons, en terminant ce chapitre, que la taxe actuelle, ne permettant pas de vendre la chair des meilleurs animaux d'une même classe plus cher que celle des plus mauvais, est essentiellement contraire

1. Depuis l'établissement de la taxe, les bouchers étendent la première et a seconde catégorie au-dessus des chiffres indiqués ici pour la première et la deuxième qualité.

au progrès de la qualité des viandes. Aujourd'hui, plus un bœuf est médiocre, plus il présente de bénéfice au boucher qui, le payant moins cher qu'un bœuf de qualité supérieure, le détaille cependant au même prix.

CHAPITRE IX

ESPÈCE BOVINE (SUITE); DESCRIPTION DES RACES FRANÇAISES.

« De tout poil bonne bête. »
(*Proverbe.*)

Les races françaises appartiennent, dans l'espèce bovine, à plusieurs variétés qui se distinguent au premier aspect par la couleur.

PELAGE FAUVE OU BLAIREAU.

Les animaux de ce poil peuplent la partie sud du Cantal, l'Aveyron, la Lozère, le Tarn, l'Hérault, la Camargue dans les bouches du Rhône, l'Aude, les Pyrénées orientales, l'Ariége, la Haute-Garonne, la plus grande partie du Gers. Enfin elle s'étend jusque dans les Landes et dans la Gironde. Leur robe présente un fond gris ou noirâtre, mélangé de roux; cette seconde nuance apparaît principalement au cou, sur le dos, à l'intérieur des oreilles et autour des yeux; on voit du gris presque blanc près du museau, sous le ventre, près de la naissance de la queue et à l'intérieur des cuisses. Sous ce pelage, on distingue plusieurs races, savoir:

Race d'*Aubrac* ou de *Laguiole*, élevée dans les montagnes du Cantal, de l'Aveyron et de la Lozère: taille moyenne ou petite; tête large, forte et courte; cou et membres courts; cornes courtes et contournées en l'air avec grâce; fanon abondant; cuir épais; corps allongé, plutôt large qu'étroit; croissance lente; grande aptitude pour le travail; beaucoup de force, de rusticité et de patience à supporter la chaleur; bon rendement des animaux adultes engraissés; vaches de troisième ordre pour la plupart, mais presque aussi bonnes travailleuses que les bœufs. Une multitude de bœufs d'Aubrac traînent la charrue sous le soleil ardent du Languedoc et de la Provence. A la famille des Aubrac appartiennent les beaux petits bœufs d'*Anglès*, qu'on élève dans la montagne Noire; ceux du *Ségala* de même taille, mais moins bien faits, nés sur les terrains à seigle de l'Aveyron; ceux des *Causses* (contrée calcaire du même pays), plus grands que les Aubrac purs; enfin les gracieuses petites vaches du *Gévaudan*, qu'on signale pour la finesse du cuir, des os, de la tête et pour leurs facultés laitières assez développées.

Race *ariégeoise*, remarquable par son agilité et sa vigueur, notamment dans la petite variété du *Roussillon*. A cette race appartiennent les vaches de *Tarascon* qui, comme laitières, sont souvent de second ordre.

Race *gasconne* ou du *Gers*, variété de taille moyenne, très-robuste, mauvaise pour la production du lait, cuir épais; fanon pendant presque jusqu'à terre; cornes courtes, grosses, plates, tournées de côté. (Taureau de profil, pl. 7.) A l'exception des bœufs régulièrement attelés, les animaux de ces diverses races passent l'été sur les montagnes et l'hiver dans les métairies.

Race *basadaise*, qu'on élève aux environs de Basas, dans la Gironde: taille grande et moyenne; robe d'un fauve plus rouge que celle des précédentes variétés; cornes plates, jaunâtres et dirigées en bas; corps large; bon travail; bon rendement à la boucherie; facultés laitières très-faibles.

Race *camargue*, qui vit presque à l'état sauvage dans les marais des Bouches-du-Rhône: taille petite; robe d'un fauve presque noir; beaucoup *de force* et de rusticité.

PELAGE BAI-CLAIR OU FROMENT AVEC NUANCE TRÈS-CLAIRE AUTOUR DU MUSEAU ET DES YEUX, AINSI QU'AUX EXTRÉMITÉS.

Les animaux de ce poil peuplent deux vastes régions, savoir: 1° (Dans le Midi, le Sud-Ouest, l'Ouest et le Centre), les Hautes et Basses-Pyrénées, la Gironde, le Lot-et-Garonne, le Tarn-et-Garonne, le Lot, la Dordogne, la Corrèze, la Haute-Vienne, la Creuse, l'Indre, la Vienne, les deux Charentes, la Vendée, le Maine-et-Loire, l'Indre-et-Loire, la Sarthe, la Mayenne, une partie de la Loire-Inférieure et d'Ille-et-Vilaine; 2° (dans le Sud-Est, l'Est et le Nord), l'Ardèche, l'Isère, l'Ain, partie du Doubs, du Jura, de la Saône, de la Haute-Marne, des Vosges, de la Meurthe, de la Moselle, de la Meuse, de la Marne et des Ardennes.

Dans la première de ces deux régions, nous distinguons, sous cette robe, plusieurs variétés, savoir:

Race *béarnaise*, qui habite le bassin de l'Adour, c'est-à-dire, les départements des Landes, des

Hautes et des Basses-Pyrénées (Vache, pl. 7) : robe d'un bai généralement clair, quelquefois cependant assez foncé ; cornes blanc d'ivoire, rondes, fines, relevées en l'air, longues et pointues, atteignant jusqu'à 80 centimètres chez les bœufs adultes ; train antérieur plus développé proportionnellement que celui de derrière ; beaucoup de fanon ; os fins ; agilité très-remarquable ; taille petite ou moyenne ; poids et rendement variables ; aptitude au travail ; facultés laitières développées dans la variété dite de *Lourdes* qui habite les Hautes-Pyrénées. Les meilleures vaches de Lourdes sont des laitières de second ordre. On distingue dans la race béarnaise les bœufs *bigorrais* ou *tarbais*, qui sont des plus forts ; ceux de la vallée d'*Ossau*, qui descendent des montagnes pour vivre en hiver, au temps des neiges, sur le pâturage de Pont-Long, à peu de distance de Pau ; les bœufs d'*Aspe*, extrêmement vigoureux à pelage plus foncé ; les *barétous*, plus petits, d'une conformation admirable, d'un port fier et gracieux ; les *basques*, plus petits encore et plus trapus ; les bœufs de la *Chalosse* ou *du Haget* qui vivent en pays fertile, entre Dax et Pau, moins bien faits, mais plus forts et plus grands que les précédents ; les *landais*, qui sont les plus petits de tous et forment, sous la conduite de gardiens perchés sur de hautes échasses, des troupeaux à demi sauvages. L'habitant de ces contrées aime le bétail. A l'étable, il le nourrit lui-même par bouchées, et dans des jeux nationaux moins sanglants que les combats des toréadors espagnols, il lutte d'adresse avec les taureaux dont il évite les coups aux applaudissements des spectateurs.

Race garonnaise, qu'on élève sur les bords fertiles de la Garonne, et que les étrangers admirent sur le port de Bordeaux, où l'on fait traîner par des bœufs de cette variété des fardeaux énormes : stature colossale ; muscles très-développés ; cornes dirigées en bas et dont il faut presque toujours couper l'une pour pouvoir attacher le joug ; cou de couleur plus foncée que le reste du corps ; épine dorsale ondulée à cause de plusieurs saillies osseuses très-prononcées, droite cependant dans son ensemble ; os plutôt gros que fins ; fanon développé, tête large et crêpue ; membres courts ; bonne conformation au point de vue de la largeur, principalement dans la variété *agenaise* (Taureau et vache, pl. 6) ; croissance moins lente que dans la plupart des autres races du Midi ; à la boucherie, bon rendement des animaux engraissés ; vaches mauvaises laitières, mais fortes et travailleuses.

Race du Quercy, qu'on élève aux environs de Cahors ; moins grande que la précédente ; pelage souvent plus foncé ; parmi les vaches, quelques laitières de second ordre.

Race limousine, qui peuple la Haute-Vienne, les deux Charentes, la Dordogne, la Corrèze, la Creuse, l'Indre et la Vienne, et produit les bœufs vendus à Paris sous le nom de bœufs *limousins, périgourdins, angoumois, marchois* : taille élevée, membres, cou et flancs souvent trop allongés ; cornes grandes, quelquefois dirigées en bas, le plus souvent de côté ; force, rusticité, aptitude au travail ; facultés laitières de troisième ordre ; moins de développement musculaire, croissance moins rapide, moins de largeur et moins bons rendements que chez les garonnais.

Race partenaise ou *choletaise*, noms sous lesquels on désigne les animaux remarquables, élevés au milieu des collines du Bocage vendéen et dont les cornes hautes, l'attitude fière et la vivacité rappellent les bœufs béarnais : poil formant, autour de l'œil et au-dessus du museau, deux bordures, l'une claire, l'autre noirâtre ; teintes noires au bas du fanon, à l'intérieur de l'oreille, à la queue, au-dessus du sabot, au genou ; muqueuses noires ; cornes des bœufs longues de 60 à 70 centimètres, tournées en l'air, noires à l'extrémité ; os fins ; taille moyenne ; membres courts ; poitrail et croupe larges ; constitution excellente ; aplombs parfaits ; viande estimée ; peu d'aptitude pour la production du lait. (Taureau et vache, pl. 4.) Dans le Bocage, les vaches ne travaillent jamais, et on ne leur demande que de nourrir leur petit. Quelquefois même, un veau boit le lait de deux mères, et il est passé en principe que l'éleveur ne doit porter au marché ni lait ni beurre. On s'explique ainsi la beauté des élèves. Ceux-ci sont vendus en grand nombre dans le haut Poitou, la Touraine et le Berri.

Race *maraîchine*, qu'on rencontre sur les terrains marécageux du littoral de la Vendée et de la Loire-Inférieure : teintes noirâtres moins prononcées que dans la race précédente ; corps plus étroit et plus grand ; membres plus élevés ; croupe plus avalée ; constitution moins robuste ; moins de force pour le travail ; facultés laitières meilleures. Les bœufs maraîchins sont très-répandus dans l'Ouest et vendus en grand nombre aux marchés de Paris.

Race mancelle, qui peuple la Mayenne, la Sarthe, une partie de Maine-et-Loire, de la Loire-Inférieure et de l'Ille-et-Vilaine : pas de noir dans la robe ; assez souvent cependant quelques poils de cette couleur autour des lèvres; taille plutôt petite que grande, variant suivant l'abondance des pâturages; cornes plus courtes et plus grosses que dans la variété choletaise, contournées en l'air chez les bœufs et les vaches, noirâtres à l'extrémité; peau épaisse; largeur de front, de poitrail et de croupe; côtes arrondies; reins courts; jambes petites; peu d'aptitude pour le travail; facultés laitières de troisième ordre; disposition prononcée à l'engraissement précoce, ce qui fait rechercher cette variété par les engraisseurs de Normandie; centre de la race à Sablé, près du Mans (Vache et taureau, pl. 5). Dans la même contrée, on trouve une seconde variété à poil bigarré, dont il sera parlé plus tard.

Dans la partie occidentale de l'empire, le pelage bai clair caractérise plusieurs familles intéressantes, savoir :

Race du *Mézenc*, qui peuple l'Ardèche et prend son nom de la montagne la plus élevée du pays : presque semblable à la limousine pour la taille, le poil, les aptitudes, les qualités et les défauts. Bons travailleurs, les bœufs du Mézenc sont employés en grand nombre dans les plaines de la Drôme et de Vaucluse.

Race *bressane*, qu'on élève dans l'Ain, trapue et bien faite sur les montagnes, grêle dans les marais des Dombes; présentant de bonnes laitières dans ces deux variétés.

Race *comtoise fémeline*, qui est élevée dans les parties basses de la Franche-Comté, c'est-à-dire, dans les vallées de la Saône, de l'Oignon et du Doubs, et dont quelques familles ont une perfection de formes remarquable, par suite une grande aptitude à l'engraissement. Voici les caractères de ces animaux distingués (Taureau et vache, pl. 10) : taille moyenne; tête petite; encolure fine; cornes fines et longues; peau et poils fins; physionomie douce; fesses très-arrondies; os fins; membres très-courts; facultés laitières de second ordre; croissance rapide. Les fémelins communs se rapprochent plus ou moins de cet excellent type et présentent une grande diversité d'aptitudes. Les animaux adultes offrent à la boucherie un bon rendement.

Ancienne race *lorraine*, qui tend à disparaître par suite de nombreux croisements avec les taureaux suisses bigarrés; plus petite, souvent plus foncée en couleur que la race fémeline; d'ailleurs grande analogie et même variété d'aptitude. On trouve des sujets d'excellente conformation et d'autres qui sont grêles et défectueux.

Si nous passons la frontière, sans quitter les bassins de la Meuse et de la Moselle, nous apercevons le même type, beau et bien caractérisé, dans les races du *Glane* et du *Mont-Tonnerre*, décrites par le savant agriculteur, M. Villeroy. On trouve dans la race du Glane des laitières de premier ordre.

PELAGE BLANC, CAFÉ AU LAIT ET JAUNE CLAIR.

Ces trois robes qui passent souvent de l'une à l'autre par nuances insensibles, caractérisent le bétail de la Nièvre, de l'Allier, de Saône-et-Loire, d'une partie de la Côte-d'Or, de l'Yonne et du Cher, savoir :

Ancienne race *charollaise*, répandue aujourd'hui dans tous les départements que nous venons de nommer : robe blanche ou café au lait; taille moyenne ou grande; corps plutôt bien conformé que défectueux au point de vue de la largeur; cornes des bœufs de 50 à 60 centimètres de long, contournées en l'air, rondes et de couleur claire; poil long et soyeux; tête longue et étroite; peu de fanon; vaches mauvaises laitières; chez les bœufs, aptitude prononcée pour le travail. Un grand nombre est engraissé dans les sucreries du nord de la France, après avoir servi aux labours et aux charrois pendant quelque temps.

Variété *charollaise améliorée* par MM. Massé, de Bouillé, etc. (Taureau et vache, pl. 9) : couleur blanc pur; corps cylindrique, large et bien proportionné; tête petite; moins d'aptitude pour le travail, moins de rusticité que dans l'ancienne race; mais beaucoup plus de disposition à la croissance rapide et à l'engraissement précoce. Les animaux de cette variété ont excité l'admiration générale aux dernières expositions universelles.

Races *bourbonnaise* et *nivernaise*, de même taille, mais moins bien faites, et d'un pelage moins caractérisé que la charollaise.

Race *morvandelle* : couleur jaune clair avec le dos et le dessous du ventre blancs; la moins grande du groupe, mais la plus dure au travail; croissance lente; os gros et saillants; caractère souvent indocile. Les animaux de cette variété diminuent de nombre chaque jour et sont remplacés par des charollais.

PELAGE ROUGE-ACAJOU.

Nous trouvons sous cette robe deux variétés remarquables, la race *flamande* et celle de *Salers* (Auvergne).

La race de *Salers* (Taureau et vache, pl. 8) est exclusivement élevée dans les pâturages fertiles et montagneux de l'arrondissement de Mauriac. Admirablement reproduite sur les toiles de Mlle Rosa et de M. Auguste Bonheur, elle présente les caractères suivants: robe rouge, quelquefois un peu tachée de blanc sous le ventre; poil plutôt court que long; tête courte; front du taureau large, crépu, armé de cornes courtes et grosses; celles du bœuf dépassant rarement 50 centimètres, ouvertes et tournées en l'air; physionomie douce et intelligente; excellents aplombs; muscles très-prononcés; os plutôt fins que gros; taille grande et moyenne; au point de vue de la largeur, conformation généralement bonne; croissance plus rapide, moins de rusticité que chez les aubrac; cependant aptitude au travail; engraissement facile. Les vaches vivent, l'été, dans les montagnes. Une partie des veaux sont tués de suite. Les autres sont pour la plupart vendus jeunes, puis élevés dans le Poitou.

La race *flamande* a la robe presque toujours tachée de blanc à la tête et sous le ventre (Taureau et vache, pl. 1). Tête étroite et allongée; cornes courtes, souvent contournées en avant; cou mince; poitrail étroit; côtes souvent plates; bassin proportionnellement plus large chez les femelles que chez les taureaux; membres élevés; os fins; peau fine; peu d'aptitude pour le travail; facultés laitières souvent de premier ordre; taille grande, croissance rapide : voilà les caractères les plus ordinaires de ce type, qui est principalement produit par le Nord et le Pas-de-Calais, et dont nous trouvons un grand nombre de sujets dans les départements de la Somme, de l'Oise, de l'Aisne, ainsi que dans Seine-et-Oise et Seine-et-Marne. Car la Flandre exporte chaque année beaucoup de vaches. On n'y élève de bœufs qu'aux environs de Maroillès. Quoiqu'elle pèche souvent par la largeur, la race flamande possède des sujets d'une admirable conformation dans la variété, dite *de Bergues*, que nourrissent les riches pâtures de l'arrondissement de Dunkerque. Malheureusement cette variété précieuse se dépayse difficilement. La variété boulonnaise qu'on élève dans le Pas-de-Calais lui ressemble; plus petite, elle supporte mieux un changement de localité.

PELAGE NOIR.

Cette robe (tête souvent tachée de blanc) caractérise une race, appelée *vosgienne*, qui peuple la chaîne des Vosges et se trouve aussi sur plusieurs points de la Lorraine et de la Champagne, notamment près de Bar-le-Duc et de Sainte-Menehould (Taureau de face, pl. 11) : taille moyenne ou petite; tête longue, sèche et étroite; os fins; peau fine et souple; cornes rondes, se rapprochant souvent l'une de l'autre en avant du front; construction tantôt assez bonne, tantôt défectueuse au point de vue de la largeur; membres fréquemment élevés; corps allongé. A ce type, dont les aptitudes varient suivant les localités, appartiennent des bœufs vigoureux et de bonnes laitières. Le rendement des animaux engraissés est excellent.

PELAGE BIGARRÉ DE NOIR ET DE BLANC OU DE ROUGE ET DE BLANC.

Les plus hautes montagnes de la Franche-Comté étaient peuplées autrefois d'animaux rouges avec du noir autour du museau : tête forte et très-poilue; poils longs et hérissés sur le dos; cornes rondes, courtes et écartées de côté, comme de grosses chevilles; physionomie farouche; os gros; membres courts; beaucoup de rusticité et d'aptitude pour le travail; peu de qualités laitières; poitrine large; beaucoup de fanon. Des animaux de même caractère, mais petits et qui n'ont rien de remarquable, se trouvent sur les montagnes des Alpes. En Franche-Comté, il en existe encore quelques-uns à Clairval, près de Besançon. On les appelle *touraches*. Du reste, le Jura est aujourd'hui peuplé presque partout par des animaux de la race *suisse bigarrée* : robe rouge ou noire mêlée de blanc; tête presque toujours blanche; cornes dressées en l'air, souvent contournées en arrière, de 50 à 60 centimètres de long chez les bœufs adultes; tête forte, souvent crépue; beaucoup de fanon; dos cambré; naissance de la queue très-haute; os plutôt gros que fins; cuir épais; taille grande et moyenne; vaches presque aussi fortes que les bœufs, et produisant des veaux d'un poids considérable; démarche hardie; air fier; pas d'aptitude nettement prononcée, de sorte que l'on trouve dans cette race et dans ses variétés de bonnes et de médiocres laitières, de vigoureux et de mauvais travailleurs, des animaux précoces et d'autres qui ne le sont pas; à la boucherie, rendement généralement faible. En Suisse, pays originaire de ce type, on distingue : la variété de *Simmenthal*, rouge et blanche; taille très-élevée; — celle d'*Einmenthal*, également rouge et blanche, mais plus trapue; —

celle de *Fribourg*, qui est ordinairement noire et blanche et présente à peu près la même construction que la première. La variété comtoise est plutôt de la forme et du pelage des einmenthal. (Taureau et vache, pl. 13.)

Des taureaux suisses bigarrés ont souvent été transportés dans des pays éloignés; aussi ce type, plus ou moins altéré, se retrouve en beaucoup de lieux, notamment : dans le Puy-de-Dôme, dont le bétail n'a d'ailleurs rien de remarquable; — dans l'Isère, les Basses-Alpes et les Hautes-Alpes; — dans la Lorraine, les Ardennes et la Champagne, où les croisements avec ces taureaux ont produit des variétés très-différentes des races anciennes; — dans les Vosges, où des croisements analogues ont donné naissance à la race, dite *de Boucquenom* (bourg près de Saverne), qui présente les caractères suivants : robe d'un rouge vif avec tête blanche; cornes souvent dirigées en bas, de 40 à 50 centimètres de long chez les bœufs adultes; tête moins grosse, peau moins épaisse, poil plus fin, os moins volumineux, conformation meilleure que dans le type suisse primitif. Cette race est répandue sur les rives de la Sarre. Les étables de l'habile agriculteur, M. d'Ajot, présentent une famille améliorée, remarquable par ses facultés laitières et sa disposition à l'engraissement (Taureau et vache, pl. 12). Le bétail alsacien, sans avoir de caractères bien tranchés, se rapproche plus ou moins de la race de Boucquenom. La race suisse bigarrée se trouve encore en Maine-et-Loire où, croisée autrefois avec la race mancelle, elle a formé une variété plus grande et de pelage mêlé. Cette variété a les os plus fins que le type primitif, la tête plus petite, le cuir moins épais, l'encolure moins forte, plus d'aptitude à l'engraissement précoce (Vache, pl. 11).

La presqu'île armoricaine nourrit, sous le nom de race *bretonne*, une variété bigarrée, merveilleusement appropriée à la nature pauvre des pâturages de ce pays (Taureau et vache, pl. 3) : poil noir ou rouge, taché de blanc; taille très-petite; tête fine; physionomie douce; cornes fines, contournées en l'air et en avant; poitrine, croupe et reins larges; côtes arrondies; peau fine; os fins; poil doux et fin; facultés laitières très-prononcées; lait très-butyreux; viande excellente; race trop faible pour le travail, mais rustique, s'entretenant bien sur les pâtures les plus maigres. Portée dans la Gironde, elle s'y est multipliée et elle fournit à l'approvisionnement en lait de la ville de Bordeaux. En Bretagne, on distingue trois ou quatre variétés, dont la plus petite est la *morbihannaise* et la plus grande la *léonnaise*. Celle-ci peuple la partie nord de la basse Bretagne et est tachée de rouge aussi souvent que de noir, tandis que la morbihannaise est presque toujours noire et blanche.

PELAGE BRINGÉ.

On appelle *bringé* un poil bai clair ou foncé, sillonné verticalement de raies noirâtres. Ce pelage caractérise la grande variété normande du Cotentin (Taureau et vache, pl. 2). Tandis que la race bretonne surprend par sa petitesse, celle-ci produit le bœuf monstrueux qui, promené en pompe lors du carnaval, excite l'admiration des Parisiens. Elle peuple la Manche, le Calvados, l'Orne, l'Eure, la Seine-Inférieure et fournit un grand nombre de vaches aux environs de Paris : taille moyenne ou grande; tête allongée, rarement crépue; cornes dirigées en avant, souvent contournées l'une vers l'autre en avant du front; peau plutôt épaisse que fine; os gros; membres courts; épine dorsale ondulée par suite de fortes saillies osseuses, fréquemment ensellée; poitrine, reins et croupe plus souvent larges qu'étroits; facultés laitières de premier et de deuxième ordre; lait très-butyreux; peu de précocité; peu d'aptitude pour le travail; bon rendement des animaux engraissés; constitution souvent délicate hors du pays natal.

Dans la vallée d'Auge, on élève, sous le nom d'*augeronne*, une variété de même taille, plus large, un peu moins laitière, plus rustique, plus facile à dépayser, ayant le cuir encore plus épais et les os plus gros; le poil rouge et blanc, rarement bringé.

CHAPITRE X

ESPÈCE BOVINE (SUITE); RACES ÉTRANGÈRES QUI INTÉRESSENT LE PLUS L'AGRICULTURE FRANÇAISE.

> « Avec une race améliorée, vous abattriez 350,000 bêtes de plus; vous ne seriez tributaires d'aucuns peuples; vous fourniriez amplement la marine; les États-Unis, qui portent leurs salaisons jusqu'au fond de l'Inde, ne vendraient rien chez vous. »
>
> JACQUES BUJAULT.

Indépendamment des races indigènes décrites dans le chapitre précédent, nous devons entretenir nos lecteurs de plusieurs variétés étrangères, savoir :

Race *hollandaise :* robe bigarrée de noir et de blanc; tête longue et fine; cornes petites; celles des vaches tournées en avant; peau fine et souple; cou mince; os fins; taille grande ou moyenne; facultés laitières très-prononcées. Cette race qui se trouve le long de l'Océan, depuis la frontière de France jusqu'en Holstein, présente plusieurs variétés, savoir : celle du *North-Hollande*, qui peuple la presqu'île hollandaise de Leyde à Medenblick : haute, longue, élancée, souvent un peu trop étroite; — celles de *Zélande*, de *Gueldre* et de *Furnes-Ambacht*, qui habitent les îles des bouches de l'Escaut et de la Meuse ainsi que le littoral belge : robe habituellement noire et blanche, fréquemment aussi composée de rouge et de blanc, par suite du croisement avec la race flamande; taille généralement élevée; — celle du *Lakenfeld*, qui a régulièrement une ceinture blanche dans le milieu du corps; — celle de *Frise*, la plus remarquable de toutes à cause de sa largeur, de son aptitude à l'engraissement et de son excellent rendement à la boucherie (Taureau et vache, pl. 15); — celles à pelage tigré de noir et de blanc par taches arrondies peu étendues : taille souvent trop élancée relativement à la largeur du corps; très-répandues dans les provinces de Liége, du Brabant méridional, de Namur et de Luxembourg, connues dans les Ardennes sous le nom de races de la *Famen* et du *Condroz*.

Partout où l'on a introduit des vaches hollandaises d'un beau choix, on les a trouvées excellentes. Aussi, cette race se multiplie dans nos départements du Nord. D'après les indications que contient le récent et magnifique travail de M. Lefour sur la race flamande, il entre chaque année en France, par la frontière belge, 23 à 26,000 vaches. La plupart de ces animaux appartiennent au type hollandais.

Race *Durham.* Sous le nom de race *courtes cornes*, des animaux bigarrés, ressemblant aux hollandais, peuplent, depuis fort longtemps, en Angleterre, le comté de Durham. A l'occasion du mariage de sa fille avec Guillaume de Hollande, Jacques II envoya à ce prince plusieurs sujets de cette variété. Des animaux issus de ceux-là, ramenés en Angleterre un siècle plus tard, seraient, d'après David Low, la souche de la variété *Durham* actuelle, qui l'emporte sur toute autre pour la précocité et l'aptitude à l'engraissement. En 1801, Charles Colling, créateur de cette célèbre famille, vendit 7,500 francs un bœuf, dont on offrit bientôt, comme objet de curiosité, la somme de 50,000 fr. Après l'avoir promené six ans dans toute l'Angleterre, on le tua, et quoiqu'il fût malade depuis deux mois, il rendit 1,052 kilos de chair nette. En 1810, à la vente publique du bétail de ce même agriculteur, deux vaches Durham furent payées chacune plus de 10,000 francs; un taureau, 26,000 francs; un veau de moins d'un an, 4,462 francs. Depuis, la race courtes cornes améliorée a été précieusement conservée par quelques riches éleveurs. Les taureaux sortis de leurs étables ont produit par croisement avec d'autres races une multitude d'excellents sujets de boucherie, et leur sang a été introduit dans plusieurs des anciennes variétés anglaises.

Les premiers reproducteurs Durham furent importés en France, vers 1825, par M. Brière d'Hazy. En 1836, le gouvernement en acheta et en fit élever dans les vacheries publiques. M. Lefèvre Sainte-Marie, inspecteur général d'agriculture, composa alors un travail important sur cette admirable variété, qui est aujourd'hui complétement naturalisée dans notre pays.

Elle présente au plus haut degré la constitution et les qualités d'une race de boucherie (Taureau et vache, pl. 16) : muscles mous et très-développés; poitrine très-large; côtes arrondies; quartiers de derrière énormes; os très-fins; cou très-court; tête petite et cependant front large; jambes courtes; croissance précoce; beaucoup de disposition à l'obésité, même dans le jeune âge; presque toujours masses de graisse sur la croupe; taille grande ou moyenne; poil généralement fleuri, c'est-à-dire, mêlé de rouge et de blanc par taches peu tranchées, quelquefois tout à fait rouge ou blanc.

Parmi les vaches, il se trouve quelques laitières de second et même de premier ordre. Mais la plupart sont médiocres. Un tiers des génisses est stérile par excès d'embonpoint. Les vaches elles-mêmes le deviennent, sous l'influence d'un régime trop abondant et d'une stabulation permanente. Quant aux bœufs, bien qu'ils ne manquent pas de vivacité, leur conformation massive les rend impropres au travail.

Les animaux Durham exigent, pendant leurs deux premières années, la nourriture la mieux choisie. Ensuite, ils sont faciles à entretenir et toujours prêts à s'engraisser.

Race *écossaise West-Higland :* taille petite; cornes tournées en l'air; membres courts et très-musculeux; poil long, abondant et de couleur gris foncé ou fauve; mufle noir; tête carrée; physionomie sauvage; nature très-rustique; aptitude pour le travail; facultés laitières peu prononcées. Cette race a été améliorée, au milieu du dernier siècle, par un duc d'Argyle. Chaque jour on la perfectionne encore. Actuellement, elle est très-remarquable par sa carrure, par la force de ses muscles et l'excellence de son rendement à la boucherie. Toutes nos races françaises de pays montagneux devraient être perfectionnées au même degré.

Race *Devon ou du pays de Galles :* poil rouge acajou; taille petite et moyenne; conformation gracieuse et légère; poil fin et brillant, tendant à friser; épiderme de la peau jaune-orange; cornes longues, tournées en l'air et fines; corps allongé; allures rapides; rendement parfait à la boucherie; facultés laitières de troisième ordre; lait très-butyreux.

Race *Héréford*, améliorée, vers 1769, par Benjamin Tomkins, perfectionnée encore depuis cette époque : robe rouge foncé avec du blanc à la tête, sur l'épine dorsale et sous le ventre; poitrine large; corps énorme; grande aptitude à l'engrais précoce; facultés laitières médiocres.

Races noires sans cornes, d'*Angus et de Gallovay :* corps énorme, large, cylindrique, très-allongé; races de boucherie remarquables.

Races d'*Ayr* (Écosse), du *Kerry* (Irlande), d'*Aldeiney* (île de la Manche); toutes trois petites, ressemblant à la race bretonne, mais perfectionnées dans beaucoup de familles sous le rapport des formes et des facultés laitières. Toutes ces races existent actuellement en France, soit dans les vacheries de l'État, soit dans quelques établissements particuliers.

Race de *Schwitz* (Vache et taureau, pl. 14). Nous possédons aussi des sujets nombreux de la race suisse de Schwitz, propagée en France, à partir de 1825, par l'honorable fondateur de Grignon, M. Bella : construction moins forte, mais plus parfaite que celle des races suisses à pelage bigarré; os plus fins; tête et cornes plus petites; taille moyenne; robe gris-souris tirant sur le noir avec raie claire sur le dos; aptitudes diversement prononcées; en général prédominance des facultés laitières; beaucoup de vaches de premier ordre; variété souvent exportée en Allemagne et en Italie, comme type améliorateur, de sorte que le sang Schwitz se retrouve dans un grand nombre de races étrangères, notamment dans les races tyroliennes *Montafon, Innthal, Oberinthal* et dans les races autrichiennes *Murzthal* et *Wienerwald*. A ce type appartiennent encore plusieurs variétés suisses, savoir : — les races *grisonne* et de *Lucerne*, taille plus élevée que celle des Schwitz; du reste même conformation, mêmes aptitudes; — la race *Unterwald*, plus petite et plus fine que la race Schwitz; — la race *Oberhasli*, la plus petite et la plus gracieuse de toutes les races suisses.

Nous signalons, pour mémoire, la race blanche à très-longues cornes qui peuple la campagne de Rome et les plaines de l'Europe orientale, variété dont la Hongrie avait envoyé à l'exposition universelle de 1856 de curieux spécimens; enfin les deux petites races tyroliennes *Dux* et *Zillerthal* qui ont figuré avec honneur à cette exposition; l'une noire, l'autre rouge. Longtemps, sans en connaître l'origine, mon frère et moi, nous avons possédé dans les Ardennes une vache zillerthal. Elle était remarquablement vigoureuse, facile à entretenir et bonne laitière. La Saxe possède une race rouge, dite du *Voigtland*, analogue à celle-là et très-estimée.

CHAPITRE XI

ESPÈCE BOVINE (SUITE); CHOIX D'UNE RACE; ÉLÈVE.

> « Le roi de Wurtemberg a peuplé les vacheries de ses domaines d'animaux choisis dans les quatorze races les plus estimées de toute l'Europe. Dans tous ces domaines, les vaches des cultivateurs sont couvertes gratis; et le roi donne aux communes les jeunes taureaux élevés par lui. Les villages dans lesquels le bétail est mal soigné, ne participent pas à ces distributions. Par l'effet de ces mesures, les anciennes races wurtemburgeoises ont été singulièrement améliorées. »
>
> VILLEROY.

En pays froids, les fruits et les légumes ont peu de saveur, tandis que la viande est d'excellente qualité; au contraire, sous un soleil ardent, les produits du sol sont très-nutritifs, mais la boucherie se corrompt rapidement. Par suite, le goût des populations pour la viande est moins prononcé dans le Midi que dans le Nord. Cette différence influe beaucoup sur l'élève de l'espèce bovine : dans les régions septentrionales, on demande avant tout au bétail à cornes de la chair et du lait, et l'on sacrifie volontiers l'aptitude pour le travail en faveur du développement des facultés laitières et de la disposition à l'engraissement précoce. Quant au cultivateur du Midi, il s'attache à conserver les facultés laborieuses du bœuf, et il fait bon marché des autres aptitudes. La France se divise, sous ce rapport, en deux régions : du côté septentrional, on cherche surtout à produire des vaches laitières et des veaux gras; dans l'autre, qui comprend le Midi et la plus grande partie du Centre, on élève principalement des bœufs de trait; nous y trouvons des vaches très-robustes, mais un petit nombre de bonnes laitières.

Cherchons à améliorer cet état de choses, qui se modifiera peut-être à la longue, mais que nous ne parviendrions pas actuellement à intervertir.

La plupart des races du Centre et du Midi pourraient gagner en carrure, principalement dans le train postérieur. Quant aux facultés laitières, elles ne devraient jamais être entièrement sacrifiées. Dans certaines parties de l'Auvergne et des Pyrénées, ne tire-t-on pas, sous ce rapport, un très-grand parti de vaches appartenant à des races excellentes pour le travail? Un bon choix de reproducteurs pris dans les variétés mêmes du Midi, et l'amélioration du régime permettent d'atteindre un tel résultat sans altérer la rusticité de ces races. Le croisement avec le taureau Durham diminuerait certainement cette précieuse rusticité. Aussi, ne peut-on le conseiller que pour le cas où, contrairement aux habitudes du Midi, on voudrait renoncer à former des bœufs de trait. Si, dans des circonstances également exceptionnelles pour le Midi, le lait devait constituer le produit principal, certaines races laitières seraient introduites avec avantage dans la région, entre autres, les variétés Schwitz et bretonne. Nous rappelons d'ailleurs qu'on trouve d'assez bonnes vaches à Lourdes, Tarascon, Salers. Certainement, il serait possible de perfectionner ces familles de manière à obtenir des laitières de premier ordre.

De leur côté, les cultivateurs du Nord se serviront utilement des bœufs laborieux élevés dans le centre et dans le Midi; mais qu'ils ne cherchent pas à en produire de semblables, et que, d'après l'exemple de l'Angleterre, ils perfectionnent leurs races au point de vue des facultés laitières et de l'aptitude à l'engraissement précoce. Les variétés normande, flamande, hollandaise, de Boucquenom, de Lorraine, des Vosges seront améliorées dans ce sens au moyen d'un excellent régime et surtout de la conservation des vaches de premier ordre. Aujourd'hui, les cultivateurs cèdent trop facilement ces femelles d'élite pour les vacheries laitières des grandes villes. La race bretonne sera perfectionnée, soit par elle-même, soit par croisement avec la race écossaise d'Ayr, que l'on doit d'autre part chercher à multiplier pure. Habituée à paître sur des terrains élevés, la race schwitz sera propagée dans les montagnes de l'est de préférence à la race suisse bigarrée.

Nous perfectionnerons les races charollaise, fémeline, mancelle, partenaise dans leur aptitude à l'engraissement précoce, de manière à former des variétés de la valeur des Héréford, des Angus, des Devon, des West-Higland. Bien que, par un sentiment d'amour-propre national, plusieurs personnes rejettent le sang durham pour cette amélioration, nous croyons avec de célèbres éleveurs, MM. de Falloux, Salvat, de Béhague, de Torcy, Jamet, que l'introduction de ce sang précieux permettra d'atteindre plus vite le résultat désiré. On continuera d'élever le Durham pur dans des étables parfaitement soignées. Les taureaux qui en seront issus produiront, par premier croisement avec les femelles des races précédentes, une foule d'animaux excellents à engraisser comme veaux ou comme jeunes bœufs.

D'après le plan que nous venons d'exposer, il faut distinguer : 1° l'élève des animaux de travail; 2° celui des vaches laitières; 3° celui des reproducteurs des races d'engraissement précoce; 4° celui des sujets destinés à être livrés jeunes à la boucherie. Chacune de ces branches a ses règles particulières.

ÉLÈVE DES BŒUFS DE TRAVAIL.

Choisir des reproducteurs avec muscles durs, membres courts, excellents aplombs.

Ne pas employer les taureaux, comme étalons, avant deux ans et demi, et ne pas faire couvrir les génisses avant trois ans.

Atteler les vaches, afin qu'elles transmettent leur vigueur à leurs petits.

Adopter pour les jeunes sujets le régime du pâturage, excepté lors des gelées et des mauvais temps. Tenir les veaux de lait sur des gazons riches et peu éloignés; à mesure qu'ils se fortifient, les envoyer dans des pâturages plus étendus et aussi accidentés que possible.

Pour que les bœufs conservent un peu la force du taureau, les priver des organes générateurs à un an au plus tôt.

Les dresser et les exercer sans fatigue à l'âge de deux à trois ans.

Les faire travailler de plus en plus jusqu'à l'âge de six à sept ans, époque à laquelle ils ont à peu près toute leur vigueur.

ÉLÈVE DES VACHES LAITIÈRES.

Ne conserver, pour devenir telles, que des sujets nés

de femelles de premier ordre et de taureaux issus eux-mêmes de mères de cette qualité.

Les nourrir parfaitement, soit au pâturage, soit tout à la fois à l'étable et en pâture, sans s'attacher cependant à les exercer beaucoup et sans jamais les fatiguer.

Faire couvrir les génisses à l'âge de dix-huit mois et employer les mâles très-jeunes, en les ménageant.

Caresser souvent les génisses et manier leurs mamelles, afin que plus tard elles se laissent traire avec plaisir.

Ne pas traire les génisses pendant plus de quatre à cinq mois après la naissance de leur premier veau, de peur que leur croissance n'en souffre.

A partir du second vêlage, solliciter le plus possible la fontaine mammaire.

« Comme une source, dit Olivier de Serres, abonde « d'autant plus en eau que plus nettement elle est « tenue et que mieux ouverts en sont les tuyaux; « ainsi, les vaches, sollicitées par le fréquent trayage, « donnent du lait en plus d'abondance qu'en y allant « nonchalamment. »

Traire la vache deux ou trois fois par jour tant qu'elle donne du lait; cesser cependant six semaines à un mois avant la mise bas d'un autre veau.

Veiller à ce que les traites soient faites aux mêmes heures et par la même personne.

S'assurer souvent que les mamelles sont bien épuisées.

Prévenir par une propreté scrupuleuse les accidents et les maladies, dont l'inévitable effet serait d'affaiblir les facultés laitières, non-seulement pour le présent, mais encore pour l'avenir. Avant chaque traite, faire laver les mamelles avec de l'eau tiède; les graisser, si elles se crevassent; les vider plusieurs fois par jour et y mettre des cataplasmes émollients, lorsqu'elles s'engorgent.

Faire inscrire sur une ardoise le produit journalier de chaque animal, produit qu'on mesure en plongeant dans le seau un bâton gradué. Examiner souvent cette note, afin de remédier aux négligences que font découvrir les diminutions de lait.

Ne jamais oublier qu'une génisse qui aurait pu devenir bonne vache en fait une mauvaise, par cela seul qu'on ne la traite pas convenablement.

N'exiger de travail ni des vaches laitières, ni des génisses destinées à le devenir, à moins que ce ne soit pour procurer un exercice modéré à celles qui sont nourries à l'étable; jamais de fatigue, jamais d'efforts.

ÉLÈVE DES REPRODUCTEURS DE RACE D'ENGRAISSEMENT PRÉCOCE.

Dans les deux premières années, composer leur régime d'excellents fourrages, de farines, de tourteaux, de légumes verts ou de pâturages succulents.

Tous les jours, procurer aux jeunes sujets un exercice modéré dans un clos voisin des étables.

Faire couvrir les génisses dès l'âge de quinze mois.

Employer à la reproduction les taureaux encore très-jeunes. Au-dessus de l'âge de deux ans, éviter de trop les nourrir, de peur qu'un excès d'obésité ne les rende inféconds.

ÉLÈVE DES SUJETS DE RACE PRÉCOCE DESTINÉS A ÊTRE TUÉS JEUNES.

Nourriture variée, choisie, aussi abondante que possible jusqu'au moment où ils sont envoyés à la boucherie.

Castration des mâles dès les premiers mois.

Peu de mouvement et d'exercice.

RÈGLES APPLICABLES AUX DIFFÉRENTS GENRES D'ÉLÈVES.

Un taureau dans toute sa vigueur, c'est-à-dire à trois ans pour les races de travail, à deux ans pour les races laitières et d'engrais précoce, ne devrait pas couvrir plus de 40 à 50 vaches par année. Malheureusement, s'il se trouve dans un village deux taureaux faisant le saut, l'un pour 1 franc, l'autre pour 50 centimes, ce dernier, fût-il beaucoup inférieur à l'autre, est généralement préféré à cause de l'économie immédiate de 50 centimes, de sorte que les élèves se ressentent tout à la fois des défauts du père et de son épuisement. En Suisse, dans le canton d'Argovie, nous apprend M. Villeroy, on n'autorise le service public des taureaux qu'après les avoir fait visiter, et ce service est permis seulement pour un nombre de vaches limité. Ne devrions-nous pas adopter en France des mesures analogues?

Aussitôt que le veau est né, sa mère le lèche avec amour et l'appelle dès qu'il s'éloigne. Si l'on ne veut pas utiliser le lait autrement que par la consommation de l'élève, on peut laisser la tendresse maternelle se satisfaire et faire teter le veau deux ou trois fois par jour. Le reste du temps, on le tient séparé de la vache, de peur qu'il ne la fatigue. Dans ces intervalles, on présente au jeune sujet des fourrages choisis, ou bien on le met au milieu d'un pâturage abondant. Lorsqu'il a quatre à cinq mois, on ne le réunit plus à sa mère qu'une fois par jour; enfin, on l'en sépare entièrement. Le sevrage se fait ainsi sans difficulté.

Si le cultivateur, comme il le devrait presque toujours, désire tirer bon parti du lait, le mieux est de sevrer le nouveau-né aussitôt après sa naissance. La vache ne s'aperçoit pas de cette séparation, qui, quelques semaines plus tard, la ferait beaucoup souffrir elle et son veau. Pour ce genre de sevrage, on introduit les doigts dans la bouche du jeune animal, et lorsqu'il se met à sucer, on les plonge dans un seau où se trouve du lait tiède. Pendant les dix premiers jours, il convient de lui donner sans altération le lait de sa mère. Ensuite, on peut le lui présenter trait douze heures à l'avance et écrémé, mais toujours tiède : 5 litres le matin et autant le soir, pour des sujets de race moyenne. Quelques jours après, on y mêle de la farine ou du tourteau en poudre. Au bout d'un mois, on lui donne peu à peu du lait complétement écrémé et caillé, et tout à la fois d'excellent fourrage. Enfin, on supprime le laitage, et on lui donne à boire de l'eau tiède, dans laquelle on délaie du tourteau et de la farine. Afin que le liquide soit plus aromatique et plus nutritif, on peut employer, au lieu d'eau pure, une infusion de foin que l'on fait en versant le liquide bouillant sur du fourrage de première qualité. D'après les expériences de M. Perrault de Jotemps, cette méthode est moitié plus économique que le régime au lait et tout aussi bonne dans ses résultats.

Si les veaux ont des poux, ce qui les fait maigrir, on les en délivre en les lavant avec une décoction de tabac, après avoir coupé les poils du front, des oreilles et du cou, sur lesquels ces insectes parasites pondent leurs œufs.

Les élèves les plus vigoureux sont toujours ceux qui, nés au printemps, peuvent se fortifier pendant tout l'été, avant le retour de nouveaux froids. Le cultivateur doit combiner en conséquence la saillie des vaches. Celles-ci demandent l'étalon trois semaines après la mise bas ; puis généralement, tous les vingt et un jours, jusqu'à ce qu'elles soient pleines. L'instant favorable étant très-court, il faut, dès qu'il est arrivé, faire effectuer la saillie. Au troisième ou au quatrième mois de gestation, on commence à sentir le veau en palpant la vache du côté droit. Les vaches dites *taurélières*, qui demandent presque constamment le taureau sans devenir pleines, doivent être vendues au boucher.

CHAPITRE XII

ENTRETIEN DES ANIMAUX ADULTES D'ESPÈCE BOVINE, PATURAGE, STABULATION, ÉTABLES, PÉRIPNEUMONIE, CHARBON, DÉSINFECTION DES ÉTABLES.

« Telle étable, telle bête. »
Ancien proverbe.

Le régime d'été du bétail à cornes se compose soit de pâturage seul, soit de nourriture distribuée à l'étable, soit des deux réunis.

Au pâturage, l'espèce bovine ne se plaît ni dans des prés marécageux où les chevaux paissent bien, ni sur des gazons très-courts qui peuvent suffire à l'espèce ovine, ni dans ceux qui sont souillés par la présence de la prêle. Sur les prairies artificielles légumineuses, principalement dans les trèfles, elle est exposée au *gonflement*, dangereuse indigestion par suite de laquelle les animaux meurent étouffés.

On ne peut prendre trop de précautions contre cet accident. Nous conseillons donc de mettre au piquet les bœufs et les vaches qui pâturent les trèfles, afin que chaque sujet n'ait à sa disposition qu'une faible étendue, ou bien de ne les conduire en liberté sur ces mêmes prairies que par une rosée très-froide, et de les faire sortir dès que l'air s'échauffe ; car le froid prévient ce genre d'indigestion que la chaleur, au contraire, excite beaucoup. Lorsque, par malheur, le gonflement s'est déclaré, on peut souvent donner issue aux gaz suffocateurs à l'aide d'une sonde en gutta-percha de 1 mètre 50 de long, que l'on introduit dans la panse par le gosier, en tenant ouverte la bouche au moyen d'un large bâillon de bois, solidement attaché entre les mâchoires et percé lui-même d'un trou dans lequel passe la sonde. Dès qu'on aperçoit des signes de météorisation, il faut ramener le troupeau à l'étable ; administrer à chaque sujet une cuillerée d'ammoniaque dans une bouteille d'eau ; faire usage de l'appareil dont nous venons de parler ; jeter de l'eau froide sur le dos des animaux ; même, si on le peut, les plonger entièrement dans l'eau, afin de diminuer, par un prompt refroidissement, le volume des gaz et la fermentation intérieure. Dès qu'on voit un animal sur le point de tomber, ce qui est un indice de péril extrême, on lui perce la panse, avec un couteau très-aiguisé, entre la dernière côte du flanc gauche et la pointe antérieure du coxal; puis, avec le doigt qu'on introduit aussitôt dans l'ouverture, on tient celle-ci béante et, au besoin, on tire dehors les aliments qui gênent l'issue des gaz. Cette plaie ne présente aucun danger.

A l'étable, le bétail à cornes ne consomme pas toujours d'une manière exacte les herbes vertes de pré naturel; mais on lui donne avec succès des fourrages verts artificiels, qui peuvent se succéder de la manière suivante: dès le premier printemps, navette et navets fauchés en fleurs, pastel, colza, seigle, escourgeon; ensuite, trèfle incarnat, première pousse de luzerne, de sainfoin, de chicorée; bisaille, lentillon et vesce d'automne; lupuline, première pousse de trèfle commun, hybride ou blanc, erviliers; au milieu de l'été, secondes pousses de luzerne, de chicorée et de sainfoin, bisaille et vesce de printemps; plus tard, maïs, sorgho, seconde pousse de trèfle, troisième pousse de luzerne, de chicorée, scariole de Sicile, moutardon, spergule, feuilles de légumes verts. De ces plantes fourragères, ce sont les trèfles, la luzerne et le sainfoin qui procurent les plus précieuses ressources. En les fauchant à diverses époques, on avance ou on retarde la coupe ultérieure, de sorte qu'avec une certaine étendue de ces prairies artificielles, on peut nourrir le bétail à l'étable presque continuellement.

Le régime de la stabulation, convenablement organisé, entretient les bœufs et les vaches en bonne santé; fait donner à celles-ci un lait abondant; permet d'utiliser parfaitement le temps des bœufs de trait; procure une grande masse d'engrais; mais il exige beaucoup de litière et de soins, une excellente disposition des étables, enfin une succession de produits fourragers qu'une agriculture avancée permet seule d'obtenir. Ce système convient surtout au petit cultivateur, dont la famille s'occupe elle-même de tous les détails. Si on veut l'appliquer en grand, calculons qu'en comprenant dans la tâche du vacher la traite, l'enlèvement du fumier, le transport du fourrage, il faut, par chaque douzaine d'animaux, un homme intelligent et assidu. Les vaches peuvent très-bien être employées au charroi du vert.

Pour le régime hivernal, il faut ajouter à la paille et aux fourrages secs une certaine quantité de légumes verts ou de résidus de distillerie, de sucrerie, de féculerie, de brasserie. On donne également au bétail à cornes toute espèce de tourteau, y compris ceux de faîne qui sont vénéneux pour les chevaux; ces derniers tourteaux doivent être très-délayés (1/2 kilo. dans environ 15 litres d'eau). L'espèce bovine s'accommode parfaitement des fourrages hachés, mélangés et préparés d'après les méthodes que nous avons décrites; mais elle refuse les foins où se trouve de la prêle, et n'utilise convenablement les fourrages des mauvais prés et des terrains marécageux que si elle en reçoit une faible quantité mêlée avec d'autres aliments.

Il faut donner aux bœufs de travail peu de résidus très-humides; joindre du fourrage sec au fourrage vert, ou bien laisser celui-ci se faner pendant quelques heures, avant de le leur présenter. Une ration de grain augmente singulièrement l'énergie de ces animaux. Quant aux vaches laitières, il est bon de les soumettre à un régime plus aqueux, qu'on évitera toutefois de rendre trop débilitant. Le tourteau leur convient, en petite quantité : 500 gram. à 1 kilo. par animal de taille moyenne. Une trop forte ration rendrait le lait amer. En Flandre, on prépare, pour les vaches, des soupes avec de l'eau tiède, du fourrage haché, des légumes verts et des résidus. Elles s'habituent à boire aussi les eaux de cuisine et les restes de la laiterie.

La meilleure distribution des aliments se fait en deux repas de deux heures chacun; l'un le matin, l'autre le soir; dans ces repas les diverses substances sont données par petites rations.

Exemple d'un repas pour une vache pesant 450 kilo :

2 kilo. de foin.
10 kilo. de betteraves.

Boisson dans laquelle on a dissous 1/2 kilo. de tourteau.

5 kilo. de carottes.
2 kilo. de foin.
2 kilo. de paille.

Ce que nous avons dit ailleurs de l'usage du sel et des boissons dégourdies en hiver s'applique à l'espèce bovine, et particulièrement aux vaches laitières.

Afin que ces animaux ne se tourmentent pas, le mieux est d'établir devant eux, à la hauteur de 50 à 80 centimètres, une plate-forme sur laquelle on circule pour la distribution de la nourriture. Entre les animaux et l'auge profonde qui borde cette plate-forme, s'étend une cloison composée de forts montants en bois; en avant de chaque sujet, est une ouverture par laquelle il passe la tête pour manger, sans pouvoir battre son voisin, ni rien jeter à ses pieds.

Nous rappelons ce qui a été dit, au chapitre engrais, de la manière de disposer le sol et de traiter les fumiers. Nous rappelons aussi la règle si importante de bien aérer l'étable. Voici l'indication de quelques mesures :

Étendue en largeur pour des vaches de taille moyenne, 1 mètre 20 à 1 mètre 30.

Étendue en longueur, 2 mètres 20 à 2 mètres 50.

Passage libre derrière le bétail, 1 mètre 50.

Hauteur de l'étable, 2 mètres 50 à 3 mètres.

Largeur des plates-formes pour dépôt d'aliments, 2 mètres.

Si le fumier est tiré dans un creux situé en arrière, largeur de ce creux, 3 mètres.

Largeur de la porte double pour la sortie de la voiture chargée d'engrais, 1 mètre 50.

De quelque manière que les étables soient disposées, il ne convient pas que le sol s'élève sous les pieds de devant, ni qu'on laisse le fumier s'accumuler en arrière, au point que le train antérieur soit lui-même très-abaissé. La position horizontale du corps conserve mieux les aplombs des membres et maintient les organes intérieurs dans la situation la plus favorable.

En dépit des meilleurs soins hygiéniques, une maladie contagieuse des poumons, la *péripneumonie*, a causé, dans ces derniers temps, d'affreux ravages sur les animaux d'espèce bovine. Partout où existe ce mal dangereux, nous conseillons d'en faire inoculer le virus sur la queue des bêtes à cornes en bonne santé. On obtient le liquide qui sert à cette inoculation, en pressant entre les mains des morceaux de poumon pris à un animal mort de la péripneumonie, ou mieux, tué pendant la première période de la maladie. Par ce moyen, pratiqué aujourd'hui avec le plus grand succès en Belgique et dans le nord de la France, on détermine une inflammation facile à guérir, qui prévient la péripneumonie.

Une autre maladie gangréneuse et contagieuse, le *charbon*, fait subir aussi trop souvent des pertes considérables, non-seulement sur le bétail à cornes, mais encore sur toute espèce d'animaux domestiques. Ce mal peut être conjuré par des soins appliqués à temps. Avant que l'animal ait perdu l'appétit, instant auquel il n'y aurait plus de remède, on aperçoit une tumeur au poitrail, à la partie interne des jambes ou sur les reins. La peau qui couvre cette tumeur est comme parcheminée; si on y donne un coup de canif, il en coule un sang très-noir, virus dangereux dont une goutte sur la moindre coupure communique le charbon à l'homme. Sans perdre un moment, le père de famille met l'animal à part, s'enveloppe la main de linges, afin que le virus ne puisse le toucher; puis il incise la tumeur sur tous les points; ensuite il la lave avec du vinaigre fortement salé. Enfin il purifie l'étable de la manière suivante :

Le bétail est mis dehors; le fumier enlevé; le sol et les murs lavés à l'eau de chaux; après avoir bien fermé portes et fenêtres, on met dans un vase de terre, au-dessus d'un fourneau allumé, 750 grammes de sel de cuisine, 250 grammes de peroxyde de manganèse, 500 grammes d'acide sulfurique et une égale quantité d'eau. De ce mélange il se dégage une grande quantité de gaz chlore, qui détruit tous les miasmes délétères, mais qu'il faut bien se garder de respirer. Au bout de deux à trois heures de fumigation, on peut ouvrir l'étable et faire rentrer le bétail. Ce procédé doit être employé à l'apparition de toute maladie contagieuse. Quant aux sujets morts de ces maladies, il faut les enterrer de suite profondément et ne pas les traîner, mais les charrier jusqu'au lieu de l'enfouissement. D'un autre côté, c'est avec une extrême prudence qu'on doit acheter des sujets d'origine inconnue ou provenant d'une localité empestée. Enfin, il convient d'appeler un habile vétérinaire, aussitôt qu'il se manifeste quelques symptômes inquiétants. Le traitement des animaux constitue une spécialité que le cultivateur ne peut posséder à fond. Ici nous n'entretiendrons nos lecteurs que des maladies qui réclament immédiatement les soins du père de famille, et nous renvoyons pour des études plus complètes aux traités des bons auteurs, tels que MM. Magne, Huzard, Delafond, Henri Bouley, etc.

CHAPITRE XIII

ENGRAISSEMENT DES ANIMAUX D'ESPÈCE BOVINE.

« Celui qui soigne son bétail soigne sa bourse. »
JACQUES BUJAULT.

On engraisse les veaux avec du lait, dont on augmente graduellement la ration, de sorte qu'ils en viennent à consommer par jour jusqu'à 30 ou 40 litres.

En quelques pays, les veaux le prennent directement au pis des vaches, et souvent deux ou trois mères sont tetées à la fois par un seul sujet. Ailleurs, et c'est la meilleure méthode, on fait boire le lait dans un seau; au bout d'une dizaine de jours, on y ajoute une poignée de farine; puis une plus forte ration, et cela en raison de l'appétit du veau. Un peu de sel, de craie pulvérisée, d'eau-de-vie, de décoction de têtes de pavot, le tout mélangé avec le lait, sont aussi du meilleur effet. Enfin, on active l'engraissement, en faisant avaler à l'animal des œufs qu'on lui casse dans la bouche. Il les avale avec la coquille.

Quelquefois, le succès de l'opération se trouve compromis par de violentes diarrhées. En Picardie, pour les prévenir, on fait boire aux veaux de l'eau sucrée dès les premiers jours de leur vie. D'après la recette indiquée par Thaër, nous avons guéri cette affection avec une cuillerée d'eau-de-vie contenant 15 gouttes de laudanum. C'est dans les pays privés de calcaire que les veaux y sont le plus exposés. Nous en concluons que le mélange d'un peu de poudre crayeuse avec le lait doit être excellent.

Afin que les veaux ne puissent sucer en dehors des repas, on leur attache au museau un petit panier. De plus, il faut les tenir chaudement, à l'obscurité, sur une litière très-propre et dans le repos le plus absolu. A la fin de l'engraissement, ils ont le poil terne, hérissé, facile à arracher, les muqueuses d'un blanc mat. Dans cet état, ils ne pourraient vivre, tant leur sang se trouve appauvri. Ils rendent d'ordinaire, à l'âge de six semaines à deux mois, 1 kilo. de viande, pour 10 à 12 litres de lait consommé. Passé cet âge, ils produisent moins, proportionnellement à la dépense. Plus ils sont gros au moment de leur naissance, plus leur engraissement est avantageux. Sous ce rapport, on estime en première ligne ceux des races schwitz, suisse-bigarrée et durham.

L'engraissement des bœufs présente deux spéculations: 1° engraissement de jeunes animaux exclusivement élevés pour la boucherie et tués à l'âge de trois à quatre ans; 2° engraissement de bœufs, de taureaux et de vaches qui ont d'abord servi au travail ou à la reproduction.

L'engraissement des jeunes animaux n'est profitable que si l'on opère sur des sujets de races précoces, en leur donnant à discrétion des aliments variés et de la meilleure qualité possible.

Pour qu'on ne puisse se méprendre sur la nature de ce régime, voici le tableau de la consommation d'un bœuf demi-sang Durham, qui, élevé et engraissé à la vacherie du Pin en 1852 et 1853, pesait en vie à l'âge de trois ans 640 kilo., rendit pour 100 parties de poids brut, 68,75 de chair, 10,78 de suif, et dont la viande contenait, pour 100 parties, 36 de première qualité:

Lait	1,680	litres.
Foin de pré	3,439	kilo.
Fourrage vert	11,615	—
Racines	7,050	litres.
Avoine	214	—
Criblures de blé	72	—
Farine d'orge	4,467	—
Farine de pois	74	—
Son de blé	397	kilo.
Tourteau de lin	275	—
Paille	3,084	—
Herbage de 1re qualité		

L'organisation d'un tel régime n'est possible qu'avec une agriculture avancée. Elle se fait en Angleterre sur une grande échelle. Mais en France, faute de pouvoir procurer aux jeunes élèves des aliments assez nutritifs, on n'engraisse généralement les bœufs et les vaches qu'après s'en être servis pour le travail ou la reproduction. L'âge le plus favorable est celui auquel ils ont atteint toute leur croissance: — cinq à six ans pour les races moins tardives, telles que normande, flamande, garonnaise; — sept à huit ans pour les plus lentes à se développer, aubrac, gasconne, béarnaise, limousine, morvandelle, etc. Entre douze et quinze ans, l'engraissement devient difficile.

Pour réussir dans cette spéculation, le premier point est de savoir bien vendre et bien acheter. En général, on ne doit pas prendre des sujets âgés ou épuisés, soit par fatigue, soit par mauvais régime; car la maigreur extrême est une véritable maladie dont il faut commencer par les guérir à force de nourriture. Au contraire, les animaux encore jeunes et en bon état, ont, pour l'engrais, une valeur toute particulière. La souplesse de la peau, la finesse des os, certaine mollesse des chairs, des pelotes de graisse aux points connus sous le nom de *maniements*, dénotent l'aptitude à l'engraissement.

Ce n'est pas tout: il faut déterminer, à quelques kilogrammes près, le poids des animaux et leur rendement en chair et en suif. Sur ce point, les bouchers acquièrent une grande habileté. De son côté, le cultivateur doit saisir toute occasion de vérifier, au moyen de pesées, les appréciations qu'il a pu faire. A cet effet, rien de mieux que d'avoir une forte bascule, ainsi que nous l'avons déjà conseillé. Connaissant le poids vif, on calcule celui de la viande d'après cette donnée, qu'un bœuf de la plupart des races françaises, parvenu à un engraissement ordinaire, rend, pour 100 parties, 55 de chair et 9 de suif; que, du reste, cette proportion augmente ou diminue suivant l'état de graisse du sujet.

Mathieu de Dombasle a découvert un rapport remarquable entre le poids d'un bœuf et la circonférence du thorax. Si cette mesure est de 1 mètre 81, l'animal porte 175 kilo. de chair nette, et pour toute autre dimension, le poids de la chair est à 175, comme le cube de la mesure du thorax est à celui de 1,81. Nous présentons ci-dessous un tableau que de nombreuses expériences avaient fait établir à Roville, avant que ce rapport ait été découvert. Tous les chiffres s'y sont trouvés conformes à quelques fractions près.

Mesure du thorax.	Poids de la chair.
1m,810	175 kil.
1m,893	200 —
1m,965	225 —
2m,036	250 —
2m,105	275 —
2m,170	300 —
2m,231	325 —
2m,290	350 —

Le second tableau, dû à un habile cultivateur du Loiret, M. Parant, concerne spécialement les veaux, pour lesquels ce mode d'appréciation a un degré d'exactitude tout particulier, attendu que, plus l'animal est petit, plus il est aisé d'en bien prendre la mesure, et moins les erreurs commises affectent le résultat :

MESURE du thorax	POIDS du veau.	MESURE du thorax	POIDS du veau.	MESURE du thorax	POIDS du veau.
Mèt.	Kil.	Mèt.	Kil.	Mèt.	Kil.
0,81	18,40	0,92	28,70	1,03	38,60
0,82	19,30	0,93	29,50	1,04	39,60
0,83	20,30	0,94	30,50	1,05	40,60
0,84	21,30	0,95	31,40	1,06	41,60
0,85	22,20	0,96	32,20	1,07	42,50
0,86	23,10	0,97	33,00	1,08	43,50
0,87	24,00	0,98	33,90	1,09	44,50
0,88	25,00	0,99	34,60	1,10	45,60
0,89	25,90	1,00	35,30	1,11	46,70
0,90	26,80	1,01	36,50	1,12	47,80
0,91	27,70	1,02	37,70	1,13	48,90

On vend dans les magasins du matériel perfectionné, des *cordons Dombasle*, sur lesquels sont marqués les rendements correspondants aux différentes mesures. Voici la manière de s'en servir : au moment où l'animal tient les jambes parallèles et la tête dans la position ordinaire, on applique avec la main droite, au sommet de l'épaule, l'extrémité de la partie du cordon qui n'est pas graduée ; avec la main gauche, on passe l'autre extrémité entre les deux jambes du sujet, et on la fait revenir en avant du poitrail. Un aide la saisit, applique le cordon le long de l'omoplate, du côté opposé à celui où se trouve l'observateur, et le rend à ce dernier, qui, sans trop le tirer, le croise avec l'autre extrémité sur le sommet de l'épaule; on obtient ainsi la mesure cherchée. Pour plus d'exactitude, on prend une seconde mesure en sens inverse de la première, de sorte que, si on avait fait passer le cordon en arrière de la jambe droite et en avant de la gauche, on le conduit cette fois en avant de la droite et en arrière de la gauche. On calcule ensuite sur la moyenne de ces deux mesures. Pour peu que l'animal remue, on recommence l'opération.

En Angleterre, le corps d'un bœuf est considéré comme un cylindre dont on mesure la circonférence en arrière des omoplates, et la longueur, sur le dos, depuis la naissance du cou jusqu'à une perpendiculaire touchant la partie postérieure des cuisses; ce cylindre pèse par décimètre cube 513 grammes. En Belgique, d'après les études de M. Quételet, de l'Académie des sciences de Bruxelles, on admet que l'animal pèse en vie autant qu'un cylindre d'eau d'une circonférence égale au contour du tronc pris derrière les jambes de devant, et ayant en longueur les 11/10 de celle du corps, depuis la naissance du cou jusqu'à la perpendiculaire qui passe à la partie postérieure des cuisses. Ces rapports diffèrent nécessairement suivant les races, et ils ne peuvent être considérés comme étant toujours d'une extrême exactitude.

Les bouchers disent qu'ils doivent avoir pour profit ce qui n'est pas chair, c'est-à-dire, la peau, le suif et les issues, et c'est là-dessus qu'ils prétendent régler le prix de l'animal. Aussi, les voit-on toujours exciter à produire des bœufs qui aient peu de chair relativement à la peau et à la graisse intérieure. Là où le kilo. de cuir se paie plus que celui de viande, ils font peu de cas des animaux à peau fine. Ailleurs, ils proposent d'établir des primes en faveur de ceux qui rendent le plus de suif. Partout, ils préfèrent les bestiaux âgés, parce qu'en général ces derniers ont plus de graisse intérieure. Il faut prendre garde à ces tendances, qui ne sont nullement favorables aux intérêts de l'agriculture.

Le bétail à cornes peut être engraissé soit à l'étable, soit dans d'excellentes pâtures encloses où il reste nuit et jour. On reconnaît en Normandie qu'il faut un hectare des meilleurs herbages pour engraisser, en trois ou quatre mois, deux bœufs de taille moyenne. Dans un bon pâturage des environs de Dunkerque, dit M. Lefour, une vache de 450 kilo. (poids vif) atteint en cinq mois 600 kilo. sur une étendue de 40 à 50 ares. Pour un bœuf, on compte en moyenne, ajoute le même auteur, 70 à 80 ares. La chair, ainsi produite, est de qualité supérieure.

Pour l'engraissement à l'étable, nous rappelons les points indiqués déjà et qui sont la base de toute opération analogue. — Abondance et variété d'aliments. — Régime substantiel et peu délayé. — Excellent effet des matières grasses, tourteaux, farine de graine de lin. — Effet puissant de toute substance fermentée. — Emploi utile de l'eau-de-vie vers la fin de l'opération. — Nécessité de diminuer le volume et d'augmenter la valeur nutritive des rations, à mesure qu'on avance dans l'engraissement. — Distribution régulière et faite par petites portions, de manière à bien soutenir l'appétit. En certains lieux, un enfant présente par bouchées la nourriture aux bœufs d'engrais, et il accompagne ce service d'un chant qui les excite à manger. — Calme, propreté, obscurité, atmosphère chaude. — Étrillage fréquent, afin que la transpiration insensible soit très-active. Les engraisseurs les plus habiles rasent l'animal et l'enferment, sans l'attacher, dans une étable de 2 mètres 60 à 3 mètres carrés. On lui administre, de temps en temps, avec succès, de la fleur de soufre; il convient aussi de le saigner légèrement, non pas au commencement de l'opération, mais vers la fin, pour prévenir les congestions cérébrales que l'excès de nourriture cause quelquefois.

En général, il n'est pas avantageux de pousser les bœufs jusqu'au *fin gras;* car l'augmentation journalière diminue avant qu'on y soit parvenu, et à la fin de l'engraissement, c'est surtout le suif intérieur qui s'accroît, ce dont le boucher profite plus que le cultivateur.

L'opération, bien conduite, dure trois mois et procure un kilo. de chair pour 10 kilo. de foin ou pour une quantité correspondante d'autres aliments. Donnés à de très-bonnes vaches laitières, ces 10 kilo. produiraient, d'un bout de l'année à l'autre, 8 litres de lait. Si l'on cote chacun de ceux-ci à 12 centimes 1/2 et le kilo. de viande à 1 franc, le profit se trouve le même. Mais le fumier des animaux engraissés est meilleur que celui des vaches.

En bonne règle, les taureaux ne doivent pas être conservés comme reproducteurs, passé l'âge auquel ils ont atteint toute leur croissance. De cette manière, leur service coûte peu, puisqu'ils l'ont fourni tout en grandissant. Pour les bien engraisser, on commence par les castrer, opération qui se fait sans danger d'après la méthode déjà décrite. Quant aux vaches, on ne les engraisse facilement que dans l'état de gestation, du premier au sixième mois; plus tard, le fétus absorberait, en pure perte, une grande partie des sucs alimentaires. Chez les cultivateurs qui approvisionnent les laiteries urbaines, cet engraissement peut se combiner de la manière suivante avec la production du lait : lorsque la vache se trouve à son maximum de produit, on la rend stérile en lui enlevant les ovaires, d'après le procédé découvert par M. Charlier, vétérinaire à Reims. L'opération n'est pas dangereuse, pourvu que la vache ne soit ni souffrante, ni pleine; que, si elle a été en chaleur, cet état soit passé depuis au moins huit à dix jours; qu'elle se trouve à jeun depuis douze heures et qu'elle soit complétement traite. Les femelles, opérées dans ces conditions, conservent pendant un an toutes leurs facultés laitières. Puis, leur lait diminue lentement, et elles engraissent de manière à pouvoir être livrées à la boucherie un ou deux ans après.

On lit dans le *Talmud* que, lors de la captivité d'Égypte, Moïse défendit aux Hébreux d'acheter des vaches ainsi traitées, parce qu'incapables de concevoir, elles n'étaient pas propres aux sacrifices.

CHAPITRE XIV.

TRAVAIL DE L'ESPÈCE BOVINE; MODES D'ATTELAGE; CONDUITE.

« Le bœuf est le compagnon le plus laborieux « de l'homme. »

PLINE.

Le mode d'attelage le plus anciennement usité pour l'espèce bovine consiste à réunir deux animaux sous un *joug*, pièce de bois qu'on place sur leur tête en arrière des cornes et qu'on attache au front par une courroie. Dans la partie qui sépare les animaux ainsi accouplés, cette pièce est percée par un trou ou munie d'un anneau de fer, dans lequel on fixe par une cheville l'objet destiné à être traîné.

Les meilleurs jougs sont taillés d'après la forme de la tête, et ils s'emboîtent sur elle de manière à ne pas vaciller. La courroie doit avoir au moins 5 centimètres de large, faire plusieurs tours sur le front et presser seulement sur le haut de la tête. Si, malgré ces précautions, elle blesse l'animal, on place en dessous un coussin léger. Quant à l'anneau dans lequel on introduit le timon de voiture ou la haie de charrue, il faut qu'au moyen de chevilles on puisse le rapprocher de l'un ou de l'autre bœuf, afin que le plus faible ait l'avantage d'un levier plus long et que leurs forces soient équilibrées.

Dans le nord de la France, le joug est placé, non sur la tête, mais sur le col, et se trouve fixé par deux *arcelets*, petits arcs de fer ou de bois flexible qui entourent l'encolure et dont les extrémités traversent le joug.

Le joug de la tête convient aux bœufs bas sur jambes, à front large, à cou gros et court. L'autre est mieux approprié aux races qui ont les membres élevés, l'encolure mince et allongée.

Accouplés sous le joug, les bœufs sont faciles à conduire. Pour les diriger à droite ou à gauche, il suffit de piquer celui qui se trouve du côté opposé au lieu vers lequel on veut aller. En accélérant son pas, l'animal stimulé oblige l'autre à faire conversion, et lui-même il ne peut s'empêcher de tourner. On dresse sans peine un jeune bœuf, en le mettant, sous un joug triple, entre deux animaux exercés. A défaut de semblable appareil, on réunit sous un joug ordinaire deux bœufs encore novices; d'abord, on les habitue simplement à marcher ainsi; puis, on attache au joug un fardeau léger, dont on augmente progressivement la pesanteur. Lorsqu'ils résistent, on les flatte plutôt que de les maltraiter, et s'ils se couchent, on les laisse seuls. La faim et l'ennui les excitent bientôt à se lever.

Pour utiliser les forces d'un bœuf isolé, on fixe à sa tête par une courroie, ou à son cou par un arcelet, une pièce de bois des deux extrémités de laquelle partent des traits flexibles. Attelés de cette manière, les bœufs ont les mouvements très-libres, de sorte qu'il faut, pour les conduire, leur mettre à la tête un licol de cuir muni, dans la partie qui s'applique sur le nez, d'une bande de tôle dont les bords sont limés en dents de scie.

Ces différents modes d'attelage sont économiques; mais ils présentent l'inconvénient de concentrer la pression sur des parties du corps peu étendues; ce qui cause souvent de graves foulures. Le mieux est donc d'atteler les bœufs, comme les chevaux, au moyen de colliers qui s'appliquent sur les omoplates. Composés de deux *attelles* ou pièces de bois arquées suivant la forme du cou, ces colliers sont munis de coussins sur toute leur longueur, et ils se ferment en bas au moyen d'une agrafe en fer, ou bien en haut, par une courroie. Il convient que les crochets auxquels les traits sont fixés, partent du milieu de l'attelle et que, le long des côtés, les traits soient munis de fourreaux en cuir destinés à prévenir tout frottement douloureux. Ces fourreaux correspondent l'un à l'autre par deux courroies qui passent, — la *dossière*, au-dessus du dos, — la *sous-ventrière*, en dessous du ventre. Au moyen de boucles, on les serre à volonté, ce qui permet de faire tomber les traits sur l'attelle suivant la direction perpendiculaire, celle que les règles de la statique indiquent comme la meilleure.

Munis de bons colliers, les bœufs ne se foulent jamais, et supportent un travail plus soutenu que lorsqu'ils sont attelés au joug. De plus, on peut les employer isolément, tout aussi bien qu'accouplés. On les dirige au moyen des brides déjà décrites. Pour les dresser, on leur met le collier dans l'étable même, et au moyen d'un palonnier, on attache leurs traits à une corde qui passe au-dessus d'une poulie pendue au plafond. Cette corde est terminée par un poids de 5 à 6 kilo.. Lorsque le bœuf s'approche du râtelier pour manger, il tire le palonnier, la corde et le poids, et s'habitue ainsi naturellement à s'appuyer sur le collier.

On ne doit jamais brutaliser les animaux d'espèce bovine; car ils se troublent promptement. D'un autre côté, il faut sans cesse les stimuler, de peur qu'ils ne prennent des allures très-lentes. Columelle prescrit avec raison de ne pas les laisser, dans un labour, s'arrêter autre part qu'à l'extrémité des sillons, afin que, désireux de parvenir au repos, ils s'accoutument à se presser. Dans le Midi, on les couvre en été d'une toile blanche; par la grande chaleur, ce soin devrait toujours être considéré comme indispensable. S'ils fréquentent des chemins caillouteux, il faut en outre leur solidifier le pied au moyen d'une plaque de fer clouée au bord extérieur de chaque onglon et fixée au bord interne par une languette flexible qu'on plie par-dessus l'onglon.

On n'a nul intérêt à faire travailler les bœufs jusqu'à la période de caducité, qui commence vers l'âge de douze ans; et c'est lorsqu'ils grandissent encore qu'ils exécutent les ouvrages au meilleur compte, puisque, tout en traînant la charrue, ils augmentent de valeur. Dans le cours de leur laborieuse carrière, la plupart sont vendus plusieurs fois. L'éleveur d'Auvergne et autres contrées à vastes pâturages les fait naître, les nourrit quelques mois et les cède à des marchands. Ceux-ci les vendent à de petits cultivateurs, qui les dressent l'année suivante et les attellent plusieurs ensemble. A quatre ou cinq ans, ces mêmes animaux exécutent, dans des exploitations plus étendues, des ouvrages plus rudes. A l'âge de sept, huit ou neuf ans, ils passent chez l'engraisseur, puis à l'abattoir. Ce commerce les éloigne souvent beaucoup du pays natal.

Les vaches des meilleures races de trait travaillent avec énergie; aussi les attelle-t-on pour la plupart. Quant aux femelles des variétés laitières, leur produit principal, ainsi que nous l'avons dit ailleurs, serait compromis pour peu qu'on les fatiguât. Attelées cependant trois ou quatre heures par jour, lorsqu'elles ne sont ni très-nouvelles à lait, ni au dernier terme de leur gestation, elles peuvent rendre quelques services au petit cultivateur qui les conduit lui-même. En général, il ne faut pas les confier à des serviteurs.

Personne n'ignore que les taureaux sont souvent dangereux. La fatigue du travail les adoucit singulièrement, et ils déploient une force supérieure à celle des bœufs. Cependant on les emploie rarement, parce qu'à raison de la médiocre qualité de leur chair, on a peu d'intérêt à les multiplier.

Pour les dompter, on leur passe à travers la cloison intérieure du nez un anneau de fer analogue aux boucles d'oreilles. Aussitôt introduit, cet anneau est rivé; puis, au lieu de le laisser pendre, on le relève au moyen d'une courroie qui entoure le sommet de la tête à la base des cornes. Pris par l'anneau ou par la courroie, l'animal le plus fort ne peut résister. Sans être pourvus de cet appareil, les taureaux sont conduits facilement au moyen d'une *mouchette*, pince de fer à ressort avec les extrémités de laquelle on saisit la cloison nasale. A l'égard de ces animaux, plus encore que vis-à-vis des bœufs, la douceur, la fermeté, la prudence, sont indispensables.

CHAPITRE XV

DU LAIT.

« Diminue le nombre de tes vaches,
« tu auras plus de lait. »
Ancien proverbe.

Pour faire pressentir aux Israélites la richesse du pays de Chanaan, Dieu l'appelait une terre *où coule le lait et le miel*. Le *lait*, voilà donc un des plus excellents produits de l'agriculture.

Il se compose : 1° d'une partie grasse ou *butyreuse*, la *crème*, avec laquelle on fait le beurre. Cette partie s'amasse à la surface du liquide par l'effet d'une décomposition qui dure de quarante-huit à soixante-douze heures, et qui commence aussitôt après la traite;

2° D'une partie *caséeuse*, substance du fromage, qui se caille au-dessous de la crème, de vingt-quatre à trente-six heures après la traite;

3° D'une partie *aqueuse* ou *séreuse*, dite *petit-lait*, qui s'égoutte du caillé;

4° D'une certaine quantité de sucre, qui reste en dissolution dans le petit-lait.

Analyses comparées du lait de vache, de chèvre et de brebis.

	EAU.	PARTIE CASÉEUSE et sels insolubles	PARTIE butyreuse.	SUCRE et sels solubles.
Lait de vache, moyenne de 12 analyses faites par M. Boussingault..	87 40	3 60	4 »	5 »
Lait de brebis, analysé par M. Payen....................	82 »	8 »	6 50	4 50
Lait de chèvre, analysé par M. Payen....................	85 60	4 50	4 10	5 50

Sur 100 parties, le lait de vache contient 2 1/2 à 6 1/2 de matière grasse, 3 à 6 de substance caséeuse, 4 à 6 de sucre, 83 à 90 de partie aqueuse.

Ces variétés de composition tiennent à plusieurs causes; d'abord à la race. Le lait des vaches bretonnes et normandes, par exemple, est plus butyreux que celui des flamandes et des hollandaises. Dans chaque race, on remarque aussi de grandes différences d'individu à individu. En avançant en âge, toutes les vaches donnent un lait de plus en plus riche. Pendant deux ou trois jours, à partir de la mise bas, le lait est purgatif et peu caséeux ; alors, il convient au jeune animal, mais nullement aux usages de la laiterie ; ensuite, plus on s'éloigne de l'instant du part, plus il devient butyreux. A chaque traite, le dernier tiré contient jusqu'à dix fois plus de parties grasses que le premier. La nourriture a aussi sa part d'influence. On s'explique ainsi pourquoi certains beurres et certains fromages de qualité exceptionnelle ne peuvent être fabriqués partout. Comme nous l'avons déjà fait observer, le lait des animaux soumis au régime de la stabulation est moins bon que celui des vaches qui pâturent. Le meilleur lait d'étable résulte de la consommation des fourrages verts artificiels, spergule, trèfle, sainfoin, luzerne, lupuline, vesce, pois. Enfin, toutes choses égales d'ailleurs, plus le climat est chaud, moins le lait est aqueux.

Lorsqu'il est vendu en nature, on s'attache surtout à l'abondance ; mais si on le convertit en fromage ou en beurre, on doit tenir beaucoup à la qualité. Il faut, en moyenne, pour produire un litre de crème, sept à dix litres de lait ; pour un kilo. de beurre, vingt à vingt-cinq litres de lait ; pour un kilo. de fromage, huit litres de lait non écrémé ou dix litres de lait écrémé.

De temps en temps, tout cultivateur devrait se rendre compte de la richesse butyreuse du lait de chacune de ses vaches. On emploie pour cette analyse des tubes de verre gradués (*lactomètres*), hauts de 16 à 17 centimètres, larges de 4 et se tenant perpendiculairement sur leur base. On emplit ces tubes avec du lait, et par la hauteur de crème qui s'amasse, on juge de la valeur du liquide placé dans chaque éprouvette.

BEURRE.

A peine connu des Romains et des Grecs, le beurre est la graisse que, de toute antiquité, les peuples septentrionaux préfèrent pour l'assaisonnement des mets. Encore aujourd'hui, on en consomme beaucoup plus dans le nord de la France que dans le midi. Quant aux fromages, dès les temps les plus reculés, la plupart des peuples en ont fait usage. Homère ne nous montre-t-il pas, sous les rochers de Polyphème, tout l'attirail d'une fromagerie : caillé qui s'égoutte, clayons chargés de fromages, vases remplis de petit-lait ; le cyclope occupé lui-même à faire coaguler une portion du liquide qu'il vient de recueillir ?

Le beurre se forme par l'action de l'oxygène de l'air sur la partie crémeuse du lait, action qu'on détermine dans la *baratte* au moyen d'un battage énergique. Il existe plusieurs modes de fabrication.

A Isigny, en Normandie, on laisse monter la crème ; et, sans attendre que le lait s'aigrisse et se coagule, on la sépare, soit en l'enlevant avec une écumoire en fer-blanc, soit en faisant couler le lait par une ouverture pratiquée au bas des vases. Auparavant, on enfonce un couteau dans la crème, et si le lait ne revient pas à la surface dans la cavité ainsi faite, on reconnaît que l'instant d'écrémer est venu. Les ménagères les plus soigneuses font battre le beurre sur-le-champ. Ici, tous les soins doivent se réunir pour prévenir l'aigreur. On choisit comme laiterie un lieu très-sain, conservant une température égale de 12 à 14 degrés au-dessus de zéro. Les vases sont tenus avec la plus extrême propreté ; enfin, pour que la crème monte vite, on met le lait dans des terrines peu profondes. C'est ainsi qu'on obtient des beurres très-bons.

Une méthode plus vulgaire consiste à séparer et à battre la crème, sans chercher, par les soins ci-dessus indiqués, à prévenir l'acidité. Le beurre s'obtient plus facilement, car la présence d'un principe acide aide à sa formation, mais il n'a pas ce goût agréable qui lui donne un prix supérieur.

Dans les circonstances ordinaires, toute la crème n'a pas le temps de s'amasser avant la coagulation, de sorte qu'il en reste dans le caillé. Afin d'éviter cette déperdition de parties grasses, on peut activer l'ascension de la crème, lorsqu'elle commence, en mettant les vases remplis de lait dans de l'eau tiède ou sur des cendres chaudes, de manière à les échauffer jusqu'à 60 ou 75 degrés ; mais on se garde de les agiter, tout mouvement étant contraire au résultat qu'on veut obtenir. Ce procédé est très-usité en Limousin. On peut aussi mettre dans le lait, aussitôt après la traite, une certaine quantité de bicarbonate de soude (un gramme par litre). Le liquide qui, sans cette addition, se coagulerait vingt-quatre à trente-six heures après la traite, reste cinq jours au moins sans se cailler, temps suffisant pour que la crème monte tout à fait. Ce mélange doit encore être conseillé, lorsqu'on vend le lait en nature et qu'il faut le transporter au loin.

Un dernier procédé consiste à soumettre au battage la masse entière du liquide, soit après qu'il s'est aigri et caillé, comme on le fait en Flandre, soit im-

Pl. 1.

DESSINÉ PAR IS. BONHEUR — IMPRIMERIE J. CLAYE — GRAVÉ PAR A. LAVIEILLE

RACE FLAMANDE

Pl. 2.

DESSINÉ PAR IS. BONHEUR — IMPRIMERIE J. CLAYE — GRAVÉ PAR A. LAVIEILLE

RACE NORMANDE COTENTINE

Pl. 3.

DESSINÉ PAR IS. BONHEUR — IMPRIMERIE J. CLAYE — GRAVÉ PAR A. LAVIEILLE

RACE BRETONNE

Pl. 4.

DESSINÉ PAR IS. BONHEUR — IMPRIMERIE J. CLAYE — GRAVÉ PAR A. LAVIEILLE

RACE PARTHENAISE

JEUNE TAUREAU — VACHE

Pl. 5.

DESSINÉ PAR IS. BONHEUR — IMPRIMERIE J. CLAYE — GRAVÉ PAR A. LAVIEILLE

PETITE RACE MANCELLE

JEUNE TAUREAU — VACHE

Pl. 6.

DESSINÉ PAR IS. BONHEUR | IMPRIMERIE J. CLAYE | GRAVÉ PAR A. LAVIEILLE

RACE GARONNAISE

Pl. 7.

DESSINÉ PAR IS. BONDEUR — IMPRIMERIE J. CLAYE — GRAVÉ PAR A. LAVIEILLE

RACES DES PYRÉNÉES

VACHE BÉARNAISE — TAUREAU GASCON

Pl. 8.

DESSINÉ PAR IS. BONHEUR — IMPRIMERIE J. CLAYE — GRAVÉ PAR A. LAVIEILLE

RACE AUVERGNATE DE SALERS

Pl. 9.

DESSINÉ PAR IS. BONHEUR — IMPRIMERIE J. CLAYE — GRAVÉ PAR A. LAVIEILLE

RACE CHAROLLAISE

VACHE ET TAUREAU DE RACE CHAROLLAISE AMÉLIORÉE

Pl. 10.

DESSINÉ PAR IS. BONHEUR. IMPRIMERIE J. CLAYE GRAVÉ PAR A. LAVIEILLE

RACE COMTOISE FÉMELINE

Pl. 11.

DESSINÉ PAR IS. BONHEUR — IMPRIMERIE J. CLAYE — GRAVÉ PAR A. LAVIEILLE.

GRANDE RACE MANCELLE ET RACE DES VOSGES

VACHE MANCELLE — TAUREAU NOIR DES VOSGES

Pl. 12.

DESSINÉ PAR IS. BONHEUR — IMPRIMERIE J. CLAYE — GRAVÉ PAR A. LAVIEILLE

RACE ALSACIENNE

TAUREAU ET GÉNISSE RACE ALSACIENNE DE BOUCQUENOM

Pl. 13.

DESSINÉ PAR IS. BONHEUR — IMPRIMERIE J. CLAYE — GRAVÉ PAR A. LAVIEILLE

RACE COMTOISE SUISSE

Pl. 14.

DESSINÉ PAR IS. BONHEUR — IMPRIMERIE J. CLAYE — GRAVÉ PAR A. LAVIEILLE

RACE SUISSE DE SCHWITZ

Pl. 15.

DESSINÉ PAR IS. BONHEUR — IMPRIMERIE J. CLAYE — GRAVÉ PAR A. LAVIEILLE

RACE HOLLANDAISE

Pl. 16.

DESSINÉ PAR IS. BONHEUR — IMPRIMERIE J. CLAYE — GRAVÉ PAR A. LAVIEILLE

RACE ANGLAISE DURHAM

médiatement après la traite. Dans le premier cas, le lait rend tout le beurre qu'il peut contenir ; dans le second, il en retient une certaine quantité, mais celui qu'on obtient est d'une qualité supérieure. C'est par ce dernier procédé, usité en Bretagne, que se fait, près de Rennes, l'excellent beurre de la Prévalaye. Autre avantage : le lait, battu frais, peut encore servir aux usages culinaires.

Pour cette fabrication, une des meilleures barattes est celle qu'a inventée, en Suède, M. de Stiernsvärd. Cette machine, que M. Girard fabrique à Paris, se compose d'un cylindre métallique où l'on met le lait et dans lequel deux ailes percées de trous se meuvent autour d'un axe vertical. Creux et ouvert par en haut, cet axe aboutit en bas à une roue horizontale dont les aubes courbes sont placées de telle sorte que, lors de la rotation, il se produit, par un effet de la force centrifuge, un vide qui attire l'air, le fait descendre au travers de l'axe central et le jette dans le liquide en mouvement. Une manivelle munie d'engrenages met la machine en action avec rapidité. Il importe de battre la crème à 16 ou 17 degrés de chaleur, le lait à 19 ou 20. Lors des expériences faites sur la baratte suédoise, à l'Exposition universelle de 1855, on obtenait le beurre en quatre minutes et demie, lorsque le lait était à 19 degrés ; refroidi seulement de 5 degrés, il fallait huit fois plus de temps. Pour obtenir la température la plus favorable, on met, suivant le besoin, de l'eau froide ou de l'eau chaude dans le réservoir placé au bas de la baratte.

On ne doit pas cesser d'agiter la crème ou le lait par un mouvement régulier. Si la formation du beurre tarde trop, il est bon d'introduire dans la baratte une substance acide, par exemple, un peu de lait aigri ou de vinaigre. Lorsque la masse butyreuse est formée, on la pétrit pour la séparer du *lait de beurre*, qui constitue, en plusieurs pays, l'un des principaux aliments des populations rurales. Puis, on épure le beurre, soit en le lavant à grande eau et en le pressant avec les mains, soit en le divisant à sec avec un couteau de bois. Ce dernier procédé lui conserve tout son arome, tandis que le lavage le fait disparaître. Afin que, dans le nettoyage à sec, le beurre ne colle pas, on se lave préalablement les mains avec une décoction d'orties et de cendre tamisée, dont on se sert aussi pour humecter les ustensiles.

Il est facile de donner au beurre une belle couleur jaune, en mêlant avec la crème soit du jus de carottes, soit une forte décoction de fleurs de souci ou de safran.

Le beurre est vendu frais, salé ou fondu. La fonte s'effectue sur un feu doux. L'ébullition amène à la surface, sous forme d'écume que l'on enlève, toutes les parties étrangères qui pourraient le corrompre. Pour le saler, on le divise au moyen de couteaux de bois, et l'on incorpore avec toute la masse du sel séché et pulvérisé. Le beurre est placé ensuite dans des vases de terre et recouvert de sel. Si un vide se produit contre les parois, on y verse de l'eau très-salée.

FROMAGES.

La manière la plus simple de faire le fromage consiste à laisser le lait se cailler naturellement. Puis, on le met, après l'avoir écrémé, dans un moule percé de trous par lesquels s'échappe la sérosité. En s'égouttant, le caillé prend de la consistance et finit par former une masse blanche.

On peut déterminer la coagulation du lait avant que la crème soit montée en tout ou partie. Dans ce cas, le fromage contient une certaine quantité de parties butyreuses. On dit qu'il est *gras*, *demi-gras* ou *maigre*, suivant qu'il a été fait avec du lait non écrémé, à moitié écrémé ou complétement écrémé. Pour confectionner certains fromages, que l'on nomme *sur-gras*, on ajoute de la crème à du lait non écrémé.

La coagulation est retardée par les alcalis et activée par les acides, surtout par les sucs gastriques des jeunes animaux. Aussi emploie-t-on, dans la fabrication des fromages, la *caillette* ou quatrième estomac des veaux, que l'on prépare souvent de la manière suivante : On ouvre ce viscère, on le lave et on sale le lait caillé qui s'y trouvait. On lave et on sale également la caillette ; après y avoir replacé le caillé, on la coud, puis on la met dans une forte saumure. Au bout de huit jours, on la suspend au sec. Six mois après, on en fait macérer un morceau, joint à des substances aromatiques, dans du petit-lait, de l'eau, du vin blanc, du vinaigre. On obtient ainsi la liqueur coagulante qui se nomme *présure*. Elle se filtre et peut être gardée plusieurs semaines. Sa qualité influe beaucoup sur le goût des fromages. Chacun se fait, pour ainsi dire, avec une présure particulière, et l'expérience peut seule indiquer la composition de celle qu'il convient de préférer. En général, d'après les études de M. Collot, il faut un gramme de caillette pour la quantité de liqueur qui doit coaguler un litre de lait. Avec trop peu de principe acide, le lait ne se caillerait pas. Si, au contraire, la proportion était trop forte, le caillé formerait des grumeaux sans consistance.

C'est à 22 ou 23 degrés de chaleur que l'opération réussit le mieux. Dans la fabrication de plusieurs fromages, notamment du gruyère, on chauffe le lait au point voulu. Puis, on y mélange doucement la présure, jointe aux substances colorantes ou aromatiques à l'aide desquelles on veut obtenir une teinte ou un parfum particulier.

Si, après la coagulation, on se contente de faire égoutter le caillé, il y reste une certaine quantité de petit-lait qui, tôt ou tard, produit la décomposition de la masse caséeuse. Pour que les fromages puissent se garder longtemps, il faut en presser fortement la pâte. A cet effet, dès que le caillé s'est formé, on le divise avec les mains, puis on le pétrit; ensuite on le retire du petit-lait; on le pétrit encore, et on l'incise de toutes parts, afin que la sérosité s'échappe. Après l'avoir enveloppé de canevas, on le presse, au moyen de poids considérables, dans un moule percé de trous. Au bout de quelques heures, on l'incise de nouveau; on l'enveloppe d'un second canevas sec, et on le presse encore. L'opération se renouvelle de la même manière à plusieurs reprises, chaque fois, avec accroissement de pression et remplacement de la toile humide par une toile sèche. Pour plus de perfection, on lave le caillé avec de l'eau chaude, et on y mêle, en le pétrissant, de l'ammoniaque liquide à la dose d'une cuillerée par kilo. de caillé. Le fromage devient ainsi plus onctueux et d'une meilleure conservation.

Les fromages *durs* ou de garde, tels que ceux de Gruyère, de Chester, de Hollande, n'acquièrent toute leur saveur qu'au bout de plusieurs mois, et la plupart deviennent meilleurs en vieillissant, pourvu qu'ils soient placés sur des tablettes à claire-voie, en lieu frais, aéré, abrité de la pluie et du soleil, inaccessible aux souris et aux mouches. On les sale dans le magasin, en les couvrant à plusieurs reprises d'une poudre fine de sel très-sec, et en les retournant chaque fois. Le sel pénètre peu à peu toute la masse. Certains fromages durs pèsent jusqu'à 100 kilo. Les maigres ou demi-gras, d'un très-gros volume, sont ceux qui se gardent le mieux. En Angleterre, pour les rendre moins altérables, on les frotte avec du beurre; en Italie, avec de l'huile d'olive, et en Hollande, on les couvre d'une couche de peinture.

Les fromages *tendres*, qui ne sont pas destinés à être conservés longtemps, subissent une autre préparation. On les sèche dans une cage exposée au grand air, inaccessible aux mouches, abritée du soleil et de la pluie. Quelques semaines avant la consommation, on les met en contact avec de la paille humide. Ils s'amollissent et prennent bientôt une odeur piquante. On dit alors qu'ils sont *passés* ou *affinés*. C'est l'instant de les manger. Un peu plus tard, ils deviennent coulants. Dans la Brie, la partie liquide se met en pots et est très-estimée.

Les fromages tendres sont souvent dévorés par les larves de la mouche à assises, et les fromages durs par le *ciron*, insecte imperceptible qui forme comme une poussière grise dans les cavités de la masse caséeuse. On fait mourir les premiers vers, en exposant les fromages à la vapeur de soufre brûlé dans une pièce parfaitement close. Après l'opération, les fromages doivent être bien essuyés. Quant aux cirons, on les détruit par l'immersion prolongée, pendant vingt-quatre heures, dans de l'eau très-salée.

En France, il se fait beaucoup de fromages tendres, tels sont :

Ceux de *Brie*, qui se fabriquent aux environs de Paris; fromages surgras, minces et larges, de forme ronde.

Le *Maroilles*: forme rectangulaire; 10 centimètres de large sur 4 de haut; fromage gras ou demi-gras qui se fabrique dans le Nord et dans l'Aisne, et dont on consomme beaucoup en Champagne.

Le *Neufchâtel*, qui se fait en Normandie, sous forme de gros bondons.

Le fromage de *Bergues*, excellent fromage de Flandre : pains arrondis, 20 centimètres de large sur 10 de haut.

Les fromages de *Troies*, du *Mont-d'Or*, de *Maqueline*, de *Rollo*, de *Pradelle*, les *angelots* de Normandie et beaucoup d'autres.

La France fabrique moins de fromages durs : aussi en reçoit-elle chaque année de l'étranger 4 millions de kilo., tribut dont il serait facile de s'affranchir. Nos principaux fromages de cette catégorie sont :

Le *Roquefort*, qui se fait dans l'Aveyron, avec du lait de brebis et qu'on perfectionne, par un séjour successif, dans les divers étages des vastes caves de la montagne de Roquefort : forme ronde, 20 centimètres de large sur 10 de haut; goût fort et aromatique; pâte persillée.

Les énormes fromages d'*Auvergne* ou *fourmes* ;

pains cylindriques plus élevés que larges; pâte ferme et onctueuse.

Le *Gruyère*, qui est, par excellence, le fromage suisse, et que l'on fabrique maintenant en grande quantité dans les Vosges et dans le Jura. Les pains ont la forme et parfois la grosseur de meules à moulin. Ce fromage se garde un temps presqu'illimité. En Suisse, aux fêtes de famille, on en entame de séculaires.

Le *Septmoncel*, ancien fromage de Franche-Comté qui ne vaut pas le gruyère.

Le *Sassenage*, excellent fromage qui se fait aux environs de Grenoble avec un mélange de lait de chèvre, de lait de vache et de lait de brebis.

Les fromages étrangers les plus connus en France sont :

Le *Hollande :* forme ronde; dimension petite ou moyenne; poids ne dépassant jamais 10 kilo.; pâte plus ou moins grasse ou sèche. On en distingue plusieurs variétés d'un très-grand mérite.

Le *Chester*, confectionné en Angleterre : couleur jaune-orange, pâte très-dure, très-parfumée; forme tantôt conique, tantôt ronde comme celle des gruyères; fromage d'excellente conservation.

Le *Parmesan :* pâte analogue à celle du chester, mais encore plus dure; forme du gruyère.

En France, on utilise généralement à la nourriture des porcs le petit-lait qui forme le résidu de la fabrication des fromages, tandis que les Suisses le soumettent presque toujours à la cuisson, après y avoir ajouté, comme coagulant, un peu de ce même liquide aigri, conservé d'une fabrication précédente. Ainsi traité, le *petit-lait* s'épaissit et produit une écume aigrelette, le *sérai*, qui se met en moule et qu'on mange comme le fromage.

On peut aussi recueillir les parties grasses que le petit-lait contient et qui montent à sa surface, comme la crème ordinaire. Si le lait avec lequel les fromages ont été faits, n'a pas été écrémé, on obtient un demi-kilo. de beurre pour 100 litres de petit-lait. Par le battage du sérai qu'on amollit, s'il le faut, avec un peu d'eau chaude, on se procure même une plus forte proportion de beurre. Enfin, on peut extraire le sucre qui se trouve dans le petit-lait à la proportion de 3 à 4 pour 100.

En Suisse et dans le Jura [1], chacun porte le produit de sa traite quotidienne dans une fromagerie commune. Le dernier pain fabriqué est remis à celui qui a procuré précédemment le plus de lait. De cette manière, tout le monde jouit des avantages d'une fabrication étendue : excellente organisation de l'outillage et des locaux; direction confiée à un homme expérimenté; matières traitées à point et en quantité convenable; mise à profit du petit-lait pour la confection du beurre, du sérai ou du sucre.

Pour laiterie, il faut un local éloigné du mouvement des routes, de la poussière, de toute exhalaison putride; encaissé dans le sol plutôt que situé à la surface; maintenu, autant que possible, à une température uniforme de 12 à 14 degrés au-dessus de glace; pourvu d'eau courante, si la disposition des lieux le permet; pavé et muré soit en faïence, soit en ciment hydraulique, afin qu'on puisse le laver souvent; exposé au nord; muni de soupiraux avec canevas ou toiles métalliques que les mouches ne puissent traverser; pourvu d'écoulements qui ne laissent aucune eau stagnante.

D'un autre côté, tous les ustensiles doivent être tenus avec la plus scrupuleuse propreté et souvent lavés à l'eau chaude. On emploie des vases de zinc, de bois, de terre non vernie ou de grès. Les meilleurs sont en tôle émaillée, tels que les fabrique M. Paris de Bercy.

« Voire est nécessaire, dit Olivier de Serres, que « les servantes se lavent bien les mains avant que de « toucher aux vaches pour en traire le lait, afin que « rien de sale et de mal net ne s'en approche, l'une « des principales observations de ce ménage. »

C'est par de tels soins, joints à l'excellente tenue de la vacherie, qu'on prévient la plupart des altérations laiteuses, dont la plus redoutable est ce qu'on nomme le *lait bleu*, parce que le liquide, rempli de certains animalcules microscopiques, présente, au sortir du pis des vaches, une teinte azurée.

Malheureusement, l'incurie et la malpropreté diminuent souvent de moitié le produit des vacheries. Honneur aux femmes distinguées qui vivifient, par leurs soins, cette importante branche du faire valoir. Tandis qu'en général les vaches de taille moyenne ne produisent pas, pour toute l'année, plus de 3, 4 ou 5 litres de lait par jour, on obtient d'animaux convenablement traités 7 à 8 litres qui, bien utilisés, rapportent chacun 15 centimes. En Angleterre, cette même mesure n'est pas estimée moins de 20 centimes.

Rappellerons-nous que Marie-Antoinette prenait

[1] Dans le Jura, il se trouve 474 fromageries alimentées par 46,000 vaches et produisant 4,000,000 de kilo. de fromage. (*Géogr. pittoresque de Malte-Brun.*)

plaisir à traire, de ses mains royales, les vaches suisses du chalet de Trianon, et qu'elle manipulait elle-même son laitage dans un réduit d'une exquise propreté? Quoiqu'au premier abord on n'aperçoive là rien de sérieux, nous n'hésitons pas à déclarer que, par de semblables exemples, les personnes distinguées contribuent puissamment à mettre en honneur les choses utiles.

Hommes et femmes d'un rang élevé, occupez-vous ainsi des intérêts de l'agriculture, même dans vos plaisirs. Répandez à la campagne une partie de votre superflu. Voyez quelle était la joie des Landais perchés sur leurs échasses, lors du dernier séjour de l'empereur dans leur pays déshérité! N'est-ce pas principalement à son amour pour les pauvres paysans, que Henri IV doit l'impérissable popularité de son nom? Suivez ces nobles exemples, la reconnaissance publique ne vous fera pas défaut.

CHAPITRE XVI

ESPÈCE CHEVALINE.

—

USAGES ET DESCRIPTION DU CHEVAL, AGE, TAILLE, ROBE, SIGNES.

Est-ce toi qui donnerais au cheval sa force et son redoutable hennissement? Le ferais-tu bondir comme les sauterelles? Qui n'est saisi d'effroi au souffle si fier de ses naseaux?

Son pied creuse le sol; il s'élance avec audace au-devant des guerriers; il méprise la peur; il ne recule point devant le fer!

Le bruit du carquois se fait entendre autour de lui; le bouclier et les lances le frappent de leurs éclairs; il écume, il frémit et dévore la terre; son sang bout au son des trompettes.

A peine le signal de la charge s'est fait entendre, il dit: « Allons! » Il goûte la bataille, comprend la voix des chefs et les hurlements des soldats.

JOB.

Partager nos périls et nos gloires, telle a donc été première destinée du cheval! Les patriarches, aux mœurs pacifiques, ne s'en servaient pas, et Moïse, afin de prévenir chez les Israélites tout désir de conquêtes lointaines, leur prescrivit de suivre sur ce point les traditions de leurs aïeux. C'est ce qu'ils firent jusqu'au règne de Salomon, qui, le premier, organisa des haras dans la Judée.

Les fables de la Grèce nous présentent cette noble créature sortant de terre, sous le trident du dieu des tempêtes. Mars l'adopte; Bellérophon lui passe un mors. Achille et les autres héros des temps fabuleux combattent du haut de chariots traînés par de rapides coursiers. Puis, pendant une longue série de siècles, les chevaux grecs se disputent, sur les arènes de l'Élide, les palmes les plus glorieuses que jamais animal ait recueillies.

En Italie, en Espagne, dans le midi des Gaules, le cheval apparaît de même, dès l'antiquité, comme le compagnon des gloires, des périls et des plaisirs de l'homme. Plus au nord, nous remarquons que, s'associant à ses labeurs, il traîne la charrue et de pesantes voitures. A ce travail, comme au champ d'honneur, sa force, son courage, son intelligence sont dignes d'admiration. Voyez ce vigoureux limonier attelé entre les brancards d'une charrette énorme; il la maintient au milieu des cahots, la fait tourner au moindre signe de son conducteur, la pousse même à reculons, s'il est nécessaire. Un obstacle se présente; il déploie, pour le franchir, une incroyable énergie. Son pas n'a pas besoin d'être soutenu comme celui du bœuf, et si on l'accélère, après avoir augmenté la ration d'avoine, on obtient un travail double ou triple de la tâche ordinaire. Mais dans les montagnes, ses efforts ne sont pas aussi sûrs, aussi persévérants que ceux du bœuf. De plus, sous l'influence d'une température élevée, le cheval reste petit et prend un tempérament nerveux, favorable sans doute au service de la selle, mais médiocre pour le tirage de fardeaux pesants. En effet, la force de trait que peut déterminer une certaine excitation nerveuse, ne se soutient pas, si le poids de l'animal n'est en rapport avec la résistance qu'il s'agit de vaincre. Sous un climat moins brûlant, le cheval prend plus de volume et, par suite, cette aptitude au trait qui le rend précieux à l'agriculteur du Nord.

Entre le cheval de selle et celui de gros trait, se trouvent les chevaux de trait léger qu'une conformation intermédiaire rend propres soit à servir de monture, soit à tirer d'un pas dégagé, sur de beaux chemins, des charges de pesanteur moyenne. Le grand cheval de selle est lui-même attelé, comme carrossier, aux voitures de luxe.

Le cheval, personne ne l'ignore, a un seul onglon à chaque pied; il ne rumine ni ne vomit, ne respire que par le nez; est nubile de deux à trois ans, adulte à cinq; il vit jusqu'à vingt et vingt-cinq. La femelle, qui porte onze mois environ, ne produit généralement à la fois qu'un seul petit.

Les dents sont au nombre de quarante, savoir : douze *incisives*; dont six à chaque mâchoire; vingt-quatre *molaires* et quatre *canines*. Ces dernières manquent chez la plupart des femelles.

On reconnaît l'âge de cet animal à l'examen des incisives qui se nomment : les deux du milieu, *pinces*; celles qui touchent aux pinces, *mitoyennes*; les deux dernières, *coins*.

A l'âge de huit mois, ces douze dents ont toutes paru; petites et de couleur brunâtre, elles sont, jusqu'à trois ans, à l'état de simples *dents de lait*. Un peu avant trois ans, les pinces tombent et sont remplacées par des *dents d'adultes*, plus fortes et plus blanches; à quatre ans, même remplacement pour les mitoyennes; à cinq ans, pour les coins. Un émail très-dur recouvre chaque dent et forme en outre deux cornets intérieurs : l'un s'ouvre à la surface ou table de la dent; l'autre, plus resserré et renversé, se trouve dans la partie inférieure. La pointe de ce second cornet finit à moitié de la hauteur de la dent, un peu au-dessus de la pointe inférieure du premier.

Les dents poussent et s'usent tout à la fois. Par suite, les incisives de la mâchoire inférieure diffèrent d'aspect suivant l'âge de l'animal. L'année même de leur apparition, on voit, dans le pourtour de leur *table* ou surface supérieure, une raie d'émail et, au milieu, un creux prononcé de couleur foncée. La seconde année, une seconde raie d'émail, qui appartient au cornet dentaire supérieur, divise à peu près en deux parties égales le creux de la table. La troisième année, cette raie devient circulaire et forme au milieu de la table une figure ovale. A la quatrième année, cet ovale diminue d'étendue, et le creux de couleur foncée disparaît. On dit alors que la dent a *rasé*. La sixième année, l'ovale se rétrécit encore. La septième, entre l'ovale et le bord antérieur, apparaît une autre ligne d'émail qui appartient au cornet dentaire inférieur; la surface de la dent commence elle-même à devenir triangulaire. Ensuite cette forme devient, tous les ans, de plus en plus prononcée. La huitième année, la seconde ligne d'émail forme un demi-ovale. Quant au premier ovale, il se rétrécit toujours. La neuvième année, ce premier ovale touche le bord de la dent vers l'angle qui regarde le fond de la bouche. La dixième, toute trace du cornet supérieur disparaît, et on ne voit plus que l'ovale du cornet inférieur, lequel se trouve alors au centre de la dent.

Les pinces, les mitoyennes et les coins s'étant formés les uns après les autres, les changements d'aspect se montrent successivement sur ces diverses pièces de la mâchoire. Ainsi, les pinces rasent lorsque le cheval a six ans; les mitoyennes, lorsqu'il en a six à sept; les coins, lorsqu'il en a sept à huit. La trace du cornet supérieur disparaît à l'âge de douze ans, dans les pinces; à treize, dans les mitoyennes; à quatorze, dans les coins.

Suivant la judicieuse remarque de Bourgelat, les incisives de la mâchoire supérieure s'usent moins vite que celles de la mâchoire inférieure. Ainsi, les pinces de cette partie de la bouche rasent entre huit et neuf ans; les mitoyennes, entre neuf et dix; les coins, entre dix et onze.

Par exception, les dents de quelques chevaux, qu'on appelle *bégus*, s'usent plus lentement que suivant l'ordre ordinaire, et d'un autre côté, les maquignons cherchent quelquefois à rajeunir les vieux chevaux en ciselant leurs dents; mais ils ne peuvent faire disparaître la forme triangulaire, qui commence à se manifester sur les pinces dès l'âge de neuf ans et qui ensuite augmente toujours.

La taille du cheval, prise du sol au sommet de l'épaule, varie depuis 1 mètre jusqu'à 1 mètre 80.

Les couleurs de robe sont variées. On distingue : — le *noir*; — le *blanc*; — l'*alezan*, c'est-à-dire, le rouge avec queue, crinière et bas des jambes de même couleur; — le *bai*, c'est-à-dire, le rouge avec crinière et extrémités noires (le bai et l'alezan se disent : *clair*, *foncé*, *doré*, *cerise*, *châtain*, *brun*, suivant les nuances); — le *café au lait*, couleur qu'on nomme *Isabelle*, quand les extrémités et les crins sont noirs; — le *gris*, qui peut être *clair*, *foncé*, *ardoisé*, *pommelé*; — l'*aubère* ou *fleur de pêcher*, qui se compose de poils blancs et de poils rouges; — le *rouan*, mélange de poils rouges, de poils noirs et de poils blancs, avec extrémités et crins presque toujours noirs; — le *pie*, mélange de blanc avec rouge ou noir par taches irrégulières et bien tranchées.

Les signes particuliers de la robe des chevaux sont désignés par des termes, dont le cultivateur doit connaître les principaux :

Zain, absence complète de poils blancs.

Miroité, présentant des reflets arrondis par l'effet de nuances plus ou moins foncées.

Rubican à telle ou telle partie, c'est-à-dire, poils blancs semés çà et là sur ces parties.

Zébré, lignes noirâtres aux jambes, comme celles du zèbre.

Raie de mulet, ligne noire sur l'épine dorsale.

Balsane de tel ou tel pied, c'est-à-dire, telle ou telle extrémité blanche.

Pelote ou *étoile* en tête, tache blanche, de forme arrondie, au milieu du front.

Liste en tête, tache semblable, mais allongée.

Belle-face, tache blanche couvrant tout le nez ou *chanfrein*.

Tête busquée, chanfrein formant une ligne courbe et bombée depuis le front jusqu'aux naseaux.

Tête camuse, cette même ligne courbe, mais en sens inverse.

Tête plate, front et chanfrein plats.

Dos ensellé, creux prononcé au milieu du dos.

Croupe avalée, coxaux très-abaissés à leur partie postérieure.

CHAPITRE XVII

CARACTÈRES DU BON CHEVAL.

Pour avoir un bon cheval, cherche-le large, et achète.

Proverbe arabe cité par le général Daumas.

A quelque service qu'il soit destiné, le cheval bien constitué réunit les caractères suivants :

Front large et élevé.

Yeux ouverts, limpides, vifs, égaux, ovales, sans suintement ; paupières fines et clignotant au moindre signe. Des yeux petits, inégaux ou ternes, des paupières grasses et paresseuses indiquent une vue mauvaise ou disposée à s'affaiblir. Lorsque, à l'approche de la main, un des deux yeux ne cligne pas, l'animal est borgne. Indépendamment de la couleur des prunelles, des mouvements indécis, une physionomie irrésolue, font apercevoir la cécité. Un écoulement périodique d'humeurs aqueuses est l'indice de la *fluxion périodique*, mal presqu'incurable, très-commun dans les pays humides et qui finit par rendre le cheval borgne ou aveugle, si on ne le transporte promptement sous un climat chaud et sec. Pour bien examiner les yeux, on place l'animal sous une porte, en face du grand jour. Il ne faut pas prendre pour des taches ou pour une couleur terne la teinte blanche que présente la prunelle de certains sujets dont la vue est excellente.

Développement très-prononcé des voies de la respiration ; *naseaux larges*, dit l'Arabe, *comme la gueule d'un lion ;* largeur correspondante du chanfrein et de la gorge ; nez plat ou camus plutôt que busqué ; mâchoire inférieure très-écartée dans la partie qui touche à l'encolure et où passe la gorge. Un cheval qui pèche par les canaux respiratoires, fait entendre, lorsqu'il a couru, un sifflement particulier qu'on appelle *cornage*.

Pas de suintement visqueux ni d'engorgement dans aucun de ces organes. Le nez coulant, la gorge gonflée, une ou deux glandes enflées, entre les mâchoires inférieures, dans la cavité appelée *auge :* voilà autant d'indices d'affections graves, dont la plus redoutable est la *morve*, mal presqu'incurable et contagieux.

Salières (enfoncements qui sont au-dessus des yeux) peu prononcées. Très-creuses, elles dénotent la vieillesse ou l'épuisement.

Oreilles fines, droites, souples, mobiles, et non épaisses, molles, tombant de côté.

Langue saine et mince. Pendante, elle serait laide à voir ; trop grosse, elle gênerait l'action du mors.

Lèvres mobiles et souples.

Menton circonscrit et ferme.

Bouche très-fendue, afin que les lèvres n'empêchent pas le mors d'appuyer sur les *barres*, c'est-à-dire, sur la partie de la mâchoire qui sépare les dents canines des molaires.

Barres sans plaie et sans cicatrice.

Dents saines, bien placées, régulièrement usées suivant l'âge. Certains chevaux, qu'on nomme *tiqueurs*, les détériorent prématurément, en mordant la mangeoire ou en se frottant contre elle.

Tête inclinée suivant un angle de 35 à 40 degrés. Si elle est verticale, la respiration se trouve gênée par le coude trop prononcé que présente la gorge. Lorsqu'un animal court et qu'il a besoin de toute la puissance de ses poumons, ne le voit-on pas étendre le col, afin de diminuer ce coude autant que possible? D'un autre côté, si la tête est verticale et l'encolure courte, le cheval peut facilement *s'encapuchonner*, c'est-à-dire, appuyer les branches du mors contre le poitrail. Alors, la bride n'exerce plus sur lui aucune action. Si, par un défaut contraire, la tête est horizontale, le mors, à chaque coup de bride, appuie sur les dents molaires, et le cheval, qu'on dit *mettre le nez au vent*, peut aussi cesser d'obéir.

Grande largeur de poitrail, de croupe et de reins.

Côtes arrondies, corps cylindrique, ventre soutenu, jamais pendant.

Flanc court, sans battement visible. Quand les fonctions des poumons et du cœur s'effectuent bien, le mouvement du flanc est imperceptible, à moins que des efforts violents n'aient accéléré la respiration. Si, au contraire, l'organisation des organes respiratoires est défectueuse, ce mouvement se fait apercevoir après le moindre effort; saccadé et apparent, même au repos, il indique la *pousse*, vice incurable et que l'on croit héréditaire.

Croupe ferme et ne vacillant pas pendant la marche.

Entre l'épaule et la croupe, courbe légère de la ligne du dos, par suite de la forme normale des vertèbres qui, dans l'espèce chevaline, présentent à l'épaule et au commencement de la croupe des arêtes plus saillantes qu'entre ces deux points; pas de creux assez accusé pour indiquer que la colonne vertébrale a fléchi.

Arêtes supérieures des premières vertèbres du dos formant, au-dessus des omoplates, une éminence sèche très-prononcée. Cette élévation, qu'on appelle *garrot*, sert de point d'attache à de forts ligaments qui, d'un côté, soutiennent le cou et la tête, et qui, longeant d'autre part l'épine dorsale, rattachent ensemble toutes les vertèbres. D'après la judicieuse remarque du célèbre hippiatre M. Richard du Cantal, cette disposition est exactement celle des ponts suspendus.

Os fins, très-développés cependant dans toutes les parties saillantes qui servent de point d'attache aux muscles.

Omoplates, coxaux, bras, fémurs longs et chargés de muscles; avant-bras et tibias également musculeux.

Genoux droits et sans cicatrice. On appelle cheval *couronné* celui qui, s'étant blessé en tombant sur cette articulation, porte la trace indélébile de sa faiblesse. Le poil n'y repousse presque jamais. La courbe du genou soit en avant, soit en arrière, indique peu de solidité. Autre mauvais signe, lorsque le cheval, au repos, avance fortement un des pieds antérieurs.

Jarrets larges.

Canons courts, de sorte que le genou soit plutôt inférieur que supérieur au point milieu de la portion du membre qui se détache du tronc.

Paturons de moyenne longueur et inclinés de 45 degrés.

Boulets (articulations inférieures des canons) très-développés dans la partie postérieure et poilue qui se nomme *fanon*. Jetés en avant, ils indiquent une déviation grave. On dit alors que le cheval est *bouleté*.

Sabots lisses, réguliers, sans fissures longitudinales et sans aspérités circulaires.

Partie latérale du sabot ou *muraille* élevée et large vers les *talons*. Des talons étroits gênent les organes internes du pied et font boiter le cheval, qu'on dit alors *encastelé*.

Pied voûté dans la *sole* ou partie inférieure. Une sole plate ou comble rend le pied sensible aux moindres aspérités sur lesquelles il s'appuie et prédispose l'animal aux claudications. Quant aux bosselures partielles, elles indiquent des maladies.

Fourchette ou partie postérieure du dessous du pied, saillante et très-développée.

Articulations et tête sèches. Les crevasses, les suintements, les tumeurs molles ou osseuses dénotent des maladies ou des accidents.

Pas de *suros*, c'est-à-dire, de bosselures sur l'os du canon.

Tendon postérieur de cette partie du membre bien dessiné et aussi éloigné que possible de l'os, de sorte que, vu de profil, le canon paraisse très-large. Si ce tendon est *failli*, c'est-à-dire, s'il dévie de la ligne droite, l'animal boite, et la jambe est faible.

Muscles serrés et durs, se dessinant sous la peau au lieu de se fondre les uns avec les autres, comme on le remarque chez les animaux lymphatiques et peu vigoureux.

Veines saillantes et très-visibles, notamment sur les mâchoires inférieures, sous le ventre, à la partie interne des avant-bras et des tibias.

Muqueuses de l'œil, du nez et de la bouche d'un rose vif; pas d'engorgement sous le ventre. Une tête et des extrémités empâtées, des muqueuses pâles, le dessous du corps enflé, tous ces signes dénotent un mauvais tempérament.

Tronçon de la queue court et garni, ainsi que le cou, de crins longs, abondants, lourds et solides.

Sommet de la tête nettement détaché de la première vertèbre; nuque sans plaies, sans tumeurs, sans cicatrices.

Douceur du caractère indiquée par celle du regard, qui doit être tout à la fois fier et vif. Le cheval vicieux couche les oreilles en arrière lorsqu'on s'en approche.

Poil de nuance bien tranchée plutôt que de teinte équivoque. Les Arabes attachent aussi de l'importance à la couleur de la peau. Suivant eux, il faut que ce tégument soit foncé, quand même la robe serait claire.

Peau souple et moelleuse.

Aplombs des membres vus de face, conformes, autant que possible, aux lignes indiquées dans le chapitre V de cette section; ceux des membres vus de côté, s'en éloignant un peu dans le cheval de trait, de sorte que les jambes de devant rentrent légèrement sous le corps. Le sujet, ainsi organisé, pèse avec d'autant plus de force sur le collier. L'habitude du tirage finit même par produire cette déviation, qui compromet la solidité du cheval de selle.

Voici encore d'autres caractères qui doivent distinguer le cheval de monture de celui de trait :

CHEVAL DE SELLE.

Angle formé par l'articulation des omoplates avec les bras et par celle des coxaux avec les fémurs, aussi aigu que possible. Par suite de cette disposition, les membres ont plus de ressort, et le tronc est moins volumineux; en effet, la hauteur du tronc est en rapport avec la distance qui sépare le bas du bras du haut des omoplates, et le bas des fémurs de la pointe supérieure des coxaux; or, cette distance dépend elle-même de l'angle que ces os font l'un avec l'autre.

A cause de la position presqu'horizontale des coxaux, naissance de la queue à peu près à la hauteur de l'épine dorsale.

Développement considérable des principaux muscles locomoteurs, c'est-à-dire, de ceux qui couvrent les omoplates, les bras, les avant-bras, les coxaux, les fémurs et les tibias.

Moindre développement relatif des autres muscles, entre autres, de ceux du cou et des reins; ce qui met en saillie les arêtes ou apophyses supérieures des vertèbres, et rend le sommet du dos comme anguleux.

Cou étroit du bord supérieur, et déprimé près du garrot, comme l'est celui du cerf et du chevreuil.

CHEVAL DE GROS TRAIT.

Omoplates et coxaux formant avec les bras et les fémurs un angle plus ouvert que chez le cheval de selle; par suite, tronc plus volumineux dans le sens de la hauteur.

Muscles très-développés dans toutes les parties, notamment au poitrail, au cou, sur les reins; dos comme double par suite de la saillie des muscles qui se trouvent des deux côtés de l'épine dorsale.

Si nous examinons la mesure des parties principales d'un cheval bien constitué, nous découvrons certains rapports remarquables :

La longueur de l'omoplate est égale à celle du coxal, depuis la pointe antérieure de cet os (*ilium*) jusqu'à la pointe postérieure (*ischium*).

La longueur de la tête est environ des huit dixièmes de cette mesure, et sur ces huit dixièmes, la partie supérieure, depuis le sommet du front jusqu'au bas des yeux, en prend trois, chiffre qui représente aussi la largeur normale du front.

A la longueur de l'omoplate ou du coxal est égale, dans le cheval de selle, la hauteur du tronc prise au milieu du corps. Dans le cheval de gros trait, cette dimension est plus étendue de deux à trois dixièmes.

A deux fois la longueur de l'omoplate ou du coxal, plus trois à quatre dixièmes, est égale la hauteur de l'animal depuis le garrot jusqu'à terre.

A la longueur de l'omoplate ou du coxal est égale celle du tronc prise sur le dos, depuis le sommet du garrot jusqu'à la pointe antérieure du coxal. Chez le cheval de trait, le tronc pourrait, sans inconvénient, être encore plus court. Il n'en serait pas de même pour le cheval de selle, dont les mouvements deviendraient durs. Un corps plus long est toujours faible.

A la longueur de l'omoplate est égale la largeur de la croupe du cheval de trait. Elle peut être un peu moindre dans le cheval de selle.

Le cou, depuis la nuque jusqu'au garrot, est égal à cette même mesure, plus trois à quatre dixièmes; plus long, il manque de force pour soutenir la tête qui pend et vacille; plus court, il rend l'animal dur et difficile à diriger par la bride.

Dans le cheval de selle, l'inclinaison de l'omoplate sur l'horizontale est de cinquante à soixante degrés; dans le cheval de trait, de soixante à soixante-dix.

« Pour s'assurer promptement, disent les Arabes, de la valeur d'un cheval, mesure-le depuis l'extrémité du tronçon de la queue jusqu'au milieu du garrot, et du milieu du garrot jusqu'à l'extrémité de la lèvre supérieure, en passant entre les oreilles. Si ces deux mesures sont égales, l'animal est bon, mais de qualité ordinaire. Si la mesure est plus longue en arrière qu'en avant, le cheval est sans moyen. Si, au contraire, la mesure est plus considérable en avant qu'en arrière, l'animal, sois-en certain, a de grandes qualités. Plus l'avantage appartient à la partie antérieure, et plus le cheval a de prix. »

« Le cheval dont la croupe est aussi longue que le dos et le rein réunis, disent encore les Arabes, prends-le les yeux fermés. » (Général Daumas.)

Ces règles, que M. le comte d'Aure, écuyer en chef de l'école de cavalerie, considère comme infaillibles, s'accordent avec les proportions ci-dessus indiquées.

CHAPITRE XVIII

RACES ARABES ET ANGLAISE PUR SANG; HISTORIQUE DE LA PRODUCTION CHEVALINE FRANÇAISE.

> J'ai préparé, pour le cas où la fortune me serait infidèle, *un buveur d'air* aux formes parfaites, que nul autre n'égale en vitesse.
> J'ai aussi un sabre étincelant qui tranche d'un seul coup le corps de mes ennemis, et cependant la fortune m'a traité comme si je n'avais jamais assisté au spectacle émouvant de nos chevaux de race surprenant l'ennemi au point du jour.
>
> L'ÉMIR ABD-EL-KADER.

Le cheval arabe est le cheval de selle le plus parfait. Il en existe deux types principaux : l'un *asiatique*, l'autre *africain* ou *barbe*.

Le premier, qui se trouve principalement en Mésopotamie, et dont la plus belle variété est élevée dans le Nedjed, près de Médine, se distingue par une tête très-courte, un front large et plat, des formes très-gracieuses, tandis que le second, qui peuple le nord de l'Afrique, a souvent le front bombé et arrondi, la tête plus longue que l'arabe d'Asie, les membres plus élancés, la croupe avalée et moins bien faite (Cheval africain, jument Nedje, pl. 17). Tous deux sont de petite taille (1 m. 30 à 1 m. 45), ont l'encolure de cerf, une robe presque toujours grise ou gris-pommelé, la peau et le poil fins, les oreilles plutôt longues que courtes, les os très-fins, les articulations très-développées, les membres excellents, les muscles très-durs, le sang abondant et chaud ; une souplesse, une énergie, une sobriété, une intelligence merveilleuses. Assoupi, le cheval arabe paraît souvent sans distinction ; mais à la voix du cavalier, sa tête se dresse, son regard étincelle, ses crins s'agitent; mille beautés se manifestent, l'animal est comme transfiguré. Le général Daumas affirme que, sans fatigues excessives, il peut franchir 200 à 250 kilomètres en un jour.

De tout temps, l'Asie et l'Afrique ont possédé des chevaux d'une rare qualité. Homère parle de ceux de l'Asie Mineure, comme d'animaux précieux qu'on attelait aux chars des héros. Les palmes de l'Élide étaient principalement disputées par les cavales de la Cappadoce et de la Phrygie. L'Arménie en fournissait d'admirables à Sidon et à Tyr. Les chevaux parthes étaient infatigables et fuyaient comme l'éclair. Les chevaux numides ne sont pas moins célèbres dans l'histoire. Quant à l'Égypte, elle avait procuré aux haras de Salomon des types parfaits dont le souvenir existe encore.

Mahomet comprit que le cheval serait indispensable aux entreprises de ses sectateurs. Sous son inspiration, les Arabes, qui jusqu'alors avaient eu peu de chevaux, s'approprièrent les sujets les plus remarquables des races orientales. Ces nobles animaux sont le trésor qu'ils estiment le plus. Un habitant du désert, raconte Fournier, avait pour tout bien une jument magnifique. Le consul de France à Séide voulut l'acheter pour Louis XIV; le prix demandé paraissant excessif, le consul fit consulter le roi, qui ordonna de conclure le marché. L'Arabe, vêtu d'une méchante couverture, jette les yeux sur l'or qu'on lui compte, puis il les reporte avec tristesse sur sa jument. « A qui, dit-il, vais-je te livrer? Peut-être seras-tu battue, maltraitée, malheureuse. Reviens avec moi, ma chérie; sois la joie de mes enfants. » A ces mots, il s'élance sur son dos et disparaît.

Lorsque les Arabes envahirent l'Espagne et le Midi de la France, ils y introduisirent leurs chevaux. Plus tard, le sang oriental pénétra encore en Europe par les chevaux asiatiques que les croisés ramenaient de leurs belliqueuses expéditions.

A cette époque si justement nommée le siècle de la chevalerie, on s'attachait surtout à produire des chevaux capables de servir de monture au combattant et de véhicule aux marchandises et aux voyageurs. Les plus estimés étaient de forte taille. On citait, entre autres, le cheval noir flamand, d'une stature énorme; l'ancien normand, à tête busquée; le danois, presque semblable au normand. Les contrées pauvres élevaient aussi des variétés de selle excellentes, mais petites. Telles étaient celles du Limousin, de la Navarre, du Morbihan, de l'Auvergne, du Morvan, des Ardennes, de la Bresse, de la Camargue. Les types les plus purs de toutes ces races étaient précieusement conservés par un grand nombre de gentilshommes.

Au temps d'Henri IV, l'élève du cheval de selle se trouvait déjà en décadence.

« C'est d'Allemagne, d'Angleterre, de Sardaigne, d'Espagne, de Turquie, de Transylvanie et d'autres terres lointaines, écrivait alors Olivier de Serres, d'où l'abondance des chevaux nous vient en ce royaume, presqu'à notre honte et à preuve de notre nonchalance, vu que, chez nous, nous pourrions être mieux accommodés que nous ne sommes. »

Plus tard, la noblesse française, s'éloignant de ses domaines pour vivre à la cour, négligea de plus en plus l'équitation et la conservation des anciennes races, dont la plupart se perdirent. Au contraire, le cheval de gros trait fut plus recherché, par suite des exigences d'un commerce intérieur plus important. Le cultivateur avait d'ailleurs une tendance naturelle à l'élever de préférence à l'autre. En effet, tandis que ce dernier lui rend peu de services et ne peut être vendu avant l'âge de quatre à cinq ans, le cheval de trait travaille dès dix-huit mois et suffit, en se fortifiant, à presque tous les ouvrages de la ferme. Moins vif et moins irascible que le cheval de selle, il est plus facile à garder, à diriger, à dresser; il cause moins d'accidents, court moins de risques et, en cas de blessure, se trouve moins déprécié. Comme on ne craint pas de le voir grossir, on peut lui donner des aliments moins nutritifs et de moindre valeur.

Afin de faciliter les remontes de cavalerie, le gouvernement n'a pas cessé, depuis Louis XIV, de lutter contre la tendance des cultivateurs à élever le cheval de gros trait. Colbert excita la noblesse à rétablir ses haras. Pour qu'elle le fît, il aurait fallu qu'elle reprît le goût du manoir. Mais le séjour de Versailles ne devenait-il pas de plus en plus attrayant? Bientôt, on organisa les haras royaux avec un personnel dispendieux et peu éclairé. Cette administration prit, vis-à-vis de l'agriculture, les mesures les plus vexatoires. Ainsi, il fut défendu aux cultivateurs de faire couvrir leurs juments par leurs propres chevaux sans l'autorisation d'un inspecteur, et d'employer un autre étalon que celui qui leur serait désigné. Les résultats d'un tel système furent déplorables. Ce qui le prouve, c'est que, dans chaque année du XVIIIe siècle, la France acheta en moyenne des chevaux étrangers pour trente millions. Après la crise de 93, le gouvernement fit de nouveaux efforts : haras nationaux, dépôts d'étalons, hippodromes, concours, furent organisés. Mais, comme les avantages offerts ne balançaient pas, en général, aux yeux des éleveurs, l'inconvénient de renoncer à l'éducation des chevaux de gros trait, celle-ci continua de l'emporter. Depuis quinze à vingt ans, un heureux changement se manifeste. L'établissement des chemins de fer, les progrès de la navigation intérieure, l'extinction presque complète du roulage, qui employait jadis un grand nombre de chevaux de trait, l'amélioration des chemins vicinaux, et l'avantage qu'on trouve à remplacer par un animal plus léger celui dont la masse devait être opposée jadis aux difficultés résultant du mauvais état des routes, le progrès de la locomotion en voitures légères : toutes ces circonstances réunies rapprochent les tendances agricoles de celles du gouvernement. Aujourd'hui, c'est le cheval de trait léger qu'on cherche surtout à produire, et dans ce but, on accepte plus volontiers qu'autrefois les reproducteurs des haras publics. Disons aussi que l'administration, plus éclairée, choisit mieux ses étalons, et distribue ses encouragements d'une manière plus judicieuse. La France doit en particulier d'immenses services à l'honorable M. Gayot, ancien directeur des haras, auteur de la *France chevaline* et d'autres ouvrages d'hippologie très-remarquables.

Il résulte des recherches de ce savant si distingué que, de 1840 à 1850, le nombre des juments couvertes par les étalons de l'État s'est élevé de 31,000 à 62,000 ; celui des juments de quatre ans et au-dessus, de 1,160,000 à 1,232,000; celui des poulains de trois ans et au-dessous, de 347,000 à 554,000; enfin le total de la population chevaline, dans quatre-vingt-trois départements (Seine, Seine-et-Oise, Corse, étant mis de côté), de 2,713,000 à 2,879,000.

Au point de vue des formes et de la qualité des produits, le progrès est encore plus prononcé que sous le rapport du nombre. Aujourd'hui, chacun est frappé de la beauté de la plupart des chevaux réunis dans la capitale. Quant aux remontes de cavalerie, elles s'effectuent sans difficulté. Ce n'est pas que les anciennes races aient reparu ; mais il s'en est formé d'autres mieux appropriées aux besoins nouveaux.

Avant d'entrer dans le détail de ces variétés, disons quelques mots du *pur sang* anglais ou cheval de course qui a tant occupé le public depuis un siècle.

Sa taille est supérieure à celle de l'arabe (1 m. 50 à 1 m. 62) ; il a le corps plus allongé et moins large, la croupe très-longue et très-élevée, le poitrail plus bas et le garrot moins haut que ne le comporte la solidité complète des extrémités antérieures ; la tête courte et fine, le front plat et large, la robe fréquemment bai, l'encolure plus souvent droite qu'avec dépression près du garrot; les extrémités plus longues, proportionnellement au corps, moins solides et plus sujettes aux tares que ne sont celles des chevaux arabes; un tempérament nerveux et irascible (pl. 18). Dans un hippodrome, le pur sang l'emporte sur le coursier oriental; mais il ne peut, comme lui, résister à de longues fatigues. Sur terrain raboteux, on lui trouve peu de solidité, et partout il manque de souplesse. Cette race a commencé à se former, lorsque Jacques Ier remplaça les anciens tournois par des courses de chevaux. Elle descend de sujets arabes, parmi lesquels on cite *Markham*, acheté par Jacques Ier; deux juments barbes, qui appartinrent à Charles II; un cheval arabe, qu'on prit sur les Turcs au siége de Bude et qui fut l'aïeul de *King-Hérod*, l'un des plus fameux coureurs anglais; *Godolphin-Arabian*, qui fut acheté en France à un porteur d'eau, et qui produisit dans les haras de lord Godolphin trois cent cinquante-quatre chevaux et juments de premier ordre, entre autres le célèbre *Matchem; Darley-Arabian*, apporté d'Alep, sous la reine Anne, aïeul d'un cheval indomptable, *Éclypse*, avec lequel aucun autre ne put rester de front plus de cinquante pas, et qui sortit glorieusement de l'hippodrome en courant seul pour le prix royal. Personne n'osait se mesurer avec lui.

C'est au moyen d'un régime exceptionnel qu'on entretient les qualités de cette race célèbre. Dès le premier âge, le sujet reste presque toujours enveloppé de couvertures; lorsqu'il fait froid, on chauffe son écurie. Par l'effet de cette chaleur artificielle, ses muscles se dépouillent de graisse, son sang devient très-chaud et ses nerfs très-irritables. On ne l'exerce pas à courir autrement qu'au galop, et l'on ne cherche à donner ni de la sûreté à ses allures, ni de la souplesse à ses mouvements. Avant et pendant les courses, on exagère encore l'excentricité de ce régime; c'est ce qu'on appelle *entraînement*.

Si l'on excepte les anciens jeux de la Grèce, rien ne peut être comparé aux courses anglaises. Malheureusement, la fureur des paris s'y est introduite; ce qui donne lieu à mille abus et compromet les résultats sérieux de ce genre de concours. Souvent, dans une seule journée et sur un seul hippodrome, les paris s'élèvent à plusieurs millions.

L'Angleterre possède, avec le pur sang, plusieurs races d'un service habituel beaucoup meilleur. Tels sont le cheval de chasse (*hunter*), moins rapide et plus petit, mais plus gracieux, plus souple, plus robuste, d'un pied plus sûr; le *Cleveland-bai*, carrossier léger, parfait dans ses proportions; la race de trait écossaise, *Clydesdale*, remarquable par sa robe noire et par la beauté de ses formes; le cheval noir des brasseries de Londres, dont la taille colossale frappe d'étonnement tous les voyageurs.

A partir du milieu du XVIIIe siècle, le gouvernement français commença à se procurer des étalons pur sang; mais à cause du haut prix des sujets d'élite, la plupart de ceux qu'on fit venir d'abord furent médiocres. D'un autre côté, on les unit le plus souvent à des juments de formes trop différentes pour qu'il pût en résulter de bons produits. Les poulains ne recevaient, pour la plupart, ni la nourriture ni les soins nécessaires. Aussi, il s'éleva bientôt contre les descendants d'Éclypse et de Matchem des préventions non moins passionnées que l'était l'engouement contraire de certains amateurs. On reconnaît généralement aujourd'hui que l'étalon pur sang, *bien choisi*, communique à quelques-unes de nos races des qualités précieuses; mais il faut s'en servir avec modération. Ainsi, une pouliche issue de son alliance avec une jument large et corsée doit être unie à un étalon de sa propre race plutôt qu'à l'anglais; pour l'amélioration des chevaux de selle du Midi, il convient de croiser avec un étalon arabe une pouliche issue d'anglais, plutôt que de l'unir encore à l'anglais; en un mot, si l'on abuse de cette variété précieuse à certains égards, mais qui pèche aussi par plusieurs défauts graves, on s'expose à obtenir des poulains étroits, hauts sur jambes, efflanqués et délicats.

En France, la race pur sang est élevée au haras impérial du Pin et dans quelques établissements particuliers des environs de Paris. L'arabe est conservé au haras de Pompadour. Par une nourriture abondante, on cherche à le grandir, afin qu'il puisse lui-même élever la taille des petits chevaux de selle du Midi. Indépendamment de ces haras, l'administration possède vingt-cinq dépôts d'étalons.

Des courses se font chaque année sur beaucoup de points. Malheureusement, leurs réglements actuels ne sont pas conformes aux intérêts les mieux entendus. L'administration des haras et la société d'encouragement n'offrent de prix que pour les courses dites de *vitesse*. Les animaux, chargés d'un poids très-faible et déterminé d'avance, courent quelques minutes seulement au grand galop; dès l'âge de trois ans, les chevaux sont admis à concourir. Il s'ensuit que les amateurs de courses s'attachent seulement à produire des animaux capables d'efforts vigoureux pendant quelques instants, à les bien préparer pour cette épreuve et à les faire monter par d'habiles jockeys. La spéculation se complète par celle des paris, dont l'effet est plus pernicieux qu'utile.

Indépendamment des courses de vitesse, n'en faudrait-il pas d'autres plus longues, auxquelles des chevaux adultes seuls seraient admis, et qui permettraient d'apprécier leur résistance à la fatigue? Ces épreuves ne devraient-elles pas se faire, les unes au galop, d'autres au trot, d'autres au pas? Enfin, n'y aurait-il pas intérêt à y soumettre les chevaux attelés aux voitures légères, aussi bien que les chevaux montés? On exciterait ainsi à perfectionner toutes les qualités du cheval, notamment l'aptitude au trait léger, si précieuse aujourd'hui, puisqu'elle répond à un besoin général et que les meilleurs sujets propres à ce genre de service peuvent être achetés pour les remontes.

CHAPITRE XIX

RACES CHEVALINES FRANÇAISES; PLAN GÉNÉRAL D'AMÉLIORATION.

« Toute race exotique exige plus de soins que la race indigène. Pour prospérer, l'une a besoin d'une attention soutenue; l'autre est façonnée à la misère. »

JACQUES BUJAULT.

CHEVAUX BOULONNAIS.

La partie occidentale de la France est celle qui produit le plus de chevaux. Dans l'extrémité nord de ce vaste pays de pâturages, on élève un énorme cheval de trait (pl. 21) : 1 m. 60 à 1 m. 68 de haut; robe presque toujours gris-rouan; extrémités noires; corps court; croupe et poitrail très-larges; encolure courte, arquée et épaisse; épaule élevée et cependant garrot peu sorti; dos souvent ensellé; croupe avalée; tête courte; front légèrement bombé; extrémités fortes et poilues; crinière double; peau fine; sabot large et corne molle; muscles très-développés; tempérament souvent lymphatique; engorgement fréquent de la tête et des articulations.

Les juments boulonnaises peuplent surtout les arrondissements de Dunkerque, de Saint-Omer, de Boulogne, de Montreuil, d'Abbeville et de Neufchâtel. Leurs poulains sont élevés dans tous les pays voisins, notamment autour de Saint-Pol, Arras, Péronne, Amiens, Montdidier. Les chevaux adultes se vendent de 600 à 1,200 francs, et travaillent en grand nombre dans le Pas-de-Calais, la Somme, l'Oise, l'Aisne et le Nord. Ce dernier département emploie aussi beaucoup de chevaux *belges;* race de trait analogue à la boulonnaise, moins souvent grise que baie. La plus belle variété boulonnaise se trouve aux environs de Bourbourg.

CHEVAUX NORMANDS.

Des chevaux de gros trait et de trait léger, de grands chevaux de monture ou carrossiers, enfin des chevaux de selle de diverse taille naissent en Normandie. Cette terre, si favorable à toute espèce d'élève, produisait jadis de grands carrossiers à nez busqué, à cou très-arqué, à tête presque verticale. Le cheval noir hanovrien (pl. 20) représente assez bien ce type que nous remarquons dans tous les tableaux de batailles du siècle de Louis XIV.

Le carrossier normand actuel ou *anglo-normand* résulte du croisement de cette race avec le pur sang anglais. Il a en général le cou moins arqué, les jambes moins hautes, le tempérament moins lymphatique que l'ancienne variété, le chanfrein plat ou faiblement busqué, la tête sèche et légère, le corps cylindrique, les coxaux très-étendus, la ligne du dos excellente. Ses défauts les plus communs sont : trop de longueur de corps, poitrail étroit, garrot trop peu élevé. La création de ce beau type est récente. En effet, c'est depuis peu qu'on a appris à combiner, dans de justes mesures, le sang anglais avec celui de la race primitive. Aujourd'hui, la nouvelle variété est assez solidement fixée pour pouvoir se conserver pure sans alliance étrangère. Les deux centres de production sont : l'un dans l'arrondissement de Valognes (Manche), pays à pâturages très-fertiles; l'autre, dans le Merlerault (Orne), contrée plus accidentée et moins riche. Les poulains de cette dernière localité sont les mieux faits; on en élève un grand nombre dans la plaine d'Alençon, tandis que ceux du pays de Valognes sont principalement achetés par les éleveurs des environs de Caen. Leur prix, à cinq ans, varie de 1,000 à 3,000 francs.

Les chevaux normands de gros trait sont élevés dans le pays de Caux, la vallée d'Auge, aux environs de Lisieux, de Pont-l'Évêque. Ils sont de très-forte taille : (1 m. 55 à 1 m. 68); ont le poitrail large, le corps cylindrique, souvent un peu trop long; la croupe large, les membres bien plantés, généralement sains et sans poils; les muscles très-développés, la tête verticale, le front plutôt plat que bombé, la robe de nuance variée. Celle des *augerons* est souvent blanche ou gris clair. Les *cauchois* ont le poil noir, gris ou blanc. Leur prix varie de 600 à 1,200 francs. Beaucoup sont employés au plus fort service de trait de la capitale.

Les petits chevaux de selle normands proviennent des parties montagneuses du pays, notamment des environs de Domfront. Ils sont pour la plupart bais ou alezans, ont le pied très-sûr, le dos horizontal, le corps cylindrique et bien proportionné, la tête plate, quelquefois camuse; les naseaux saillants et ouverts, l'encolure courte, les jarrets trop rapprochés l'un de l'autre, les extrémités sans poils, 1 m. 25 à 1 m. 40 de taille. A mesure que l'agriculture progresse et que les terres s'améliorent, on préfère élever des races plus fortes.

La pointe avancée de la presqu'île de la Manche présente un genre de bidets que les marchands de bestiaux estiment beaucoup pour leur propre usage, à cause du *pas relevé* [1] que ces chevaux ont héréditairement; ce qui permet au cavalier qui les monte, de parcourir par jour, sans fatigue, 60 à 70 kilomètres. Ces chevaux, dits *de la hague*, ont le corps large, le dos court, le poitrail ouvert, l'encolure épaisse et courte, les avant-bras et les tibias très-musculeux, les paturons courts, la robe le plus souvent bai foncé avec du blanc à la tête et aux jambes, les pieds larges, les crins abondants, les naseaux très-ouverts.

La Normandie produit encore dans l'Eure et dans l'Orne beaucoup de chevaux de trait léger de la variété dite *percheronne*, que nous décrirons bientôt. Enfin, indépendamment des poulains qu'elle fait naître, elle en élève un grand nombre qu'elle achète jeunes dans le Perche, la Bretagne, le Poitou et le Boulonnais. Souvent, par l'effet de la nourriture, ces sujets étrangers se transforment sur le sol normand, au point qu'on ne peut en reconnaître l'origine.

CHEVAUX PERCHERONS.

La Beauce et le Perche, c'est-à-dire, Eure-et-Loir, partie du Loiret, de Loir-et-Cher, de la Sarthe et de l'Orne possèdent le cheval dont les formes et les aptitudes répondent le mieux aux besoins actuels. Ce cheval, qu'on nomme *percheron* (pl. 24) et que nous voyons attelé aux omnibus de Paris, est de taille grande ou moyenne (1 m. 55 à 1 m. 70); il a le corps cylindrique, la robe gris pommelé, le garrot élevé et bien sorti, la croupe horizontale ou faiblement avalée, le cou légèrement arqué, la tête large, le front plat, l'œil petit sous une grande arcade, les muscles moins développés et plus durs que ne sont ceux du cheval boulonnais, la corne meilleure et le pied mieux fait. Ses défauts les plus fréquents sont : trop de longueur de flanc, poitrail étroit, avant-bras et tibias trop peu chargés de muscles, tête lourde. Les percherons qui n'ont pas ces imperfections, sont les plus beaux chevaux du monde. Les juments les mieux caractérisées se trouvent aux environs de Mortagne et de Montdoubleau. Les agriculteurs du Perche et de la Beauce achètent, hors de leur pays, une multitude de poulains gris-pommelé, qui deviennent percherons dans leurs fermes sous l'influence d'un excellent régime. L'avoine leur est constamment prodiguée. Sur d'autres points, notamment dans le département de l'Aisne, on retrouve le percheron élevé de même. Les sujets les plus beaux et les plus distingués de cette race, qu'aucun ancien auteur n'a signalée, se vendent 1,500 à 3,000 francs. Le prix ordinaire des chevaux de service varie de 600 à 1,200 francs.

CHEVAUX BRETONS.

La Bretagne, comme la Normandie, produit des chevaux de toutes sortes. Ils sont caractérisés, en général, par une tête camuse, avec front très-large et rétrécissement brusque au-dessous des yeux. Souvent, la pointe antérieure des coxaux se trouve complétement effacée par suite de la forte saillie des muscles de la croupe.

Les chevaux bretons de trait léger naissent, pour la plupart, sur le littoral nord du Finistère. Ils diffèrent peu des percherons de petite taille; toutefois ils sont plus courts de tronc et d'encolure. Beaucoup font le service des voitures publiques dans l'Ouest de la France et aux environs de Paris.

On élève des chevaux de gros trait sur tout le littoral des Côtes-du-Nord. Le type le plus remarquable est à Fougères (Cheval de profil, pl. 23) et se rapproche aussi de la race percheronne; mais il présente un corps plus volumineux, des os plus gros, des extrémités plus poilues, des muscles plus saillants, principalement sur la croupe et le dos. La croupe elle-même est plus avalée, et le poitrail est plus large. Les sabots sont durs, bien faits; la robe est souvent

1. On appelle *pas relevé* une allure intermédiaire entre le pas et le trot.

blanche. On voit à Paris et dans les environs beaucoup de chevaux de cette race. Leur prix varie de 600 à 1,200 francs.

Analogues aux bidets normands de Domfront, les chevaux de selle bretons (Petit Cheval vu de trois quarts, pl. 23) peuplent les parties montagneuses de la presqu'île. Sobres et infatigables, ils ont la tête sèche, longue et camuse, l'œil vif, le corps court, les membres très-secs, les articulations parfaitement dessinées, les pieds bien faits, petits et très-durs; les extrémités sans poils, le poitrail large, la croupe avalée, les jarrets un peu trop serrés, la robe presque toujours baie ou alezane, fréquemment avec raie de mulet sur le dos. Ce sont ces chevaux et les normands de race analogue, qui font à Paris le service des fiacres. Ils se vendent de 150 à 300 francs. Les environs de Corlay et de Carhaix en produisent d'une taille et d'un prix supérieur, qui sont souvent achetés pour les remontes. A la catégorie des bidets bretons appartient la variété de *Briec*, petite, mais admirable de grâce et d'énergie; enfin celle des îles d'Ouessant, dont les sujets ont à peine un mètre de haut et servent de monture aux enfants.

Moins nombreuse que les précédentes, la race bretonne carrossière est élevée au *Conquet,* dans le Finistère. Elle a la tête fine, sèche, légèrement busquée, la robe souvent baie, le garrot fortement sorti, les articulations bien dessinées, les membres bien plantés, le corps et le cou ordinairement un peu trop longs.

CHEVAUX DU POITOU ET DES PAYS VOISINS.

Dans la contrée basse et marécageuse qui borde l'Océan, depuis l'embouchure de la Loire jusqu'au Médoc inclusivement, on élève, de temps immémorial, une race lourde et lymphatique (Jument blanche, pl. 25), que l'on allie avec des baudets de la plus forte taille. Tête grosse, droite et empâtée, yeux petits, naseaux étroits, bouche peu fendue, encolure courte, grosse et charnue; garrot bas, épaules fortes et courtes, poitrail large, avant-bras et tibias trop courts, genoux et jarrets faibles, canons trop allongés, os gros, extrémités grosses et poilues, sabot large, corne molle, dos souvent ensellé, croupe avalée, mouvements mous, taille de 1 m. 58 à 1 m. 64: tels sont les caractères de cette ancienne race, qui, croisée avec les étalons des dépôts de Saintes, de Napoléon-Vendée, de Saint-Maixent et de Libourne, produit actuellement un certain nombre de chevaux distingués, connus sous le nom de chevaux de *Saint-Gervais*, de *Rochefort*, du *Médoc*. Un grand nombre de poulains de Saint-Gervais sont achetés, à dix-huit mois, 600 à 1,000 francs, pour être élevés en Normandie. Des chevaux de cette même localité sont vendus, comme carrossiers, dans le Midi et en Espagne.

Le pays montagneux appelé *Bocage vendéen* est peuplé de chevaux légers, de 1 m. 45 à 1 m. 52, qui ont la tête hardie, bien attachée, la poitrine large, le corps cylindrique, les allures vives, la croupe un peu trop courte et trop étroite, les jambes fines, les pieds bien faits. Cette race produit beaucoup de chevaux de cavalerie légère et quelques chevaux de ligne.

Dans l'Anjou, peuplé jadis d'animaux sans caractère, on trouve aussi, grâce aux croisements avec les étalons de l'État, un certain nombre de sujets distingués.

CHEVAUX LIMOUSINS.

Le Limousin possédait jadis une race de selle très-estimée, qu'on croyait descendue d'étalons arabes d'Asie et de juments africaines. Sveltes, élégants, et d'une taille de 1 m. 48 à 1 m. 52, les sujets de cette variété avaient la tête fine, sèche, un peu longue, légèrement busquée; l'encolure de cerf, le corps cylindrique, le garrot élevé, les os fins, les muscles très-durs, souvent le poitrail et la croupe trop étroits, les jarrets trop rapprochés, la robe fréquemment noire, beaucoup d'énergie et de rusticité. Ils étaient rarement formés avant sept ans, mais la plupart se conservaient en pleine vigueur jusqu'à vingt et vingt-cinq. En 1760, Bourgelat se plaignait de la disparition de cette race intéressante. Grâce aux efforts de l'administration, qui a créé au centre de la contrée le haras de Pompadour, les chevaux limousins se sont améliorés de nouveau dans ces derniers temps. La Haute-Vienne fournit aux remontes d'excellents chevaux de ligne; la Corrèze, de bons chevaux de cavalerie légère. Les élèves de la Creuse, dit M. Gayot, sont moins distingués.

Au temps de son administration, cet habile directeur a organisé à Pompadour la formation d'un *pur sang français* composé du mélange des sangs arabe et anglais. Plus grand que l'arabe, moins élancé, plus large et plus souple que l'anglais, l'étalon de cette race est destiné à améliorer nos variétés du Midi, que l'étalon arabe perfectionne, mais ne grandit pas assez, tandis que le croisement avec l'étalon anglais produit souvent des animaux trop minces.

L'Auvergne, le Rouergue, le Morvan, l'Isère et autres contrées montagneuses du Centre, du Midi et de l'Est, possédaient autrefois des races de selle distinguées, inférieures cependant à la variété limousine. Aujourd'hui, les animaux qui peuplent ces divers pays, ne présentent pas de caractères tranchés. Cependant quelques bons produits résultent de l'alliance des meilleures juments avec les étalons de l'État.

CHEVAUX DES PYRÉNÉES ET DES CONTRÉES VOISINES.

Les chevaux qu'on élève en grand nombre dans les Pyrénées appartiennent, pour la plupart, à l'ancienne race *navarrine*, qui descend elle-même de l'arabe. Sauf un peu plus de taille (1 m. 45 à 1 m. 55) et plus de longueur dans toutes ses parties, le cheval navarrin (pl. 19) présente encore les caractères du type oriental : membres et articulations sèches, os fins, garrot très-sorti, encolure de cerf, arêtes des vertèbres dorsales très-saillantes, pieds bien faits, corne dure, robe souvent grise; grâce, élégance, noblesse, rusticité, vigueur. Comme défaut, cette variété a souvent la croupe étroite et les jarrets serrés. Elle fournit beaucoup de sujets à la remonte de la cavalerie légère et quelques carrossiers ou chevaux de ligne, connus sous le nom de *bigourdans améliorés*. Les plus beaux sont élevés dans la plaine de Tarbes et vendus 1,000 à 2,000 fr.

Le plateau élevé de la Cerdagne possède une race noire à nez busqué, plus grande que la navarrine et très-estimée des Espagnols.

Dans les marécages voisins de la Méditerranée, particulièrement en Camargue, vivent presque à l'état sauvage de petits chevaux de selle à tête allongée, à membres fins; animaux très-rustiques, mais trop petits pour les besoins actuels. On les emploie surtout au foulage des grains. Ces variétés et leurs analogues, telles que celles des Landes, de la Sologne et de la Brenne, disparaîtront de plus en plus. En effet, dès que le sol s'améliore et qu'il est possible de nourrir un bétail plus grand, l'élève du très-petit cheval ne présente aucun intérêt.

CHEVAUX FRANCS-COMTOIS.

Les parties basses de la Franche-Comté, de la Bourgogne et de l'Alsace produisent un cheval de gros trait, lourd et peu distingué : tête longue et étroite, yeux petits, regard sans expression, reins et encolure allongés, garrot bas, croupe courte, poitrail étroit, muscles peu développés, membres souvent panards, pied très-large, corne molle, mouvements lents, caractère doux.

Dans cette contrée, le cheval des marais de la Bresse jouissait autrefois d'une certaine réputation. Quoiqu'il vive au milieu de marécages, ses membres sont secs et sans engorgement; ce qu'on attribue à la succion des sangsues qui s'attachent à eux, lorsqu'ils pâturent dans les étangs. Ce cheval n'offre aujourd'hui rien de distingué; il a souvent le ventre gros, la tête lourde, la croupe serrée, le poitrail étroit.

On rencontre aussi dans l'est de la France un assez grand nombre de chevaux suisses, analogues aux francs-comtois, mais meilleurs et plus distingués.

CHEVAUX LORRAINS ET ARDENNAIS.

Lorsqu'on quitte Paris, peuplé principalement de chevaux normands, percherons et bretons, et qu'on arrive à Reims ou à Châlons-sur-Marne, on est frappé du changement de physionomie de l'espèce chevaline. De gros trait et de trait léger, les sujets qu'on aperçoit ont l'encolure et le corps courts, ce qui est l'opposé des chevaux de l'ouest; la robe rarement blanche ou gris-pommelé, le plus souvent baie ou gris de fer. Les membres sont secs et poilus, les pieds bien faits, la corne dure, l'épaule très-longue, le poitrail très-développé, les muscles bien dessinés. Comme défauts, ils ont souvent la croupe avalée, le dos ensellé, le garrot peu saillant, les jarrets trop rapprochés. Ces chevaux, dont on distingue deux variétés, l'une *ardennaise*, l'autre *lorraine*, sont élevés dans les départements de la Meuse, de la Moselle, des Vosges, de la Meurthe, des Ardennes et de la Haute-Marne, dans la province de Namur et dans le duché de Luxembourg. Les plus beaux types se trouvent en Belgique, à Saint-Hubert. Pour la rusticité et la facilité de l'entretien, ils l'emportent sur les percherons et les normands. Lorsqu'on leur donne, dès le jeune âge, une excellente nourriture, ils se développent d'une manière admirable. Les beaux chevaux de trait qui peuplent les environs de Reims et de Rethel, sont presque tous des poulains ardennais.

Nous donnons (pl. 22) le portrait de juments nées dans l'Ardenne belge, et élevées au pâturage sur mauvais terrain. Elles rendent bien la physionomie de ce type, qui, du reste, présente souvent des animaux plus grands, plus distingués.

Sur la frontière allemande, du côté de Sarreguemines, la race lorraine prend un caractère de noblesse qui tient à l'influence, non encore éteinte, de la variété améliorée autrefois par les ducs de Deux-Ponts.

En résumé, indépendamment des races arabe et anglaise pur sang, nous possédons quelques variétés chevalines d'une incontestable valeur, savoir :

GROS TRAIT.

Races boulonnaise, cauchoise et augeronne, bretonne des Côtes-du-Nord, poitevine.

TRAIT LÉGER.

Races percheronne, bretonne du Léon, ardennaise, lorraine.

GRANDS CHEVAUX DE SELLE ET CARROSSIERS.

Races anglo-normande, du Conquet, de la Cerdagne, bigourdane améliorée.

PETITS ET MOYENS CHEVAUX DE SELLE.

Races du Bocage, du Limousin, navarrine.

Le cheval de gros trait devant être de moins en moins demandé, à cause de l'établissement des chemins de fer et de la diminution du roulage, il convient d'en cantonner l'élève là où se trouvent les meilleurs types, c'est-à-dire, sur quelques points de la Flandre, de l'Artois, de la Normandie, de la Bretagne et du Poitou. On s'abstiendra de croiser les juments de ces races avec les étalons arabes et pur sang anglais, parce qu'il en résulterait des produits d'un caractère trop différent; mais elles seront unies aux meilleurs chevaux de leurs variétés, c'est-à-dire, à ceux qui joignent à la plus grande largeur les pieds les mieux faits, les articulations les plus sèches, la tête la moins longue et la moins empâtée, le flanc le plus court, le dos le moins ensellé, les muscles les plus durs et tout à la fois les plus développés. Conformément au précepte du célèbre Jacques Bujault, la race poitevine mulassière sera améliorée par croisement avec de forts étalons bretons des Côtes-du-Nord. De cette manière, elle ne perdra pas les qualités qui la rendent précieuse pour la production du mulet, et ses défauts seront amoindris.

Le terrain perdu par le cheval de gros trait sera gagné par l'élève du cheval de trait léger. Dans le centre, l'ouest et dans une partie du nord, on multipliera le percheron, sans mélange de pur sang anglais ou avec une très-faible dose de ce sang Les chevaux lorrains et ardennais, perfectionnés aussi par eux-mêmes, constitueront les types améliorateurs des races de trait de l'est et du nord-est, notamment des chevaux alsaciens et francs-comtois. Plus courts, plus faciles à nourrir que les percherons, ils conviendront mieux aux pays pauvres.

Si nous passons à l'élève des carrossiers ou grands chevaux de selle, nous ne conseillons pas de chercher à les produire régulièrement par le croisement des juments de gros trait avec l'étalon pur sang. Sans doute, de bons carrossiers se forment à la longue par une fusion convenable du sang anglais dans celui d'une autre variété. Mais, en réalité, on obtient difficilement cette combinaison; aussi, lorsqu'elle existe dans certaines familles, faut-il considérer comme très-précieux les reproducteurs les plus distingués de ces familles. Tels sont les beaux chevaux anglo-normands du Cotentin et du Merlerault, qui, désormais, serviront de types pour l'élève du carrossier dans le nord et l'ouest. Afin de conserver les caractères de la race anglo-normande, on pourra sans doute recourir encore quelquefois aux croisements de cette race avec le pur sang; mais que ce ne soit pas sans prudence, de peur que les produits ne deviennent efflanqués, hauts sur jambes et délicats. Au Conquet, à Saint-Gervais, dans le Médoc, on conservera les sujets les plus parfaits des races nouvelles de ces localités, et, suivant le besoin de finesse indiqué par la nature même des élèves, on emploiera l'étalon anglais avec la même circonspection qu'en Normandie. Dans les Pyrénées, on s'en servira avec plus de réserve encore, et l'on recherchera surtout, comme reproducteurs, les animaux de la Cerdagne et les plus forts navarrins.

L'élève du cheval de cavalerie légère appartient essentiellement aux contrées montagneuses; c'est là que les pieds deviennent excellents, les membres solides, le corps souple. L'arabe, que l'Algérie peut nous fournir à discrétion, est le type améliorateur de ce genre de cheval. Malheureusement, il atteint rarement la taille de 1 m. 48 exigée pour la remonte de la cavalerie légère. A cet égard, les règlements militaires ne pourraient-ils être modifiés? Toutes les fois que, par nécessité, on a acheté pour l'armée des chevaux de petites races, on a été surpris de leur rare qualité. Par l'amélioration du régime et par le choix de reproducteurs de taille suffisante, le culti-

Pl. 17.

DESSINÉ PAR IS. BONHEUR — IMPRIMERIE J. CLAYE — GRAVÉ PAR A. LAVIEILLE

RACES ARABES

NEDJI-BÉ, JUMENT DE RACE NEDJE, DESSINÉE A L'ANCIEN HARAS DE SAINT-CLOUD

CHEVAL ENTIER D'ALGÉRIE

Pl. 18.

DESSINÉ PAR IS. BONHEUR — IMPRIMERIE J. CLAYE — GRAVÉ PAR A. LAVIEILLE

RACE ANGLAISE PUR SANG

BARON, ÉTALON DESSINÉ AU DÉPOT DU BOIS DE BOULOGNE

Pl. 19.

DESSINÉ PAR IS. BONHEUR — IMPRIMERIE J. CLAYE — GRAVÉ PAR A. LAVIEILLE.

RACE DE TARBES

CHEVAL HONGRE — JUMENT

Pl. 20.

ISI.BONHEUR..

LAVIELLE SC

DESSINÉ PAR IS. BONHEUR — IMPRIMERIE J. CLAYE — GRAVÉ PAR A. LAVIEILLE

CHEVAL HANOVRIEN, SE RAPPROCHANT DE L'ANCIEN TYPE NORMAND

Pl. 21.

DESSINÉ PAR IS. BONHEUR — IMPRIMERIE J. CLAVE — GRAVÉ PAR A. LAVIEILLE

RACE BOULONNAISE

CHEVAL ENTIER

Pl. 22.

DESSINÉ PAR IS. BONHEUR — IMPRIMERIE J. CLAYE — GRAVÉ PAR A. LAVIEILLE

RACE ARDENNAISE

JUMENTS

Pl. 23.

DESSINÉ PAR IS. BONHEUR — IMPRIMERIE J. CLAYE — GRAVÉ PAR A. LAVIEILLE

RACES BRÉTONNES

CHEVAL HONGRE, RACE DES BRUYÈRES — CHEVAL ENTIER, GRANDE RACE DES COTES-DU-NORD

Pl. 24.

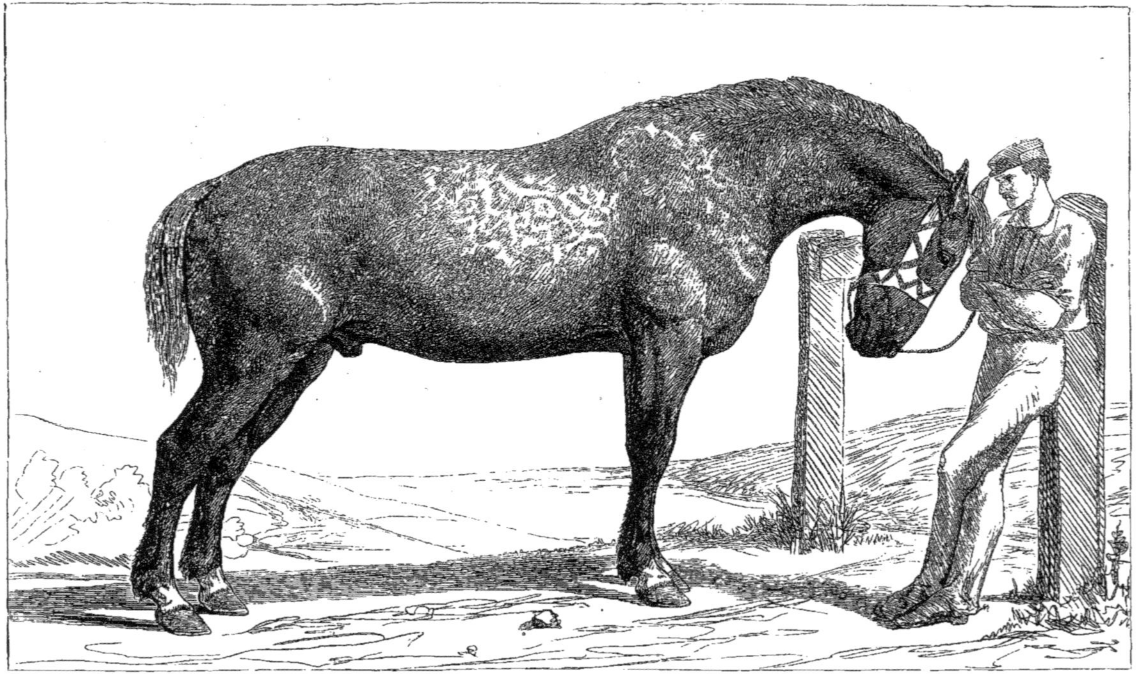

DESSINÉ PAR IS. BONHEUR — IMPRIMERIE J. CLAYE — GRAVÉ PAR A. LAVIEILLE

GRANDE RACE PERCHERONNE

ÉTALON VENDU PAR M. RIVIÈRE AU PACHA D'ÉGYPTE

vateur cherchera, de son côté, à obtenir des élèves qui répondent aux conditions prescrites par les règlements militaires. Dans ce but, nous conseillons — pour l'ouest, le centre et le nord, l'emploi des meilleurs étalons du Merlerault, du Bocage, de Cor lay, et celui des chevaux arabes et anglo-arabes du haras de Pompadour; — pour le midi, l'emploi des navarrins et des arabes. Le pur sang anglais ne sera croisé qu'exceptionnellement avec les petites races de pays montagneux.

CHAPITRE XX

ÉLÈVE ET COMMERCE DES CHEVAUX.

« Le bétail jeune doit sauter. »
Proverbe.

« Vends à la maison, achète en foire. »
Proverbe.

L'élève du cheval présente plusieurs spéculations : ici, les juments ne travaillent presque jamais, et elles vivent en liberté sur des gazons naturels. Leurs petits pâturent avec elles et sont vendus entre 6 et 18 mois. Ailleurs, les juments poulinières sont nourries à l'étable et employées régulièrement aux travaux aratoires. Enfin, dans d'autres pays, on conserve pendant 3 ou 4 ans de jeunes chevaux achetés dans les lieux de production, et on utilise leurs forces naissantes.

La première de ces spéculations appartient essentiellement aux pays d'herbages et convient surtout aux races de selle. En effet, les juments de ces variétés ne pourraient rendre au cultivateur des services proportionnés à l'augmentation de frais que nécessiterait la stabulation. Le grand air et la liberté entretiennent très-bien leur fécondité et sont aussi très-favorables aux poulains.

L'élève des jeunes chevaux de 18 mois à 5 ans exige plutôt abondance de grains et de bons fourrages que des pâturages étendus; car un travail modéré, joint à un excellent régime, suffit pour procurer à ces animaux un développement parfait. On applique très-avantageusement cette spéculation aux races de trait. Combien de cultivateurs font exécuter presque tous leurs travaux par de tels élèves, qu'ils revendent à l'âge de 5 ans avec une plus value importante! Le changement d'air et de lieu, loin de nuire à la santé des jeunes chevaux, leur est favorable. Il en est, par exemple, qui, nés dans des lieux humides, ont le tempérament lymphatique et se trouvent prédisposés à la fluxion périodique; mais, si on les conduit sur un terrain sec, ils prennent une constitution robuste, des articulations saines, une vue solide. Aussi, remarque-t-on que, par l'effet naturel d'intérêts agricoles bien entendus, un pays d'herbages qui produit un grand nombre de poulains, se trouve presque toujours en commerce d'élèves avec une contrée où on se livre à leur éducation : l'Artois et la Picardie correspondent de cette manière avec le Boulonnais; la plaine d'Alençon, avec le Merlerault; celle de Caen, avec le Cotentin; la Beauce, avec le Perche; les environs de Tarbes, avec les Pyrénées; la Champagne, avec les Ardennes, etc.

L'entretien des juments poulinières travailleuses ne convient pas aux exploitations dont les ouvrages exigent des coups de collier fréquents et pénibles; car ces efforts les feraient souvent avorter.

Ces trois spéculations ont chacune des règles spéciales.

PRODUCTION DE POULAINS EN PAYS DE PATURAGE.

Entretenir sur gazon marécageux des juments de gros trait; sur pâture grasse et riche, une race carrossière ou de trait léger; sur pâture aride et maigre, de moyens ou de petits chevaux de selle.

Toutes les fois que la pâture est insuffisante, distribuer du fourrage aux juments et donner aux poulains une ration d'avoine.

Établir dans l'herbage un abri pour les moments de pluie.

Rentrer les animaux à l'écurie, en hiver, lors des mauvais temps et pendant les nuits froides.

Chercher à obtenir de chaque mère un poulain par an; à cet effet, présenter la jument à l'étalon huit jours après la mise bas. Alors, la conception est presque assurée.

Pour leur première gestation, faire couvrir les juments dès la fin de l'hiver, afin que les poulains naissent chaque année au printemps et qu'ils aient tout l'été pour se fortifier avant le retour des froids.

Sevrer les élèves entre huit et dix mois, en les éloignant peu à peu de leurs mères; augmenter alors la ration d'avoine; cependant ne pas leur en donner plus d'un à deux litres par jour, de peur de les prédisposer à la fluxion périodique.

Les caresser, et leur présenter souvent quelque friandise, afin qu'ils restent amis de l'homme.

Les habituer à se laisser attacher, conduire au licol, lever les pieds.

S'abstenir de les lâcher là où leurs ébats les exposeraient à quelque accident.

Ne pas s'appuyer sur leur dos, de peur de le faire fléchir.

ENTRETIEN DES JUMENTS POULINIÈRES TRAVAILLEUSES.

Ne leur demander de poulain que tous les deux ans, afin de ne pas les épuiser.

N'exiger d'elles aucun effort violent; ne pas les atteler entre des brancards.

Éviter de leur faire traverser des bourbiers profonds et gravir des côtes rapides.

Les tenir au repos dix jours avant la mise bas et ne les remettre au travail que dix jours après.

A l'époque du part, les enfermer chacune dans une case, afin de les préserver de tout accident, elles et leurs petits.

Faire prendre à ces derniers l'exercice nécessaire, soit en les laissant suivre leurs mères à la charrue, soit en les enfermant dans des enclos.

A l'écurie, les mettre trois ou quatre ensemble dans une case où ils restent libres.

Si on les attache, rendre leur longe rigide au moyen d'un bâton de 40 centimètres de longueur, afin qu'ils ne puissent s'étrangler.

Les faire teter trois ou quatre fois par jour et leur donner un peu d'avoine et d'excellent fourrage.

Les sevrer à l'âge de 5 à 6 mois.

ÉDUCATION DES JEUNES CHEVAUX DE 6 MOIS A 5 ANS.

Séparer à l'âge d'un an les mâles d'avec les femelles.

Opérer à 6 ou à 18 mois, suivant le goût habituel des acheteurs, les poulains destinés à devenir chevaux *hongres*. Ceux-ci sont un peu plus grands, moins larges d'encolure, plus dociles, moins vigoureux et moins ardents que les *entiers;* mais, plus l'opération se fait tard, moins la différence est tranchée.

Dresser à l'âge de 18 mois les sujets destinés au trait; les habituer d'abord à porter simplement le collier et une bride avec mors brisé; puis, à marcher auprès de chevaux attelés; enfin, les faire tirer modérément et au pas.

Alors, de peur qu'ils ne s'emportent, les attacher de court par une courroie qui part de leur bride et aboutit soit à l'objet qu'ils traînent, soit au collier de leur camarade.

Lorsqu'ils sont dressés, atteler ensemble les sujets de même tempérament et de même force. Autrement, les plus ardents s'exténuent, tandis que les autres ne tirent pas.

N'exiger d'eux qu'un travail modéré; leur faire traîner le chariot plutôt que la charrette.

Ménager leur bouche encore délicate et n'appuyer sur la bride que très-légèrement.

Pour les chevaux de selle, suivre les principes arabes :

« Monte le jeune cheval de 2 à 3 ans, jusqu'à « ce qu'il soit soumis. Nourris-le bien de 3 à 4; « remonte-le ensuite. Les leçons de l'enfance se « gravent sur le marbre. Celles de l'âge mûr dispa- « raissent comme les nids d'oiseaux.

« Ne bats pas ton cheval; parle-lui sans em- « portement. Si cependant tu rencontres un animal « insensible à la douceur, châtie-le de sorte qu'il n'ou- « blie jamais cette punition. » (Général Daumas.)

Dresser au trait les chevaux de selle, entre 3 et 5 ans, afin de les rendre plus souples.

N'exiger d'eux aucun travail pénible.

Ne les faire jamais tirer autrement qu'au pas, et les habituer à bien soutenir cette allure.

Le pas, dit l'Arabe, *c'est le galop de toujours.*

« Nourris parfaitement les jeunes chevaux sans les « engraisser », prescrit encore l'enfant du désert. « L'inaction et la graisse sont les causes principales des vices et des maladies.

« Pour préparer un cheval trop gras aux fatigues, « faites-le maigrir par l'exercice, jamais par la « privation de nourriture. »

Les juments de selle ne doivent pas devenir pleines avant l'âge de 4 à 5 ans, ni celles de trait, avant celui de 3 à 4. Quant aux étalons, ils donnent leurs meilleurs produits depuis l'âge de 4 à 5 ans jusqu'à la vieillesse. On sait que l'emploi des reproducteurs très-jeunes amollit les races;

dès lors, il ne peut être conseillé pour l'espèce chevaline.

Un étalon, parfaitement nourri, ne doit pas servir, par an, plus de 50 à 60 juments. Que dire des étalons *rouleurs*, presque tous chevaux jeunes, qui, conduits de ferme en ferme, en couvrent par an 2 et 300, quelquefois 5 ou 6 dans une journée! Doit-on s'étonner de la médiocrité ordinaire de leurs produits?

Il faut tenir l'étalon dans une stalle séparée, le bien nourrir, le traiter avec douceur, l'exercer par un travail modéré. En effet, rien n'est plus contraire à sa fécondité qu'un repos absolu. Afin de ne pas le laisser s'épuiser, on doit adopter la monte à la main plutôt que celle en liberté, et, pour éviter les accidents, suivre les règles de prudence connues de tous les étalonniers.

La jument, les jambes entravées, est présentée plusieurs fois à quelques jours d'intervalle; mais il ne faut jamais la contraindre, lorsque, ayant déjà été couverte, elle se défend contre le cheval; car, dans ce cas, on doit la supposer pleine. Pour ménager les mâles précieux, on ne les laisse s'approcher des cavales que lorsque la présence d'un étalon commun a préparé celles-ci à les recevoir.

Indépendamment des défauts de conformation, il est certains vices héréditaires qui doivent faire rejeter, pour le reproduction, les sujets qui en sont atteints, savoir : la *pousse*, le *cornage*, le *tic*, la *fluxion périodique*, les *eaux aux jambes* (suintement infect qui se produit au bas des jambes), l'*encastelure* (corne dure et étroite des talons), les tumeurs molles aux articulations du genou et des jarrets; la méchanceté, la poltronnerie. Mais on peut admettre les juments et les étalons tarés par suite d'accident ou de blessure, comme on en trouve souvent à acheter, dans les villes, fort au-dessous de leur valeur.

Sur les foires, il ne faut pas perdre de vue que les sujets mis en vente sont engraissés pour la plupart, et que les maquignons prétendent qu'il leur est permis, dans ce commerce, de tromper jusqu'à leur père. En général, ils agissent cependant avec loyauté, lorsqu'on les charge en confiance d'une acquisition, moyennant une rémunération suffisante.

Pour bien vendre un cheval, il faut soi-même le mettre d'abord en excellent état. « La graisse, dit Jacques Bujault, couvre bien des défauts. »

CHAPITRE XXI

NOURRITURE ET ENTRETIEN DES CHEVAUX ADULTES

> « Aimez les chevaux, soignez-les; par eux l'honneur et par eux la beauté. »
>
> *Chant des Oulad-Nayl.*
>
> « On conduisit un jour un cheval au prophète. Il l'examina, se leva, et, sans mot dire, comme il n'avait rien à sa portée, il se mit à le frotter avec la manche de son vêtement.
>
> — Quoi! même avec vos vêtements, lui dit-on.
>
> — Certainement, répondit-il; c'est l'ange Gabriel qui m'a plus d'une fois ordonné d'en agir ainsi. »
>
> *Légende arabe citée par le général Daumas.*

Les chevaux s'entretiennent sur toute espèce de pâturage naturel ou artificiel, pourvu que l'abondance et la qualité de l'herbe soient en rapport avec les besoins de la race. Ils vivent même sur des gazons très-marécageux et mangent les plantes qui poussent dans les étangs.

Excellent pour les juments et les poulains, ce régime du pâturage ne convient pas aux chevaux destinés à un exercice soutenu, parce qu'il ne laisse pas assez de temps pour le travail et le repos complet. Le cheval qu'on dételle doit trouver sa table mise et son lit prêt, à moins qu'on ne l'occupe pendant de simples demi-journées.

L'alimentation sans pâturage peut comporter plusieurs régimes. Les Arabes nourrissent leurs chevaux avec de l'orge et de la paille et ne les font boire qu'une fois par jour. Ils choisissent l'eau la plus pure et donnent l'orge à discrétion en un repas qui a lieu le soir. En voyage, ils ajoutent dès le matin une autre ration d'orge.

Pour obtenir un bon service de selle ou de carrosse, il faut organiser, en France, un régime analogue, composé surtout de paille et d'avoine; on ajoutera quelques kilo. de fourrage sec; mais au lieu de donner la nourriture en un seul repas (méthode applicable seulement sous un climat chaud qui soutient les forces et permet le jeûne), on fera boire et manger l'animal deux ou trois fois. Le grain se distribuera à chaque repas, moitié avant la boisson et moitié après.

Si le cheval revient en sueur, on l'essuie, et après lui avoir mis sur le dos une couverture de laine, on lui présente à manger; puis, lorsqu'il a déjà pris quelques aliments, on lui permet de boire. En attendant, il est bon de lui jeter un peu d'eau à la tête pour le rafraîchir; mais on ne doit lui baigner le corps et les jambes que lorsque la transpiration est passée, à moins qu'il ne se remette de suite à marcher.

Les fourrages verts, les racines, les boissons farineuses, les pommes de terre et les grains cuits grossissent les intestins et le corps, dès lors ne conviennent pas aux chevaux légers; mais joints à de la paille et à du foin, ils entretiennent très-bien ceux de gros trait. Le panais, la carotte, l'ajonc leur donnent même une vigueur remarquable. Pour fourrage sec, il faut choisir un foin cassant plutôt que mou; ainsi, pas de regain ou de foin naturel de seconde coupe; mais du trèfle, de la luzerne, de la lupuline, du sainfoin, de la bisaille, du lentillon. M. Magne assure que, dans le Midi, de trop fortes rations de luzerne et de trèfle occasionnent de graves maladies. Même dans le nord, on ne doit pas donner à discrétion les foins naturels ou artificiels.

Cheval de foin, cheval de rien, dit le proverbe.

Dangereux par excès de facultés nutritives, les farineux autres que l'avoine ne conviennent que cuits ou concassés, et mélangés avec de la paille hachée. Le grain d'orge lui-même, tel qu'on le donne en Espagne et en Arabie, est pernicieux aux chevaux qui n'y sont pas habitués.

Voici quelques exemples de régimes appropriés à divers services.

CHEVAUX DE GROS TRAIT DES ENVIRONS DE PARIS.

7 kilo. 500	foin
9 kilo. [1]	avoine
2 kilo.	son
2 kilo.	paille

CAVALERIE DE LIGNE.

4 kilo.	foin naturel
5 kilo.	paille
3 kilo. 600	avoine

ÉTALONS DE TRAIT DES HARAS IMPÉRIAUX.

7 kilo.	foin
6 kilo.	paille
4 kilo. 500	avoine

1. L'hecto. d'avoine pèse en moyenne 46 kilo.

ÉTALONS PUR SANG DES HARAS IMPÉRIAUX.

7 kilo.	foin
5 kilo.	paille
4 kilo.	avoine

CHEVAUX DE GROS TRAIT DANS LES ARDENNES.

ÉTÉ.

40 kilo.	fourrage vert
4 kilo.	paille

HIVER.

4 kilo.	foin
24 kilo.	betteraves et carottes
2 kilo.	paille

Bien que le régime du vert soit très-économique, les sujets destinés à voyager ne doivent pas y être soumis; habitués à ce régime, ils ne mangeraient pas volontiers le foin des auberges. En vue d'une purgation salutaire, on conseille, par exception, de *mettre au vert*, chaque année, pendant quinze jours, les chevaux habituellement nourris d'aliments secs; seulement la transition d'un régime à l'autre exige beaucoup de précautions. D'un autre côté, lorsqu'un cheval est souffrant par excès de fatigue, le plus sûr moyen de le rétablir est de le mettre au pâturage.

Ce précieux animal exige les meilleurs soins hygiéniques : étrillage, bain fréquent des jambes, lit très-sec. Des chevaux sales ne sont-ils pas la honte du maître et du serviteur?

Que l'écurie soit saine, spacieuse, d'une hauteur de quatre mètres au moins. Sur un sol humide, la corne s'amollit et le pied est exposé à de graves maladies. Dans une atmosphère chargée d'ammoniaque, les yeux sont souvent atteints de fluxion périodique, et le cuir des harnais devient cassant.

Les accidents résultant des coups de pied sont si fréquents, qu'il y aurait économie bien entendue à diviser toutes les écuries par stalles de 1 m. 80 à 2 mètres de large. Pour la place de l'auge et la longueur du sujet, il faut 3 à 4 mètres, et en arrière, pour le passage, 1 m. 50 à 2 mètres. Fixé de 1 m. 40 à 1 m. 50 au-dessus du sol, le râtelier doit être presque vertical, et fermé en dessous par une planche inclinée. Par suite de cette disposition, les chevaux ne se renversent pas la tête en mangeant, et rien ne peut tomber dans leurs yeux. L'auge doit être placée de 80 centimètres à 1 mètre au-dessus du sol, avoir 20 à 25 centimètres de profondeur,

25 à 40 de largeur, et se trouver munie de forts pitons dans lesquels passent les chaînes qui servent de liens. Celles-ci se terminent,—d'un bout, par un poids qui les fait glisser dans le piton à chaque mouvement de l'animal ; — de l'autre, par une cheville de fer qui s'engage dans le licol; le cheval ne peut s'embarrasser dans le lien ainsi disposé, quelle qu'en soit la longueur.

Les yeux des chevaux souffrent de l'action directe de la lumière. Que les fenêtres de l'écurie soient disposées en conséquence, et que le sol soit pavé, non pas en larges dalles sur lesquelles les pieds seraient exposés à glisser, mais en briques ou en pierres d'un petit volume. Ce pavé peut aussi se faire en pierres cassées et empâtées de craie humide ou de mortier hydraulique, le tout fortement battu. En arrière, est un écoulement qui correspond avec la fosse à fumier ou à purin.

Pour nettoyer l'écurie, il convient de choisir l'instant où les chevaux sont absents, afin que leurs yeux ne souffrent pas des exhalaisons ammoniacales du fumier.

Les harnais sont suspendus en bon ordre, et sur un plancher à mi-hauteur se trouve le lit des charretiers.

Les chevaux ne doivent pas rester seuls pendant la nuit. Un père de famille vigilant fait lui-même sa ronde, au moment de la distribution du premier repas, c'est-à-dire, vers deux heures du matin. Faute de cette surveillance, combien de fois les chevaux partent pour la charrue sans avoir suffisamment mangé, ou reçoivent le soir ce qui devait leur être donné le matin ! D'un autre côté, si le coffre à avoine n'est pas bien fermé, la ration de ce grain est presque toujours double ou triple de ce que le maître prescrit.

Pour éviter les accidents et tirer bon parti des chevaux, voici encore d'autres précautions importantes :

Organiser les ouvrages de telle sorte que ces animaux changent rarement de conducteur.

Ne pas les lâcher dans la cour avant de s'être assuré que rien ne peut les blesser.

Par les temps de gelée, couvrir de cendres ou de poussière les glaces sur lesquelles ils seraient exposés à glisser.

Ne pas s'éloigner des chevaux attelés sans les avoir solidement attachés, et, si on les débride, leur mettre immédiatement un licol, afin qu'ils ne puissent s'échapper.

Au retour du travail, ne pas les faire courir, de peur qu'ils ne s'empêtrent dans leurs traits.

Aussitôt rentrés, les débarrasser des harnais. S'ils se trouvent en transpiration, attendre cependant quelque temps avant de les dégarnir ; « *après des fatigues excessives, fais manger avec la sangle* », dit l'Arabe.

Ne pas laisser les chevaux entiers seuls près des juments.

A l'écurie, relever la litière avec des fourches en bois et non avec des tridents en fer, pour ne pas piquer les pieds.

Ne pas s'approcher des chevaux sans les avertir d'un ton amical et élevé.

Au travail, les arrêter de temps en temps pour qu'ils puissent uriner.

Dans les descentes, enrayer solidement les voitures, et soutenir fortement avec la bride le cheval de brancard.

Partout où le tirage est considérable, s'arrêter avant que les chevaux perdent haleine ; ensuite, les remettre en mouvement sans de grands cris. De cette manière, ils recommencent à tirer avec certitude d'emporter la charge, tandis que, si on les laissait s'essouffler, ils pourraient perdre courage et ne plus vouloir avancer.

Franchir rapidement tout mauvais pas peu étendu.

L'attelage est-il *hahotté*, décharger promptement la voiture, au lieu de fatiguer les animaux par des coups de collier, pour lesquels il est fort difficile de les faire tirer tous ensemble.

CHAPITRE XXII

HARNAIS ET FERRURE DES CHEVAUX.

Il faut à tout cheval un bon palefrenier,
comme à toute terre un bon cultivateur.
JACQUES BUJAULT.

Les Romains attelaient les chevaux sous un joug qu'ils leur appliquaient sur le cou. Dans le midi, on voit encore des chevaux et des mules harnachés de cette manière. Du reste, le collier est généralement adopté comme préférable.

Voici les conditions auxquelles doit répondre un bon collier de ferme :

Forme exactement en rapport avec celle de l'encolure : trop étroit, le collier foule les côtés du cou ;

trop large ou trop long, il ne s'appuie pas bien sur les omoplates; trop court, il gêne la respiration, ou il blesse le sommet de l'encolure. En bas, la main doit pouvoir s'introduire entre le cou et le collier; et par en haut, il faut que les attelles forment, à leur point de jonction, un angle tel qu'au-dessus de l'encolure il y ait également un vide de quelques centimètres. On distingue deux genres de colliers, 1° les colliers fermés, 2° ceux à charnières qui s'ouvrent ou se ferment à volonté. On ne peut mettre un collier fermé autrement qu'en faisant passer au travers la tête du cheval; si celle-ci est très-grosse, il s'ensuit que le collier se trouve trop large. Aussi, conseillons-nous aux cultivateurs l'adoption des colliers ouverts, bien que les autres soient préférables, dans certains cas, à cause de leur plus grande solidité.

Coussins bien bourrés.

Légèreté et solidité réunies. Sous ce rapport, on signale, comme excellents, les colliers flamands avec attelles de fer de M. de Vandecasteele.

Dispositions telles que les traits puissent toujours tomber perpendiculairement sur les attelles. En effet, si l'angle supérieur formé par l'intersection de la ligne du trait et de la ligne de l'attelle se trouve obtus, le collier tiré en bas blesse le haut de l'encolure. Si cet angle au contraire est aigu, le collier tend à remonter et à étouffer l'animal. On donne à la partie supérieure des coussins plus d'épaisseur qu'à la partie inférieure, afin de rapprocher l'attelle du sens vertical, ce qui facilite les combinaisons voulues. Le point d'attache des traits doit être en rapport avec le degré d'élévation habituel de l'autre extrémité de la ligne de tirage; à moitié hauteur du collier, pour le cheval de charrette, et au tiers seulement, pour celui de charrue. Si le cheval est destiné à traîner alternativement la voiture et les instruments aratoires, cette hauteur d'un tiers doit être adoptée; mais, dans aucun cas, il ne faut placer l'attache des traits à un point inférieur, de peur de foulures graves à l'articulation de l'omoplate. Au moyen de la *dossière* et de la *sous-ventrière*, on complète, ainsi que nous l'avons dit au sujet de l'attelage des bœufs, les dispositions relatives à la direction des traits.

Les meilleurs traits sont en cuir, et divisés en deux parties par un anneau auquel s'attachent la sous-ventrière et la dossière. Les traits de fer doivent, le long des côtes, être enveloppés de fourreaux de cuir.

Le collier est maintenu par une *croupière*, courroie dont l'extrémité, en forme de lacet, entoure la queue; il faut avoir soin qu'il n'y ait jamais de crin pris entre celle-ci et le lacet, de peur de blessures.

Si l'épaule est foulée, on met sous le collier un *faux collier*, large coussin de crin couvert de toile ou de cuir. Chaque cheval doit avoir son collier et son faux collier.

Les chevaux grièvement blessés et les jeunes sujets qu'on veut ménager, peuvent être attelés au moyen d'une *bricole*, bande de cuir qui enveloppe le poitrail et se trouve maintenue par une courroie passant sur le dos; mais l'animal a moins de force avec ce harnais qu'avec le collier.

Au sujet attelé entre des limons, il faut 1° une forte *dossière* qui soutienne les brancards, en passant sur une *sellette* dont l'animal est porteur; 2° une *sous-ventrière* solide qui, attachée aux deux brancards, empêche la voiture de se renverser dans les montées; 3° un *reculoir*, bande de cuir qui entoure la croupe en dessous de la queue, et qui, attachée à chacun des brancards, permet au cheval de retenir la voiture dans les descentes. Cette pièce est maintenue par plusieurs courroies qui enveloppent la croupe. Le tout s'accroche à la sellette, qui doit être légère, solide et parfaitement bourrée. Si elle foule le dos, on la rapproche de la queue au moyen d'une croupière.

Le cheval, attelé à côté de la flèche d'un chariot, retient par un reculoir, auquel est ajoutée une bande de cuir passant devant le poitrail; à cette bande on accroche, au moyen d'un anneau, la chaîne fixée à l'extrémité de la flèche.

Sur terrain plat, on peut supprimer le reculoir et attacher la chaîne de la flèche à l'anneau d'une large bande de cuir qui entoure le cou. Un appareil semblable sert à maintenir les voitures à deux roues qui, au lieu de brancards, ont un timon, comme on le voit souvent en Picardie.

La bride est principalement destinée à maintenir le *mors*. Elle se compose de courroies qui enveloppent la tête. Le mors traverse la bouche en appuyant sur la portion de la mâchoire, appelée *barres*, qui sépare, comme nous l'avons dit, les dents incisives des molaires. Il est solidement fixé par une chaînette, dite *mentonnière*, qui passe sous la mâchoire inférieure. De chaque côté, partent : 1° les rênes qui, attachées à la partie supérieure du collier, soutiennent la tête; 2° les guides au moyen desquelles on dirige le cheval, en pressant tantôt sur l'une, tantôt sur les deux à la fois. Les rênes ne doivent jamais être fortement tendues, ni les guides violemment tirées. Pour soustraire les chevaux à ce genre de brutalité, le cultivateur devrait préférer au mors d'une seule pièce le mors brisé et sans mentonnière. Celui-ci joue dans la bouche, et lorsqu'on tire les guides, il porte plutôt sur les lèvres que sur les barres, ce qui est sans inconvénient.

La plupart des brides sont munies de deux *œillères* en cuir qui empêchent l'animal de voir de côté. Si les chevaux n'ont pas d'œillères, leur conduite exige beaucoup de prudence; car, ayant la vue complétement libre, ils s'effraient à chaque geste menaçant.

Les mouches les tourmentent beaucoup au temps des chaleurs. On leur préserve les oreilles au moyen d'une coiffure de toile qui enveloppe le haut de la tête; quant au corps, on le garantit avec une sorte de filet bordé par une frange de ficelles pendantes. M. Charles Gossin obtient le même résultat en faisant étendre, le matin des jours de chaleur, quelques gouttes d'huile empyreumatique sur la croupe et au ventre de ses chevaux. On sait combien les mouches craignent l'odeur de cette huile.

Tenir tous les harnais en ordre et en bon état; les laver et les graisser trois ou quatre fois par an; nettoyer et graisser plus souvent la partie interne des colliers, afin qu'elle reste douce et élastique: voilà des soins fort importants.

Il est peu de chevaux dont la corne soit assez dure pour ne pas s'user avec excès sur les terrains pierreux. Personne n'ignore qu'on la solidifie en y clouant un fer. Sans entrer dans les détails de la maréchalerie, pour le progrès de laquelle on devrait créer des écoles spéciales, voici quelques principes généraux utiles à tout cultivateur :

Comme la ferrure constitue une dépense notable et présente de graves inconvénients, lorsqu'elle est mal faite, ferrer les jeunes chevaux le plus tard possible, et, si on le peut, laisser sans ferrure les pieds de derrière.

Ensuite, entretenir avec soin les pieds ferrés; à cet effet, conduire de temps en temps les chevaux à la forge pour changer les fers usés, pour remettre des clous là où il en manque, enfin pour raccourcir la corne et parer le pied.

Veiller à ce que le maréchal chauffe les fers très-modérément avant de les appliquer; une chaleur excessive dessèche la corne et détériore le pied.

Dès qu'un cheval boite, le déferrer et examiner ses pieds; neuf fois sur dix, la claudication résulte d'une mauvaise ferrure.

Lorsqu'un pied présente une conformation défectueuse, ou lorsque l'animal se *coupe* en frappant, soit les pieds de devant avec ceux de derrière, soit les pieds de droite avec ceux de gauche, demander à un vétérinaire habile si une ferrure particulière ne pourrait remédier au mal.

Toutes les fois que les chevaux doivent marcher dans des taillis en exploitation, faire mettre transversalement sous le pied une planchette qui, solidement fixée entre le fer et le sabot, recouvre le milieu de la sole, et préserve cette partie délicate du contact dangereux des chicots de bois.

En cas de verglas, n'atteler aucun cheval sans que ses fers soient garnis de *clous à glace* ou de crampons dits *oreilles de chat*.

CHAPITRE XXIII

ANE.

> « Jayr avait trente fils, chefs de trente « villes, montés chacun sur un âne. »
> « Abdon avait soixante-dix fils et petits-« fils montés sur soixante-dix ânes. »
>
> *Livre des Juges.*
>
> « Vous qui montez sur des ânes bril-« lants de beauté. »
>
> *Cantique de Débora s'adressant aux princes d'Israël.*
>
> « Dites à la fille de Sion : Voici votre « roi qui vient à vous, plein de douceur, « monté sur le fils d'une ânesse soumise « au joug. » *Évangile.*

A Damas et au Caire, nous retrouvons encore dans toute sa grâce l'animal qui eut la gloire de porter le divin Messie. Svelte, vif, léger, l'œil éveillé, il tient la tête haute. Son poil court et luisant ressemble au velours; ses sabots noircis le parent comme de jolis souliers. On le revêt d'un harnais orné de coquillages, de franges de soie et de broderies d'or. On lui met une selle molle et élastique, couverte de maroquin; puis, un Turc du plus haut rang ou l'une de ses femmes parcourt la ville sur cette monture de luxe, qui ne le cède à aucune autre. Si nous employons, pour nous-mêmes, l'un des ânes qui font dans les villes d'Orient un service analogue à celui de nos voitures de place, nous remarquons qu'il n'est pas d'animal de selle plus commode. Au pas, le meilleur piéton nous suit à peine; au trot, nous sommes balancés par un amble agréable. Souple et docile, l'animal aux longues oreilles obéit à nos moindres mouvements, et, s'il aperçoit un passage difficile, il s'arrête avec prudence. Dans les montagnes, sur d'étroits sentiers, bordés d'affreux précipices, il marche avec une sûreté de pied merveilleuse. Jamais un faux pas, si les rênes sont pendantes et l'animal abandonné à son instinct. Sur le port de Bordeaux, de grands ânes, attelés aux charrettes, font le service de forts chevaux de trait.

Pourquoi donc le poëte qui fait parler les animaux a-t-il peint celui-ci comme un être idiot? Pourquoi le fac-simile de ses oreilles, appliqué contre les miennes, m'a-t-il fait verser jadis sur le rudiment de Lhomond des larmes amères? *L'éducation fait l'homme*, a-t-on dit. Appliqué à l'espèce asine, ce proverbe explique jusqu'à un certain point nos préventions. En effet, le petit âne du nord, mal élevé et gâté par les mauvais traitements, est tout différent de l'âne oriental; cependant que de services ne rend-il pas, en portant sur des coteaux escarpés plus qu'il ne pèse lui-même! De plus, sa nourriture coûte fort peu.

La France possède 400,000 ânes. Plus nous avançons vers le midi, plus ils sont nombreux et estimés. Évidemment, la chaleur qui rapetisse le cheval, est favorable au développement de l'espèce asine.

Comparé au cheval, sous le rapport de la conformation, l'âne a la tête plus forte, les oreilles plus longues et plus velues, le bout du nez moins fin, l'encolure plus étroite, le garrot moins élevé, le dos plus droit, l'épine dorsale plus tranchante, le coxal moins allongé, la croupe et le poitrail plus resserrés; les sabots plus étroits, plus durs et plus hauts; les muscles moins développés et plus durs; le cuir plus épais. Le cou ne porte presque pas de crins, et la queue n'en est pourvue qu'à l'extrémité. A taille et à poids égaux, l'âne est plus fort que le cheval, principalement pour le bât; il a le trot et le galop moins rapides, et le pas plus allongé. Docile et doux lorsqu'il est bien traité, il devient rétif par l'effet des mauvais traitements. Dans ses accès de fureur, le mâle ou *baudet* mord quelquefois, sans lâcher prise, de la manière la plus cruelle.

L'espèce asine ne présente que deux variétés de robe bien tranchées : l'une gris-souris ou café au lait avec raie noire en forme de croix sur le dos et sur l'épaule; l'autre d'un brun presque noir, avec du blanc au museau, autour des yeux, sous le ventre, à la face interne des membres. La taille des baudets est de 1 mètre à 1 mètre 60. Dans chaque race, les ânesses sont plus petites et ont une physionomie plus douce. Elles ne portent à la fois qu'un seul petit, et leur gestation dure en général un an moins quelques jours. Mâles et femelles sont adultes à cinq ans, restent vigoureux jusqu'à vingt, et vivent de vingt-cinq à trente. La denture est la même que celle du cheval; elle indique l'âge, jusqu'à huit ans, par les mêmes signes que dans l'espèce chevaline. Passé neuf ans, les dents de l'âne s'usent plus lentement que celles des chevaux.

Largeur du front, des naseaux, de la gorge, du poitrail, des reins, du dos, de la croupe, des articulations; coxaux, omoplates, bras et fémurs longs; tête, cou, flanc et canons courts; os fins; muscles durs et saillants; oreilles souples et dressées plutôt que tombantes; yeux limpides, très-ouverts, sans suintement; lèvres fermes; articulations et extrémités sèches; sabots hauts et pas trop étroits; corps cylindrique; ventre bien soutenu; épine dorsale droite; membres d'aplomb; jarrets larges : tels sont les caractères du bel âne.

Les détails déjà donnés sur la conformation des animaux nous dispensent, à cet égard, d'explications plus étendues.

On distingue en France, dans l'espèce asine, trois variétés principales, savoir : l'*âne du Poitou* (Baudet, pl. 25), l'*âne des Pyrénées* (Anesse noire, pl. 27), et le petit âne commun (Ane gris, pl. 26), appelé souvent *âne du Berri*. Chacune de ces variétés présente les deux genres de robe ci-dessus indiqués. Le gris avec raie cruciale est plus estimé chez le petit âne, et le brun-noir, au contraire, l'est plus dans les autres variétés.

L'*âne du Poitou* est d'une taille remarquable : 1 m. 46 à 1 m. 65 pour les baudets. Sa fourrure, qui ressemble à celle d'un ours, ses longues oreilles remplies de poils, ses sourcils épais, ses paupières ridées, sa tête énorme, sa physionomie sauvage, ses jambes égales en grosseur à celles des plus forts chevaux, sa longue et forte encolure, ses sabots élevés, ne permettent de le confondre avec aucun autre. On dit que cette race, primitivement originaire de la Palestine, nous est venue d'Espagne. Le Poitou la conserve pour la production des mulets. Les mâles les plus distingués ne se vendent pas moins de 5 à 8,000 francs.

L'*âne des Pyrénées* est plus gracieux; il a les os moins gros, la tête moins lourde, le poil ras; souvent

Pl. 25.

DESSINÉ PAR IS. BONHEUR — IMPRIMERIE J. CLAYE — GRAVÉ PAR A. LAVIEILLE

RACES DU POITOU

BAUDET PUR SANG — JUMENT MULASSIÈRE

Pl. 26.

DESSINÉ PAR IS. BONHEUR — IMPRIMERIE J. CLAYE — GRAVÉ PAR A. LAVIEILLE

GRAND MULET DES PYRÉNÉES — PETIT ANE GRIS DU BERRY

Pl. 27.

DESSINÉ PAR IS. BONHEUR — IMPRIMERIE J. CLAYE — GRAVÉ PAR A. LAVIEILLE

ANESSE NOIRE DES PYRÉNÉES — ANE GRIS DE LA SAINTONGE

le tour du museau et des yeux couleur de feu; sa taille varie de 1 m. 20 à 1 m. 45. La plupart des ânesses qui parcourent le matin les rues de Paris pour porter leur lait aux malades, appartiennent à cette variété, qui est répandue, non-seulement sur la frontière de l'Espagne, mais encore dans tout le Midi. Le plus beau type se trouve aux environs de Bagnères et de Tarbes.

En Saintonge, on remarque (Ane gris, pl. 27) une variété intermédiaire, pour la finesse, entre l'âne du Poitou et celui des Pyrénées.

Le petit âne existe dans tout le centre et le nord de la France; sa taille est souvent de moins d'un mètre. On en trouve de charmantes variétés; mais, en général, la tête est trop grosse proportionnellement au reste du corps.

Au sujet de l'espèce asine, nous remarquons, en agriculture, deux industries distinctes : 1° entretien des ânesses et élève des ânons; 2° conduite et entretien des ânes de travail.

ENTRETIEN DES ANESSES ET ÉLÈVE DES ANONS.

L'âne des grandes races, particulièrement celui du Poitou, n'est pas facile à élever. Les femelles conçoivent difficilement. Les petits souffrent du froid et périssent fréquemment d'indigestion. Il est aisé de s'apercevoir que, même en Poitou, le climat est un peu trop rigoureux pour ces grandes variétés. Plus au nord, il ne faudrait pas en élever.

Voici des soins essentiels à la réussite de cette spéculation :

Entretenir l'ânesse au pâturage ou la faire travailler modérément, afin de lui procurer un exercice favorable à la fécondité.

La bien nourrir, sans l'engraisser.

La faire couvrir pour la première fois entre 4 et 5 ans.

La fatiguer avant de la présenter au baudet, pour qu'elle conçoive plus sûrement.

Ne pas exiger de celui-ci un service trop fort. Souvent, en Poitou, on emploie les baudets 6 à 8 fois dans la même journée. Doit-on s'étonner que beaucoup d'ânesses et de juments ne soient pas fécondées?

Régler l'instant de la monte de telle sorte que l'ânon naisse aux premières chaleurs et ne soit point exposé à souffrir du froid, lorsqu'il est encore très-jeune.

Présenter plusieurs fois l'ânesse au baudet à quelques jours d'intervalle, jusqu'à ce qu'elle le repousse.

Exercer sans fatigue celles qui sont pleines; ne pas leur laisser boire d'eau très-froide ni les faire pâturer par le givre; les rentrer la nuit et par tous les mauvais temps.

Après le part, les tenir chaudement elles et leurs ânons; les traire en partie, si elles produisent beaucoup de lait, afin que leurs petits soient rationnés.

Les conduire à l'étalon le huitième jour après la mise bas, moment le plus favorable à la conception.

Sevrer l'ânon à l'âge de 6 à 7 mois. Alors, bien qu'il ne soit plus aussi délicat que dans les premiers temps de sa vie, il lui faut encore un logement chaud, de bon fourrage et une ration de grain.

On élève généralement à l'étable et on fait rarement sortir les sujets destinés à la reproduction. Évidemment, il vaudrait mieux leur procurer un exercice journalier. Les formes seraient plus belles, la fécondité plus sûre, la fluxion périodique moins fréquente.

L'entretien des ânesses et l'élève des ânons de petite race se fait d'après les mêmes règles, mais plus facilement.

ENTRETIEN DES ANES DE TRAVAIL.

Le baudet est tellement irascible qu'il ne convient généralement d'employer au trait ou au bât que des ânesses ou des ânes hongres. On les castre d'ordinaire à l'âge de 1 à 2 ans.

Ce que nous avons dit de la conduite et du harnachement des chevaux s'applique aux ânes. Nous ajoutons qu'il faut plus de douceur et de patience pour bien dresser ces derniers, à cause de leur caractère indépendant.

L'âne vit des mêmes aliments que le cheval; comme lui, il aime les fourrages secs et cassants et mange beaucoup de plantes dures et épineuses. Il est réellement plus sobre et plus facile à entretenir. Toutefois, si l'on en exige un service soutenu, il lui faut une nourriture abondante et une ration de grain. Il supporte bien la chaleur, mais craint les mouches; on l'en préserve par les moyens indiqués pour le cheval. Comme il a le pied très-dur, on peut souvent se dispenser de le ferrer.

Le lait d'ânesse se vend aux malades jusqu'à 1 franc le litre. Comme il faut conduire les animaux au domicile des consommateurs, le bénéfice de cette spéculation appartient à des nourrisseurs spéciaux. Les ânesses des Pyrénées de taille moyenne et bien entretenues rendent, pendant sept à huit mois, 3 à 4 litres par jour.

CHAPITRE XXIV

MULES ET MULETS.

> Ne mettons-nous pas au premier rang le mulet et la mule pour seurement et doucement porter les hommes, puisque sur tous autres animaux, ils sont choisis pour servir de monture aux papes, cardinaux, évêques et autres grands et aisés personnages?
>
> OLIVIER DE SERRES.

En réfléchissant aux services qu'en pays de montagne les vignerons et les petits cultivateurs tirent de l'âne, on regrette qu'une espèce aussi robuste reste généralement au-dessous de la taille qui convient le mieux pour l'exécution des travaux aratoires. Mais, ce regret cesse bientôt à la vue d'une belle paire de mulets. En effet, dans ce produit infécond des espèces asine et chevaline, on trouve réunis la taille du cheval et les qualités de l'âne : résistance à la chaleur, facilité d'entretien, longévité, solidité de la corne, sûreté du pied, pas allongé, grande puissance de trait, force de bât exceptionnelle. Jadis, les Athéniens érigèrent une statue de bronze à une mule, en reconnaissance des travaux incroyables qu'elle avait accomplis. Aujourd'hui, on voit, à Florence, à l'entrée du palais Pitti, la statue en marbre d'une mule non moins laborieuse, qui voitura tous les matériaux de cette vaste construction. Les mulets ont un seul défaut, celui d'être souvent difficiles à bien dresser. Comme ce vice est moins prononcé chez les femelles, ce sont elles qui ont le plus de valeur.

On compte en France environ 400,000 mulets qui rendent d'immenses services à l'agriculture du centre et du Midi. Chaque année, les Espagnols nous en achètent un certain nombre. A taille égale, on les paie plus cher que les chevaux communs. Ainsi, une paire de belles mules coûte 2 à 3,000 francs. Des mulets très-ordinaires se vendent 6 à 800 francs.

La jument peut être alliée avec le baudet, ou le cheval avec l'ânesse. Le *bardot*, produit de ce dernier accouplement, est moins bien conformé que l'animal issu du baudet et de la jument ou *mulet* proprement dit. Il a la tête plus grosse, les oreilles moins grandes, plus de crins au cou et à la queue, le corps souvent décousu; il hennit comme le cheval; son poil est presque toujours noir ou bai-foncé. L'autre tient le milieu entre le cheval et l'âne, pour la physionomie et la grosseur de la tête. Il a peu de crins, la taille du cheval et des formes voisines de celles du baudet. La robe varie du bai clair au brun-foncé, et présente souvent une raie noire sur le dos. Son cri tient à la fois du hennissement et du braire.

En France, l'élève du bardot n'est nullement perfectionné. Dans les pays pauvres où il se trouve un grand nombre d'ânesses communes, celles-ci sont souvent couvertes par le premier cheval venu. Quoiqu'il soit médiocre, le bardot, ainsi produit, a plus de valeur que l'un ou l'autre des animaux dont il est issu. On le vend pour le service des marchands de bois, des mineurs et des charbonniers. Peu délicat, il vit de ce qu'il trouve et porte souvent, sur des sentiers escarpés, des charges très-lourdes.

Partout où l'élève des mulets se fait avec soin, on s'attache au produit de la jument et de l'âne. Il existe en France quatre centres principaux de production mulassière : 1° Le Poitou; mulets très-estimés, larges et de forte taille (1 m. 55 à 1 m. 65); 2° les Pyrénées : mulets de même taille, mais moins étoffés (pl. 26); 3° les montagnes du centre : taille plus petite (1 m. 40 à 1 m. 45), corps léger et svelte; 4° les montagnes de l'est : taille inférieure encore (1 m. 20 à 1 m. 40), corps large et trapu.

Comme le fait remarquer M. Magne, ces distinctions ne se basent sur aucun caractère tranché, et dans la même contrée on trouve souvent de grands et de petits mulets.

Pour obtenir des mules d'un certain prix, il faut que le baudet soit large et de forte taille. La grande race asine des Pyrénées et celle du Poitou l'emportent à cet égard sur toutes les autres. Il faut en second lieu que les juments soient étoffées de dos, de poitrail et de croupe; qu'elles aient les pieds larges et aplatis, la tête petite, le rein court, les muscles très-gros; une taille moyenne (1 m. 55 à 1 m. 60). C'est par le croisement de tels reproducteurs qu'on prévient certains défauts communs chez le mulet et qui paraissent tenir à son origine bâtarde : grosseur de tête, longueur de corps, muscles peu développés, poitrail étroit.

L'ancienne race chevaline-mulassière du Poitou (Jument blanche, pl. 25), réunit les caractères désirés. Mais c'est à tort que quelques personnes considèrent les imperfections de cette variété, croupe avalée, ventre pendant, dos ensellé, comme favorables à la beauté des mulets. Des juments bretonnes qui ne présentent pas ces défauts, donnent aussi d'excellents produits. Il en est de même des petites juments ardennaises et de celles de Tarbes.

Les juments conçoivent plus difficilement du baudet que du cheval. Il est bon de les fatiguer avant la monte, qu'on renouvelle à quelques jours d'intervalle, jusqu'à ce qu'elles se défendent contre l'étalon. Si l'âne ne parvient pas à les féconder, on les présente au cheval. Quelquefois, la superfétation s'opère, et elles portent à la fois un muleton et un poulain.

Dans le Poitou, certains éleveurs ont un *atelier*, sorte de haras où sont réunis plusieurs baudets et un ou deux chevaux de race mulassière. Les juments sont amenées dans une cour autour de laquelle se trouvent les loges des baudets. Ceux-ci regardent par la fenêtre et s'excitent à la vue de ce qui se passe. La plupart vivent longtemps et servent encore à un âge avancé. On les nourrit abondamment, et on leur donne, après chaque saillie, une ration d'avoine.

Les juments pleines du baudet portent de 11 mois à un an ; souvent elles avortent. Remarquablement gros à leur naissance, mais frileux, délicats et sujets à des indigestions mortelles, les muletons exigent presqu'autant de soins que les ânons de grande race. On doit surtout les préserver de la pluie ainsi que du froid, et les rationner, en prenant une partie du lait des mères.

« Pour avoir chaque année, en Poitou, trois mules et « trois mulets, il faut, dit Jacques Bujault, user sans « aucun travail treize juments; élever tous les ans une « pouliche et mettre deux juments au cheval pour « l'entretien du cheptel; cela fait seize bêtes. »

On sèvre les muletons à l'âge de 6 à 8 mois. Ensuite, ils sont faciles à élever et à nourrir; on doit cependant, jusqu'à ce qu'ils aient deux ans, les soustraire aux intempéries. Les mâles deviennent moins irascibles, si on les prive des organes générateurs, qui, du reste, sont inféconds. On dresse ces animaux à l'âge de 18 mois; puis, on les soumet à un travail modéré jusqu'à l'âge de 5 ans, époque de leur pleine vigueur.

Le mulet est intelligent, plein d'amour-propre, mais rebelle lorsqu'on l'a battu mal à propos. On m'a assuré qu'il suffit, pour le châtier cruellement, de le dételer et de l'attacher derrière la voiture qu'il doit tirer. Quoique sobre, il ne peut travailler vigoureusement, s'il n'est bien nourri. Dans le Midi, un grand mulet consomme par jour 12 kilo. de fourrage, 3 kilo. de paille et 3 litres d'avoine.

Afin que le poil forme pour l'hiver un vêtement fourré, on le tond en été une ou deux fois.

Le harnachement, l'attelage, la ferrure, sont les mêmes que pour le cheval. La solidité des pieds dispense souvent de l'emploi des fers.

Nous trouvons en agriculture, au sujet du mulet, trois spéculations. Les uns le font naître et le vendent jeune. D'autres l'élèvent, l'emploient à un travail modéré et le revendent à l'âge de 5 ans. D'autres s'en servent pendant tout le cours de sa carrière laborieuse. De ces spéculations, la première convient aux pays de pâturages; la seconde, aux contrées qui récoltent des fourrages abondants et de bonne qualité; la troisième, aux exploitations sur lesquelles les attelages doivent résister à de grandes fatigues.

CHAPITRE XXV

ESPÈCE OVINE, DESCRIPTION, PRODUITS, VIANDE, LAINE.

Il me semblait qu'estant à la pree, ie voyois iouër, gambader et penader certains agneaux, moutons, brebis, cheures et cheureaux, ruant, sautelant, et faisant plusieurs gestes et mines estranges, et mesmement me sembloit, que ie prenois grand plaisir à voir certaines brebis vieilles et morueuses, les quelles sentant le temps nouueau et ayant laissé leurs vieilles robes, elles faisoyent mille sauts et gambades en la dite pree, qui estoit vne chose fort plaisante et de grande recreation. Il me sembloit aussi que ie voyois certains moutons, qui se reculoyent bien loin l'vn de l'autre, et puis courant d'vne vistesse et grande roideur, ils se venoyent frapper des cornes l'vn contre l'autre. Ie voyois aussi les petits poulains et les petits veaux, qui se iouoyent et penadoyent auprès de leurs meres. Toutes ces choses me donnoyent vn si grand plaisir, que ie disois en moy-mesme que les hommes estoient bien fols, d'ainsi mespriser les lieux champestres et l'art d'agriculture, le quel nos pères anciens, gens de bien, et prophetes ont bien voulu eux-mesmes exercer et mesme garder les troupeaux.

BERNARD PALISSY.

Abel était pasteur de brebis, et les innombrables troupeaux des Patriarches appartenaient surtout à l'espèce ovine. En effet, nul autre bétail n'utilise aussi bien les vastes pâtures des pays peu peuplés. Faut-il rappeler le triple produit de la brebis, laine, chair, laitage! « Pour lesquels services et plusieurs « autres », dit Olivier de Serres, « c'est comme « un corps sans âme qu'une métairie sans bêtes à

« laine. » Quel animal plus fier que le bélier, plus doux que la brebis, plus gentil que l'agneau!

Suivant les traditions grecques, ce fut parmi les bergers du Pinde, de l'Hélicon et du Parnasse, que la lyre et la flûte rendirent leurs premiers sons, que la poésie prit naissance, que le cours des astres commença à être observé, que les propriétés médicinales des simples furent découvertes. Apollon, Mercure et plusieurs autres divinités de l'Olympe ont été de simples bergers. Aujourd'hui, le berger du village est encore considéré comme un être presque surnaturel; on le croit possesseur de secrets redoutables et de paroles mystérieuses.

Le mouton, qui paraît issu de l'argaly d'Asie ou du mouflon d'Europe, est herbivore et ruminant. Son pied est divisé en deux onglons; chaque mâchoire porte douze dents molaires, et la mâchoire inférieure est armée de huit incisives. A l'âge de dix-huit mois, les deux incisives du milieu, qui étaient encore dents de lait, sont remplacées par des dents d'adultes à deux ans et demi, même remplacement pour les deux voisines; à trois ans et demi, pour les suivantes; à quatre ans et demi, pour les dernières.

Le bélier et la brebis sont nubiles à l'âge de huit à dix mois; adultes, entre deux et trois ans; vieux, entre huit et dix. La brebis porte cinq mois et produit habituellement, par gestation, un seul agneau. Toutefois celles de quelques races mettent bas régulièrement deux ou plusieurs petits.

On appelle *agneau blanc*, le sujet né dans le courant de l'année; *agneau gris*, celui qui est venu au monde l'année précédente. Il devient *antenois* à la chute des deux premières dents de lait; *mouton de quatre dents*, à sa troisième année; *mouton de six dents*, à la quatrième.

En général, les béliers ont des cornes striées profondément et contournées en spirale, tandis que les moutons et les femelles n'en portent pas ou n'en ont que de petites. Cependant les mâles de quelques variétés sont sans cornes, comme les brebis. Du pied au sommet de l'épaule, la taille des béliers tondus est de cinquante-cinq à soixante-quinze centimètres. Dans chaque race, les brebis ont, en taille, un dixième environ de moins que les béliers, et les moutons castrés ont un dixième de plus. Ceux-ci ressemblent aux brebis pour la physionomie et l'encolure.

Les meilleures proportions des diverses parties du corps sont à peu près les mêmes pour le mouton que pour le bœuf. Il faut rechercher une grande largeur de poitrail, d'épaule, de reins et de croupe; une tête courte et un front large; des côtes très-arrondies; une épine dorsale droite, sans ensellure; un flanc, un cou, des membres courts; un œil vif et phosphorescent dans l'obscurité; une démarche hardie; des muqueuses roses aux paupières et au palais; des narines pures de tout suintement épais; une respiration libre, sans éternument; des reins solides; un jarret vigoureux, ce dont il est facile de juger en saisissant l'animal par le pied de derrière; une laine homogène et difficile à arracher; une peau lisse et rose; un pied sain, sans ulcération entre les ongles; pas d'engorgement au cou.

Si nous mettons en dehors quelques variétés exceptionnelles à cause de leur taille presque naine ou de leur volume énorme, les brebis des *petites* races pèsent, vivantes et en bonne chair, 20 à 25 kilo.; celles des races *moyennes*, 25 à 35; celles des *grandes*, 35 à 45. Les béliers et les moutons pèsent un tiers de plus. Par l'engraissement, le poids peut augmenter de moitié en sus.

Les animaux engraissés rendent à la boucherie, pour 100 de poids vif, 45 à 65 de viande, généralement 45 à 50; 2 à 11 de suif, généralement 3 à 6; 4 à 10 de peau, généralement 4 à 6. La viande de première qualité comprend les reins, le haut des côtes et les membres postérieurs; celle de seconde qualité, les membres antérieurs et la poitrine; celle de troisième, le cou et le dessous du ventre. Les proportions de ces trois catégories diffèrent suivant les races. La chair du bélier est moins bonne que celle de la brebis et du mouton.

Certaines variétés sont très-précoces pour la croissance et l'aptitude à l'engraissement; quelques-unes ont la croupe et la queue chargées de suif; tels sont les moutons d'Afrique et d'Asie, dont la queue pèse souvent à elle seule plusieurs kilo.

La robe de la brebis se compose de laine et de poils. Rigide ou peu ondulé, le poil, autrement dit *jarre*, se renouvelle chaque année, et chaque brin présente, au microscope, un cylindre opaque avec surface lisse ou peu raboteuse. La laine se compose de fils régulièrement ondulés, qui poussent toujours et ne se renouvellent que lorsqu'ils ont été arrachés. Chaque brin, vu au microscope, est comme un cylindre transparent, coupé de stries transversales et parsemé de nœuds.

Dans les races les plus rustiques, le poil couvre la tête, les jambes, le dessous du ventre, et sur les autres parties du corps, il se trouve mêlé avec la laine, qui en est singulièrement dépréciée. Les races les plus perfectionnées n'ont de poil qu'à la tête et aux extrémités; le reste du corps est couvert d'une laine pure ou presque pure. On peut être certain de l'absence complète de jarre, lorsque le dessous du ventre en est exempt.

Les toisons varient encore à plusieurs égards, savoir : *frisure et longueur; — finesse et douceur; — élasticité; — éclat; — couleur; — parallélisme et régularité des mèches; — épaisseur; — qualité relative des diverses parties de la toison.*

Frisure et longueur. — Les ondulations de la laine ont en étendue depuis les trois quarts d'un millimètre jusqu'à plus d'un centimètre. Quant à la longueur des brins, au bout d'un an de croissance, elle varie de 40 à 180 millimètres. Les laines les plus frisées sont les plus courtes. Se basant sur ce caractère, les Latins divisaient les brebis en deux classes : 1re (*molles*), laine très-frisée; 2e (*hirsutæ*), laine moins ondulée ou presque droite. Les modernes ont souvent appelé la laine de la première classe, laine de *carde*, et celle de la seconde, laine de *peigne*, distinction que quelques mots sur la fabrication des étoffes feront comprendre.

La *carde* est un instrument dont la surface, garnie de petits crochets, divise la dépouille de la brebis sans dresser les brins. La laine cardée forme des nappes qui passent au filage. Après le tissage de l'étoffe, les brins conservent encore une partie de leur frisure primitive, ce qui donne aux fils dont se compose le tissu une grande disposition à adhérer les uns aux autres. On rend cette adhérence complète, en humectant l'étoffe et en la faisant fouler par d'énormes pilons. C'est ainsi que se fabriquent les draps de Sedan, d'Elbeuf et autres à tissu serré. Au moyen du *peigne*, on étend les brins, au contraire, dans toute leur longueur, de sorte que le fil, fait avec de la laine peignée, n'a pas cette disposition à l'adhérence. On l'emploie à la fabrication des étoffes claires, mousselines, baréges, etc. Les laines les plus frisées sont celles qui se cardent le mieux, et ce sont les plus longues qu'on peigne le plus facilement, ce qui explique la classification ci-dessus indiquée.

Aujourd'hui, toutes les laines se peignent ou se cardent, et même, dans plusieurs fabriques, elles subissent successivement ces deux opérations. Aussi, les diviserons-nous simplement en *courtes*, *moyennes* et *longues*.

Laines courtes. — Longueur des brins pris à l'épaule, après un an de croissance, 40 à 80 millimètres; étendue des ondulations, neuf dixièmes de millimètre à deux millimètres.

Laines moyennes. — Longueur, 80 à 100 millimètres; étendue des ondulations, 2 à 5 millimètres.

Laines longues. — Longueur, 100 à 180 millimètres; étendue des ondulations, 5 à 13 millimètres.

Dans les races à laine courte et très-frisée, les cornes du bélier forment des spires fortement contournées sur elles-mêmes. Au contraire, ces spires s'allongent, si la laine présente de longues ondulations.

Finesse et douceur. — La douceur dépend de la finesse. Sous ce rapport, certaines toisons égalent presque le duvet cachemire; d'autres sont grossières comme du crin; les plus fines sont toujours très-courtes. Pour bien juger de la finesse, on étend quelques brins sur un fond noir. La douceur se reconnaît au contact des lèvres.

Élasticité. — De cette qualité dépendent la souplesse et le moelleux des étoffes. Afin de l'apprécier, on tire quelques brins à plusieurs reprises par les deux bouts, et on examine leur disposition à reformer leurs ondulations. Puis, après les avoir dressés tout à fait, on voit de combien ils s'allongent sans se casser.

Nerf. — Le nerf de la laine produit la solidité du fil et influe surtout sur la valeur des laines longues; pour en juger, on tire une pincée par les deux bouts, jusqu'à ce qu'elle se brise.

Éclat. — Certaines laines sont ternes, d'autres ont un brillant qui se reproduit dans les étoffes; on aperçoit cette particularité au premier coup d'œil.

Couleur. — La plupart des toisons sont blanches; quelques-unes cependant sont noires ou rousses. Les laines colorées sont moins estimées que les premières, parce qu'elles ne peuvent recevoir, comme elles, toute espèce de teinture. La véritable couleur est souvent dissimulée par une nuance provenant de la nature du sol sur lequel l'animal a vécu. Pour éviter toute erreur, on humecte de salive et on presse une mèche à plusieurs reprises sur une pièce d'étoffe. Toutes qualités égales d'ailleurs, la laine qui, à cet essai, devient du blanc le plus pur, est la plus belle.

Parallélisme et régularité des brins. — Chez les animaux mal couchés et souvent exposés aux intempéries, les brins se mêlent confusément les uns avec les autres. Il en résulte un défaut grave appelé *feu-*

trage. L'irrégularité dans le régime produit un autre défaut. Le brin, tantôt bien nourri, tantôt faiblement alimenté, est mince sur un point, gros sur un autre.

Mélange de suint. — Le *suint* est une graisse que sécrète la laine et qui est destinée à la protéger contre les altérations extérieures. Son abondance varie tellement que les diverses laines perdent au dégraissage depuis 50 jusqu'à 82 pour 100. Elle dépend de la race, du régime et des soins donnés aux animaux. Les toisons des races mérinos, par exemple, en contiennent beaucoup plus que les toisons des brebis flamandes. En général, les laines les plus courtes et les plus frisées sont les plus grasses. Le séjour à la bergerie, une nourriture d'excellente qualité disposent l'animal à une forte sécrétion de suint. La pluie, les intempéries, la poussière, le sable ont des effets opposés.

Qualité relative des diverses parties de la toison. — La meilleure laine se trouve sur les épaules, à la base du cou, sur le dos, le long des flancs, à la partie supérieure des côtes. La moindre couvre les jambes, le dessous du ventre, la queue, la tête et le bas de la croupe. Enfin, la laine de qualité moyenne garnit la partie inférieure des côtes, les cuisses, le haut de la croupe et la gorge. Ces nuances ne sont pas tellement tranchées que les proportions de laine de première, de deuxième et de troisième qualité ne varient beaucoup entre les toisons des différentes races, et c'est ce qu'il faut examiner avec soin.

Épaisseur. — Certaines toisons sont tellement épaisses qu'elles forment une cuirasse presqu'impénétrable. D'autres sont au contraire fort peu serrées. De là des différences de pesanteur auxquelles on croirait difficilement. En traitant des diverses races, nous indiquerons le poids moyen de leurs toisons.

CHAPITRE XXVI

ESPÈCE OVINE (SUITE). RACES FRANÇAISES; RACES ET VARIÉTÉS MÉRINOS.

> *Curat oves oviumque ministros.*
> « Il a soin des brebis et des bergers. »
> (*Inscription que Louis XVI fit mettre sur la porte du palais de Rambouillet.*)
>
> Chaque écu dépensé pour former la race mérinos de Rambouillet, a produit quelques milliers de francs.
>
> MATHIEU DE DOMBASLE.

C'était la déesse d'Athènes qui avait appris aux Grecs à filer la dépouille de la brebis. Au dernier siècle de la république romaine, l'Attique était encore un des pays les plus renommés pour la production et le tissage des laines fines. Un peu plus tard, Columelle mettait au premier rang les toisons gauloises. A cette époque, on couvrait d'un vêtement de peau les sujets dont on voulait obtenir les produits les plus remarquables. Ces brebis vêtues (*tectæ oves*) restaient à l'étable la plus grande partie du temps, et pendant l'hiver on les nourrissait surtout de farine et de grain; l'été, on les conduisait sur des herbages aromatiques. On les lavait trois fois par an, et après avoir détourné la laine, on humectait souvent leur peau avec du vin et de l'huile.

Suivant Legrand d'Haussy, les laines françaises étaient très-estimées dans le courant du XIIIe siècle. Mais au XVIIIe, nos troupeaux se trouvaient en pleine décadence, lorsque l'importation de la race espagnole *mérinos* fut le point de départ d'améliorations heureuses. Depuis cette époque, beaucoup de nos races ont été transformées par le croisement avec les béliers mérinos; d'autres ont conservé leur sang primitif. Nous allons les passer en revue successivement.

RACES FRANÇAISES QUI NE RENFERMENT PAS DE SANG MÉRINOS OU QUI N'EN ONT QUE TRÈS-PEU.

RACES SANS CORNES AVEC CHANFREIN BUSQUÉ.

En Artois, en Normandie, sur plusieurs points de la Vendée et de la Bretagne, dans la Mayenne, le Poitou, la Saintonge, dans la Limagne d'Auvergne, sur les *Causses*, plateaux élevés de l'Aveyron et de quelques contrées voisines, nous voyons des brebis hautes sur jambes, généralement étroites de poitrine et de croupe: corps et cou allongés; tête longue; chanfrein busqué; laine longue, claire, ne couvrant ni la tête, ni les jambes, ni le dessous du ventre, souvent grossière, quelquefois nerveuse et de bonne qualité, rendant au dégraissage de 40 à 50 pour 100; disposition à une grande fécondité chez les femelles qui, abondamment nourries, produisent souvent deux agneaux; presque jamais de cornes chez les béliers; toisons blanches; souvent tâches rousses ou noires à la tête et aux pieds. Ce type comprend plusieurs variétés, savoir :

Race flamande, qui se trouve surtout dans le département du Nord : corps grand et allongé; laine longue, nerveuse et de bonne qualité; taille des brebis, 65 à 70 centimètres; poids de leurs toisons non lavées, 3 à 4 kilo.; longueur du brin, 160 à 170 millimètres; poids des brebis non engraissées, 40 à 50 kilo. (Bélier de profil, pl. 28.)

Race artésienne, qui peuple une partie de la Somme et du Pas-de-Calais : taille un peu moins élevée que celle de la race flamande; chanfrein moins busqué; corps plus large; construction meilleure; laine moins longue et plus serrée (Bélier de face et brebis couchée, pl. 28). Cette variété renferme un peu de sang mérinos.

Race picarde, très-répandue autour de Beauvais, Compiègne, Amiens : plus petite, moins bien conformée, produisant une laine des plus grossières.

Race cauchoise, qu'on élève en Normandie, principalement dans le pays de Caux : grande ressemblance avec la variété flamande pour la conformation et la taille; souvent taches noires à la tête; laine très-douce.

Race choletaise, parthenaise, gastinaise, qui peuple la partie du Poitou appelée *Bocage*, *Gastine*, *Montagne* (Mouton de profil, pl. 29) : cercle noirâtre autour des yeux; jambes colorées; conformation meilleure que dans toutes les variétés précédentes; taille moyenne; corps large; excellent rendement à la boucherie; poids des toisons non lavées, 2 à 3 kilo.; laine souvent *jarreuse*. Le centre de cette belle variété est à Mortagne.

« Quand les agneaux ont cinq semaines, dit Jacques « Bujault, le maître choisit le plus beau; le maître-« valet prend le second; le maître choisit le troisième; « le second valet, le quatrième, et ainsi de suite. La « maîtresse choisit la plus belle agnite; la première « servante, la seconde; ainsi de suite. Tout cela est « élevé avec le troupeau et soigné de la même ma-« nière jusqu'à un an. Alors, chaque serviteur vend « ses moutons et ses brebis. Qu'arrive-t-il? C'est que « les domestiques cultivent et plantent pour le trou-« peau; on lui donne à manger à temps et à heure; on « le rentre quand il pleut. Il a de l'eau fraîche durant « l'été. Tout le monde enfin en a un soin extrême. »

A cette même race appartiennent les quelques brebis dites *vachères*, qui paissent avec le bétail à cornes dans beaucoup de parties de la Bretagne, du Maine et de l'Anjou.

Race champenoise ou *de la plaine*, à tête blanche. Plus délicate, mais moins avide que la précédente, cette variété se trouve dans la contrée de plaines calcaires, dite *Champagne*, qui s'étend au sud du Bocage. Sauf moins de taille et une laine un peu plus courte et plus fine, elle ressemble à la race flamande. Les brebis donnent des toisons non lavées de de 2 kilo. 1/2 à 3 kilo. Leur poids vif est de 25 à 30 kilo.

Race des Causses ou *Caussade*, qui forme de grands troupeaux dans le pays dont elle porte le nom : à peu près mêmes caractères que ceux de la précédente. Depuis quelques années, les cultivateurs de cette contrée, dit M. Magne, améliorent leurs troupeaux sous le rapport des formes et de la qualité des toisons.

Race de la Limagne, que les petits cultivateurs de cette partie de l'Auvergne entretiennent à l'étable : même taille et même conformation que dans la race flamande.

RACES LAITIÈRES DU MIDI.

Sur plusieurs points du Midi, on tire grand parti du lait de brebis. Aussi, possédons-nous quelques races laitières d'une grande valeur, savoir :

Race du Lauraguais : répandue non-seulement dans le Lauraguais (environs de Castelnaudary), mais encore dans l'Aude, le Gers, le Lot-et-Garonne, le Tarn-et-Garonne, la Haute-Garonne et la partie basse de l'Ariége, cette race fournit beaucoup de lait à Toulouse et à d'autres villes du Midi. Les brebis portent fréquemment deux agneaux, sont de taille et de poids moyens, ont la tête fine, plate et sans cornes, le dos large, la laine de longueur et de qualité moyennes, blanche, quelquefois brune, serrée et couvrant tout le corps, sauf les jambes et la tête. Les toisons non lavées pèsent 2 à 3 kilo. et rendent au dégraissage 40 à 45 pour 100.

Race du Larzac. (Brebis couchée, pl. 28.) Des brebis plus courtes, plus trapues, à laine plus longue, plus nerveuse, moins abondante, à oreilles très-pendantes, peuplent en grand nombre cette partie des Cévennes qu'on appelle le Larzac (arrondissement de Lodève, du Vigan, de Milhau et de Sainte-Affrique). De leur lait, qui est très-abondant, on fait les fromages de Roquefort justement renommés.

Race béarnaise. (Grand bélier de profil et brebis couchée, pl. 31.) D'un bout à l'autre des Pyrénées, mais principalement dans la partie occidentale, au milieu de plusieurs races ovines, on remarque de grandes brebis : chanfrein très-busqué; tête armée de longues cornes; laine grossière, longue, nerveuse, variée souvent pour la nuance et ressemblant à du poil de chèvre. Cette variété, que M. Magne a appelée *béarnaise*, fournit beaucoup de lait à toute la région des Pyrénées. Ne la confondons pas avec le mouton *ariégeois*, plus petit, plus trapu, ayant le nez moins busqué, la laine moins droite et plus serrée, les cornes moins longues et plus basses. Cette dernière race, qui peuple, par troupeaux nombreux, la vallée de l'Ariége, produit moins de lait que la précédente. On l'élève surtout pour la laine et la viande.

Race millerotte, grande variété très-laitière, que M. Magne signale comme existant à Millery et autres communes voisines de Lyon.

PETITES RACES DE BRUYÈRES.

Les bruyères des diverses parties de la France nourrissent un grand nombre de petits moutons, qui donnent une laine grossière, presque toujours claire, de longueur moyenne, jarreuse, feutrée, souvent noire, brune ou rousse; la toison ne couvre ni la tête ni les jambes ni le dessous du ventre; presque toujours, les extrémités sont brunes ou roussâtres, même dans les variétés à laine blanche; les brebis de plusieurs de ces races portent des cornes. Telles sont :

La race des Ardennes, plus nombreuse en Belgique qu'en France : tête et pieds roux, laine blanche ou roussâtre, très-médiocre.

La race noire de Bretagne, répandue sur toutes les landes de l'Armorique (Brebis noire cornue, pl. 30).

La race bouquine de Vendée ou à *oreilles de chat*, noire comme la Bretonne : oreilles très-petites.

Le mouton de la Marche et *du Limousin*, de couleur variée; connu à Paris sous le nom de mouton de *Faux*.

L'auvergnat, non moins varié, souvent noir.

Celui du Ségala, qui pâture sur les terres à seigle de l'Aveyron : laine presque toujours noire, moins grossière que celles des précédents.

Le mouton d'Aubrac, qu'on élève dans le sud du Cantal : toison claire et blanche.

Le landais, souvent roussâtre ou bigarré : laine très-grossière; nez busqué. Ce mouton présente plusieurs variétés tant dans les Landes que dans les Pyrénées (Petit bélier de face et petite brebis couchée, pl. 31). Auprès de Nérac, on en remarque dont les extrémités sont rousses et qui ressemblent beaucoup aux ardennais.

Le clapeng, qui vit sur *la Clape*, terrains élevés entre Béziers et Narbonne : pieds et tête également roux.

Le languedocien, qui pâture sur les coteaux rocailleux de Montpellier, de Béziers et de Saint-Pons : toison et extrémités blanches. Dans cette contrée se trouvent des animaux plus grands, issus de croisements avec des béliers de Tunis. On les reconnaît à leur nez busqué et à la largeur de leur queue. Ils résistent mieux à la chaleur que les races indigènes, mais leur viande et leur laine sont de la dernière qualité.

Les moutons d'Istre, *du Puy-Ricard*, *de Barcelonnette*, *de Vence*, variétés qui peuplent les montagnes de Provence et donnent une laine feutrée de diverses nuances.

Les ravats, non moins médiocres, qui pâturent dans l'Isère.

Les moutons du Vivarais, *du Lyonnais*, *de la Bresse*, *du Bugey*, *du Morvan* et *des Vosges*, tous petits, généralement noirs ou bruns. M. Lequin a introduit à la ferme-école de Lahayevaux (Vosges) une *race noire suisse*, très-supérieure à celles-là, pour la qualité de la laine et la conformation des animaux (Bélier noir de profil, pl. 33). Cette race est féconde, précoce, et présente à la boucherie de bons rendements.

Les solognots : toison roussâtre; extrémités d'un roux plus ou moins foncé; taille très-petite; quelquefois conformation excellente. (Bélier au-dessus de la brebis noire, pl. 30).

Les berrichons champenois, qui peuplent les plaines calcaires du Berry (dites *Champagne*), voisines de la Sologne : taille très-petite; laine blanche, de longueur et de finesse moyennes; tête et haut du col entièrement nus; physionomie fine et gracieuse; corps large et bien proportionné. (Brebis et bélier, groupe de gauche, pl. 30).

Les berrichons de la Brenne, qui ressemblent aux solognots.

Il ne faut pas confondre avec ces petites races la grande variété berrichonne *du Crévant* qu'on élève principalement au sud de La Châtre. Cette race, qui présente la même physionomie que la variété *champenoise*, rend infiniment plus de viande et de laine. Il n'est pas rare de trouver aux environs de Neufvy des brebis du prix de 60 à 70 francs. Un grand nombre de moutons du Crévant sont engraissés dans l'Allier, l'Yonne et le Cher (Brebis tondue, pl. 29).

La plupart des moutons de bruyères donnent une chair très-succulente, ce qui tient surtout à la nature aromatique des plantes dont ils se nourrissent. On estime encore davantage la chair des moutons qui paissent sur les prés salés du bord de la mer; au contraire, celle des moutons souvent nourris à l'étable est médiocre.

RACES MÉRINOS ET MÉTIS-MÉRINOS.

Sur 35 millions de bêtes à laine que possède la France, 18 appartiennent aux races précédentes, et le surplus aux variétés mérinos et métis-mérinos. Celles-ci l'emportent beaucoup sur les premières pour la finesse, la douceur, le tassé et la frisure de la laine. La toison est très-chargée de suint et couvre le corps entier de la plupart des mérinos, y compris presque toute la tête et le bas des jambes. La poussière qui s'attache au suint, forme à la surface de la toison une croûte noirâtre et fendillée. Beaucoup de mérinos ont le fanon très-développé, la peau plissée et couverte de laine jusque dans les plis. Si nous exceptons quelques toisons entièrement noires, la laine, une fois lavée, est d'un blanc plus ou moins pur. Au dégraissage, elle perd beaucoup et rend seulement 20 à 30 pour 100 de son poids primitif. Les béliers portent, en général, des cornes en spires très-contournées. Quelques variétés cependant n'ont pas de cornes. La charpente est bonne dans certaines familles, défectueuse dans la plupart. Souvent la côte est plate, le dos ensellé, la croupe et le poitrail étroits; beaucoup de brebis ne sont ni fécondes ni bonnes laitières. Il existe des mérinos de toute taille; les grands ont la laine plus longue et moins fine que les petits. Ainsi, l'abondance des aliments qui développe le corps, grossit la toison. Tous exigent en pâture et à la bergerie des aliments d'excellente qualité; ils ne se plaisent que sur les terrains sains et calcaires et craignent beaucoup l'humidité. Cette race qui, d'après les traditions espagnoles, serait originaire d'Afrique et qui se retrouve en effet dans l'Algérie, compose en Espagne d'immenses troupeaux, les uns stationnaires, les autres voyageurs. Les Espagnols élèvent de plus un grand nombre de moutons à laine commune.

Les premiers sujets mérinos furent introduits en France sans succès sous Louis XIV. Excité par Daubenton, le gouvernement fit, en 1776, un second achat. Bientôt, sur la proposition du duc d'Angevilliers, Louis XVI créa à Rambouillet une ferme expérimentale, où l'on réunit, en 1786, 366 brebis et béliers espagnols du plus beau choix. A cette célèbre importation se rattachent les noms de MM. Trudaine, Huzard, Tessier, Bourgeois. La race s'acclimata parfaitement et s'améliora plutôt que de dégénérer. La carrure des animaux s'élargit; leur toison prit plus de longueur et de poids, sans perdre beaucoup en finesse. Par un rare bonheur, ce précieux troupeau ne fut pas dispersé en 1793.

Les béliers qui ne se vendaient que 72 francs, en 1797, furent payés, en 1807, 2,400 francs. De grandes fortunes se firent alors par la propagation des mérinos, et leur sang transforma peu à peu les anciennes races de la Champagne, de la Lorraine, de la Bourgogne, de la Provence, du Languedoc, du Roussillon, de l'Ile-de-France.

Voici la description des principales variétés mérinos et métis-mérinos que nous possédons aujourd'hui.

Mérinos-Rambouillet. — Taille des brebis prise à l'épaule, 63 centimètres; longueur de la laine, 60 millimètres; poids des toisons non lavées des brebis, 5 à 6 kilo.; poids vif ordinaire des brebis non engraissées, 40 kilo.; corps large et cylindrique, béliers armés de cornes très-fortes; encolure courte; fanon abondant; toison couvrant toute la tête, à l'exception du chanfrein, qui est ridé et busqué chez le bélier; toison couvrant aussi les jambes presque jusqu'aux onglons; laine blanche, fine, très-élastique, sans jarre; dos souvent un peu ensellé (Bélier de face et brebis couchée, pl. 32). A ce type appartiennent les plus beaux troupeaux des environs de Paris, tels que ceux de MM. Simphal, Hutin, Conseil Lamy (Aisne); Gilbert de Vitteville (Seine-et-Oise); Dutfoy (Seine-et-Marne); Chopin (Marne), etc. A une certaine époque, on multipliait les animaux dont la peau très-plissée porte la plus grande quantité de laine (Brebis couchée, pl. 33); aujourd'hui, on les recherche peu à cause de leur nature délicate et du peu de qualité de la laine qui se trouve dans les plis.

Mérinos saxon. — Introduite en Saxe, l'an 1765; en Prusse, par Frédéric-le-Grand, l'an 1786; en Hongrie, l'an 1775, par Marie-Thérèse qui fonda plusieurs écoles de bergers, la race mérinos s'est prodigieusement multipliée au delà du Rhin. En Hongrie, presque tous les troupeaux sont mérinos, et la Saxe est renommée dans tout l'univers pour ses toisons de la variété dite *négretti*. Celles-ci sont très-serrées et composées de fils de 45 millimètres de long, d'une finesse, d'une élasticité et d'une blancheur exceptionnelles. Cependant la surface en paraît noire, tant le suint est abondant.

Les brebis négretti sont larges, bien faites, petites (45 centim. de taille), pèsent 18 à 20 kilo. Les toisons pèsent 4 kilo., et valent, par kilo., deux ou trois fois plus que celles des mérinos-Rambouillet (Bélier de profil avec petites cornes, pl. 33). M. Godin a introduit dans le Châtillonnais un troupeau de cette variété remarquable. Sous l'influence d'une nourriture plus abondante et d'une stabulation hivernale moins longue, le corps s'est développé, la laine s'est allongée et a perdu de sa finesse primitive. Plus trapus que les mérinos Rambouillet, ceux de M. Godin conviennent mieux aux pays montagneux à pâturages courts. Dans la Côte-d'Or, il existe plusieurs autres troupeaux mérinos très-remarquables; tels sont ceux de MM. Moniot, Achille Maître, Chaudron, Guenebault, etc.

Mérinos de Naz. — A Naz, pays de Gex, département de l'Ain, MM. le général Girod (de l'Ain), Perrault de Jotemps, Pictet ont créé, en 1798, avec des mérinos espagnols choisis par M. Fonte de Niort, un troupeau de très-petite race, à laine surfine, égalant en valeur celle de Saxe : taille des brebis, 40 centimètres; longueur de la laine, 40 millimètres; poids des toisons non lavées, 1 kilo. 1/2; poids en vie des brebis, 15 à 18 kilo.; toisons claires, extrémités nues. A cause de sa petitesse et de son faible rendement en laine, cette race ne s'est pas multipliée en France; mais elle a procuré de nombreux reproducteurs au Wurtemberg, à l'Autriche, à la Hongrie, à la Crimée, à la Suède, à Buénos-Ayres et à l'Australie.

Mérinos et métis-mérinos du Midi. — Nous ne produisions autrefois de laines courtes et fines que dans le Roussillon, où se trouvait une race, dite *de la Salanque*, presque semblable aux mérinos. Depuis l'introduction de ces derniers en France, le gouvernement a longtemps entretenu à Perpignan une bergerie de mérinos. Aujourd'hui, toute la contrée est peuplée de moutons de sang espagnol. Les animaux de race pure sont larges et trapus, de taille et de poids moyens, donnent une laine aussi fine que celle des Rambouillet, mais quelquefois un peu jarreuse : taille des brebis, 50 centimètres; longueur de la laine, 50 millimètres; poids des toisons, 3 à 4 kilo.; poids des brebis, 20 à 25 kilo.

Quant aux métis de la même contrée, ils sont généralement plus larges, moins élevés, moins longs de flanc et plus robustes que ceux des environs de Paris. Ils ont souvent la laine jarreuse, la tête et les extrémités rousses.

Dans l'Aude, où l'impulsion a été donnée par MM. Bonnet de Moux et Fonte de Niort, les métis-mérinos sont nombreux et diffèrent peu des précédents. Les troupeaux transhumants, qui paissent l'été dans les Alpes et l'hiver aux environs d'Arles, appartiennent à ce même genre d'animaux. Leur laine est remarquablement nerveuse.

Race de Mauchamp. — En 1828, M. Graux, fermier à Mauchamp (Aisne), découvrit dans son troupeau métis-mérinos un agneau dont la laine claire et peu frisée présentait une longueur, un nerf et un éclat soyeux tout particuliers. Cet animal avait les cornes presque lisses et le corps étroit. M. Graux le conserva, et de son croisement avec un certain nombre de brebis, il obtint, en 1830, un agneau et une agnelle semblables, puis, en 1833, des béliers assez nombreux pour couvrir toutes ses brebis. Telle fut l'origine de la race de *Mauchamp* à laine soyeuse. Grâce aux encouragements du ministère de l'agriculture, à l'action incessante de M. d'Abancourt et à l'habile direction de M. Yvart, dont les services au sujet du perfectionnement de l'espèce ovine doivent être comparés à ceux du célèbre Daubenton, cette variété se trouve aujourd'hui complétement fixée (Bélier de profil, pl. 32). Elle présente les caractères suivants : taille des brebis, 55 à 58 centimètres; longueur de la laine, 100 millimètres; poids des toisons non lavées, 3 à 4 kilo.; prix de la laine, 1/10e de plus que les bonnes laines Rambouillet; corps proportionnellement presqu'aussi large que celui des mérinos-Rambouillet; béliers rarement armés de cornes; poids moyen des brebis, 25 à 30 kilo.

Dans la bergerie impériale de Gevrolles (Côte-d'Or), M. Yvart a fait croiser le mérinos-Rambouillet avec la race Mauchamp, ce qui a produit une variété remarquable, dont la laine frisée a conservé la nature mérinos, tout en prenant plus de longueur, de nerf et d'éclat. D'un autre côté, la *race de Gevrolles* est mieux constituée et plus forte que celle de Mauchamp. En voici les principaux caractères : tête courte, muffle large, ligne du col plutôt droite que convexe; pas de cornes aux béliers ou cornes très-petites et sans cannelure; pas de fanon au col ni de pli à la peau; poitrine large, dos horizontal, laine tombant sur le front en mèches d'une certaine longueur.

CHAPITRE XXVII

ESPÈCE OVINE, (SUITE); RACES ANGLAISES; AMÉLIORATION DES TROUPEAUX FRANÇAIS.

Édouard l'ancien, qui mourut en 925, épousa la fille d'un berger, et voulant que ses enfants reçussent une éducation digne de leur rang, il envoya ses fils à l'école et ses filles apprendre à filer la laine.
(*Chronique de Fabien.*)

« Le cultivateur anglais », dit le savant M. Léonce de Lavergne, « a remarqué avec l'instinct de calcul « qui distingue ce peuple, que le mouton est de tous « les animaux le plus facile à nourrir, celui qui tire « le meilleur parti des aliments, et en même temps « celui qui donne, pour entretenir la fertilité de la « terre, le fumier le plus actif et le plus chaud. En « conséquence, il s'est attaché, avant tout, à avoir « beaucoup de moutons. On voit dans la Grande-« Bretagne d'immenses fermes qui n'ont presque pas « d'autre bétail. Qui ne sait que le chancelier d'An-« gleterre, président de la Chambre des lords, est « assis sur un sac de laine, afin de montrer par un « pittoresque symbole, l'importance que la nation « entière attache à ce produit? »

Jusqu'au milieu du dernier siècle, les Anglais recueillaient sur leur propre territoire toutes les laines employées dans leurs manufactures; d'une part, beaucoup de laines longues d'excellente qualité, telles que celles de *Lincoln* et de *Romney ;* de l'autre, quelques laines courtes, notamment celles de *Dorset*, de *Rieland*, du *pays de Galles*. Mais comme leur climat humide est peu favorable à la production de ce second genre de toison, ils se mirent, à partir du milieu du XVIIIe siècle, à le tirer de l'étranger, et ils multiplièrent surtout les variétés à laine longue ou moyenne, en les perfectionnant sous le rapport des formes et de l'aptitude à l'engraissement précoce. C'est alors que Backewel créa la variété *Dishley* ou *New-Leicester*, si remarquable par la finesse des os, la petitesse du cou, la largeur du poitrail, du dos et des reins (Brebis de face et bélier de profil, pl. 34). Dès l'âge de 18 mois, le mouton Dishley peut donner 70 kilo. de chair nette. Les brebis adultes ont 60 centimètres de haut, et leur toison, non lavée, rend 3 à 4 kilo. d'une laine de 160 à 180 millimètres de longueur, blanche, sèche, demi-fine, avec ondulations de 12 à 13 millimètres, rendant au dégraissage 40 à 50 pour 100. Les béliers n'ont pas de cornes; leur tête, aussi bien que celle des brebis, est courte et sans laine; leur front est large et présente au-dessus des yeux des saillies osseuses très-prononcées.

Le mérite de cette race fut promptement apprécié. En 1789, Backewel loua trois béliers 31,500 fr., et sept autres 52,500 fr.

Sir Richard Goord améliora de même l'ancienne race de *Kent* ou de *Romney*. La nouvelle variété (*New-Kent*) a la tête, l'encolure, le corps plus longs et moins larges que la race Dishley, la taille un peu plus élevée; la toison ne couvre ni la tête ni le commencement du col; la laine est de même longueur que celle des Dishley, mais plus nerveuse et plus brillante. Le mouton New-Kent s'engraisse un peu moins vite et marche mieux que le New-Leicester. En général, les Anglais l'estiment moins (Bélier de profil, pl. 36).

A son tour, la race *Cots-Wold*, qui habite le Gloucester et les marais du Devonshire, a été perfectionnée dans ces derniers temps. La nouvelle race ressemble à la race Dishley; mais elle est plus grande, et elle porte sur le front un toupet de laine (Bélier de profil, à gauche du Dishley, pl. 34). D'après M. Allier, qui a introduit en France plusieurs animaux précieux de ces diverses races, le Cots-Wold s'acclimate, près de Paris, plus difficilement que le Dishley.

Sur les dunes calcaires du comté de Sussex, se trouve une autre race améliorée, dite *South-Down*, qui offre quelque analogie avec la race mérinos pour le tassé des toisons. La laine a 80 millimètres de long, avec ondulations de 2 à 3 millimètres; elle rend au dégraissage 30 à 40 pour 100. Bien qu'elle soit plus sèche, moins fine et moins élastique que la laine mérinos, on l'estime pour certaines fabrications. Les jambes et la tête des animaux South-Down sont brunes ou noirâtres. Un peu de laine se trouve sur leur front, qui est très-large et sans cornes, même chez les béliers. La taille et le poids des brebis varient suivant les variétés, dont les unes sont petites, les autres moyennes. Toutes se distinguent par la largeur. Cette race a été améliorée d'abord par John Ellman, et dans ces derniers temps, par M. Jonas Webb (Brebis et bélier, pl. 35).

D'autres variétés analogues mais plus grandes ont figuré dans nos concours universels, notamment la variété *Hampshire*, qui étonnait par sa grosseur et par l'abondance de sa toison de couleur rougeâtre.

L'amélioration s'est étendue jusque sur les races presque sauvages de la patrie d'Ossian. On admirait, à l'Exposition de 1856, les moutons écossais des monts *Cheviots :* laine blanche de 150 millimètres de long; tête large et légèrement busquée, sans cornes, même chez les béliers; corps trapu et bien conformé; taille des brebis variant de 50 à 58 centimètres; poids vif, sans engraissement, 35 à 40 kilo. Cette race vit sur des pâturages médiocres et résiste à de très-rudes intempéries.

Plus rustique encore, la race écossaise *à face noire* porte une laine blanche ou roussâtre aussi grossière que du crin, a la tête et les pieds noirs, le front armé de cornes en longues spirales si contournées qu'elles cachent presque entièrement la tête. Les animaux sont de taille moyenne, bien faits, moins larges cependant que les Cheviots.

Les moutons anglais et écossais vivent en plein air et pâturent pour la plupart, sans garde, dans des terrains clos.

Depuis 1835, on a introduit en France un assez grand nombre d'animaux Dishley, New-Kent, South-Down, et l'on a remarqué : 1° qu'ils craignent la marche et maigrissent au régime du pâturage ambulant usité dans beaucoup d'exploitations françaises; 2° qu'ils sont délicats à la chaleur et qu'ils redoutent le soleil; 3° qu'ils recherchent le grand air et souffrent si on les tient longtemps enfermés dans les bâtiments; 4° que la laine des Dishley, des Cots-Wold et des New-Kent se feutre dans les bergeries et perd de sa valeur, tandis qu'en plein air elle se conserve bien; 5° que les agneaux exigent une excellente nourriture; qu'à cette condition seule, l'aptitude à l'engraissement précoce peut se conserver; que, sur ce point, le South-Down est moins délicat que le New-Kent, le Dishley et le Cots-Wold.

Croisé par M. Malingié avec des brebis françaises de sang mélangé, la race New-Kent a produit la variété dite de la *Charmoise*, de taille moyenne, de conformation excellente, résistant bien aux chaleurs du Centre, du Nord, du Nord-Est et de l'Est, précoce et rendant à la boucherie 60 à 65 kilo. de chair nette, pour 100 de poids vif. Des moutons de cette variété ont produit, à 14 mois, 35 kilo. de chair nette et 8 de suif. La laine est blanche, d'une longueur de 150 millimètres, et de qualité moyenne. La toison des brebis non lavées pèse 3 kilo.; rend au dégraissage 35 à 45 pour 100, et couvre tout le corps, moins les jambes et la tête. Celle-ci est large et sans cornes, même chez le bélier[1] (Brebis et bélier vus de face et par derrière pl. 36).

Croisée avec la race mérinos, notamment, en Seine-et-Oise, chez M. Pluchet; dans Seine-et-Marne, chez M. Gareau; dans le Pas-de-Calais, chez M. Louis Pilat, etc.; croisée d'autre part avec la race Mauchamp, dans les bergeries impériales d'Alfort et de Mont-Cavrel, la race Dishley a produit des variétés excellentes pour la boucherie. Comme leur laine est moins fine, moins serrée, moins chargée de suint et moins élastique que celle des mérinos, les fabricants de Reims ont signalé dernièrement, comme contraire aux intérêts de leur industrie, la propagation de ces variétés partout où les mérinos-Rambouillet peuvent réussir.

Les statistiques portent à 35,000,000 la population ovine de la France, et au même chiffre celle des îles Britanniques. Mais les moutons anglais vivent sur 31 millions d'hectares, tandis que les nôtres s'entretiennent sur 53 millions. De plus, ils appartiennent presque tous à des races améliorées et valent en moyenne plus que les moutons français. Le climat de la France est cependant plus favorable à la production des laines fines que celui des îles Britanniques. Le mérinos qui prospère de ce côté-ci du détroit, n'a pas réussi en Angleterre. Redoublons donc d'efforts pour prendre, au sujet de l'espèce ovine, une supériorité qui doit nous appartenir.

Tandis que la qualité des toisons est aux yeux de l'éleveur anglais un point secondaire, le cultivateur des régions Nord, Nord-Est, Est, Centre, Sud, Sud-Est, Sud-Ouest, dont le climat diffère beaucoup de celui de l'Angleterre, attachera une grande importance à cette qualité et tâchera de l'obtenir concurremment avec beaucoup de viande, même avec beaucoup de lait, partout où l'on utilise ce dernier produit. On ne pourrait parvenir à cette heureuse combinaison, si l'on s'attachait à la qualité extra-fine des toisons saxonnes et suédoises. En effet, le régime abondant qui donne de la largeur aux bêtes à laine et qui les

1. Le créateur de cette race, M. Malingié, s'est appliqué aux sciences chimiques sous M. Pelletier, et a été d'abord pharmacien. S'étant passionné pour l'agriculture, il se mit à cultiver aux environs de Lille, sa ville natale. Il acheta ensuite à la Charmoise, en Touraine, 130 hectares de mauvais terrains, dont beaucoup en friches. Successivement, il en acheta et en féconda 900 autres, établit une ferme-école et une colonie d'enfants trouvés sous la conduite de religieux. Pénétrés de reconnaissance, les habitants des campagnes voisines lui décernèrent une médaille d'or avec le produit d'une souscription à 25 centimes.

dispose à une croissance rapide, allonge et grossit le brin de la laine. Nous savons d'ailleurs que c'est par un suint très-abondant que les toisons fines sont préservées des altérations extérieures. Or la pluie, la poussière, le contact de la terre altèrent cette huile conservatrice, dont la sécrétion abondante est favorisée, au contraire, par un séjour prolongé des troupeaux à la bergerie. Dans le nord de l'Europe, ce séjour est la conséquence naturelle de la rigueur des hivers. Mais dans la plus grande partie de la France, par suite de la douceur du climat, le pâturage l'emporte sur la stabulation ; de plus, le parcage est très-usité. Toutes ces conditions s'opposent à la conservation d'un suint très-abondant et par conséquent à la production des laines extra-fines. Il faut donc laisser cette production à quelques localités, telles que Naz, et, dans les régions ci-dessus spécifiées, s'attacher surtout aux mérinos et à ceux de leurs métis dont la laine, moins fine que celle de Saxe, est nerveuse, blanche, longue de 60 à 80 centimètres, et forme chez les brebis des toisons du poids de 5 à 6 kilo. Aux variétés à peau plissée et de carrure étroite, on préférera les races dont la peau est sans plis et le corps large. Pour améliorer les troupeaux dans ce sens, on trouvera d'excellents reproducteurs mérinos et mérinos-Mauchamp à Rambouillet, Gévrolles, Alfort, ainsi que chez MM. Godin, Guenebault, etc.

Dans les sept régions ci-dessus indiquées, il est des contrées humides et privées de calcaire auxquelles les mérinos et leurs métis ne conviendraient pas, et d'un autre côté, il serait imprudent d'y introduire des races anglaises pures, à cause soit de la chaleur des étés, soit de la rigueur des hivers qui nécessiterait une trop longue stabulation. Pour ces localités, on créera des variétés améliorées parmi les races indigènes. Comme appartenant à cette catégorie, nous possédons déjà la race de la Charmoise et la race noire suisse, élevée à Lahayevaux. On peut en former d'autres, en choisissant, pour les allier entre eux, les sujets les mieux conformés des races berrichonnes, solognote, landaise, du Ségala, d'Aubrac, des Causses, etc.

Quant aux races laitières béarnaise, lauraguaise, du Larzac, millerotte, il faut, par un bon choix de brebis et de béliers pris dans ces variétés, chercher à en améliorer les toisons et, s'il se peut encore, les facultés laitières.

Dans les régions Ouest et Nord-ouest, dont le climat humide et doux ressemble à celui des îles Britanniques, on suivra l'exemple de nos voisins d'outre-Manche, et on propagera leurs races South-Down, Dishley, Cheviot. Les béliers South-Down des petites variétés seront croisés avec les brebis de nos races de bruyères ; les Dishley, avec les flamandes, les artésiennes, les cauchoises et les choletaises.

Pour transformer, sans très-grands frais, un troupeau au moyen du croisement, on se procure un ou deux béliers et quelques brebis de race améliorante ; on les allie ensemble, et on croise à la fois les mâles avec les femelles de la race indigène. Aux générations suivantes, on allie les mâles purs avec les brebis métis résultant des croisements précédents. Par ce système, dit *de progression*, on obtient, d'une part, des animaux purs en nombre progressif, de l'autre, des métis qui, à chaque génération, prennent plus de sang amélioré. Comme on produit dans son propre troupeau des béliers de race pure, on n'est pas forcé d'en racheter de nouveaux. Il convient cependant de s'en procurer de temps en temps de famille éloignée, afin de prévenir l'effet débilitant des alliances consanguines trop longtemps continuées.

CHAPITRE XXVIII

ESPÈCE OVINE (SUITE); NOURRITURE, HYGIÈNE, LOGEMENT, PARC, TONTE, GARDE.

> Le bon pasteur,
> Dit l'empereur,
> Tond son troupeau
> Sans l'écorcher
> Et sans toucher
> Ni cuir ni peau.
> (*Ancien proverbe.*)

Les bêtes à laine aiment le grand air, et elles utilisent au pâturage quantité d'herbes courtes qui ne profiteraient à aucun autre bétail. Aussi, la pâture doit être considérée comme leur régime par excellence. Mais il est essentiel, 1° de ne pas leur laisser manger une trop grande quantité de plantes aqueuses ou chargées d'humidité, dans la crainte de l'appauvrissement sanguin qu'on nomme *cachexie*, maladie mortelle qui enlève souvent des troupeaux entiers; 2° de les préserver de l'ardeur du soleil, qui les fait toujours beaucoup souffrir.

Dans le Midi, ainsi que nous l'avons dit ailleurs, de nombreuses troupes de bêtes à laine pâturent en été sur les montagnes, en hiver au milieu des plaines. Au moyen de tels déplacements, on leur fait éviter les chaleurs brûlantes, et on les soustrait, par un heureux changement de nourriture, au germe de la plupart des maladies épidémiques. Mais on ne peut faire voyager de cette manière que des bandes nombreuses conduites par des bergers sûrs et habitués à la vie nomade.

Sous un climat doux et humide, le système de pâturage permanent peut être adopté sans changement de lieu. Nous avons eu déjà occasion de dire qu'en Angleterre les moutons passent toute l'année dans des enclos. Pendant l'hiver, on supplée à l'insuffisance du gazon, en leur faisant consommer sur place des raves ou turneps. Les moutons habitués à ce genre de vie paissent souvent, sans risque de maladie, des herbes mouillées qui seraient pernicieuses aux bêtes à laine retenues souvent à la bergerie. On s'explique cette différence par l'avidité avec laquelle les animaux, longtemps enfermés, dévorent en pâture les plantes humides, tandis que les autres, constamment livrés à leur instinct, n'en prennent qu'avec discrétion.

Ce système économique peut être adopté dans nos régions de l'Ouest et du Nord-Ouest. Toutefois, de peur des loups, on ne pourrait, comme en Angleterre, laisser les troupeaux passer la nuit dehors. D'ailleurs, sous le climat humide de nos contrées occidentales, le pâturage continu ne conviendrait pas aux animaux mérinos.

Quelle que soit leur race, les bêtes à laine qui restent toujours à l'air, souffrent des intempéries très-prolongées. Nous conseillons donc de construire, pour les abriter en cas de besoin, ainsi qu'on le fait dans l'Aveyron, des hangars légers avec toiture de chaume ou de papier goudronné. Afin de rendre les moutons moins impressionnables, les Écossais leur oignent la peau avec une graisse composée de 2 kilo. de beurre et de 4 à 5 litres de goudron. Cette quantité suffit pour 20 animaux.

La seconde manière d'entretenir les bêtes à laine consiste à les nourrir, pendant l'été, sur des pâtures naturelles ou artificielles; en hiver, dans les bergeries, avec des pailles, des fourrages secs, des légumes verts, des résidus, des grains et autres provisions. Ce système, qui est adopté sur une grande partie de la France, convient parfaitement aux mérinos et à leurs métis. Les bêtes, qui y sont soumises, ne doivent pas être conduites au milieu d'herbes mouillées. Plus le sol est humide et le temps pluvieux, plus la vigilance à cet égard est indispensable. Dans certains temps très-orageux, il faudrait suspendre complétement le pâturage et nourrir les troupeaux avec du fourrage sec. La pâture des terrains bas, marécageux, sourceux, imperméables est dangereuse même par un beau temps, surtout à la fin de l'été et au commencement de l'automne. C'est ce qui fait qu'en certains pays il est impossible d'entretenir des troupeaux permanents, particulièrement de race mérinos.

Sur terrain perméable, en temps très-sec, et principalement avant le solstice d'été, les herbes sont tellement nutritives que, par exception, les moutons peuvent pâturer à la rosée sans danger de cachexie. Alors, si les journées sont très-chaudes, il faut toujours les conduire aux champs le soir et le matin, afin que les animaux passent à l'ombre les heures de soleil ardent.

Dans une exploitation bien conduite, on organise pour le troupeau une succession de pâturages abondants : fin de l'hiver, — navette, seigle, avoine d'automne, escourgeon, pastel; printemps, — trèfle incarnat, lupuline, pois, vesce, lentillon d'automne; été, — mélange de trèfle blanc et d'ivraie vivace, pimprenelle, lupin, vesce de printemps, chaumes de céréales récoltées; automne, — moutardon, navette, feuilles de carottes et de betteraves. Il serait déplorable de baser la nourriture d'un troupeau sur les mauvaises herbes des champs, et, pour se ménager cette ressource, de priver les terres des labours indispensables.

De peur de gonflement, on ne doit laisser les bêtes à laine pâturer les trèfles et la luzerne que par une température froide. Si, par suite de négligence, la météorisation commence à se manifester, il faut ramener de suite le troupeau à la bergerie et fermer portes et fenêtres; les progrès du mal cessent aussitôt.

Lorsque les prairies artificielles sont hautes et épaisses, on les fait consommer par portions successives qu'on fauche préalablement. Dans ce cas, la météorisation n'est pas à craindre.

Toutes les fois qu'en été le pâturage est insuffisant, il ne faut pas hésiter à ajouter du fourrage vert ou sec. En effet, c'est par une grande régularité dans l'alimentation qu'on prévient beaucoup de maladies et qu'on obtient les meilleures toisons. Des ramées d'orme, de frêne, de chêne et autres arbres peuvent être alors d'un grand secours.

Le régime d'hiver le plus parfait se compose de

fourrages secs, de pailles et d'une ration d'aliments aqueux, légumes verts ou résidus de sucrerie, de distillerie, de brasserie. A cause de la facilité avec laquelle les moutons démêlent les meilleures parties du fourrage, ils utilisent mieux que ne le ferait aucun autre bétail les foins mélangés de prêle et les pailles mal battues. Tout ce qui doit servir de litière dans la ferme, doit donc préalablement passer à la bergerie. Une ration de tourteau ou de grain est indispensable aux agneaux, aux brebis nourrices, aux béliers, aux moutons d'engrais.

L'eau n'est dangereuse que lorsque les animaux ont longtemps souffert de la soif; aussi, doit-elle être constamment offerte à discrétion. En hiver, on la met dans des baquets qui sont vidés et nettoyés chaque jour. On donne également le sel à discrétion suivant la méthode déjà indiquée. M. Jonas Webb pousse le soin jusqu'à mettre des pierres de sel gemme, sous de petits abris, au milieu des pâturages. C'est dans les temps humides que l'usage de cette substance est particulièrement nécessaire.

En hiver, le troupeau doit sortir pendant les gelées; on peut le conduire alors sans inconvénient sur des terrains humides dont le pâturage serait pernicieux en toute autre saison.

Par l'examen des muqueuses de l'œil et du palais, il faut s'assurer souvent de l'état sanguin des animaux; si l'on remarque de la pâleur, on diminue la ration des aliments aqueux, tels que légumes verts, et l'on augmente celle des grains et des fourrages secs. De plus, on rend l'eau ferrugineuse, en mettant quelques ferrements dans les abreuvoirs. Suivant Mme Millet-Robinet, un gramme de sous-carbonate de fer, mêlé chaque jour, pendant deux ou trois semaines, avec la provende de moutons à œil pâle, rend de nouveau leur sang très-vif. Par un vice contraire à celui qui engendre la cachexie, le sang excessivement épais peut causer des inflammations dangereuses, telles que le *sang de rate*, la *maladie rouge*, par suite desquelles les moutons périssent au bout de quelques heures, en rejetant des matières sanguinolentes. Si des muqueuses excessivement colorées indiquent cette disposition, il faut rendre la nourriture plus aqueuse et supprimer tout médicament ferrugineux.

Les bêtes à laine ont la respiration très-courte, et elles exigent un air sans cesse renouvelé. Aussi, les bergeries, sans être froides, doivent être très-aérées. On dispose au-dessus des animaux un grand nombre de fenêtres, qu'on tient ouvertes en totalité ou en partie suivant le besoin; en hiver, du côté du sud; en été, du côté du nord. On peut, par économie, faire la couverture en chaume ou en papier bitumé, et les parois à claire-voie; on suspend contre ceux-ci des paillassons, dont on retire ensuite ce qu'il faut pour aérer le local au degré voulu.

De peur que les animaux ne se gênent au moment des repas, on divise la bergerie en compartiments étroits, dont les murs sont garnis de râteliers et d'auges. Trois mètres d'un râtelier à l'autre sont une distance convenable; s'il se trouve plus d'espace, on place au milieu un râtelier double, dont on ferme les extrémités, afin qu'aucun mouton ne s'y introduise.

Voici diverses mesures qu'on peut adopter :

Hauteur des râteliers, 40 à 45 centimètres.

Espacement des barreaux, 15 centimètres; entre des barreaux trop éloignés, les moutons se prennent la tête, ce qui cause quelquefois de graves accidents.

Inclinaison de ces barreaux, 75 degrés. Lorsque les râteliers sont trop inclinés, les brebis se salissent la laine en mangeant.

Élévation des râteliers au-dessus du sol, 70 à 75 centimètres.

Largeur des bacs, 20 centimètres.

Profondeur, 15 centimètres.

Porte double s'ouvrant en dehors et permettant d'entrer avec une voiture pour l'enlèvement du fumier, 1 mètre 80.

Nous conseillons, suivant la méthode ordinaire, de nettoyer la bergerie à intervalles de 2 à 3 mois. Si l'on donne beaucoup de paille aux moutons, on doit en retirer la plus grande partie pour servir de litière aux autres animaux; il faut en outre arroser souvent la bergerie et y répandre des poussières terreuses, afin de modérer la fermentation du fumier, qui tend toujours à être trop active. Il importe d'ailleurs que le pied du mouton soit toujours tenu sec; autrement, des maladies surviennent, et les toisons se salissent. Le mieux est d'avoir près de la bergerie une cour remplie de litière, sur laquelle les animaux vont se coucher et respirer l'air par le beau temps.

On doit toujours faire sortir le troupeau pendant la distribution du fourrage; alors, un berger vigilant le passe en revue. Les principales maladies qu'il doit traiter lui-même, sont le *piétin*, la *gale*, le *claveau*.

Le piétin est un ulcère contagieux qui se montre d'abord entre les ongles et qui attaque ensuite le pied tout entier; si l'on ne s'oppose à ses progrès, il peut causer des pertes considérables. Parmi les nombreux remèdes indiqués, la pâte de Plasse est recommandée par M. Dutertre, l'habile directeur de la bergerie de Mont-Cavrel. En voici la recette : 3 parties en poids d'acide sulfurique, mélangées avec 15 d'eau, sont versées à froid sur de l'alun calciné, de manière à former une bouillie, que l'on étend sur l'ulcère, après l'avoir entièrement découvert en coupant la corne et les chairs baveuses.

Une autre pâte très-recommandée se compose de

Sous-acétate de cuivre	500
Acide pyroligneux	150
Cire	50
Axonge	300
	1000

On mêle le sel de cuivre avec l'acide, puis avec la graisse et la cire, que l'on fait fondre à une douce chaleur; enfin, on incorpore le tout ensemble, en le pilant dans un mortier de bois.

Chaque jour, les animaux boiteux doivent être visités, pansés et mis à part. On les réunit aux autres dès que l'ulcère est cicatrisé.

On reconnaît l'animal galeux aux taches dont il souille sa toison, en se grattant avec le pied de derrière. Au-dessus des boutons de gale, la laine n'est pas au niveau des autres brins. Si ces boutons sont peu nombreux, on verse sur chacun, après les avoir grattés, quelques gouttes d'une liqueur composée d'huile empyreumatique et d'urine ou de décoction de feuilles de tabac. Mais lorsque le troupeau est fortement atteint, ce qui le fait beaucoup souffrir, on met dans une chaudière, d'après la recette *Tessier*, pour 100 moutons, 1 kilo 1/2 d'arsenic et 10 kilo. de sulfate de cuivre avec 100 litres d'eau; on fait bouillir jusqu'à réduction d'un tiers; on ajoute ensuite autant d'eau qu'il s'en trouve d'évaporée; on fait rebouillir un instant, et l'on verse le liquide dans un cuvier; puis, le troupeau étant tondu, trois hommes munis de gants saisissent chaque animal, le plongent à deux reprises dans le cuvier et le brossent par tout le corps. L'un d'eux maintient la tête pour empêcher la liqueur d'entrer dans les yeux et dans les oreilles. Par mesure de prudence, on brûle après l'opération le cuvier, les gants et les ustensiles, et l'on tient les animaux sans litière pendant vingt-quatre heures.

Le claveau est une maladie de peau, contagieuse et souvent très-grave. Elle commence par manque d'appétit, chaleur, soif ardente. Bientôt, des boutons se montrent, d'abord sur les parties dénudées de laine, ensuite par tout le corps. Ils sont rouges, puis blancs, enfin suppurants. A la première apparition du claveau, il faudrait assommer les moutons attaqués et les enterrer profondément. Si la maladie a déjà gagné beaucoup d'individus, on les met à part dans un lieu chaud, aéré et tenu proprement, en ayant soin qu'il n'y ait aucun contact entre le troupeau et ce qui sort de cette infirmerie. On donne aux malades une nourriture substantielle et rafraîchissante. Au besoin, on les soutient avec un peu de vin; chaque jour, on ouvre et on panse les abcès; enfin, deux mois après le début du mal, on remet au troupeau les animaux guéris. Le claveau inoculé est beaucoup plus doux que le claveau naturel; aussi, a-t-on conseillé, lorsqu'un troupeau se trouve attaqué, d'inoculer de suite le mal aux animaux sains. A cet effet, on fait sous les cuisses, à 1 centimètre au-dessus du jarret, avec la pointe d'un canif bien aiguisé, de petites incisions qui effleurent à peine l'épiderme. On trempe l'extrémité d'un bistouri dans le pus des boutons d'un animal attaqué, et on l'introduit dans ces incisions, en pressant avec le doigt, afin que les vaisseaux absorbent le virus. Lorsqu'un troupeau entier se trouve traité de cette manière, non-seulement la maladie est bénigne, mais encore, comme elle se déclare à la fois sur tous les individus, on se délivre promptement de l'épidémie.

A ce qui a été dit ailleurs du parc des bêtes à laine, nous ajoutons qu'il faut s'abstenir de faire parquer — par un mauvais temps, — au milieu de journées très-chaudes, — sur terrain humide, — lorsque les animaux viennent d'être tondus, — lorsque les toisons sont déjà longues, — si le troupeau appartient à des races délicates et est composé d'animaux de moins de deux ans, — enfin si l'on veut obtenir des laines surfines.

Le berger doit coucher dans une cabane près du troupeau; et s'il se trouve des loups dans le voisinage, il faut que, pendant la nuit, il tienne allumée une lanterne à verre de couleur. Les meilleures claies sont faites en petites planches de chêne, et ont 2 mètres de long sur 1 m. 20 de haut. On les maintient dressées au moyen d'appuis en bois, qu'on engage obliquement en terre et qu'on fixe dans le haut des claies par des chevilles. En quelques pays, on entoure le parc de filets en cordes grossières. Pour la facilité des manœuvres, il faut avoir en filets

Pl. 23.

DESSINÉ PAR IS. BONHEUR — IMPRIMERIE J. CLAYE — GRAVÉ PAR A. LAVIEILLE

GRANDES RACES DU NORD

BÉLIER FLAMAND — BREBIS ET BÉLIER ARTÉSIENS

Pl. 29.

DESSINÉ PAR IS. BONHEUR — IMPRIMERIE J. CLAYE — GRAVÉ PAR A. LAVIEILLE

GRANDES RACES DU CENTRE ET DE L'OUEST

MOUTON CHOLETAIS — BREBIS BERRICHONNE DU CRÉVANT — BREBIS DU LARZAC

Pl. 30.

DESSINÉ PAR IS. BONHEUR — IMPRIMERIE J. CLAYE — GRAVÉ PAR A. LAVIEILLE

PETITES RACES DU CENTRE ET DE L'OUEST

BREBIS ET BÉLIER DE RACE BERRICHONNE CHAMPENOISE

BREBIS NOIRE CORNUE DES LANDES DE BRETAGNE — BÉLIER SOLOGNOT

Pl. 31.

DESSINÉ PAR ROSA BONHEUR — IMPRIMERIE J. CLAYE — GRAVÉ PAR A. LAVIEILLE

PETITES ET GRANDES RACES DES PYRÉNÉES

Pl. 32.

DESSINÉ PAR IS. BONHEUR — IMPRIMERIE J. CLAYE — GRAVÉ PAR A. LAVIEILLE

RACES MÉRINOS

BÉLIER ET BREBIS MÉRINOS RAMBOUILLET — BÉLIER SANS CORNES MÉRINOS MAUCHAMPS

Pl. 33.

DESSINÉ PAR IS. EONHEUR — IMPRIMERIE J. CLAYE — GRAVÉ PAR A. LAVIEILLE

RACES MÉRINOS ET NOIRE AMÉLIORÉE

BÉLIER SAXON BREBIS MÉRINOS GRANDE VARIÉTÉ DU TROUPEAU DE M. GUÉRIN — BÉLIER RACE NOIRE AMÉLIORÉE DES VOSGES

Pl. 34.

DESSINÉ PAR IS. BONHEUR — IMPRIMERIE J. CLAYE — GRAVÉ PAR A. LAVIEILLE

RACES ANGLAISES PERFECTIONNÉES

BÉLIER COTSWOLD — BÉLIER ET BREBIS DISHLEY

ou en claies de quoi faire un second compartiment près de celui dans lequel se trouve le troupeau.

La laine qu'on laisse pousser trop longtemps, devient gênante par excès de longueur et de poids. Aussi, les moutons sont généralement tondus une fois par an. Les agneaux peuvent l'être dès leur première année. Quant à l'époque de la tonte, elle varie suivant les circonstances. Lorsque les troupeaux passent l'été sur les montagnes dans des régions presque glacées, on les dépouille à l'automne, après leur descente de ces lieux élevés. Ailleurs, on leur enlève leur vêtement, dès que les premières chaleurs nous invitent nous-mêmes à quitter le paletot d'hiver. En tout cas, il convient de choisir un temps sec et de prendre des tondeurs adroits qui, armés de forces ou ciseaux à ressorts, coupent la laine très-ras, sans blesser les brebis. Celles-ci, les jambes liées, sont mises sur une planche, sur laquelle le tondeur se place lui-même à califourchon.

En Angleterre et dans quelques parties de la France, on lave les moutons avant de les tondre. Ce nettoyage enlève aux toisons depuis un quart jusqu'aux deux tiers de leur poids. En général, les fabricants désirent que les laines courtes et fines ne soient pas lavées, parce que la présence du suint aide au dégraissage. Mais lorsque les animaux sont tenus proprement et que les laines perdent peu au lavage, l'opération semble favorable aux intérêts du cultivateur. On doit laver par un beau temps et veiller ensuite à ce que les animaux se ressuient sans se salir. Si la tonte s'effectue sans lavage, on commence par enfermer les animaux dans la bergerie un jour ou deux. Le suint qui se produit alors par l'effet de la chaleur, augmente le poids des toisons et facilite la tonte. Du reste, il faut bien se garder de salir les toisons; car plus elles sont propres, plus les offres des marchands sont avantageuses.

Les toisons doivent être rangées à distance des murs, sur des claies élevées au-dessus du sol, en lieu qui ne soit ni très-frais ni très-sec. L'humidité les rendrait plus pesantes, mais finirait par les altérer; d'autre part, un air trop sec en diminuerait le poids. On les frappe de temps en temps avec des baguettes, afin de faire fuir les teignes qui pourraient les attaquer.

Dans le Centre et dans l'Ouest de la France, on voit une multitude de petits troupeaux de 6 à 10 bêtes gardés par des jeunes filles, qui tout à la fois filent au fuseau. « Cette vie nomade leur plaît, dit Jacques « Bujault; elles se réunissent, tandis que les brebis « vont en dommage. Les dimanches, les jeunes gens « leur tiennent compagnie. »

De telles coutumes sont déplorables, non-seulement sous le rapport des mœurs, mais encore au point de vue de la conservation des récoltes constamment pillées par ces petits troupeaux. Si l'on n'a que quelques bêtes à laine, il faut les conserver à l'étable ou les enfermer dans un enclos, ou bien les envoyer paître avec le bétail à cornes, ou bien enfin les faire garder par un homme capable avec celles des cultivateurs voisins. Pour un troupeau nombreux, les soins constants d'un ou de plusieurs bergers sont indispensables.

« Industrie, douceur, vigilance, dit Olivier de « Serres, sont les principales qualités du bon pasteur. « Tiendra le pâtre ses bêtes ramassées en gros, rap- « pelant par cris et sifflements celles qui s'écartent; « et par même adresse, fera avancer, reculer, tour- « ner son troupeau en un corps, comme escadron de « cavalerie; ne rudoiera, ne battra son bétail; ains « doucement le conduira sans lui jeter des pierres ni « autres choses qui le puissent offenser. Ne dormira « et ne s'asseira jamais en campagne; ains, comme « soucieuse sentinelle, se tiendra debout près de son « bétail, sans l'abandonner jamais de l'œil, et servira « au berger de tirer de ses bêtes obéissance volon- « taire, quand par elles vu continuellement et par « accoutumance cogneu d'elles, elles le suivront pas « à pas comme leur capitaine.

Un bon berger mérite un gage élevé. Mais il ne faut pas lui permettre d'entretenir dans le troupeau des animaux à lui appartenant. Respectées par les chiens, ces bêtes vivraient aux dépens des récoltes. Il ne faut pas non plus lui abandonner la dépouille des brebis mortes; ne serait-ce pas l'intéresser aux accidents? On doit prévenir enfin par une surveillance exacte toute infidélité, telle que prêt nocturne de bélier, échange d'animaux, vente d'agneaux, etc. Qu'aux champs, indépendamment de son manteau, de sa pannetière à provision, de sa houlette et de son fouet, il porte une lancette, des drogues pour le piétin et pour la gale, enfin, lors de l'agnelage, une sacoche destinée à tenir chaudement l'agneau qui peut venir au monde sans être attendu. Qu'il ait des chiens d'excellente race et qu'il en conserve l'espèce. Il doit commencer à dresser ces animaux à l'âge de 6 mois. Il les tient d'abord en laisse; puis, il les fait courir seuls, en les corrigeant lorsqu'ils mordent. Les uns veulent être souvent caressés, les autres châtiés sévèrement. Rarement on rend dociles ceux qui, après avoir été battus, s'éloignent et gardent rancune. Il convient de casser les crochets aux plus méchants. Dans les pays infestés de loups, les chiens de la race *de berger* ne suffisent pas; il faut encore, pour livrer bataille aux agresseurs, un ou deux mâtins courageux.

Pourquoi, à époques fixes, n'organise-t-on pas en France des battues générales? Certainement, on pourrait faire presqu'entièrement disparaître le dangereux ennemi des bêtes à laine. La garde de tous les troupeaux se trouverait ensuite singulièrement simplifiée.

CHAPITRE XXIX

ESPÈCE OVINE (SUITE); TROUPEAUX D'ÉLÈVE, TROUPEAUX TEMPORAIRES.

Eligendum ad naturam loci.
Choisissons d'après la nature du lieu.
VIRGILE.

Les troupeaux appartenant à l'espèce ovine se divisent : 1° en troupeaux d'élève, destinés à l'entretien des brebis et à la production des agneaux ; 2° en troupeaux temporaires, composés de jeunes sujets qu'on garde quelque temps, ou d'animaux adultes qu'on engraisse.

On peut entretenir des troupeaux temporaires sur toute espèce de sol. Quant aux troupeaux permanents, ils ne réussissent que sur un terrain sec où les animaux ne contractent aucun germe de cachexie.

Voici les règles relatives aux uns et aux autres :

TROUPEAUX D'ÉLÈVE.

Réunir des brebis homogènes pour la taille et le genre de laine; car cette uniformité aide au débit des animaux et des toisons.

Sauf le temps de la monte, tenir les brebis séparées des béliers, et isoler les agneaux des agnelles dès l'âge de 6 mois.

Faire couvrir les brebis, pour la première fois, entre 18 mois et 2 ans. Commencer à employer les béliers à ce même âge, mais n'user de tous leurs moyens que lorsqu'ils ont 2 à 3 ans.

Bien que les brebis puissent à la rigueur avoir deux gestations par an, ne pas en exiger plus d'une seule.

Organiser la monte de sorte que toutes mettent bas à la même époque. Il en résulte : 1° simplification de soins pour l'agnelage; 2° égalité de force entre les agneaux, ce qui les rend plus faciles à entretenir et de meilleur débit.

Dix à douze jours avant de réunir les béliers avec les brebis, prédisposer ces dernières à l'accouplement, en leur donnant une ration de grain.

Compter 2 béliers au moins comme nécessaires à 100 brebis.

Afin d'éviter qu'ils se battent, diviser, s'il est possible, le troupeau par lots de 100 brebis ; avoir pour chaque lot deux béliers, qu'on lâche alternativement toutes les vingt-quatre heures, pendant deux à trois semaines.

Si l'on ne peut adopter cette disposition, ne pas mettre à la fois parmi les brebis plusieurs mâles de force égale; car c'est alors que les combats sont le plus dangereux.

Lorsqu'on loue des béliers, les choisir jeunes et vigoureux.

Si l'on en élève soi-même, introduire dans le troupeau, pour terminer la monte, les jeunes mâles de l'âge de 18 mois à 2 ans. Il est rare que, par ce moyen, toutes les brebis ne soient pas fécondées.

Tant que dure la monte, donner aux béliers le grain à discrétion.

Déterminer l'époque de la monte, de telle sorte que l'agnelage tombe à un instant où l'on ait quantité d'excellente nourriture; en avril ou en mai plutôt qu'en janvier, si l'on n'a pas de provisions d'hiver suffisantes.

Tout faire pour se procurer ces provisions; car plus tôt l'agnelage a lieu, mieux les agneaux profitent ensuite des pâtures printanières et estivales.

Pour les brebis destinées à être traites ou à voyager, combiner l'époque de l'agnelage avec ces circonstances particulières.

Ménager beaucoup les brebis pleines; prendre garde que les chiens ne les effraient et qu'elles ne se blessent aux passages difficiles; afin de faciliter la sortie hors des bergeries, munir l'angle des portes de cylindres verticaux tournant au moindre frottement.

Bien nourrir les brebis pleines, sans cependant les pousser à l'obésité.

A l'époque de l'agnelage, mettre chaque soir celles qui paraissent à terme, dans un endroit chaud, sur de bonne litière, et surveiller la mise bas; laisser en général la nature agir seule; aider cependant, s'il le faut, en faisant venir l'agneau la tête la première.

Si sa mère ne le lèche pas, le saupoudrer de sel, afin de déterminer cet acte de tendresse qui fortifie le jeune animal.

Aider celui-ci, en cas de besoin, à trouver la mamelle.

Quand la brebis refuse de se laisser téter, l'enfermer à l'étroit avec son petit; en général, dans cette situation, elle ne tarde pas à l'adopter.

Lorsqu'elle manque de lait, donner son agneau à une mère qui a perdu le sien, ou le nourrir au biberon avec du lait tiède un peu étendu d'eau.

Si une brebis a deux agneaux sans donner assez de lait pour les bien nourrir, prendre ces mêmes soins pour l'un des deux.

Tuer les agneaux faibles et mal constitués.

Donner aux brebis qui viennent d'agneler une nourriture rafraîchissante; d'abord, modérer la ration, de peur que les mamelles ne s'emplissent d'un lait surabondant; l'augmenter au bout de quatre à cinq jours.

Lorsqu'il se trouve trop de lait pour l'agneau, en tirer une partie; et si, faute de ce soin, les mamelles se sont engorgées, séparer l'élève pour un jour ou deux; le nourrir alors au biberon; traire la brebis et graisser ses mamelles ou y appliquer des cataplasmes émollients.

Ne lâcher les agneaux au pâturage que par un beau temps.

A la bergerie, leur donner à manger de l'avoine ou quelque autre nourriture de choix, dans une case particulière, où ils entrent par une ouverture étroite que leurs mères ne peuvent franchir.

Les sevrer graduellement entre 3 et 5 mois.

Si on veut, tout en les élevant, prendre une partie du lait, les tenir pendant le jour séparés de leurs mères, dont la traite a lieu le soir; les réunir ensuite pour la nuit; suppléer par une nourriture abondante au lait dont ils se trouvent privés et proportionner à leur force ce qu'on leur prend.

Si le lait doit constituer le produit principal de la brebis, tuer son agneau à trois semaines et la traire deux fois par jour. Les bonnes brebis du Larzac et du Lauraguais rendent, pendant six à huit mois, 1 à 2 litres d'un lait beaucoup plus butyreux et plus caséeux que celui de vache.

Donner aux agneaux une ration de grain. Cette dépense est toujours largement payée.

N'élever, pour devenir béliers, que des agneaux parfaitement choisis. Puis, les nourrir très-abondamment la première année.

D'après M. Magne, la ration de grain donnée à Alfort est de 1/2 litre d'avoine par jour jusqu'à l'âge de 5 à 6 mois; de 3/4 de litre jusqu'à 7 ou 8. Ensuite, elle est de 1 à 1 1/2, suivant le degré de force qu'on veut obtenir. La totalité de la nourriture représente, en foin naturel, 5 à 6 pour 100 du poids vif des animaux. Soumis à ce régime, de jeunes béliers Dishleys-mérinos, qui pèsent à leur naissance 4 kilo., atteignent, au bout d'un an, un poids de 40 à 70 kilo., ce qui fait une augmentation journalière de 208 grammes.

Procurer aux agneaux destinés à la reproduction un exercice modéré, qui développe leurs formes et prévienne l'obésité.

Après l'âge d'un an, éviter de leur donner un excès de nourriture, de peur de les rendre inféconds par obésité et d'altérer la qualité des toisons au point de vue de la finesse.

Si l'on cherche à produire des laines extrafines, tenir les jeunes animaux sur bonne litière dans des bergeries chaudes; ne pas les mettre au parc; les abriter pendant la pluie; leur procurer une nourriture d'excellente qualité et éviter l'excès d'abondance.

Castrer, en général, à l'âge d'un mois les agneaux destinés à devenir moutons; attendre cependant jusqu'à l'âge de sept et neuf mois, si les usages du pays l'exigent pour le meilleur débit des animaux, lesquels étant castrés tard, prennent plus d'encolure.

Couper la queue de l'agneau à 10 centimètres de la croupe. Conservée sans amputation, cette partie se charge de saletés et gêne la marche de l'animal.

Réformer les béliers, dès qu'ils deviennent lourds; les renouveler souvent, plutôt que de les employer vieux.

Engraisser et vendre les brebis vers l'âge de 7 ans, lorsque le régime ordinaire ne les entretient plus en bon état.

Laisser se reposer pendant un an, sans gestation, celles qu'une cause accidentelle a fait maigrir.

Au moyen de trous ronds percés à l'oreille avec un emporte-pièce et de crans faits sur le bord de cette même partie, soit avec un emporte-pièce triangulaire, soit avec des ciseaux bien aiguisés, donner à tous les animaux une marque qui exprime un numéro d'ordre et inscrire ces numéros sur un registre. Les marques fugitives dont on peut avoir besoin, se font sur la laine avec de la pierre sanguine ou avec un mélange d'ocre et d'huile.

TROUPEAUX TEMPORAIRES.

N'acheter en général que des moutons bien portants.

Si on doit les conserver pendant plusieurs mois, éviter surtout l'acquisition de bêtes atteintes des germes de la cachexie ; à cet effet, acheter en pays sec plutôt qu'en contrée humide ; se défier des lots dont on ne connaît pas l'origine ; lorsque l'atmosphère, longtemps pluvieuse, a prédisposé les troupeaux au mal qu'on redoute, faire ses achats avec une extrême prudence ; en automne, s'abstenir de toute acquisition, plutôt que de prendre des animaux de santé douteuse ; car c'est en hiver et au printemps que la cachexie détermine les plus grandes mortalités.

Conserver les animaux un temps plus ou moins long, suivant la nature du sol et la rusticité des races ; ne jamais attendre, pour s'en défaire, que leur sang soit très-appauvri.

Sauf le cas d'engraissement, prévenir la cachexie par beaucoup de précautions.

Au contraire, ne pas craindre d'en développer le germe au commencement de la mise à l'engrais, attendu que ce germe augmente tout d'abord la disposition des animaux à l'obésité.

Pousser l'engraissement aussi rapidement que possible, et pour peu que la toison soit longue, commencer par la tondre. Des moutons qui sont déjà en bon état, doivent devenir gras en six semaines. On les engraisse, soit sur d'excellentes pâtures, soit à l'étable, avec des aliments variés dans lesquels entrent 2 à 300 grammes de tourteau par tête. La chair des moutons nourris au grand air est la meilleure.

Profiter des moments de pluie pour parcourir les bergeries et faire des achats ; c'est alors que les vendeurs sont le moins difficiles.

A défaut de temps ou d'expérience personnelle, employer un marchand honnête auquel on donne une commission de tant pour cent.

CHAPITRE XXX

CHÈVRES.

Jamais chèvre ne mourut de faim.
Proverbe.

La chèvre est l'amie de l'homme, la bonne mère par excellence ; si nous lui prenons son petit, elle adopte volontiers nos enfants ou tout autre nourrisson. Elle se plaît sur les rochers, au bord des précipices, dans les bois, au milieu des buissons. On lui voit dévorer le feuillage des arbres, quantité d'herbes dures et vénéneuses, de sorte qu'elle paraît créée pour convertir en lait ce que tout autre bétail refuserait.

« Ce seul vice treuve-t-on en cet animal, dit « Olivier de Serres, qu'il est grand ennemi des arbres « et, pour comble de malignité, semble qu'à dessein « choisit les précieux fruictiers, s'y attachant plutôt « qu'aux plantes sauvages. Pour lequel dommageable « naturel, plusieurs abhorrent la nourriture des chè- « vres. Ne laissera pourtant d'entretenir des chèvres, « celui-là qui, en son domaine, aura des landes et « buissons en suffisance ; à meilleur usage ne pour- « rait-il les employer pour le grand profit qui en « provient. Car c'est chose asseurée qu'une chèvre « bien nourrie rend autant de lait que plusieurs brebis « ensemble et que des chèvres si fertiles se rencon- « trent approcher de près le rapport des vaches. »

D'après l'expérience des habitants du Mont-d'Or, près de Lyon, qui entretiennent plus de 12,000 chèvres, cet animal vit parfaitement à l'étable, et, pour une quantité donnée de nourriture, il produit, dans ces conditions, beaucoup plus de lait que les vaches. Au piquet, il utilise très-bien les prairies artificielles. Aussi, loin de condamner la chèvre, comme l'ont fait autrefois certains parlements, nous engageons les amis du progrès à s'occuper de son entretien et de son perfectionnement, à condition que, privée de liberté, elle ne puisse ronger les arbres ni errer au gré de son humeur vagabonde.

La chèvre domestique descend probablement du bouquetin sauvage, qui vit dans les lieux les plus inaccessibles de nos montagnes. Sa tête fine, sa barbe, sa robe poilue, la forme de ses cornes, sa constitution sèche et osseuse la distinguent de la brebis, dont elle se rapproche beaucoup du reste, pour la conformation et la taille. Alliées ensemble, ces deux espèces produisent quelquefois des sujets inféconds, desquels on n'a tiré jusqu'ici aucun parti.

L'âge de la chèvre se reconnaît, comme celui de la brebis, par la chute et le remplacement des huit dents incisives qu'elle porte à la mâchoire inférieure. Très-promptement nubile, elle entre d'ordinaire en gestation à l'âge de 8 mois. Malgré cette extrême précocité, quelques chèvres sont encore excellentes laitières à 12 ans. Comme on les vend à vil prix lorsqu'elles sont vieilles, on doit les conserver le plus longtemps possible.

La gestation dure 5 mois. On les fait couvrir en automne, pour que leur mise bas tombe au printemps, à l'époque de l'abondance des herbes. La nature favorise cette combinaison; en effet, c'est surtout à l'arrière-saison que le désir de la maternité se manifeste. Alors, l'animal bêle et remue la queue presque constamment.

Suivant la race à laquelle elle appartient, la chèvre porte un ou deux chevreaux. Pendant la gestation et au moment du part, on la soigne comme la brebis. Les chevreaux sont tués à l'âge de trois semaines; puis, on trait la mère pendant 7 à 8 mois. Il faut lui donner alors à manger et à boire à discrétion, c'est-à-dire, une nourriture équivalente en foin naturel à 6 ou 7 p. 100 de son poids. Fourrages, feuilles, son, légumes verts, résidus de brasserie, tout doit être distribué par très-petites portions; car la chèvre se dégoûte de ce qui reste quelque temps dans son auge ou dans son râtelier. Chaque jour, on lui présente dans des vases très-propres, soit de l'eau pure, soit des eaux de cuisine ou des résidus de laiterie, genre de boisson auquel on l'habitue facilement; tant qu'une bonne chèvre donne du lait, elle n'engraisse pas.

Au pâturage, elle mange sans inconvénient l'herbe couverte de rosée et elle ne craint pas le soleil, mais seulement le froid et la pluie; aussi, ne convient-il pas de la faire coucher dehors, à moins que le temps ne soit très-beau. En hiver, il faut la tenir chaudement.

Les meilleures chèvres ont la tête fine, la physionomie douce, le cou mince, le poil soyeux, les reins larges, les hanches et tout le train postérieur très-développés, les mamelles étendues au point de gêner la marche. Parfaitement nourries, elles donnent en moyenne, pendant 7 mois, 2 à 3 litres d'un lait peu butyreux, mais très-caséeux. Les fromages de lait de chèvres du Mont-d'Or ont une réputation méritée.

La taille de nos chèvres mesurée à l'épaule, varie de 40 à 75 centimètres; leur poil est blanc, gris ou roussâtre, toujours noir dans la grande variété des Pyrénées. Leur tête est généralement cornue, mais fréquemment aussi sans défense (pl. 37).

On doit préférer celles qui sont larges et de forte stature, à cause de la plus grande abondance du produit laitier, et il ne faut conserver que les filles des meilleures. Pourvu que les chevreaux soient tenus chaudement, on les élève sans peine. Après les avoir laissés téter 2 à 3 mois, on les sèvre en leur donnant une nourriture abondante et variée; chaque jour un peu de grain, de farine ou de pain.

Les boucs peuvent servir avant l'âge d'un an. Un seul suffit à plus de 100 femelles. En ayant soin de ne pas trop les épuiser, on peut les conserver 4 ou 5 ans. Beaucoup de cultivateurs croient que leur odeur forte est favorable à la salubrité des étables.

Dans les Pyrénées, on met, ainsi que nous l'avons dit ailleurs, de grands boucs noirs à la tête des troupeaux. Olivier de Serres croit que c'est à cause de leur longue barbe que les autres animaux leur portent respect, et il cite le quatrain suivant :

« Si porter grand barbe au menton
« Nous fait philosophes austères,
« Un bouc barbassé pourrait être
« Par ce moyen quelque Platon. »

L'histoire de Jacob et d'Ésaü prouve que, de tout temps, on a mangé avec plaisir la chair des chevreaux. De plus, leur peau se vend cher pour la fabrication des gants. Quant à la viande de bouc et de chèvre, elle est peu agréable; en revanche, ces animaux portent quantité de suif. Leur peau, cousue le poil en-dessus, fait un manteau précieux au berger et au postillon? Combien ce vêtement diffère du châle cachemire que l'opulente parisienne drape sur ses épaules! Et cependant, c'est encore la chèvre qui fournit la matière première de cet autre tissu. En effet, l'espèce caprine produit : 1° un poil long et soyeux qui constitue sa principale fourrure; 2° de petits poils raboteux qui, mêlés au long, forment une sorte de jarre; 3° un duvet très-fin dont on voit fort peu sur la plupart des chèvres d'Europe, mais qui abonde dans la robe de plusieurs variétés asiatiques. On l'enlève au moyen de peignes, et c'est lui qui sert à confectionner l'admirable étoffe cachemire.

En 1819, M. Ternaux voulut introduire en France les chèvres cachemiriennes qui fournissent ce duvet en certaine quantité. M. Amédée Jaubert consentit à se charger de l'entreprise, que le duc de Richelieu, alors premier ministre, favorisa de tout son pouvoir. M. Jaubert acheta près d'Orembourg 1287 chèvres cachemiriennes, dont 400 parvinrent en France.

Elles sont blanches et de forte taille; leurs oreilles sont longues et pendantes; leur tête est armée de cornes très-fortes, souvent presque droites et se croisant un peu par le sommet. Ces chèvres s'acclimatèrent bien, mais ne rendirent en France que peu de duvet

(2 à 300 grammes par individu). D'un autre côté, leur produit en lait se trouva faible. Aussi, ce troupeau, que j'ai admiré, dans mon enfance, à Saint-Ouen près Paris, ne tarda pas à être dispersé. Quelques descendants existent encore çà et là.

La Société d'acclimatation a introduit dernièrement la race asiatique d'*Angora*, dont le poil doux, long et soyeux sert à confectionner des étoffes très-estimées. Cette chèvre présente à peu près les mêmes variétés de taille et de couleur que nos chèvres communes; ses cornes sont contournées en longues spirales; ses oreilles sont larges et pendantes; son corps est large et bien fait. Elle donne beaucoup de lait, et on la tond chaque année comme la brebis. Nous espérons que cette précieuse espèce sera propagée, ainsi que les chèvres suisses blanches et sans cornes, dites de *Saanen*, qui figuraient avec honneur à l'Exposition universelle de 1856. Il convient aussi d'essayer sérieusement la grande race d'Égypte, qu'on dit être la plus remarquable de toutes, sous le rapport du produit laitier.

CHAPITRE XXXI

ESPÈCE PORCINE.

> Propre ou non,
> Tout engraisse le cochon.
> *Proverbe.*

Tandis que l'âne broute les chardons et que la chèvre dévore quantité de plantes vénéneuses, le cochon convertit en graisse mille débris d'aspect repoussant. Cet animal, qui n'est autre que le sanglier apprivoisé, vit partout et s'accommode de tout. Avec son nez, il creuse le sol et y trouve une multitude de vers et de racines, que son estomac vigoureux digère, malgré la terre qui y est mêlée. D'autres fois, il pâture comme la brebis, et mange des herbes très-courtes. Au temps des moissons, il ramasse les épis et les grains tombés. Dans les bois, il cherche les glands, les châtaignes et toute espèce de fruit. Il suce avec délice les résidus de la laiterie et les eaux de cuisine, croque les os et mange la chair aussi goulûment que les carnassiers. Doué d'un odorat très-fin, il trouve avec un merveilleux instinct tout ce qui peut lui servir de victuaille. Aussi, sa gourmandise est mise à profit pour la recherche des truffes. Dès que, par un coup de boutoir, il montre qu'il a senti le précieux tubercule, on lui jette quelques grains de maïs, tandis qu'on s'empare du cryptogame succulent.

Le cochon ne paraît pas moins créé pour être mangé que pour manger. Combien j'aimais, dans mon enfance, à voir préparer son supplice; son sang couler pour être converti en boudin délicieux; puis la flamme funéraire pétiller autour de lui!

Cet animal a 4 onglons à chaque pied. Ses dents, qui ne tombent jamais, sont au nombre de 42 ou de 36, savoir : 24 ou 28 molaires; 4 canines, dont 2 à chaque mâchoire; 8 ou 10 incisives, dont 4 à la mâchoire supérieure, et 4 ou 6 à la mâchoire inférieure. Les canines forment, chez les mâles ou *verrats*, des crocs redoutables. Ces animaux ont l'épaule et le flanc couverts d'une impénétrable cuirasse. Armés ainsi de toutes pièces, ils aiment la bataille; on les voit s'y préparer en écumant, en rongeant les arbres et en grattant le sol. A l'état adulte, ils sont presque toujours dangereux. Ils donnent un lard médiocre, mais une chair d'excellent goût. Les femelles et les cochons castrés n'ont pas de crocs très-saillants et ne portent pas de cuirasse. Leur peau est fine; leur lard, de bonne qualité; leur caractère, inoffensif. Par gourmandise, ils attaquent cependant les petits enfants endormis.

Le porc est nubile à l'âge de six mois, adulte à deux ans, vieux à huit. Les truies portent jusque 18 petits, le plus souvent de 8 à 12; la gestation dure 115 jours. En général, la hauteur des sujets adultes varie de 40 à 80 centimètres. Malgré cette faible taille, ils pèsent quelquefois 4 et 500 kilo., autant qu'un bœuf de grosseur moyenne. En général, leur poids varie de 100 à 200 kilo. Vidés et la tête coupée, ceux qui sont engraissés rendent, pour 100 de poids vif, 70 à 85 de chair et de lard. Ce rendement est supérieur à celui de tout autre animal. La tête, les entrailles et les pieds sont autant de parties très-bonnes à manger, de sorte que le cochon ne présente presqu'aucun déchet. Toutefois, il revient, par kilogramme, à un prix plus élevé que le bœuf et le mouton, parce qu'il exige des aliments plus substantiels et qu'il n'accepte pas, comme les ruminants, le foin et la paille. Mais l'avantage lui revient, si on lui fait consommer des débris qu'aucun autre animal ne mangerait. Ainsi, c'est avec grand profit que quelques cochons utilisent, dans chaque ménage, les restes de la cuisine, du jardin, de la laiterie, du fruitier; aliments auxquels on ajoute, pour la fin de l'engraissement, une certaine quantité de légumes et de grain.

Près des villes, on peut nourrir bon nombre de porcs avec les débris de l'abattoir, avec la chair des chevaux équarris et autres restes trop souvent perdus. On peut aussi élever des cochons à peu de frais, en leur faisant chercher les coquillages et les algues que le flot dépose au bord de la mer, ou bien les racines charnues et les vers qui abondent dans les terrains marécageux, enfin toute espèce de fruit au milieu des bois. Avant de tuer ceux qui ont vécu de cette manière, on leur donne à discrétion, pendant quelque temps, des pommes de terre et de la farine. Si cependant ils trouvent beaucoup de glands, de châtaignes et de faînes, ils s'engraissent bien au pâturage et prennent, dans ce cas, un lard de qualité supérieure.

L'avidité du cochon pour toute espèce d'aliment prouve qu'à l'étable son régime doit être varié. Il convient de mélanger et de faire aigrir dans de grands baquets ce qui lui est destiné, relavures, laitage, restes de jardin, pommes de terre et autres légumes, grains cuits, son, farine, tourteau. Tandis qu'un baquet est livré à la consommation, on en remplit un second et toujours ainsi. Les intestins qu'on se procure aux abattoirs, peuvent être donnés crus. Quant à la chair des bêtes équarries, le mieux est de la cuire, puis de la mêler, ainsi que le bouillon, avec du son, de l'herbe, des légumes, des résidus de brasserie, de sucrerie, de distillerie, etc. Le porc finit par se dégoûter de viande crue, si on ne lui donne que ce genre d'aliment. Mais il reprend bientôt appétit, en mangeant des substances végétales. D'un autre côté, plus il consomme d'herbe, plus il a d'avidité pour la chair.

Il doit pouvoir se désaltérer à discrétion. En été, cet animal presqu'amphibie passe des heures entières vautré dans les mares; puis, dégouttant de boue, il se frotte contre les arbres et les murs. Dans les temps froids, il cherche au contraire, pour se reposer, une place propre, qu'il ne souille jamais de ses déjections. Pourvu qu'il puisse ainsi se coucher au sec, il ne paraît pas souffrir d'une température rigoureuse, bien qu'il y soit très-sensible dès le premier âge.

Il faut disposer son logement d'après cette connaissance de ses mœurs. Pour une troupe nombreuse, on fait un dortoir commun, abrité de la pluie et du vent, avec sortie sur une cour empierrée, dans laquelle une mare peu profonde est établie. Des compartiments clos et munis d'auges servent de réfectoires dans la cour même. Les portes de ces réfectoires étant fermées, on sert les repas; puis, on fait entrer les affamés, trois ou quatre de même force, dans chaque compartiment. Le repas terminé, on ouvre les portes, de sorte que toute la troupe profite des restes. Les auges peuvent être en bois, avec divisions verticales à la partie supérieure, ou simplement avec bâtons cloués en travers, de distance en distance, afin que ces mangeurs intolérants se tourmentent le moins possible. Les auges de fonte recommandées par les Anglais ont l'inconvénient de coûter cher et d'être difficiles à remuer.

Au régime de communauté, les porcs à l'engrais ne jouiraient pas de la tranquillité nécessaire. Il convient de les enfermer, deux ensemble au plus, dans des loges obscures, où ils mangent et dorment à l'aise. Pour lit de repos, le vénérable frère Philippe, supérieur général des frères des Écoles chrétiennes, a imaginé de leur faire, en maçonnerie hydraulique, une espèce de cuvette à 20 ou 25 centimètres au-dessus du sol. Le cochon va se coucher dans cette bauge, où, sans litière, il se trouve parfaitement au sec. Les loges destinées aux cochons d'engrais doivent avoir au moins 3 mètres carrés d'étendue par animal. Trop souvent, on en fait de beaucoup plus étroites; puis, les cochons sont forcés de se coucher au milieu de leurs excréments ou sur une litière humide, ce qui leur est très-désagréable.

On distingue deux manières de traiter les porcs destinés à la consommation : ou bien : on les engraisse à partir du sevrage, afin de les tuer entre six mois et un an; dans ce cas, on ne peut leur donner trop de bonne nourriture; ou bien, on les fait grandir au pâturage, puis on les engraisse entre un et deux ans. Le premier système est généralement le plus avantageux; toutefois, si l'on dispose de terrains vagues sur lesquels les jeunes cochons peuvent vivre à peu de frais, le second doit être préféré.

L'espèce porcine présente, en France, deux anciens types; l'un, qui est répandu presque partout, a les oreilles pendantes, le dos arqué, les membres élevés, la tête longue et étroite, le corps long, la côte plate, le poitrail, les reins et la croupe serrés; le poil long, blanc, noir, ou roux, ou mélangé de noir, de blanc ou de roux par larges taches. Le blanc domine chez les cochons du Nord, et le noir dans ceux du Midi. Appartiennent à ce type :

La grande *variété normande:* oreilles très-longues, couvrant entièrement le museau; taille de 80 à 90 centimètres; poids pouvant atteindre 400 kilo.; croissance tardive; poil blanc. (Truie de profil, pl. 38).

La *race craonnaise:* variété très-répandue dans l'Ouest; oreilles moins longues que celles des normands; corps moins étendu et plus large; taille un peu moins élevée. (Verrat couché, pl. 38.)

La *race limousine:* oreilles de même dimension que celles des craonnais; conformation à peu près semblable; poil mêlé de noir, de blanc et de roux. (Verrat de face, pl. 38.)

La *race des Pyrénées :* tête et corps très-étroits et très-longs; oreilles moins étendues que dans les variétés précédentes; poil tantôt entièrement noir, tantôt présentant sur l'épaule une tache blanche assez régulière.

La *race des Cévennes*, dont on trouve des sujets en grand nombre du côté de Caraman, Revel, Lanta; taille et poids très-considérable.

La *race lorraine :* oreilles demi-longues; dos très-arqué; taille moyenne; même largeur que chez les craonnais; poil blanc.

Les porcs de notre second type ont les oreilles courtes et droites. Moins répandus que ceux à longues oreilles, ils s'en distinguent encore par un dos moins arqué, par un corps plus court, plus large, moins élevé sur jambes. Ils sont généralement plus rustiques, mais atteignent moins de poids. Leur poil est blanc dans les Ardennes, bigarré de noir et de blanc dans les montagnes du Centre, également bigarré et même souvent noir dans les Alpes, les Pyrénées et les Cévennes.

Toutes ces races marchent et pâturent bien; mais elles sont de croissance lente et d'engraissement difficile.

L'Angleterre, qui était anciennement peuplée de cochons analogues, ne possède aujourd'hui que des variétés améliorées par le croisement des races indigènes avec les porcs *chinois* et *napolitains*.

On a introduit en Europe deux ou trois variétés chinoises. Les sujets de celle que nous connaissons le mieux sont courts et petits; leur ventre pend à terre, et c'est à peine s'ils peuvent se mouvoir. Leur poil est mêlé de blanc et de gris. Leurs oreilles sont épaisses, courtes, faiblement pendantes; leur tête est large, courte et ridée. Ils s'engraissent facilement. Les truies sont d'une étonnante fécondité et donnent beaucoup de lait.

La *race napolitaine* est large, cylindrique, trapue, de taille moyenne, a les oreilles courtes et droites, les membres courts, la peau noire, le poil peu épais, de couleur noire ou rousse. Issues de ces types améliorateurs, les variétés anglaises qui commencent à se multiplier en France, sont les suivantes :

Races *Hampshire* et *Berkshire* (Verrat Hampshire de face, Verrat Berkshire de profil, pl. 39) : jambes courtes, corps large et cylindrique; tête forte et courte; soies épaisses et rudes; robe bigarrée de noir et de blanc par taches de petites dimensions; beaucoup de force et de rusticité; poids vif à l'âge d'un an, 150 à 200 kilo., qui rendent 75 à 80 pour 100 de chair et de lard; précocité suffisante pour que, à l'âge de dix mois, des sujets de ces races, parfaitement nourris, donnent 100 kilo. nets. Ces races existent depuis longtemps à Grignon, d'où mon frère et moi nous avons tiré les premiers sujets de notre porcherie des Ardennes. Celle-ci, qui comptait 45 truies en 1840, a répandu dans le nord-est de la France un grand nombre de sujets Hampshires. Aujourd'hui, leurs métis sont très-communs et supérieurs aux anciennes races.

Race *Essex* (Verrat de profil, pl. 40) : plus large, plus précoce, plus fine, plus disposée à l'obésité que les précédentes; peau et poil entièrement noirs; soies claires et fines; os très-fins; tête et extrémités très-courtes; poids égal à celui des Berkshires; rendement meilleur.

Races blanches *New-Leicester*, *Coleshill*, *Windsor*, petite d'*York*. (Truie Windsor de face, pl. 40.) Ces races, dont la plus parfaite est la race Windsor, surpassent la race Essex pour la précocité, la finesse des os, l'excellence du rendement, la petitesse de la tête et des membres, la largeur du corps, la rareté du poil. A six mois, les cochons Windsor arrivent facilement à peser en vie 100 kilo.; plus tard 200. Leur rendement est de 85 à 90 pour 100. Cette variété, dont un magnifique échantillon a été donné par le prince Albert à l'Institut normal agricole de Beauvais, se conserve sans altération dans la ferme attachée à l'établissement.

Race moyenne d'*York*, donnée à l'Institut de Beauvais par le capitaine Gunter; même finesse que chez les Windsor; tête et membres plus courts; corps plus allongé.

Race *Woburn :* donnée à l'Institut de Beauvais par le duc de Bedford; plus grande, moins large et moins précoce que les précédentes, douée cependant d'excellentes qualités, notamment d'une fécondité remarquable. On croit à tort que les truies des races anglaises les plus précoces sont souvent stériles et

Pl. 35.

DESSINÉ PAR IS. BONHEUR. IMPRIMERIE J. CLAYE. GRAVÉ PAR A. LAVIEILLE.

RACE ANGLAISE SOUTHDOWN

BREBIS ET BÉLIER ISSUS DU TROUPEAU DE M. JONAS WEBB

Pl. 36.

DESSINÉ PAR IS. BONHEUR — IMPRIMERIE J. CLAYE — GRAVÉ PAR A. LAVIEILLE

RACES NEW-KENT ET DE LA CHARMOISE

BÉLIER ET BREBIS DE LA CHARMOISE — BÉLIER NEW-KENT

Pl. 37.

DESSINÉ PAR IS. BONHEUR — IMPRIMERIE J. CLAYE — GRAVÉ PAR A. LAVIEILLE

CHÈVRE GRISE DU CENTRE ET DU NORD DE LA FRANCE

CHÈVRE ET BOUC NOIRS DU MIDI

Pl. 38.

DESSINÉ PAR IS. BONHEUR — IMPRIMERIE J. CLAYE — GRAVÉ PAR A. LAVIEILLE

GRANDES RACES FRANÇAISES

TRUIE NORMANDE — VERRAT CRAONNAIS BLANC — VERRAT LIMOUSIN

Pl. 39.

DESSINÉ PAR IS. BONHEUR — IMPRIMERIE J. CLAYE — GRAVÉ PAR A. LAVIEILLE.

RACES ANGLAISES

VERRAT HÄMSHIRE — VERRAT BERKSHIRE

Pl. 40.

DESSINÉ PAR IS. BONHEUR — IMPRIMERIE J. CLAYE — GRAVÉ PAR A. LAVIEILLE

RACES ANGLAISES

VERRAT ESSEX — TRUIE WINDSOR

(Cette truie a été donnée par Son Altesse Royale le prince Albert à l'Institut normal agricole de Beauvais.)

manquent de lait. Quant à nous, nous avons trouvé fécondes toutes celles qui étaient placées dans de bonnes conditions.

Grande race *Yorkshire:* robe blanche; oreilles pendantes; analogue à la race normande pour la taille et la physionomie, mais plus large; atteignant le poids énorme de 5 à 600 kilo. Les Anglais estiment davantage les petites et les moyennes races, comme étant moins délicates, plus fécondes et procurant un lard meilleur.

Parmi ces variétés, on choisira, pour le régime de la pâture, les Hampshires, les Berkshires purs ou leurs métis; car ils sont plus rustiques, plus faciles à engraisser et d'un meilleur rendement que les porcs français les plus estimés.

Pour le régime de stabulation complète, on prendra des animaux plus perfectionnés et plus fins, tels que ceux des races Essex, New-Leicester, Windsor, York, Woburn; on obtiendra aussi d'excellents métis, en croisant ces races avec nos variétés indigènes.

Les vieux routiniers prétendent que le lard des cochons anglais ne vaut pas celui des cochons français. Cette idée est complétement fausse. Pour le porc, comme pour tout autre animal, la qualité de la chair dépend surtout de la nature des aliments, de l'âge des sujets et de la manière dont ils ont vécu. Les porcs anglais, dont la plupart sont tués jeunes, ont le lard tendre, fondant, très-fin au goût, mais moins consistant que celui des porcs d'un certain âge. Tout jeune cochon, quelle qu'en soit la race, présente les mêmes caractères.

Les élèves destinés à la reproduction doivent avoir le corps large, le dos droit et carré, la tête fine et courte, les mamelles nombreuses, 12 au moins; une truie peut nourrir autant de petits qu'elle a de mamelles, jamais un de plus. On sèvre avec soin ces sujets d'élite; puis, on leur donne des aliments très-nutritifs, laitage, grains, etc., en leur permettant de s'ébattre dans une cour ou dans un parc engazonné dont ils paissent l'herbe. De cette manière, on conserve la finesse de la race par l'excellence de la nourriture, et on s'oppose, par le grand air et l'exercice, à l'obésité qui pourrait causer la stérilité.

On sépare à l'âge de 5 mois les sujets de sexe différent, et on fait couvrir les jeunes truies entre 10 mois et 1 an. Quant aux verrats, on peut les employer modérément dès l'âge de 8 mois. Ceux des races perfectionnées sont tellement lourds, qu'il faut quelquefois les soutenir, pour que l'accouplement puisse avoir lieu. Ces animaux dangereux doivent être casés chacun à part en une loge saine, bien aérée et communiquant avec une petite cour, où se trouve une baignoire cimentée, de 2 mètres de long sur 1 de large.

Les truies peuvent coucher habituellement dans un dortoir commun; 4 ou 5 jours avant la mise bas, on les isole dans des loges qui ont une surface de 6 à 8 mètres carrés, avec compartiment voisin dans lequel les cochonnets se rendent par un passage étroit, pour prendre un supplément de nourriture. Ces loges doivent être parfaitement closes et cependant pouvoir être aérées au degré voulu. Elles sont bien placées près de l'étable à vaches, à cause de la chaleur que procure ce voisinage. On peut aussi les établir sous un bâtiment particulier, qu'on chauffe en hiver au moyen d'un poêle, ou de l'appareil employé à la cuisson des aliments. La disposition est parfaite, si chaque loge correspond avec une petite cour, dans laquelle on lâche la truie avec ses petits pour respirer le grand air.

Si, conduites habituellement au pâturage, les truies sont lestes et agiles, on peut leur donner, au moment de la mise bas, quantité de litière sèche; elles l'accumulent et en font un tas, sous lequel elles se glissent pour déposer leur précieux fardeau. Retenus par la litière, les petits restent près de leur mère, se ressuient et prennent promptement de la force en tetant. Dans ce cas, presque aucune surveillance n'est nécessaire; il convient même de ne pas rester près de la truie de peur de la troubler. Au moment de mettre bas, des femelles de notre porcherie des Ardennes se sont souvent échappées dans le bois. Elles amassaient quantité d'herbes qu'elles couvraient de branches. Ce nid formait un tas très-élevé sous lequel la mère et ses petits se trouvaient parfaitement abrités. Au bout de quelques jours, la truie, suivie de sa famille, revenait à la ferme.

Nous ne conseillons pas d'abandonner ainsi à leur instinct les truies des races les plus massives. De peur qu'elles n'écrasent leurs petits, il convient de rester près d'elles pendant la mise bas et de réunir les nouveaux-nés, dans une caisse, sur de la litière très-douce. Ensuite, on les fait teter toutes les deux ou trois heures. Ce n'est qu'au 3e ou au 4e jour qu'on leur donne liberté complète.

Aussitôt après le part, la truie mange les membranes qui enveloppaient sa portée. A cette nourriture substantielle, dont il ne faut pas la priver, on joint d'autres aliments de bonne nature, dont on augmente graduellement la ration. Celle-ci ne peut être trop abondante, quand la succion des petits devient très-active. Au bout de quinze jours, on donne aux gorets, matin et soir, du lait tiède dans le compartiment qu'on a dû leur préparer près de la loge de leur mère. On sèvre les plus forts entre 5 et 6 semaines, puis successivement tous les autres. Délivrée de ces intrépides suceurs, la truie retourne au logement commun. En général, elle demande le mâle presque aussitôt et produit ainsi, par an, deux portées au moins, qu'il convient de faire tomber, l'une au printemps, l'autre en automne, afin d'éviter les naissances au cœur de l'hiver.

Lorsqu'elles n'allaitent pas, les truies adultes ne doivent être ni trop, ni trop peu nourries; car l'excès d'aliments les prédispose à la stérilité, qui pourrait également résulter d'une nourriture trop pauvre. Ajoutons que les truies, soumises à un mauvais régime, produisent des petits faibles, peu nombreux et qu'elles les dévorent souvent. Le pâturage, ou au moins la liberté dans une cour sont nécessaires pour qu'elles aient une fécondité régulière.

Les truies nourrissent rarement plus de 12 cochons à la fois; et dans des porcheries importantes, on considère comme suffisant le chiffre moyen de 8, en totalité 16 par an. Lorsque deux ou plusieurs portées se font à la fois et que l'une est plus nombreuse que l'autre, on peut les égaliser.

Plus les verrats vieillissent, plus ils deviennent difficiles à engraisser. Aussi, doit-on les renouveler souvent; de cette manière, leur service coûte peu, puisqu'ils grossissent tout en le faisant. Sur deux que l'on entretiendra pour une porcherie de 20 truies, il s'en trouvera, chaque année, un de réformé à l'âge de 2 ans.

Les truies seront conservées tant qu'elles produiront de bonnes portées, 5, 6 et 7 ans. Pour s'en défaire, on les pousse en nourriture, et on les tue au troisième mois de la gestation.

Les petits, mâles et femelles, destinés à l'engrais sont généralement castrés sous la mère. De peur de gangrène, on choisit un temps qui ne soit ni trop chaud ni trop rigoureux.

Si l'on désire conserver la finesse de tête des races parfaites, il importe d'empêcher les reproducteurs de fouiller la terre, attendu que cet exercice favorise le développement du grouin. A cet effet, on perce l'extrémité du boutoir, et on y met un anneau en fil de fer.

Les porcs sont sujets au *pourpre*, maladie gangréneuse qui les fait périr en quelques heures; à la *ladrerie* qui remplit leur lard d'animalcules arrondis; à des *angines* qui les étouffent; à la *soie*, sorte d'angine produite par des poils du cou qui prennent une fausse direction; à des rhumatismes, à des chancres et à des maladies cutanées. Mais on les voit rarement malades, lorsqu'on suit les règles hygiéniques données dans ce chapitre. S'ils manquent d'appétit, il est bon de mettre dans leurs aliments une poignée de fleur de soufre.

CINQUIÈME SECTION

Combinaisons agricoles.

CHAPITRE PREMIER

REVENU DES CAPITAUX ENGAGÉS DANS UNE EXPLOITATION AGRICOLE; ACHAT ET LOCATION D'UN DOMAINE

La meilleure agriculture est celle qui rapporte le plus. THAER.

Les combinaisons agricoles les plus parfaites sont celles qui permettent de tirer la rente la plus élevée des capitaux engagés dans l'exploitation. Ces capitaux sont de deux sortes : l'un qu'on nomme *foncier*, comprend la terre et tout ce qu'on ne peut en faire disparaître sans la déprécier, constructions, haies, arbres, fossés, gazons naturels, etc. L'autre, appelé *mobilier*, se compose de ce qui sert à mettre le fonds en valeur : instruments aratoires, ustensiles de ménage, bestiaux, semences, engrais, fourrages, argent nécessaire au paiement de tous les frais annuels.

Il est reçu que, dans l'état actuel de la société française, un capitaliste doit tirer 2 1/2 à 3 pour 100 des propriétés foncières affermées, et 4 à 5 pour 100 des capitaux mobiliers prêtés avec toutes garanties de sécurité. La faiblesse apparente du revenu des biens-fonds vient surtout de ce que, dans un pays dont la population s'accroît sans cesse, la terre augmente constamment de valeur. En France, cette plus-value a été, par an, depuis 50 ans, de 2 à 2 1|2 pour 100. Si on la comprend dans le revenu, on s'aperçoit que les biens-fonds produisent au moins autant que les capitaux mobiliers.

Une rente de 2 1/2 pour la propriété foncière et de 5 pour la propriété mobilière ne peut suffire au cultivateur, dont le temps et l'intelligence doivent être rémunérés. Il faut qu'il tire, en produit annuel, 5 pour 100 de la terre, et 10 pour 100 du mobilier. S'il est propriétaire du fonds, il doit trouver encore un surcroît de bénéfice dans l'amélioration du sol, ce qui porterait à 10 pour 100 l'intérêt même du capital foncier.

Pour acheter ou louer dans des conditions telles qu'il puisse obtenir ce profit normal, nous conseillons à l'homme habile, que rien ne fixe dans une localité, d'étendre au loin ses investigations, en évitant les contrées, telles que la Flandre, où, par suite d'une prospérité agricole déjà ancienne, la concurrence fait monter à un taux excessif le prix et le loyer des terres. Il recherchera plutôt les pays arriérés, malheureusement trop vastes, tels que le Berry, le Limousin, le Morbihan, le Poitou, etc., où l'intelligence et les capitaux manquent à l'agriculture. C'est là qu'il peut placer au plus haut intérêt son expérience et son argent.

Lorsqu'on a en vue l'achat ou la location d'un domaine, le premier point est d'en déterminer le revenu net. Dans ce but, on évalue 1° le mobilier employé à l'exploitation, 2° les dépenses annuelles, 3° les produits annuels. On fait ensuite le calcul suivant :

Supposé que le mobilier soit de . .	10,000 fr.
La dépense annuelle de	2,270
Le produit brut annuel de	5,910

Otez de cette somme de 5,910 les 2,270 fr. de dépense, il reste 3,640 fr. de produit net. Ces 3,640 fr. représentent le revenu du mobilier à 10 pour 100, et le revenu du capital foncier à 5 pour 100. Le mobilier étant d'une valeur de 10,000 fr., son revenu est de 1,000 fr. Otez-le de 3,640 fr., il reste 2,640 fr. pour le revenu de la terre. Celle-ci vaut donc 52,800 fr., et son prix de fermage, à 2 1/2, est de 1,320 francs.

Pour parvenir à ces chiffres, l'évaluation du mobilier ne présente nulle difficulté. La dépense annuelle est également facile à calculer. Elle consiste en salaires de domestiques et d'ouvriers, en mémoires de maréchal, de bourrelier, de charron ; en objets de ménage achetés, en paiements de contributions. Le produit annuel se compose de tout ce que le cultivateur vend chaque année, sans altérer le mobilier. On le détermine, 1° pour la valeur de chaque objet, d'après le cours moyen des denrées pendant les quinze dernières années; 2° pour l'abondance des récoltes, d'après le genre de culture usité dans la contrée, et non point d'après un système exceptionnel.

Exemple : un propriétaire, par des procédés meilleurs que ceux du pays, obtient plus de produits que ses voisins. Cependant ses terres ne sont pas profondément améliorées, et son exemple n'a pas exercé assez d'influence pour empêcher le domaine de revenir à son revenu primitif, s'il était de nouveau mis en location. Évidemment, c'est ce revenu qu'il faut prendre pour base d'évaluation, sans cependant perdre de vue l'avantage certain qu'on trouve à acheter des héritages en bon état.

Un fermier a laissé, au contraire, les champs se souiller de mauvaises herbes à tel point que le produit normal est affaibli de moitié. Nous prendrons cependant pour base d'estimation ce produit normal, en diminuant la valeur du domaine des frais de culture qui seront nécessaires pour remettre les champs dans l'état ordinaire de ceux du pays.

Les contributions offrent un renseignement qu'il faut se garder de négliger. Elles varient, en général, du sixième au huitième du revenu net.

Avec le produit de la terre, on doit en étudier attentivement la nature, aussi bien que celle du sous-sol. Sans revenir sur ce qui a été dit à ce sujet, nous rappelons les quatre vices capitaux qu'une terre peut offrir: imperméabilité, absence de principe calcaire, pauvreté en humus, ténacité. Dans l'examen d'un domaine, on ne peut trop se préoccuper de ces divers points.

Des bâtiments commodes, suffisants et solides, de l'eau en abondance près des étables, une belle place à fumier, un air pur, un paysage agréable, des chemins en bon état, des bois ou des tourbières suffisant aux besoins de l'exploitation, des carrières de pierres à bâtir, des mines de sable, d'argile, de cendres sulfureuses ou autres amendements; des débouchés faciles, la proximité d'un marché important, des voisins dont la fréquentation peut être utile, une population active, morale et nombreuse : voilà autant de circonstances heureuses pour un domaine. Il faut apprécier à leur degré de gravité les défauts contraires, notamment, l'insuffisance des constructions, l'absence d'eau, le climat malsain, le voisinage d'une population vicieuse.

Lorsqu'une exploitation se compose de terres de nature diverse, les récoltes se balancent d'une année à l'autre par d'heureuses compensations. Les travaux sont plus faciles à combiner; car la température qui ne permet pas la culture d'un champ, convient souvent à celle d'un autre, et réciproquement. D'un autre côté, le produit des terres fertiles aide à féconder les médiocres. Au contraire, le vice d'un sol, ou trop sec, ou trop humide, ou trop tenace, ou privé de calcaire, ou pauvre en humus, est surtout préjudiciable, lorsque l'exploitation se trouve exclusivement composée de champs semblables. La fécondité devient elle-même moins précieuse, si l'on n'a pas de terrains médiocres à bonifier; et c'est ce qui explique pourquoi les bonnes pièces se vendent proportionnellement plus cher en pays pauvre que dans une contrée fertile.

Une certaine étendue d'excellente prairie naturelle assure l'entretien du bétail et la production des engrais, augmente dès lors la valeur des champs auxquels cette prairie est annexée, et cela d'autant plus que les terres elles-mêmes sont moins propres aux productions fourragères de trèfle, de luzerne et de sainfoin. En pays sec, c'est encore une circonstance heureuse, lorsque la ferme possède, pour la nourriture estivale des troupeaux, soit des pâturages montagneux fins et aromatiques, soit des terrains bas qui ne se dessèchent jamais complétement. Quant aux pâturages arides et aux prés qui donnent de l'herbe de mauvaise qualité, ils n'augmentent le prix du domaine que par leur valeur intrinsèque, et celle-ci est toujours très-faible, à moins qu'il ne soit facile de les améliorer ou de les convertir par défrichement en bons terrains.

Il faut aussi penser aux questions d'avenir, et se demander s'il sera possible de marner les terres non carbonatées, de drainer celles qui sont humides, d'humifier par des engrais achetés ou par des terreaux pris dans un marais voisin celles qui sont pauvres en humus; si des cultures énergiques suffiront pour purger promptement celles qui sont souillées de plantes nuisibles; si l'on pourra établir des champs ou des prés irrigués, des luzernières, des vignes, des oseraies, des plantations de mûriers; s'il sera facile de mettre les chemins en bon état; si la création d'une route, d'une voie ferrée, d'un canal procurera un jour à la ferme des débouchés qui n'existent pas. Qu'on se garde, au surplus, de considérer comme présents des avantages à venir, et qu'on tienne un compte exact des sacrifices à faire pour les obtenir.

S'agit-il d'une location et non d'un achat, les améliorations futures doivent peu nous occuper. Si cependant le propriétaire consent à un long bail, il faut considérer comme avantageuse la possibilité d'effectuer certains travaux, tels que marnages, dont les frais seraient payés avec usure par les récoltes pendant la durée du bail. D'un autre côté, on doit apprécier le caractère du propriétaire avec lequel on se met en rapport. Autant j'aimerais à dépendre d'une personne éclairée, généreuse, amie de sa terre, autant j'éviterais l'homme avare ou entièrement étranger aux questions agricoles.

Sans examiner par quels moyens la division de la propriété s'est produite en France, il est incontestable qu'elle a intéressé directement l'habitant des campagnes à l'amélioration du sol, que le travail agricole en est devenu plus actif et qu'un progrès notable s'en est suivi. Il est fâcheux néanmoins, ainsi que nous l'avons déjà fait remarquer, qu'en beaucoup de lieux les champs soient morcelés et enchevêtrés outre mesure. Il en résulte une grande gêne dans la culture, des limites nombreuses et incertaines, beaucoup de servitudes réciproques, des pertes de temps et de semence. Le pâturage devient commun, attendu qu'on ne peut circonscrire un troupeau sur une étendue de quelques mètres. Malgré la protection de la loi, l'assainissement et l'arrosage présentent de grandes difficultés. Par une singulière anomalie, tandis que le morcellement diminue la valeur réelle des biens ruraux, il en augmente la valeur vénale. En effet, les riverains de chaque parcelle mise en vente se la disputent, afin de s'agrandir, et la font monter souvent à un prix excessif. Nécessairement, plus les pièces de terre sont nombreuses, plus cette concurrence se produit. En attendant une mesure législative qui favorise en France les réunions territoriales, comme il s'en fait dans presque tous les pays de l'Europe, l'homme intelligent doit s'attacher à faire valoir des propriétés réunies ou composées de champs étendus.

La question des droits et des servitudes est encore fort importante. Si l'usage de la *vaine pâture* existe, on ne peut s'y soustraire que par la clôture des héritages. Cette opération elle-même n'est praticable que pour des pièces arrondies. La propriété qu'on exploite, peut avoir droit de pâturage sur certaines prairies, droit de glandée ou d'affouage dans des forêts. D'autres fois, c'est elle qui supporte ces servitudes. Ici, le droit d'irrigation existe; ailleurs, il est enlevé par des conventions avec des usines. Il peut se trouver aussi des droits de passage avantageux ou onéreux.

Examine vingt fois le domaine que tu veux acheter. Prends garde aux apparences trop favorables que des soins vigilants pourraient lui donner. N'oublie pas qu'avec des engrais actifs, tels que guano, poudrette, etc., on obtient passagèrement de belles récoltes sur un sol peu fertile, et qu'une culture dispendieuse permet d'obtenir les mêmes résultats d'une terre tenace de peu de valeur. Mets la dépense en parallèle avec le produit, et attache-toi seulement au bénéfice net. Le propriétaire te fera suivre un itinéraire calculé; ne t'en tiens pas à cet examen. Pénètre dans l'intérieur des récoltes; tourne autour des pièces; compare le sol avec celui des propriétés voisines; fais faire des sondages, afin de connaître le sous-sol.

Si le domaine est loué, tu n'as pas à craindre qu'il soit d'aspect trop séduisant, et les rapports du locataire seront de nature à te dégoûter plutôt qu'à t'exciter soit à l'achat, soit au fermage. Prends garde cependant que le propriétaire ne se soit entendu avec le fermier pour te tromper. Consulte la voix publique et examine les anciens baux.

Si le bail n'a pas été renouvelé depuis longtemps, le prix de fermage est probablement trop peu élevé. En effet, par suite des progrès de l'agriculture, le revenu des terres s'est sensiblement accru depuis 25 ans. Le bail a-t-il été récemment renouvelé; le prix est vraisemblablement à son taux normal.

Il faut savoir cependant, 1° si le fermier, en remplissant ses obligations, a réalisé des bénéfices; 2° s'il n'a pas altéré la fécondité du sol par des productions forcées de céréales, de colza, de chanvre et autres plantes épuisantes; 3° s'il n'a eu aucun motif particulier de louer cher. Supposé, par exemple, qu'il possède des terres aux environs, on peut parier cent contre un qu'elles ont été enrichies avec les engrais de la ferme; amélioration en vue de laquelle il a pu consentir à un fermage trop élevé. Un loyer très-fort peut résulter aussi d'un marnage exécuté par le propriétaire au commencement du bail, ou bien d'une permission de défrichement accordée pour des prairies dont le sol aujourd'hui se trouve appauvri.

Dans l'étude d'un bail, on doit examiner avec attention les clauses finales; car elles peuvent gêner singulièrement les premières ou les dernières opérations.

En Bretagne, il existe encore des baux, dits *congéables*, en vertu desquels le fermier possède les constructions et les clôtures qu'il établit.

Le domaine cultivé par métayer se présente, en général, sous un aspect défavorable, et cependant il semble donner un revenu élevé, parce qu'ordinairement on ne tient pas compte de la surveillance qu'il faut exercer sur la culture des terres et sur le partage des récoltes. En achetant un tel domaine pour le faire valoir, on a l'avantage de trouver dans le cheptel une partie du capital d'exploitation. Mais il faut s'assurer, par les inventaires attachés au bail, si une partie du mobilier qu'on aperçoit n'appartient pas au métayer.

Les procès font le tourment du cultivateur paisible. Que les titres de propriétés soient donc parfaitement étudiés, et si l'on n'a pas l'expérience des affaires, qu'on s'aide du secours d'un notaire probe et intelligent. Pour avoir voulu éviter quelques frais, combien de personnes ont été ensuite entourées de difficultés inextricables!

Depuis un demi-siècle, on a vendu beaucoup de biens, en leur attribuant une étendue exagérée. Par suite, les terres de tel village présentent, d'après les nouveaux titres, un dixième de plus en étendue qu'elles n'ont réellement. Avant d'acheter, il faut donc, par de nouveaux arpentages, chercher les contenances réelles. Ces précautions seraient inutiles et, à beaucoup d'autres égards, l'agriculture gagnerait immensément, si les terres, une fois réunies par des mesures générales, étaient divisées sur le plan cadastral en pièces impartageables. De cette manière, le plan cadastral constituerait, relativement aux contenances, un titre général et indestructible. De plus, on préviendrait pour l'avenir un morcellement excessif.

CHAPITRE II

GRANDE ET PETITE CULTURE

> De poser les termes et les limites du domaine n'est à propos, puisqu'il ne se peut mesurer à autre toise qu'aux moyens du père de famille.
>
> OLIVIER DE SERRES.

D'après l'étendue du faire-valoir, on dit de la culture qu'elle est *grande* ou *petite*. Afin de nous entendre sur la valeur de ces expressions, nous établissons que la petite culture occupe une seule charrue, et la grande plus de trois.

Fidèle aux antiques traditions de son pays, Virgile s'écrie : *admire les immenses domaines, mais cultives-en un petit*. Pénétrées d'idées contraires, quelques personnes prétendent qu'en France les exploitations se divisent à l'excès et que, sous ce rapport, nous sommes engagés dans une mauvaise voie. D'excellents auteurs anglais soutiennent, de leur côté, que la grande culture est moins productive que la petite. Ils s'appuient sur la richesse des îles Jersey, Guernesey, Aurigny, où l'égalité des partages a mis, depuis longtemps, la propriété foncière dans un état de division qui n'existe sur aucun autre point de l'empire britannique.

Cette question ne nous paraît pas devoir être tranchée ainsi d'une manière absolue. Lorsqu'un pays se compose de vastes domaines, et que ceux-ci sont partagés en un grand nombre de petites fermes ou de petites métairies, les cultivateurs sont généralement misérables. Gagnant peu, puisqu'ils opèrent sur peu d'étendue, ils voient leur profit absorbé par le prix de location du sol et par l'entretien d'une famille presque toujours nombreuse. Plus la population s'augmente, plus la pauvreté s'accroît, à cause de la concurrence exagérée que ces cultivateurs, devenus très-multipliés, se font entre eux au sujet des locations. Enfin, comme chacun travaille sur la terre d'autrui, celle-ci ne s'améliore pas. Tel était l'état de l'Écosse au commencement de ce siècle; lorsque les lords écossais, par des mesures brutales en apparence, mais sages en principe, transformèrent l'agriculture de leur pays et substituèrent les grandes fermes aux petites. Tel était aussi l'état de l'Irlande il y a quinze ans, quand la famine fit périr une multitude d'habitants et détermina l'émigration d'une partie du reste. A la grande propriété, il faut donc généralement la grande culture.

Mais sous le régime de la petite propriété, la petite culture peut devenir très-florissante, 1° à cause du produit élevé que le cultivateur tire d'une terre pour laquelle il ne paie pas de loyer, 2° par suite des améliorations incroyables que l'esprit de propriétaire lui fait accomplir sur son héritage.

Il nous semble d'ailleurs que, pour un pays tout entier, le meilleur état agricole résulte du mélange de la petite culture avec la grande, et la France nous paraît être, à cet égard, dans les plus heureuses conditions. Tandis qu'à force de travail, d'économie et de soin, le petit laboureur nourrit plus de bétail, obtient de sa terre, à surface égale, des récoltes plus abondantes et porte proportionnellement plus de choses au marché que le grand cultivateur, celui-ci améliore les races, entretient les étalons d'élite, recueille les semences de choix, exécute de vastes opérations d'assainissement, d'irrigation, de drainage. En pays vignoble, il conserve les cépages renommés. Pour simplifier le travail, dont la dépense lui est particulièrement onéreuse, il perfectionne les machines et les instruments. Les exemples que sa position met en lumière, donnent une heureuse impulsion à toute espèce de progrès. S'il a les mœurs patriarcales, il conserve l'esprit religieux au sein des populations rurales, et ses bonnes œuvres préviennent la misère. Enfin, les profits élevés qu'il réalise, relèvent l'art agricole aux yeux du vulgaire.

Cette perspective des bénéfices de la grande culture ne doit pas nous faire entreprendre imprudemment plus que nous ne pouvons mener à bien. Avant tout, chacun doit mesurer l'étendue de son faire-valoir sur sa capacité et ses moyens. Dans les carrières publiques, la médiocrité écrase trop souvent le mérite; ici, on est rigoureusement jugé selon ses œuvres.

Ainsi, nous ne conseillons pas de diriger une exploitation avant vingt-cinq ans, et à cet âge, nous croyons qu'il convient, en général, ou de se placer en second dans une grande ferme, ou de débuter soi-même par une petite entreprise. Nous rappelons en outre que le directeur d'un faire-valoir doit être marié. Celui qui possède, avec une épouse habile et vertueuse, des enfants nombreux et forts, voit sa capacité personnelle comme décuplée.

Tu me demandes si tu dois cultiver comme fermier, comme propriétaire ou comme régisseur? Ceci dépend encore de tes ressources et de ta capacité.

Si tu disposes de 150 à 200,000 francs et si tu as assez d'expérience pour une vaste direction, emploie moitié de tes capitaux à l'achat d'une terre susceptible de grandes améliorations, et fais-la valoir avec le surplus. L'opération bien conduite peut doubler ta fortune en quinze ou vingt ans. Avec la même capacité et une fortune de 50 à 100,000 fr., loue plutôt en bon terrain une ferme de trois à six charrues. Supposé qu'elle vaille 200,000 fr. et que tu emploies 50,000 fr. à la cultiver, tu tireras 1° 10 p. 100 de tes capitaux, soit 5,000 fr., 2° 5 p. 100 de la propriété, soit 10,000 fr., total 15,000 fr., sur lesquels il te restera 10,000 fr., prélèvement fait d'un fermage de 5,000 fr. Si, au lieu de suivre ce plan, tu employais tes 50,000 fr., partie à un achat de terres, partie à leur mise en valeur, tu n'aurais pas probablement en produit annuel et en amélioration foncière plus de 10 p. 100 de ton capital, soit 5,000 fr. Préfère cependant cette seconde entreprise, si tu te défies de ta capacité.

Ton avoir est-il très-inférieur à 50,000 fr.; loue une ferme de moyenne étendue plutôt que d'acheter des terres. Les contrées à métayage présentent beaucoup de biens-fonds sur lesquels des fermiers intelligents peuvent, avec un capital modique, réaliser des bénéfices satisfaisants. Si tu ne possèdes rien, cultive en qualité de régisseur.

Les chiffres que nous venons d'indiquer, n'ont rien d'absolu. La règle, c'est qu'il faut avoir assez de capitaux pour pouvoir se procurer des semences parfaites, un matériel solide et complet, des animaux d'élite pris dans les races le mieux appropriées à la localité; qu'il faut avoir en outre de quoi payer les frais de ménage et de main-d'œuvre jusqu'à réalisation des produits. Ces dépenses étant portées au maximum, une réserve importante est encore indispensable pour le cas d'éventualités malheureuses.

En Angleterre, on est tellement pénétré de la nécessité de forts capitaux en agriculture, que celui qui n'a pas une fortune considérable, préfère toujours à une acquisition de terres la location d'une ferme à laquelle il applique tout son avoir, en moyenne 500 fr. par hectare, souvent beaucoup plus. Suivant le savant M. Léonce de Lavergne, beaucoup de propriétaires ont même vendu leurs biens dans le cours du dernier siècle, afin de devenir fermiers.

Les tendances françaises sont tout opposées. Combien de cultivateurs ont des bâtiments insuffisants, un bétail chétif, des semences imparfaites, des terrains qui réclament le marnage, le drainage, l'irrigation! S'ils gagnent quelque chose, s'en servent-ils pour améliorer leurs champs ou leur mobilier? Nullement; mais ils achètent aux ventes de biens-fonds quatre fois plus de terre qu'ils n'en peuvent payer; puis, ils vivent misérablement, afin de solder leurs dettes. Dégoûtés d'une telle existence, leurs enfants quittent, s'ils le peuvent, la profession paternelle, et vendent leur héritage pour se créer à la ville de plus forts revenus. C'est ainsi que les capitaux produits par le travail agricole s'éloignent sans cesse de l'agriculture. Les exploitations restent pauvres, tandis que le goût excessif du villageois pour la terre élève souvent celle-ci à un taux excessif, circonstance aussi fâcheuse que le serait, pour la fabrication des étoffes, un prix exorbitant des matières premières et des machines.

Chez les grands cultivateurs, même tendance à trop entreprendre. Il semble qu'on aime à voir l'horizon s'étendre sur son terrain, comme un conquérant cherche à reculer jusqu'au fond des déserts les limites de son empire. Le sage ne se laissera pas égarer par l'ambition qui se glisse ainsi jusque sous le toit de chaume, et il suivra à la lettre le vieux proverbe :

Age quod agis.
Fais bien ce que tu fais.

CHAPITRE III

ORGANISATION DU TRAVAIL AGRICOLE

Les dieux punissent la richesse acquise sans travail, comme toute espèce de crime et d'iniquité.

Sème nu, laboure nu, moissonne nu, si tu veux réussir aux ouvrages de Cérès et n'être jamais réduit à demander ton pain.

Ne remets ni au lendemain ni au surlendemain le travail du jour. Différer un ouvrage, c'est s'appauvrir.

HÉSIODE.

Le travail est le moteur de l'usine agricole. Son organisation est donc la base de toute combinaison culturale.

Le cultivateur doit exécuter par ses attelages la plus grande partie de ce qu'il a à faire. S'il lui fallait recourir aux chevaux de son voisin, comment saisirait-il, pour chaque opération, l'instant favorable ?

Il faut, en second lieu, chercher à occuper régulièrement serviteurs, attelages, ouvriers. Si les manœuvres sont souvent renvoyés chez eux, ils font payer leur ouvrage d'autant plus cher. D'ailleurs, ils ne s'attachent pas à celui qui les fait travailler à bâton rompu, et ils le quittent souvent aux moments les plus pressés. Quant aux serviteurs gagés et aux animaux, plus ils se reposent, plus leur travail revient à haut prix.

Lorsque la gelée, la sécheresse, la pluie empêchent de cultiver la terre, on organise des ouvrages accessoires, nivellements, marnages, épierrements, drainages, battage des récoltes, transport et vente des denrées, etc. Toutefois, nous ne conseillons pas d'entreprendre, sur une grande échelle, des charrois éloignés, tels que transports de minerais, de bois, etc. ; car ces travaux fatiguent les attelages, usent les voitures et les harnais, exposent à des accidents, causent la dispersion d'une partie des engrais, donnent aux serviteurs occasion de fréquenter le cabaret, font négliger les labours et les semailles. On remarque que l'agriculture est très-arriérée là où la plupart des cultivateurs se livrent à ce genre de spéculation.

Plus on est exposé à de longs chômages, plus le service des animaux jeunes ou des femelles reproductrices, juments ou vaches de trait, devient précieux, puisque le produit accessoire que ces deux catégories d'animaux donnent dans les moments de repos, compense jusqu'à un certain point la perte de leur temps. Du reste, il convient toujours d'avoir une ou plusieurs bêtes capables de résister aux efforts violents, qu'on ne doit exiger ni des jeunes sujets ni des femelles reproductrices.

Ainsi que nous l'avons déjà remarqué, plus un attelage est nombreux, plus il perd de force et plus on a de peine à le bien conduire. Il faut donc entretenir des animaux de trait aussi puissants que le comporte la qualité des fourrages, et réserver pour eux les aliments les plus substantiels.

Quant au nombre que comporte une étendue donnée, nous ne pouvons le déterminer théoriquement. Dans les plaines crayeuses de la Champagne, par exemple, un seul cheval suffit à la culture annuelle de 40 hectares, tandis que quatre chevaux vigoureux sont nécessaires pour celle de 20 hectares de terre argileuse. Le climat, la disposition des pièces, l'état des chemins influent beaucoup aussi sur la solution de ce problème. En principe, il faut pouvoir disposer d'un certain excédant de forces, tant en attelages qu'en main-d'œuvre, afin que chaque ouvrage se fasse, avec tout le soin convenable, au moment le plus opportun.

Voyez ce laboureur faiblement attelé et qui craint la moindre dépense en salaires d'ouvriers. Ses jachères sont incultes à une époque de l'année où les chiendents devraient être brûlés par le soleil ; il laisse mouiller ses récoltes ; il sème ses blés hors saison ;

son bétail est négligé. Que de pertes quelques frais de plus auraient prévenues!

N'en concluons pas qu'il soit jamais utile d'employer trop de monde. Lorsque le père de famille commet cette seconde faute, beaucoup plus grave encore que la première, ses gens ne craignent pas de se reposer à chaque instant. La mollesse et la négligence se glissent partout, et malgré des dépenses considérables, les ouvrages sont en retard et mal faits.

Les ouvriers consomment moins à leur table qu'à celle du maître. Dès lors, si on le peut, qu'on évite de les nourrir. Pour parvenir à cette combinaison, on est quelquefois obligé de leur construire des maisons, avec jardin et appentis destiné à loger une vache, quelques poules, un cochon.

Nous avons expliqué ailleurs qu'il faut multiplier les travaux payés à la tâche et entretenir peu de sujets gagés. Dans une exploitation qui occupe huit chevaux et trois charrues, par exemple, on aura un charretier gagé et deux journaliers allant à la charrue, plutôt que trois charretiers gagés et nourris.

« Soulés de votre bon traitement, » dit Olivier de Serres, « les domestiques vivent sans pensement, « comme enfants sans souci, et cuident vous servir « à trop bon marché, quand ils comptent ne venir « leurs journées au prix de celles des journaliers. »

En moyenne, il faut un homme pour le soin de 12 vaches nourries à l'étable, en y comprenant le charroi du vert et la traite.

Deux bergers pour un troupeau d'élève de 4 à 500 bêtes.

Un homme pour une porcherie de 20 à 25 truies.

Une servante pour aider la mère de famille aux soins du ménage et de la basse-cour.

Un homme pour surveiller l'irrigation d'été de 10 hectares.

Un homme pour le soin des fumiers et la propreté de la cour dans une exploitation de 4 à 6 charrues.

Un faucheur pour 4 hectares de prairie et cinq ouvrières par faucheur.

Un faucheur et une enjaveleuse, ou quatre sapeurs, ou six faucilleurs pour la moisson de 4 hectares de blé d'automne.

Dans une exploitation de plus de 6 charrues, il faut un chef d'attelage qui surveille les autres serviteurs.

Nous avons décrit les instruments destinés à simplifier le travail; il importe d'en tirer tout le parti possible, en calculant que le prix de revient de leur service s'augmente de leurs frais d'usure et d'entretien et de l'intérêt du capital dépensé à leur achat. A la petite culture, les houes à cheval les plus simples, les tarares et l'usage, par location, des batteuses locomobiles; aux grandes fermes, les faneuses et les râteaux à cheval, les moissonneuses, les grands semoirs, les bineuses à plusieurs lignes, les fortes batteuses et les machines à vapeur qui font mouvoir à la fois plusieurs appareils.

CHAPITRE IV

ASSOLEMENTS OU SUCCESSIONS DE CULTURES

Sic quoque mutatis requiescunt fetibus arva.

La terre se repose par le changement de productions. VIRGILE.

La terre se délecte en la mutation des semences. OLIVIER DE SERRES.

Je mourrai content, lorsque, dans la France entière, l'art d'alterner les récoltes sera universel et porté à sa perfection. ROZIER.

Tu ne plantes jamais l'ail et les oignons deux années de suite dans le même carré; pourquoi donc sèmes-tu plusieurs blés de suite dans ton champ? JACQUES BUJAULT.

Le principe de l'alternat des récoltes, sur lequel nous sommes revenus plusieurs fois dans le cours de cet ouvrage, est la base des assolements. Varier les productions du sol, c'est donner à chacune plus de chances de réussite.

La première conséquence de ce principe est que, au lieu de s'attacher à obtenir les fourrages sur un espace perpétuellement engazonné et indépendant des terres arables, on doit plutôt chercher à faire alterner les végétaux fourragers avec les autres; car on se trouve avoir ainsi une plus grande variété de plantes à cultiver. Cette combinaison caractérise ce que l'on appelle le *système de culture alterne.*

C'est seulement à partir du XVIIIe siècle que ce système progressif a commencé à se propager en France. En même temps qu'on créait des prairies artificielles de trèfle, de luzerne, de sainfoin, on a défriché beaucoup de prés naturels médiocres. Cette transformation, qui se continue de plus en plus, rapproche la valeur vénale des terres arables de celle des prairies et détermine une amélioration générale.

Ainsi que nous l'avons déjà fait observer, une étude locale permet seule de reconnaître, dans chaque cas particulier, combien de temps on doit laisser s'écouler entre la récolte d'un végétal et une nouvelle production de la même plante. Voici cependant quelques règles générales que nous croyons pouvoir indiquer.

La luzerne, le sainfoin, le pois, le houblon, le lin, la garance, le safran, le trèfle commun ne doivent revenir sur le champ qui les a portés, qu'après un intervalle de plusieurs années. Les choux, le colza, la navette, les raves, les navets, les choux-navets ne se succèdent convenablement ni à eux-mêmes ni les uns aux autres. L'alternat des végétaux de la famille des *légumineuses*, fèves, pois, vesce, gesses, trèfles, etc. avec les céréales de la famille des *graminées*, blé, seigle, orge, avoine, maïs, millet, est favorable aux plantes de ces deux familles. Nous ne condamnons pas d'une manière absolue, comme l'a fait Mathieu de Dombasle, les semis successifs de céréales graminées d'espèce différente. Ainsi, les variétés printanières d'orge et d'avoine, le millet, le maïs peuvent succéder à une céréale d'autre espèce, pourvu qu'on ait parfaitement cultivé la terre entre la récolte de la première et la semaille de la seconde. Si le sol est net de mauvaises herbes, le seigle et l'avoine d'automne peuvent succéder au blé; le blé d'automne peut quelquefois succéder à l'avoine, notamment, dans des luzernières défrichées; mais il ne se plaît, en général, ni après lui-même ni après l'orge; et il ne réussit régulièrement après le maïs que sur des terres de fécondité exceptionnelle. Ces dernières successions sont d'autant plus défectueuses que, par suite de la brièveté de l'été, il se trouve moins de temps entre la récolte de la première céréale et la semaille du blé. Par exception aux lois ordinaires de l'alternance, le chanvre, l'avoine, le tabac, le topinambour peuvent se succéder plusieurs fois à eux-mêmes, sans qu'on remarque d'autre disposition à la faiblesse que celle qui résulte de l'épuisement du terrain.

Il ne suffit pas de varier les espèces cultivées, il faut encore, dans un assolement bien combiné, qu'entre chaque récolte et la semaille suivante, on puisse préparer la terre aussi bien que possible, relativement aux besoins de la plante qui va occuper le sol. Il importe notamment de placer, à cet égard, dans d'excellentes conditions le blé d'automne ou la céréale qui le remplace; car partout la culture en est capitale. Ainsi, en cas de jachère, le blé doit succéder à cette année réparatrice. Il succède convenablement aussi à toute plante fourragère coupée en mai ou en juin, telle que trèfle incarnat, vesce d'automne, etc., ou bien aux plantes oléagineuses qu'on récolte en juin, colza et navette d'automne. Quant aux autres végétaux, plus le moment de leur récolte se rapproche du semis de la céréale, moins les conditions sont favorables à cette dernière, puisqu'on a d'autant moins de temps pour préparer le sol. Cependant le blé peut généralement être mis en terre dans de bonnes conditions après les fèves, les haricots, les pois, le lupin, la navette d'été, le sarrasin, le tabac, le chanvre, la cardère, le lin. Si la douceur des hivers permet de le semer tard, il réussit également après la plupart des légumes verts, betteraves, carottes, choux pommés, etc. Il succède mieux aux variétés hâtives de pommes de terre qu'aux variétés tardives, parce que l'arrachage des tubercules soulève la terre, qui ensuite a besoin de se raffermir avant le semis de la céréale. Toutes les fois que le sainfoin et les trèfles commun, blanc et hybride sont nets de chiendents, le blé peut succéder, sur un seul labour, à la seconde coupe de ces prairies artificielles. Mais si le terrain est souillé de mauvaises herbes, on doit prendre seulement la première coupe et préparer le sol par plusieurs cultures d'été à l'ensemencement automnal.

Comme le colza et la navette d'hiver se sèment dès le milieu de l'été, on ne peut les faire succéder la même année qu'aux plantes fourragères fauchées au printemps, seigle, escourgeon, trèfle incarnat, lupuline, première coupe de trèfle commun, vesce d'automne, etc.; tandis que le colza d'automne repiqué peut succéder aux céréales et autres plantes récoltées en été, à condition que la terre soit parfaitement ameublie avant le repiquage.

La plupart des ensemencements printaniers peuvent succéder à la plupart des récoltes estivales de l'année précédente, pourvu qu'on mette à profit, pour bien cultiver le sol, l'espace de plusieurs mois pendant lequel le terrain se trouve inoccupé. Si les mauvaises herbes ne sont pas trop nombreuses, ce temps peut être utilisé par des récoltes qu'on nomme *dérobées*, telles que fourrage automnal de navette d'été, de moutardon, de spergule, de seigle (variété de printemps); fourrage printanier d'orge, de seigle, de navette, de pastel (variétés automnales); ou bien enfin, si les hivers sont doux, navets, raves, choux d'hiver.

Si même l'ensemencement printanier qui succède à la récolte dérobée, doit se faire tard; si, par exemple, le champ est destiné à porter du sarrasin, du maïs, des haricots, on peut obtenir un fourrage de trèfle incarnat, de vesce, de bisaille, de lentillon d'automne.

Après le dernier sarclage du maïs ou des pommes de terre, on peut semer, au milieu de ces végétaux, des navets ou des raves qui donnent, l'année même, un second produit. On sème quelquefois aussi des carottes dans le colza ou dans le lin; mais cette succession réussit moins facilement que la précédente, à cause du peu de vigueur des carottes encore jeunes. On peut enfin, dans une même année, obtenir plusieurs récoltes dérobées successives, par exemple, 1° du seigle d'automne ou de l'escourgeon fourrage, 2° du maïs fourrage, 3° des navets.

La luzerne, les trèfles commun, blanc et hybride, la lupuline, le sainfoin sont semés habituellement au milieu des plantes que ces végétaux fourragers doivent remplacer. Ils succèdent ainsi au blé, au seigle, au colza, à la navette, à la cameline, au lin, au lupin, à la fève, aux gesses et aux vesces.

Dans l'organisation d'un assolement, il faut toujours avoir en vue la destruction des mauvaises herbes. Or nous remarquons que certaines cultures salissent le sol, tandis que d'autres sont nettoyantes.

Les végétaux les plus salissants sont ceux qu'on laisse venir à maturité sans les sarcler, et dont la végétation n'est ni assez rapide ni assez vigoureuse pour comprimer les mauvaises herbes. Tels sont le blé, le seigle, l'orge, l'avoine, les légumes secs, le colza, le lin, la gaude, etc., semés à la volée. Dans chacune de ces espèces, les variétés automnales sont beaucoup plus salissantes que les variétés printanières, parce qu'elles occupent la terre plus longtemps; et parmi les variétés printanières, les moins salissantes sont celles qu'on sème le plus tard. Lorsque la culture est énergique, à peine peut-on considérer comme salissants le lin de mai, l'orge de printemps, l'avoine hâtive, la cameline. A cause de leur vigueur particulière, le chanvre, le sarrasin, la navette d'été doivent même, quoique semés à la volée, être regardés comme nettoyants.

Les plantes fourragères annuelles qu'on fauche en fleur et qui occupent la terre peu de temps, sont nettoyantes. En effet, on détruit par la coupe du fourrage toutes les mauvaises herbes annuelles, avant qu'elles aient porté graine; d'un autre côté, les chiendents sont fortement tourmentés, si, conformément aux bons principes de culture, la terre est labourée aussitôt après l'enlèvement du fourrage.

Quant aux plantes fourragères vivaces, trèfles commun, blanc et hybride, luzerne, sainfoin, ivraie d'Italie, elles aident à la destruction de beaucoup de mauvaises herbes annuelles et à celle des chardons, mais elles favorisent la propagation des chiendents. Aussi, doit-on les mettre au nombre des végétaux salissants.

Les plantes sarclées sont nettoyantes, mais toutes ne le sont pas au même degré. Les unes, pommes de terre, courges, choux, féveroles, mises en terre sale, sont facilement délivrées de leurs ennemis, tant leur première végétation est vigoureuse. Les autres, plus délicates, ne peuvent prospérer qu'en terre déjà nettoyée. Tels sont la carotte, le panais, la betterave, la chicorée, le pavot, le colza, la garance, le safran, la cardère, la gaude, le pastel.

En bonne règle, il faut que la souillure occasionnée par un végétal salissant soit promptement réparée par des cultures nettoyantes; et pour que, dès le commencement de la rotation, la terre se trouve en excellent état, on doit mettre en tête d'assolement des plantes très-nettoyantes, légumes verts, fèves ou maïs sarclés, sarrazin, chanvre, navette-d'été, ou bien une succession de fourrages annuels; ou bien enfin, on donne une jachère, si l'état du sol nécessite cette opération.

Une céréale d'automne succède généralement à cette période nettoyante. Si le cours des récoltes s'arrête là, on a un assolement *biennal*, système usité dans beaucoup de pays et auquel se rapportent plusieurs rotations connues, telles que : 1° jachère ou maïs, 2° blé (midi de la France); — 1° fève, 2° blé (terres argileuses du comté de Kent); — 1° pommes de terre, 2° seigle (terrains sablonneux d'Alsace et de Picardie). Sur les terres ainsi assolées, on peut souvent obtenir après la céréale une récolte dérobée de raves, de navets ou de fourrage.

Si à la céréale de l'assolement biennal, on fait succéder une seconde céréale, on a l'ancien assolement *triennal* du nord de la France.

1° Jachère ou plante nettoyante;

2° Céréale d'automne;

3° Céréale de printemps.

Sans que cet assolement change de caractère, la seconde céréale peut être remplacée par toute plante annuelle récoltée à maturité, telle que légume sec, plante oléagineuse, etc. Les meilleures d'entre ces combinaisons sont celles qui laissent le plus de temps pour la culture du sol entre la récolte de la première céréale et cet ensemencement. Ainsi, l'orge, le millet, le sarrasin, l'avoine hâtive conviennent mieux, pour la troisième année, que le blé de mars, l'avoine tardive, les légumes secs printaniers, tous végétaux qu'il faut mettre en terre dès le premier printemps. A plus forte raison, une variété printanière quelconque convient mieux qu'une variété automnale.

L'assolement triennal comporte, comme le précédent, des récoltes dérobées soit de navets, soit de fourrages, entre les récoltes principales.

Puisque les trèfles commun, blanc et hybride salissent la terre, on dénature les assolements triennal et biennal, si l'on met ces plantes en tête de la rotation à la place de la jachère ou de la culture nettoyante. Dans aucun terrain, cette combinaison ne peut être adoptée qu'une fois au plus sur deux périodes, d'où résultent d'autres assolements, l'un *quadriennal*, l'autre *sexennal.*

ASSOLEMENT QUADRIENNAL.

1° Jachère ou culture nettoyante ;
2° Céréale d'automne ;
3° Trèfle commun blanc ou hybride ;
4° Céréale.

ASSOLEMENT SEXENNAL.

1° Jachère ou culture nettoyante ;
2° Céréale d'automne ;
3° Céréale ou ensemencement printanier de plante annuelle ;
4° Trèfle ordinaire, blanc ou hybride ;
5° Céréale ;
6° Céréale ou ensemencement printanier de plante annuelle.

En supprimant, dans l'assolement sexennal, l'ensemencement printanier de la troisième année, on a un assolement *quinquennal* qui lui est généralement préférable, parce que, plus rapproché de la culture nettoyante, le trèfle est moins exposé à se trouver souillé de mauvaises herbes.

ASSOLEMENT QUINQUENNAL.

1° Jachère ou culture nettoyante ;
2° Céréale d'automne ;
3° Trèfle ordinaire, blanc ou hybride ;
4° Céréale ;
5° Céréale ou ensemencement printanier de plante annuelle.

Lorsque le sol et le climat permettent indifféremment la culture des trèfles commun, blanc et hybride, on sème tantôt l'un, tantôt l'autre, afin de ne fatiguer le terrain d'aucun des trois.

Quelquefois, on allonge d'un an ces rotations, en laissant subsister la prairie artificielle pendant deux années. Mais, en général, ce système ne doit pas être conseillé, à cause des mauvaises herbes qui envahissent presque toujours les trèfles âgés de plus d'un an.

Partout où le sol convient au sainfoin, il peut, dans ces diverses rotations, prendre la place des trèfles et subsister deux ans.

Seuls ou combinés entre eux, les cinq assolements que nous venons d'indiquer, servent de base à la plupart des rotations connues. Il ne nous reste à signaler que celles qui comprennent plusieurs années de repos ou de plantes vivaces, luzerne, sainfoin, ivraie d'Italie, ajonc, garance, safran.

Dans les assolements avec repos, cette période réparatrice termine la rotation et succède à une céréale dans laquelle on sème, si le climat le permet, un mélange de trèfle blanc et d'ivraie vivace, afin que le pâturage du champ en repos soit plus abondant. Au défrichement de la terre reposée, on reprend la rotation, soit par une année de jachère, soit par une culture nettoyante de pommes de terre ou de sarrasin ; ou bien, on sème de l'avoine ou du lin sur le gazon renversé par un seul labour. Dans ce dernier cas, une année de jachère ou de culture nettoyante succède à l'avoine ou au lin ; puis, l'assolement continue, d'après l'un des systèmes ci-dessus indiqués.

L'ajonc se sème dans la dernière céréale à la fin des rotations, et le champ qu'il occupe peut être considéré comme terre en repos.

Quant à la luzerne, au sainfoin destiné à durer plusieurs années, à la garance, au houblon, au safran, on ne peut les mettre en terre trop nette de mauvaises herbes, par conséquent trop près de la jachère ou de la culture nettoyante. — Exemple :

1° Jachère ou plante nettoyante ;
2° Plantation de garance, de houblon, de safran, ou céréale avec semis de luzerne ou de sainfoin ;
3° Luzerne, sainfoin, garance, houblon pendant plusieurs années.

Après le défrichement du sol que ces végétaux vivaces ont occupé, on reprend les cultures de plantes annuelles par un ensemencement d'avoine, de lin ou de légume vert. Le lin vient généralement très-bien dans ces conditions, à cause de la profondeur à laquelle le sol se trouve divisé. Quant au blé, il ne se plaît immédiatement sur aucun défrichement. Alors, la terre se trouve trop soulevée et trop remplie de détritus non décomposés ; mais si le sol convient d'ailleurs à cette céréale, elle peut réussir l'année suivante.

CHAPITRE V

COMBINAISONS AGRICOLES CONSIDÉRÉES AU POINT DE VUE DE L'ÉPUISEMENT DU SOL ET DE LA PRODUCTION DES ENGRAIS

> Plus on sème, moins on récolte.
> Plus on veut avoir et moins on a.
> Si tu veux du blé, fais des prés.
> Ne sème pas en raison de la terre que tu as, mais du fumier que tu fais.
> Point de fourrages sans prés, point de bétail sans fourrages, point de fumier sans bétail, point de prairies sans fumier.
> Partout où je suis allé, je demandais aux cultivateurs : Que vous manque-t-il? Du fumier, répondaient-ils, du fumier, rien que du fumier.
> A petit fumier, petit grenier.
>
> JACQUES BUJAULT.

Soit que les récoltes restent chétives faute d'engrais, soit qu'elles deviennent abondantes par suite d'une nutrition convenable, les frais de culture, de semence, de sarclage se trouvent les mêmes. Il s'ensuit que, moins l'espace sur lequel on recueille un produit donné est étendu, plus le bénéfice net est considérable. D'un autre côté, ce sont les récoltes les plus touffues qui laissent le sol dans le meilleur état.

Pour obtenir ces produits abondants qui font le profit du cultivateur, on sait qu'il existe trois moyens réparateurs de l'épuisement, le repos, la jachère, les substances fertilisantes.

Si le repos et la jachère sont utiles aux champs pris en particulier, ils nuisent à la production générale, puisque la terre en repos ou en jachère reste nue pendant quelque temps. Plus le sol a de valeur, plus ce temps d'arrêt est dispendieux. Aussi, devons-nous, dans l'état actuel de la France, chercher avant tout à baser la nutrition des récoltes sur l'emploi d'abondants engrais.

L'engrais par excellence est le fumier : 1° parce qu'il se fabrique dans la ferme même; 2° parce que, indépendamment de sels immédiatement assimilables, il procure un élément de fécondité durable, l'humus.

Combien chaque récolte use-t-elle de fumier? Voilà une question que les savants les plus distingués ont voulu résoudre. Mais de leurs recherches pleines d'intérêt on ne peut tirer encore de conclusions pratiques. En effet, ce qu'une récolte exige d'engrais dépend de la fécondité naturelle du sol. Or, cette fécondité ne peut être déterminée par l'analyse chimique, ainsi que nous l'avons démontré ailleurs. Chacun cherchera donc à éclaircir ce problème sur son propre terrain. En étudiant avec attention l'effet des fumures, on finit par découvrir que tel champ exige une, deux ou trois fois plus d'engrais que tel autre.

Ce n'est pas tout; il faut encore se rendre compte de la quantité d'engrais que les diverses récoltes rendent à la ferme, par suite de la consommation de tout leur produit ou seulement d'une portion.

A ce point de vue, nos végétaux doivent se diviser en quatre classes :

Ceux de la première épuisent fortement le sol, sans rien donner qui se convertisse en engrais : plantes textiles, oléagineuses; houblon, cardère, tabac.

Ceux de la seconde sont épuisants; mais leur paille ou leur feuillage, étant consommés dans la ferme, procure une quantité de fumier correspondante à une partie de ce qu'ils ont absorbé : légumes secs, céréales, garance.

Ceux de la troisième sont épuisants; mais leur produit total, étant consommé dans l'exploitation, procure plus d'engrais qu'ils n'en ont absorbé : légumes verts, fourrages annuels.

Ceux de la quatrième laissent dans le sol de nombreux détritus améliorateurs, et leur produit se change en fumier d'une manière complète : trèfles, luzerne, sainfoin.

Puisque les cultures de cette quatrième catégorie sont doublement améliorantes, elles ne peuvent en quelque sorte être trop étendues, pourvu qu'on ne les mette pas sur des terres sales ou sur des champs qui en seraient déjà fatigués. Si l'on n'a pas de terrain de seconde qualité qui leur convienne, on doit leur consacrer les meilleurs champs et n'épargner ni amendement, ni engrais, ni travail, pour en assurer la réussite.

A défaut d'une assez grande quantité de fourrage produit par ces végétaux, que l'on ne peut toujours cultiver autant qu'on le voudrait, on sème des plantes fourragères annuelles, en tâchant de les obtenir, comme récoltes dérobées, entre les récoltes principales.

Afin que la nourriture des ruminants puisse être variée, on joint à ces cultures celle des légumes verts, en calculant qu'il faut 3 à 4 ares de carottes, de choux ou de betteraves réussis pour chaque mois de régime hivernal d'un sujet d'espèce bovine de taille moyenne ou de dix bêtes à laine.

Des pailles devant compléter l'approvisionnement nécessaire à une vaste fabrication de fumier, les cultures de céréales ou de légumes secs sont indispensables. Toutefois, comme les pailles doivent simplement servir de litière ou d'aliment accessoire, le cultivateur éclairé n'accorde pas à ces derniers végétaux une place tellement étendue que les premiers occupent un espace insignifiant. « Celui qui a la « moitié de ses terres labourables en cultures fourragères, est un bon cultivateur, dit Jacques Bujault, il est encore bon, s'il en a le tiers. Le quart « n'est pas assez. »

Malheureusement, les pailles sont trop souvent considérées en France comme partie principale du régime des animaux; idée tout à fait incompatible avec une agriculture progressive. « Si tu nourris mal tes animaux, tu fais peu de fumier; avec peu de fumier, tu as de chétives récoltes. »

L'agriculture avancée est celle qui entretient, par hectare, une tête de gros bétail du poids de 450 kilo. ou dix bêtes à laine de 45 kilo. Combien nous sommes éloignés de ce degré de perfection! Souvent, j'ai constaté que les fermes des meilleures contrées du bassin de Paris ont à peine, en moyenne, une tête de gros bétail pour deux hectares.

D'après les données que nous avons établies, un animal, bien nourri, consomme par jour 1/30e de son poids en foin naturel ou une quantité correspondante d'autres aliments. Ainsi, l'entretien d'un sujet du poids de 450 kilo. suppose une production de fourrages, de pailles et de légumes verts équivalents à 5,400 kilo. de foin. Supposé que ces aliments soient consommés à l'étable et que l'engrais qui en résulte soit convenablement manipulé, ce fumier pèse environ le double du foin auquel équivaut la nourriture dépensée.

Il ne suffit pas de produire beaucoup de fumier; il faut encore l'obtenir au plus bas prix possible, ce qui dépend : 1° du prix de revient des fourrages; 2° de ce que rend le bétail, indépendamment de ses déjections.

C'est afin d'avoir les fourrages abondants et à bon marché qu'il convient de prodiguer les soins aux cultures fourragères. Dans le même but, on doit conserver précieusement toute prairie naturelle productive et de bonne nature, et chercher à en établir de semblables partout où il est possible. Quant au bétail, on ne peut mettre trop d'intelligence à l'organisation de ce qui le concerne. Nous avons exposé les règles de cet art. Voici encore quelques principes généraux fort importants :

N'avoir en bétail que ce que l'on est sûr de pouvoir bien nourrir; conserver d'une année à l'autre un excédant de provisions, afin que les animaux ne souffrent jamais de la faim.

Approprier exactement les races à la qualité des aliments. Si la culture est peu avancée et si les vivres ne sont ni abondants ni très-nutritifs, adopter des races rustiques et se garder des variétés précoces.

Entretenir des animaux de plusieurs espèces, pour que chacune consomme le fourrage qui lui convient le mieux et que tous les aliments soient parfaitement utilisés.

Sur chaque espèce, se borner à une ou deux spéculations, au lieu d'en adopter plusieurs. De cette manière, on devient plus habile dans les spécialités choisies.

S'il ne s'agissait que d'obtenir le plus de fumier possible, on devrait prescrire d'une manière absolue le régime à l'étable, par suite duquel toutes les déjections sont recueillies. Mais la question du prix de revient des engrais a tant d'importance que le régime du pâturage doit souvent être conseillé, non-seulement pour les bêtes à laine, mais encore pour les espèces bovine et chevaline. D'ailleurs, les déjections du bétail qui pâture ne sont nullement perdues, puisqu'elles font pousser l'herbe et qu'elles entretiennent la fécondité du sol livré aux animaux.

Si bien traité que soit le bétail, il donne rarement en argent de quoi payer ses frais de nourriture et d'entretien. Dès lors, le fumier coûte au cultivateur. Ceux qui voudraient l'obtenir gratuitement, s'imaginent qu'on est toujours en perte sur les étables et, sous l'influence de cette idée, ils ne donnent aucun soin à leurs animaux. N'est-ce pas là une déplorable erreur?

De ce que le fumier est l'engrais par excellence, ne concluons pas qu'il faille négliger l'emploi des autres substances fertilisantes qu'on peut se procurer à prix modéré, colombine, poudrette, etc. L'effet du fumier se complète merveilleusement par celui de telles substances qui, elles-mêmes, n'ont leur plénitude d'action que sur les champs bien fumés ou naturellement riches en humus. Quant aux engrais végétaux, ils sont extrêmement précieux dans certains cas.

Au sujet de la répartition de diverses substances fertilisantes entre les cultures, nous rappelons certaines règles importantes :

Les engrais actifs pulvérulents qui ne sont souillés d'aucune semence nuisible, peuvent s'appliquer à toute récolte.

Les engrais liquides conviennent particulièrement aux plantes fourragères et aux gazons naturels.

Comme les fumiers contiennent souvent beaucoup de mauvaises graines, on doit les appliquer aux plantes fourragères et sarclées, plutôt qu'au blé et autres végétaux semés à la volée et destinés à fructifier sans recevoir de sarclage.

Les fumiers sont conduits convenablement dans les jachères, parce que les mauvaises herbes dont ils favorisent la croissance, sont promptement détruites par les labours.

On peut étendre en automne et en hiver du fumier pailleux sur les gazons naturels et sur les prairies artificielles.

Dans une exploitation bien organisée, quelque quantité d'engrais qu'on produise, on n'en voit jamais de dépôts considérables; mais, réparti entre les diverses cultures plutôt que réservé exclusivement pour telle ou telle, le fumier est promptement conduit, promptement absorbé par les récoltes et promptement converti en nouveaux fumiers au moyen de la consommation des pailles et des fourrages par les animaux.

CHAPITRE VI

INFLUENCE DE LA NATURE DU TERRAIN SUR LES SYSTÈMES AGRICOLES.

> Souvenez-vous qu'il n'y a, en agriculture, rien d'absolu et que tout est relatif. Vous pouvez faire autrement qu'un autre et faire bien. Il n'y a que l'amélioration du sol qui soit une loi commune à tous.
>
> JACQUES BUJAULT.

L'influence du sol sur les combinaisons agricoles doit être considérée aux points de vue,

1° De la fécondité,
2° De la consistance,
3° De la fraîcheur.

INFLUENCE DE LA FÉCONDITÉ.

Moins le sol est fertile, plus il faut songer à le bonifier; dès lors, plus on doit étendre les cultures améliorantes et, si elles ne peuvent réussir, plus il faut soumettre d'espace au repos et à la jachère.

Au contraire, plus le sol est fécond, plus on peut développer les semis de végétaux épuisants, et plus les jachères doivent se restreindre.

Du reste, quelle que soit la richesse du sol, l'agriculteur habile ne néglige pas la production des fourrages, il nourrit un bétail nombreux et fait beaucoup de fumier. S'il craint l'exubérance de vigueur qui expose les blés à verser, il applique l'engrais à des végétaux qui n'ont pas ce risque à courir, tels que légumes verts, colza, chanvre, garance, tabac, houblon, fourrages annuels. Ces plantes s'emparent des parties les plus solubles du fumier, lequel profite ensuite aux céréales, sans exciter en elles une végétation trop forte. Succédant, d'après ce système, à des végétaux qui ont exigé une culture énergique, le blé présente une grande solidité de tige, à cause de la profondeur à laquelle ses racines pénètrent, et c'est dans de telles conditions qu'il rend le plus de grain. Ainsi, aux environs de Valenciennes, le froment, alternant avec les betteraves, produit par hectare 30 à 35 hecto., tandis que d'autres pays, non moins fertiles, mais dans lesquels ce genre de combinaison n'est pas adopté, tels que le Soissonnais, le Santerre, la Brie, la Beauce, produisent seulement, en moyenne, 20 à 25 hecto.

Cette différence fait mettre le doigt sur une des plaies principales de l'agriculture française, savoir : extension démesurée des cultures de blé et application directe des fumiers à ces cultures.

Lorsque, en 1833, mon père, mon frère et moi, nous entreprîmes le faire-valoir de la Tour-Audry, sur 100 hectares dont cette propriété se composait, nous en trouvâmes 40 soumis à l'assolement triennal (jachère, blé, avoine), 50 en landes et 10 en prairies naturelles; 13 hectares étaient semés annuellement en froment. Jamais la récolte ne dépassait 140 hectolitres, et très-rarement elle atteignait ce maximum. 50 hectares ont été plantés en bois, 10 ont été conservés en prairies naturelles, 40 sont restés en culture. Sur ce dernier espace, 10 hectares ont été soumis à un assolement avec pâturage, et le surplus à un assolement dans lequel les céréales alternent avec les plantes fourragères, les légumes verts et le colza. Sans parler des autres produits, la récolte en blé de 1857 a rendu, sur 9 hectares, 10,000 gerbes qui donneront au moins 230 hecto. Ainsi, le produit en froment se trouve presque doublé, quoique l'espace occupé par cette céréale soit réduit de plus d'un tiers. Un progrès analogue pourrait s'accomplir sur une grande partie de la France.

Plus le sol est fertile, plus il est facile de se procurer d'excellents vivres et de bien nourrir le bétail. C'est le cas d'entretenir des animaux de races perfectionnées. Si, au contraire, les champs sont pauvres et les vivres peu abondants, s'il faut souvent envoyer les troupeaux au milieu des bruyères, qu'on s'en tienne aux variétés les plus rustiques, ainsi que nous l'avons déjà prescrit.

Sur terrain non carbonaté, on ne peut faire entrer dans les assolements luzerne, sainfoin, lupuline, betterave, panais, safran, gaude, pastel, garance, navette, pavot; ni semer souvent le trèfle commun et les légumes secs. Si les champs de cette nature sont peu humifiés, il faut cultiver surtout le seigle, l'avoine, le sarrasin, le topinambour, la vesce, le lupin, l'ajonc, le genêt, les trèfles hybride et blanc, la spergule. On peut mettre sur les meilleures terres de cette même catégorie du blé, des pommes de terre, des carottes, des choux, du colza, du lin, du chanvre. Ainsi que nous l'avons dit, on ne doit pas chercher à élever sur un terrain semblable des animaux de forte taille ni, dans l'espèce ovine, des sujets mérinos.

INFLUENCE DE LA NATURE PLUS OU MOINS CONSISTANTE DU SOL SUR LES COMBINAISONS AGRICOLES.

Après la fécondité, la friabilité est la plus précieuse qualité du sol. En terre friable et riche, on peut cultiver toutes les plantes que comporte le climat. Les champs se labourent presqu'en tout temps et sans efforts; on récolte beaucoup et l'on dépense peu.

Lors même qu'elle est de qualité médiocre et qu'elle donne de faibles récoltes, la terre friable procure souvent des bénéfices suffisants, à cause du peu de frais nécessités par la culture. Les plantes qui conviennent à ce dernier genre de sol sont le seigle, l'avoine, le sarrasin, la pomme de terre, le topinambour et de plus, si le champ est carbonaté, la lupuline, le sainfoin, la pimprenelle. Au sujet de la culture et de l'application des engrais, le sol friable sablonneux doit être traité autrement que le sol friable crayeux. Le premier demande à ne pas être excessivement travaillé par les instruments aratoires, ni fumé en une seule fois pour plusieurs récoltes, attendu que, dans l'état de terre en culture, il laisse échapper les principes ammoniacaux de l'engrais, et que cet appauvrissement spontané est excité par un extrême ameublissement. Les terrains crayeux peuvent, au contraire, être mis en poussière et fumés fortement, sans qu'on ait à craindre rien de semblable. Il en est de même des limons et, à plus forte raison, des sols argileux.

Lorsque ces derniers sont de nature pauvre, ils paient rarement leurs frais de culture. Il faut donc, ou les améliorer par d'abondants engrais, ou les utiliser comme pâtures. Les végétaux qui réussissent le mieux sur les champs tenaces de bonne qualité sont le blé, les fèves, le trèfle commun, la vesce.

Avec quelle facilité on sarcle un sol friable! que de peine, au contraire, sur les terrains compactes! Les plantes destinées à recevoir ce travail conviennent donc aux premiers et nullement aux seconds. Aussi, dans la culture des uns, on arrive sans peine à la suppression des jachères, et dans celle des autres, on ne peut presque jamais y parvenir.

Lorsqu'une exploitation est exclusivement composée de terrains tenaces, on doit choisir les parties les moins résistantes, pour cultiver les légumes verts destinés à la nourriture hivernale des animaux. Ces légumes seront principalement des choux, des choux-navets, des betteraves. Il faut disposer d'attelages très-forts, d'instruments aratoires énergiques, et labourer avant ou pendant l'hiver toutes les terres non ensemencées, afin que la gelée les ameublisse.

On se rappelle qu'une certaine consistance caractérise les terrains limoneux. Ce genre de sol comporte à peu près les mêmes cultures que les champs friables. Toutefois, comme il s'enherbe rapidement, il n'est pas aussi facile de le tenir net de plantes nuisibles, sans le secours de la jachère. En revanche, cette facilité d'engazonnement favorise la création d'herbages productifs. Pour peu que le sol ou le climat soient humides, on a souvent intérêt à adopter, pour de tels champs, un assolement avec plusieurs années de pâturage. Ces combinaisons conviennent surtout aux limons non carbonatés, imperméables, dits *terres blanches*, *terres froides*, sur lesquels on ne peut pas cultiver la luzerne et le sainfoin.

Un excès d'humus rend spongieux la plupart des terrains nouvellement défrichés. Presque toutes les plantes qu'on y sème avant l'hiver sont déracinées par le dégel, et beaucoup des végétaux mis en terre au printemps sont atteints de maladies. Avoine, sarrasin, raves, choux, choux-navets, citrouilles, carottes, betteraves, chanvre, tabac, garance, telles sont les plantes parmi lesquelles il faut choisir celles qui conviennent le mieux au climat et à la nature du sol. L'écobuage, le chaulage, les engrais très-actifs, des sarclages bien faits, des cultures énergiques permettent de tirer un excellent parti de ces champs, qui, traités avec négligence, se souillent souvent au point de devenir improductifs.

INFLUENCE DE LA FRAICHEUR DU SOL SUR LES COMBINAISONS AGRICOLES.

L'humidité favorise la croissance de l'herbe et gêne les ensemencements. Dès lors, si l'on cultive des terres humides, il faut étendre les herbages et restreindre l'espace cultivé, de sorte que celui-ci puisse recevoir tous les soins nécessaires à un assainissement parfait et à la destruction des chiendents.

Au sujet de l'établissement des herbages, deux systèmes se présentent. L'un consiste à tenir en gazon un espace qu'on ne cultive jamais et qui se trouve séparé des terres en labour. D'après l'autre système, on livre alternativement toutes les terres à la culture et au pâturage. Cet alternat est favorable à la production totale ; car le sol se couvre, en général, d'un gazon plus vigoureux, lorsqu'il a été cultivé, et il donne des récoltes plus abondantes, lorsqu'il est resté quelque temps en herbe. Autre avantage : un champ engazonné se nettoie spontanément d'une partie de ses plantes nuisibles. Il convient cependant d'adopter le premier système, si l'état d'herbage convient particulièrement à certaines parties de l'exploitation à raison de leur nature très-humide, de leur position ombragée ou de certaines difficultés de culture. Ces difficultés peuvent tenir à plusieurs causes, ténacité, surface irrégulière, pente rapide, présence de pierres, éloignement, mauvais chemins, inondations fréquentes.

Soit que l'on adopte l'un de ces deux systèmes, ou qu'on les combine ensemble, on doit réserver, comme pré fauchable, les gazons les plus riches.

D'un autre côté, il est très-commode de livrer à la pâture les terrains mêmes qui touchent aux bâtiments d'exploitation.

En terre humide, les sarclages sont si difficiles, et dans ces mêmes champs, lorsque les pluies d'automne ont imbibé le sol, la récolte des tubercules et des racines est si coûteuse, qu'il convient de ne pas étendre cette production au delà de ce qui est nécessaire pour varier le régime hivernal des animaux. De plus, on ne doit pas essayer d'y cultiver le sainfoin, la luzerne, la garance, le topinambour, le safran, ni aucune plante qui exige des sarclages minutieux. La jachère peut être indispensable de temps en temps. Les végétaux fourragers qu'on intercale le mieux avec les céréales, sont la vesce, la bisaille, les trèfles commun, hybride et blanc. Il faut s'adonner principalement à l'élève des chevaux et des bœufs ; engraisser plutôt qu'élever des animaux d'espèce ovine, et ne pas entretenir de mérinos. Comme l'excès de fraîcheur interrompt souvent la culture, on organisera, s'il est possible, une industrie accessoire qui occupe les attelages en temps perdu, et l'on emploiera surtout, comme bêtes de travail, de jeunes sujets ou des femelles reproductrices.

Dès que les champs humides sont drainés, ils passent dans la catégorie des terres perméables, ce qui permet de modifier profondément la manière de les exploiter.

Sur terrain trop sec, il faut semer des végétaux qui, par leurs longues racines, profitent de l'humidité du sous-sol. Tels sont le sainfoin et la luzerne. Lorsque l'une de ces deux plantes réussit, on base sur elle la nourriture des animaux. Si la nature du sol ne convient à aucune des deux, on cultive l'ajonc, la pimprenelle, le genêt commun. Après un temps plus ou moins long de pâturage ou de production fourragère, le champ est de nouveau soumis aux successions de cultures annuelles avec ou sans repos, et cela pour un temps égal au moins à la durée de la prairie artificielle. Parmi les ensemencements annuels, ce sont ceux d'automne qui doivent prédominer, comme étant les moins sensibles à la sécheresse. Avec les variétés automnales de céréales, on fait alterner, si le climat et la nature du sol le permettent, des légumes secs d'automne, de la navette d'automne, de l'orge pamelle; on peut planter aussi des topinambours ou des pommes de terre. Les chiendents sont trop aisés à détruire, pour que la jachère doive jamais être indispensable.

Les pâturages de terrains arides ne conviennent qu'aux moutons.

Lorsque le climat le permet, les coteaux secs sont particulièrement bien utilisés par des plantations de vignes, de mûriers, d'oliviers et autres arbres fruitiers.

CHAPITRE VII

INFLUENCE DU CLIMAT SUR LES COMBINAISONS AGRICOLES.

Dans les neuf régions qui divisent la France, nous trouvons cinq climats nettement tranchés au point de vue agricole :

1° Climat tellement aride, que la plupart des plantes herbacées sont peu vigoureuses, ce qui donne beaucoup d'importance aux cultures arbustives. Ce climat, que nous appellerons *climat des cultures arbustives*, est celui de la région sud-est, depuis 0 jusqu'à 324 mètres d'altitude au-dessus du niveau de la mer[1].

2° Climat moins aride que le précédent, convenant bien aux semis automnaux, mais faiblement aux semailles printanières. Ce climat, que nous appellerons *climat des ensemencements automnaux*, est celui du sud-est, depuis 324 mètres d'altitude jusqu'à 649; du sud et du sud-ouest, depuis 0 jusqu'à 324; du centre et de l'est, depuis 0 jusqu'à 162.

3° Climat encore moins sec, par suite, aussi favorable aux ensemencements de printemps qu'à ceux d'automne. Ce climat, que nous appellerons *climat des ensemencements automnaux et printaniers*, est celui du sud-est, depuis 649 mètres d'altitude jusqu'à 974; du sud et du sud-ouest, depuis 324 jusqu'à 649; du nord et du nord-est, depuis 0 jusqu'à 324.

4° Climat doux en hiver, frais en été, de sorte que les gazons naturels restent toujours verts et procurent un pâturage continu. Ce climat, qui est celui de nos régions ouest et nord-ouest tout entières, sauf un petit nombre de points élevés, sera appelé *climat herbager*.

5° Climat très-rigoureux en hiver, frais en été, plus favorable aux ensemencements printaniers, aux pâturages d'été et aux productions forestières qu'aux ensemencements automnaux. Ce climat, que nous appellerons *climat des pâturages d'été*, est celui de toutes les parties de nos diverses régions, dont l'altitude est supérieure à celle des pays situés sous les deux climats précédents[1].

1. Les limites que nous indiquons ici au sujet de l'altitude ne sont qu'approximatives. L'exposition, la nature du sol, le voisinage de marais ou de hautes montagnes peuvent produire des variations de plus de 100 mètres.

CLIMAT DES CULTURES ARBUSTIVES.

Dans cette région, l'irrigation et les cultures arbustives font la richesse du cultivateur. En faisant alterner, sur les champs arrosés, les végétaux fourragers avec les légumes verts et les céréales, ou bien en couvrant ces terrains de plantes fourragères vivaces, luzerne, ivraie d'Italie, on obtient pour le bétail une telle quantité d'aliments, qu'il se produit dans la ferme un excédant considérable d'engrais à reporter sur les champs privés d'arrosage. Sur ceux-ci, il faut étendre les cultures de vignes, de mûriers, d'oliviers et autres arbres; là où le sol est le plus sec, établir ces plantations en massifs; sur les parties les moins arides, les entremêler, par zones de quelques mètres, avec les végétaux herbacés. En pays humide, une telle disposition nuirait à ces dernières récoltes, tandis que, sous le ciel brûlant du Midi, il en résulte une ombre et un abri salutaires. Les alignements doivent être tels, qu'on puisse cultiver tout l'espace à la charrue.

Les plantes fourragères les mieux appropriées à ce climat sont la luzerne, le sainfoin, le trèfle incarnat, l'ervilier, les variétés automnales de vesce, de gesse, de bisaille et de lentillon, les sorghos. Les raves et les navets semés tard, les choux d'hiver, les betteraves traitées d'après la méthode Kœchlin, les topinambours, les pommes de terre procurent aussi d'utiles ressources, quoique très-inférieures à celles qu'on en tire dans d'autres régions.

Aux céréales d'automne, blé, orge et avoine, on ne peut joindre, en espèces printanières, que l'orge pamelle, le sorgho, le maïs, le millet; même, à moins d'arrosage, ces plantes n'ont chance de succès que sur des sols frais et profonds. Plus sensibles encore à la sécheresse, les légumes secs sont d'une réussite douteuse; on peut cependant cultiver dans certains lieux la fève d'automne, le lupin, le pois chiche, le dolique et le haricot. Il faut s'abstenir de semer seigle, chanvre, lin, colza, œillette, navette, trèfles commun, blanc et hybride; variétés printanières de vesce, de gesse, de pois. Quant aux plantes tinctoriales,

1. Afin qu'on puisse appliquer cette classification, nous avons indiqué dans les tables géographiques qui sont à la suite de la carte agricole, l'altitude de points principaux pris dans les divers départements.

elles donnent, aussi bien que le tabac, des produits d'une qualité supérieure, et on les cultive avec grand profit, particulièrement la garance, qui joint à ses racines une coupe annuelle d'excellent fourrage.

L'ancien assolement du pays est, pour les meilleures terres, 1° jachère, 2° une ou deux années de blé; pour les champs médiocres, 1° jachère, 2° blé, 3° une ou plusieurs années de repos. Ce système ne produit pas de fourrage et permet à peine d'entretenir les animaux de trait indispensables. Les champs, qui ne reçoivent presque jamais de fumier, sont pauvres en humus et subissent toute l'influence de l'aridité. Les blés restent chétifs et, faute d'engrais, les cultures arbustives produisent beaucoup moins qu'elles ne devraient.

Au lieu de s'en tenir à ces combinaisons arriérées, il faut semer, partout où on le peut, du sainfoin et de la luzerne, planter des arbres pour en donner le feuillage aux animaux, faire alterner avec les céréales l'ervilier, la vesce d'automne, le trèfle incarnat; nourrir du bétail, confectionner les fumiers avec beaucoup de soin, afin d'en prévenir la mauvaise fermentation singulièrement excitée par la sécheresse; employer, comme engrais, les tourteaux de sésame et d'arachide, les roseaux des marécages, les arbustes ligneux des terres incultes, les lupins enfouis. Plus les champs s'enrichissent d'humus, moins les récoltes souffrent de la sécheresse.

La pénurie de fourrages se fait particulièrement sentir, lorsque le soleil d'été a tout brûlé. Heureux celui qui peut disposer alors de pâturages montagneux pour la nourriture de ses troupeaux! Comme l'espèce ovine trouve à vivre là où toute autre périrait de faim, c'est elle qu'il convient de multiplier. Pour le labour, il faut employer les animaux qui résistent le mieux à la chaleur : le mulet, l'âne, le bœuf.

La nécessité d'entamer souvent un sol durci et de briser des mottes énormes rend indispensable l'emploi de forts rouleaux et de charrues énergiques, telles que l'ancien araire du Midi, construit en fer et perfectionné.

C'est en automne, en hiver, au premier printemps qu'ont lieu la plupart des labours et des semailles. La saison morte se trouve au cœur de l'été. Dès lors, il faut réserver pour cette époque les travaux accessoires et battre les grains aussitôt après la moisson.

Avec l'assolement, *jachère*, *blé*, on a toute l'année pour préparer le sol au semis de la céréale. L'alternat des ensemencements fourragers avec ceux de froment augmente les travaux d'automne et de premier printemps. C'est une raison de plus pour étendre les cultures arbustives et les champs irrigués qui procurent de l'ouvrage en toute saison.

En été, lorsque la terre, très-dure, résiste au soc de la charrue, on occupe utilement des bras au pelleversage.

CLIMAT DES ENSEMENCEMENTS AUTOMNAUX.

Sous ce climat, comme sous celui des cultures arbustives, il faut irriguer tout ce que l'on peut, et soumettre les champs arrosés à des cultures alternes de céréales, de fourrages annuels et de légumes verts, ou bien à la production continue de fourrages vivaces, ivraie d'Italie, luzerne, sainfoin.

Aujourd'hui, les céréales, le repos, la jachère prédominent sur les terres non arrosées. On sème peu de plantes fourragères. Dans les contrées les plus fertiles, les champs de maïs sont presque aussi étendus que ceux de blé; on cultive aussi le chanvre, le lin, le colza d'automne, le pastel, la gaude, le safran, le tabac. Trop souvent, on fait succéder le blé à lui-même pendant deux ou trois années. Enfin, les vignes occupent d'immenses espaces. Le département de la Charente-Inférieure compte à lui seul 111,000 hectares de vignobles; le département de la Gironde, 103,000.

Étendre les prairies artificielles, restreindre les cultures de céréales et les placer dans de meilleures conditions au moyen de fumures plus abondantes, diminuer l'espace en repos et en jachère à mesure qu'on fait plus d'engrais, utiliser les coteaux en friche par des plantations arbustives, et rendre aux végétaux herbacés certaines portions de vallée occupées actuellement par des vignes qui souffrent de l'humidité, planter des arbres forestiers pour leur feuillée fourragère : telle est la marche progressive à conseiller aux agriculteurs de cette région.

On doit cultiver, — pour fourrage, la luzerne, le sainfoin, le trèfle incarnat, les variétés automnales de vesce, de bisaille, de lentillon et de gesse, l'ervilier, l'escourgeon, le maïs et le sorgho; enfin, dans les lieux les moins secs, le trèfle commun; — pour légumes verts, les raves et les navets semés tard, les choux d'hiver, les citrouilles, les topinambours, les pommes de terre, les betteraves. Si nous exceptons le maïs, le millet, le sorgho, l'orge pamelle, le pois chiche, le lupin, les meilleures variétés de lentilles à manger et le haricot, qui doivent être mis en terre au printemps, il faut effectuer en automne tous les semis de céréales et de légumes secs. Les plus productifs de ces derniers sont la fève, le haricot, le lupin, la gesse. Le chanvre, le lin d'automne et celui de mars, le colza d'automne, le seigle d'automne, le maïs, le tabac peuvent être régulièrement cultivés. Enfin, toutes nos plantes tinctoriales donnent d'excellents produits.

On voit que ce climat comporte des cultures plus variées que le précédent, ce qui rend plus faciles : 1° la répartition des travaux entre les diverses saisons; 2° l'entretien du gros bétail; 3° la production des engrais et la réduction des jachères; 4° la mise en valeur des terres sans le secours des cultures arbustives.

Les instruments aratoires et les animaux de trait doivent être les mêmes sous les deux climats.

CLIMAT DES ENSEMENCEMENTS AUTOMNAUX ET PRINTANIERS.

Ce climat permet une plus grande variété de cultures que le précédent, et favorise par plus de fraîcheur les productions fourragères, ce qui facilite encore les combinaisons agricoles. On peut cultiver 1° en espèces et variétés à semis automnal, le blé, l'épeautre, le seigle, l'escourgeon, la bisaille, le lentillon, le colza, la navette, le pastel, la gaude, la vesce, le trèfle incarnat; 2° en espèces et variétés à semis printanier, le blé, l'épeautre, le seigle, l'orge à deux rangs et la petite orge à quatre rangs, le maïs, l'avoine, le millet, le sarrasin, la fève, les pois, la lentille, les gesses, le haricot, le colza, la navette d'été, les moutardes, la cameline, le lin, le chanvre, la gaude, la cardère, le tabac, la pomme de terre, le topinambour, la betterave, la carotte, le panais, les choux d'été, les navets, les raves, la lupuline, la vesce; 3° en végétaux vivaces, les trèfles commun, blanc et hybride, la luzerne, le sainfoin, la garance, le houblon, le safran. Ce dernier, ainsi que l'escourgeon, la vesce et la lentille d'automne, souffre, en hiver, dans les lieux les plus froids de la région. Quant au maïs, il ne vient régulièrement à maturité que dans les parties les plus chaudes, telles que les plaines de l'Alsace et de la Franche-Comté.

Autrefois, l'assolement universellement adopté sous ce climat était triennal : 1° *jachère;* 2° *céréale d'automne;* 3° *céréale de printemps.* En dehors de l'espace cultivé, chaque exploitation possédait des prairies et des pâturages. Dans une ferme ainsi assolée, supposé que les terres soient de qualité moyenne, que l'exploitation ait, en bonnes prairies, un tiers de l'espace arable et, de plus, une certaine étendue de pâturages naturels, les champs peuvent être fumés, tous les trois ans, avec les engrais produits par la consommation des foins et des pailles; ce qui permet aux céréales de devenir très-productives, pourvu qu'on travaille énergiquement les jachères et l'espace destiné à la céréale de printemps. Aussi, à une époque où il existait encore beaucoup de terrains vagues, ce système a paru tellement supérieur aux autres que Charlemagne l'a prescrit pour ses domaines. Depuis, on a défriché beaucoup de gazons. Par suite, la production des fourrages a diminué, et les céréales, semées sur des champs plus étendus et moins bien fumés, sont devenues moins productives. Pour obtenir plus de fourrages, on a essayé alors de remplacer la jachère par du trèfle commun ; mais cette substitution s'est souvent trouvée défectueuse, puisque la jachère doit nettoyer le sol, et que le trèfle est un végétal salissant.

Pour modifier judicieusement l'assolement triennal, il faut observer les deux règles qui ont conduit à son adoption : 1° nettoiement du sol au commencement de la rotation ; 2° égalité des semis automnaux et des semis printaniers, dans l'intérêt de la meilleure répartition du travail entre les diverses saisons. De plus, si l'on veut restreindre ou supprimer la jachère, il faut éviter les successions de plantes salissantes. Suivant la nature et l'état du sol, on commencera la rotation par une jachère ou par des cultures sarclées, telles que légumes verts, fèves, colza d'automne semés en ligne, tabac; ou bien, par du chanvre, de la navette d'été, du sarrasin; ou simplement par un fourrage annuel, tel que vesce, bisaille, trèfle incarnat, lupuline, etc. Si le terrain comporte la culture des trèfles commun, blanc et hybride, on les sèmera dans la céréale qui succède à la plante nettoyante de première année. On mettra après cette prairie artificielle une ou deux céréales, dont la seconde sera de printemps, puis des végétaux nettoyants. On pourra aussi, après le trèfle coupé seulement une fois, semer du colza, puis une céréale. En obtenant, au moyen de ces combinaisons, abondance de fourrages et de légumes verts, on élèvera avec succès toute sorte de bétail. Nous conseillons principalement, pour l'espèce bovine, l'entretien des vaches laitières, l'engraissement des veaux, la production des bœufs précoces; pour l'espèce chevaline, l'élève des chevaux de trait léger; pour l'espèce ovine, l'élève des mérinos larges et à toisons pesantes, là où la nature du sol le permet.

Au cheval, aujourd'hui presque exclusivement employé pour les labours, on pourra adjoindre des bœufs vigoureux du centre et du Midi. Il faudra réserver le battage des grains pour l'hiver, qui est la saison la moins occupée. Dès lors, les gerbes seront engrangées ou mises en meules.

Les cultures de vigne utiliseront les coteaux arides; ces vignobles, exclusivement travaillés à la main, resteront en dehors de l'exploitation agricole.

CLIMAT HERBAGER.

Tout devient d'autant plus facile que la fraîcheur de l'été s'accroît et que l'hiver perd de ses rigueurs. Sous le climat herbager, combien il est heureux d'avoir des gazons toujours verts! Il faut largement profiter d'un tel avantage et établir de vastes herbages, soit permanents, soit alternant avec les cultures.

Aujourd'hui, nous voyons déjà dans cette partie de la France des pâturages très-étendus; mais on ne les traite nulle part avec assez de soin, si ce n'est en Flandre et en Normandie.

Là où le gazon alterne avec les ensemencements, il convient que les champs soient entourés de haies vives. Au commencement de la période culturale, on rase la haie, afin que celle-ci ne donne pas d'ombrage nuisible aux récoltes. Plus tard, elle se trouve défensive, lorsque le terrain est remis en herbe. Si la violence habituelle des vents exige, pour les récoltes, un abri constant, on coupe la haie à partir d'une certaine hauteur.

L'extension des pâturages ne doit pas empêcher d'augmenter, par des cultures de fourrages artificiels et de légumes verts, la masse des subsistances alimentaires destinées au bétail. Parmi les légumes verts, on choisira ceux qui, sous ce climat doux, se développent en hiver et dont les produits se récoltent au fur et à mesure des besoins; tels sont les raves, les grands choux, les choux-navets, les panais.

On pourra semer luzerne, sainfoin, ajonc, trèfle, lupuline, spergule, serradelle; variétés automnales et printanières de vesce, de gesse, de bisaille et de lentillon; toutes les céréales, variétés automnales et printanières, excepté le maïs et le sorgho pour graine; le pavot, la cameline, les variétés automnales et printanières de colza, de navette, de lin; la garance, le pastel, la gaude; le tabac, la cardère, la chicorée; les variétés automnales et printanières de légumes secs, excepté le pois chiche, le dolique, le lupin pour graine. Le haricot ne peut entrer que dans la culture jardinière.

Sous le climat herbager, une fraîcheur constante, jointe à l'absence de soleil ardent et de gelées rigoureuses, rend difficile la destruction des mauvaises herbes. Il faut, pour les comprimer, une culture énergique, le déchaumage aussitôt après les moissons, des labours profonds avec tranche parfaitement renversée, pas de récoltes salissantes consécutives, si ce n'est trèfle après céréale sur terrain bien nettoyé. Du reste, comme le climat permet les ensemencements les plus variés, les meilleurs systèmes de culture alterne sont aisés à établir. De temps immémorial, l'art des assolements est arrivé en Flandre au plus haut degré de perfection.

A l'exception des moutons mérinos qui redoutent l'humidité de ce climat, toute espèce de bétail est facile à élever. Les troupeaux peuvent même rester à l'air une grande partie de l'année. Enfin, comme la terre ne se dessèche et ne gèle presque jamais, les travaux s'organisent sans peine.

CLIMAT DES PATURAGES D'ÉTÉ.

Sous ce climat, la longueur de l'hiver et la brièveté de la belle saison rendent les combinaisons difficiles et le travail aratoire dispendieux. On ne peut semer en automne que le seigle et les blés les plus durs au froid. Au printemps, on n'a chance de succès que pour un petit nombre de plantes, savoir : avoine hâtive, orge à deux rangs, petite orge quadrangulaire, sarrasin, vesce de printemps, pomme de terre hâtive, navet, rave, choux d'été, carotte, betterave, sainfoin, lupuline, trèfles commun, blanc et hybride, navette d'été, spergule.

Voici les points principaux qui doivent servir de base aux plans agricoles.

A cause de la cherté du travail aratoire, cultures effectuées seulement dans d'excellentes conditions; ailleurs, repos, gazons, plantations.

Bétail nombreux, afin d'utiliser l'herbe que la fraîcheur de l'air fait pousser en été.

Labours exécutés par des femelles reproductrices ou par de jeunes animaux.

Avant l'hiver, vente d'une partie des élèves de l'année, afin que les étables soient moins peuplées au temps onéreux de la stabulation.

Si la nature des aliments le permet, entretien de mérinos extra-fins, à cause de l'heureuse influence de cette longue stabulation sur la finesse des laines.

Grands efforts pour créer par l'irrigation d'excellents gazons naturels.

Aux dernières limites de la région, moins d'ensemencements que partout ailleurs. Que feraient, enfouis sous la neige, pendant sept à huit mois, les hommes et les animaux nécessaires à la culture de champs étendus? Là plus qu'ailleurs, *du bétail*, *du bétail*, *encore du bétail.*

CHAPITRE VIII

INFLUENCE DE DIVERSES CIRCONSTANCES SUR LES COMBINAISONS AGRICOLES.

—

HABITUDES DES POPULATIONS ET PRIX DE LA MAIN-D'ŒUVRE.

> Ne demande jamais à l'habitant des campagnes plus qu'il ne peut faire et plus qu'il ne peut payer. Car tu prêcherais dans le désert, et ces conseils imprudents feraient rejeter ceux qu'on pourrait suivre.
>
> JACQUES BUJAULT.

Conformément à ce principe de haute sagesse, partout où la main-d'œuvre est chère et où les ouvriers sont maladroits, n'entreprenons aucune culture qui exige un travail minutieux ; mais contentons-nous de produire des céréales, des légumes secs, du colza, de la navette, des plantes fourragères; ne semons ou ne plantons en légumes verts que ceux dont les sarclages peuvent être presque complétement effectués à la houe à cheval, tels que pommes de terre, topinambours, betteraves; et nourrissons, autant que possible, les bestiaux à la pâture.

Si, au contraire, la main-d'œuvre est à bas prix, ou si, opérant sur peu d'étendue, le cultivateur l'obtient de sa propre famille, il peut mettre en terre des végétaux délicats, multiplier les sarclages, nourrir ses vaches à l'étable, faire succéder rapidement les semis aux récoltes. Dans ce système, tout doit encore se combiner de sorte que les ouvrages ne soient jamais excessifs, principalement au temps des moissons. Quelquefois, des champs de lin, de pavot, de colza ont été perdus, parce qu'on n'avait pas tenu compte de ce point important.

DÉBOUCHÉS.

> Favorisez, étendez, améliorez le commerce du pays, mais ne tentez pas de lui en substituer un autre.
>
> JACQUES BUJAULT.

Séduit par le produit élevé de la cardère, du houblon, de la garance, on serait tenté de cultiver ces végétaux partout où ils se plaisent. Mais ce n'est pas tout d'obtenir de riches récoltes, il faut encore s'en défaire avantageusement, ce qui obligerait, dans certains cas, à des transports dispendieux sur des marchés éloignés. D'un autre côté, la place est promptement encombrée par des substances d'un usage restreint, telles que gaude, cardères, etc. Dès lors, si la culture de l'une de ces plantes prend beaucoup d'extension, ce doit être, pour l'homme habile, un motif de l'abandonner, en prévision de la baisse de prix qui résultera d'une production trop considérable. Au contraire, lorsque les cours se sont avilis et que, par suite, la culture en question se restreint de toutes parts, on peut s'y livrer avec l'espérance fondée que le marché cessera bientôt d'être surchargé et que les cours se relèveront.

Dans les pays à très-mauvais chemins, on produit avec un avantage particulier les substances qui ont beaucoup de valeur sous un poids faible, telles que tabac, houblon, safran, soie, huile d'olive, fromages, alcool, etc. Cette question des transports modifie même étonnamment, d'un lieu à un autre, le bénéfice qu'on peut attendre des céréales et des légumes secs. Lorsque les débouchés sont très-difficiles, il faut spéculer principalement sur le bétail, qu'il est toujours aisé de déplacer.

Le cultivateur voisin des villes peut écouler dans ces centres de consommation des produits qu'il ne pourrait vendre, s'il était ailleurs. Souvent, il doit tirer parti de cet avantage et conduire au marché des pailles, des fourrages, des légumes verts. En retour, il achète des fumiers qui se paient presque toujours à la ville au-dessous de leur prix de revient dans la ferme même. On trouve encore dans les grands centres de population des résidus précieux, soit pour l'engraissement du bétail, soit pour la nourriture des porcs.

CAPITAL PLUS OU MOINS ÉLEVÉ QUE POSSÈDE LE CULTIVATEUR.

> La science de l'économie rurale n'est pas plus dans la prodigalité que dans l'avarice; elle consiste à faire beaucoup avec peu.
>
> SCHWERTZ.

En agriculture comme dans l'industrie, il faut concilier les intérêts de l'avenir avec ceux du présent, et se ménager des ressources pour le soutien de l'entreprise. Or, il est bon de remarquer que ce dont le bétail se nourrit ne peut être réalisé en argent d'une manière complète. Ainsi, le fumier, qui est un des principaux produits animaux, rentre en terre et ne rend rien en numéraire qu'après avoir été absorbé par de nouvelles récoltes. Le travail des bêtes de trait ne peut de même se réaliser que par les fruits ultérieurs du sol. Les autres produits du bétail se convertissent en argent au bout d'un temps dont la durée varie. Les vaches, par leur lait; les moutons, par leur laine; les bestiaux engraissés, par leur augmentation de poids, remplissent la caisse assez vite. Il n'en est pas de même des sujets qu'on élève pour les vendre au bout de plusieurs années.

Partant de là, on peut, au point de vue de la rapidité du profit réalisable, distinguer les diverses cultures de la manière suivante : 1° Le profit le plus lentement réalisable est donné par les plantes fourragères et par les légumes verts destinés au bétail. 2° Viennent ensuite les céréales et les légumes secs, dont le grain peut être immédiatement vendu, tandis que les pailles sont consommées; à cette classe appartiennent encore les légumes verts qui, destinés aux sucreries, aux distilleries, aux féculeries, fournissent d'une part des résidus pour la consommation, de l'autre du sucre, de l'alcool, de la fécule, dont on peut tirer de suite de l'argent. 3° Le colza, le lin, le chanvre, le tabac et autres végétaux qui ne procurent aucun aliment pour le bétail, donnent le produit le plus promptement réalisable.

Comparées au point de vue de l'amélioration du sol, ces trois classes de cultures y contribuent d'autant plus qu'elles fournissent plus d'aliments aux animaux et que, par conséquent, leurs produits sont plus lentement réalisables.

L'agriculteur qu'un capital suffisant met à l'aise, a intérêt à développer les cultures à produit lentement réalisable, puisque, par suite de cette extension, la terre s'améliore et que les récoltes s'augmentent chaque année.

Au contraire, moins on a de capital, plus on est forcé de sacrifier l'avenir au présent, et de s'attacher aux plantes qui procurent de suite de l'argent.

Ainsi, la pauvreté de la plupart des cultivateurs français explique l'extension démesurée des cultures de céréales. Ce système n'en est pas moins défectueux, toutes les fois que, faute d'engrais, les blés ne se trouvent pas semés dans de bonnes conditions. Si l'on a trop entrepris relativement aux moyens dont on dispose, il faut concentrer les engrais sur les meilleurs champs et faire pâturer les moins fertiles, en attendant que les bénéfices et les fumiers obtenus permettent d'ensemencer ces derniers avec chance de réussite. Malheureusement, on fait presque toujours l'opposé; ce qui a inspiré à Jacques Bujault l'histoire suivante. C'est un enfant qui raconte :

Affaire surprenante. — « J'ai vu, comme je vous vois, ce que je vais vous dire. La nuit dernière, il faisait noir comme dans un four, j'entends grand bruit, plus fort que cent mille canons tirant ensemble. — Ah ! ah ! dit *Pierre Labombe*, il y a bataille... — Forte bataille, répond l'enfant. Un grand trou s'ouvrit auprès de mon lit, de cent lieues de long et de cent lieues de large; cinquante soleils éclairaient la chambre. Une vieille femme, de cent cinquante pieds de haut, sortit du trou, criant, pleurant, déguenillée, maigre et mal peignée.

« — Me connais-tu; mon petit Frank? — Non vraiment. — Je m'appelle *la Terre*, je nourris le monde et suis ta grand'mère... — Pourquoi pleurez-vous, ma grand'mère?... — Le mauvais cultivateur me fait chagrin; il laboure et sème toujours du grain, sans fumer, sans rien me donner. Dis-lui donc ça, mon pauvre *Frank*... — Ma grand'mère, je lui dirai.

« — Quant il fume bien et ne met qu'un blé, ou bien quand il lève un pré, je donne triple récolte, longue paille et beaux épis, grain pesant et bien nourri. Je rends plus dans un an que dans quatre. Dis-lui donc ça, mon pauvre *Frank*... — Je lui dirai, ma grand'mère.

« — La mauvaise herbe me mange; elle vient toujours et tue son blé. Le seul moyen, c'est de me mettre en pré pour que la mauvaise graine pourrisse. Dis-lui donc ça, mon pauvre *Frank*... — Je lui dirai, ma grand'mère.

« — Mon Dieu! je ne demande pas à me reposer. Je veux toujours marcher, mais toujours changer. Jamais deux ou trois grains de suite : ça m'écrase. Dis-lui donc ça, mon pauvre *Frank*... — Ma grand'-mère, je lui dirai.

« — Dis-leur : Madame *la Terre* est maligne comme un diable, revêche et têtue; il faut lui obéir pour qu'elle donne... —Je ne dirai pas ça, ma grand'mère. — Si fait, si fait, il faut qu'ils me connaissent. Ne les entends-tu pas me dire des sottises, crier : la terre ne vaut rien? Ce sont eux, qui ne valent rien... — Je leur dirai bien ça, ma grand'mère.

« — Vois-tu, madame *la Terre* a vingt espèces de sucs : l'un pour le grain, l'autre pour la pomme de terre; celui-ci pour la betterave, celui-là pour le colza, le sainfoin, la luzerne, etc. Quand l'un est épuisé, il faut lui donner le temps de se refaire. Quand on a trait la vache, on attend le lait à revenir... — Ma grand'mère, je comprends ça.

« — Après un renouvelis, tout vient à merveille : c'est que tous les sucs sont là. On peut mettre deux froments en les fumant. Mais quand le cheval est fatigué, on le laisse reposer; quand la charrette a roulé, il faut la graisser... — Je leur dirai ça, ma grand' mère.

« Plus rien n'a dit la madame. J'entends un grand chamaillis, comme chiens hurlant, fresaies criant, puis un petit charivari, et ça fut fini. »

INDUSTRIES ACCESSOIRES.

Dans cette ferme qui possède une sucrerie ou une distillerie de betteraves, voyez quelle heureuse combinaison, 1° entre les travaux de sarclage, qui ont lieu en été, et la fabrication du sucre, qui se fait pendant l'hiver; 2° sur un sol riche, entre la culture du blé et celle de la betterave, qui nettoie le sol, l'approfondit et fait disparaître la trop grande abondance de sels solubles si dangereuse pour les céréales; 3° entre l'amélioration du sol et la production des betteraves. Ces racines, consommées dans l'exploitation après l'enlèvement du principe saccharin (5 à 7 pour 100), procurent plus d'engrais qu'elles n'en absorbent.

Cette excellente annexion ne peut se faire que dans certaines circonstances, savoir : — terrain riche et facile à cultiver; — climat des ensemencements automnaux et printaniers ou climat herbager; dans la région des cultures arbustives et dans celle des ensemencements automnaux, on a trop peu de temps pour la fabrication du sucre, ainsi que nous l'avons expliqué ailleurs; sous le climat des pâturages d'été, c'est après l'hiver que le temps manque pour des semis étendus de betteraves; il manque aussi en automne pour la récolte d'une grande quantité de racines; — exploitation assez vaste pour que, sans cultiver la betterave plus d'une année sur trois, on récolte soi-même la plus grande partie de ce dont on a besoin; — combustible à prix modéré; — voies de communication en bon état et débouchés faciles; la proximité d'un canal ou d'une station de chemin de fer augmente singulièrement les chances de réussite; — terres appartenant au cultivateur ou louées à long bail, afin qu'il puisse rentrer dans toutes ses avances de premier établissement; — capitaux proportionnés à l'entreprise.

L'excellente culture que reçoivent les champs de betteraves permet de supprimer les jachères, et les résidus de la fabrication donnent le moyen d'engraisser beaucoup de bétail. Comme, à l'opposé de ce qui a lieu dans les exploitations ordinaires du Nord, les travaux sont plus considérables en hiver qu'en été, on achète à l'automne des bœufs maigres, on les occupe en hiver; puis, on les engraisse avec des fourrages verts et des résidus conservés.

Les féculeries, les distilleries de pommes de terre et de grains, les huileries, les brasseries, les moulins à farine sont réunis aux exploitations agricoles d'une manière non moins avantageuse, sous le triple point de vue de l'organisation du travail, de l'utilisation des récoltes sur le lieu même, enfin d'une abondante production de résidus. En permettant de varier le régime des animaux, ces substances permettent souvent de faire manger beaucoup de pailles qui, sans mélange, ne pourraient servir que de litière.

CIRCONSTANCES ACCIDENTELLES.

La perfection consiste à déterminer les ensemencements de l'année d'après l'état du sol, les besoins de l'exploitation, le cours probable des denrées et le caractère de la saison. Dans ce cas, on ne suit pas d'assolement régulier. Ce système libre s'applique aisément à la petite culture; mais, plus l'exploitation s'étend, plus on trouve de difficulté à le suivre. Toutefois dans un grand faire-valoir, les cultures peuvent encore varier, jusqu'à un certain point, d'une année à l'autre.

Dans cette mise en rapport des semailles avec les circonstances accidentelles, il faut chercher à simplifier le travail; ainsi, ne pas semer au loin une plante, comme le safran, qui exige des soins assidus; ou dont le produit est très-lourd, telle que plante à faucher en vert, betterave, chou, etc. Il faut cultiver près des bâtiments les végétaux fourragers nécessaires aux animaux nourris à l'étable; multiplier les cultures améliorantes sur les terres éloignées, à cause de la difficulté d'y porter de l'engrais; ne pas mettre de plantes sarclées sur les pentes rapides, de peur que la terre, excessivement ameublie, ne soit entraînée par les pluies au bas de la côte; occuper surtout ces coteaux par des gazons, par des prairies artificielles ou par des cultures arbustives; ne pas semer de céréales de printemps dans les champs infestés de moutarde sauvage et de folle avoine; si un champ est de nature tellement variée qu'on ne puisse facilement faire produire à chaque genre de terrain le végétal qui lui est le mieux approprié, adopter pour tout l'espace la culture qui convient aux plus mauvais endroits; ainsi, lorsqu'il se trouve des veines de terre compacte dans une pièce qui devrait être en plante sarclée, remplacer cette culture par un semis fourrager. Au milieu d'une plaine de prairies artificielles, de pâtures, de légumes verts ou de jachère, ne pas semer un petit espace en céréales, en plantes oléagineuses ou en légumes secs, dans la crainte qu'il ne soit ravagé par tous les oiseaux de la contrée; si les cultures d'œillette, de pois, de haricots sont peu étendues dans le pays, n'en mettre que sur des pièces faciles à garantir de tout maraudage.

DISPOSITION DES PIÈCES DE TERRE.

Deux exploitations de même étendue, de même nature, sont dirigées par des cultivateurs également habiles; l'une est d'un seul tenant, tandis que l'autre compte une multitude de parcelles enchevêtrées avec les héritages voisins. Ces deux fermes devront-elles être soumises aux mêmes combinaisons? Nullement. La première pourra être traitée suivant le système le mieux approprié au climat, à la nature du sol, aux débouchés, à la fortune de l'exploitant. Il sera possible de bien utiliser les pâturages et d'aménager l'herbe, cette richesse du sol presqu'aussi précieuse que le grain. La seconde sera nécessairement soumise au système général usité dans la contrée.

GOUTS ET PRÉJUGÉS DU PAYS.

> Quand tout le monde a tort, tout le monde a raison. *Proverbe.*

D'après ce principe de vieille sagesse, il faut respecter les habitudes des populations au milieu desquelles on vit, et même tolérer leurs erreurs jusqu'à un certain point.

Ainsi, élever des animaux très-perfectionnés, lorsque personne n'en apprécie le mérite; — imposer à ses domestiques un instrument dont ils ne veulent pas se servir, ou que le charron et le maréchal du village ne sont pas en état de réparer; — changer les usages de la contrée pour la nourriture et le salaire des gens; — ne pas accorder à ceux-ci les parties de plaisir et les jours de fête sur lesquels ils comptent, d'après la coutume établie : voilà autant de fautes à éviter.

VALEUR VÉNALE DE LA TERRE ET DEGRÉ DE CIVILISATION.

> Nous ne cultivons pas comme nos ancêtres; ceux-ci ne cultivaient pas comme leurs devanciers; nos neveux ne cultiveront pas comme nous. SCHWERTZ.

Dans un pays presque désert, la terre est sans valeur, parce qu'on manque de bras pour la cultiver. Alors, on ne peut l'utiliser que par pâturage.

Dès que la contrée commence à se peupler, la valeur du sol s'établit. Elle est d'abord extrêmement faible, parce que les besoins des habitants sont peu nombreux. Pour répondre à ces besoins, on cultive des céréales dans les lieux les plus fertiles, et dès que la terre se fatigue ou se salit, on change de place l'espace labouré; d'immenses terrains restent encore livrés aux troupeaux. On ne recueille pas les fumiers, ce soin serait inutile et même onéreux : inutile, à cause de la fécondité des terres encore vierges pour la plupart; onéreux, par suite de la pénurie de bras. Du temps de Tacite, la Germanie se trouvait dans cet état d'agriculture et de civilisation commençantes.

Parvenu à un troisième degré, on étend les cultures de céréales, afin de répondre à des besoins croissants. Alors, les ensemencements se régularisent. On adopte les assolements triennal et biennal avec jachère. On commence aussi à recueillir le fumier, afin de réparer l'épuisement des terres.

A un quatrième degré, comme on a défriché dans

la période précédente beaucoup de prairies et de pâturages, la production du bétail et celle des engrais diminuent. Pour y remédier, on sème en plantes fourragères une partie de l'espace labouré; ces cultures alternent avec les céréales. Bientôt, les terres précédemment épuisées reprennent de la fécondité et les jachères se restreignent.

Un cinquième degré de civilisation rend les besoins si grands et fait monter tellement le prix des terres, que toute interruption de récolte devient très-dispendieuse. Alors, à force de travail et d'engrais, on oblige la terre à produire toujours; l'agriculture atteint son plus haut degré de perfection et finit par ressembler à du jardinage.

La France est entrée dans sa troisième période vers l'époque de Charlemagne; dans la quatrième, au milieu du XVIIIe siècle. Maintenant, quelques départements se trouvent encore dans la troisième. La plupart sont dans la quatrième. Un petit nombre de points seulement sont parvenus à la cinquième. Si l'agriculture est convenablement encouragée, le pays tout entier pourrait y arriver d'ici à un demi-siècle. Alors, il nourrirait sans peine deux ou trois fois plus d'habitants qu'aujourd'hui.

Lorsqu'on commence une entreprise, il est difficile d'apprécier exactement toutes les circonstances que nous venons de passer en revue. Afin de les étudier sans aucun risque, nous conseillons l'adoption provisoire du système usité dans le pays. Ce système peut n'être pas le meilleur; mais, puisqu'il se soutient, on est sûr qu'à certains égards il se rapporte aux besoins de la localité, et qu'on ne court aucun péril à le suivre pendant quelque temps.

Cette sage prudence n'empêchera pas de se procurer les meilleurs animaux des races locales et les semences les plus parfaites, de bien disposer la place à fumier, de traiter les engrais avec soin, de faire une guerre à outrance aux mauvaises herbes, de marner les champs privés de calcaire, de drainer les terrains humides, d'irriguer les prairies et d'en faire écouler les eaux stagnantes, d'améliorer le régime et l'hygiène du bétail, de créer des prairies artificielles sur les champs qui leur conviennent le mieux.

Quant aux jachères, bien loin de les supprimer dans les premières années, il convient presque toujours de les étendre, afin de nettoyer le sol et de suppléer à l'insuffisance des engrais. Grâce à de tels soins, le système du pays deviendra certainement plus productif qu'il n'était; c'est alors qu'on en connaîtra exactement les avantages et les défauts, et qu'on y apportera, s'il y a lieu, d'utiles modifications.

La plus grande folie est d'épuiser sa bourse, dès le commencement d'une entreprise, par des constructions dispendieuses et par des achats de bestiaux étrangers.

Avant de bâtir de nouvelles granges, attends que les récoltes puissent les remplir et t'aider à payer le maçon. Provisoirement, contente-toi de réparer les toitures et les murailles, et d'aérer tes étables. Quant aux lauriers justement mérités, dans les concours de bestiaux, par MM. de Falloux et de Béhagues, garde-toi d'y prétendre avant de récolter, comme ces agriculteurs, quantité d'excellents vivres. Malgré ton désir de faire du fumier, ne sème de trèfle, de luzerne, de sainfoin que dans des terres parfaitement nettes. Tu resteras deux, trois, quatre ans peut-être, pauvre en fourrage, pauvre en bétail, pauvre en engrais. Ne perds pas courage. Les résultats agricoles sont surtout l'œuvre du temps.

Che va piano, va sano.

CHAPITRE IX

COMPTABILITÉ AGRICOLE

> Un homme qui tient des comptes réguliers ne peut se ruiner.
>
> *Proverbe hollandais.*

Au moyen de ses écritures, un industriel sait ce que rapportent les divers articles de sa fabrication; un négociant sait de même ce qu'il gagne sur chaque marchandise. Quant au cultivateur, il n'a d'ordinaire aucun registre, et son encrier est presque toujours à sec. Aussi, demandez-lui à quel prix lui reviennent le blé, le fromage, etc., il ne sait que répondre. Une telle ignorance est déplorable.

Tout ce qui se fait dans une ferme doit être marqué, chaque jour, sur de petits registres de 18 centimètres de large sur 20 de haut, avec papier rayé, couverture cartonnée et titre qui permette de les distinguer sans les ouvrir. Voici la nomenclature de ces livres indispensables :

Livre de Caisse. — Sur lequel on inscrit, à la page de gauche les recettes avec leur date, à celle de droite les dépenses, en indiquant l'origine des premières et l'objet des secondes. A la fin de chaque semaine, on additionne les unes et les autres; puis on s'assure, en comptant son argent, qu'aucun article n'a été omis.

Livre de Magasin. — Chaque magasin a, sur ce registre, son compte divisé en deux colonnes. On inscrit à celle de gauche les produits emmagasinés et leur origine; à celle de droite, ce qui sort du magasin et l'emploi qui en est fait.

Livre des récoltes. — Ici, chaque pièce de terre porte un numéro et occupe une page où l'on inscrit le produit de la pièce en gerbes, kilo. de fourrage sec ou de légumes verts, etc. Les fourrages verts et les pâturages sont notés avec indication de leur valeur comparée à celle du foin.

Livres de la consommation et du produit des animaux. — Chaque espèce de bétail doit avoir un registre spécial, dont les pages sont divisées par autant de lignes verticales qu'il existe d'objets de nature différente, produits ou consommés. Le fumier se compte par brouettes d'un poids déterminé; le lait, par litres; le travail, par heures. Ce dernier article peut être omis ici, parce qu'il trouve place au registre des travaux.

Vaches.

Consommation. *Produit.*

DATES Janvier	FOIN Kilo.	RACINES Kilo.	TOURTEAUX Kilo.	LAIT Litres	FUMIER Brouettes
1er	150	200	4	100	10

Les inscriptions relatives au bétail obligent à tout mesurer. La mise en bottes rend l'opération facile pour les fourrages. Aussi, renouvelons-nous ici le conseil déjà donné, de ne pas négliger ce soin, utile encore à tant d'autres égards. Si les foins ne sont pas liés, il faut, au moment même de la récolte, déterminer, par des pesées partielles, le poids de chaque voiture; puis, marquer sur le livre de magasin le lieu du dépôt. On connaît ainsi la valeur des différents lots dont se compose la provision. Lorsqu'on prend à un seul tas pour plusieurs espèces de bétail, on pèse, pendant un jour, la ration de chacun, et l'on s'en rapporte à cette donnée pour la consommation du tas entier.

Livre des travaux. — Les pages de ce registre présentent, pour chaque genre de travailleurs, bœufs, chevaux, domestiques, ouvriers payés à différents prix, une colonne verticale où l'on inscrit leurs heures de travail. Dans une colonne plus étendue, on spécifie la nature de l'ouvrage et le n° de la pièce de terre à laquelle le travail a été appliqué.

DATES Mai	NATURE DU TRAVAIL		CHEVAUX	CHARRETIERS	OUVRIERS	FILLES DE JOURNÉE
1	Labour. . .	Pièce n° 1.	20	10	»	»
	Fossé. . .	Pièce n° 2.	»	»	10	»
	Sarclage. .	Pièce n° 4.	»	»	»	40

Livre des comptes d'employés. — Sur ce registre, chaque employé a son compte, en tête duquel sont marquées les conventions passées avec lui. Au dessous, se trouvent deux colonnes. Dans l'une, sont inscrits les jours de travail ou les ouvrages faits à la tâche; sur l'autre, on marque les paiements.

Livres du charron, du maréchal, du bourrelier. — Sur ces registres, qui doivent être d'un très-petit format, le père de famille marque l'objet ou la réparation qu'il demande. Le fournisseur, auquel le registre est envoyé, écrit en regard le prix qu'il veut avoir pour l'article en question. Par ce moyen, le cultivateur peut discuter la dépense, s'il le juge à propos; chose impossible sur les mémoires de plusieurs mois, tels que les fournisseurs les donnent ordinairement. Ces inscriptions préviennent d'ailleurs les commandes que les domestiques sont disposés à faire à l'insu du maître.

Livre du battage des grains. — Chaque espèce de gerbes a sa page divisée en deux colonnes. Dans celle de gauche, on inscrit le nombre de gerbes avec leur provenance; dans celle de droite, les quantités de paille et de grain produits par chaque battage.

Livre de laiterie. — Ce registre est divisé en deux colonnes. A celle de gauche, on marque le lait qui entre à la laiterie; à celle de droite, la quantité de beurre, de fromage et de résidus obtenus et l'emploi de chacun de ces produits.

Livre de ménage. — Tout ce qui est consommé par le ménage est inscrit sur ce registre, dont chaque page peut être divisée en autant de colonnes verticales qu'il se trouve d'objets différents.

Livre des engrais. — Ici, chaque genre d'engrais et d'amendement a son compte. Dans la colonne gauche, on marque les achats et les confections de substances fertilisantes; dans la colonne droite, l'application de ces substances aux pièces de terre.

Livres des débiteurs et des créditeurs. — Sur l'un de ces registres, chaque débiteur de l'exploitation a son compte divisé en deux colonnes. A celle de gauche, on inscrit la créance; à celle de droite, le remboursement. Sur le registre des créditeurs, on ouvre de même à chaque créancier un compte à deux colonnes. La dette est inscrite à celle de droite, et le paiement à l'autre.

Livre supplémentaire. — On marque ici ce qui n'a pas trouvé place sur les livres précédents, morts, naissances, accidents, etc.

Lorsque les registres sont rayés d'avance, l'inscription journalière exige un quart d'heure au plus. Afin d'éviter toute négligence provoquée par le sommeil, il convient de faire ce travail, non pas le soir, mais à midi, immédiatement avant ou après le dîner. Alors, tout le monde se trouvant réuni, on a de suite les renseignements nécessaires. Chaque dimanche, on consacre une heure au relevé des articles inscrits pendant la semaine, et le premier dimanche de chaque mois, on fait le relevé du mois entier.

De plus, on établit au 1er janvier l'inventaire de ce qu'on possède, y compris les avances faites aux cultures. Dans un article à déduire de l'actif, on inscrit les dettes; et, pour simplifier ce dernier compte, on règle préalablement avec les domestiques, avec les ouvriers, le charron, le maréchal, etc.

La différence qu'on trouve entre l'inventaire actuel et celui de l'année précédente, indique le bénéfice ou la perte de l'année, non compris l'amélioration ou la détérioration du sol. Pour s'éclairer sur ce dernier point, le cultivateur propriétaire fait tous les dix ans l'estimation de ses héritages.

En possession des renseignements obtenus ainsi, il est impossible de ne pas apercevoir le résultat de ses opérations. Si l'on veut s'éclairer d'une manière complète, on ouvre, tous les ans, à chaque branche de l'exploitation, sur un *grand livre* analogue à celui des commerçants, un compte divisé en deux colonnes; sur celle de gauche dite du *débit* ou du *doit*, on inscrit ce que la branche a reçu, et sur celle de droite, dite du *crédit* ou de l'*avoir*, ce qu'elle a produit ou donné. Comme ce qui est donné par une branche est reçu par une autre, il s'ensuit que le même article est inscrit deux fois sur le grand livre, savoir : à la colonne droite d'un compte et à la colonne gauche d'un autre compte. Exemple :

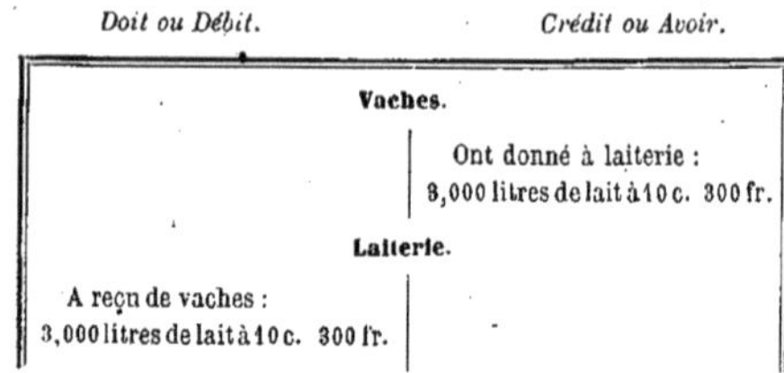

Doit ou Débit.	*Crédit ou Avoir.*
Vaches.	
	Ont donné à laiterie : 3,000 litres de lait à 10 c. 300 fr.
Laiterie.	
A reçu de vaches : 3,000 litres de lait à 10 c. 300 fr.	

De là vient le nom de *comptabilité* en parties doubles qui a été donné à ce système, le seul parfaitement rationnel.

Si, au commencement de l'année, une valeur se trouvait appliquée à telle ou telle branche (point qui est indiqué par l'inventaire fait à cette époque), on inscrit la valeur dont il s'agit, en tête de la colonne gauche ou de *débit* du compte. A la colonne droite, on inscrit les valeurs qui, d'après l'inventaire fait au commencement de l'année suivante, se trouvent alors appliquées à cette même branche. Pour le compte *vacherie*, on met, par exemple :

Vaches.

Débit.	*Crédit.*
Ont reçu de l'inventaire fait au 1er janvier 1857, la valeur des animaux à cette date. 3,000	Ont donné à l'inventaire fait au 1er janvier 1858, la valeur des animaux à cette date. . . . 3,500

Par suite de ces dispositions, la différence qu'on trouve entre les deux colonnes de chaque compte représente ce qui a été perdu ou gagné sur la branche à laquelle le compte s'applique, et la différence totale qui existe entre la colonne droite de tous les comptes réunis et leur colonne gauche, exprime le bénéfice ou la perte totale de l'exploitation. Cette différence est nécessairement la même que celle des deux inventaires faits, l'un au commencement, l'autre à la fin de l'année. En effet, les articles de ces inventaires figurent : — ceux du premier, à la colonne gauche; — ceux du second, à la colonne droite. Quant aux autres articles, ils sont tous inscrits en double, ainsi que nous l'avons dit : 1° sur la colonne gauche d'un compte; 2° sur la colonne droite d'un autre compte. Ils se balancent donc réciproquement.

Si la différence des inventaires n'est pas exactement la même que celle des colonnes de débit et de crédit de tous les comptes additionnés, on peut être sûr qu'une erreur ou une omission a été commise. Cette méthode présente ainsi le grand avantage de ne laisser aucune faute inaperçue.

Le taux auquel chaque objet est évalué, doit être conforme aux prix courants. Lorsqu'un produit n'a pas de valeur commerciale, on l'assimile à un objet vénal de même genre; on évalue, par exemple, les navets, les carottes, etc., d'après leurs facultés nutritives comparées à celles du foin. Si l'on manque de points de comparaison, plutôt que de faire des évaluations fausses, on porte l'objet à son prix de revient, indiqué par le compte même.

A moins que ce ne soit près des villes, il est rare que le fumier ait un prix courant. Pour en établir la valeur, nous conseillons de marquer à son prix de revient le fumier du genre de bétail qui, étant le plus nombreux dans la ferme, est destiné à fournir le plus d'engrais. Le fumier des autres animaux est coté au même taux. Marqué et évalué par brouettes, il passe du crédit des comptes d'animaux au débit du compte *fumier*, qui reçoit, en outre, les frais relatifs à la confection de l'engrais. Du compte *fumier*, il passe, augmenté de ces frais, aux comptes ouverts à chaque champ. Ces comptes le donnent aux différents comptes de cultures, suivant le degré probable d'absorption.

Le temps des attelages doit, en général, être évalué prix coûtant. Ce prix s'établit de la manière suivante : Le compte *chevaux*, par exemple, reçoit les frais de nourriture des animaux, plus les frais d'entretien des harnais, des instruments aratoires et des voitures, frais qui sont déterminés dans un compte particulier ouvert à ces objets. Le compte *chevaux* reçoit en outre la valeur des animaux estimés au premier inventaire. Ce même compte présente à son crédit tant d'heures de travail, tant de brouettes de fumier et tant d'animaux portés au second inventaire. Ces deux derniers articles étant extraits de la somme totale des valeurs reçues, ce qui reste représente le prix coûtant des heures de travail.

Le temps des serviteurs et des ouvriers est coté de même, prix coûtant. Ce prix, qu'on découvre au moyen d'un compte ouvert à chaque catégorie de travailleurs, se compose du salaire, de frais de surveillance et souvent aussi de frais de nourriture. Ceux-ci sont donnés par le compte *ménage*.

Les frais de nourriture des gens étant défalqués de ce qu'a reçu le compte *ménage*, le surplus représente l'entretien du cultivateur, et passe au débit d'un compte particulier ouvert sous le titre : *père de famille*. Le produit de ce compte consiste en surveillance, qui se répartit sur tous les comptes de travailleurs, proportionnellement à la valeur de leur temps. Si le cultivateur et sa famille coopèrent directement aux ouvrages, leur travail, dont la durée et l'objet ont été inscrits sur les registres journaliers, est estimé au même taux que celui des serviteurs et donné par le compte *père de famille* aux comptes des branches de l'exploitation qui en ont profité. Cette somme de travail étant soustraite de la colonne de crédit du compte *père de famille*, ce qui reste est réparti comme frais de surveillance.

Ainsi que le conseille Mathieu de Dombasle, il ne faut pas craindre de multiplier les comptes; c'est ainsi qu'on leur donne une grande clarté. Exemple : je paie tant en fermage; cette dépense sort de *caisse* et doit passer au débit des comptes ouverts aux diverses pièces de terre. Pour effectuer cette répartition, sans compliquer le compte *caisse*, j'ouvre un compte *fermage*, qui reçoit de *caisse* la somme en question et la subdivise entre les différentes parties du domaine. On qualifie d'*auxiliaires* ce genre de comptes, simplement destinés à faciliter le travail de la comptabilité.

Chaque pièce de terre doit avoir son compte, et chaque culture doit aussi avoir le sien. Au débit du compte de la pièce de terre, on inscrit ce qui a été dépensé pour elle, y compris le fermage, l'impôt, l'assurance contre la grêle; et, à son crédit, on répartit cette dépense sur les comptes des cultures qui en ont profité. Les frais d'une jachère, par exemple, se partagent entre deux ou trois récoltes successives. Les frais de sarclage de la betterave, de la pomme de terre, etc., sont, pour une partie seulement, mis à la charge de ces légumes verts, et pour le reste, à celle de la plante qui leur succède. Celle-ci profite en effet, du nettoyage donné au sol. Les engrais reçus par les comptes des pièces de terre sont répartis, ainsi qu'il a déjà été dit, entre les comptes des cultures au fur et à mesure de l'absorption présumée. Toute avance faite à un champ, et qui n'a pas encore été mise à la charge des cultures, figure à l'inventaire et revient, l'année suivante, au débit du compte de cette même pièce, pour être attribuée ultérieurement aux cultures qui en profiteront.

Il est évident qu'au moyen de fausses estimations, on peut rendre le grand livre entièrement mensonger. Aussi, lorsqu'il s'agit de vérifier la comptabilité faite par un autre, ce point doit être étudié avec un soin tout particulier. Soi-même, il ne faut pas se laisser entraîner à de telles erreurs, par suite de la prédilection qu'on serait disposé à accorder à certaines branches.

CHAPITRE X

COMMENT LES ANCIENS ENTENDAIENT L'ÉCONOMIE RURALE

Diligence passe science.
Proverbe.

Un mauvais système bien administré vaut mille fois mieux que le meilleur qui l'est mal.
DE GASPARIN.

Les auteurs de l'antiquité qui ont traité de l'économie rurale, semblent pour la plupart s'être inspirés dans les entretiens de Socrate et de Critobule, que Xénophon a laissés par écrit sous le titre, *Économique*.

La conversation s'engage sur la nature des richesses entre Critobule et le philosophe athénien. Celui-ci n'admet comme telles que les choses vraiment utiles, et il dit qu'il n'y a pas de richesse possible pour l'homme esclave de ses passions, puisque, sous l'empire du mal, il ne saurait faire un bon usage de ce qu'il possède.

Critobule, qui se croit exempt de passions, demande à Socrate s'il lui paraît suffisamment riche.

Socrate prouve que lui, Critobule, est pauvre par suite des exigences de sa position, tandis que lui, Socrate, se trouve à l'aise, quoiqu'il ne possède pas la centième partie des biens de l'autre.

Critobule demande au philosophe le secours de ses conseils pour le tirer d'une situation aussi fâcheuse.

Socrate l'engage à s'occuper activement d'agriculture, à l'exemple du roi de Perse qui protége cet art avec la plus grande sollicitude, et même ne dédaigne pas de travailler à la terre de ses propres mains.

Critobule trouve admirable ce que dit le philosophe de l'excellence des occupations champêtres; mais il objecte la grêle, le givre, la sécheresse, les pluies torrentielles, la rouille, les épizooties dont le laboureur est souvent désolé.

« La puissance des dieux, dit Socrate, s'étend directement sur tout ce qui tient à la terre; il faut d'abord les invoquer, afin de se les rendre favorables. »

Critobule admet ces vérités. Mais pourquoi l'agriculture réussit-elle aux uns et pas à d'autres?

Socrate explique comment il s'instruisit, sur ce point, près d'Ischomaque, qui passait pour un des hommes les plus honnêtes d'Athènes.

« Ischomaque me raconta, dit Socrate, son premier entretien avec sa femme, aussitôt après son mariage.

« D'abord, ils supplièrent les dieux de leur donner, à lui la grâce de la bien diriger, à elle la sagesse d'apprendre tout ce qui pouvait contribuer à leur bonheur. Ensuite, Ischomaque fit remarquer à sa femme qu'ils n'étaient pas unis pour le seul plaisir des sens, mais surtout pour s'aider réciproquement dans leurs affaires, pour donner à leurs enfants une bonne éducation et pour en faire l'appui de leur vieillesse.

« Désormais, tout sera commun entre eux. Quant aux soins dont chacun sera chargé, il est une division naturelle indiquée par la différence d'aptitude et de tempérament qui existe entre l'homme et la femme. L'un doit s'occuper des travaux extérieurs; l'autre du soin du ménage. L'honneur et la prospérité leur viennent à tous deux en raison de l'exactitude avec laquelle ils remplissent leur tâche. Mais les dieux les punissent, lorsqu'ils s'en écartent. Quant aux enfants, ils doivent les aider et concourir au bien commun.

« Comparant aux travaux de la mère-abeille la direction dont sa compagne allait être chargée, Ischomaque lui indiqua en détail ce qui serait de son ressort : la garde de la maison, la conservation des produits, leur distribution, la surveillance à exercer lorsqu'on part pour les champs et qu'on en revient; le soin des serviteurs malades, les leçons à donner aux servantes inhabiles, l'ordre parfait à établir, l'exemple de la vertu à donner à tous. Bientôt, il eut occasion de recommander à sa femme la plus grande simplicité jointe à une vie active dans son intérieur, afin que l'exercice entretînt sa santé et cette fraîcheur de teint qui fait le plus bel ornement du visage.

« Je demandai à Ischomaque de m'expliquer la part qu'il s'était réservée à lui-même.

« Il me dit que son premier soin était d'invoquer chaque jour le secours des dieux, sans craindre de mettre des biens légitimes parmi les choses qu'il désirait obtenir. La richesse n'est-elle pas précieuse, lorsqu'on voit en elle le moyen de servir les dieux avec dignité, de secourir ses amis dans le besoin, de subvenir généreusement aux dépenses publiques?

« Ischomaque ajouta qu'il se levait de bonne heure, et que, au lieu d'aller à la promenade du Xiste, il courait à ses champs pour en surveiller les travaux. Il m'expliqua le soin qu'il prenait de former, dès l'enfance, les esclaves chargés de la conduite des autres, et il entra à ce sujet dans tous les détails de la direction.

« Ces principes ne suffisent pas encore, dis-je à Ischomaque ; il faut, ce me semble, connaître les meilleurs procédés d'agriculture.

« Ischomaque me montra alors toute la simplicité de cet art, qu'on apprend par l'observation et en consultant les cultivateurs, toujours prêts à parler de ce que l'expérience leur a appris. Ischomaque passa en revue les points principaux de l'art agricole : la nature des terres, le labour, les semailles, le sarclage, la moisson, le battage des céréales, le nettoyage des grains, les plantations, les boutures, les marcottes, le soin des vignes, et il me fit remarquer que, par le raisonnement le plus facile, je posais moi-même d'excellents préceptes sur ce que je croyais ignorer.

« Je dis alors à Ischomaque : Puisque l'agriculture est si simple, pourquoi tant de différence dans les résultats obtenus?

« En agriculture, répondit Ischomaque, ce n'est pas précisément la science qui enrichit, ni l'ignorance qui ruine. Jamais on n'entend dire : un tel a fait de mauvaises affaires parce qu'il a semé inégalement, parce qu'il n'a point planté en lignes bien droites, parce qu'il ne savait pas qu'il faut labourer avant de semer, parce qu'il a établi des vignobles sans connaître les terrains qui leur conviennent, parce qu'il ignorait l'usage du fumier. On dira plutôt : cet homme ne récolte point de blé, parce qu'il ne songe ni à ensemencer son champ, ni à le fumer ; cet autre n'a pas de vin, car il n'a soin ni de planter des vignes, ni de bien entretenir celles qu'il possède ; un troisième ne recueille ni figues, ni olives, car il ne s'en occupe pas, car il ne fait rien pour en avoir.

« De là, bien plus que de grandes découvertes scientifiques, résulte la différence que nous remarquons entre les bénéfices des divers cultivateurs.

« Comparant enfin l'art agricole à tous les autres, principalement à celui de la guerre, Ischomaque me fit voir que le point capital est de savoir bien diriger les hommes, de leur inspirer l'ardeur et l'amour du travail. Ce point est commun au gouvernement d'une ferme et à celui d'un empire ; il faut, pour l'un comme pour l'autre, des qualités identiques, et l'on peut dire du cultivateur dont la présence met tout en action autour de lui, que SON AME EST CELLE D'UN ROI. »

CONCLUSION

DEVOIRS DE TOUS VIS-A-VIS DE L'AGRICULTURE

On réformerait le genre humain, si l'on réformait l'éducation de la jeunesse. LEIBNITZ.

Nos neveux s'étonneront un jour que, dans un pays comme la France, où tout vit de la terre, on n'ait pas commencé par enseigner aux enfants, après les remerciements dus au Créateur, l'art de la cultiver et d'y vivre heureux. BLANQUI, de l'Institut.

On s'élève à la ville dans une indifférence grossière des choses rurales et champêtres : on distingue à peine la plante qui porte le chanvre d'avec celle qui produit le lin, et le blé froment d'avec le seigle ; on se contente de se nourrir et de s'habiller. Ne parlez pas à un grand nombre de bourgeois, ni de guérets, ni de baliveaux, ni de provins, ni de regains, si vous voulez être entendu. Ces termes, pour eux, ne sont pas français. Parlez aux uns d'aunage, de tarif ou de sou pour livre, et aux autres de voie d'appel, de requête civile, d'appointements, d'évocation. Ils connaissent le monde, et encore par ce qu'il y a de moins beau et de moins spécieux ; ils ignorent la nature, ses commencements, ses progrès, ses dons et ses largesses. Leur ignorance, souvent, est volontaire et fondée sur l'estime qu'ils ont pour leur profession et leurs talents. Il n'y a si vil praticien qui, du fond de son étude sombre et enfumée, et l'esprit occupé d'une plus noire chicane, ne se préfère au laboureur, qui jouit du ciel, qui cultive la terre, qui sème à propos et qui fait de riches moissons ; et s'il entend parler quelquefois des premiers hommes ou des patriarches, de leur vie champêtre et de leur économie, il s'étonne qu'on ait pu vivre en de tels temps, où il n'y avait encore ni offices, ni commissions, ni présidents, ni procureurs ; il ne comprend pas qu'on ait jamais pu se passer du greffe, du parquet et de la buvette. LABRUYÈRE.

Nous avons souvent admiré dans le cours de ce livre la manière dont l'aristocratie anglaise s'est comportée vis-à-vis de l'agriculture. Partout, l'homme éclairé a des devoirs analogues à remplir. Sans doute, les circonstances ne lui permettent pas toujours de cultiver par lui-même. Ce ne doit pas être pour lui un motif de rester étranger à l'industrie qui soutient le monde et qui procure à chacun le pain quotidien.

Père de famille, qu'il s'efforce d'inspirer à son fils le goût de la campagne, et qu'il veille à ce que l'éducation donnée à sa fille ne lui rende pas ce séjour odieux. Ne voit-on pas souvent la jeune personne élevée dans les pensionnats affecter pour la vie agricole un profond dégoût? Cette tournure d'esprit tient à un vice d'éducation grave et général, contre lequel un père sage ne saurait trop se mettre en garde.

Possède-t-il des biens-fonds; qu'il en assure la prospérité par des locations paternelles et par de judicieux sacrifices. S'il le peut, qu'il habite ses domaines. Ses dépenses et son exemple retiendront beaucoup de gens qui déserteraient le village pour augmenter la misère des faubourgs de Paris et autres grandes cités. Drainages, plantations, assainissements, constructions, création de chemins, amélioration du bétail, cultures jardinières perfectionnées, que de moyens d'employer à la campagne, d'une manière agréable et utile, des revenus élevés !

« Propriétaires, s'écrie Jacques Bujault, vous êtes les *maîtres de la terre*, *les arbitres de nos destinées*.

« Si la société a tout fait pour vous, ne devez-vous rien faire pour elle? Aucune loi écrite ne vous y oblige, je le sais. Mais il en est une gravée au fond de la conscience de l'homme de bien, et qui vous crie de faire pour le pays ce que le pays a fait pour vous.

« Mais non! ne consultez que vos intérêts, ceux de vos enfants et de vos familles.

« Dites-le-moi : est-ce la même chose d'avoir un sol amélioré ou une terre qu'on écrase chaque année?

« Pourquoi abandonnez-vous vos domaines? pourquoi ne pensez-vous qu'au fermage et point aux améliorations? Est-ce que les améliorations ne doivent pas augmenter les produits et les revenus? »

Homme public, qu'il veille sans cesse aux intérêts de la terre et qu'il favorise de tout son pouvoir le progrès agricole aux points de vue moral, religieux, matériel.

Ministre de Dieu près des populations rurales, qu'il se serve de l'agriculture pour gagner leur confiance. En s'occupant de leurs terres, il parviendra plus facilement à leur faire goûter les choses du ciel; il trouvera pour lui-même un agréable et utile délassement dans certains essais de culture et de jardinage.

Instituteur, qu'il use de son influence pour retenir l'enfant du village sous le toit paternel. Que dans l'école il donne quelques notions sur l'organisation des plantes, sur la fécondation des fleurs, la respiration et la nutrition végétales; sur la composition du sol, l'action des engrais et des amendements, la fermentation des fumiers. Qu'il joigne à ces leçons élémentaires d'agriculture la pratique du jardinage, de la taille des arbres, du soin des abeilles et des vers à soie.

Directeur ou professeur dans un établissement supérieur d'instruction publique, qu'il fasse ressortir aux yeux de la jeunesse le rapport évident de l'art agricole avec tout ce qui est noble et élevé.

Dans l'histoire, l'agriculture apparaît comme le fondement du bonheur des peuples, et l'on remarque que les plus grands hommes l'encouragent et l'honorent. Aussi, lorsque le côté agricole des études historiques n'est pas oublié, elles inspirent une profonde estime pour le travail des champs. Tel est le sentiment qu'y ont puisé plusieurs écrivains célèbres. Fénelon l'exprime avec énergie dans *Télémaque;* Rollin, dans son *Histoire ancienne;* Fleury, dans les *Mœurs des Israélites et des chrétiens*.

Si nous passons à l'étude des lettres, l'agriculture est le sujet d'excellents ouvrages grecs et latins, tels que les *Travaux et les jours* d'Hésiode, l'*Économique* de Xénophon; les *Géorgiques* de Virgile; les traités *De re rustica* de Caton, de Varron, de Columelle, de Pline, de Pallade; le *Prædium rusticum*, de Vanière. En expliquant les principaux passages de ces auteurs, le professeur peut donner à ses élèves de très-utiles notions d'agriculture. En dehors des ouvrages techniques, combien d'admirables morceaux épars çà et là! Citerai-je *l'Homme des champs* de Delille, plusieurs Fables d'Ésope, de Phèdre et de La Fontaine; l'éloge que firent de l'agriculture, Platon dans les livres de la *République* et des *Lois*, Aristote dans sa *Politique*, Cicéron dans le *de Officiis* et le *de Senectute;* certaines odes d'Horace; de charmants passages de Palissy, de Boileau, de Florian, etc.?

Si l'on examine les beautés de la littérature prise en général, on verra combien d'images riantes tirées des champs ornent la plupart des productions de premier ordre. Ce caractère existe dans l'Écriture sacrée, depuis la Genèse jusqu'à l'Évangile; non-seulement on y remarque une foule de termes et de comparaisons agricoles, mais encore il s'y trouve de nombreux récits où les mœurs champêtres sont peintes avec leur gracieuse simplicité; tels sont l'épisode de Ruth et de Noémi, le livre de Tobie, presque toutes les paraboles de l'Évangile.

Les mêmes couleurs se remarquent dans Homère. Tantôt, c'est un guerrier qui marche à la tête de ses soldats, comme le bélier devant le troupeau dont il est le roi. Ailleurs, le dard bondit sur une cuirasse, comme le blé sur l'instrument du vanneur. Ici, deux héros qui ne se quittent pas, sont comme deux bœufs soumis au même joug et labourant d'un pas égal. Quel repos délicieux, lorsqu'après tant de scènes de carnage, on trouve sur le bouclier d'Achille la peinture des travaux et de la joie des champs ! Dans l'Odyssée, l'arrivée d'Ulysse à sa métairie, l'hospitalité qu'il reçoit d'Eumée; le chien qui, du fumier sur lequel il va mourir, reconnaît son maître et lui fait, en expirant, un dernier signe d'amitié ; la solitude et les travaux du vieux Laërte; la manière dont Ulysse se fait reconnaître de son père, en lui montrant les arbres qu'il lui avait donnés dans son enfance : voilà des beautés rustiques qui n'ont jamais été surpassées. Le Tasse égale Homère, lorsque, conduisant Herminie fugitive auprès de pauvres bergers, il nous charme par le tableau de leur douce retraite.

Si les mœurs publiques répudient l'agriculture, ce dégoût pénètre, par l'effet de l'éducation et de l'exemple, parmi ceux qui embrassent la carrière des lettres, et les empêche d'introduire dans leurs ouvrages les ornements simples et suaves que la connaissance de la campagne procure aux écrivains amis des champs. Privée de ses grâces naturelles, la littérature devient alors prétentieuse et de mauvais goût, comme les peintures soi-disant champêtres des Watteau et des Boucher. La décadence littéraire devient ainsi une conséquence éloignée, mais certaine, de la décadence agricole.

Quel parti le professeur de lettres peut tirer de telles réflexions, pour inspirer à ses élèves l'amour de l'agriculture !

L'enseignement des sciences présente non moins de ressources, car presque toutes ont de nombreuses applications à l'art agricole.

Jusqu'aux récréations et aux promenades devraient être utilisées, dans l'éducation libérale, en faveur de l'agriculture : les promenades, par des visites de fermes et par des explications sur les cultures et les récoltes; les récréations, par quelques opérations pratiques de jardinage. Le jeune homme apprendrait ainsi à honorer le travail manuel, inséparable de l'agriculture. De plus, sa constitution se fortifierait, et il perdrait, par une salutaire fatigue, cette exubérance de vigueur qui est naturelle à son âge et souvent dangereuse, faute d'exercice. De tels ouvrages, si l'on n'en abuse pas, plaisent aux jeunes gens et les délassent de l'étude.

C'est pour faciliter à tous nos concitoyens l'accomplissement de leurs devoirs vis-à-vis de l'agriculture, que nous avons ébauché ce livre. Les difficultés, malgré la faiblesse de nos moyens, ont disparu à nos yeux devant une nécessité pressante, comme aussi devant les conseils et l'appui de notre vénérable ami, M. Édouard de Tocqueville. Si nous n'écrivons pas un bon traité, du moins avons-nous la conscience de faire une bonne action ; car il est évident pour nous que la réhabilitation de l'agriculture doit contribuer, d'une manière puissante, au progrès moral, social, religieux.

« Ce n'est pas seulement du blé qui sort d'une terre « labourée, dit Lamartine, c'est une civilisation tout « entière. »

Sans doute, c'est par l'exemple plutôt encore que par les livres qu'il faut agir. Sur ce point, n'avons-nous pas largement rempli notre tâche, puisque, dès l'âge de seize ans, nous arrosions la terre de nos sueurs ?

Grâces te soient rendues, père vénérable, qui, par une éducation dirigée suivant les principes que nous venons d'exposer, nous as fait aimer l'agriculture, à mon frère et à moi, dès nos plus jeunes ans. Nous te remercions d'avoir quitté ta carrière dans la force de l'âge, afin de nous soutenir près de la charrue. Nous devions éprouver de grandes difficultés, mais tu savais qu'avec une volonté ferme on surmonte tous les obstacles. Nos fatigues n'ont donc pas été vaines, et la Tour-Audry, dont mon frère continue la transformation, prouve ce que peut la foi dans l'agriculture.

L'exemple que tu as donné, père vénérable, méritait une couronne civique. Que cet hommage, déposé sur ta tombe, soit ta couronne.

FIN.

CARTE AGRICOLE DE FRANCE.

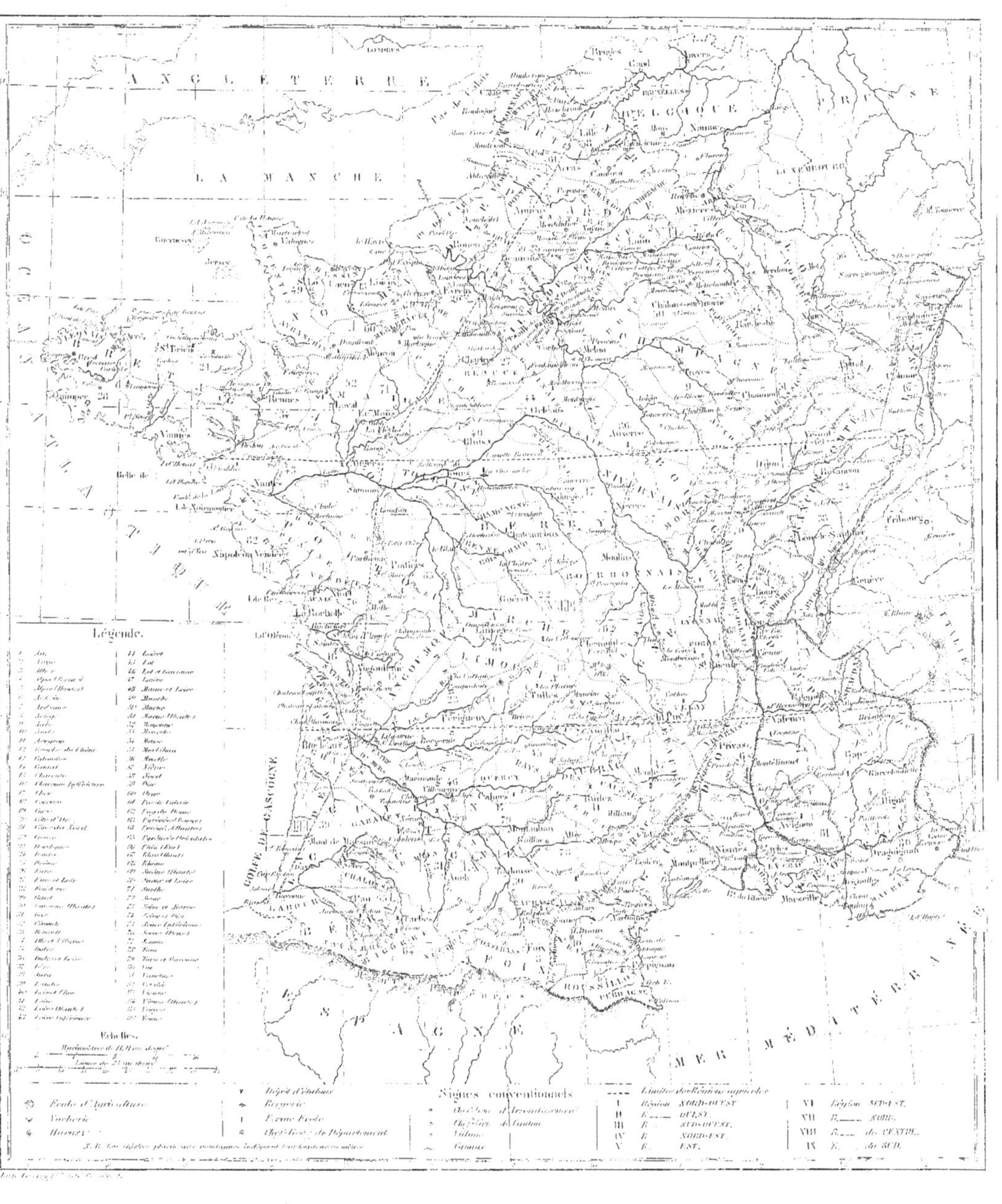

TABLE ALPHABÉTIQUE

ET DÉSIGNATION AGRICOLE DES LIEUX INDIQUÉS SUR LA CARTE

Abbeville. Dépôt d'étalons (Somme).

Agen, chef-lieu de Lot-et-Garonne. Variété remarquable de la race bovine garonnaise; prunes renommées.

Aix, ville des Bouches-du-Rhône. Oliviers; grand commerce d'huiles; culture du tabac.

Albi, chef-lieu du Tarn. Cultures de pastel et d'anis.

Alençon, chef-lieu de l'Orne. Plaine d'Alençon, renommée pour l'élève des chevaux normands carrossiers.

Alfort, près Paris. Bergerie impériale; école vétérinaire.

Alpes (les), montagnes. Troupeaux sédentaires et transhumants; agriculture généralement arriérée; sol peu fertile.

Alsace (l'), ancienne province. Plaines très-fertiles; cultures variées et riches; maïs; tabac; houblon; choux; topinambour; raves; garance; vins estimés; races *alsaciennes* dans les espèces bovine et chevaline.

Amiens, chef-lieu de la Somme. Chaire d'agriculture.

Angers, chef-lieu de Maine-et-Loire. Dépôt d'étalons; pépinières célèbres.

Anglès (montagne d') (Aude). Race bovine de la famille des Aubracs.

Angoumois (l'), ancienne province. Culture du safran; immenses vignobles.

Anjou (l'), ancienne province. Terrain généralement sablonneux et schisteux; nombreux châtaigniers.

Ante, bourg de Lot-et-Garonne; prunes renommées.

Antibes, ville du Var. Fruits excellents.

Aramon, petite ville du Gard. Vastes plantations d'oliviers.

Arbas, bourg de la Haute-Garonne. Veaux renommés.

Arbois. Vignoble estimé (Jura); vins blancs.

Ardenne (l'), contrée sauvage et montagneuse, partie en Belgique, partie en France. Terrain schisteux; landes immenses; races particulières de chevaux et de moutons.

Argenteuil, petite ville de Seine-et-Oise. Figuiers; vignoble.

Argonne (l'), contrée accidentée et boisée entre l'Aisne et la Meuse.

Armagnac (l'), partie de l'ancienne Gascogne. Eaux-de-vie estimées.

Armentières, bourg du département du Nord. Fromages estimés; variété de blé connue.

Arras, chef-lieu du Pas-de-Calais. Établissements de M. Crespel-Delisse, l'un des fondateurs de l'industrie sucrière.

Artois (l'), ancienne province. Terrain de nature variée, généralement fertile; vastes cultures d'œillette; moutons *artésiens*.

Aspes, ramification des Pyrénées (Basses-Alpes). Bœufs remarquables, de race béarnaise.

Aubervilliers, village (Seine). Fruits et légumes renommés.

Aubrac, contrée montagneuse, qui fait partie du Cantal et de l'Aveyron. Races *d'Aubrac* dans les espèces bovine et ovine.

Aubussay. Ferme-école (Cher.)

Auge (vallée d'), vallée très-fertile, dépendant du bassin de la petite rivière la Touque (Calvados). Race bovine *augeronne;* vastes plantations de pommiers; excellents cidres.

Aunis (l'), ancienne province. Vastes pâturages; élève de bestiaux nombreux; vignobles étendus.

Auvergne (l'), ancienne province. Pays montagneux; sol très-varié; pâturages étendus; plusieurs races de bestiaux; fromages estimés; peu de culture; beaucoup de châtaigniers et de noyers; quelques vignobles.

Auvillars (Tarn-et-Garonne). Vignoble renommé.

Auxois (l'), partie de la Haute-Bourgogne. Terrains calcaires, élevés, de fertilité moyenne.

Avenay, bourg de la Marne. Vins de Champagne très-estimés.

Avesnes, ville du Nord. Pâturages étendus.

Avignon, chef-lieu du département de Vaucluse. Statue de Jean Althen, propagateur de la garance.

Avranchin (l'), partie de la basse Normandie (Manche). Vastes pâturages.

Ay, petite ville de la Marne. Vins mousseux de Champagne.

Bagnolet, près Paris. Haricots gris estimés; premières cultures perfectionnées du pêcher par Girardot.

Barbezieux, ville de la Charente. Fromages estimés.

Barcelonnette, petite ville des Basses-Alpes. Fromages de chèvre; race ovine à laine grossière.

Bar-le-Duc, chef-lieu de la Meuse. Vins estimés.

Barsac. Vignoble estimé du Bordelais; vins blancs.

Bas (île de), petite île en face de Roscoff (Finistère). Nombreux troupeaux de cochons.

Bassigny (le), partie élevée de la Champagne, dont la ville principale est Chaumont. Terrains calcaires, de bonne qualité; élève de chevaux estimés.

Bayeux, ville principale du Bessin (Calvados). Nombreux bétail.

Bayonne, ville des Basses-Pyrénées. Porcs renommés pour la qualité de la chair.

Bazas, petite ville de la Gironde. Dans l'espèce bovine, race *bazadaise*.

Bazin. Ferme-école (Gers).

Béarn (le), ancienne province. Pays montagneux, favorable à l'élève du bétail; races *béarnaises* dans les espèces bovine et ovine; vignobles.

Beaucaire, ville des Bouches-du-Rhône. Foire immense; vignoble estimé.

Beauce (la), partie de l'ancien Orléanais. Plaines très-fertiles; vastes cultures de blé; troupeaux métis-mérinos.

Beaugé, ville du département de Maine-et-Loire. Point de repère pour la division climatérique de la France.

Beaugency, petite ville du Loiret. Vins estimés.

Beaune, ville de la Côte-d'Or. Vins de Bourgogne très-connus.

Beauvais, chef-lieu de l'Oise. Institut normal agricole.

Bergerac, ville de la Dordogne. Vins blancs estimés.

Bergues, ville du Nord. Pays fertile; pâturages étendus; vaches flamandes très-remarquables; blés et fromages renommés.

Bernay, ville de l'Eure. Immense foire aux chevaux.

Berry (le), ancienne province. Sol varié; agriculture arriérée; deux races de moutons.

Berthaud. Ferme-école (Hautes-Alpes).

Besançon, chef-lieu du Doubs. Chaire d'agriculture; asperges renommées.

Côte-Bourg, vignoble estimé du Bordelais.
Côte-d'Or (la), suite de collines renommées pour leurs vins (Bourgogne).
Cotentin (le), l'une des parties les plus fertiles de la Normandie. Élève de chevaux carrossiers et d'un grand nombre de bœufs et de vaches de la race dite *cotentine*.
Côte-Rôtie. Vignoble très-estimé (Loire).
Côte-Saint-André (la). Vignoble renommé (Isère).
Coucy (Aisne). Autrefois vignoble estimé; actuellement sans vignes.
Coulanges-la-Vineuse (Yonne). Vignoble estimé.
Courtisols, village de la Marne. Petits navets très-estimés.
Craon, ville de la Mayenne. Race porcine estimée, dite *craonnaise*.
Craponne (canal de), dérivation de la Durance, faite pour l'arrosage des terres.
Crau (la), alluvion couverte de galets, près d'Arles; pâturée par des troupeaux transhumants.
Crépy-en-Valois, chef-lieu de l'ancien Valois (Oise). Blés renommés.
Crevant (le), donne son nom à une race ovine estimée (Indre).
Crèvecoeur, petite ville du Calvados. Race de poules très-estimée.
Dauphiné (le), ancienne province. Pays montagneux; sol varié; vins fins; chanvres; troupeaux transhumants; mûriers et vers à soie.
Dax, ville des Landes. Vins estimés; bois de chênes-liéges.
Deux-Ponts, capitale de l'ancien duché de Deux-Ponts. Ancienne race chevaline très-distinguée.
Digne, chef-lieu des Hautes-Alpes. Nombreuses plantations de pruniers; pruneaux très-estimés.
Dijon, chef-lieu de la Côte-d'Or. Pays riche et bien cultivé.
Dombes (les). Pays couvert d'étangs dans la partie sud de la Bresse.
Domfront, ville de l'Orne. Élève de petits chevaux normands.
Dormans, ville (Marne). Grande production de cerises.
Draguignan, chef-lieu du Var. Oliviers; vignes; cultures arbustives.
Dreux, ville d'Eure-et-Loir. Pois estimés.
Dunkerque, ville du Nord. Culture du tabac.
Elbeuf, ville manufacturière de la Seine-Inférieure. Culture de cardères.
Entre-deux-mers (l'), petite contrée fertile, entre la Garonne et la Dordogne, près Bordeaux. Nombreux vignobles.
Épinal, chef-lieu des Vosges. Irrigations remarquables; beaucoup de pruniers.
Évreux, chef-lieu de l'Eure. Grand commerce de bétail normand.
Famen (la), bourg de Belgique. Race bovine de *la famen*, variété de la race hollandaise.
Faux. Bourg du Limousin qui donne son nom à la plupart des moutons limousins vendus à Paris.
Flandre (la), ancienne province. Sol fertile, généralement peu accidenté; agriculture très-perfectionnée; tabac, lin, choux, houblon, chicorée, carottes, betteraves, etc.; blé blanc très-estimé; pas de vignes; excellent emploi des engrais; races *flamandes* dans les espèces chevaline, bovine et ovine.
Florenne, petite ville de Belgique. Race ovine remarquable.
Foix (ancien comté de), pays montagneux, dépendant aujourd'hui du département de l'Ariége. Terrain varié; vastes pâturages; races bovine et ovine, dites *ariégeoises*.
Fontainebleau, ville de Seine-et-Marne, renommée pour ses raisins de table et sa forêt.
Forez (le), subdivision de l'ancien Lyonnais. Pays montagneux, généralement peu fertile; vins estimés; chèvres nombreuses.
Fougères, petite ville d'Ille-et-Vilaine. Élève du plus beau type de chevaux bretons de gros trait.
Franche-Comté (la), ancienne province. Pays accidenté et varié, plutôt fertile que pauvre; races particulières dans les espèces chevaline et bovine.
Frontignan, ville de l'Hérault. Vins de liqueur.
Furnes-Ambact (Belgique), contrée qui borde l'Océan. On y élève une variété de la race bovine hollandaise.
Gabaret (le). Petite contrée dans la partie orientale des Landes; chênes-liéges.
Gaillac. Vignoble estimé du Tarn; vins blancs.
Gallardon, bourg, près Chartres. Lentilles très-estimées.
Ganges, bourg du Gard. Race ovine à laine grossière.
Gascogne (la), ancienne province. Pays très-accidenté, généralement fertile, de nature variée; race bovine remarquable; ânes et mulets distingués; vignobles estimés.
Gastine (la). Nom qu'on donne à la partie montagneuse du Poitou, appelée aussi *Bocage*.
Gatinais (le), partie de l'ancien Orléanais. Terrains généralement fertiles et friables; culture du safran.
Gaude (la). Vignoble estimé (Var).
Germainville. Ferme-école (Pyrénées-Orientales).
Gévaudan (le). Contrée montagneuse dans le nord du Languedoc; terrains pauvres; race bovine de formes gracieuses.
Gévrolles (Côte-d'Or). Bergerie impériale; race mérinos-Mauchamp.
Gex (Pays de), montagnes calcaires, à l'est de la Bourgogne. Immense fabrication de fromages, dits de Gruyères.
Givry. Vignoble estimé (Saône-et-Loire).
Glane (le), petite rivière d'Allemagne, au nord du Bas-Rhin. Elle donne son nom à une race bovine estimée.
Gournay, bourg de la Seine-Inférieure. Beurre estimé; poules excellentes.
Grand-Gallargue, village du Gard. Culture du tournesol.
Grand-Jouan. École régionale d'agriculture (Loire-Inférieure).
Grasse, ville du Var. Vastes cultures d'arbres à fruits et de végétaux aromatiques.
Graves (les). Pays vignoble du Bordelais; vins blancs.
Grenache. Vignoble très-estimé (Pyrénées-Orientales).
Grésivaudan (vallée du), vallée de l'Isère. Terrain très-fertile; chanvres de la plus grande hauteur.
Grignon. École régionale d'agriculture (Seine-et-Oise).
Gruyères, ville de Suisse. Fromages très-connus.
Guebwillers. Vignoble estimé (Haut-Rhin).
Guyenne (la), ancienne province. Sol varié, généralement peu fertile, si ce n'est dans la vallée de la Garonne; vastes landes.
Hague (la), cap à l'extrémité de la presqu'île du Cotentin. Bidets d'allure estimés.
Haguenau, ville du Bas-Rhin. Cultures riches et variées; houblon; vastes forêts de pins silvestres; cours classique d'agriculture.
Hainaut (le), ancienne province, partie en France, partie en Belgique. Le Hainaut français est admirablement cultivé.
Haut-Brion. Vignoble estimé du Bordelais.
Hautvillers, village de Champagne. Vins blancs de première classe.
Havre (le), ville de la Seine-Inférieure. Culture du tabac.
Hazebrouck, ville du Nord. Culture du tabac.
Hermitage (l'). Vignoble renommé de la Drôme.
Houdan, bourg de Seine-et-Oise. Poules renommées.
Hyères, îles et ville du Var. Culture d'orangers.
Ile-de-France (l'), ancienne province. Sol varié, généralement fertile, calcaire et perméable; nombreux troupeaux métis-mérinos; peu d'élèves de gros bétail; vastes cultures de blé.
Isigny, bourg du Calvados. Beurre renommé.
Istres, ville des Bouches-du-Rhône. Race de moutons à laine grossière.
Joigny, ville de l'Yonne. Vins estimés.
Jura (le). Chaîne de montagnes à l'est de la France; fabrication de fromages, dits *de Gruyères*.
Jurançon, bourg, près de Pau (Basses-Pyrénées). Vignoble estimé.
Jussey. Dépôt d'étalons (Haute-Saône).
Kaïsersberg. Vignoble estimé du Haut-Rhin.
Labour, petite contrée fertile à l'angle ouest des Basses-Pyrénées. Vastes cultures de maïs.
La Chatre. Petite ville de l'Indre. Grand commerce de châtaignes.
La Ciotat. Vignoble renommé des Bouches-du-Rhône.
La Flèche, ville de la Sarthe. Volailles renommées; haricots estimés.
La Guiole, bourg de l'Aveyron, dans le pays d'Aubrac. Fromages estimés; race ovine à laine grossière.
La Havévaux. Ferme-école (Vosges); race ovine noire suisse.
Lamballe. Dépôt d'étalons (Côtes du-Nord).
Lamontauronne. Ferme-école (Bouches-du-Rhône).
Lamotte-Beuvron. Domaine impérial en Sologne.

ALTITUDE DES PRINCIPALES VILLES

DE CHAQUE DÉPARTEMENT

Extrait de « l'Annuaire du Bureau des longitudes »[1]

Ain.

Bourg.............................. 227 m
Nantua (sol de la prairie au bord du lac). 480
Belley.............................. 278
Gex (pierres sépulcrales)........... 647
Trévoux............................. 258

Aisne.

Vervins (chaussée vis-à-vis le portail). 174 m
Laon................................ 180
Saint-Quentin....................... 104
Soissons............................ 49
Château-Thierry..................... 77

Allier.

La Palisse (prairies contiguës)...... 280 m
Moulins............................. 226
Gannat.............................. 347
Montluçon........................... 227

Alpes (Basses-).

Forcalquier (sol de la route impériale). 550 m
Sisteron (pied de la tour du Sud).... 577

Alpes (Hautes-).

Gap (sommet du clocher)............. 782 m
Briançon............................ 1232
Embrun (sommet du clocher).......... 919

Ardennes.

Mézières............................ 170 m
Sedan............................... 157
Rethel.............................. 90
Rocroi.............................. 390
Vouziers (bas de la ville).......... 109

Ardèche.

Privas.............................. 322 m
Largentière......................... 224
Tournon (sol du collège)............ 116

Ariége.

Foix (prison)....................... 454 m
Pamiers............................. 286
Saint-Girons........................ 389

Aube.

Troyes.............................. 110 m
Arcis-sur-Aube...................... 95
Nogent-sur-Seine.................... 71
Bar-sur-Aube (partie nord de la ville). 166
Bar-sur-Seine (hôtel de ville)...... 158

Aude.

Carcassonne......................... 103 m
Limoux.............................. 163
Narbonne............................ 13
Castelnaudary....................... 185

Aveyron.

Rodez (à Notre-Dame)................ 632 m
Milhau (pavé de la rue de la mairie). 368
Villefranche........................ 267
Espalion............................ 342
Saint-Affrique (pavé près de la pyramide du clocher)............ 325

Bouches-du-Rhône.

Marseille (Notre-Dame-de-la-Garde).. 161 m
Aix................................. 204
Arles (tour des Arènes)............. 17

Calvados.

Caen................................ 25 m
Falaise............................. 133
Vire................................ 177
Bayeux.............................. 46
Lisieux (prairie contiguë).......... 49
Pont-l'Évêque....................... 13

Cantal.

Aurillac............................ 622 m
Mauriac............................. 698
Murat............................... 937
Saint-Flour......................... 883

Charente.

Angoulême........................... 91 m
Cognac.............................. 30
Ruffec (perron de la mairie)........ 110
Barbezieux (sommet du clocher)...... 121
Confolens (tour Saint-Michel)....... 183

Charente-Inférieure.

La Rochelle (seuil du corps de garde).. 8 m
Rochefort (l'hôpital)............... 15
Saintes............................. 27
Marennes............................ 10
Jonzac (sommet du clocher).......... 58
Saint-Jean-d'Angély (pavé de la tour du Nord)....................... 24

Cher.

Bourges............................. 156 m
Sancerre............................ 306
Saint-Amand......................... 165

Corrèze.

Tulles.............................. 214 m
Brives.............................. 117
Ussel (dalles du porche)............ 639

Côte-d'Or.

Dijon............................... 245 m
Beaune.............................. 220
Châtillon-sur-Seine................. 231
Semur (pied du télégraphe).......... 422

Côtes-du-Nord.

Saint-Brieuc (à l'église Saint-Michel). 88 m
Guingamp............................ 44
Dinan (à l'église Saint-Sauveur).... 73
Loudéac............................. 161
Lannion............................. 23

Creuse.

Guéret.............................. 445 m
Aubusson............................ 456
Bourganeuf.......................... 448
Boussac............................. 379

Dordogne.

Périgueux........................... 97 m
Bergerac............................ 32
Nontron............................. 207
Riberac (pavillon octogone)......... 103
Sarlat.............................. 137

Doubs.

Besançon (seuil de la citadelle).... 367 m
Baume-les-Dames (sol du plateau au nord de la ville)............... 531
Pontarlier.......................... 837
Montbéliard (sol du chemin qui longe le château au sud et à l'est)..... 322

Drôme.

Valence............................. 128 m
Montélimart (pied de la tour carrée). 97
Nyons............................... 276
Die (haut du clocher)............... 443

Eure.

Évreux.............................. 66 m
Louviers (prairie contiguë à l'Eure)... 16
Les Andelys......................... 12
Bernay (sol de la prairie).......... 105
Pont-Audemer (prairie contiguë à la Risle).......................... 7

Eure-et-Loir.

Chartres............................ 157 m
Châteaudun (à Saint-Valérien)....... 143
Dreux (au télégraphe)............... 136
Nogent-le-Rotrou (prairie contiguë).. 105

1. Lorsqu'il n'y a pas d'indication, l'altitude est prise du sol de la cathédrale ou de l'église principale.

Finistère.

- Quimper 6m
- Châteaulin (moulin) 141
- Brest 33
- Morlaix 53
- Quimperlé 30

Gard.

- Nîmes 46m
- Alais (sommet de la tour du clocher) 168
- Le Vigan (tour carrée) 260
- Uzès (pavé à l'entrée de la tour) 138

Garonne (Haute-).

- Toulouse (à Saint-Sernin) 139m
- Villefranche 173
- Saint-Gaudens 404
- Muret 164

Gers.

- Lectoure 180m
- Auch 166
- Mirande 166
- Condom 84
- Lombez 165

Gironde.

- Bordeaux 6m
- Blaye (citadelle) 17
- La Réole 44
- Lesparre (sommet du clocher) 28
- Libourne 38
- Bazas 79

Hérault.

- Montpellier 44m
- Béziers 69
- Lodève 174
- Saint-Pons 1035

Ille-et-Vilaine.

- Rennes (sol intérieur de la tour Sainte-Mélanie) 53m
- Fougères 136
- Saint-Malo 14
- Montfort 44
- Vitré 110
- Redon 12

Indre.

- Chateauroux 158m
- Issoudun 148
- Le Blanc 108
- La Châtre 226

Indre-et-Loire.

- Chinon 82m
- Tours 55
- Loches 89

Isère.

- Grenoble (la Bastille) 483m
- Grenoble (sol à l'église Saint-André) 213
- La Tour-du-Pin (à l'église sur la hauteur) 319
- Vienne (eaux du Rhône) 150
- Saint-Marcellin 287

Jura.

- Lons-le-Saulnier 257m
- Dôle 224
- Poligny 324
- Saint-Claude 436

Landes.

- Mont-de-Marsan 42m
- Saint-Sever 100
- Dax (entrée de la tour Borda) 39

Loir-et-Cher.

- Blois 102m
- Romorantin 85
- Vendôme 84

Loire.

- Montbrison 394m
- Roanne (sol de la prison) 285
- Saint-Étienne (à l'hôpital) 540

Loire (Haute-).

- Le Puy 685m
- Issengeaux 860
- Brioude 447

Loire-Inférieure.

- Nantes 18m
- Ancenis 19
- Chateaubriand 62
- Paimbeuf 8
- Savenay 52

Loiret.

- Orléans 116m
- Pithiviers 119
- Gien 152
- Montargis 116

Lot.

- Cahors 123m
- Figeac 224
- Gourdon (sol du perron de l'église) 257

Lot-et-Garonne.

- Agen 42m
- Marmande 24
- Villeneuve-d'Agen 55
- Nérac (au temple protestant) 59

Lozère.

- Mende 739m
- Florac (sommet du clocher) 628
- Marvéjols (sol de la prairie au bas de la ville) 640

Maine-et-Loire.

- Angers 47m
- Beaugé (église Saint-Jean) 58
- Segré 45
- Baupréau 85
- Saumur 77

Manche.

- Saint-Lô (à l'entrée de l'église de Notre-Dame) 33m
- Valognes 30
- Coutances 91
- Cherbourg 5
- Avranche 103
- Mortain 215

Marne.

- Châlons-sur-Marne 81m
- Épernay (au cimetière) 81
- Reims 86
- Sainte-Menehould (place de l'hôtel de ville) 138
- Vitry-le-Français (porte de l'escalier de la tour) 101

Marne (Haute-).

- Chaumont (collége) 324m
- Langres 473
- Vassy 180

Mayenne.

- Laval 74m
- Mayenne 101
- Château-Gontier 58

Meurthe.

- Nancy 199m
- Château-Salins (télégraphe) 334
- Lunéville 234
- Sarrebourg 250
- Toul 216

Meuse.

- Bar-le-Duc (à Saint-Pierre) 239m
- Commercy (sol des prairies contiguës) 243
- Verdun (eaux de la Meuse) 204
- Montmédy (tour du nord) 293

Morbihan.

- Vannes 18m
- Pontivy 55
- Lorient (tour du port) 19
- Ploërmel 76

Moselle.

- Metz 177m
- Sarreguemines 202
- Thionville (tour de l'horloge) 155
- Briey 257

Nièvre.

- Nevers 200m
- Château-Chinon 551
- Cosne 153
- Clamecy 157

Nord.

- Lille 23m
- Douai (tour de Saint-Pierre) 23
- Dunkerque (tour des pavillons) 7
- Hazebrouck 17
- Avesnes 172
- Cambrai (à la tour Saint-Géri) 53
- Valenciennes (au beffroi) 25

Oise.

- Beauvais 70m
- Clermont 118
- Compiègne 47
- Senlis 74

Orne.

- Alençon 136m
- Argentan 166
- Mortagne (à la tour) 258
- Domfront (à Saint-Julien) 215

Pas-de-Calais.

- Arras (au beffroi) 66m
- Béthune (à Saint-Vaast) 31
- Saint-Omer 23
- Saint-Pol (la prairie) 90
- Boulogne (à la tour de la ville haute) 58
- Montreuil (au beffroi) 48

Puy-de-Dôme.

- Clermont-Ferrand 407m
- Ambert 531
- Issoire 399
- Riom (à Saint-Amable) 357
- Thiers (à l'ancienne prison) 399

Pyrénées (Basses-).

- Pau (pied de la tour est) 207m
- Oloron 272
- Orthez (sommet du clocher) 105
- Mauléon (entrée du château) 214
- Bayonne 11

Pyrénées (Hautes-).

- Tarbes (aux Carmes) 311m
- Argelès 466
- Bagnères-de-Bigorre 549
- Baguères-de-Luchon 551

Pyrénées-Orientales.

Perpignan (à la citadelle)	59 m
Ceret	170
Prades	348

Rhin (Bas-).

Strasbourg	144 m
Saverne	205
Schelestadt	172
Weissembourg	164

Rhin (Haut-).

Colmar	195 m
Belfort	363
Altkirch (signal)	381

Rhône.

Lyon (sol à Notre-Dame-de-Fourvières)	295 m
Villefranche	182

Saône (Haute-).

Vesoul	234 m
Gray	220
Lure (à la sous-préfecture)	294

Saône-et-Loire.

Mâcon (à la tour Saint-Vincent)	184 m
Autun	379
Charolles (tour du château)	302
Châlon-sur-Saône (à Saint-Pierre)	178
Louhans	181

Sarthe.

Le Mans	76 m
Mamers (clocher Saint-Nicolas)	128
La Flèche (école militaire)	32
Saint-Calais	103

Seine.

Paris (pavé du Panthéon)	60 m
Saint-Denis	33
Sceaux	97

Seine-et-Marne.

Melun	69 m
Fontainebleau (sol de l'obélisque)	79
Meaux	58
Coulommiers (prairie contiguë)	70
Provins	136

Seine-et-Oise.

Versailles	123 m
Mantes	59
Rambouillet (moulin)	169
Corbeil	36
Pontoise	48
Étampes (télégraphe)	133

Seine-Inférieure.

Rouen	21 m
Le Havre	4
Yvetot	152
Neufchâtel	92
Dieppe (sommet de la tour)	50

Sèvres (Deux-).

Niort	29 m
Bressuire	184
Melle (sol de la cour du collége)	139
Parthenay	172

Somme.

Amiens	36 m
Doullens (prairie adjacente à la ville)	60
Montdidier	98
Péronne	53
Abbeville (Notre-Dame, près d'Abbeville)	22

Tarn.

Alby	169 m
Castres	170
Gaillac	137
Lavaur	138

Tarn-et-Garonne.

Montauban (place de Oules)	97 m
Moissac	71
Castel-Sarrazin (pied de la petite flèche)	81

Var.

Draguignan (sol de la tour de l'horloge)	215 m
Brignolles	229
Grasse	325
Toulon	4

Vaucluse.

Avignon (télégraphe)	54 m
Carpentras (pied de la tour carrée)	102
Apt (sommet de la cathédrale)	250
Orange (pied du télégraphe)	104

Vendée.

Napoléon-Vendée	72 m
Fontenay (sol du clocher de Notre-Dame)	22
Les Sables-d'Olonne	6

Vienne.

Montmorillon (sol du séminaire)	127 m
Poitiers (sol de Saint-Porchaire)	118
Chatellerault (sol à Saint-Jacques)	54
Loudun	109
Civray (lune de)	144

Vienne (Haute-).

Limoges	287 m
Saint-Irieix	358
Bellac (girouette nord d'une brasserie)	242

Vosges.

Épinal	341 m
Mirecourt	279
Neufchâteau	305
Saint-Dié	342
Remiremont	403

Yonne.

Auxerre (sol de Saint-Étienne)	122 m
Avallon	262
Joigny	116
Sens	76
Tonnerre (sol de Saint-Pierre)	179

ALTITUDE DE QUELQUES POINTS TRÈS-ÉLEVÉS

Extrait de l'*Atlas agricole* par M. Nicolet.

NOMS.	HAUTEUR.
	mètres.
Chaîne armoricaine.	
Mont d'Arrée	640
Hauteur moyenne	499
Chaîne du Jura.	
Hauteur moyenne	1,200
Pré des Marmiers	1,720
La Brévine (village)	1,015
Mont-Tendre	1,682
Chaînon de la rive gauche de l'Ain.	
Hauteur moyenne	700
Plateau de la Bresse	260 à 310
Sept-Moncel	1,240
Chaîne des Vosges.	
Hauteur moyenne	734
Ballon d'Alsace	1,257
Ballon de Guebvillers	1,426

NOMS.	HAUTEUR.
	mètres.
Chaînon de la Côte-d'Or.	
Hauteur moyenne	410
Plateau de Langres	580
Morvand, point culminant	1,792
Morvand, hauteur moyenne	600
Argonne.	
Hauteur moyenne	500
Cévennes.	
Plateau du Larzac, point culminant	1,004
Plateau du Larzac, hauteur moyenne	800
Mont Lozère	1,718
Pic Saint-Pons	1,035
Montagnes de l'Auvergne et du Limousin.	
Hauteur moyenne en Auvergne	1,400

NOMS	HAUTEUR.
	mètres.
Hauteur moyenne en Limousin	8 à 900
Plomb du Cantal	1,856
Puy-de-Dôme	1,463
Hauteur moyenne de la Limagne	530
Murat (ville)	1,033
Montagnes d'Aubrac.	
Hauteur moyenne	1,166
Point culminant	1,528
Mont Dore	1,055
Chaîne du Vivarais.	
Mont Mézenc	1,754
Village du Pouzat (Ardèche)	1,196
Sainte-Agrève (Ardèche)	1,156
Chaîne du Velay et du Forez.	
Hauteur moyenne	1,100
Pierre-sur-Haute	1,634
La Chaise-Dieu (village)	1,060
Montareller (village)	1,167

NOMS	HAUTEUR.
	mètres.
Montagnes du Lyonnais et du Charollais.	
Hauteur moyenne	700
Saint-André-la-Côte (Loire)	938
Le Pont-de-l'Ane, entre Lyon et Saint-Étienne (Loire)	525
Alpes françaises.	
Hauteur moyenne	2,000
Mont Ventoux	1,912
Mont Tabor	3,180
Village du mont Genèvre	1,974
La Grande-Chartreuse	1,013
Saint-Véran (village)	2,040
Chaîne des Pyrénées.	
Hauteur moyenne	2,700
Pic d'Ossau	2,385
Canigou	2,785
Ville de Mont-Louis	1,588
L'Hospitalier (village)	1,489
Le Cylindre	3,322

ALTITUDE DES PRINCIPALES RIVIÈRES DE FRANCE

SUR DIFFÉRENTS POINTS

Extrait de l'*Atlas agricole* par M. Nicolet.

COURS D'EAU.	LIEUX.	ALTITUDE. mètres.	décim.
ADOUR	à sa source	1931	»
	à Bagnères-de-Bigorre	556	»
	à Tarbes	302	»
ALLIER	à sa source	1423	»
	à Vichy	245	»
	à Moulins	210	»
	à l'embouchure	178	»
AISNE	à l'embouchure de l'Aire au-dessus de Vouziers	113	»
	à Soissons	44	»
	à son embouchure	35	»
ARDÈCHE	à sa source	1257	»
	à Joyeuse	150	»
	à son embouchure	33	»
DORDOGNE	à la source de la Dore	1694	»
	au confluent de la Dogne	1366	»
	à Souillac	140	»
	à Libourne	»	7
DOUBS	à sa source	863	»
	à Besançon	236	»
	à Dôle	197	»
	à son embouchure	176	»
DURANCE	Au pont de Briançon	1249	»
	à Saint-Clément	911	»
	à Volx	340	»
	au Pertuis	212	»
	à Orgon	70	»
	à son embouchure	13	»
ESCAUT	à sa source	90	»
	à Condé	14	»
GARONNE	à Viella	881	»
	à Saint-Béal	538	»
	à l'embouchure de l'Ariége	142	»
	à Toulouse	132	»
	à Grenade	99	»
	au confluent du Tarn	66	»
	à Bordeaux	1	5
ISÈRE	à Vilarbonnot	250	»
	à Grenoble	230	»
	à son embouchure	110	»
LOT	à Mende	730	»
	à son embouchure	64	»
LOIRE	à sa source	1373	»
	à Roanne	267	»
	à Digoin	231	»
LOIRE	à Nevers	178	»
	à Chatillon	131	»
	à Briare	123	»
	à Orléans	92	»
	à Blois	80	»
	à Tours	48	»
	à Saumur	40	»
	à Oudon	23	»
MARNE	à sa source	381	»
	à Châlons-sur-Marne	78	»
	à son embouchure	31	»
MEUSE	à sa source	379	»
	à Verdun	204	»
	à Mézières	146	»
	à Givet	100	»
MOSELLE	à sa source	725	»
	à Metz	168	»
	à Sierck	145	»
OISE	à Martigny	167	»
	à La Fère	51	»
	à son embouchure	17	»
RHIN	à Bâle	254	»
	à Kehl	146	»
	à Lauterbourg	109	»
RHÔNE	au lac de Genève	375	»
	à Lyon	162	»
	à Vienne	148	»
	au Pont d'Avignon	14	5
	à Arles	2	2
SEINE	à sa source	471	»
	à Troyes	101	»
	à Bray	56	»
	à Melun	37	»
	à Paris	30	»
	à Rouen	1	»
SAÔNE	à sa source	396	»
	à Gray	208	»
	à Châlons	173	»
	à Trévoux	167	»
	à Lyon	162	»
TARN	à sa source	1550	»
	à son embouchure	66	»
YONNE	à Auxerre	95	»
	à Sens	66	»
	à son embouchure	50	»

TABLE ALPHABÉTIQUE

DES MATIÈRES

TABLE ALPHABÉTIQUE

DES NOMS PROPRES

PARIS. — IMPRIMERIE DE J. CLAYE, RUE SAINT-BENOIT, 7

PLACEMENT

DES GRAVURES D'ANIMAUX

PARIS. — IMPRIMERIE DE J. CLAYE, RUE SAINT-BENOIT, 7

www.ingramcontent.com/pod-product-compliance
Ingram Content Group UK Ltd.
Pitfield, Milton Keynes, MK11 3LW, UK
UKHW022323190726
13856UKWH00001B/170

9 782013 440981